はじめに

二〇一〇年三月で農文協は創立七〇周年。そのキャッチフレーズを「農家に学んで七〇年」とした。

一九四〇年（昭和十五年）、戦時下に発足した農文協が敗戦の混乱のなかで事実上崩壊したとき、残された職員が自力をもって再建し、ここから、農文協の自主自立の文化運動がスタートする。そんな農文協の大きな転機になったのが、一九四九年（昭和二十四年）春から開始された、農家への『農村文化』（現在の『現代農業』）の直接普及方式であった。「農家に学んで七〇年」の本格的な歩みはここから始まる。

本書は、農家に学び、農家とともにつくってきた『現代農業』の記事選集（復刻版）である。

編集に当たって、以下の三つのことを基本にすえた。

一、農家が書いた、あるいは農家を取材した記事を選択した。

二、激動する時代のなかで生まれた農家の工夫、家族の絆やむらの共同性を守る取り組みの記事を中心に選択した。農家の実践を通して、変わりつつ変わらない農家力、農村力を伝える一冊にしたいと考えた。あわせて、「読者のへや」欄に寄せられた農家の声を随所に掲載し、また、長い間、本誌のグラビアを撮り続けた橋本紘二さんの写真ページも設けた。

三、時代を①戦後の復興期、②「農業近代化」が進められた時期、③近代化の矛盾が顕れ自給運動など暮らしから農業、農村を見直す時期、④これを土台に産直・直売所など地域住民や都市民を巻き込んだ新しいむらづくりが広がった時期、の四つに分け、記事を掲載した。

引き継ぎたい「農家の技術」を凝縮した本として、今日の「地産地消」をひらいた農村女性の思いを伝える本として、これからのむらづくりを励ます本として、そして定年帰農や新規就農者にとっては、祖父母、親世代の苦労と思いがわかる本として、本書をご活用いただければ幸いである。

二〇一〇年二月

㈳農山漁村文化協会

●当時の記事を再現した「復刻・拡大版」です。文字がかすれたところもありますが、お許しください。市町村名も当時のままです。

●記事タイトルの右側の案内文や「一口メモ」、書籍などの紹介（全て農文協刊）は、新たに加えたものです。

●本書は、「別冊現代農業」二〇〇七年四月号「復刊60周年記念号　現代農業ベストセレクト集」を書籍化したものです。

村民が大事にしてきた杉の巨木と、その脇で育つ若木ー高知県檮原《ゆすはら》町にて（撮影 橋本紘二）

目次

Ⅰ. 戦後の復興のなかで

昭和20年～30年代前半（戦後～１９５０年代）

Ⅱ. 農業近代化のなかで

昭和30年代後半～40年代前半（１９６０年代）

Ⅲ. 暮らしから農業を見直す①　むら・経営・家族

昭和40年代後半〜昭和64年（1970年〜1980年代）

Ⅳ. 暮らしから農業を見直す②　農家の技術

昭和40年代後半〜昭和64年（1970年〜1980年代）

V. 地域とともに、都市民も巻き込んで

平成元年～（1990年代～）

読者の皆さんの声「読者のへや」から

表紙・扉・グラビア　撮影・橋本紘二

レイアウト・組版　ニシ工芸株式会社

年		社会情勢	「農村文化」「現代農業」の主な記事
1984	(昭和59)	韓国から米輸入	「本物時代の品種選び(野菜)」「カリフォルニア米輸入が迫る」「他用途米の出荷対策」「特集・借金暮らしから脱け出すには」「野菜の品質追究シリーズ」
1985	(昭和60)	ソ連ゴルバチョフ政権成立 プラザ合意(円高容認政策)	**内容大幅改編、前半部に「豊かに食べる」「暮らしをつくる」「世の中を生きる」の三本柱をすえ、家族みんなで読み、話し合えるように。**「主張、昭和六十年代をどう生きる—むら民主主義」。小特集「嫁にいきたくなる村」「健康食のかなめ自家用野菜畑」「税金実用百科」。品種・農薬・土肥の大特集は継続　「いま注目の民間施肥技術」
1986	(昭和61)	前川レポート チェルノブイリ原発事故 RMA日本にコメ自由化要求	「主張、住みよい地域づくりこそ農協の役割」。豊かに食べる「国産小麦パン大好評」、暮らしをつくる「母ちゃんがお金の出入りをつかむ」、世の中を生きる「借金減らしの手ほどき」、技術「無農薬・減農薬コーナー」「知らなきゃ損する特集」「防除大特集・自然農薬をあなたも」　「特集・注目の炭」「減農薬で楽しみ稲つくり・虫見板(宇根)」
1987	(昭和62)	株式大暴落　狂乱地価 生産者米価5.95%引下げ	「主張、地域化こそ真の国際化への道」「主張、日本的共同社会を農村から」。「豊かに食べる」を「マメで達者に」に変更、健康相談の保健婦がつづる連載。暮らしをつくる「実践複式簿記」、世の中「農政ニュース」「風土技術の時代」。
1988	(昭和63)	ふるさと創生資金1億円	**9月号復刊500号記念「食べものと農業が世界を救う」**「主張、中国でほんとうの村おこしをみた」「主張、地域内に農工商のネットワークを」「連載・ワクワク田んぼランド」「連載・痛快への字型低コスト稲作の真髄」「親爺さんの自給畑で地域型献立学校給食実現」
1989	(昭和64) (平成1)	消費税実施 中国天安門事件 ベルリンの壁崩壊 小学校・生活科新設	「主張　地域資源、農家の知恵を生かしたふるさと創生を」、特集「中華人民共和国建国四〇周年を祝う」「地球温暖化で穀物不足時代がくる」、「追跡アトピー」、暮らし・89年版税金百科、「コメ輸入自由化論は世界の小数意見」、「への字型イナ作時代が始まった」「粘土・炭・木酢で施肥改善」
1990	(平成2)	バブルはじける　19号台風	「品種特集　水田利用の魅力作目・品種」「防除特集　ノズルさばきで防除効果は大ちがい 」「水張りっぱなし栽培」「50歳代は思案のしどき」「細根の活力で、味よく健全・施肥特集」「アンパンマン登場 国産小麦パンを語る」
1991	(平成3)	湾岸戦争 牛肉オレンジ輸入自由化 ソ連邦解体	「連載・アイガモ水稲同時作」「注目のイネ不耕起栽培」「ミカンは夏こそ元肥適期だ」「ネギ・ニラ混植最前線」
1992	(平成4)	新しい食料農業農村政策の方向	「元気ハツラツ! アイガモ・水稲同時作」「品種特集　今、青空市がスゴイ! 」「じいちゃんが先生、夏休みの宿題バッチリ」「葉やツルを、かじって食べて生育診断」「キラリ沖縄! 楽しく長寿、そして減農薬」
1993	(平成5)	細川内閣成立　大冷害 ウルグアイラウンド合意 EU発足	「茨城玉川農協が韓国のすごい技術を見た、聞いた(土着菌)」「土寄りさせないロータリ操作コースどり」「防除特集　ニンニク・トウガラシが防除で効くわけ」「楽しきかな! 米販売大作戦」「93年凶作に負けなかったイネを追う」
1994	(平成6)	緊急コメ輸入 自社さ連立政権 新食糧法成立95年11月から実施	「イナ作施肥改善で1俵増収を(リン酸追肥)」「私のやり方これは小力栽培だ(松本勝一)」「防除特集　60歳からはラクして効かせる」「新兵器・無人ヘリの可能性」「土・肥料特集　石灰はこう効かす」「農協の力も借りて米産直」
1995	(平成7)	WTO発足・阪神大震災	「千客万来農業」「だから儲かる意外経営」「強力パワーの土着菌・植物活性力」「農産加工品 販売許可をとってどんどん売る」「精肉で販売する産直型畜産経営」「パソコンは10人力の産直事務屋さん」
1996	(平成8)	BSE英国で発生　O-157	「朝市・直売所でのお米の販売」「品種特集　転作田んぼを目茶目茶おもしろく」「農薬散布 かけたつもりがかかってない!」「荒れ地を宝にかえる目のつけどころ」「日本の底力　いま米の加工が大評判」「発酵食品・納豆の元気をいただく」
1997	(平成9)	消費税5%実施 温暖化京都会議	**全面カラー化へ**　「天敵を生かす・がぜん防除がラクになる(土着天敵)」「代かきでいっそうトロトロ、抑草効果を発揮(米ぬか除草)」「 村のシルバーパワー集団ここにあり」「田畑で学ぶ!夏休み自由研究」「お米と一緒に町に『田舎』を届ける」
1998	(平成10)	新農基法推進本部設置	「不況商店街に元気を呼ぶ農家の店」「これが米ヌカ菌体防除法」「農家のパソコン活用術(1)」「スーパー健康作物 ソバ」「転作大豆で地元味噌」「夏は土をよくするチャンス」「村へおいでよ農家民宿」「不況商店街に農家の店を」
1999	(平成11)	食料農業農村基本法成立	「産直セラピーで10歳若返る」「百歳 現役!」「学校と一緒になって村が元気に」「防除をラクに 天敵が居着く畑つくり」「弁当で村おこし」「土・肥料特集　パワー全開!米ヌカ肥料!」「空き教室・廃校の生かし方」「むらの福祉の舞台つくり」
2000	(平成12)	三省合同「食生活指針」策定 循環型社会形成基本法	「祝2000年!　後継者が続々生まれる時代が来た(甘楽富岡)」「まちの人を巻き込んでむらづくり」「米ヌカで病気を防ぐ」「米ヌカで『土ごと発酵』」「豆腐・納豆でダイズの販路が広がる」「10年現役延長の運搬小力機械」
2001	(平成13)	中国WTO加盟 同時多発テロ	「品種の力で直売所の魅力倍増計画 」「肥料でコストダウン200万円」「提案 転作にエダマメを!」「この加工機械に出会えてよかった!」「黒には愛がいっぱい 黒い作物の秘力」「土・肥料特集　簡単なのにスゴイ!土ごと発酵」
2002	(平成14)	「総合的な学習の時間」スタート アフガン戦争　台湾WTO加盟	「苦土でリン酸貯金を下ろす」「無登録農薬問題」「特集・海のミネラル力」「芽が、樹が、果実が変わる　摘心栽培2002」「発芽パワーで健康!」「竹林のスーパー生命力は宝」「酢防除で病気が減って味がのる」「秋の果物で酢をつくる」
2003	(平成15)	イラク戦争	「 ドブロク復権! 農家の発酵文化を取り戻す」「木酢はやっぱりスゴイ…」「自然農薬　おもしろいからやめられない」「酢防除でダイエット 健康作物」「 米粉パンVS国産小麦パン」「土・肥料特集　苦土は起爆剤」「なんでも粉に!」
2004	(平成16)	鳥インフルエンザ発生 牛肉トレーサビリティ法施行	「もっと使えるぞ!　炭」「自家採種の基礎知識」「生命の水　樹液」「有機物でマルチ」「農薬が減る 混植・混作」「『商品化』術を磨く」「ミミズはスゴイ」「地あぶらに火がついた」「有機物マルチで土ごと発酵」「落ち葉 いまどきの活用術」
2005	(平成17)	食育基本法「食事バランスガイド」策定 栄養教諭制度導入 経営所得安定対策等大綱	「大豆の健康力」「月と農業」「草刈り・草取り　名人になる!」「台風対策100の知恵」「耕し方で変わる」「モミガラ　使わないなんてモッタイナイ」「ザ農具列伝　読者お気に入りの農具集」　**2月号・復刊700号記念「『現代農業』用語集」**
2006	(平成18)	品目横断的経営安定対策の加入申請開始	「灰　究極のミネラル」「食べ方提案で届ける品種」「春のつぼみを食べる」「タネ・苗　いじめて強化」「 耕耘・代かき　名人になる!」「魚で元気になる／魚肥料の魅力」「土・肥料特集　耕し方で畑が硬くなる」「クプクプ酵母菌の世界へ」

■『現代農業』年表

年		社会情勢	「農村文化」「現代農業」の主な記事
1940	(昭和15)	大政翼賛会発足	(公益法人)農文協創立。月刊誌「農政研究」を会誌に継承
1941	(昭和16)	対米英宣戦	会誌を「農村文化」に改題
1946	(昭和21)	日本国憲法広布	**「農村文化」復刊第一号**。古瀬「農村文化運動の本質」、暉峻「農村の欲求としての文化」、村山「青年演芸の問題」、平野「農山村工業の経済的条件」
1947	(昭和22)	米の強権供出	鈴木清「農民の二つの性格」、奥谷「インフレと農産物価格」、岩上「芽生える地方の民主主義」、古島他「貿易再開と日本農業」、岩上「農民文学・土・について」
1948	(昭和23)	韓国・北朝鮮成立	「百姓はなぜこんなに忙しいか」「正しい米価は平和の基礎」
1949	(昭和24)	中華人民共和国成立	浪江「本を読まないと損をする話」、福島「供出制度と権力」「農民の肥料学(1)」
1950	(昭和25)	朝鮮戦争	浪江「肥料の上手な使い方」一月号連載開始、「DDTとBHCの鑑定と使い方」「2・4—D、畜力除草機と農繁期栄養問題」、福島「輸入食糧で農業はどうなる」
1951	(昭和26)	日米安保条約調印	「農村の失業問題」、「村の予算を調べよう」「インチキ肥料にだまされまいぞ」
1952	(昭和27)	麦統制撤廃	編集部「土地改良をすゝめよう」、戸刈「統制撤廃後の今年の麦作」
1953	(昭和28)	MSA小麦協定　東北冷夏	畜産講座「食われたエサの行方」「動力耕耘機は経営とどう結びつくか」
1954	(昭和29)	自衛隊発足 集約酪農地域制度	「上手な養鶏」「農繁期をのりきる技術」「秋野菜作付計画」「乳牛の導入と交換」
1955	(昭和30)	GATT加盟 日米余剰農産物協定	「果菜類の経営的特性」「イネの品種とり入れ方」「品薄時期をねらう野菜つくり」
1956	(昭和31)	日ソ国交回復　神武景気	六大連載講座発足(イナ作、身近な政治経済、畜産物の売り方買い方、土地改良、あかるい生活、土と肥料)
1957	(昭和32)	ソ連・人工衛星打ち上げ成功	飼料講座「養豚飼料配合のコツ」「牛の個性に合せた配合」「ケトージス予防策」
1958	(昭和33)	桑園2・5万町歩整理	「精農家にきくイネの追肥」「水田除草剤の安全散布」「エサ代半分の牧草養豚」
1959	(昭和34)	皇太子御成婚	「こうして農協をおれたちのものにする」「リンサン多用のイネ増収法」「新産地はこうしてつくる」
1960	(昭和35)	国民所得倍増計画	**11月号より「農村文化」改題して「現代農業」**、片倉「きまって五石とれるイナ作技術」、「農協の助けで経営確立・茨城玉川農協」、「これからの農業は成長株だ」
1961	(昭和36)	農業基本法施行	「零細農がこうして経営を拡大した」「豚価が落ちても大丈夫の養豚法」
1962	(昭和37)	農業構造改善事業促進大綱	「農業近代化の出発点」「月給五万円の共同経営」「六石どりイナ作の分析と応用」「豚肉価格の安定対策」
1963	(昭和38)	麦不足　地方農政局発足 バナナなど自由化	「大型機械化と農業の疑問点」「確実に増収できる三施肥法—下層施肥、深層追肥、追肥重点」「米はほんとに余っているのか?」
1964	(昭和39)	東京オリンピック・米不足	「米が足りない」「片倉イナ作(1)」連載開始、「出稼ぎ、これだけは気をつけて」
1965	(昭和40)	いざなぎ景気 米消費ピーク339kg	(現代農業、作目別編成になる)。「片倉イナ作(6)」「平均五石どりは可能になった」「玉川方式を実践して」
1966	(昭和41)	ベトナム戦争 田植機開発利用	「V字イナ作・チッソを中断して増収」「片倉イナ作各地の実例報告(1)」「農民的経営合理化コース」
1967	(昭和42)	中国文化大革命 米大豊作	「食糧をもたない国は亡びる」「イナ作技術のゆくえ(精農家)」「5石どりのイネは病気に強い」
1968	(昭和43)	大学紛争　「農業世界」廃刊	「八産五万キロの酪農技術」「米は余ってない」「ベテラン農家のイネ実肥」
1969	(昭和44)	開田抑制　減反開始	**182ページから366ページへ　「主張」欄創設**(論説委員会)、「米のだぶつきは一時的現象」「これが自主流通米の正体だ」「イネ+畜産の安定経営」
1970	(昭和45)	第2次農業構造改善事業	「主張・近代化路線にまどわされるな」　小西式イナ作始まる「野菜の断根育苗」
1971	(昭和46)	ニクソンドルショック	「農村つぶしの農村工業化計画」「減反の強制に応じられない」「青果市場のカラクリと主体性」
1972	(昭和47)	日本列島改造論 日中国交回復	「戦後農政のあやまり—自信もって米を作ろう」「大型機械でコストダウン不可能—減反に応じないほうがよい」「経営の豊かさは自給度がバロメーター」「新しい複合経営への道」
1973	(昭和48)	石油ショック狂乱物価 世界食糧危機	「主張、イネを育てる心をとりもどそう」「儲け主義で食糧自給はできない」「主張、農協を農家のものに」
1974	(昭和49)	物価暴騰パニック GNPマイナス成長	「借金農業と借金しない農業」「畜力と機械とどちらが効率的」「自給優先の複合経営で消費者と直結」「特集・石油文化は農耕と生活を滅ぼす」　「守田・堆肥では土はよくならない」
1975	(昭和50)	完全失業者100万人	「ドブロク造りがなぜ悪い」「大圃場整備事業で得することなし」「品種改良の方向は狂っていないか」、渡辺高俊「エサ二本立給与」連載開始
1976	(昭和51)	水田総合利用対策	「補助金にだまされまい」「果樹は畑や田に植えるものでない」　主張「農林・通産省をつぶさなければ食糧自給できない」
1977	(昭和52)	三全総(地方都市作り・定住圏構想)	「冷水害と農業共済—ごまかしのからくり」、「複合経営の指導にのるな」、「管理離れ労働—農業労働は最高のぜいたく」、**11月号「施肥総特集号」開始**
1978	(昭和53)	新農業構造改善事業	「円高に仕掛けられた農業縮小の策略」「余り米は買わないの脅しに乗るな」「つきあい減反はやらない」「効かない〝珪カル〟の秘密」
1979	(昭和54)	第2次石油ショック(イラン革命)	**5「農業ガイドブック」、10「肥料、土ガイドブック」年2回総特集号恒常化**　「ダイズ規格外は売れないは本当か」「うまいドブロク、焼酎の極意」
1980	(昭和55)	4年続きの不作の始まり	「減反転作トクした人はどこに」「奨励金によらずできる作目は?」井原豊のイネつくり記事始まる
1981	(昭和56)	NIRA報告	「施肥改善特集号　単肥路線・土壌溶液・過石入り堆肥」「異常気象と食糧危機」「主張、農業メーカー天国・日本」「主張、補助金農政を断罪す」「主張、減反を返上して米の売り方を考えよう」　コシヒカリ・単肥深水栽培
1982	(昭和57)	中曽根臨調 東北上越新幹線開業	「2年続きのコメ不足ー減反しているときではない」「世界の農畜産物価格政策に学ぶ」「米飯給食を妨げる文部省」
1983	(昭和58)	ロッキード事件裁判判決 三宅島大噴火	主張「日本型食生活とは何か」「いま増産のとき—緊急輸入は一年ですまない」「明治老農林遠里に学ぶイナ作革新」「どうする減反・三期対策」

■事項さくいん（本書の主な事項・用語について、分野別に50音順でページを案内）

●村と農業

●暮らし

●経営・農家の技術

【イネ・ムギ】

【野菜】

【果樹・特産】

【畜産】

【施肥・土つくり・防除】

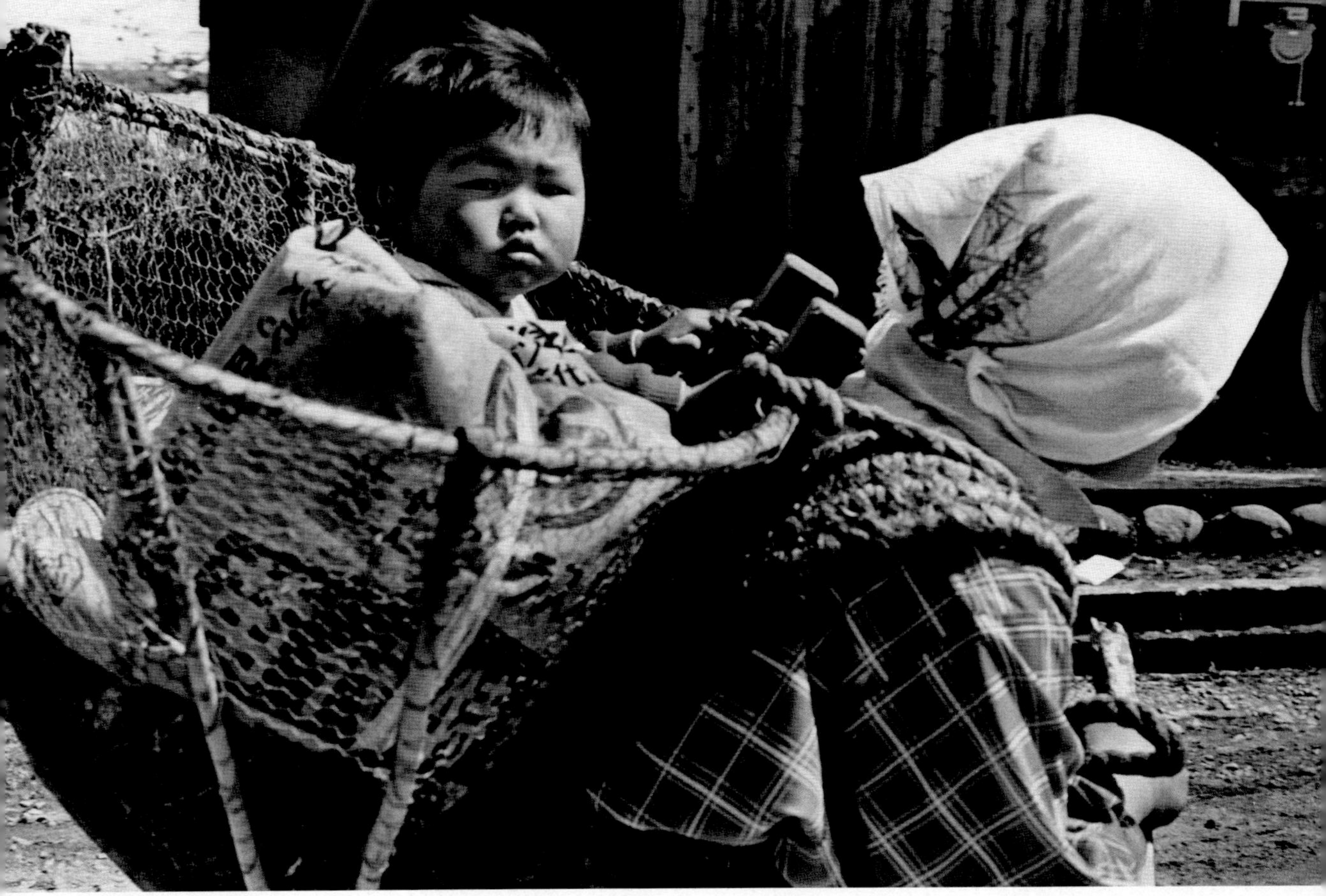

一所懸命に働いた
村は人間味があった

撮影　橋本紘二

牛は、荷運びや田起こしなどを行なう役牛として、重宝された。（昭和49年　大分県久住町）

母親の仕事を見つめる子。（昭和50年　新潟県松之山町）

役牛として働かせた後は、川で牛を洗い、労をねぎらった。（昭和49年　大分県久住町）

長寿の村といわれている山梨県の山村・棡原。日曜日ともなると
子どもたちがおじいさんの畑に手伝いに来ていた。（昭和49年）

秋田県横手市の冬の山では、女性たちが伐採した木を橇に乗せ、麓まで木出しの仕事をしていた。（昭和59年）

田植えの時期はお母さんたちが活躍する。耕耘機のトレーラーに乗って、今日は本家の田んぼ、明日は隣の家の田んぼと駆け回り、お互いに助け合っていた。(昭和50年　新潟県松之山町)

この地方では棚田を「天水田」と言う。農業用水路がないので、水は天からの雨だけが頼りの田んぼなのだ。田植えは梅雨に入ってから始まり、雨が降ってもカッパを着て田植えをしていた。(同上)

秋田県湯沢市は近郊の農村からリヤカーに野菜を積んで引き売りをして回るお母さんたちが多い街だ。（昭和50年）

おきよばあちゃんは長年のお得意さんが多く、村一番の稼ぎ者。夕方、学校から帰ってきた孫が迎えに来てくれた。（同上）

長野県佐久地方。軽トラックに大釜や搾るフネを乗せて農家を回り、自分の家で
仕込んでいるモロミから醤油を搾ってくれるおじさんがいた。（昭和57年）

島根県大田市山口の三浦寿四郎さん一家は、山村は「楽天地」だという。
山を生かした暮らしで、ほとんどのものを自給していた。（昭和48年）

山のお大日様の祭りに念仏をあげるおばあさんたち。（昭和47年　山形市高原）

「田の神」の石仏を次の宿の家までかついでいく道中、田んぼに置いて若者たちが踊り回る。（平成12年　鹿児島県祁答院町）

村の運動会。（昭和48年　山形市本沢）

夏祭りで民謡を熱唱するおばさん。（昭和52年　新潟県松之山町）

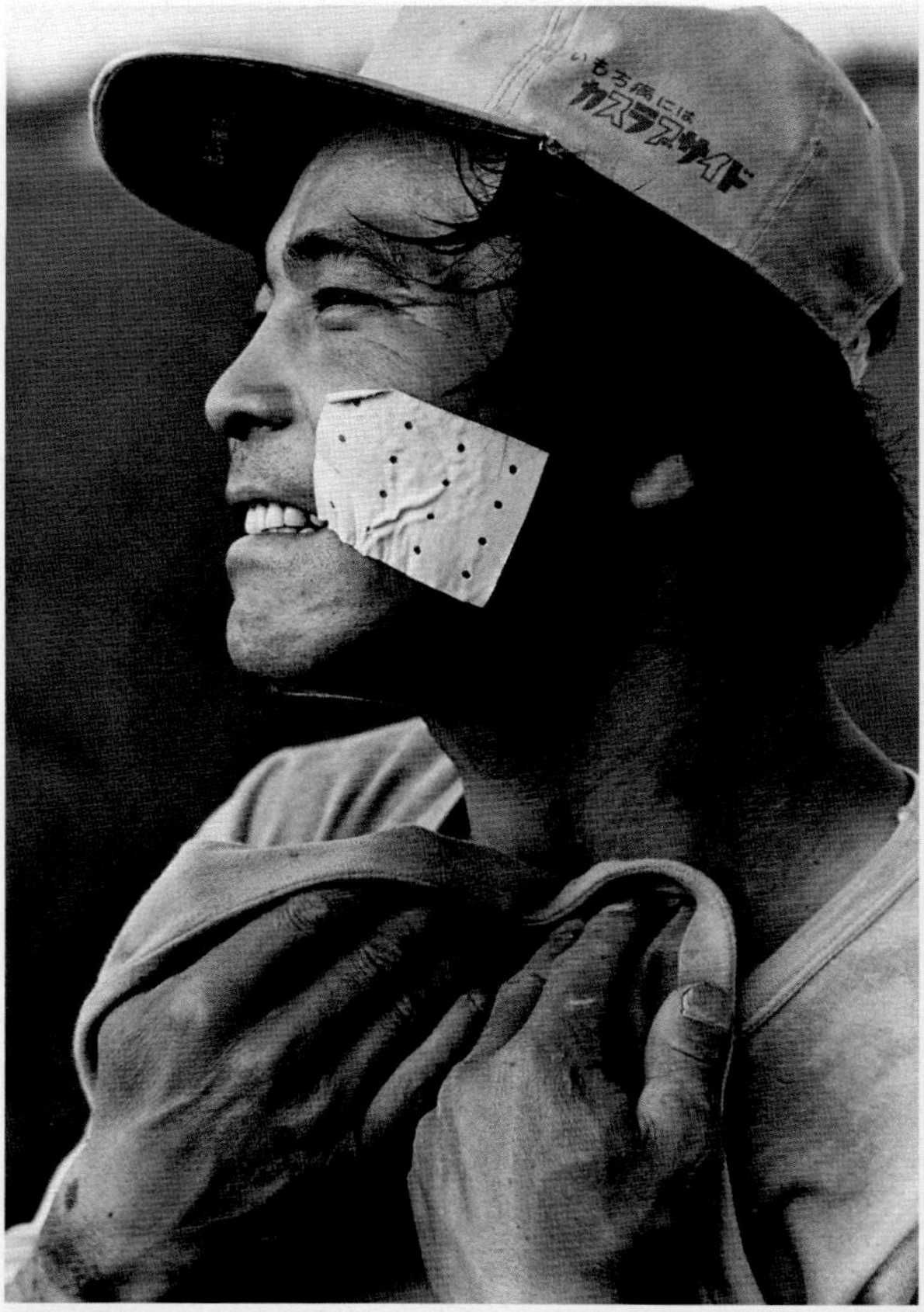
いもち病には
カスラブサイド

米俵をリヤカーに積んで豊作祈願の初詣をする青年たち。（昭和60年　宮城県角田市）

納屋でエレキバンドを楽しむ青年たち。（昭和50年　福島県白沢村）

サツマイモ苗の植え付け。（昭和50年　新潟県松之山町）

梨の花の枝を持って帰る農婦。(昭和55年　栃木県河内町)

Part I

戦後の復興のなかで

昭和二〇年～三〇年代前半（戦後～1950年代）

昭和22年から3年かけて農地改革が行なわれ、農家はみんな自作農になった。戦地からの引揚者と、団塊世代が生まれる戦後のベビーブームで、むらは賑やかで子どもたちの歓声がこだました。戦後の食糧難のなかで行なわれた米などの強権供出と重税で、むらは貧しかったが活気にあふれていた。やがて、工業の復興によって供給されるようになった化学肥料や農薬、農業資材も活用しながら、農家は、現金収入を求めて、水田プラス副業的農業=経営の多角化を進め、有畜化を進めた。家畜を飼う農家は増え続け、昭和30年前後にピークを迎えた。食糧不足を克服する増産が大きな成果を収める一方、昭和27年、MSA小麦輸入が開始され、パン食の普及など「食の近代化（西欧化）」とあわせて、食糧輸入大国への道も準備された。

山形県から満州への移住農民が、戦後、栃木県那須高原に新しいふるさとを建設する

【地方便り】

新らしいふるさとをつくる引揚者たち

増淵玉枝

日本帝國主義はそのアジア侵略の目的のために、多くの國内窮乏農民を北滿の野に移住させた。これら軍閥の犠牲となつた移住農民は、戰後の祖國へ引揚て以來どんな道をたどつているであろうか。

私は去る五月なかば栃木縣那須高原に、山形縣の大谷村を母村とする大谷開拓農業協同組合の人々をたずねた。

東北線白河に近い小驛黒田原から西北へ四里の山奥にある大谷開拓部落まで組合のトラックに乘せてもらう。途中點々と開拓者の家がみえ、標高四百米の地點にある千振開拓部落を過ぎ、そこから大谷開拓部落までは北へ一里の急坂道である。一緒に乘つていた組合の人々は、何度か車から降りて夕闇の中で道をこしらえてはトラックをすゝませた。その夜組合事務所に一泊した私は曉になりひびくサイレンの音に目をさました。白く雪におおわれた那須山は、高くすんだ青空のもとに清淨な姿をみせ、標高六百米から千米といわれる高原の山ひだをぬつて流れるひとすじの清流のほとりに、第一第二の二部落百戸の大谷開拓農業協同組合の家々が、朝の煙をなびかせている。このあたりに野生しているしの竹やかやで屋根をふいた間口三間奥行二間位の個人住宅は、まわりを板で圍い、入口の障子の白さがさゝやかな溫かさをしのばせている。そこに住む人々の生活に、このサイレンの響きは、今日も新らたな息吹きを與えるのである。六時半頃になると組合事務所には役員や事務員の人々がつめかけ、七時からの共同作業の用意にいそがしい。その多忙な時間をさいて、組合長村上修一郎氏らは、この組合がこゝにいたるまでの事情と、現在の經營の狀態について話してくれた。

昭和十四年、山形縣東村山郡大谷村は經濟更生對策として百餘戸の農家を北滿に分村させた。それはおもに貧農層であり、そのなかの七〇%は一家をあげたものであつた。これらの分村者達は北滿で共同經營から個人經營に移つたはじめの年に終戰となり、黃金の波の收穫をながめながら收容所に送られ、そこで一年間文字通り生死をともにする共同生活の經驗をして引揚てきた。なつかしいふるさとは無事にかえつた肉親達をよろこびむかえてくれたけれど、もともとこれらの人々を生活させる經濟力はもたなかつた。當時家族達より一足先に復員していた現在組合幹部の人々は、北滿での共同經營の體驗にもとづいて新らしく再出發することをきめ、全部で入植出來る廣い土地をさがしまわつた。そして昭和二十一年の秋宮內省御料地という名の下にあつた面積一千町歩といわれるこの山麓を

やつとみつけたのであつた。拂下げについて各官廳はそれぞれ面當な手續を經なければならなかつたが、それらのことはあとまわしにして、まず十名の幹部が設營隊として人跡未踏の高原に鍬を入れた。又個人以外には土地の拂下げはゆるされなかつたので、各自のものを出しあう形として大谷歸農組合を組織し、これが後に改組されて今日の大谷開拓農業協同組合になつた。翌二十二年春には、一戸から働ける者一名、計百名を入植させ家族達は同じ年の秋に呼び入れた。呼び入れるまでの家族達の生活は、母村の共同收容所に幹部の一部も一緒に殘つて、わら細工、紡毛等の授産事業をいとなむ自活の生活だつた。この年には二十町歩程であつた作付面積が、現在では五十七町歩になり、更に各戸別に宅地として二反歩を自由耕作している。作物は主として甘藷・馬鈴薯・麥・雜穀等で大型トラクター、動力拔根機等を入れて機械化もすゝみつゝあるし、十二頭の乳牛を共同飼育もしているが、三年後には更に共同耕作地は三百町歩にひろげ畜産もこの廣漠たる原野に緬羊一萬頭を放牧する計畫を立案中とのことである。こうした計畫は、組合の總務・建設・營農・畜産・事業・青年・婦人の各部代表者によつて構成される總合委員會で決定されている。

では組合の人口構成はどうなつているだろうか。百姓仕事のやれる人口は約二百名位で、全人口の三分の二に當り、年令別には次のようになつている。

一才――五才	三二名
六才――一五才	七〇名
一六才――六〇才	一九四名
六〇才以上	四名
計	三〇〇名

勞働時間は朝の七時から夕方五時まで、晝休みを二時間とるから共同作業に働く時間は正味八時間である。組合員はこの晝休みや休日を利用して二反歩の自由耕作地を思い思いに耕すのである。

勞賃は成年男子は一樣に一日百圓、成年女子は七十圓で、トラックの運轉、木材の伐採、開墾などの重い勞働には特別加配米が配給されることになつている。又組合役職員は時間外勞働が多いため、手當として一日十五圓あたえられている。

昭和二十二年の暮から翌年春までの凍結期にこゝの人々が果した生活建設の意欲はめざましい。そこでは部落まで一里餘りの林道が、美事な廣い縣道に改められ遠くはなれた他部落からひかれた電線は、單にほの暗いランプの生活に袂別したばかりでなく、電力による製材工場をも、もたらした。無盡藏にある木材に惠まれて、この製材工場は朝早くから逞しいうなりをとゞろかせている。こゝで製材された資材は、組合の共同施設を優先的に建設しつゝあるが、既に一つの組合診療所と、青年寮、託兒所、共同作業場共同風呂、共同炊事場等の生活共同施設が、二つの部落にそれぞれ一つずつある。個人住宅も入植當時の、板を使わない非衛生な原始住宅はすつかりなくなつて、明るい板張りの家に變つている。これらの建物は組合員中の技術者がすべてつくりあげたものである。

朝の作業始めの時刻に、まず第一部落の新しい託兒所をたずねてみる。間口六間奥行三間程の廣さのガラス窓の多い室は、二つに區切られ、便所や洗面所をもつた清潔な建物である。十二三人の乳幼兒が保姆役のお母さん二人に世話されている。こゝに働く主婦達も一日七十圓の勞賃をもらつているが、二人のうち一人はこの仕事を希望しており、もう一人の人は毎日順番とのことである。中年の作業仕度をした男の人が五才位の男の子をつれてきて「おねがいします。」とおいていく。そして晝の時間に又この父親がむかえにきてつれていつた。私はちよつとふしぎに思われて保姆さんにきいてみると、「先頃おかみさんを病氣でなくした氣の毒な人です。」といわれる。妻に死なれて幼ない子供をかゝえた父親が、こうして安心して子供をたのんで働いていられる施設、それが今の日本にどれだけあろうか。私はこゝでほんとに働く人のための生きた託兒所をみた。こゝでは子供達は少しもはにかむことなく二才位の子供はみしらぬ旅人であゐ私の背で、安らかな寢息をたてゝいた。私は保姆さん達が小さく小さくだいて全部の子供にわけている一本のあめ、ひとつのりんごが、人里遠くはなれたこの地ではどんなに得難く尊いものなのかを思つた。それだのに、そのあめの所有者である少年も、そのリンゴの持主である少女も、保姆さんのなすまゝに、まかせて、あたりまえのような顔をしているのである。私有財産を超えた、はてしなく明るい希望の光が新らしい時代に育つてゆくこの幼兒達の姿に感じられて私は胸をつまらせた。

　第二部落の方でも二人の主婦の保姆さんが十人程の乳幼兒をみていた。この保姆さん達はずつと以前からこの仕事をつゞけていて、自分達に保姆としての教養がないからそうゆうものを勉強したいと私に語つていた。繪本もない、おやつもない、おもちやもとのうまでになつていないこの山間の託兒所で、自分の乳をのませながら子供達をひとりひとりねむらせている保姆さん達をみていると、親切を出しあい力を出しあいながら、かたくむすばれてあたらしいふるさとをつくるこの高原の人々に、何か深く胸にこみあげるものを感じた。共同作業で晝休みの前後二回の授乳時間を、母親達とこの保姆さん達は組合へ要求していれられたとゆう。一昨年私が調査した山形縣下のある開拓地では、母親達がいそがしくなると小さい子供達は柱にひもでつないだり、いずめにいれられたりしていた。こゝではそのような可愛そうな、みじめな育兒は全くみられないのである。

　短い時間に、すつかりなついてしまつた子供達と別れて外に出ると、とうふやの鐘をならして少年が走りまわつていた。午後四時風呂のわいたしらせである。母親達はまだ野良に働いているが、子供達は喜々として湯舟にひたつている。共同風呂は各戸が當番となり、この日は共同作業をやすむとのことである。

　かえりみち第二部落の婦人部の人達がぜひといつて私にお茶をすゝめ、心づくしの野草のおひたしや、二三羽しかかつていないにわとりの卵をごちそうして下さる。そしてこゝにきて一年間は、食糧の遲配缺配のため涙の出るような思いで空腹をかゝえて野草をさがしまわつたが、そんな苦しいときにも必ずよくなると心にむちうつて今日までこぎつけてきたとのことである。少しずつ自分達の生活はよくなつてきているから、今後も必ずよりよくなることを信じているし、また今の生活は一日一日がたのしみがあると重ねて語つた。ゆくゆくは滿洲のときのように個人經營にうつるのではないかとの私の質問に「どこまでも共同です。私達は共同だけが私達を苦しい生活から生かしてくれる道と思つています。」と心の底からいわれた。高原の氣象は變り易いのか、午前中の上天氣は午後に急にはげしい風をともなつた雨になつた。その雨の中を、共同炊事場から夕食をかついでゆくのは、獨身者の寮ともいわれる青年寮で、作業を終えて農具を洗つた若い人達が、そこで新聞や雑誌をよんでいるのを見た。こゝには廣い講堂もあり、疊の室には三四人ずつが住んでいた。

診療所には關西出身の若いお醫者さんと産婆さん、看護婦さんがひとりずつ居た。滿洲の開拓團に居た關係でこゝにはじめから入つていられるお醫者さんは、勞賃もみんなとおなじものであつた。こゝでは北滿の收容所生活からひきつゞいての開拓地生活のため、いつかしら生活を清潔にしていこうとする感情がうすらいでいるので、それを生活指導の中でなくしていく計畫ですと語られた。こゝに入植してからの死亡者は二名で、一名は在滿中に病氣になつたものであり、一名は主婦の人で蛔虫病であつたという。それ以來蛔虫をおそれ、検微鏡も購入して蛔虫驅除に積極的にのり出している。病氣出產等の場合は經費の三割だけ本人支出であとは組合の共濟會から出す。病人は現在二年前からの結核患者一名で、靜養している程度の輕いものである。

その夜、私は組合事務所に開かれた役員總會を傍聽した。七時の豫定時間には三名の婦人も交えて四十名の全員が出席し、十一時の閉會まで誰ひとりいねむりをする人もなく、五十才の老人も、二十才の青年も遠慮なく發言し合つていた。事業部長からは、現金收入を大きくするため、今のようにからだの弱い人や未亡人老人ばかりでなく、もつと多くのひとが竹細工をすべきである、という意見が出された。しかし組合長は、こゝでは農業經營の確立が第一であるから、そのためには竹細工は時に犠牲にする場合もあると說明した。又馬鈴薯の整地作業が惡天候つゞきのため豫定よりかなりおくれ、更に作業が粗放であるが、これをどうするかということについて討議が活發に交された。このことは家族もできるだけ多く共同作業に出るということにきまつた

翌日は、トラックが昨夜の雨のため通れないので、組合は荷馬車でわざ／＼驛まで送つてくれた。組合の計理の講習會に出張するという二人の青年職員と一緒に、山道をゆられながら、私達は組合の將來について語りあつた。

こゝでは、既存の農村では、いろいろなかべにつき當つていて實現出來ない生活共同施設が、常に個人生活よりは一歩先に進んだ形で解決されていることが、何より私に強く印象づけられた。このことは、農業生產の共同經營が中心となつていることに原因し、更にこの共同經營を成功させているものは、この人々が土地なく、なにものももたない引揚農民であり、唯もつものは長い間の共同經營の體驗と、そこから生れた團結だけであるということではなかろうか。そしてあらゆる困難を押し切つて、今日にいたらしめた組合幹部の犠牲的な努力と、そのすぐれた組織力、實行力にあるのではなかろうか。

ともあれ、この高原にあたらしいふるさとの建設にはげむこの組合が、このまゝで果して外部の資本主義經濟社會から孤立して繁榮することが出來るであろうか。賢明敏感な幹部や青年達はすでにこのことを自覺しているのであろう。それは「自分たちは外部のどんな組織を、そしてどんな團體を信賴してむすびついていけばよいのでしょう。」と私に質問していられることからも、推察されるのである。

【一口メモ】満蒙開拓移民　昭和恐慌による農村の疲弊を背景に、現地農民を強制移住させて日本人の入植をすすめた。その数二七万とも三二万人とも。

税金と供出で苦しめらるなかで副業養鶏に取り組む主婦。苦労のすえに協同組合づくりをめざす

女手一つてバタリー養鶏

——病夫と子供をかかえた妻の記録——

新村三枝子

千葉

讀者の體驗發表

まえがき

終戦後農村もずい分めまぐるしい變り方をして、一時景氣のよかつた都市近郊の農村もいまでは税金と供出で、昔の苦しかつた不景氣時代に逆もどりしてきているような感じがしてまいりました。

昨年までは主食の米や麥も增産すればするだけ、農家の收入もふえ、副業も何かやつていれば必ず生活のたしになつていました。

しかしこれからはチヨツトそういうわけにゆかないような氣がします。なぜかなら、主食をうんと作つてもよほど大きな農家でない以上、自家保有米もやつと確保できるかできないかの分量しかのこさないで、皆供出しなければならないようだし、その代金も一石四千二百圓位では安すぎるのではないでしようか。また、それにいろいろな税金が多くて供米代金の半分以上はおさめなければならないようになるようです。十一月なかごろの朝日新聞（千葉縣版）にもそんなことがのつていました。

私が述べようとする養鶏もやはり、そんなことになるのではないでしようか。にわとりを飼つていて、なるほど一時はうまくゆきました。しかし昨年からだんだんそれもうまくゆかないようになつたのです。はじめはヤツパリ、卵もヤミ、にわとりもヤミで、ヤミ値が大部よかつたからです。それがだんだんヤミ値も下り、うりかいも少なくなりました。その景氣のわるい上に税金は一段と同じように高くなつてきたからです。

しかし、そうかといつて農家が米や麥を作らないわけにはいきません。副業も止めてしまうわけにはいかないでしよう。

いやいや、今年からは一そう主食も增産して一粒でも多く收穫を上げねばならなくなるでしようし、副業も何んとか續けて、農家の經營を多角的にしなければならないと思います。

そういうわけで私はここに主人と共に考えてやつてきた。バタリー式養鶏の體驗を紹介します。これがこれから新らしく始められる人々の參考になつたらと思います。

もちろん、けつして成功ばかりした例ではありません。むしろ失敗續きだつた私たちの經營です。そしていろいろな點で一般的でないところもあります。しかし何か副業をやるときは大ていこれににた例があると思いますのであえてここに紹介したわけです。

バタリー養鶏法も餘り新らしい話ではありません。しかし案外普及していないようですからこれも合せました。讀者の皆々さまからの御批判と御鞭達をおねがい致します。

はじめての養鶏

養鶏をはじめた動機は第一に生活のためです。昭和二十二年、農地改革がだんだん進んでいるころでした。本家はもともと昔からの地主で、それまでは主人も本家から大學に行つていたのですが、農地改革で本家もだんだん苦しくなり、いよいよ私たちは獨り立ちして生活して行かなければならなかつたのです。その上に主人は胸部疾患が再發してほとんど働らくことができなくなりました。ここで考えたのが養鶏です。もちろん計畫は主人がやつたのですが實際に働いたのははじめから私一人です。

東京で生れ東京で育つた私が、農業のことについて何の智識がありましよう。鍬をにぎつたこともなかつたのですから。

農業をやるにしても水田は全くなく、畑もわずか一反三畝、それに女手一人。自然副業で活して行く以外に道はなかつたのです。

さてにわとりをはじめて買つてみました。どこからどうして買つたらよいかもわからないまま、地

方廻りの仲買人、つまりトリ屋さんからすぐ卵を産むという親鳥を二〇羽位買いうけました。ところがいま思えばこれが第一の失敗だつたのです。

副業をやるときたいていのものが經驗するという失敗です。初めから、すぐ現金收入を得ようと、飛びついてしまつたのです。養鶏にも一つの原則みたいなものがありますが、やつぱり最初は中ビナから養てゝ親鳥に仕立てるべきだつたのです。

飼いはじめた親鳥はトリ屋が宣傳するほどよく卵をうまなかつたのです。それでもなほ知らないまま、また別のトリを買い入れました。こうして、二〇羽、三〇羽と交換したり、新らしく買い入れたりしました。

これという資本は初めからなく、私が嫁入りのときもつてきた衣類を處分して金を作つたのです。そのころはエサもみなよそから買い入れていたのですが、卵もうまないトリに着物を賣つてエサをやることは苦しいことでした。

トリを買うにも衣類、エサを買うにも衣類と、次々とのこりの着物がへつて行くときは私も一應は覺悟はしているものの切ない悲しみを味わいました。

バタリー式養鶏法を知る

こうしているうちにだんだん、トリ屋のインチキにも氣がつき、となりの野田町に養鶏だけで活しているという人の話をききました。

野田町はまえから素人養鶏の盛んなところです、そこの相川さんという奥さんがやはり、十五年も病氣でねていた主人と子供二人をかかえ、ヒナの養成と百二十羽位の成鶏で立派に活しを立てているということだつたのです。

失敗ばかりしているときだけに私も大いに勇氣ずけられました。そして早速その人のところに敎えをこうたのです。

しかしそのときにはもうほとんどの衣類をうりつくし、合計約八〇羽の親鳥で、赤字が七萬圓位になつていました。それでもその親鳥をハイ鶏として處分しました。買い入れるときは一羽七百圓が賣るときは、わずかに三百圓です。これもなさけなくなりましたが、これも止むをえず。そんな金をもとでにしてこんどは愼重に敎わりながら、初生ビナから育てて中ビナを賣り、そのうちからよいトリを家にのこす方法をとり、飼い方はバタリー式にして、鶏糞の利用で收入をふやすことに豫定したのです。

この野田町の相川さんの養鶏經營というのはこうだつたのです。

一昨年の例をとると一回百羽の單位で春二回、秋一回の初生ビナの育雛をやるのです。春先き名古屋の方からとりよせる、白レグの初生ビナの第一回目は四五—五〇日ビナ位に仕立て皆賣り出します。百羽のうち上手に育てると約九〇羽位の中ビナをのこすことができます。これが一羽二八〇圓から三五〇圓、平均三三〇圓位というところです。第二回は百羽のうち自然にとうたされたり、人工的にとうたして丈夫なヒナだけ八〇羽位殘します。これは賣らないで自分の家において産卵用にします。春からそだてゝ八、九月になつたら産卵をはじめます。これが、一年たつと翌年の第二回

地方だより 3

タバコ作りからセメントガワラ式イチゴ作り

神奈川縣愛甲郡睦合村は昔から煙草の産地として知られていたが、この冬の農閑期に副業としてイチゴのセメントガワラ式栽培をはじめたところ、成績が案外よいので、いま全村を上げてイチゴ作りをやつている。これは靜岡の石垣式栽培をまねたもので石のかわりにセメントガワラを利用したもので、反當平均三百貫位とれ、五萬圓から九萬圓位の收入もかんたんだといわれている。（萩原現地普及員から）

篤農家も耕作放棄

埼玉縣北葛飾郡吉川町、高鹿爲藏さんは、縣下隨一の篤農家で、元は自小作で四町五反の水田單作を耕作し、表彰狀をもらうことが實に四十數回、昭和十八年には井野農林大臣が訪れ、「人事を盡して天命をまつ」という額までもらつている人でい

【一口メモ】食糧の強権的供出　戦時統制経済の一環として始められた食糧の強権的供出制度は、敗戦後の食糧危機のもと占領体制下で強行された。占領軍がジープで督励、威嚇したことから「ジープ供出」ともいわれる。

のヒナも産卵をはじめるので、二年鷄は産卵率のよいものだけのこし、一年鷄、二年鷄合せていつも一二〇羽位を産卵用にしておくわけです。秋の一回は春の第一回目と同じく中ビナを育成して賣り出すのです。これを毎年、くり返すわけです。バタリー式ですから廣い場所もいらず、糞利用も充分なされたわけです。

百羽で一萬五千圓の手間

私たちも早速これにならいました。二十三年の春、百羽ずゝ二回、秋も二回育雛したのです。そして春の三〇羽をのこしてあとは皆賣つてしまいました。販路は近所の農家が大部分で五羽、一〇羽と飛ぶようにでました。

このときの收入は百羽を五〇日そだてて一萬圓から一萬五千圓位の手間賃が上りました。

丁度時期もよかつたのかも知れませんが、その上よかつたのは、馬鹿にならない糞代、でした親鷄なら一羽で一年に一・七俵（一俵四斗入り）の糞を排泄するのだそうです。この代金は一俵四五〇圓が相場でした。主食との交換率は、小麥一俵と鷄糞七俵、米一俵となら鷄糞一三俵ともいわれております。

また失敗

ところがその翌年餘りいい氣になつて、また失敗しました。あせりと經驗の淺さとでも申しましょうか。春先に三〇〇羽位ずゝ五回にわたつて約一、三〇〇羽を育雛したのです。

初生ビナの育雛ははじめの一週間は保溫に充分氣をつけ、ことに春先は寒さに合せないよう、レンタンで暖めていました。これも寒くてもいけないし、暖過ぎても惡いのでこの一週間は夜も一時間おき位に溫度の調節をはからなければならないのです。はじめは何とかやつていましたが一人では手が廻り切れず、だんだん續かなくなりました。よいエサも與えられなくなり、結局は寒さにまけて死んだり、弱いヒナが續出したりで育つた中ビナも滿足なものは百羽中平均七〇羽位しかのこらなかつた。

そのうえにこの春はヒナが賣れなくなつたのです。七〇圓で仕入れたヒナが五〇日たつて、前年は三三〇圓はしたのですがこんどはよくても二八〇圓から三〇〇圓です。いろいろな物價は上つたというのに丸で逆です。

それもはじめのうちはそれでよかつたが、そのうちますます賣れなくなつたのです。近所の村々を自轉車の後にのせて賣り歩いたのですがもうこの邊の農家には賣れませんでした。皆んな飼う家は買つたし、その他はだんだんにはとりさえ買えなくなつて來ているのです。

こうしてとうとうほとんど全部を二五〇圓のステ値で鳥の仲買商に賣つてしまいました。苦心慘タンして手間賃はわずかに二萬圓です。その金も鷄舍を作る材料費にかかつてしまい。收入は零になつてしまいました。

養鷄を專門にやる人でも大てい急にふやしたため失敗した例は少なくないようです。それに結局時勢がよくなかつたようです。これからはその時勢にそくした經營と組織を作らなければならないと思います。

までも町會議員と農調委員をやつている。ところが二十四年の出血供出はこの地方、二合半領一帶に耕作放棄を餘儀なくさせるほど過重にかかり、この篤農家、高鹿さんもその例にもれなかつた。高鹿さんの家では飯米も出してしまう、裸供出をしてその上に三十六俵も不足、ために三十餘萬圓の借財がたまつてしまい。かつての四町五反もいまでは二町七反にへらしてしまつた。さらに今年の供出も二十數俵が不足しており、六反歩餘りの耕作放棄を考えている狀態である。それで二合半領の人たちは「人事を盡して天命をまつ」では死をまつようなものだとなげいている。（白石通信員發）

◎現地通信、地方だより
◎農民の聲の交換、
◎讀者の體驗發表、
を募集します。はがきまたは原稿用紙に書いて下さい。郵送のときは本協會編集部え、地方出張普及員に依賴されても結構です。

共同經營への道

そこでいま主人と共に考えて實行にうつしつつあるのは、養鶏農業協同組合を作るということです。

いくら立派に育雛してもこれ以上個人で販路をさがすことは無理です。中ビナは協同組合を通じて共同出荷し、協同組合を通じて直接購入者にわたすようにしなければならないのです。さらに育雛だけの經營では活して行けないので産卵用成鶏をおいて生卵を賣るようにしなければならないでしょう。これにても當然共同出荷が生れなければならないし、これによつて都會の生活協同組合や、勞働組合の消費組合と直結することが大切になり、お互に仲買商を排して取引きできるようにするためです。

いまのところ志を同じくする人たちが集りつつありますのでとりあえず、精米所をはじめました。これはいままでエサはみな買つていたのを改め、精米所の加工でとれるヌカを利用するためです。はじめは本家の精麥機を利用しようとかかつたが全く使いものにならず、知人の御世話で精穀機を借りうけました。いまでは仲仕さんもたのんでやつていますがまるでサービス事業です。米ヌカやフスマは皆持つてかえられるし、のこるは麥ヌカだけです。村内の精米業は競爭がはげしく、加工するのに集荷、配達までやつているので加工賃はみな牛車代になります。しかしこれもゆくゆくは協同組合の共有として皆んなの飼料供給所にしようと話しています。

場所のいらない バタリー養鶏

しまいにバタリー式養鶏の鶏舎の作りを説明しましよう。（圖解參照）

材料は竹と板、三寸角材、わずかなトタンとルイヒングか杉皮でできます。造りは圖にあるように三段式にしてもよく二段もまた便利です。

寸法は圖のうちで屋根は一間に三間です。

その下のトリが入るところは巾三尺長さ二間（一坪）になつており一段の高さは約二尺です。この一坪に中ビナが約百羽飼えます。巣箱は巾三尺に深さ二尺位です。寒いときにはこの巣箱の下にレンタン、コンロを入れます。

廻りはみな割竹です。これは金網でもよいでしよう。三段とも床はみな割竹で糞はその下の糞受けの板におちるようにしてあります。一番下はそのまま地面におちてもいいわけですが、乾燥していないと不潔になりやすく掃除に不便でしよう。

エサと、水は前と後の兩側にブリキで作つたものを釣り下げる。

バタリー式鶏舎

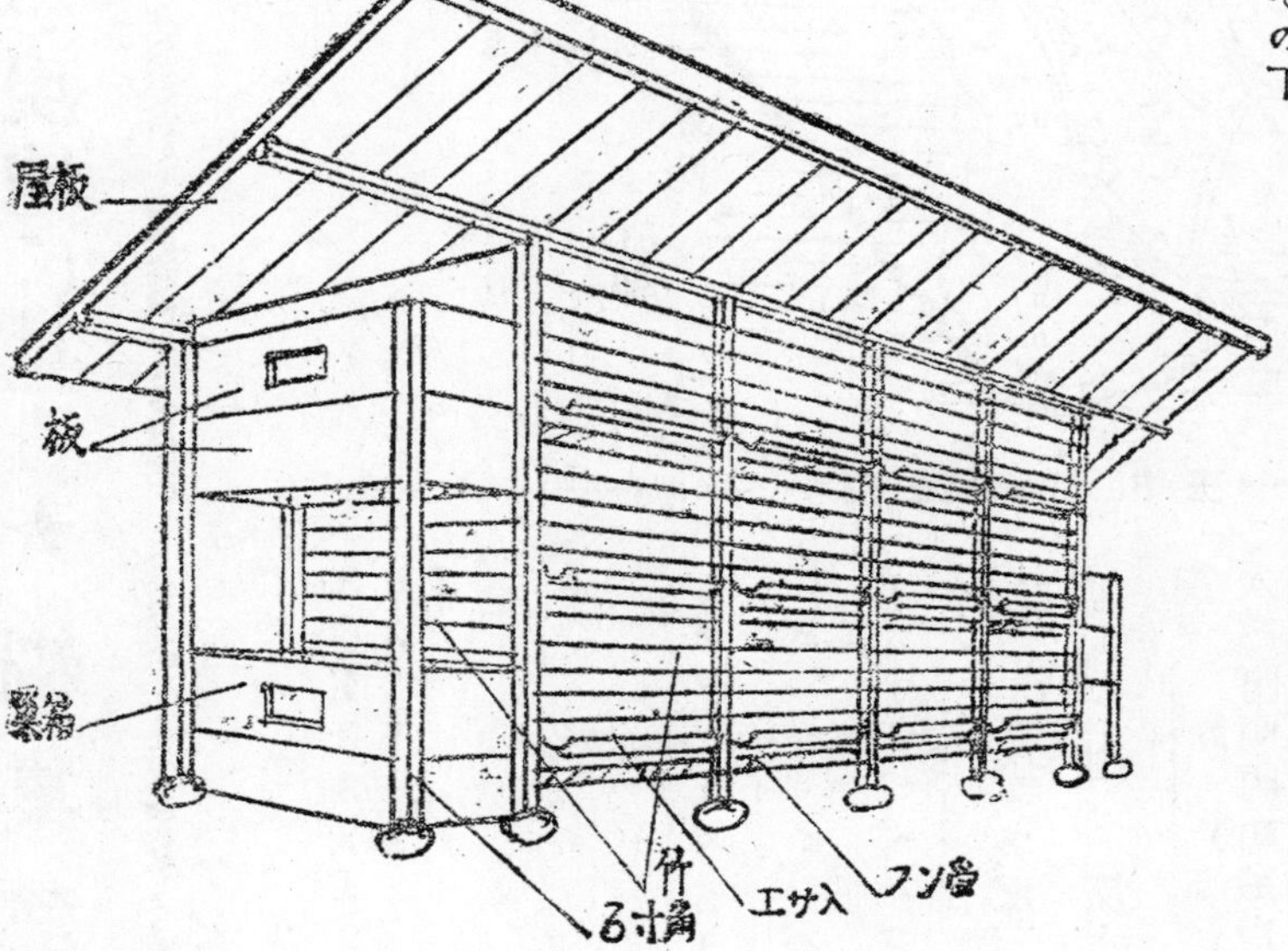

村の經營改善

経営診断

税金、供出を乗り越えた農村の自主的組織が打ち立てた「農村計画」。のちに「プラスα方式」で有名になった玉川村の実践

★茨城縣新治郡玉川村の改造計畫を現地に見る★

編集部

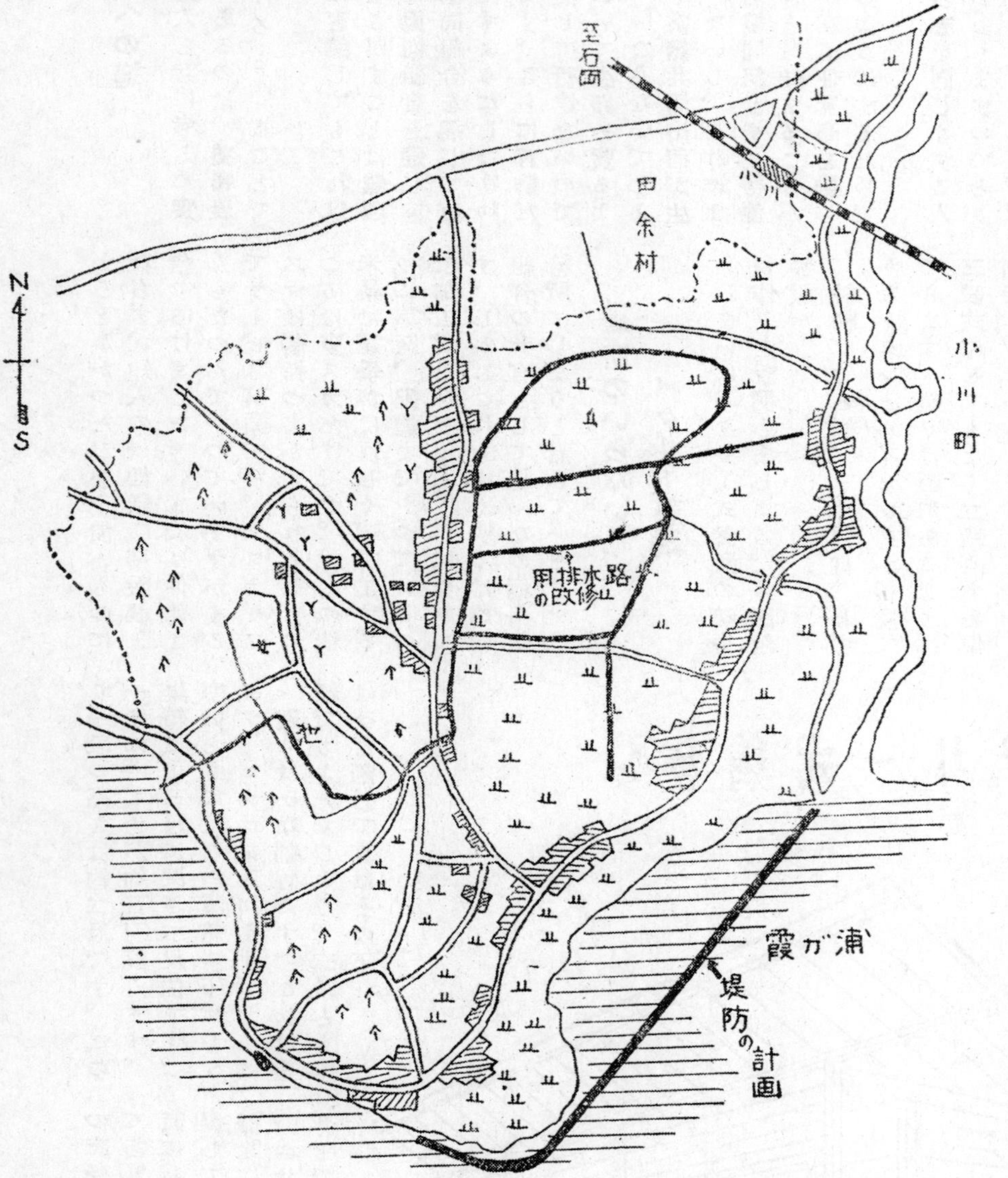

玉川村の概況

人口	1700人
戸數	290戸
水田	162町
(二毛作	15町)
畑	76町
(普通畑	60町)
農家	250戸
(專業	149戸)
(兼業	107戸)

一戸當り平均	
田	六反三畝
畑	二反六畝

イネ	153町
大ムギ	36
小ムギ	11
サツマイモ	13
ジヤガイモ	3
ダイズ	13
ハス	24
タバコ	3.7
桑	7.5

★村の經營改善とは？

經營にくふうをこらしている農家は、どこへいつても必ずある。ところが、一軒一軒のバラバラな經營改善ではなくて、部落なり村なり全體の經營改善のくふう努力というものは、あまり見られない。わが家の經營改善でかなりの成績をあげている人が五人十人とい る村でも、サテ村の經營改善となると、ほとんど手がついていないのがふつうだ。

20町歩の美田をつくろうという湖岸の堤防工事

できないのは、誰も考えないから、というのではない。わが家の經營改善で苦心している人たちが、村の發展を忘れ切つているわけはない。だが、大多數の村人を動かすということは、なかなか容易なわざではない。それに村の經營改善ともなれば、非常に念のいつた調査が土臺としてまず必要になつてくる。わが家の計畫なら多少あやふやな計畫でも、一つやつてみべえというムリがきくが……

もつとも、耕地整理や交換分合や特產品の増産やカマドの改善やその他いろ／＼の一つ一つでも村の發展計畫と考えられないことはない。しかしこういう個々バラバラな仕事を全體の計畫の中の一コマとしてとりあげていかないと、結局骨の折れるわりに大した成果はあがらないものだ。

そこで、「村の計畫」をうち立てて、それを着々とやつてのけている村の實例は、いろいろの意味で皆さんの御參考になるにちがいないと思う。

そうどこにでもあるわけでない「村づくりの村」として、茨城縣新治郡玉川村をご紹介するのはこういうわけだ。

この村は、霞ガ浦の北岸にある小さな村だが、村の改造計畫（農村計畫）をたててから丸三年、實行に着手してから二年あまりになる。前途にはまだ大きな障害が立ちはだかつているが、村の人達は希望に胸をふくらませている。

古池はみごとな8町歩の田になつた

★文化會議から農民會議へ

戦後、どこの村でもそうだつたように、玉川村にもいろんな團體やサークルが生れた。農青連、農友會（農事研究會）、青志會（青年團）婦人會、等々。雨後のタケノコのように敗戦の混亂の中から頭をもたげたこれらの團體の意氣はさかんだつた。しかし、その華華しさは線香花火のそれに似たものだつた。意氣に反して、どの團體も一年たつかたゝぬかの間に、しぼんできた。はなやかな夢としぶい現實とのくいちがいが大きすぎたためもあろう。各種團體がテンデに描く理想の村の姿が、あまりにバラバラだつたためもあろう。多くの村では、このようにして戰後の運動はしぼんでしまつた。そして、わずかにそのうちの一つ二つが細々と息をついている。

　この村では少しちがつていた。各種の團體の代表者會議ともいうべき「文化會議」が生れたのだ。靑志會や農協の若い靑年たちからのよびかけで生れたこの文化會議は、村の各團體、それに役場や農協も一枚加わつて、夫夫二人ずつ代表者を出し、そこで行きづまりの打開を考えようという、いわば起死回生の策だつた。

　だが、この文化會議には、これら各種團體のもつていた「甘さ」がひきつがれた。文化會議は、その名の通り文化を論ずる會であつた。もちろん議論することが悪いのではない。議論大いにやるべし、だが、實行のともなわない議論では、こまるのだ。

　幸か不幸か、セチ辛い現實のおかげで文化會議のこのような行き方は、改めざるをえなくなつた。皆さんご承知の、供出と税金の嵐だ。その嵐が一番ひどく猛り狂つた二三年のごろ、この文化會議は改組された。そしてガラリと性質が變つて、「生活を守るたたかい」の場になつた。「防衛會議」という名前さえ提唱されたという。結局は「農民會議」という名にきまつたのだが。

★農民會議と税金對策

「本會議は村民の意志により各種機關團體協力し統一活動によつて民主的玉川村の建設を目的とする」（玉川村農民會議規約第二條）この農民會議の委員の構成を見ると、いかに村をあげての統一體であるかがわかる。それは次のとおりだ。

　役場三、農地委八、土木委六、農靑連五、漁協組二、村議會一二、農調委一三、靑志會五、農友會五、婦人會一、部落協組一七、共產黨玉川細胞五、消防團三、ＰＴＡ一、農協二。

　この農民會議が、まつ先にとりあげたのはいうまでもなく税金問題であつた。二三年度の所得税のひどかつたことは、皆さんも忘れていないだろう。二四年の正月に行われた「申告書說明會」で、實情とひどく食いちがつた「申告」を税務署から指圖された玉川村の人たちは、一致結束して、實情にもとづいた自主申告をやつた。もちろん、一人一人が資料をもつていたわけではない。この農民會議の一つの専門委員會である「税務對策委員會」が正確な資料を作り、申告書の書き方を指導したのだ。

　お定まりの更正決定がきた。それに對してさらに異議の申し立てが全員から出された。土浦の税務署は「實地調査」に名を借りて三十人で押しかけてきた。霞ガ浦をモーターボートでつつきつてだ。明かに示威運動である。そして、戸別訪問をし、弱い相手と見ると異議申請の取消しのハンコをむりに押させもした。

　もしここでチャンバラが始まつたら、玉川村民は非常に大きな犠牲を拂うことになつたろう。しかし、農民會議という自主的組織とそれの持つているくわしい調査資料とのおかげで、そんな立ちまわりの必要は生じなかつたし、押しかけてきた税務署の方が完全にカブトをぬがされてしまつた。税務署の資料は少々おそまつすぎたのである。

　たとえば畑の所得基準は土浦あたりの農家の賣り値、しかも税務署流のヤミ値で計算してあつた。だが、玉川村では賣るヤサイなどいくらもない。ほとんどが農家の自家用なのだ。おまけに交通の便も悪く、當時のヤミ買いも、この村には珍しいくらいだつた。だからウソかくしもなく、そんな税金が拂える筈もない。それどころか、外來者の目には風光

一筆調査で正しい施肥基準がたてられた

明媚と映る霞ガ浦が、大雨のあるたびに年々湖岸の三〇町歩の水田の収穫を何割も奪っていく。逆に日照りが少しつづくと、たちまち旱バツをうける八町歩の天水田もある。砂質の秋落ち田も多い。しかも、こんな田が平均たつたの六反三畝という農家ばかりだ。インフレの恩恵を受けない零細農家のフトコロには、税務署がねらつたほどの利得などあろうはずがない。

こういう事實と、それに加えて村民の統制ある行動とのおかげで、交渉はみごとに勝つた。一戸當り八千圓から九千圓の減税になつたのだから大したものだ。この時の玉川村の資料は、税務署もたいへん貴重な資料として押しいただいて歸つたという。

供出の割當も公平にやられた。村を四ブロツクに分け、各々に八人の委員（部落會長と農調委員）が、村中の一筆一筆を檢見して歩いた。標準的な田をえらんで度々坪刈しながらの檢見だから、正確度は高い。そして、檢見七、地力三の割合で割當量がきめられたのだ。

★"農村計畫をたてよう"

こうして農民會議は、積極的な活動によつて玉川村の農家經營の危機を救うことができた。しかし、税金が安くなつても、供出が公正になつても、危機は一向に去らなかつた。二二年、二五年と大水害がつづき、湖岸の部落ではほとんどの農家が飯米さえとれない始末。「それはオレの部落の知つたことじやない」などと考えてはいられない小さな村であつた。そして、もちろん、全村から代表が出ている農民會議のある村だ。どうしても村全體の生産力を高めることを考えなければ、村も農家も發展しない、ということをバク然とながらも考え出した。

今年は動力フンム機で共同防除ができそうだ

村のみんなのその考えが、一つのまとまりを示したのは、茨城農大の室島教授（當時縣農業改良課長）の「農村計畫をたてよう」というよびかけがあつてからだ。

「農村計畫つて一體どんなことだ？」というのが、その時の村の人達だつた。何かこと新しい、完全な、これさえあれば自分達の將來はもう完璧なんだというふうな考え方、また大へんむずかしい理想だというあきらめ、さらには、昭和初年の農山漁村經濟更生計畫と同じものではないかという疑問など、さまざまな議論が湧いた。

しかし、だんだんと計畫の意味がみんなの胸に落ちてきた。村の實際の状況に適應した土地の利用の仕方、生活の仕方を行つて、災害を防ぎ、農家の經營をできるかぎり合理的にすること、それをみんなで力を合せて實行するための目標、それが「農村計畫」だとわかつて、はじめて異常な關心をもつようになつた。

とりわけ青志會や農協の若い人達は熱心だつた。

「村の生産力の向上をジャマしてるものを見つけ出そうじやないか」という意見は村全體の意見であつた。これはさらに、「いやもつと積極的に、道路をなおしたり、堤防をつくつたり、そういう村の將來の綜合的な計畫をたてるべきだ」という考えに一歩すすんでいつた。

再三の懇談と討論の末、ついに玉川村農村計畫がたてられた。昭和二五年の七月のことだ。八月の末には、農民會議の全體會議が開かれ、そこで十人の計畫委員がえらばれたのである。

★全耕地を一筆調査

農村計畫委員會が、まず着手したのは基礎調査—いわば村の實態を診斷することだつた。ちようど、健康なからだをつくるには、まず醫者の診斷と、その結果にもとづいた處方がたてられると同じリクツからだ。よい計畫をたてるには、まず正しい診斷調査が必要だ。

玉川村では、まず災害の調査をやつた。年々被害の大きい水害と旱害の實態がしらべられた。もちろん、村の地形や氣候、土壤、水源、土地の利用状況、土地改良の状況などが村人たちの手でつぶさにしらべられたことはいうまでもない。このために、學校の生徒や統計調査員、部落組合長等が大いに活躍したという。

しかし、一番注目しなければならないのは村の水田、畑全部を一筆ごとに調査したことだ。畑は二五年の秋に十八日間、水田は二六年の春に十五日間でやつてのけた。縣の專門技術家の援助もあつたが、大體は十人ほどの村の若い農友會員の手で行われた。

この一筆調査は、後の農村計畫の立案に、大きな成果を收めたのだが、他に特筆すべき成果が三つほどある。

一つは、水田畑ともに筆別の施肥の基準がたてられたことだ。一筆調査の結果いくつかの土壤系にわけられた筆毎に算出された肥料の必要量は、安全確實な增收への近道であつた。各作物が增收したが、とくに麥などふしぎなほどによく取れるようになつた。もつともこれは、それまでの麥つくりがかなりおそまつだつたからでもあるが。

第二は、地力に應じた公平な供出割當が行えるようになつたことだ。一筆調査の結果、これまで八級だつた村の水田は四等から九等下までの十二級にわけられた。（四等の收量は三石、九等下は一石八斗）これまで六級しかなかつた畑も十等の下から三十等まで、實に三十九級に細分された。こうして出てくる供出割當は、まずまず理想に近い公平さをもつている。

第三の成果は、固定資産税の算出のかなり公平なキソ資料となつたことだつた。

★村の改造計畫

さて、こうしたキソ調査によつて、間もなく計畫がたてられた。再三の審議の結果、大體次のような內容のプランが出來上つた。

1、道路の改善

イ、大井戸—高崎間湖岸道路を、田余村と協力して改修する。（延二〇〇〇米）

ロ、橋下り—大井戸間村道を改修する（延二〇〇〇米）

ハ、火の橋—學校間を改修する（延一〇〇〇米）

ニ、村全域の農道を確保する
2、用排水
イ、女池—田畑間幹線水路をコンクリート水路にする（八〇〇米）
ロ、女池—大井戸排水路を擴張する（八〇〇米）
ハ、川中子排水路を新設する
3、土地改良
イ、土地改良區をつくり、耕地整理を實施して交換分合をはかる

特産物のハスつくりも村の改造計畫の一つだ

ロ、湖岸に堤防をつくる。三十町歩を干拓、二十町歩の常習水害地を美田化する、延一五〇〇米、巾四米、高さ四米、片側コンクリート
ハ、湖岸の一部に客土する
4、經營改善
イ、筆別施肥基準を活用、全耕地に及ぼす
ロ、動力噴霧機により全耕地の病虫害を防ぐ
ハ、村全般にハス、一部に柿、果菜類、ワラ加工をふやす
ニ、部落協同體を確立する
ホ、農家簿記を普及する

★行手をさえぎる資金難

この基本計畫の上に立つて、毎年實施の計畫が立てられている。これまでに完成した計畫も少くない。村道や排水路はすでに改修、復舊をおわつた。土地改良も三五町歩の客土と三〇町歩の交換分合をやつてのけた。經營改善の面でも、先にのべた筆別の施肥基準は大へんいい成績をおさめてどんどん普及している。近頃、やや値下り氣味のハス栽培も、この村の重要な特産物として作付がふえ、いまでは二四町歩までになつている。

今年もさらに計畫はすすめられているが、問題はやはり資金である。これだけの建設工事費は、ゆうに數千萬圓をこえる巨額になる。國が本氣でこれをやるならかんたんなことだが、一つの村でやろうというのだから大へんだ。もちろん村民の負擔力はたかの知れたもの、しよせんは國なり縣なりの補助金にたよらざるを得ない。

現にいま、湖の一部を區切つて堤防をつくる計畫は、補助金のむずかしさから、實施が危ぶまれている。當初の豫算では一九〇〇萬圓とふんでいたのが、實際には四倍近くの額になるだろうとのことだ。もしこの堤防が出

この秋から3年計畫で150町の區畫整理がはじまる

『青年が村を変える　玉川村の自己形成史』池上昭編（農文協刊　一、二六〇円）村づくり運動の原像を玉川村の戦後青年運動の軌跡のなかに求め、現代農村の再生を考える。

來れば、二〇町歩の干拓ができ、三〇町歩の水田が水害から免れるのだから、農家としてはぜがひでも實現させたいことだ。そして、今までの實績で、相當に自信のついてきた玉川の人たちは、かなり重い負擔でも出す氣がまえになつている。結局はその方がトクだという見透しがあるからだ。それにしてもこの堤防工事は、仕事が大きすぎる。國や縣がその氣になつてくれなければ、できることではない。その「國」や「縣」では、こういうハッキリした増産計畫が、いつたいどう考えられているのだろうか。二十町歩の美田をあきらめ、湖岸にそつて水害よけの堤防を作ることでお茶をニゴそうと考えてるのだろうか。

もう一つ、今年の秋から三年計畫で、一五〇町歩の水田を區畫整理しようという大がかりな仕事がある。この經費が手間賃も全部いれて反當一萬圓の見込だという。半額を國庫から出してもらうにしても、殘り五〇〇〇圓の村の負擔はなかなか大へんだ。しかし村當局の話では、農家の負擔は反當二〇〇〇圓位ですむだろうとのことだ。いろんな村の改造工事の經費はできるだけ融通してきて、農家のアタマ金はなるだけ少くしよう、そして改造後の利益で返していこうという一貫した村の方針からだ。もし、こういう方針がなかつたら、立派な計畫もすべて繪にかいた餠になつてしまうにちがいない。

去年の三五町歩の客土も、反當一萬圓の經費がかゝつたが、村で一六〇萬圓借入れたおかげで、農家は一四〇〇圓ほどの出費でこと足りたという。

★大きな成果

もちろん、農家の收入もぐんとふえてはいる。客土したおかげで秋落ち田の收量は、二俵以上もふえた。ムギも正しい肥料のやり方で、二年前にくらべると、四俵ぐらい増收している。とくに今年の増收ぶりはすばらしいものがあつた。

「百姓をはじめてから今年は最高の出來ですよ」などというくらい。

他にも、目に見える成果が少くない。

古い池が見事な田んぼになつて、八町歩ほど耕地がふえた。それから、近ごろ、村に牛が急にふえてきた。一年半ばかりの間に四〇頭近くもふえ、いまでは一五〇頭も數えられる。ほとんどが熊本牛だが、なんといつても經營にゆとりがでてきた證據ではなかろうか。近頃は豚よりも牛の子とりの方が利益が大きいせいもあろうが、眞劍に經營改善を考え出した結果といえよう。

家の修築もずいぶん多い。これも最近では珍らしい現象だ。それも畜舎や堆肥舎の修築が多いのは、牛がふえたのだから當然のこととはいえ、やはり正しい發展の姿と見ることができる。今も村で二十四基の堆肥舎が、七萬圓の長期融資金で建てられている。

「もつと器用に暮してえもんだ」こんな聲が村のあちこちで聞かれる。器用に暮す――それは、人間らしい生き方ということだろう。災害に追いまくられていたついこの間までは、聞かれなかつた言葉だ。

「この頃は若えもんが落ついてきたようだ」と年輩の人たちはいう。ひと頃は毎夜のように部落集會所で、笑いざわめいていたのだが、パッタリとやんだという。

そういう年輩の農民たちも、實は大分變つてきているのだ。

この村には犬供養という俗信があつた。犬はお產が輕いというので、犬が死ぬと女衆が大さわぎして地藏や觀音に參るならわしだつた。それが去年からピタリとやんだ。實際に村の改造が行われていくにつれ、そのバカバカしさがはつきりしたためだろう。

葬式道具を村で買い共同で使うようになつたことも農村計畫の成果としてあげられる。農家はカン桶だけを買えばいいわけで、すでに三回ほど利用されたというが、年寄りから思つたほど反對されないようだ。

おもしろいのは、七つの祝いの簡素化だ。去年の十一月十五日には、七つの子供を學校に集めて、かんたんな祝いをやり、それが終ると、全員そろつて神社にいつた。神社への供物料も、持つて歸らせた千歳あめの代金も村費で出したという。もちろんこの時の服装は、一度着て二度と着ないバカげた祝い着ではなかつた。通學服はどうしてもいる。來年は學校へ上る子たちである。それを、少し早く作つて、祝い着に代えたわけだ。

客土をやつたおかげで秋落ち田のイネも育ちがいい

★これからの問題

村はたしかに大きく變つた。そして明るくなつてきた。村人の心には、自信が育つている。希望も大きい。

しかし、その反面、少しつかれてもいる。いろいろの仕事が多すぎたのだ。先に立つてやつてきた人たちは、いま、一息入れている感じだ。それはそれで止むをえないだろう。こまかい仕事の實施が、役場に移つていくのは、やはり當り前にちがいない。だが、せつかくの自主的な農民會議や農村計畫委員會が有名無實となつてしまつては、いかにも惜しい。ことに、無投票で決つた村會議員がいずれもおとなしい人たちで、若くて熱心な村長の仕事のしぶりに贊意を送つているだけという現状では、今はよいとしても、將來ははなはだ心細い。

つぎにあげるように殘されているいくつかの事業や、新しくわいてきた問題がいろ〳〵あるのだが、それを有効適切にやつていくためには、もう一度村民の自主的な活動をもり立てる必要がありはしないだろうか。それも一部の指導者が身を粉にしてかけまわるやり方でなしにだ。

殘された事業や新しい問題とは、たとえばこうだ。

1、耕作作業の合理化や能率向上。(いまの所、牛はふえても畜力作業はほとんどすすんでいない。畜力除草機は村に十臺という程度だ)

2、畑の生產力は低い。カンガイなどは今後考えられる必要があろう。

3、堤防の問題が、村長や助役のいわゆる「運動」だけにゆだねられていて、うまくいくだろうか。せつかく育つてきた村民の意志を、もつと強く反映させる方法がないものだろうか。

(浪江　虔・山田民雄)

村にはどんどん和牛がふえている

一九五〇年代に盛り上がった生活改善、台所改善。群馬県額部村の水道から始まった生活改善のようす

現地報告

共同して水道をつくった村

持田照夫
(東京大学工学部)
青木志郎
(東京工大建築研究室)

三〇年も前から生活改善にのりだした村

關東平野が西北につきる所山と平野の接合點、群馬はそんな所にある。群馬では山の間に谷が、ちようど八ッ手の葉のように深く入り込んで展開している。山にはさまれた谷あいの村は、谷それぞれの特色でその生活をたてている。トウモロコシのできる谷、野菜の谷、材木のでる谷、桑とマユの谷等々……

今度訪れた村——額部《ぬかべ》村は桑とマユの谷にある。高崎から上信電車に乘つて一時間も走ると富岡につく。そこから十五分もバスに乘つて南に行くと額部村だ。村には、二十年も前に簡易水道を引き、台所を改善した有名な淺香入部落がある。

この部落は三十年も前から、生活改善に意をそゝぎ、結婚や葬儀などのムダはぶきに努力していた。その先頭に立つたのが、一昨年亡くなつた齋藤幸吉さんだ。

當時は各村に農業技術の指導員がいて、農業の指導に當つたが、この村の指導員は水道を語るのに忘れてはならない小林勇氏(當時二四歳)であつた。齋藤さんは小林氏と意氣投合し、農業だけでなく生活の合理化、とくに台所の改善意欲に燃えていた。

水道はこの二人が主軸となつて建設される運びになつたのだ。もちろん、

くらしのページ

部落へおくられる水道の水を淨化する淨水槽

水道が引けてから台所も設備よく清潔にととのえられてきた

傳染病を防ぐため部落に水道をつくる

ちようどその頃（大正末期）チブスがはやりこの部落にも大勢の患者が出た。これが何んとかして水の便をよくしなければ、という氣持を部落民の間にひろげていつたという。

着工に至るまでには、何回となく部落會が開かれたが、上の方の家にばかり水がいつて、下にはこないのじやないか、鐵管がくさつたらどうしようか、などという先ざきの心配で、初めは反對も少くなかつた。

昭和二年十一月二九日、吾妻村名久田村簡易水道を手本にして、水道建設に着工した。そして翌三年四月十五日、寫眞に見るような淨化裝置を持つ見事なものが出來上つた。

水道が出來て見ると、今まで一つの井戸から何軒も水を分け合つたり、風呂を立てる時など、夜中に水汲みに行かねばならなかつた主婦たちは、その便利さに目をみはつて驚き、喜こんだ。

「このまゝ水道だけで打切るのはもつたいない。ついでに台所まで改善しよう。」そんな聲が期せずして部落民の間で聞かれるようになつた。こうして台所の改善は、縣農會からの二三〇圓の補助はあつたが、全く自發的にすすめられた。

水道について改善された台所

まずナガシをコンクリートにし、台所作業も床上であつたものを土間でできるようにした。カマドも近くにすえ、窓をあけガラス戸にして明るくした。壁は床とともに腰をコンクリートで固め、濕つても汚なくならないように作られた。また、排水溝をつくり、下水がよく流れてしまうように工夫し、台所は明

くらしのページ

るく快適になつた。

主婦の喜びは大きかつた。田畑から歸つても、地下足袋やモンペをぬがないで、そのまゝ炊事場にはいれる。食器なども整理棚にきれいに整理されているから、食事の用意もはかどる。

しかし、台所改善は個人の經濟力によつて大へんちがいが出ている。ある家は、昔のまゝの、窓もない木のナガシに、水道の蛇口がきていて、ほとんど改善の名に値しないところもあるが一方では、齋藤さんや高間清作さん宅の台所のように見事なものもある。

快適な改良台所の例二つ
(齋藤さんと高間さんの台所)


齋藤さんの家は主唱者の家であるだけに、大へんよくできている。むしろよくでき過ぎているくらいだ。

食卓は土足のまゝ腰かけて食事ができるようになつている。寒い冬など、イロリに足を突込んで茶をすゝることもできる。

主婦は田畑から歸つたそのままの姿で、光がいつぱいにさしこむ廣いまど、コンクリートの流し台、出棚、レンガ作りのカマド、コンクリート製の穀入れのある炊事場で食事をつくり、兩面の戸棚に貯え、またカマやナベのまま食事場にそろえる。家の人が歸るころ茶の用意が出來、食事の準備も終る。

その間おさない兒は食事場のあたりで、おばあさんと一しよに樂しく遊んでいる、といつた具合だ。

食事が終つて休むのもやはり食事場で、夜はフロの番をここで待つている。フロからは鈴で合圖ができる。その鈴がこの部屋にある。また夕食後、ここで談笑したり、親しい人と應接をしたりする。あらたまつたお客の時は、上りはなで應接するか、勝手で應接するわけだが、洋式の應接室は大正十三年に厩を出した時造つたものだ。

應接室と食事場との間は一間幅の更衣室になつていたが、現在は蠶の土室育に使つているそうだ。土室としては管理する上によい位置にある。桑置場はその地下にあり、冷えていて桑の貯藏にはよいが、外からゆくので、その點は不便だ。


食堂と台所との間には兩側から使える便利な戸棚がおかれている

便所も他の家と同じで、一度外に出てからゆかねばならない。
フロは台所についでこしらえたが位置が少し遠い。入浴氣分はとてもよいとのことだ。

おちついたコタツザシキで一家の團らんをたのしむ

高間さんも食事、炊事室を土間の東側にいつしよにまとめてつくつた。だからザシキの方は廣く使えるようになつており、蠶のいそがしい時も食事場がなくなるようなことはない。

この家は大正九年に分家して建てられたのだが、食事場や炊事場は、のちに今の所につくられるように、はじめから豫定されていたそうだ。養蠶がさかんで、それを母屋の階下でするこの地方の事情にあわせて考えられた食事場、炊事場のとりかただ。大きな經營の農家で、こんな形に食事室、炊事室をとつたものがほかにも多くある。

夕食後、寒い時でもなければ、食事場で寢そべつて新聞をよんだりすることも出來る。四方山話に花が咲くうちに、オフロの番が廻つてくる。寒いときは、コタツザシキで、コタツにあたりながら、ラジオを聞いたり新聞を讀んだりする。茶ダナがここにあり、新聞もこの棚にしまつてある。夕食後ここでくつろぐありさまは寫眞に見るとおりだ。

台所のもとのまゝの姿が見たいので、聞くと、なおさない家はほとんどないそうで、苦心してやつと二軒さがし出すことができた。

つまり五十戸程のほとんど全部がどこかしら、なおしているというのだ。

またなおしてない家でも配置よくまとまつているので、材料さえ整えばすぐに立派なよい台所に作りかえられる素地ができている。もう他の字にゆかなければ、昔の台所の形式はどこでもここでもみられるというわけにはいかない。

生活改善をやつた結果
人々はどんな利益を得ているか

生活改善をやつて來たためにどのような効果があがつて來ているのだろうか?。字の人々はこのことを、次のように云つている。

「傳染病がなくなり（實際赤痢はでていない、疫痢一名）オフロによく入るので子供のフキ出ものが少くなつた。またハエやカも少くなつた。主婦は明るい煙らない台所で、氣持よく働けるようになり、水汲の苦勞から抜け出ることができた」といつている。

台所のつぎに便所がなおされ、窓、戸障子がガラスに改められていつた。水道、台所改善の餘波である。またさらにこの字の人は水道工事をすることが出來、しかもその仕事が安く手堅いので、今水道を引きはじめているところから工事をたのみにくる。筆者がたずねたときも隣町の國峰の工事にいつてきたとのことだつた。技術を身につけた餘澤といえよう。

淺香入の生活改善は水道から始まつたので非常にうまくいつたというのが定評である。山坂のある所では、水がなかなか得られないで苦勞する。淺香入の下の字、大口でも大そう苦勞している。はなれたところの水溜から朝夕水を汲んで擔つてゆく。

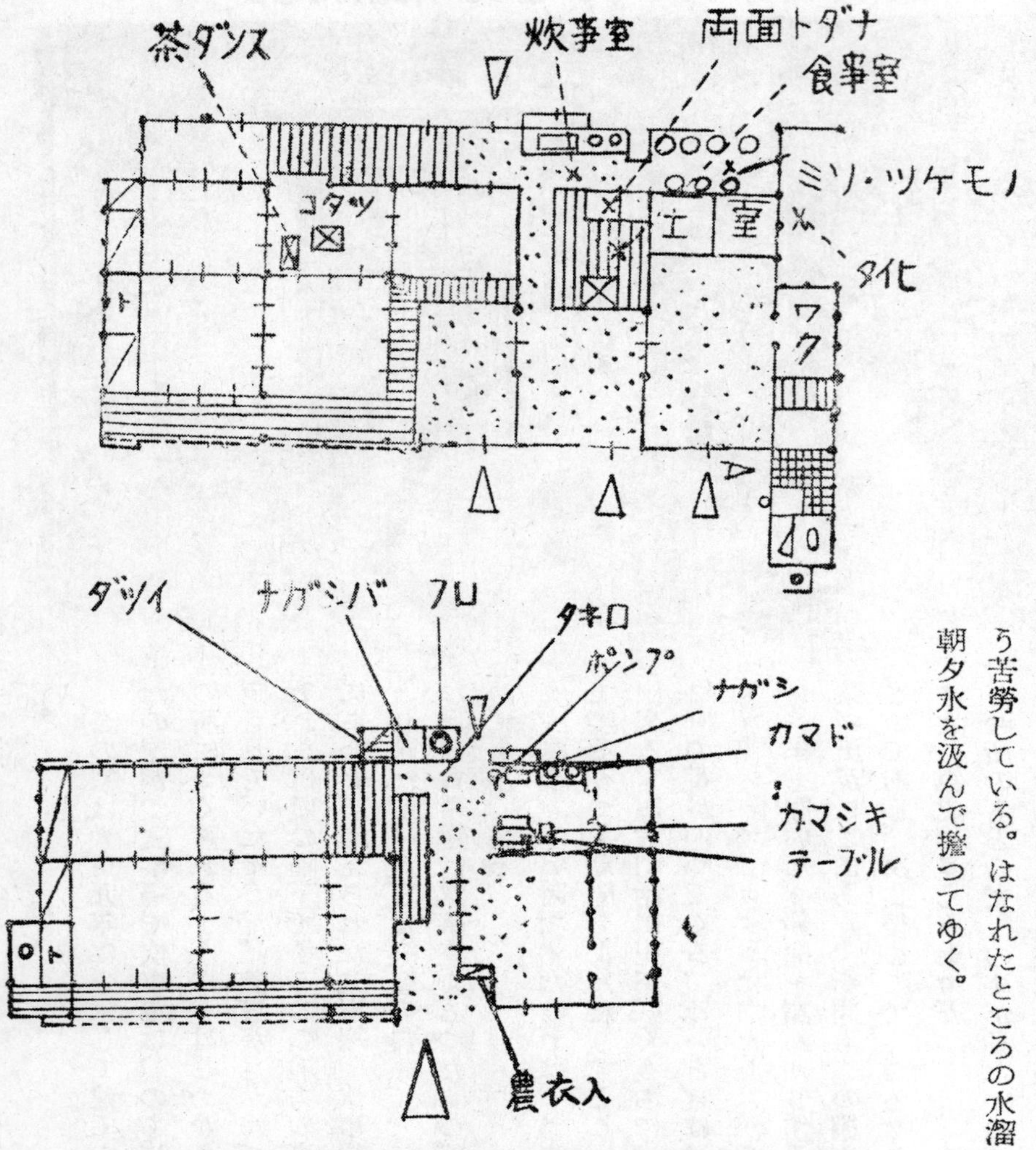

高間さん(上)と生品村(下)の改善された家の平面圖

今この字を起點として水道を建設する問題がおこつている。しかし水道のような共同出資、共同作業をしなければ建設出來ないようなものは、個々の人の努力で出來る台所設備の改善とちがつて、むづかしい社會問題となりやすい。この村でも水道問題はその例外ではあり得ないのである。

最近の改造例

以上は二十數年前建設され改造された台所の形式であつたが、終りに近頃盛に改造がやられている新田郡生品村の平面圖を紹介しよう。

圖に見られるように食事場は炊事場の中にとられ、テーブル式になつた。水は個々の農家で手押ポンプまたはモーターでタンクにあげている。一番特徴的なことはフロ場の位置が、上からも下からもうまく入れるようになつている。勿論タキ口も台所から管理できるようになつている。屋上のタンクでは、日射で水が温まり、冬は二五分、春は八分も燃やせばはいれるように湯が沸くとのことである。

1954(昭和29)年7月号

バクロウまかせから共同出荷へ。赤城牛を銘柄にした村ぐるみの取り組み

★群馬県糸之瀬村畜産研究会のすばらしい働らき★

和牛の肥育ですすめる新らしい村づくり

本誌記者

15万円の高値をよんだ勝見さんの牛

夏の半年は文字どおり体をすりへらして、やせ地に鍬をうちおろし、冬の半年は炭焼きや木の切り出し仕事でもなければ、前夏とれたものでほそぼそと食いつないでいく。これが山村農家の生活だ。これでは何年たつても余ゆうのでてくるはずはない。それどころか一寸不作にでもあえば、たちまち明日食うものにも困るみじめな目にあわされる。だから山村ではとくに副業が強く求められ、あれこれ試みる。しかしなかなかうまい仕事もなく、結局冬の間はじっといろりばたで雪のとけるのを待ちこがれるというのが多くの山村の実情だ。

ところがここ一・二年の間に農閑期を利用した和牛の肥育で、一躍芝浦市場の眼をみはらせ、近村近郷の注目をあびている村がある。群馬県利根郡糸之瀬村だ。この冬に肥育して四月に芝浦屠場に出した牛は、平均して一頭一〇万円以上の好成績。冬の農閑期の食いつぶしのなやみがけしとんだばかりか、ゆくゆくは関西の肉牛を向うにまわして、赤城牛の名柄をつけるのだと、村人の意気はまことにさかんなものがある。

☆雑穀つくりから牛の肥育へ

糸之瀬村は有名な赤城山の北山麓、利根の支流片品川の川ぞいにある。沼田町からは一里半ばかりはなれた山ぞいの地だ。水田は村全体で三〇町歩、一戸平均五畝にもみたぬわずかなもの。耕地はほとんどが畑で、約一〇〇〇町歩、農家戸数は約六〇〇戸というから平均耕作反別は約一町七反、山村としては大きい方だろう。

ところがこの畑のほとんどが北向に傾斜している。ムギもろくにとれないというひどいヤセ地なのだ。夏作はダイズ、トウモロコシ、ホウキモロコシなどの雑穀が主なもの、これ

といつてめぼしいものは何もない、ただ土地柄から養蚕はかなりさかんだ。それだけがいくらかまとまつた農家の現金収入源であつたわけだ。

これではだめだというので、戦後よそ村に負けずに、キャベツ、トマト、ハクサイと、いろんな野菜がつくられた。だが何分地力がやせた畑ばかり、どれもうまくいかず、結局もうからない雑穀作をつづけているより仕方なかつたという。もちろん、何とか冬のあそんで暮す期間を、食うだけのことはやりたいと、誰しも頭をいためてはいたわけだ。

ところが、村には六〇〇頭も牛がいる。しかも半分の三〇〇頭は毎年バクロウの手で売買されている。六〇〇頭といえば、村の農家なら誰でも、一頭は飼つているという数になる。ここに活路を見出そうと考えたのが勝見功さんをはじめ、いま村で畜産振興の推進力になつて活躍しているいく人かの人たちだつた。

糸之瀬村にこんなにたくさん牛がはいつているのは、大部分の畑が人家からはなれた山の中腹にあり、しかも耕作面積もかなり大きいので、役畜なしには農業がやつていけないからだ。農道がひらけないころは、馬の背にのせて、肥料や収穫物をはこばせていたが、だんだん農道がととのつて車が使えるようになつてからは、全部牛にきりかわつてきたのだそうだ。

この牛を夏は使役に使つて、冬の農閑期には、自分のところでとれた雑穀をエサにふとらせて売つたら……というのが、勝見さんたちの考えだつたわけだ。こうして二・三年前ごろからおいおい一部のすすんだ人達の間で和牛の肥育がはじめられた。

この動きは次第に村人の関心をあつめ、村当局も、農協も、和牛の肥育を発展させる仕事にのりだした。まず、有志をあつめて、畜産振興研究会がつくられ、肥育技術の研究交換がなされ、共進会がひらかれ、また畜産の技術者をよんで講習会をひらくなど、この会が中核となつて和牛の肥育を村ですすめる努力がつづけられた。

☆共同出荷のめばえ

一方販売の面でも、今までのようにバクロウにあなたまかせにしておくのでは駄目だというので、やはり、勝見さんを中心に、二〇人ほどの人達が共同出荷をやろうという考えをもつようになつた。こうしてはじめて昨年この村から前橋の県経済連の市へトラックで牛がおくられたが、それが全部一一万円を越える値に落ち、勝見さんの牛は一三万五千円という高値を呼んだという。この値段はこのあたりのバクロウが買つていく値段とは三万円からのひらきがあつた。それでも勝見さんはこの牛を売らずに引いてかえつた。

勝見さんが一三万五千の値のついた牛を村にもちかえつた時には、バクロウ連中は「そんな牛なら床の間にでもかざつておくがいい」と嘲笑したそうだ。しかし勝見さんはその後十五万円という群馬一の高値でその牛を売つたという。

以前バクロウがこの村の牛を戸別に買つていた当時は、どんなにいい牛でも一〇万をこえるようなものはなかつた。この経験から村の人たちも、バクロウがどんなにえらいサヤをかせいでいるかが身にしみてわかつた。

そのほかの例でも、この村の村長林さんの五歳の牛は昨年一二月の末にバクロウが来て七万円という値をつけ、これは利根郡一の値だとふいちようしたが、林さんはその後三ヵ月ばかり肥育して今春芝浦に出したときは、一一万で売れた。また根岸一雄さんの牛もバクロウが一〇万円にしか買えないといつたものが、県経済連の市に出したら一三万にもなつたという。

こうしたうごきの中で、たまたま講習会の講師として呼んだ松丸志摩三氏から、「村で共同で芝浦へ出したらどんなものだろう、やる気があるなら芝浦に知人もいるから渡りをつけてやろう」と話されたのがきつかけで、この四月には「赤城牛」と書いた赤だすきをかけて、はじめてこの村から一六頭の牛が芝浦におくりだされたわけだ。

☆芝浦屠場をおどろかした赤城牛

芝浦に出すのは、なにぶんはじめてのことでもあり、この成功のかげには、指導者たちのなみなみならぬ苦心がかくされている。

そのことについて、やはり村の畜産振興の指導者の一人である三八歳の青年村長、林さんはつぎのように述懐しておられた。

「はじめてのことですし、単価が一〇万からのものをうごかそうというんですから大変でしたよ。せつかく共同出荷で東京へ出しても、どうもうまくなかつた。東京まで持っていつたんで仕方なしに売つてきたといつて、青菜に塩で帰つてきたんじや、責任を追求されて村にもいられなくなつてしまいますからね。それに最初の共同出荷に失敗したら、もう今後共同出荷をやろうつたつて、誰もついてくるものはいなくなつてしまう。だからずいぶんていねいに前もつて市場のようすをしらべたりもしました」と。

出荷に先だつてまず林村長と勝見さんがみんなの代表になり芝浦に下しらべに行つた。そうして市場でのとりひきがどういうしくみになつているかも知り、会社の人ともこんだんをし、生産者がひどい目にあわされるようなインチキ取引の心配もないこともよくわかつた。その上糸之瀬村の人たちが、新興生産地としてこれからのびていこうと苦心している実情も荷受会社の方にくわしく伝えられ、会社としては出来るだけの便宜をはかろうという話しあいもついた。

このもようが共同出荷をやろうという人たちに報告され、それでは、というので良い牛ばかり一六頭が二車の貨車で出されることになつたわけだ。その総売上げは一六〇万五〇〇〇円。みなそれぞれかなりの値に売れ、喜こんで帰つてきた。この時にも、生体評価では折りがあわないと思われた二頭については、つぶして、むいて見て歩どまりがよければもう少し買いあげてくれと交渉し、この二頭もなかば希望の値に買つてもらつたという。

はじめて出荷された糸之瀬の牛のみごとさには、数多い牛をみなれている市場の方でも「関東にもこんなにいい牛がいるものか」とおどろきの声があがつたという。そしてこういういい牛が出来るなら、これから年間計画を立てて、切らさず出荷できるように考えては、という話にもなり、上京した飼主の人たちはみな胸をふくらませてかえつてきたわけだ。

☆肥育はどのくらいもうかるか

さてそれでは和牛の肥育はどれくらいのもうけになるものだろうか。それを勝見さんに聞いてみるとつぎのようなカンジョウだ。

勝見さんは十二月から肥育にとりかかり、その時手持ちの牛が二頭いた。一方は八〇貫程で、もう一つは七五貫ほど（肥育前）だつた。これを相場ぎりぎりのピンピン（百匁当り一一〇円ということ）にみつもると一七万五百円になる。その後年があけて、二月一日に五万円の牛を入れ、四月に合計三頭の牛を出荷したのが三三万五千円だつた。

その間にくわせたエサは、大ムギ・トウモロコシが一八俵（三万六百円）・モロコシ五俵（三千五百円）・ジャガイモ一〇俵（七千円）・クズダイズ七俵（一万四千円）で合計五万五千百円だ。

細かい計算を一応ぬきに計算して、ざつと五万九千四百円の収入が三ヵ月たらずの間にあげられたわけだ。

また梅沢さんの例では、七万一千円の牛を入れて肥育期間は一〇四日、その間のエサは大ムギ四俵・トウモロコシ三俵・ジャガイモ八俵・クズマメ一俵・ダイズカス二俵・コヌカ二俵・フスマ四俵で金額にして約二万六千円。この牛が芝浦では一三万六千円に売れたというから、差引き三万六千円の手間になつたという。

都合のよいことに、この地帯は雑穀作地帯なので、牛にくれる濃厚飼料やイモはほとんど全部自分の家でとれる。エサを買わずにすませるということは、畜産をすすめていく

【一口メモ】 役牛から肉牛へ　和牛の飼育目的は昭和三十三年では使役七七%、子取り用一三%、肥育用四%だったが、昭和四十年にはそれぞれ二五%、三六%、二八%に。耕うん機の普及と食生活の変化がその背景にあった。

上には、何といつても一ばんのつよみだ。

その上ふつうの牛は八・九〇貫のものだが肥育中は一五〇貫にもなるから、厩肥の生産量がえらくちがう。いままで畑につつたてゝくさらせてしまつたモロコシガラも、すつかり牛がふみつぶしていい堆肥にしてくれる。これがやせた台地の畑にいれられてゆけば、いままでできのわるかつた畑も、どんなにかよくできる畑になつていくことだろう。この点は畜産研究会の人もはつきり意識してやつている。林村長もこのことをつぎのように語つていた。

「畜産は肥育でよしんばもからなくたつてきゆう肥が相当にとれるので、この点も考えなきや、長つづきしませんね。きゆう肥を計算にいれないで、合わなきやよしちまえつていうんじや、とてものびるのぞみはもてません。山村では畜産をぬきに、どんなにあくせくしたつて、土地がやせるばかりで、結局作物もとれなくなりますよ」と。

☆勝見さんにきくふとらせるコツ

さて、牛をうまくふとらせるコツを、肥育の先輩である勝見さんに聞くと、こうだ。

(イ) もと牛のえらび方

まず肥育だけが目的でなく夏の間は使役するので、手足のガッチリした十分働らける牛をえらぶ。年令は四～五歳までの、まさに育ちきろうというところのものがよい。あんまりやせ牛で油のぜんぜんないようなものでは肥育をはじめても油がのりだすような体になるまでに二～三ヵ月かかつてしまうし、むりにエサを食いこませても、かんじんの肉も油もつかないで腹ばかり大きくなつてしまう。老廃牛をふとらして売るなんていうのは全々駄目で、十歳を越えたようなものは胃腹のはたらきも、かみかえしも悪くてエサばかりむだになるそうだ。

(ロ) よくふとるエサのやり方

エサのやり方といつて別にひけつがあるわけではない。ただ短期間に十分食いこませてふとらせるので、大ムギ・ダイズなどは煮て食わせるのが上手なやり方だ。めんどうだといつて粒のまま食わせている人もあるが、やはり、かなりむりに食いこませる面もある。こなれのよいように工夫してやらないと、食滞をおこしたり胃腸障害をおこしやすい。またエサの注意と同じぐらい皮膚の手入れは大切で、よくブラシをかけてやると冬でも汗ばんでくるほど血行がよくなるという。

(ハ) 売りどきのみわけ方

相場ももちろん考えなければならないが、牛のふとりぐあいからいつての売りどきをきめるのが上手に売るひとつのコツだ。肥育をはじめるとまず小腰に油がつきはじめ、大分油がのつてくると、今まで小さかつたキンプクロが、ふくれてかたくなりはじめる。十分にふとりきると、キンプクロはつけ根が開いて乳房に近いような形になるそうだ。大体この時期が牛のふとり加減の方からいつてちようど売りどきだという。

☆強い県経済連への批判

研究会の人達は、牛をみる目が高いばかりでなく、県や農協を見る目も高い。自分達が困難に体当りしてやつてのけていつているので、批判も実に具体的だ。芝浦へ一六頭の牛を出したときは、運賃は一頭当り六五〇円、お祝いの飲み食いした費用を含めても一〇〇〇円そこそこであげている。それに共同出荷とはいえはじめてでもあるので牛を出した飼い主は全部芝浦屠場まで牛についていつた。その費用まで含めても一頭当りの経費が、県経済農協連が扱うときの手数料より安かつたという。

研究会の人たちはみな農民の経済的地位を高めるためには、農協を強化しなければならないという考えを持つている方たちばかりだが、この点、つまり今の農協経済連が、一頭当り五千も六千もの歩合金をとらねば牛の販売を扱えないということには大へん批判が強い。

しかし村農協→経済連という自分たちの機関を本当に自分達のものにしていこうとする

正しい方向を見出していることに記者は感心させられた。というのは今回の芝浦出荷は、共同といつてもまあ同好の仲間が集つてやつたというわけだが、この秋からは少なくとも村農協を通しての出荷を軌道にのせていこうと考えているからだ。こうした生産農民の下からの押あげこそが、本当に農協を農家のものにしていく力であると考えさせられた。

☆バクロウの いやがらせもなんのその

畜産研究会の人たちのこうした活動は村人はもちろん、近くの村からも、いや利根郡全体の村々から注目されるものとなつた。一方この利根郡には登録されたバクロウだけで一二〇～一三〇人いる。これらのバクロウは糸之瀬村のこの空気が、どこの村でも強くなれば、全くめしの食いあげになつてしまう。そこでなかにはなんとかしてこの糸之瀬のもりあがりをつぶしてしまおうとするものも出てくる。

たとえば農協に対して「お前の所で牛の販売をあつかうのは違反行為だぞ」といや味の電話をよこしたり「畜産研究会の指導者連中は、うまい汁が吸えるからあんなに熱をあげているんだぞ」といいふらしたり、さらに「芝浦の会社は俺のとくいだから、俺をだしぬいた共同出荷なんか、先廻りして会社に話しをつけてぶちこわしてやる」などといいふらして歩いたものもあつたそうだ。

しかしこんな中傷ぐらいではもう糸之瀬の畜産研究会はビクともしないまでに実せきもあげ、生長もしている。

林村長はじめみなが声をそろえていう。

「なあに、バクロウのおどかしぐらいじやもう糸之瀬の畜産振興の芽はとめられやしませんよ。口先でいくらけなされたつて、実行で実さいの成果をあげていけば、村の皆さんだつていつしよにやつてくれますよ。糸之瀬の畜産振興会の中には勝見さんのように牛の見方だつてバクロウよりもたしかなものもいる。もう昔のようにバクロウのいいなりになつている時代じやなくなつているのです」とこうしたバクロウのいやがらせを明るく笑いとばしている。

今秋から来年へかけては年間出荷計画をたて、継続的に出荷できるよう肥育をすすめていこうとしているし、また近くの池田・川場・臼根などの水田地帯では、三歳牛をいれては一年飼つて四歳になると、もうエサがたりなくてバクロウに手ばなしているところから、これらの村々もまきこんで、これらの四歳牛を糸之瀬で肥育しようと考えてもいるという。

この大きな構想を目標に一歩一々力づよい歩みをはじめた糸之瀬の畜産振興研究会に、一層の栄光がもたらされるよう祈つてやまない。

（斎藤　博）

（これは糸之瀬で畜産振興研究会の指導者の方々と持つた座談会の中から、編集したもので文責は編集部にあります。）

【「読者のページ」から・一九五四年九月号】

躍進を望む

新潟県田尻村　内山熊治

農山漁村という言葉から連想されるものは、貧しさと無智である。無智とあれば、主権者が自分たちであるものともわからず、政治はお上のやることとあきらめ、娘を売っても政治の批判は行わない。無智はいつ果てるともなく貧しさとのどうどうめぐりになっている。

私は『農村文化』が、無智と貧しさを追い出す原動力となることを切望する。そのためには数多くの農山漁村で読まれなければならないし、働く人を対象としなければならない。

農村向某誌の如く、押付け的時局記事、表面をなでまわした農業技術記事、エログロ式映画紹介、マタタビ読み物であってはならない。働く者、購読誌代さえ楽ではない者の味方として、『農村文化』の躍進を望む。

愛媛県富田村。飼料基盤の弱い水田地帯でのエサ確保の工夫と、農家の利害を背負う酪農組合の奮闘ぶり

水田酪農に成功した村

編集部

近頃、方々の村で酪農熱がふたたびさかんになつてきたようです。同時に酪農經營の合理化が注目されてきました。しかしこの酪農も過去にたくさんのにがい經驗をつんできています。それは、酪農が農業の中に深く根をおろしてなくて、收益だけをねらつた畜産におちいりがちであつたためと、農民の團結が不景氣を乗りこえる程の强さをもつていなかつたからでしよう。

ここに記者は、愛媛縣でも有名な酪農地帯、しかも「水田酪農」という苦難の道を立派にのりこえて、相當の成績をおさめている富田村にその目を轉じてみることにしました。

☆五五圓の乳價も自分たちの力で★

田六反畑六セで乳牛三頭

今治市から一駅へだてて縣下名だたたる米どころ、ここにも初夏に降りつづいた長雨にメイ虫の害が出はじめている。だが早くもおこなつたホリドールの共同散布で緑のイネはスク〳〵とその成長もめざましい。「考える村」と呼ぶのにふさわしいここ愛媛縣越智郡富田村に、村上佳宜さんをたずねてみる。

庭に地虫をあさる二〇数羽の鶏をかきわけて、いま搾乳に忙しい村上さん夫妻のもとへ近づく。シュッ！ シュッ！ と小気味よい搾乳の音の合い間に村上さんの声がはずんでいく。

「……もうそろ〳〵アガリでしね。一回七升ぐらいしか出しません。やはり朝は、これも(乳牛をさして)私も気持がよいのでしような、八・九升は出しますが。少し前は二斗三升出しましたよ。」

雑牛で二斗三升、相当なもんだ。

牛舎をのぞいてみる。風とおしのよい眞新しいほど清潔な小屋に、子牛が一頭、ハラミ牛(高等登録牛)が一頭つながれている。

「この雑牛はとなりの周桑郡から私がつれて来たもんです。とてもよく乳を出してくれますよ。一二五、〇〇〇円でした。牛舎の中の牛は今初産ですが、北海道から購入しましたどの位乳を出すか今からたのしみです。資金は補助金が五万円、のこりは自己負担ですが困ることは購入する縣を指定されることです。こちらの方もいろ〳〵事情があることですし、一番困るのは指定縣の業者にゴマかされることとですよ。ずいぶんこの地方でも雑牛を登録牛だといつて買わされた例がありますからね。それにこりてか、こんどは縣の指定はよしてくれましたが……」

搾乳の終つた乳房をきれいに溫湯でふきとつた村上さんは、そこでホッと一息……。

「兄が戰死してから私と家内とが農業をやつてきましたが、わずかばかりの田畑では生活もうまくいきません。そこで乳牛を飼つたわけですよ。以前は養鶏もだいぶやつてみましたが、卵價の値下りで乳牛一本やりにきりかえました。これからの農業はよく多角経營の道を考えて、せまい面積の中でもよりよく利用するようにつとめなければなりませんね。しかし何といつても——どこでもそうでしょうが——ここのような水田地帯ではエサの問題が一番なやみの種です。ことに、私のよう

な田畑の少いところでは、とても苦心します。」

そういう村上さんの耕地は田が六反、畑が六セだそうだ。

作付計畫はしんちように

村上さんは、その苦心を次のように語ってくれた。

「私も作付計画には、いろ〳〵考えて間作輪作もやってみましたが、なか〳〵うまくいかんもんですね。はじめムギの中にレンゲをやってみましたが、そのレンゲも緑肥ていどしかとれずそれならムギ一本やりで反収一〇俵あげた方がまだましです。結局、私のところでは間作より輪作に心がけています。」

第一図　作付計画

種別		1月	2月	3月	4月	5月	6月	7月	8月	9月	10月	11月	12月
畑	3セ	ソラマメ				青刈 ソラマメ						ソラマメ	
6セ	3セ	ダイコン					サツマとダイズ混作				ダイコン		
田	5セ	キャベツ				スイカ			トウモロコシ				キャベツ
	1反	小ムギ、ソラマメ間作					イネ(農林8号)				小ムギソラマメ間作		
	3セ	レンゲ						イネ(農林18号)					レンゲ
6反	3反7セ	小ムギ						イネ(農林18号)					小ムギ
	1反2セ	大ムギ						イネ(京都旭)					大ムギ

そういって、第一図の作付計画をみせてくれた。畑が少いので、水田裏作の利用に苦心していることがよくわかる。

六セの畑の中、三セをエサの専用畑として、せまい土地を高度に利用しているわけだ。

四月上旬にまいたトウモロコシを六月上旬から中旬にかけて青刈りし、その畦肩に五月下旬播種したトウモロコシを七月下旬に青刈りする。さらにその畦肩に七月上旬播種したトウモロコシは一畦おきに九月中旬青刈りし、残りの畦は十月下旬にかけて実とりをやっている。

このような青刈トウモロコシの三回取りは土地をひどく疲れさせてしまう。

そこで、村上さんはその後作にソラマメをもってきて、地力の増進をはかっているのだ。九月中旬に青刈りしたトウモロコシの畦にソラマメをまいて、これを十二月下旬から二月下旬までの間に刈り取って、その後の発芽再生力によって開花、実のらせて青刈り実とりを両立させている。次に十月下旬実とりをしたトウモロコシの後作は、ソラマメの厚播きとし、後でこれを間引いて株間一尺に整え実とりを行っている。このようにトウモロコシの三回取りや、ソラマメの青刈り実とり兼用栽培ができるのは、堆肥を十分活用出来る有畜農家の強みだ。

第二図は以上のべた三セのエサ専用畑の生産状況を図で表わしたものだ。

また次のページの第一表は愛媛県での青刈り実とり兼用栽培の実験成績だ。参考のためにのせておこう。

さて、畑の残り三セは夏作のサツマヅルをエサとして利用しているだけ、後作にダイコンや菜類、さらにジャガイモをつくっている。

このようにせまい畑を高度に利用しても、

第二図　トウモロコシとソラマメの輪作

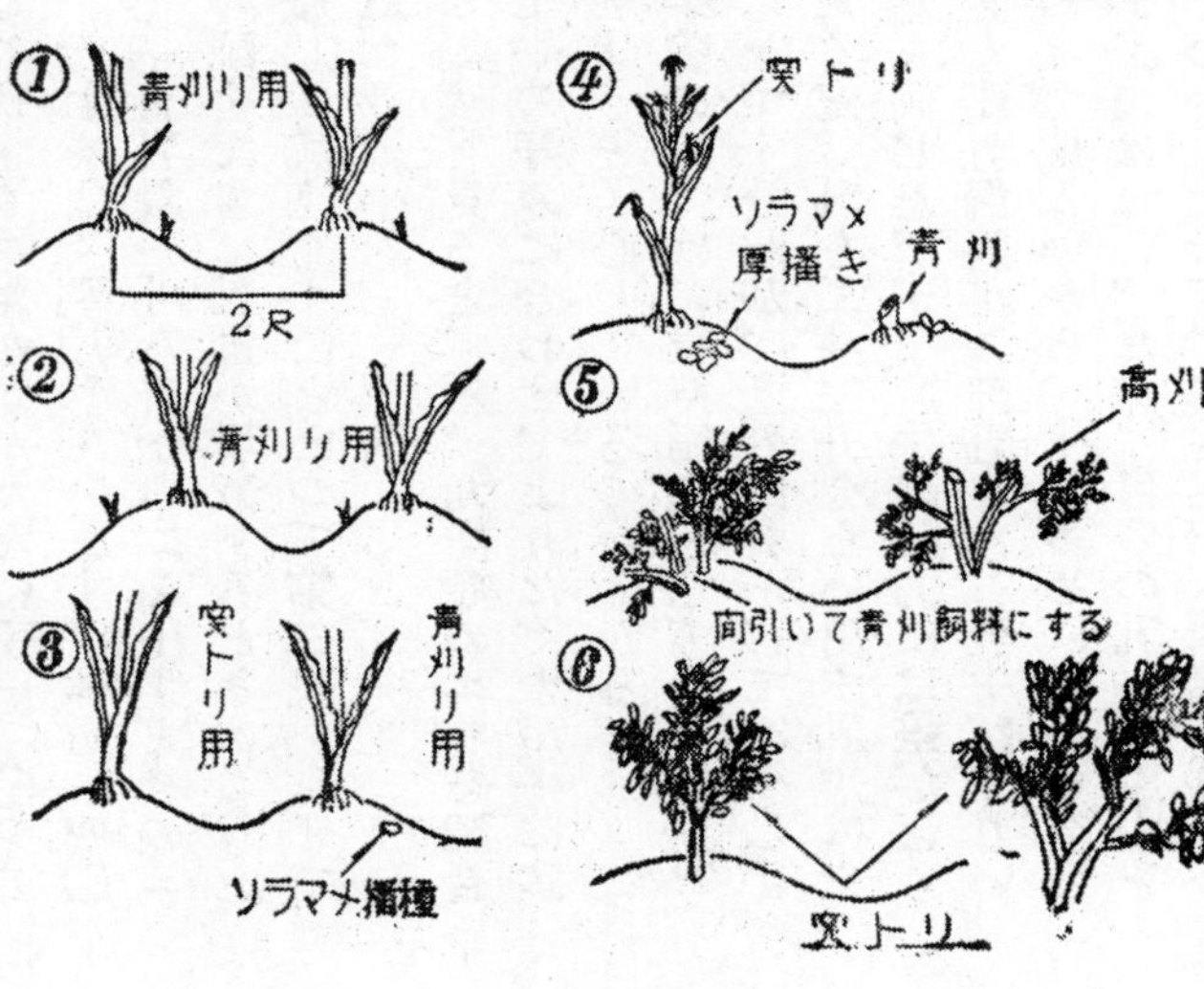

第一表　ソラマメの青刈、実とり兼用栽培の成績

種類	早生ソラマメ		在来種	
	青刈反当収量	実の反当収量	青刈反当収量	実の反当収量
月　日	キロ	斗　升	キロ	斗　升
12　28	788	8　4	1015	7　7
1. 28	1459	7. 8	1269	5. 7
2. 14	1440	7. 6	1540	6. 4

三セの青刈トウモロコシではとうてい三頭の乳牛のエサには間に合わない。そのため五セの田をつぶす結果となつている。スイカ畑としてつぶした田の中に八月五日トウモロコシの種をおろし、八月一五日のスイカつるあげ直後水入れをしてトウモロコシにうるおいをもたす。

次に、水田裏作は三セだけレンゲを作つて、青刈ソラマメの他に、冬のエサ用として、作付用地を予定している。「ムギを作つた方が得なのですが……」と村上さんはいうが、冬期青草のとれぬ水田地帯のなやみがここにあるのだ。

一反の水田裏作は、小ムギとソラマメの間作だ。小ムギの畦巾を三尺一寸としてその間にソラマメの畦を設け、ソラマメは厚播きし、後間引いて青刈飼料としながら、株間一尺五寸にして実とりを行つている。

残りの水田は、裏作としてすべて小ムギと少量の大ムギとにあてている。

またこの作付計画の中に、労働の平均化ということが深く考えられていることを見のがせない。

村上さんはこれを次のように説明してくれた。

「私のところはごらんのとおりの小さな経営面積しかもつていませんので、それほどのことはありませんが、ズボラ植えなど入りまぜて田植時の労働の繁雑さをふせいでいます。直播や早植えなども考えていますが、近頃二四―Dやホルドールなど、便利な農薬が出てとんほうにたすかります。ズボラ植えもとてもやりよくなりました。田植えと同じく忙しいイネ刈り時も、品種のおりまぜ方でうまくいきます。例えば家では、早生の農林八号を一〇月一〇日頃刈ると、次には中生の京都旭がその二〇日後、晩生の農林一八号がそのまた一五日後に刈るといつたあんばいです。これによつて、また後作に彈力性がついてきました。

酪農も農業経営の一部分。作付計画の中にも、労働の平均化や土地利用と上手に考えて、合理的な設計が立てられているといえるだろう。

エサもしんちような算盤の中から

さて、田のアゼ草が利用出来る夏はともかく、それにたよれない冬の間が青刈ソラマメだけというのでは、当然イナワラを利用する結果となる。

では村上さんはどんな配合でエサを与えているだろうか。

「ここはトウフ粕がかんたんに手に入るので、それをよく利用しています。体重一四〇貫で一日乳量一斗八升から二斗出すときのエサの配合です。乳量が増減するときはこれを加減して与えます。」といつて第三表をみせてくれた。

この表を見ると、八、九種類のエサを配合して牛の好みに合わせ、よりたくさん牛に食わせようと苦心しているのがわかる。

栄養の点では、維持飼料としてワラ、青刈、フスマで十分だが、産乳飼料としては少しぜいたくだ。乳を二斗三升ぐらい出す乳牛にやる星と同じだ。が、乳牛の能力には差があり与えた産乳飼料が全部乳となる乳牛ばかりいるわけではないから、少し多めに与えることはムダではない。ただ、自分の乳牛の能力をよくつかんで計算すべきだ。（本誌九月号畜

産キソ講座参照のこと）

第二表　エサの配合（一日給與量）

生体重　一四〇貫

生産乳量　一日一斗八升〜二斗

飼料名	数　量	1貫当りの値段
トウフ粕	5貫	20円
大ムギ（ヒキワリ）	700匁	105.
小ムギまたはフスマ	300	170.
ダイズ粕	300	80.
米ヌカ	500	59.
ビートパルプ	500	
青刈トウモロコシ	3貫	
ワラ	1貫500匁	
購入するエサ代		303

「私はエサをけん約するよりも、どしどしくれてたくさん乳をしぼる主義でして、そのため昨年は一頭乳量年間三〇石くらいでした。今年は四五石を目標にしますよ。」

大へんないきごみかただ。

「購入飼料費も相当かかりますが、乳價が一升五五円ですから十分さい算がとれますよ。」

一升五五円。他の地方の四〇円前後にくらべると大変なひらきがある。

いまかりに村上さんの一日の購入エサ代を出してみると、三〇三円六三錢になる。二斗出したとすれば、一一〇〇円で、その差額は七九七円三七錢。もっともこの差額はまるモウケではない。この差額の中には、自給飼料費、労賃、乳牛、厩舎、附属機具の減價償却資本利子、その他こまごまとした経費の他に不泌乳期間中の乳牛の扶養費がはいっていることを忘れてはならない。

ただ、賣乳収入の半分のエサ代でやっていけば、うまく経営しているといわれるが、村上さんの場合も自給飼料費あわせて乳収入の半分以下でうまくきりまわしている。一升五五円の乳價がその予算にうるおいをもたせてくれているのはもちろんのことだ。

さて、一升五五円という乳價はどうやって生み出されたのだろうか。

農民の利害を背おう河南酪農組合

ここ富田村を中心に、櫻井町、清水、上朝倉、下朝倉村等、近在七カ町村にまたがる酪農家の利害を一手にひきうけて立っている――これが河南酪農組合だ。

富田駅から一〇〇メートルとはなれていない。そこに、みるからに貧弱な木造の三階建一本の煙突から煙がのぼっている。これが、当組合の事務所兼乳処理場。外観は大へんおそまつなボロ倉庫という感じ。しかし、だんだん聞いてみると、この木造のバラック建てがどんなに美しくどんなに立派なビルデングにもましてよいものか、その價値がわかって来た。

組合のケン身的な努力と自主的な経營が、その美しさであり立派さであったのだ。無軌道でなく、ガッチリ農民の中に根をおろしている組合――どこにでもあるようでなかなかそういう組合はないものだ。

河南酪農組合長砂原鶴松さんに、いろいろ話をきいてみよう。

当組合の発祥地である富田村は、水田三四〇町歩、畑四〇町歩の水田地帯、現在村には約二〇〇頭の乳牛がいる。その生産乳は市乳あるいはバターとして地元今治、新居浜両市はもちろん、遠く阪神地方にまで出荷しているとのことだ。

毎朝組合のオート三輪が組合員の家をまわり、乳を集めて歩く。集めた乳はすぐ加工場で加工されるのだ。

さて、この富田村で水田酪農がはじまった動機はどうであったであろうか。

「戦後の農村インフレでその余剰経済が不健全な方向に、例えばただただ高價な衣料費やガランと大きな家の建築費に、また遊興費に無駄使いされているのをみて、私はこれを健

【一口メモ】　酪農家数　昭和三十五年（一九六〇）頃がピークで約四〇万戸。一戸当たり飼育平均頭数は一・七頭、草地酪農、畑酪農、水田酪農、粕酪農など形態も多様だった。二〇〇六年は二六六〇〇戸、平均頭数六一・五頭。

全な農業経営の中に織り込んでゆかなければ駄目だと思つた」という。当時砂原さんは村長でもあつた。

昭和二二年のこと。砂原さんの提案に五〇人が賛同した。しかし、一度に乳牛五〇頭をいれるということは生やさしいことではないが、結局農協に半分支援してもらい、半額を自己負担することで、北海道から一頭平均六万五千円の搾乳牛を一時に導入することに成功した。

「それからが苦難の道だつた」と、砂原氏は当時のもようを次のように語つている。

「御存知のように酪農に限らずすべての事業はその草分けが大へんなものです。さいわい私は方々に少し知已をもつていましたので、割合都合よくはこぶことが出来ましたが、組合員の利害の上にたつてみると、どうしてどうして……大へんなものですよ。経済的にもずいぶん苦労してやつてきました。組合長の月給ですか？　これは最近やつともらうようになつたくらいで二万円程度ですかナ。その前はほとんど無報酬でネ。ウチの人件費なんて話にならんくらいです。だからこそ、外國バター輸入問題の一大危機ものりきることが出来たのです。ともかく組合の團結と自主ほど力強いものはありませんナ。よく皆が協力してくれるので助かります。ですが、私は今でも工場監督から外交員までかねて、とび廻つていますが、出張からこまかいことまで最低実費弁償主義でしてナ、人件費はわずかなもんです。だからこそ組合員農家に五五円の乳價が拂つていけるんです。」

たしかに乳業会社買入れの四〇円前後にくらべると、この組合の五五円は相当高い。

「酪農だけをうき上がらせないように、農業経営全般の問題として、じつくり根をおろしたものにしようとつとめています。例えば労働の平均化には、直播栽培、早播早植をすすめて田植時の繁雑をふせごうとしています。二四、Dなり自動耕耘機なり、これが経営を合理的にすすめていけると思えば、どし〳〵取り入れるべきですネ。しかしなんといつてもわれ〳〵水田酪農にはエサの問題が一番でして購入飼料には頭を悩ましますネ。その点中共貿易でも開かれて、早く安いエサがどん〳〵手に入つたら……と考えています。自給飼料の点でも皆いろ〳〵苦心してやつています。」

生産乳の方は地元今治、新居浜両市の消費量が増加して来た現在、好調の波にのつて来ている。しかも遠く阪神地方の出荷も相当量ふえてきているので、不足がちだと嬉しい悲鳴を上げている実状だ。

「われ〳〵農村は時期によつて集荷乳の量にひどい増減があつて、好條件な注文があつてもこれに應ずることが出来ず、泣き泣きお得意を逃がすことがあります。だから一頭主義から現在は二頭主義にきりかえました。

二頭飼育すれば、それによつて使役の方も合理的にいくし、しかも二頭を交互にハラましていけば、一年を通じて一定の乳量を確保出来るというもんです。それでもまだ〳〵不足ですから、村内にもどし〳〵導入していきたいと考えています。ただ導入する場合、私は成るべく高くても搾乳牛を入れるようにつとめています。なぜなら貧農は資本を少しでもねかしておくことは出来ません。明日とはいわず今すぐに生産にとりかからねば、なんにも出来ないからです。子牛導入なんていわれても、私はうなずくわけにはいきません。そんな気長なことは、余ゆうのある者のやることです。」

なお砂原さんは将来の計画をこう語つた。

「私はいま東予（愛媛縣東部）の酪農の合併を考えています。なにしろ大資本に対抗するためにはぜひ必要なことで、現在の中小企業の悩みを解決するためにも……。そうしたらこの小屋ではせますぎますな……。」

いつ果てるともない砂原さんの夢は、農民の利益をのせた力強い力となつて前へ前へとすすんでいくことだろう。（鈴木）

1955(昭和30)年1月号

「五反以下の農家が、どうしたら生活が自由になるか」を基本に、村の進む方向を見つめた青年団の活動

村の実態調査をキソとした新しい村づくり

長野県大田村連合青年団の活動記録

一、読書会を中心に高まつた青年運動

私達の村は、千曲川が長野県から新潟県に流れこむ少し手前の山に囲まれた地点にあり以前から文化活動がわりあいさかんなところであつた。

戦前よりひきつづいてきた読書会が、会員の人間的自覚の成長につれて、新緑会という農事研究会へと発展したのは、近くの村々にも研究会、読書会がさかんに作られはじめた戦後間もないころであつた。

全戸数七百三十八戸、うち農家戸数六百四十三戸、平均耕作面積、田六反三畝、畑三反三畝。この代表的な積雪地という不利な自然条件におかれた、まずしい水田単作地帯で、どうしたら豊かな経営をやつてゆけるようになれるのだろうか？　このことを真剣に考えた新緑会が、まずはじめに取組んでいつたのは土地改良の問題であつた。

村民への説得、国や県への陳情など、いく年にもわたつて困難な運動がつづけられた。この青年達の熱意によつて、村の農業をすすめる上に土地改良がどうしても必要だということも、次第に村民の間に理解されるようになつていつた。そしてついにこの運動に沿つて、村の人々の力を一つにあわせることに成功し、近接五ヵ村にまたがる下水内郡中部地区土地改良事業が認可になつたのは昭和二七年のことであつた。

さらにまた、新緑会は村に有畜営農を取入れるための一つとして、村有乳牛の貸付制度を村当局に働きかけ、第一年目には二〇頭の乳牛を無家畜農家を主な対象として導入すこるとに成功し、村長の選挙では土地改良に熱心な候補（現村長）を支持して選挙活動を行えるような政治的力も持てるようになつた。

このようにして新緑会を中心とする私達村の青年の活動は他の村で一時盛んだつたいろいろな読書会や農事研究会が次第にくずれて行く中でもいつも実際の行動にささえられて伸びてゆき、青年達は行動の中から成長してきた。しかし、ＭＳＡ協定によつて政府の農業政策が、農業を破壊する方向に進み出す一方、今まで青年運動の中心だつた新緑会の人達の多くが乳牛を飼い酪農組合に組織され、農協青年部も作られてきたので、私達青年の活動も、今迄よりもつと底力のある方法をとらなければならなくなつてきた。

二、講演会を実のあるものにする新しいこころみ
——村の実態調査計画——

昭和二九年の四月に青年団と酪農組合共催で畜産の講演会をやつた時の事であつた。講師のＨ先生からの話に勇気づけられた青年団では、夏季農業講座もかねて、五、六人の学者の調査団に来てもらい、村の実態調査をはじめる計画をたてた。

私達の村は以前から有名人の講演会が多く

あり、これまでにもたれたものでも歴史学者のＦ先生、農学者のＫ先生、農業評論家のＫ先生、婦人問題のＭ女史等々かぞえ上げると十指に余るほどであつた。このような講演で、村の者は個人的には教えられる所も少なくはなかつた。けれども、それが皆んなのまとまつた力となつて残らないで、講演だけに終つてしまつていた。そこでこの面からも、今度の調査、講演を皆んなの力で青年達の活動を進めて行く上の土台石にしていこうということが考えられていた。

講座の予定期日の一月前、七月の末ごろには、青年団の中に私達の夏季農業講座特別委員会が女子四名男子二一名で作られ、第一回の会合が持たれた。

「今までの講演では、聴講する者が、個々ばら〳〵に講師とつながつて、自分一人だけで考えるのにとどまつていたのではないか」

「そういうことになるのは、講座の内容が本当にみんなの聞きたがつていることと、かけはなれていたからではないか……」

等々、会合はまず、前の講演会の反省からはじまつた。そしてこの討議の席に、講演会の準備のために、東京のＨ先生と連絡の任にあたつていた青年団長のＦさんから、「こんな手紙がきているんだが……」といつて、Ｈ先生が他の先生達と、この村の調査と講演について話しあつた結果をしるした手紙がさしだされた。その手紙の内容は、

『村へいつて、調査と講演をやるというが村の実態調査というのは学者がいつてやるものではなく、これをすすめていくのは村の人たちだ。村の人達が自分達の村を何とかしなければいけないという考えで、調査をしていくこと、そして調査しようとする身がまえを自分の中につくることが一番大切だ。

学者は調査をすすめる方法についてや、調査を村の発展に役立たせるようにまとめることに協力することしかできない。また、ただ夏季講座というので、講演するだけなら、わざわざ村へ行つても仕方がない』

という意味の文面であつた。

そこで、このことについて皆んなで話しあつた結果(1)調査や講演の中心になるのは講師ではなく、私達村民にあることを皆んなで自覚するようにしなければならない。(2)そのために村の中にある問題をとり上げ調査し、それについて講師の先生達と考え、講演をしてもらう。(3)私達委員は、問題をとり出し調査を通じて、村民と講師を結びつける役割を果すのだ。という事になつた。そして今村の中で何が問題になつているかを委員が全員で聞いてきて、それをもとにして調査の方針を出すことに決つた。

ところが、私達委員は新緑会や青年団で前から活動していた二、三の青年団役員をのぞけば、ほとんどが青年団へ入つて間もないので、問題になつていることを聞くといつてもどうやつて良いかわからないという意見が出された。

「夏季講座やるから何を聞きたいかつて聞いたらどうだ」。

「いや、そんなあせつてもはじめつから農業講座なんていやあ、相手にしてくれねえ者もいるから、イネのできや、牛や鶏飼いのことから話をすすめて行けばいいと思う」。

こんな話し合いの中から、各家ごとにイネ作りや炭やきや乳牛等その家で一番力を入れていることから茶呑み話にでも話の糸口をつけて行き、一人で一軒でもいいからその家で一番困つていることや真けんに考えていることを聞いてくることがきめられた。

前にいろいろな調査を経験している人達の体験も交えて出され、始めての人も何とかやれそうだと思えるようになつた。

三、村の実態調査はこのようにすすめられた

二回目の会合では一人一人聞いてきた事を発表し、それぞれについて真けんな討論がなされた。ここでは、土地改良の問題が青年団で対策委員会を作り熱心に考えられているせいもあつて一番多く出てきた。そして、本当に自分達の部落に水がくるかどうか、またこ

この排水工事はいつになつたらできるんだろうなど、事業の内容や見通しについて村の多くの人達が不安な気持でいることが明らかになつた。

「これはまだ事実の内容が一般の人に知られていないからで、新聞や話し合いでもつと村民をけいもうすればよい」。

「しかし土地改良事業が認可になつてから三年にもなるのに村の人がこういう考えでいるのは、他にも原因があると思う」。

「これはたしかに問題だが、このことはこの村の総代や、理事と考えるべきで、遠くからきた先生達に話してもわからないと思う」。

こうした話しあいの中で委員の中にも調査は講演ためにやるので、講師の先生達に調査から出た問題を解答してもらうのだという考えが強くあることがはつきりしてきた。

はげしい討論が続けられ、調査は決して講演のためにだけやるのではなく、村をどう伸ばして行くかを村民で考えるため行うのだから、どんな問題でも村の中にあるものをありのまゝに出して、どうしてこうなのか、を学者や村の人達と一しよに考えて行こうという私達委員会の方向が出された。

略農の問題、イネ作り、農閑期の現金収入についての問題もそれぞれ討論された。生活改善の問題ではカマドまで改善しても私達の生活が楽にならないという女性の訴えがあつた。この討論の中から、どんなに改善してもどう働いても楽にならない生活を、どうしたら豊かにできるかという見方で、調査を進めて行こうという考えが出された。そして、村全体の実態調査と個々の農家についての実態調査を行うことになり、委員会は二つにわかれ、各々の調査案を作成し、ふたたび合同委員会で調査項目が決められた。

各農家別の調査は第一表のように決められた。各委員は部落へ帰つて青年会を開き調査と講演について部落の青年会員で話し合い、調査は青年会員全員の手で行われ委員の手で集計された。

第一表

I	経営主の年齢及び家族人員
II	経営の概要
III	生活状況
IV	収入支出の順位
V	現在のやりたいと思つている事
VI	土地改良、農協、夏期講座についての意見（細部は省略）

四、調査の結果あきらかになつた問題点

村全体の実態調査は役場と農協で行われ、そこからは、農協の貸出が昨年よりずつと増えているのに、預金もまた増えつゝあることがわかつた。つまり、村の中で貧富の差がますますはつきりわかれて行く傾向がはつきりあらわれた。

個々の農家の実態調査は、村民の本当の声を聞くために、聞き取り調査の方法がとられたが、割合に大きな経営の家ではほとんど調査に関心を示さなかつた。多くの意見が出たのは中以下の農家だつたが、調査に一番協力してくれたのは、もつとも経営条件の悪い、その日ぐらしの人達であつた。

委員会での話し合いの中で一人はこういつていた。

「おれの行つた家は田畑合せて四反そこそこなので、親父さんは村の横貫道路の人夫に出てるんだが、収入は何が一番ですつて聞くとちよつと待つてくれといつて家計簿迄持つてきてしらべてくれた。家計簿だつてボロ紙をつづり合せたもので、ガサガサのなれない手つきで計算してくれたが、三〇羽の鶏の生む卵が一番だという事になつた時、おれ、なんとつていいかわからなかつた」。

このような問題がつぎつぎに出てきた。四反未満で家族が八人もいるのに供出米が収入の一番の家、季節的な日雇いの労賃が一番の収入になつている家、またこういう家では支出の面で税金が一番になつているのが多い事が問題になつた。

「これは簿記をつけている家が少ないか

【一口メモ】 青年団　終戦後、青年団の民主化が図られ各地で続々結成された。団員数は昭和二十年代後半にピークを迎え約四〇〇万人。大半は農村で、連合青年団と呼ばれる郡・市町村青年団で構成される連合組織もつくられた。

ら、実際は飲食費が多いのに税金が支出の一番だというのは単なる感じに過ぎない」。

「いや、感じというより支出の面で税金は一番の負担になつている事だと思う」。

「これは事実だ。これらの家では生活を切りつめて飲食費も足らない位にするので税金が金額としても一番になつているのだ」。

こうして討議が深められる中で、われ／＼は次のようなことがだんだんはつきりしていつた。

(1)貧しい農家では借金をするにしても、返すあてがないから、金を借りている家とは昔から親分子分の関係がつづいている。

(2)このため選挙の時などは親分の家のいうままに投票させられ、自分の仕事をほつておいても、手伝にいかなければならず、いつも頭があがらない。

(3)このことは主人ばかりでなく、その家の青年たちにも自由な活動を出来なくさせていた。青年団が教育委員の選挙に部落の推せん制をやぶつて、独自な候補をたてた時も、こういう裏面の力が、青年団の活動を非常に阻害していたのであつた。

こうして、われ／＼の一人々々に、貧しい農家が誰にも気がねしないで、人間として自由な行動をとることをじやましているいろいろな問題が、同時に青年団が自主的な活動をやつていくための障害となつているものであることも明らかにされた。

水田耕作面積が五反以下の家は村の農家戸数の半分を占めている。この人達がどう生活しているか、どうしたら生活が自由になれるのかを考えることが、村の進む方向を見つけ出すのにも、また青年団活動をより活撥にするためにも、一番必要なものになつてきた。

まずこの人達の収入を増やす面からも村として有畜営農をもつと進めて行こうという問題が出されたが土地の少ない人は家畜を飼つても経営と結びつかないという考えが委員の中にもあつた。そこでその点を中心に討論がなされ、現在乳牛や鶏を飼つている人は大部分購入飼料にたよつている、だからこれでやつて行けるなら土地の少ない人でも同じだから経営に結びつくという事を土地の面からだけ考えるのは間違いではないか。土地のない人が家畜を飼うことによつて、採草地や飼料畑が実際に必要になつてきて、山の採草地化開こん等をやろうとする相当の力になるのではないか。そしてそのために次の調査が必要になつた。

一、現在飼われている家畜の生産費調査。

二、無家畜農家は何故現在家畜を飼つていないか。そしてこれらの人達は各々自分の経営をどう伸ばそうとしているか。

この二つの調査は色々な経営の中にある問題を有畜営農をもとにして出して、行こうとするものである。

五、全村をあげての協力で むかえられた夏季講座

調査がこのように進む一方、この夏季講座が公民館の事業として村中の手で行われる様になるために、公民館や農業委員会、農協等への働きかけが必要になつてきた。公民館産業部長のYさんは『公民館は村民の考えがどこにあるかを調べ、それに合つた事業をやつていれば良いので、今度の様な、村の方向を考えたりする指導的な調査、講座はやるべきでない』という意見の公民館関係者を真けんに説得してくれた。農協青年部が積極的に協力し、講演の日程が、青年団、農協青年部、公民館、婦人会、農業委員会の合同会議で組まれることになつたのもYさんの熱心な活動による面が多かつた。Yさんはこういっている。

「自分が、公民館の人達の前に一人で頑張れたのは、青年団の特別委員会に出席して、毎夜一時二時迄も真けんに討論を続ける委員の人達といつも一しよであることを確信したからです」と。

小中学校の先生も全面的に協力してくれ、定時制高校では、ふつう午後からはじまる授業を、講演会の三日間は、朝から授業として講座に参加することをきめた。このような調

査と講座を通じて結びついた、村中の人達の団結は、講師の五人の先生方をも強く動かさずにはおかなかつた。

夜汽車から下りるとすぐ座談会に出席し、夜行の疲れを休める暇もない無理な日程を全部快く講師の先生方は引きうけてくれることになつた。一人一人の村民ともていねいに、熱心に話しあつてくれた。そしてこのことがまた一層村民の団結をつよめることになつていつた。

六、調査を中心に固まる村民の団結

私達委員と青年団員は調査を進めるにつれて、イネ作りや、乳牛の飼い方を大人達と話し合うようになり、この話し合いから、私達に協力してくれる人達がだんだん増えてくることを確信した。そして同時に私達の青年団活動も大人の人達や生活に追われている青年達のことをもつともつと考えて行われなくてはならない事を調査活動の中から学んだ。

そのために私達はもつともつと勉強しなければならないという考えが、委員達を中心に盛り上つてきた。青年の学習を自主的に行おうとする学習委員会が青年団の中に生れた。

私達の調査活動はこれを通じて村民を一つに結びつける大きな役割を果したが、それ自体としては多くの不十分な所があつた。調査の方法の未熟さはもちろんだつたが、調査の対象が青年達を除いた村民に多く向けられ、青年達自身の家のことが問題にされていなかつた。このことは反省会でも講師の先生から指摘され、今後は青年達が自分の家を良く調査して、自分の問題をまずはつきりつかみ、そのうえに立つて村民の問題を考えて行くという方針が出された。現在夏季講座特別委員会は調査委員会と改められ、講師の一人S先生より送られた調査案を中心に、自分達の経営調査と真けんに取組んでいる。

この調査を通じて結ばれた青年を中心とする村人の団結は、日本農村青年集会へ代表を送ろうとする運動を機会に、青年団・婦人会・農協青年部・農民組合・酪農組合・土地管理組合・映画サークル・合唱団・4Hクラブ・教職員組合等の各種団体と結ぶ協議会により、さらに強まろうとしている。

私達は調査、講演に全力を上げてくださつた平井、菱沼、増渕、菅原、井上の先生方に心から感謝すると同時にこの私達の調査活動の報告が他の村の仲間達に少しでも役に立てば非常にうれしいことだと思い皆んなでまとめて見ました。

（長野県太田村連合青年団調査委員会）

× × ×

【「読者のページ」から・一九五四年十一月号】

村の信望を集める工門4Hクラブ

岡山県新野村　影山　功

岡山県の鳥取県の県境にある那岐山から吹きおろす広戸風とたたかっている農村で昭和三二年、青年達が一致団結して工門4Hクラブが生まれてから三年、かなり立派な成績を残して、村の農民たちからも敬愛されている。

現在、会員は一五名で毎週土曜日午後七時に公会堂に集まり、一時間ソロバンをやり、その後は農業についての体験を互いに話し合い、その後、レクレーションとして川柳・俳句・短歌の批評、二〇の扉、手品などをやり、またピンポンのリーグ戦をやって閉会する。

臨時集会として毎月一～二回普及事務所の指導員に頼んで農業技術を学び、またクラブの研究発表を行ない、よい点はのばし、悪い点はそれ以上に試験研究をして目的を貫徹している。農事のひまな時は農事試験場や農業技術の進んだ地帯などに見学に行き、その影響を受けて酪農熱が盛んになってきている。また一年の計として十一月頃に農業祭を開き、農作物の品評会や研究発表会もやっている。一般の農家の人も参加し、この日が来るのを楽しみにしている。

第一回全国青年大会演劇部門の最優秀賞を受賞した農村劇団の苦闘、喜び、そして自戒

新しい演劇をつくる村の青年たち

―岩手県湯田村の劇団ぶどう座活動記録―

川村光夫

役場会議室で演出の打合せ

湯田村は奥羽山脈の分水嶺をへだてて、秋田県との境にある。人口約一万三千を数える広大な村で、村内には鉱山が八つ、それに温泉部落が二つもあるという、特種な環境にある。だから農村とはいつても、農家人口は村の約三分の一にしかすぎない。農家一戸当りの平均耕作反別は、水田七反、畑一反で、水田の平均反収は二石足らず、おまけに冬にはいると丈余の積雪のためにムギ類はろくに育たない。ほとんどの農家の男手は現金を求めて鉱山へ賃かせぎに出かける。こんな貧乏村である。

★もえあがる文化活動

昭和二十年、敗戦によつて村にも若者たちがぞくぞくと帰つてきた。だが、なつかしの故郷は、相も変らぬ昔ながらの農村社会だつた。そのことに気づいた彼らは、村の民主化運動に立ち上つた。生活協同組合運動、青年文庫運動、政治の民主化運動、そして演劇運動など、村の中心地川尻部落から火の手はあがつた。

これまで、村には年二回か三回、旅廻りの一座が、やくざ芝居や、アチャラカ喜劇をもつて廻つてきた。また年に一度ぐらいは、必ず青年たちの演芸会が開かれていたが、これも旅廻りの一座をまねた歌や踊りや芝居を、得意になつて演じていたものだ。

生活協同組合運動や民主化運動をおしすすめてきた私たちには、百姓をバカにするようなこうした芝居にがまんできなかつた。〃新らしい私たちの芝居をつくろう〃こうして私たちの演劇運動がはじまつたのだ。

この私たちの気持を昭和二十二年の上演プログラムはこう書いている。『今まで歌や踊りや芝居をやるものは河原乞食とよばれてきました。そしてまたそういわれても、しかたないようなものばかり演じていたものです。

馬鹿づらをした猿真似や、酒の果の歌声、どうしてこんなものを真実目な気持で私たちが舞台の上でやることができるだろうか――』

★創造のよろこびと苦しみ

会場は小学校の講堂があてられた。もちろんステージもなく、客席には天井も張られていなかつた。公演の前夜、教室から教壇をはこんで舞台をつくつたり、照明のために客席の天井からタナをつつて、その上に照明係が乗つたこともある。照明係が小便しようにも下りられず、悲めいを上げたりしたものだ。

上演する脚本も新らしいものはまだ書かれてなかつた。といつて古いものもなかなか手に入らなかつたし、手に入つてもつまらないものが多かつた。しかし演劇はフシギなものだ。おれたちが新らしい世の中をつくるんだという、素ぼくな喜びと確信は、芝居をやる毎に私たちを火のようにもえ上らせていつた。

当時は物資がひどく不足していた時代だ。舞台の幕や、かりものの衣裳などがよく盗まれた。泣き面をした女子会員のために、男の会員が手わけして学校中くまなく探しまわると、とんでもないところから品物が見つかつたりしたものだ。こうした仕事の中で、何組かの男女が結ばれていつたことは忘れられない。だが運動の中心だつた越後谷建一君が病にたおれ、二十一歳の若さでなくなつていつた悲しい思い出もある。

その頃は仲間のたれもが舞台に上つた。いまの劇団員以外のもので、当時の舞台に上つた経験のあるものは、四、五十人にのぼるだろう。こうした人たちが、現在はすぐれた観客として劇団を支持してくれている。こんな心強いことはない。

★「ハナ」をやめる

どこの村でもそうだろうが、ここでも昔から「ハナ」という祝儀を、観客からもらうしきたりがあつた。村の有力者が金を包んだ祝儀を楽屋に届けると主催者は早速れいれいしく一金〇〇円也△△様と紙に書いて張り出す。すると他の有力者はそれぞれ自分たちの地位にふさわしい額を見積つて、次々と楽屋に届ける。そしてこの有力者たちは紙に書かれた自分の地位をながめてニヤリとする。

山田時子作「良縁」の立稽古

こんな具合では自分たちがやりたいと思う芝居も、有力者にさしさわりが出てやれないということになる。だいいち若い私たちにはこんなしきたりはやりきれなかつた。私たちの芝居はみんなの芝居だ。だから特定の人によりかかるそんなしきたりは打破ろうということになつて、一定の入場料をとることにした。招待などの無料入場も極力少なくするようにつとめた。

そのため有力者からは心よく思われなかつたのは当然だ。しかし八年後の今日、子供をのぞいては一人の無料入場者もない。時折たずねてくる他所の人たちが「ここの観客は実に芝居をみるのが上手だ」といわれると、私たちは自分たちがほめられてるみたいに嬉しくなる。

昭和二十三年には、盛岡演劇会の盛内政志氏を招いて各部落の青年を集め、演劇の勉強会をやつた。演劇コンクールも九つの部落の参加によつて行われ、演劇の運動は全村的に巾をひろげていつた。

★暴力事件の一幕

昭和二十四年の五月、伊賀山昌三翻訳「結婚の申込」をもつて、村内を巡回することになつた。ところがある部落で上演する当夜、私たちの芝居がもとで、小学校長が地元の興行師になぐられるという事件がおこつた。そのいきさつはこうである。

その部落には一年ほど前から小さな映画館を経営する興行師がいた。話によるとあつちこつちと放浪のあげく、この村にすみついた人だという。

その夜は、ちようど映画のある晩だつた。ところがその部落の小学校で私たちの芝居をやることになつたので、彼は観客がそちらにひかれることを心配したのだ。逆上した彼は小学校長を自宅にたずね、こともあろうに衆人環視の路上でなぐりつけたというのだ。

舞台セットを運んでいた私は、すぐに料理屋をやつている暴力興行師をたずねた。

来意を告げるや否や彼はどなり出した。

「ここまできたのだからいたしかたあるまい。」と思いながら、私は室に上つて、あかがねの銅壺のいけてある炉ばたに彼と面して座つた。キセルを持つた彼の手がわなわなとふるえていた。私はてつきり「なぐられるな!」と思つたが、彼はなぐらなかつた。

「私たちの演劇の上演をやめさせる権利はあなたにはない。私たちは興行上のナワ張りなどは認めない」私はこの一点張りでおし通した。とうとう彼は「もつと前になぜ顔を出さぬのか？ そうすればこんなことにはならぬのに……」などと、言訳みたいなことをいい出した。

こうしてその夜は不安のうちに予定通り上演を終つた。しかし私たちの演劇が原因で、校長先生がなぐられたことを思うと黙つてはいられなかつた。翌日部落の有力者をたずねて相談したが、だれも積極的に力をかしてくれようとはしない。やむを得ず思い切つて、彼と直接交渉することになつた。

巡廻公演での舞台面「良縁」

一里ほどの夜道を、五回、六回と足を運んだ。初めは頑強だつた彼も、次第に世論がわいてきたためか、ついにその非を認め、私たちの前で小学校長にわびることとなつた。彼は手うちの酒を下げてやつてきた。それを四角ばつた恰好で順々に呑んで和解しようというわけだ。私たちは、そのしきたりにはしたがわなかつた。ついでに部落民にたいしてもこのように解決したという声明書を張り出すことにして、事件は落着した。

★できた学校ステージ

この事件のあつた翌年、新らしい村づくり運動の一環として、約十日間にわたつて青年たち数名が長野県北信地方に派遣されることとなり、私もその一人として参加した。この時、長野県柏原公民館に立寄つた際、木村太郎氏の設計による学校ステージをみることができたのは、大きな収穫だつた。

帰村してみるとちようど新制中学校の建築が計画されていた。そこで早速村長に見てきた学校ステージをつくる希望を申出た。いろんな反対があつた。それを一つ一つ納得してもらつた。ついに三十数万円、二十二坪のステージを中学校の講堂に附属させることに成功したのである。

設計や照明にも私たちの意見をとりいれ、翌年の春完成をみた。以来新築改築の学校にはかならずステージが附属するようになり、私たちの運動を巾広いものにしてゆくのに役立つている。

★晴れの最優秀賞

昭和二十五年までには、演劇コンクールも三回を数えるようになつた。だが、この頃になつてようやく、青年組織一本では、この多面的で専門的な活動はやってゆけなくなってきた。そこで図書館活動と機関紙発刊などを合せて株式会社とし、演劇運動もまた劇団ぶどう座として独立することとなつた。

昭和二十七年の第三回公演を県社会教育課員が観ていたのが縁となつて、第一回全国青年大会演劇部門に、岩手県を代表して出場するようにという話があつた。

全く思いがけないすすめであつたが、喜こんで引受けることにした。その年の十一月、日本青年館で行われた同大会に伊賀山昌三作「結婚申込」をもつて参加した。セットの到着がおくれて心配したり、舞台があまり立派なので、とまどいしたりしながらも、とにかく無事終つた。

ところが同大会最終日の表彰式には、三十数県代表の出場者のうちから、福島県代表と私たちとが選ばれて、最優秀賞が与えられるということになつてしまつた。忘れることのできない思い出である。

東京から帰つてくるなり、地方新聞で紹介されたり、あつちこつちから招待されたり、大さわぎだつた。だがその反面、劇団員の家庭からは「もうこれで芝居はやめてもいいだろう」などといわれたりもした。そんな時、私たちは「東京へ行つたのは私たちの目的ではない。私たちの目的はこの地方の人たちとの協力によつて、この地方でいい芝居をやることだ。」などと話合つたものである。

今までの八年間をふり返ると、いろんな思い出がうかんでくる。E君が俳優座研究所にどうしても入りたいといつて、無理にとび出したが果さず、ションボリと帰つてきた思い出や、夜ふけまで大声を出すために、稽古する場所をだれも貸してくれなかつたつらさや……、心ない人々のかげ口もずいぶんあつた。今から思うと廻り道をしたと思わないではいられない。

しかし三十八回の上演のたびに接した観客のあれこれを思いうかべると、私たちは元気をとりもどすのだ。

★農民のための芝居を

以上八年間の私たちの歴史は、ごく平凡な農村青年の記録にすぎない。問題はむしろこれからだ。

数年前、私たちは東京の劇場で、農村に取材したある新劇団の芝居を観た。私は新劇というものをたいへん立派な大衆のための芝居だと思つていた。だが、農村に住む私には、どおしても笑うことのできない舞台なのに、その時の観客はドッと笑うのだ。なにか農民の愚さみたいな一寸したことだつたと思う。その時ふと私は自分が農村人であると気がついた。すると急に恥しくなつてきた。そしてこれは農民にみてもらう芝居ではないと思つた。新劇はまだ本当に大衆のものではないと思つたのである。

昨年上演した山田時子さんの作品「良縁」の稽古の時、ある劇団員から「この作品の主人公は、本家の叔父にいやな結婚をしいられて、東京へとび出してゆく。だが私たち農村の娘はいやでもとび出て行けない」という意見が出された。上演後、観客からも同じ言葉をきいた。

担当したE君が、作者の山田さんと会つた時、この問題をきいてみた。山田さんは「その通りでしよう。ぞうぞその出て行かれない農村の娘のことを皆さんで書いて下さい」という意味のことを話されたそうである。

私たちの任務はこれである。出て行けない農村の娘のために、その娘を芝居に書き上げること、農民を小馬鹿にしたような芝居ではなく、本当に農民の共感をよぶ芝居をつくること。これが私たちの任務だと思つた。

どんなに東京の新劇団がきれいな舞台をつくつても、それと地方の農民とはどんな関係があるというのだろうか? 私たちは本当に農民に喜ばれ、そしてふるい立たせる芝居をつくろうと思う。

それが長い間自分達の芸術をうばわれ、大量生産のまやかしものの、歌や踊りを与えられてきた農民大衆の芸術をつくることだと思う。

【一口メモ】農村演劇　昭和二十年代後半に盛りがった農村青年の演劇活動。農文協発行の『農村演劇 やり方と脚本集』（村山知義著 昭和二八）や『農村演劇脚本集』は全国の若者たちに大いに活用された。

文化活動、政治学習から農事研究に向かった青年団の成果と悩み

農事研究で経営は守れるか

★★★試作田を中心に活動をすすめる部落青年団の報告★★★

静岡県原田村 桑地部落の場合

試作田に立つ青年団員

お祭り青年団から 地道な試作田活動へ

私が部落の青年団に入つたのは昨年の春でした。その頃青年団では、試作田で作つたムギの収穫をやつていました。しかし、それは実にひどいムギで、一反作つてやつと一俵半そこそこの収量しかなかつたのです。私が、「どうしてこんなに成績が悪いのか」とたずねると、「まく時期は遅く、土入れは厚すぎ、肥料はロクにやらないんだから当り前だよ」という返事でした。みんなの話によると「その前年度の文化運動や、政治研究などの活動が活潑だつたので、郡の青年団連合会から表彰される程だつたが、あまりに文化運動や政治活動に重きがおかれたために、試作田など大して力を入れなかつたし、また郡へ出す報告の作成に追われて、ムギの手入なんか放り出してしまつたからだ。」ということでした。

ではその前の前はどんな風にやつてきていたかと聞いてみますと、いわゆるお祭り青年団の域に停滞していたようです。ご多聞にもれず一杯飲んでさわぐ会ばかり多く、郡下でも、もつとも宴会費が多い。という、香しからぬ名誉をになつていたとのことでした。

昨年からS君という張り切つたリーダーが団の中心となり、極めて活潑な空気を作り出し、文化運動の面では、新らたに次のようなことがとりあげられました。

一、読書サークルの発足
二、図書箱の新設、図書の購入
三、集団観劇（前進座など）及び映画会
四、政治問題への関心を高めるため、政治問題討論会などの積極的開催（主として、再軍備、平和の問題の討議）
五、青年を中心とした俳句会の定期開催（月一回）
六、機関誌「明星」の充実、（みんなの投稿がさかんとなり、それをテコにして読書がさかんになつた。）

これらをとりあげた当初は当るべからざる勢いでしたが、彼が抜けると同時に、完全に息が切れてしまつたのです。そして、「もつと地道に、試作田でもしつかり作つて、農事研究もやらなければダメだ」、「大体、農村の青

年団が持つている田圃を放り出して、政治討論ばかりやつてきたのはおかしい、農村の青年団らしくない」、「そんな風だから、青年だけの一人相撲に終つてしまい、いつまでたつても村の封建制は破れないんだ」等々の討論が行われました。そして取あえず、桑地部落でいま一番問題となつている技術の問題についての試作をしてみよう、という結論が出ました。

　桑地青年団の活動方針として試作田中心主義が決定され、部落で一番問題となつていたイネ作の諸技術について、青年の熱意が村人達を刺激するや、いままで居眠つていた部落農家の増産へのエネルギーは急速に一点に集中され、農事研究会は活気づきました。

　農事研究会というのは、昨年初めから作られていた、桑地部落の有志の農業技術研究サークルです。そのメンバーは、何人かの青年団員が、青年団は抜けたがまだ中年にならない層に加つて大体組織されており、中・老年の人達も時々参加して、毎月二回の定例集合を持つていたのでした。このサークルには、初め青年団を卒えた人達が、お互いのよりどころとなる組織にしよう、というねらいで作られたそうですが、はつきりした目標が立たず、茶のみ話ばかりに終つていたようでした。その農事研究会が、青年団の試作田中心の積極的な活動に刺激されて起つたのです。

部落中が運動に参加

　大体、青年団が数え年で、男子二五才、女子二三才までとなつているのは、少しムリです。その上、二五才以上の人達を含めての青年運動の場が、他に何もないのですからなおさらです。農村の青年運動の欠陥の一つは、運動が二五才以下の人達だけで行われ、本当の中核となるべき二五〜三五才位の層が、若年寄りのような状態に置かれ、青年のリーダーとしてではなく、中・老年層の走り使いをやつているという問題です。だから、強力な青年運動を行うためにはこの忘れられた層をいかに結集するか、という所に、一つのカギがあると思うのです。私たちは、この層と、青年団とをうまく統一することに成功しました。

　さて、運動は次のようなプランですすめられました。

①イナ作の施肥改善運動
②化成肥料反対運動
③新しい商品作物の導入
④ミチューリン農法の導入
　1・イネの畦立不整地移植法、低温処理法
　2・施肥法への、発育段階説の適用（イネ、ムギ）
　3・エンドウ、ソラマメ類のヤロビによる不時栽培
　4・点播の普及（イネ、ムギ、ダイコン、ナタネなど）
　5・イネ、ムギ、マメ類のヤロビ
　6・牧草の導入（酪農との組合せ）
⑤機械化の促進
　1・カルチベーターの導入　四台
　2・種まき機　〃　二一台
　3・施肥機　三台
⑥共同化
　1・カルチベーター　四台 ｝共同利用
　2・種まき機 ｝共同利用
　3・種の共同購入
　4・エンドウなどの共同販売

　大体こういつた運動を桑地部落内で積極的に展開した結果、部落のほとんど全戸が、この運動に参加してくれました。（加わらなかつたのは、わずか二戸）。

大人たちとのミゾが埋まる

　この運動がすすむ中で、青年達は実によく勉強しました。肥料の分析や、作物の観察をする中で科学的なものの見方、考え方が非常に高まりました。作物の生長や発育を、科学的に観察する態度は、生活まで変えていつたようです。例えば、読書が活潑となり、農業技術関係の本は百冊以上も部落に入り、中には文学、社会科学方面にも手を伸ばす人達も出てきました。

大人達は、青年が農事研究を中心に活動しているのを知つて、態度が急に変つてきました。いままでは「若い衆の考えはわしらとちがう」、「理想と現実とはちがう」と、青年運動を頭から否定し、映画を見に行つたり、本を読んだり、討論会をしたりすることを「遊び」としてできるだけおさえようとし、「そんなことしてないで仕事をやれ」といつて、青年の集会を妨害していたので、青年達は、会に出席しにくかつたのでした。本を買いたいと思つても、小遣をもらいにくかつたのです。

青年達は、試作田で新らしいすぐれた技術を学ぶと、家に帰つて早速家の人達に働きかけ、自分の家の経営に応用しはじめました。それは、すでに威力を示し、みんなができないと考えていたことが、次々と実現していきました。

① ホウレンソウは水田裏作を利用しては作れないといわれていたが、石灰の使用で可能になつた。

② エンドウは生えが悪いものとされていたが、まき方を研究したら、百パーセント生えた。

③ カルチベーターをとり入れ、ムギを不整地一条点播したら、労力が半分となり、収量は三〜四割増えた。

④ 右の農法に種まき機（点播機）をとり入れたら、まく労力が十分の一位となり、まき種量は三分の一になつた。

⑤ イネの不整地移植をやつたら、労力が半分以下に減つて、収量は減らなかつた。

⑥ ヤロビしたウスイエンドウを夏まきしたら、九月下旬から、粒の大きい立派なグリンピースの収穫ができた。しかもそれが貫二千五百円という高値を呼んだ。（十月初め）

⑦ この部落ではタマネギの苗仕立は、不可能といわれていたものが、青年の手で実現された。

⑧ これまで全然行われていなかつた果樹の秋接ぎを青年が持込み、成功した。

青年達はほとんど農業の全領域にわたつて技術の指導性をかちとりました。大人達は青年の研究が価値あるものであることを知りました。青年の仕事には積極的に理解をしてくれるようになり、本を読んだり、集合をしたり、原稿を書いたりすることに反対せず、むしろ、協力してくれるようになりました。本を買うための小遣をたくさんもらえるようになつた人も少なくありません。つまり、大人達と、青年達の生活の目的が一致したので、いつしよにやつていけるようになつたのです。

女子団員を引廻した失敗

一方試作田の出来も上々で、青年団の収入は、人数にくらべて非常に多額に上りました。タッタ十数人の青年団が、数万円の予算で動くのですから相当なものです。この予算は、普通の一部落の団の予算の数倍に当るのです。例えば、私の村は七部落に分れていますが、その全部を集めた村の連合青年団の予算は、桑地とほぼ同じなのです。それで、かなり活潑な文化運動が、財政の裏うちを得て、進展したのです。映画会、観劇会、東京見物、図書の購入、宴会などなか〳〵盛大にやつてきました。

この過程で、失敗もいろいろありましたがその第一は、女の人達が、男の人達に引ずられて、動いていたことです。女子は、試作田中心主義には結局賛成していなかつたのでした。それを男子が（その中でもとくに長男が）強引に引廻してしまつていたのでした。私は女子も農業技術の研究をする必要があると主張しました。しかしこれは、私の大きな誤りでした。私は女子の人達の希望を考えずに、こちらの思いつきを彼女達に押しつけていたのでした。

農村の嫁の生活はみじめなものです。あまりにみじめですから、それを知つている娘さん達は農家へ嫁に行くのを極端にいやがるのです。そしてできるだけ都会の、自由な——一見自由な——生活にあこがれるのです。しかし、大部分の娘さん達は結局農家に嫁に行かざるを得ない運命にあります。それにもかかわらず大多数の娘さんは、嫁入り前の大切な時期を、都市の生活になじむための修業に没頭してしまうのです。これは不幸なことです。

しかし、農家の生活は、生産生活と家庭生活とがゴッチャまぜになつていて、生産生活で実力ある者が一家の生活面でも実権をにぎる、だから嫁入り前に、百姓仕事を習わなかつた（技術のない）若い嫁が、ただの労働力としての（生産面で）地位しか得られず、家庭生活でも、みじめな状態に置かれるのは当然のなり行きだ。だから、農村の嫁の地位向上の運動の手掛りは生産面で、嫁の能力を高めるところに求めるべきだ。——というのは押しつけもひどいものでした。

娘たちの要求

技術運動としては大成功し、短期間にまれに見る程の拡大を示した運動の中で、娘さん達は文句をいいはじめたのです。

「私達の中の九割はどつちみち農家へ嫁がねばならないことはわかつています。しかし、一割という逃げ道がある限り、そこに希望を持つて、最後までねばりたいのが本心です。どんなに努力しても、結局ダメで、いよ〳〵農家へ嫁入ることになり、相手がきまり、そして一割ののぞみがはかなく消え去り、あきらめの心が支配的になつた時に、初めて農業技術や、労働技術を知つておかねば嫁入り先で苦労する、と考えるのです。いよ〳〵という時にならねば手がつかないのが、農業技術だということを理解して下さい」といつたものでした。

私は、自分の押しつけを恥しく思いましたが、さあ、それではどうしたらよいか、一向に見当がつかないのです。しかし、彼女達の希望を聞いて、それにしたがう態度が必要だと考えて、いろいろ調べてみました。

A子さんは、洋裁の技術を身につけて、都会に出たいと思い、ずつと学校に通つて勉強をつづけていましたが、彼女の姉さんが嫁入りし、人手が不足したので勉強を止められてしまつたのです。家の人のいい分はこうでした。①手不足になつたから、②彼女を学校にやり、都会に出せば妹達も、同じコースを要求するから困る、③おとなしく家の手伝いをしておれば、適当な嫁入先を見つけ、仕度をしてやる、それにしたがう方がよい。

一方娘さんのいい分はこうなのです。①嫁入道具を買つてくれるつもりで勉強させてもらいたい、②親のえらんだ所へ、親の仕度してくれた嫁入道具を持つて行つて、それを頼りにして暮しても幸福が得られるとは思えない、③独立したい、自分が独立してやつて行けるだけの力を持つことが出発点だ。嫁に行つても生活力を持つていれば自分の考えてい幸福を自分でつかむことができるが、もし力がなければ、いつも従属して苦労しなければならない。

私たちは、この娘さんを激励してあげると同時に、青年の間でお互いの問題として討議していつたなら、桑地部落の青年運動も本物になるかも知れない、と、青年の人達に話しかけました。まだはつきりした動きになつてはいませんが、みんなで、どうしたら彼女がもう一度洋裁学校へ通うことができるか、について考えてみることになつています。

【「読者のページ」から・一九五六年九月号】

目を丸くする年寄りたち

広島県加計町　長沼一明

今年の五月号からの読者です。昔からの慣行栽培が長く尾を引いていて、なかなか合理化する見当がつかず、今年こそはなんとかと思っているとき『農村文化』が目にとまったわけです。「イナ作合理化の新技術」はよく読んでいますが、今まで一毛作しかできないと思い込んでいた年寄り達は目を丸くして反対するのです。でも、だれが何といっても懸命にやっていきます。

六月号の家畜の混牧について小林先生が書いていましたが、労力の節約、飼料の活用などの点で大変よいと思います。こんな記事はどんどんのせてください。

友達にもみせ、これなら自信をもって進んで行かれると話し合いました。

それぞれに違う農家の課題を一緒に発見しようと「穴掘り調査」に取り組んだ普及員の奮戦記

連載・身近な政治と経済（第四回）

村々をたずねて（四つの話題）

三割普及から七割普及へ

―改良普及員の活動―

第一話

農民と共に土壌調査する大石普及員

一筆ごとに土層断面調査

体のシンまで冷えるような一月の乾風が、大井川の土手の下を吹きさらす。その野面に五、六人の人たちが一団となつて水田に穴を掘つている。ふつうの農作業ではないようだ。一人はシャベル、二人は鍬で二尺に二尺位の巾、深さ二尺位の穴だ。あとの一人が検土杖で礫層まで突いてみる。

「オッ、ここは深いな」

「砂地だな……下に水がある」

技術者らしい人が、小さいシャベルで土の断面をそいでみる。

「秋落ちするなあ、五郎さん」

「ウン」

「だいぶ鉄がながれてるよ、赤いだろう、この辺が？」

耕土のはるか下、心土のところに、サビた鉄の色がみえる。

「根が白ツポくなつてるだろう、これは、鉄が下の方に流れて不足するからなんだ」

「なるほどねエ」

みんなはうなずく。技術員は掘つた穴に物差しを当て調査表に、耕土四寸、礫層まで二尺六寸。土性は四寸までが砂壌土、その下二尺までは壌土に近い砂壌土、その下は砂土と書き、できるだけ天然色に近く色鉛筆で土層断面をうつす。

つまり、これは農業改良普及員を中心とした、農民みずからの水田土壌断面調査の作業であつた。

「どうだかねエ、いままで晩生つくつてたんだが、中生がいいか晩生がいいか？」

「そうだね、中生がいいだろう」

記帳している間こんな問答もされる。次の田は忠平さんのだ。

「ここは二段鋤きだね……八俵位とれるずら……堆肥もやつてある……」

まえと同じような作業がくりかえされる。

こうして、亀吉さんとこも、秋山さん、小野さん、増田さんとこも、みんな一筆ごとの調査で、土層断面図が作られて行く。一日に六戸分三十数筆、こうして十二月にはじまつて二月はじめには百四〇戸の部落のほとんどが調査をおわつた。

もつと農民に奉仕する仕事を

この大井川の土手の下とは、正確にいえば静岡県榛原郡五和村の牛尾部落。そしてその普及員とは、この部落の出身でこの村に駐在する大石孝さんだ。

大石さんは昭和二三年から二四年、県の農業試験場で、低位生産地調査事業に従つていたが、四〇町歩に一点ずつという当時の機械的な調査と分析にあきたらず、もつと農民とじかにつき合い、もつと農民に奉仕する仕事をしようと、農業改良普及員を希望、居村にかえつてきた。当時は必ずしも村から喜び迎えられたというわけではなかつた。とくに新しい考えの持主は、古いしきたりと人と人の複雑なつながりのある農村でかんたんになじめなかつた。普及員という地方公務員の仕事をもち、また部落にかえれば部落の個人生活があつた。都会に勤める月給取りとちがう、仕事が仕事だけに地味な普及活動が続けられた。

身近な政治と経済

普及員になつてから、いろいろな農事相談や雑務の多い中で、何とかして農業の技術を発展させ、経営を安定して農民生活の向上をはかろうと、種々の新技術をとりあげ、普及させた。吉岡式の水稲麦間直播、不整地直播、或は交換分合の指導もした。とくに今から六年ばかりまえから農事研究の集りがもたれ、ズボラ植（イネ・ムギの省力農法）の研究が続けられ、三年目頃から急にひろがつて、いまでは近隣の十数カ村に拡つてきている。また農林省から全国的に指導された酸土検定、耕土培養事業もやつてきた。

しかし、これらの活動にもいろいろな問題を含んでいた。例えば酸土検定の場合、農民がみてもらいたい土をもつてくる、これを分析して、これにはカリがいくらたりない、リンサンをいくらやれ、チッソはやりすぎないようにというように、三要素を使う大体のめやすしかわからない。耕土培養にすれば五町歩に一点ずつ土壌調査をやつて、この地帯には鉄分がどの位たりないから、ジャモン岩を何貫やればよい。農民と何のかかわりもなく県の技師と穴掘り人夫がきて調べ、あとでお達しがくる。官庁式にやるこの方法は昔と少しもかわらなかつた。

さらに農民自身が集つて研究してきたズボラ植さえ、決して充分ではなかつた。なるほど水田経営も七、八反以上あつてお茶をやつてる農家は手間がはぶけてよかつた。この地方は、田植の時期が丁度お茶の薬かけ、収穫の時期と重なり、大きい経営の農家は延何十人と傭い入れねばならなかつた。だから、この部落でも経営のやり方のうまい精農家は、ズボラを全面的にとり入れたため、いまでは傭人がいらないどころか、よそに手助けに行く位になつたという。

しかしこれも中以上の農家のことだ。お茶畑も持たない元小作人の中以下の農家、或は主人が働らきに行つて女手だけでやつてる兼業農家は、いつも普及事業の圏外にある。

三年ばかりまえから流行つた言葉に「三割農政」というのがある。政府のいままでとつてきた、米価を中心とした農業政策は、全農家の上層三割にしか恩恵を与えていないというのだ。これにちなんで改良普及事業も「三割普及」といわれている。

大石さんは、この三割をせめて七割位までに拡げたいとねがつた。普及事業のアミにいつもかかつている農家だけでなく、それ以下の階層の人たちにも、自分の経営に眼を向けさせ、農事改良に関心をもたせること、この人たちと近ずきになることを老えた。現に大石さんだつて、いままで一回も家をたずねたことがなく、一回も農事相談にのつたことのない人たちがこの部落にも多くあつた。

経営と切りはなせない「土」

それでは何がよいか、と取上げたのが土壌調査である。でもこれは偶然思い出されたのではない。試験場から果しない農民への愛情をいだいて改良普及員になつた当時習いおぼえた試験場技術で秋落田の改良を指導した。イワク、施肥改善、客土、品種の選定など、しかし実際やつてみるとそんな杓子定規の対策は何の役にも立たないことがわかつた。

例えば秋落田では八月以降は掛け流しにして地温の上るのを防げば秋落ちが軽くてすむこと、土を細かく砕きすぎると秋落はひどいこと、鉄欠乏でも直播やズボラ植をやると防げること、堆肥の施肥は植付前は害があり、七月下旬の株間敷こみか裏作にやるとよいことなどがわかつた。つまり土は生きている。いや人間のやり方次第で生きてくる、その動いた姿でとらえ対策をしなければならない。それには一戸一戸自然条件も経営条件もちがう。だからそれに合せようと老えていた。

また階層からみても、どんな農家も肥料を使う、その使い方は土の条件によつてかわる、またズボラ植は労力は省けるが必ずしも増収はしない。だから労力は余つていて土地の少ない農家には向かない。しかしどこの農家もとにかく土台に耕作している、そういう共通の問題でもあつた。大石さんはいままで積み重ねてきた土壌学の勉強を基礎に土層断面調査野帳をもつて昨年の九月県の土壌肥料の専門技術員に相談に行つた。その後は二回、調査のやり方を研究し、また基準になるべき土壌分類のため三〇〇点の予備調査をやつた。

こうした技術的な準備と共に、村の農業相談所の審議会（村当局と農協が運営）にはかり、とりあえず牛尾部落からはじめることになつた。農協も土壌調査を基礎に肥料を売ることが出来るし、大して金もかからないというので承認された。

こうして、部落農会から班分けが出来、一日五、六戸の割で前記のような作業に入つたわけである。

〃あなたは反当何石とれる〃

—わが家の経営設計—

はじめに紹介したような土壌調査作業がおわると、一週間位して、同じ組の人たちが座談会をひらく。話のまえにまず幻燈を写す。農文協製作の「土の科学」語り手はやはり大石さん。物語りのあとに土層断面図の説明が入る。「この土は五和村のどの辺によくある型です」そんな注釈も入る。今後は、土壌調査のはじめに写した記念写真も自作スライドにしてみせるという。

土調で一日中一緒に働らいた組だから、はじめから笑声が出る明るい集りだ。幻燈がおわると一戸毎に「わが家の経営設計」という台帳がわたされる。土層断面調査表のほかに、分類表と耕種上の注意事項、経営概況表、耕地略図、耕種設計などの記入欄がもうけてある。

この中で一番の関心は土層断面図だ、そしてこの水田では技術改良をすればどれだけは必ずとれるという目標反収が明記されているところだ。

分類別の説明は学問的で、まだふつうにはわかりにくい、砂壌土と壌土かどんなにちがうのか、A型、B型、C型という鴨下式に準じた分類表も仲々各自の田んぼと合わない、つまるところ質問、応答は反収目標だ。大石さんの研究と体験からわり出された、このいいあてはみんなの心をゆさぶる。

「薬師前のあれナア、三石四斗もとれるかね」「いや去年とピタリだな、」という声や「これだけとらねば田んぼに申訳ねエてわけだな」という人もある。

それをきつかけに種々雑多の質問が、皆から、勝手めいめいに出される。それは土調のときもあつたように「ウルチがいいかね、モチがいいかね」「秋落田には何品種がよかろうか」というすぐ出来る対策からイネをよくするためのムギの作り方や耕起の仕方、など技術的なものと、同じ質問でも原因や理屈でない即答を求める。

座談会になると、やはり男、しかも中以上の経営の人の発言が多い。この点大石さんが考えるような、全農家が関心を持ち、みんなとつながりをもち考える農民になつてもらうのはまだまだ気長くまたねばならないだろう。

となり百姓ではダメだね

この座談会も終つた農家をたずねて、反響をきいてみた。この中での声もまちまちだ。

「土壌調査に行つたのは息子で俺は何にもわからん」という主婦、「帳面はもらつたがタンスの中にしまつたきりだ」という五〇男「大石君の話は難かしくてわからん」という人、「土はみるだけで、ああしろこうしろと

身近な政治と経済

いわなかつたから期待はずれだつた」などなど。その反面こんな話もあつた。

「行つてもわからんだろうと思つたが、非常にためになつてよかつた。土も十人十色で人の田は浅いと思つたら下は砂があつて深かつた。赤い土は粘土だとばかり思つてたら、砂もまじつていた、……いままで肥料のやり方も人に気兼して、つい肥料をふりすぎた、やはり土の条件を考えてやらねばだめだ。大石さんとは会つても話もせず、会にも出なかつたが半日一緒にやつたので心やすくなつた帳面ももらつたので相談に行ける」という自然農法をやつてる妻。その他に「手間も余りかからず肥料のやり方がよくわかつた」、「よその田と比べられてよかつた」「はじめはえんりよしていたが、もつとやつてもらえばよかつた」「大石君も各戸の条件がわかるので親身になつてくれていいだろう。」「鉄が抜けるとか浅い深いがわかつてよかつた」など多くの効果を上げ、とくに兼業農家の主婦の反響は全般的に大きかつた。

もちろん、まだはじめたばかりだし、今後の発展を期待するばかりであるが、土が生きているように農家経営はもつと強く生きて動いている。農民も一歩も止まつてはいない。技術改良にしろ経営改善にしろ、いろいろな条件の中で、とりあえずすぐ出来るところから出発する。そしてそれが壁にぶつつかるときに考える農民にならざるをえない、とくに土という農業経営と技術の土台であるだけに、大石さんだけにかぎらず、村の人も地区や改良課の人も一緒になつて協力しこの芽をのばして行きたい。

×　×　×

この報告は、本協会が農林省改良局から依託をうけた「普及手段に関する研究」の調査の結果生れたもの。

なお大石さんは、本誌の前からの読者で、通信員です。土壌調査のあとの話ですが、牛尾部落に九人の青年たちが集り、四Hクラブを結成した。そしてまず土壌の研究会をやることになり、①本誌の岡本春夫先生の〝土と肥料〟の連載講座をテキストにすること、②各人が水田を一枚ずつ親父さんからかりて、土層断面の調査がイネ作りにどんなに役立つかを実験すること、になつたという。

大石さんの農民に対する働らきかけが、一つの小さい実を結んだとみていいだろう。そしてこの青年たちは、大石さんが考えた「土質によつて作物の生育がちがう」ということを身をもつて実験しようとしている。その答が果して大石さんが期待しているようになるかどうか、批判しながらしかも相たずさえて前進することであろう。（原田記者）

【読者のページ】から・一九五五年六月号

新しい農業生活確立のために

山形県村山市　高橋　一（定時制高校二年）

最近いろいろと研究会が生まれていることは、農業経営の向上へのあらわれとして喜びを禁じ得ない。しかし自分の生活ぶりをふりかえると、自分が理想に描いている文化的な農業というものは、遠い遠い彼方のもののような気がして暗い気持になる。いくら経営の合理化や台所改善を叫んでみても、家庭の事情のため実現できず、もがき苦しんでついにはあきらめてしまう。私一人だけであろうか。

米価は安く、肥料は高く、農家は貧しい生活に追いやられている。朝から晩までただ黙々と働け、というのは本当に耐えがたい。

たまのなぐさめに、本を買い、映画を見ても、画面に映っているのは華やかなひま人の絵図であり、こういうものからはますます自分の生活がいやになるのも当然ではないだろうか。そういうニセ文化ではなく、私はこの『農村文化』を通じてなにかお互いの生活の糧として、郷土のあれこれの話、自分の苦しみ、さまざまな人生体験、また手紙の交換などでお互いを励ましあいなぐさめあったら、どんなに楽しいものだろうかと思う。

【一口メモ】農業改良普及員　昭和二十三年（一九四八年）に制定された農業改良助長法によって日本の農業普及制度は再編され、農業改良、生活改善、若者に対する青少年育成（4Hクラブ活動など）の三事業が組まれることになった。この年改良普及員（食糧増産技術員）に五六〇九名が任用された。

三輪車部落

いらつしやいませ、まいどありがとうございます

八〇年近い歴史がある鎌倉の直売所（鎌倉市農協連即売所）の昭和三十年代の息吹を伝えるレポート

編集部

「いらつしやい、おくさん、今日は何にしますか」

「このおいも……このあいだもらつたの、おいしかつたわ、またもらおうかしら」

「これですか、農林一号です。ぜつたいすいせんですよ。何しろ一生けんめいつくつたんですから」

「ウフフ……うまいわね。それじや、五〇〇匁ちようだい」

「ハイ、これで五〇〇匁、三〇円です。大きいのを一つまけときましよう」

◇……消費者には安くて新鮮なものを……◇

これは、名所旧蹟で名高い神奈川県鎌倉市にある八百屋のマーケットの店頭での会話である。

「八百屋」といつても、ここの八百屋は、ふつうの八百屋とは、ちよつとちがう。

それは、生産者つまり農民が自分でつくつた作物を直接持つてきて、自分で値をつけて売つているからである。

もちろん、中間の業者の手をへていないのでねだんも安く、収穫したばかりの新鮮なものを売り場に出すことができるから、消費者にたいそうよろこばれている。

売りに出ているのは近くの鎌倉市城廻《しろめぐり》、関谷部落などの農家八〇戸、売り場は二〇のマスに仕切られているので、一日に二〇戸ずつ、つまりおのおのの農家は、四日に一日出てきて売つているわけだ。

◇……豊作貧乏、どこ吹く風……◇

最近、野菜の暴落《ぼうらく》が問題になつている。貫当り平均、ハクサイ二〇円、ダイコン一五円、キャベツ二五円、ネギ三五円という前年の半値あるいはそれ以下の相場、生産費もつぐなえないありさまで、野菜つくり農家にとつて深刻ななやみのタネになつていることは、いまさらいうまでもない。

その原因は、"新しい村づくり"の合言葉のもとに、「適地適産、換金作物を……」とのかけ声で各種の野菜がどこでも大量につくられはじめたこと、加えて暖冬異変や技術の進歩による過剰生産などにある、といわれている。

しかし、現在の農産物の取引機構、つまり農家が自分で生産の調節ができず、自分で値をつけられない状態がかえられないかぎり、多かれ少なかれ、根本的にはなおらない問題ではないだろうか。

そういう意味でも、この鎌倉市の野菜つくり農家の即売事業の経験は注目されてよいだろう。

◇……話は二五年前にさかのぼる……◇

この即売事業の、そもそものはじまりは、昭和八年というから、もう二五年も昔のはなしだ。

昭和のはじめの不況以来、鎌倉近辺の農家

八百屋を経営するオート

神奈川県鎌倉市をたずねて……

にも不景気風が吹きまくつていた。

平均耕地は一町二反だが、米とムギ、それにイモ類からあがる収入だけにたよる、食うや食わずの生活から、なんとかぬけ出したいと願つていたのは当然のこと。

ちようどそのころ、青年会主催で、農産物の品評会が開催された。そのとき、意外にもいままでできないと思つていた野菜類の成績が、よいことがわかつた。

それから、しだいに野菜類が農家につくられていつたが、問題は生産物の売り方だ。丹精《たんせい》こめてつくつたものが二足三文にたたかれるのはまつたくつらいが、なんともしようがない。

そこで、当時の信用組合長の小泉源三郎さんたちが中心になつてチエを出し合つた結果、「ひとつ鎌倉市の目ぬきの場所を借り、かわるがわる品物を持つて行つて自分たちで売ろう、まぁ早くいえば、集団的なかつぎ屋をしては……」ということになつた。

◇……八百屋の反対をふりきつて……◇

約四〇戸の仲間をつのり、鎌倉市内に二七〇坪の地所を借りて、一日一〇戸ずつ、つまり、各農家は四日に一度ずつ店を出して売りはじめた。

最初の成績は予想外によく、お得意さんもふえる一方。それもそのはず、方針として、ねだんを卸値と小売値との中間につけたからだ。「そのころのねだんとしては安かつたです。ホウレンソウ六把八銭、サツマイモ一貫匁八銭、ダイコンは一本五厘、市民もおどろくようなねだんでした」、と当時からこの事業の中心になつていた現在の大船農協の組合長宮地戸三郎さんは語つてくれた。

ところが消費者よりもつとおどろいたものがあつた。

それは町の八百屋だ。当然予想されたことではあつたが、八百屋にとつては、大きな競争相手、へたをするとメシの食いあげにもなりかねない。「市場法」をタテにとつて、商工会をバックに、商工省に陳情までしての猛反対をはじめた。

対して、農家の側は、郡農会の指導のもとに農林省に陳情しての対抗。

結局は、県会議員に中にはいつてもらい、「自家で生産したものしか売らない」、という確約のもとに、小売市場として認可してもらつた。

まずは、農家の側の意向が全面的にみとめられたわけだ。

事業は順調にすすみ、参加している農家のふところぐあいもしだいにあたたかくなり、百姓仕事にも活気がでてきた。

しかし、戦時中は、青物統制のために、一時中止せざるを得なかつた。

◇……一二〇戸のオート三輪農業……◇

終戦後、青物統制解除とともに、「また即売を復活しては……」との声が高くなつた。そこで大船、鎌倉、深沢の三農協が主体になつて、地区の農家に希望をつのつたところ、おもに旧大船市の城廻、関谷、植木部落から八〇戸の農家が参加した。

権利金として、一戸につき三万円、場代としては、現在月三〇〇円ずつ払つている。戦前と同じように各農家は四日に一度売りに出る。売り場は二〇に仕切られている。

正月三ガ日に休むだけ、降つても照つても一年中欠かさず出荷する。そのため、忙しいのはもちろんのこと、あとでふれるように作付方法にも非常に苦心しなければならない。

前の日に収穫し、洗つてタバにしたり、カゴに入れておいた野菜類をオート三輪につめこむ。一里以上ある売場まで朝七時に行つて定められた自分のマスに上手に品物をならべる。マスには、位置のよいところと悪いところがあるので、場所は一回ごとにかわつている。

売れゆきを多くするのも、もうけを多くするのもねだんのつけしだい。とくに二〇人も集つて売る即売場ではねだんのきめ方がいちばん大切なことになろう。しかしありがたいことに長年の貴重な経験があるので、いたつてかんたんにきめられる。つまりこうだ。

まず前日の即売の値段と売れゆきを参考にする。その上で、市場の相場を調べる。

きのうより市場の値があがつても、あげない。さがつてもさげない。八百屋よりかなり安いところでねだんの協定がなりたつ。これが商売の一つのコツである。こういつたところに根強い信用のもとがあるわけだ。

もうけは、夏場はヒルメシを食べるヒマもないほど売れ、一日一万五千円以上、年間平均して五千円以上はある。毎日の売上げから貯金をしている。これは農協が担当、だいたい一戸一日千円ぐらい、夏場では日に七、〇〇〇円も貯金する人がいる。

税金は、即売場としては現在まつたくかかつていない。月七、〇〇〇円の維持費だけである。

鎌倉市内での経験を生かして、昭和二七年から、これも海水浴場で有名な逗子《ずし》市内で、デパートの一部を借り、即売場を持つた。ここに参加しているのは約四〇戸、合計一二〇戸のオート三輪農家が即売に参加しているわけである。

◇……一戸一戸が商売がたき……◇

「私なんか、もう何年も前からおなじみだから、なれつこになつてわからないけど、時期のものなら、たしかに新しくて安いと思います」

「新鮮であることが何よりも魅力ですわ」

「去年の春からのお得意よ。そうね、ここの品物は、要するに、安くて、とりたてでイキがいいからですね……。でも悲しいかな、特殊なものがないのね。たとえば、いまふつうの八百屋さんだつたら、伊豆産のサヤエンドウなんてあるでしょう。でもそんなこと、即売に要求するのはムリかも知れないわね」

買いにくる主婦たちの批判はまことにするどい。まさにそのものズバリである。

即売に参加している農家はまとまつてはいるが、一戸一戸がまた、商売がたきでもある。それぞれお得意を持ち、となりの売れ行きを気にしながら商売をしている。

さらに強敵である商売上手の八百屋に対抗して信用を確保していくためには、たんにサービスが上手だつたり、誠実だつたりするだけではダメだ。しつかりしたものをつくり、消費者の要望に応じた作付設計をしなければならない。おくさんたちの敏感さは、どの農家がすぐれた商品をつくるかまで見抜いているからだ。

第一表　中島さんの作付例

春野菜		夏野菜		秋野菜	
カブ	四畝	トマト	六畝	ハクサイ	八畝
カラシ菜	二畝	ナス	五畝	秋ダイコン	二反二畝
高菜	三畝	キュウリ	三畝	ニンジン	四畝
京菜	五畝	スイカ	四畝	ゴボウ	一畝
春キャベツ	七畝	メロン	四畝	葉ボタン	一畝
春ダイコン	三畝	ピーマン	一畝	花野菜	一畝
ミツバ	二畝	夏ダイコン	四畝	ホウレンソウ	三畝
タマネギ	六畝	レタス	一畝	サツマイモ	五畝
ネギ	五畝	ニンジン	一畝		
ホウレンソウ	四畝	枝マメ	四畝		

◇ムダのない八百屋的作付◇

即売に参加している農家の作付は、八百屋の店頭が、そのまま畑にもちこまれる。年九〇回もまわつてくる即売日には、その季節の一通りの野菜が、最少限オート三輪車一台分は必要だ。一種類の不足は何十人かのお客を失うことにもなりかねない。だから、野菜の見本園かと思われるような畑があたり一面につづく。それがまたここでは、合理的な作付でもあるわけだ。

組合長の宮地さん

関谷部落の中島睦夫さんは、畑一町一反、水田四反歩を、働き手三人で経営するこの辺の中堅農家である。中島さんは上の表のような作付をしている。

こんなにありとあらゆる野菜をつくつていても、力の入れどころはちやんときまつている。中島さんにかぎらず、即売農家ならばどこでもいえるようだ。つまり夏野菜に全勢力をつぎこむことである。観光都市、鎌倉、逗子は夏になると人口は激増し、街は海水浴のお客でごつた返す。そのため、トマト、キュウリ、スイカ、メロンなどいくら運んでもたちまち売れ切れるほどのドル箱になつている。

このほか家畜としては、鶏六〇羽、豚八頭

［読者のへや」から・一九五八年九月号］

私たちの嫁の会

宮城県古川市　鈴木たみ子

私たちの〝嫁の会〟についてちょっとお知らせします。この間の総会では、封建制をなくすためには、嫁の私たち自身が、自分の中の封建制を打ちやぶる努力をしなければだめだと話合いました。そして、今までは、グループの会長には「人の先に立つとヒマダレ（ひまかき）ばかりで暮らしのたしになんねえ」といってなり手がなかったのですが、今年は、会長さんが改選されることになり、みんな積極的になってきたように思います。

先日、強化味噌をつくる講習会をしましたが、出席率は半数以上でした。やはり、こういう実用的なこと、また嫁がグループにでることで、家族のみんながなにかの利益を得られることをやると、家の人も喜んで出してくれるし、嫁も出やすいわけです。

今月は同じ古川市のグループと交歓会を開催することにしました。たまには仕事のことを忘れて、大空の下でねそべりたい、はしゃぎたいという希望が多く、外出することにしました。これを楽しみに、毎日のように続く晴天の下で、今日も田んぼで一生懸命です。

を飼つている。産みたての鶏卵は即売でもすごくモテてなくなつて朝のうちにしまう。野菜のクズをむだなくエサに使つて飼つた豚はコロをとつたり、肉豚でもうけたりしてホクホクだ。その上、厩肥はどしどし畑に運びこまれ、地力の増進に役立つている。

明日の即売準備におおいそがし

即売農家のうちでも中島さんのところは、売り上げ金額がそう多い方ではないが、トマト、キュウリなど夏の果菜の最盛期には一日一万五千円以上楽に売りあげている。野菜の暴落した、昨年の秋から今年にかけて、いちばん少ない日でも三千円以下ということはめつたにない。

だから、昨年来の野菜の暴落に関してもきわめて楽観的である。中島さんはこういつている。

「青果市場や八百屋のねだんがさがれば即売所のねだんもさがりますよ、だけどこれは消費者へのサービスですよ」

野菜のねだんにしても、安いときがあれば高いときもある。こんなことに一喜一憂したところでしかたがない。ねだんが安いときには農家がサービスする。高値がでたときには、お客さんにサービスしてもらうんだといつている。青果市場や仲買人や八百屋にもうけられるのではなく、農家と消費者との直接取引なので、そう大きな不満も起らない。むしろ不満は高い税金と高い肥料代だという。

「おれたちやみんなで協力し、消費者とも手をにぎつてやつてきた。政府や農林省のおえら方も、肥料会社とばかり手をにぎらずに、ちつたあ農民とも手をにぎつてもらいたいものだ」

中島さんは不満をこうぶちまけている。

◇女店主と運搬夫◇

即売をはじめてから経営が変つただけではない。家の中の勢力関係もずいぶんちがつてきた。まず主婦が力をもつようになつたことだ。即売日にはたいがいの農家で女の人が売り子を担当する。即売前の農家では栽培技術中心の経営だつたが、即売をはじめてからの農家にとつて、売り上手の八百屋商法がかなり重きをなしてきた。いままでの経営主の独断はもはや許されず、主婦の売り子としての体験、つまり、ダイコンの太さとか、キャベツの売りいい大きさとか、荷づくり法とかの栽培面でも主婦に相談せずにはできない。

即売日になると主人はもつぱら運搬夫と配達夫を引きうけている。売り上げ金は主婦の手できちんと家に持ち帰られる。途中で子供の着物や下駄に変ることはあつても、アルコールにバケルことはない。

こんなわけで、即売制度は婦人の地位を高め、家庭の民主化にも役立つたといえる。

◇どこまで伸びる即売制度◇

政府のとなえた「適地適産への道」がいよいよ効果をあげたためか、最近の野菜の生産過剰は大きな問題となつてきた。とくに東京や大阪のような大消費地へは地方から、大量にまとまつた野菜の荷が、どかどか入つてくる。そのため、大都市周辺の個人出荷を中心にした野菜農家はますます苦しい立場におかれている。そして、旅荷の切れ目をねらったり、地方都市へ逆輸送を考えたり悪戦苦闘している。

　鎌倉、大船といえば典型的な東京近郊農村である。東京市場への出荷もかんたんにできるという有利な条件におかれながら、二十数年この方地元の鎌倉市に根をおろしてきたことは、いまになつてみれば、非常によい結果をもたらせたといえよう。

総工費1,300万円で新築されつつある即売場

　また、いくら大きな共同出荷組合でも、野菜の流通過程全部を自分の手ににぎることはできない。卸売市場では一割の手数料をとられるし、仲買人のもうけや、八百屋のもうけをへらして、その分まで自分のもうけにすることはできない。せいぜい市場への発言を強め、荷造り輸送費を節約するていどのものだ。

　ところが鎌倉市の即売制度は、流通過程の全部を自分の手ににぎり、しかも消費者と直結している。これこそたかく評価されてもいいだろう。また、大都市近郊農家や地方の中小都市近郊の農家にとつて学ぶ点も多いと思う。しかし、問題がないわけではない。

　まず部落中、全部の農家が参加したものではないということだ。四日に一度まわつてくる即売日に、オート三輪一台の野菜を準備することはかなりの作つけ面積をもたないとできないことだ。即売農家をみてもほとんど一町歩以上の農家でしめられている。オート三輪を動かして少しばかり持つていつても採算がとれないという。だから、この辺の即売に参加してない一町歩以下の農家は、こぞつて東京や横浜へ働きに出て兼業化していく。

　第二には、即売に参加したい農家があつても売り場の関係でとても新しく受け入れることはできないということだ。だから今の制度が鎌倉周辺でかぎりなくひろがる組織とは思えない。

　第三には、経営的にみて、家族の手間が充分そろつていなければやつていけないし、また八百屋的な作付で、地力もおとろえていくように思える。根本的な地力対策も考えなければならないだろう。

　それからもう一つ、消費者の食生活に対する好みや、新しい技術の研究をしなければ、これからはとうてい追いついていけない。まとまつているようで、技術などは案外自己流でバラバラだつたが、今年の正月から農協青壮年部を誕生させ、そこで研究や知識を交換しあうことになつた。

　現在写真でみるような新しい売り場を、総工費一三〇〇万円かけて工事中である。この春から売り場をそこに移す予定だ。

　逗子の方の売り場も、消費者によろこばれ順調にいつている。ともかく、自分のつくつた野菜を消費者と直結し、自分の意志で値段がきめられるということは大きな力である。

地域の婦人会や農協婦人部とは別に、若い嫁さんの地位向上にむけ若妻会が各地でつくられた

みんなで考えた作業衣の工夫は県の展示会で一位に入賞した

暮しを明るくする若妻グループ

富山県礪《と》波《なみ》市 新進クラブの活動

高《たか》島《しま》忠《ただ》行《ゆき》

ぞくぞくできた若い主婦のグループ

水田の中に点々として農家が散在する、典型的な散居村として全国に紹介されている富山県礪《と》波《なみ》市は、また水田跡作のチューリップ球根の栽培でも有名です。この礪波市に最近つぎつぎと農村の若い主婦たちのグループが生まれてきています。

会員も十名たらずのものから、三十名を越すものなど、おもに部落単位で結ばれ、その名も「みどり会」とか、「若草クラブ」、「若竹会」、「草の実会」などといろいろあります。変ったところでは、今春、生まれた「ホワイト・クラブ」というのがあります。これは酪農家の主婦たちの集まりです。

だが直接のキッカケは、「新進クラブ」の活動ぶりに刺激されたものです。

この会は部落全部の嫁さんたちが集ってクラブを作り、彼女たちの多くの夢を実現させたグループです。

そこで、この新進クラブの歩みを紹介いたしたいと思います。新進クラブは、旧東般若の八十歩部落にあります。水田が十九ヘクタール、畑は自家菜園だけのイネ一本槍の経営。二〇戸のうち十八戸までが農家という小さな部落です。

私は牛になりたい

ここに若妻グループの「新進クラブ」が誕生したのは、二十九年の十二月八日針供養の日です。部落の嫁さんたちだけが尼寺に（公民館にしている）集まって、野菜や米を持ちより料理講習をしたあと、手料理を食べながら日頃の不満をぶちまけ合ったのがきっかけです。当時の会員十二名のうち五人までもが嫁いでくるまでは、農業を全く経験しない人たちでした。この人たちが旧制高女を出た人であったことから、よけいに農村の暗さと、粘っこさに耐えきれなく、なんとかしなければという気持が強く働きかけたのです。

イネつくりを学ぶグループ員

会員の竹端智子さんはこういっています。「百姓家へ嫁いだばつかりに、朝は暗いうちに起きて炊事、そのあと片つけや拭き掃除。それがすむと、田んぼへ出る。お昼近くになつたり夕方になれば、なお一生懸命働いて、帰るとまた家事が待つています。昔から百姓の嫁は角のない牛といわれましたが、牛なら野良に出て働くだけですみますからね。私は牛になりたいと思つたくらいですよ。

嫁は、親にはもちろん小姑にも、夫にさえ絶対服従して、文句なしに働けば、いい嫁だといわれますが、農村の生活水準が低いの、婦人の教養が足りないなどところか、生きる楽しささえないくらいですからね。学校出の嫁には、なお風当りが強いようですが、せめてここの若妻だけでもおたがいに話し合つて、身近かなことから改善していきましようやと、その意味で「新しく進む」という願いをこめたクラブの名が生まれたのです」と。

クラブでは五月と九、十月の農繁期を除き、月一回公民館へ集まることになつています。経費は、月一人三十円の会費と、みんなで共同作業をし、この収益を資金にあてている。会長は年令順に一年交代で行われています。

死《し》ん死《し》んクラブ?

最初の定例会では小学校の先生から婦人の教養を高めるための講話。ついで村の技術員から野菜づくりなどを聞いたが、何かしらピンとこない。何かパッと楽しめることで、姑さんや子どもたちを楽しませようと、自作自演の歌と踊りの素人演芸や人形劇をやるようになつた。

これを聞いて隣村の婦人会から、総会を開くのでぜひ演芸をやってほしい、英霊祭をやるのでとか、新しく橋ができたので、余興にと、あつちこつちから演劇団としてよばれて出ていつた。

働きやすい作業衣の工夫や、漬物の漬け方など、そのあい間に研究はしあつたのですが、雑談にふけることも多くなり、たまに生活改善の話し合いをしてもうまくいかなかつた。

ある集会のとき、こちらに昔から伝わる付け届の風習改善について話しあつた(つけ届とは、嫁の里から婚家先へ正月、桃の節句、お盆など年の節季ごとにモチやウドン、ブリなどを贈る)。

そのとき、こんな意見がでた。

「婦人会が、廃止しようと何年も前からさけんでも、決め合つても、その裏からわが子可愛さから守られない。今の四十代以上の人がなくなるかどうかせんと、とうてい改善できんもんや」と。

このことが村中の評判になり、「若いもんが、四十以上のもん全部死ねというた」、「オレじやを早や、じやま者あつかいにする」、「若いもんにだまつて集まらしておいたら、何をしだすか知れん、そんな会に家の嫁《ねえ》ちゃん出さしられん」と大へんな誤解が生まれた。

その誤解をとこうと「姑さんたちに一度集まつていただいて、いつしよに話し合いをしたい」と話しかけたところ、「今この年になつて嫁に意見される必要はないわい」と集まつてもらえなかつた。つぎの集会からは会員の出席がだんだんと悪く、新進《シンシン》クラブが死ん死んクラブだといわれるようになつてしまつたのは、結成後わずか一年たらずでした。

そこで二〜三人が集まり、こんなになつたほんとうの原因はなんだろうと、今までの足どりを反省してみた。その中の一人であつた竹端あつ子さんはこう言つています。

「私たちの活動は、あまりにも理想をめざして急激に生活転換をしすぎたこと、生活や生産関係からはかけ離れたことが多かつた。他の団体や人たちとのつながりがなく、単独主義であつたのではなかろうか」。

夫たちの協力でまた立ち上る

こうした反省のなかから、私たちだけが一生懸命いろんなことを改善しようとりきんでもだめだと、考えついたクラブ員たちは、それぞれ夫たちにも協力を求めることにした。

この部落の夫たちはやはり数年前より八・八会という、新年会や年に一度は近くの鉱泉に連れだつていく親睦会をつくつていた。嫁さんたちの働きかけをキッカケに、オレたちも、もつと本気になつて村づくりをしようということが相談されるようになつた。

まず、婦人の労力を少しでも減らすために、できるだけ機械化をしようと、動力耕うん機を三台も共同購入した。農道を新設、整備した。土壌調査による、地力測定と併行して、いつきよに交換分合もやつてしまつた。イネの防除も、一斉共同防除を他の地域に卒先して実施した。今春からは一部の畦畔を耕地整理とあわせてコンクリートにした。

このように、目ざましい歩みを見せはじめた。

夫たちのそうした理解と協力で、若妻たちは再び力強く立ち上ることができるようになつた。

グラブで行う行事内容も、肥料が入つていたビニール空き袋で雨ガッパや水田用ズボンを作つたり、おたがいに着てみては、あつちこつちと作業衣を工夫したり、手持ちの材料で保存食やオヤツを作つたりした。

自給野菜づくりや、イナ作のことになると普及員をよんできて、部落中の人がいつしよになつて勉強する機会を作つた。

そうしたなかでも、卵のアキ殻で人形を作る楽しさを覚え、地味でも直接明日からの仕事にやく立つことをできるだけとり入れた。年に一度は、部落の会員が保養やリクレーションをかね、海水浴や温泉にいくことができるようにまでなつた。

愛　妻　豚

生産や生活と直結した方向へ進むことを考え、このクラブでとり上げたことに、愛妻豚があります。

これは、今までも何戸か豚を飼つている家もあつたのですが、若妻たちが豚の管理飼育料として、販売代金の二割をもらうことの約束ができたのです。具体的にこの話が決まつた三十一年からは、にわか作りの豚小屋が各戸にでき、十八戸のうち現在は十六戸まで、平均二〜三頭飼われるようになりました。これがもとで養豚熱が普及し、農協では子豚代を無利息で貸しつけ、売つたときに子豚代を返す、また、途中で死んだばあいに備え、豚の共済制度もつくられるまでになつたなど、このクラブのはたした功績は大きいものがあります。

現金なもので、今まで豚が飼われていても人の豚のように思えて、夫の留守などは断食させたこともあつたのだが、その売り上げの二割が、天下晴れて大ぴらに自分で勝手に使える金が入るというわけで一生懸命です。早く大きくさせるために、エサのことやら手入れのことや豚のよい悪いの見分け方など、一生懸命勉強するようになつてきました。

クラブ員の愛妻豚による収入は平均して一

年間に、一クラブ員にすると一万五三〇〇円あまりで、決して多いものではないかも知れませんが、アゴで使われたただまつて働く嫁から、話し合い考えながら、意見を述べられ働く嫁になつたのです。

愛妻豚がきつかけとなり、豚の飼育ばかりでなく、鶏のこと、またイネ作りへの熱意を、直接手にかけているだけに大したものです。イネの葉つぱはダテに緑なのでなく、あれは大事なデンプン工場だと知ると、早速、虫に食われると大へんとばかりイネを注意して見る。六、七月の水のかけ引きがイネの一生を大きく左右すると知れば、夜中にでも起き出す熱心さです。

戦後の復興のなかで

豚の売上げで電気洗濯機を買つた

養豚飼育でキュウ肥もどんどんでき、耕うん機の導入で牛や馬のいないあとの地力増進に大きく役立つた。今年などは夏の好天気でここの部落のイネの稔りぐあいも立派で、よその部落の人の目をみはらせています。平均二石～二石五、六斗だつた田から、ここ二～三年反収が急激にふえ、平均五割は収量があがつた。なかには待望の四石の夢が実現しそうだという人も出てきています。

豚の飼育やイネづくりで、積極的に若妻たちが生産技術ととり組むことで、姑さんたちの嫁を見る目はたしかに変り、若妻たちの家庭での意見もしだいに認められてきて、この人たちの願いだつた井戸を簡易水道に改善した家が十三戸できた。ホーム・ポンプをとりつけたのが六戸、電気洗たく機を備えたのが五戸、豚がテレビに化けたのが二戸、この各半額がクラブ員のつみたてが元手になつた。

将来をめざして

彼女たちの改良工夫した作業衣が、お母さんたちにも喜ばれ、昨年富山県の実績展示会で一位に入賞した。この間行われたスキムミルクの献立コンクールにも会員の智子さんの出品が入選するなど、生活の合理化を目ざして着実に進んでいる。一昨年、ここ八十歩部落が富山県の農村文化部落として選ばれるようになつた大きな理由も、こうした若妻たちの働きによるためだろう。

だが、こうして生れたクラブにも悩みがあります。その大きな一つに、次のようなことがあります。

豊作がつづけばつづくほど、コメづくりだけではますます経営の大きさから、収入の多い家と少ない家との差が開いてきます。このことから小さい経営の人が、引つこみ思案《じあん》になつてしまつては、困つたことになるのではないでしょうか。

この悩み解決への糸口として、

「今からイネとニワトリをくみ合わせるとか覚えた養豚で、年に二～三頭ぐらいの飼育ではなく、これで生活を支えるところまで、もつていかなければならないのではないのでしようか」と、今年会長になつたあつ子さんは言つています。

また、会員の睦子さんはこう考えています。

「私たちみんなが家計簿をつけるようになり、夫たちが農業に必要な金の出し入れを考え十年ぐらい先までの大よその資金計画の見当をつけ、一人の落伍者も出ないようにしていけばよいと思う」と、これはグループ活動を通じての体験から感じとつたのです。

（筆者は富山県礪波市・農業改良普及員）

日本の施設園芸の先駆者が語る、水田プラスアルファとしての野菜の経営戦略

農繁期こそもうけるチャンスだ

私の分断経営法

果菜づくりの農家から〝キュウリの神さま〟と呼ばれるほどに、小島さんを成功させた秘訣は、実は〝キュウリづくりの技術〟ではなかった！ それは、まさに小島さん独特の経営法であったのだ！ 小島さんが、「今まで誰にも話したことのない私の経営法」を、特に本誌読者のために、ここに発表！

☆小《こ》島《じま》重《しげ》定《さだ》☆

☆私がもうける時期

トマト、キュウリのビニール栽培はたしかにもうかる。どうしてもうかるのだろうか。またこれからも長つづきするだろうか。

それを、私なりに考えてみた。

なるほど、ビニール栽培には資本が必要だ。手間もかかる。技術も必要だ。だが、それだけではない。もっと大切なことがある。

それは、半促成栽培したトマト、キュウリの出荷最盛期が、田植時期にぶつかるということだ。

日本では水田をもたない農家は少ないだろう。大部分の農家の経営には「イナ作」という大黒柱がつつ立っている。これは、頼りになる柱ではあるが、ときには邪魔にもなる。

この大黒柱をそのままの位置において、果菜栽培を始めてもうまくいきっこない。トマト、キュウリの収穫最盛期、発病期とムギ刈り、田植期が重《かさ》なるからだ。重《かさ》なったところで、どちらがえらばれるかといったらそれは田植にきまっている。どうしても昔から家の中にある大黒柱を中心にして仕事をすすめることになるのだ。

その間にほっておかれたキュウリ畑では、果実が太りすぎて売りものにならなくなった

り、肥料切れしたり、病気がはびこりほうだい。田植の終ったころにはもうとりかえしがつかなくなっている。

みんなが田植で追いまわされている間、青果市場はがらんとしている。そこをねらって出荷すれば高く売れるにきまっている。

ここが肝心《かんじん》な目のつけどころだ。

しかし、家族労働が経営を動かしていくのだから、今までのイネの柱をそのままにしておいては、田植を中心にした農繁期にトマトやキュウリを出荷できっこない。

イナ作を中心においた経営では、トマト、キュウリなどで儲けようと思うのがむりだ。

そこで私はこう考える。

それは　イナ作中心の農繁期の山をおしつぶしたり、切ったり、ゆがめたりしておいてその中へうんともうかる野菜をおりこむのだ。

昔ながらのやり方を変えてしまえばそれは可能だ。人のいやがる農繁期こそ、私にとっては絶好な儲けのチャンスなのである。

☆イネの農繁期を分断する

私は、一町七反の水田を経営している。五月～六月になると一人前に田植をしなければならない。しかし、ここが田植の適期だからといって一人前に田植をしていてはとてももうからない。果菜でもうけるか、イナ作におぼれるか、別れ道はここにある。

幸いなことに、イネというやつは果菜にくらべたらずいぶん融通《ゆうずう》のきく作物だ。田植でいそがしいからといって、キュウリの収穫を一日おくらせてみたまえ。また、病気が出そうなのを放っといてみたまえ。一反歩もやっている人ならたちまち数万円は損する。

そこへいけば、イネなんてやつはきわめてどんかんだ。田植が一日おくれてもすぐとりもどせる。収量にはそんなにひびかない。

私は、キュウリ、トマトを水田の裏作にとりいれている。これが経営の大黒柱だ。だから、キュウリとトマトのつごうによってイナ作の作業体系を変えていく。この工夫を、私は一口に**分断経営**と呼んでいる。イネによって起りそうな農繁期を分断していくものだ。

これが農繁期きりぬけの第一策。

私は、田植を五～七月の三ヵ月にわたってやっている。

第一回は五月下旬。前作にレンゲを作った水田だ。

第二回は六月上旬。これは前作がムギ。

第三回目は六月中旬。前作がキャベツとナタネ。

第四回は七月中旬。前作はキュウリとトマト。

田植によって起りそうな農繁期の山を三ヵ月間にわたってひきのばし、押しつぶしてしまうのだ。

こんどはそれを四回に分断してやっつけてしまう。

あくまでも、トマト、キュウリの薬剤散布と収穫が第一で、田植、ムギ刈りなどは第二義だ。私の経験によると、五月下旬に田植したものと、七月中旬に田植したものの収量の差は反当りせいぜい一俵ぐらいのものだ。

また、ムギ刈りが少しぐらいおくれたからといって収量にそうひびくものではない。

ムギの質がわるくなるとか、キュウリ、トマトの後作のイネが反当り一俵ほどの減収なら、経営の大勢には影響しない。イナ作にとってどうでもいいような仕事は、できるだけ手を抜いてしまう。だが、どうしても手のぬけないところがある。これは、私のイナ作技術にとってかなめになるところだ。

例えば、キュウリ、トマトの後作だと、真夏の七月中旬に田植しなければならない。そこで、苗代に対しては工夫と注意が必要にな

【一口メモ】 施設園芸　以前から温室や油障子などを利用した栽培があったが、本格化するのは昭和二十年代後半、塩化ビニルフィルムが実用化され、トンネル、そしてハウスと主に果菜類を対象に盛んになっていった

る。私は二つのやり方をもっている。その一つは、苗代にはおそく種まきして、いつも冷たい水をかけ流しておく。

もう一つは、五月中旬の田植と同じ苗をその水田のイネの畦間に仮植しておく。この苗を七月中旬に定植するのだ。

いずれの方法をとっても一割ぐらいの減収はまぬがれない。しかし、イネで少しぐらい損したって、キュウリやトマトでうんと儲ければいいではないか。

☆農機具で〝四点突破〟

農繁期を引きのばし、おしつぶし、分断しても、だらだらと仕事をやるのではない。

ふつう一ヵ所に集まりやすいものを四回に分けて小さく集中させるのだからその集中をきりぬけられる態勢がなくてはいけない。

農業機械化のねらいはここにある。

昔、牛を使っていた頃は、田植の準備だけで三〇日もかかったものだ。牛に二人つけば手間は六〇人も必要だった。

ここへ耕うん機をもちこめば、七日で仕上る。手間も一〇人ぐらいでたりる。

経営を変えないで、耕うん機をいれると、農繁期が短縮するという大きな意味はある。

しかし、耕うん機にこき使われるようすをみていると、なんだか農繁期を急角度の山にかえただけだと思われる。それでは経営は変らない。

左の図をごらん願おう。田植を中心にした農繁期の現われ方を示したものだ。下が私の分断経営。田植を四つに分断する。さらに農機具を使って、四つの山をなるべく小さくするのだ。こうしておいて、果菜類をとりいれるのだ。

田植を中心にした農繁期の山

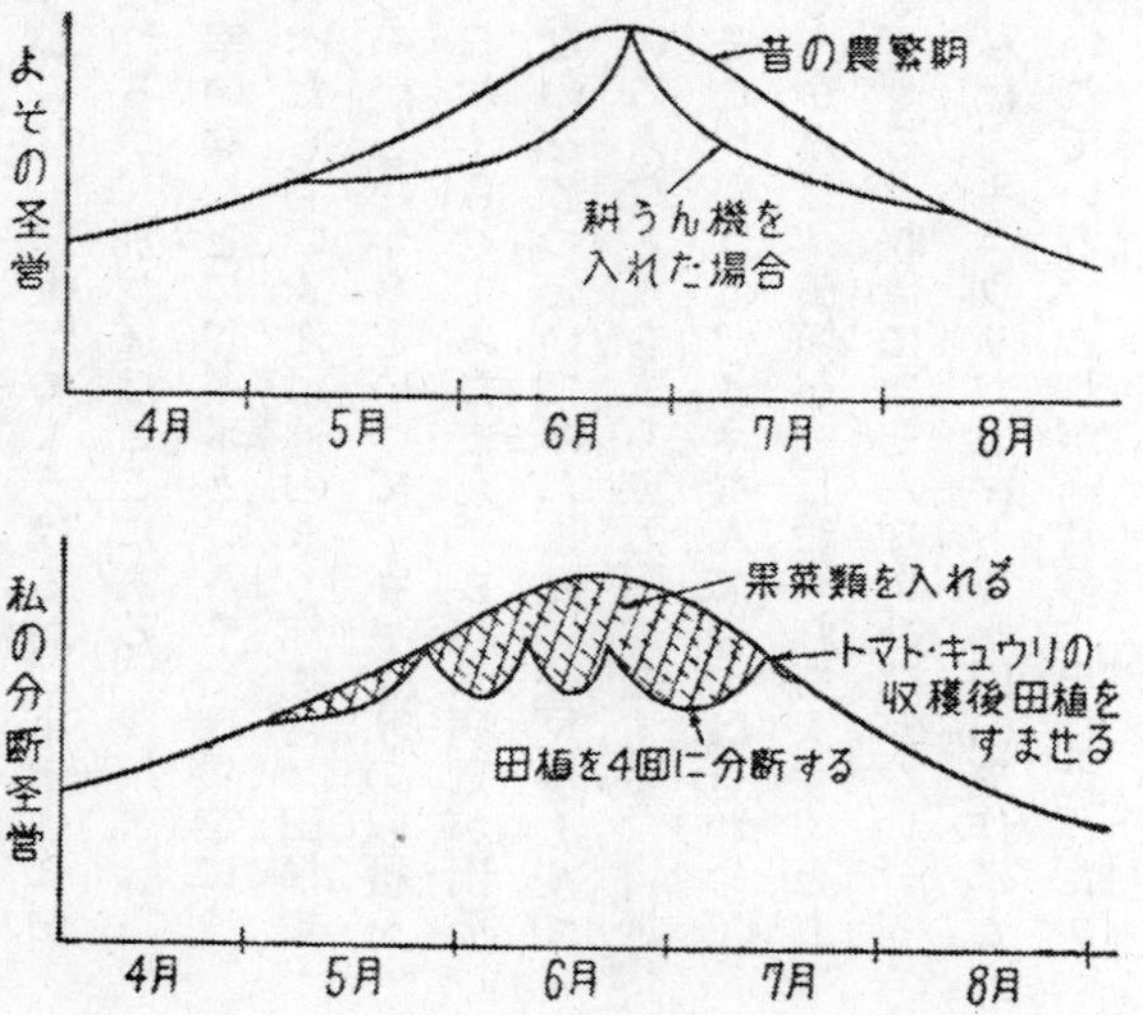

☆仕事もやりよう

農繁期を、分断できるような作つけを考えた。農機具もそろった。だがもう一つだいじなことがある。それは「仕事のやり方」だ。

一つの例をあげよう。トマト、キュウリの育苗中、フレームとフレームの間の通路を不必要と思われるほど広くとっている。

雨が降るとガラスやビニール障子の上にかけるコモがぬれる。ぬれた重いコモを、わざわざ床場の外まで持ち運んで乾かしている人がある。乾いたらまた運ばなければならないではないか。通路が広ければその場で乾かして、夕方はすぐ使える。これだけの工夫でも手間がずいぶんちがう。こういう工夫を積み重ねていけば一《ひと》仕事も二《ふた》仕事もできる量になる。

農繁期にはどんな仕事のやり方をしているか。私の体験をかんたんに話そう。

家族労働は四人。研究生が三人いる。これだけの手間がそろったら、毎日の仕事が一定の法則にしたがって流れて動くように工夫しないと損だ。

私は、農繁期の一日の仕事を一二回ぐらい変えるようにしている。その中で、経営全体が動いていく流れ方を工夫する。

一日中相手（作物や畑）のきまった定置作業はあきがきて能率が上らない。損だ。

朝起きるとまずそれぞれの部署につく。食事の支度をする人。キュウリのもぎとりにかかる人。畑から運ぶ人。選果する人。荷造りする人。オート三輪車の手入れにかかる人。

市場へ行く人は、オート三輪車の手入れがすんだらすぐ飯を食べる。みんなが仕事を終えて飯に集まるころは、市場へとび出している。

朝のうち、キュウリ、トマトの薬剤散布やキュウリの誘引、灌水などを終えて、果樹園（ナシ二反歩）や水田の仕事にかかる。

午後三時頃、各部署の仕事にいちおうのケリをつけ、家のまわりに集まつてくる。

これから夕方までは、朝と同じような収穫作業にとりかかる。

夕方収穫するのは、トマト、インゲンなどだ。出荷のばあいの鮮度とか、荷いたみなど考えると、キュウリは朝収穫し、トマトは夕方収穫するのがいい。

暗くなるころはみんな家の中へ集まつてくる。トマトをふいたり、めかたをかけたりして荷をつくる。

農繁期になつて、仕事が忙しくなればなる程経営の中の仕事の流れをスムーズにする。

これも農繁期きりぬけ策の一つである。こういう流れを作つていくのには、家族全員が技術者にまで高まつていないとだめだ。とくに農繁期に高度な野菜栽培をもちこみ、しかもうまく実現していくためには家族の技術労働が大きな役割をはたす。

☆労力は貯蔵できる

キュウリ、トマトを農繁期に出荷すると有利なことは事実だ。だが、農繁期だけでもうけているのではない。これは、農閑期の労力利用に結びついている。その関係をはつきりさせておこう。

ある農家でこんな話を聞いたことがある。昨年の春の野菜が暴落したときのことだ。

ホウレンソウ、カラシナ、コマツナなどをリヤカーに満載して市場へ出かけた。ところが、途中でリヤカーがパンクしてしまつた。帰りに売りあげからパンクの修理代をひいたら、日当が残らなかつたとか。これはちよつとおおげさかもしれない。だが、一二月〜三月頃の冬の間に出荷する野菜は〃手間かせぎの野菜〃といつてもまちがいないだろう。

農閑期だ。遊んでいるのはもつたいない。少しでも手間かせぎしようと思つて作るのがこの時期だ。この時期の野菜は、たいした技術がなくても作れる。資本もかからない。まるめたり、洗つたりする手間賃がとれればそれでいいのだ。作る人みんながそう思つている。だから、たまたま暖冬だつたりすると大暴落する。

私はこの時期の全精力をキュウリとトマトの育苗につぎこむ。

育苗という仕事は、労力の貯蔵の一種である。育苗技術がうまいとこの貯蔵量は大きくふくらむ。つまり、貯蔵量を最大限にふくらますのが育苗技術なのだ。

私は、冬の農閑期にはちつぽけな手間かせぎなどしない。そしてわきめもふらずに労力をじつくり貯蔵しておく。

また、ビニールなどの資本をつぎこんで、貯蔵量をさらにふくらましておく。

そして、いよいよ農繁期がやってきたら、それまでに貯めておいた労力や資本を一気に活躍させて金にかえる。

☆これが経営だ

私は、三五年間キュウリを作つてきた。キ

ュウリの栽培技術がキュウリを作りつづけてきたのではない。

私の経営がキュウリを作ってきたのだ。だから、経営を太らせないようなキュウリつくりはほんとうのキュウリ作りではない。

『農村文化』新年号と二月号に、キュウリとトマトつくりの技術の部分だけ(キュウリとトマトの生育診断)とり出して書いた。しかし、あの技術が生きるかどうかは農繁期、つまり、キュウリとトマトの収穫期のきりぬけ方いかんにかかっている。

今年から初めて使う新式のハウス

すばらしい育苗技術をもっていて、りっぱな苗をつくっても、それが農繁期になって手がまわりきらず、病気を出してしまったら、それでおしまい。そんな技術はゼロだ。つまり、技術だけでは解決できない経営が必要なのだ。

一つ二つ例をあげて説明しよう。

今まで、キュウリやトマトを農繁期に出荷すると有利だということを書いてきた。その根底にはこんな理由がひそんでいる。この時期はキュウリ、トマトの消費力がうんと出てきているのに生産量があんがい少ないということだ。冬から春にかけて、煮たもの、焼いたものをたくさん食べてきた。それが、初夏ともなると口の中がぬるったくなっている。なにかすっぱいもの、新鮮な青味のあるものを食べたい欲望がでてくる。この時期なら、キュウリが大衆野菜になる条件を充分もっているのだ。なんとかしてこの時期に出荷したい。そこで、どういう資材を使って、どういう栽培方法をとるか。これをきめるのは、けっして技術ではない。経営である。つまり、相場を先に知って、それから逆算して種まきの時期がきまったり、育苗の時期がきまるのだ。そこではじめて技術が必要になる。

農繁期にはとくに経営が必要になる。畑にムギが刈り放しにしてある。今、レンゲのあとの田植えを始めている。しかし、空はくもってきた。明日は雨になりそうだ。ムギもよせたい。田植えも早く終りたい。技術的にみればどれも適期だ。こんなばあい、私は、田植えを投げだしてキュウリの消毒にかかる。経営的な判断で行動するのだ。これが経営というものだ。

☆八月は静養の月

人間である以上、一年中働きつっ放しでつづくものではない。

私は、八月を静養の月として家族全員が充分骨休みができるようにしている。八月には家族の半分ぐらいは外に出る。満足とはいえないが、五万円の静養費を計上しておく。海へ行く人もある。山へ行く人もある。

この期間は、私はもっぱら視察見学だ。静岡県下にはわれわれの仲間がおおぜいいる。その人たちの話を聞きながら来年の策をねるのもこの月だ。

×

くりかえしになるが、最後にひとこと。農業経営では、ただ、農繁期の山をきりくずすことだけが必要なのではない。肝心なことはこの時期が有利な商品生産のチャンスだということだ。

(筆者は宇都宮市・実際家)

1960(昭和35)年11月号

農業の近代化が叫ばれるなか、この十一月号から誌名が『現代農業』に変わった。その号の「読者のへや」

読者のへや

「現代農業」にのぞむ

十一月号より「農村文化」は「現代農業」に誌名が変るそうですが「現代農業」には大変期待しております。「現代農業」……新しい時代の流れにのつた誌名だと思います

朝から晩までドロにまみれて働いて疲れていても、家に帰つてみると、曲り角のいまの農業にはなくてはならない「農村文化」が待つているので、ますますはりあいができてきます。

内容も年々充実してきて、本当に農民のための本だと信じております。

八月号に載つていた「地ばいキュウリのアミ栽培」小生もさつそく実行してみました。

どの記事もむずかしい事をただ簡単に書くのではなく、わかりやすく書いているので、リクツと実際がほんとうにピッタリです。

農村文化に一つ注文したいことは、「農村小説」を載せていたゞきたいということです。小説と言つてもその内容はなるべく農業経営を折り込んだものです。

では現代農業（農村文化）の御発展を祈ります。（福島県相馬郡新地村　佐藤一博）

トマトつくりの滑川さんにお世話になった

昨年の一・二月号に、滑川武雄さんのトマトづくりの記事がのつていた。

私は実物を見たいと思い、直接滑川さんのところへ手紙をだしたすぐ滑川さんから「見にこい」という返事をもらつたので、一週間ばかり泊りこみで見学することにした。

滑川さんの家へ泊りこんで、仕事を手伝つたり、いろいろトマトのつくり方を実際に教えてもらつたりした。

そして、今年は、滑川さんから教つたとおりにトマトをつくつてみた。トマトづくりは初めてだがとてもうまくいつた。

半分は地元へ出荷し、半分は東京へ出荷した。東京へは二〇〇円以上のときだけ出荷したのだが、それだけでも一〇万以上になつたとにかく「農村文化」にはお世話になつたのでお礼をいいたい。

（千葉県鴨川町滑谷　佐久間文雄）

女性にも親しめる雑誌に

「現代農業」の内容について私はこのように期待します。

農業技術は、非常に難しいと言う事です。天候に左右され、土地条件に左右され、前途多難のようです。私も過去数年曲りなりにも農業を営んで来ましたが、今さらその難かしさに、驚くばかりです。

11月号より、誌名が現代農業になるそうですが、私は、女性としても購読が出来るような、わかり易い雑誌であるように望みます。

農業技術雑誌は、どれをみても非常に難しい文章で書きつゞつてあるようですし、又そのような雑誌が一般に、非常に価値のあるものだと思われておりますが、私は決して、そんな考えは、通じないと思うのです。

わかり易い本を読み、難しい事柄は考えられるようですが、難しい本を読み、やさしい事柄を考えるのは不可能のようです。

だから、私は、一にも、二にもわかり易くそして要点をハッキリつかんがある雑誌であります事を切に希望するのです。

（山形市　岸八重子）

時間的余裕はもつとつくりだせる

「農村文化」の愛読者の皆様、私も昨年七月号より仲間入りさせていたゞきました。

「農家の方ももう少し本を読んだらどうですか、本を読むことは、これからは必要です」といわれてから読むようにしましたが、それは、こうなのです。耳から入つた学問は、すぐに忘れられてしまいますし、人の頭に残るものは、都合の良いことばかり、都合の悪い話は、聞き流されてしまうからです。

そして本は読んでわかることが大切だと思います。その点では農村文化は、わかりすぎるほど、よくわかります。農村には、時間的余裕がなくて、本を読めない方も多いようです。私は、時間的余裕がないならば、どうして時間的余裕をつくるかをもつともつと真剣に考えるようにならないものかと思います。

しかし〝そんなことを言ったつて、〟農家は貧乏で機械化をする余裕がないからダメなんだズ"と言う人に限つて、やれ娘の結婚だ、それ先祖の法事だとなると、どこからともなく、多くの金を使つて平気な顔をしておるのには、どうも理解できません。農村文化の三月号で、『日本農業の曲り角』読ませていたゞきましたが、こうした莫大な浪費を経営に投資したならば曲り角など、あまり気にしなくともよいのじやないかとも思います

農村文化は、全国のいたる所に配布されておることと思います。農業の曲り角には、どなた様も苦労しておられる事でしょうが、私は農村文化で一筋にがんばるつもりです。皆さんも私に負けず励んで下さい。

（山形市　山口吉雄）

トマトの記事をよんで

トマトづくりの記事を読んで、今年はそのとおりにやつてみた。初めてだがよくできた。まあ、雨の少ない、天候だつたせいもあるが。

イネについては、記事でみたように追肥をやつた。落水期もいままでは彼岸だつたが、今年から九月末にした。おかげで大豊作になりそうだ。（群馬県山田郡矢場川阿部市夫）

九州のコルホーズ

これからの農業はコメばかりにたよつていてはだめだ、特に私の村のような平均して一戸一ヘクタール、その上秋落ちや台風で毎年悩まされるし……こうして今年の五月に生れたのが私たちの生産共同組合だ。二〇戸の組合員が自分の土地を全部提供し、その面積と労力の割合で"月給"をもらう。経営規模は水田二〇ヘクタール、畑三〇アールだがおいおいは田畑輪換で牧草をつくり、大々的に酪農経営に切りかえるつもりだ。

現在その一段階として豚を飼いはじめた。遠く神奈川など先進地へ出かけて見学や、講習を受けたり、豚舎も目下建造中だ。問題は資金だが、これも農協や県からの融資でメドがつきそうだ。

古い人も多くいて、これまでいろいろ抵抗もあつた。しかし、みんなでやつていく中で、共同経営の良さを体で感じはじめている。ゆくゆくは、水田酪農の他養豚、ビニール栽培の三本立てで、理想的な「農業会社」にしていく。

九州の「コルホーズ」として、私たちの胸は、明るくはずんでいる。（福岡県糸島郡前原町　楠原雪雄）

農村の機械化に思う

農村では、物事のよしあしにかかわらず古くからの習慣についてはよくいわれる協同精神というものを発揮したがるものである。

しかし、一たん農業経営、特に新しい経営となると、……隣の家とも全く協力はしなくなる。こゝ数年動力耕耘機が、どんどん入つてきているけれども、その使用状況を見ると、きわめて不経済な事があるようだ。

七アール～八アールぐらいでは、たとえそれを買つたとしても、一応労働力というものは、軽減できるけれども、生産費というものは、高くなりはしないでしょうか。

農村に、このような事態が、生れるのは、まだまだ、農民の考え方や暮し方に対して、協同で経営を進めて、儲けようという精神が欠けているからじやないかと思う。

こんな訳で、五月号の特集記事である「共同経営の有利性と問題点」は、我々の部落ばかりでなく農村の角々までゆきわたつてもらいたいものです。（山形県長井市伊佐沢　渋谷新一）

新技術ニュースを活用している

私は「新技術ニュース」を活用している。イネの乾燥剤を今年は四反ばかりやつてみた。イネ刈機もいれて、昨日使つてみたがあんがい調子がいい。一人で一日一反は刈れる。とても能率的だ。

この頃の記事は、どうも"やり方"だけを書いているようだ。農家は自分のやることが、どういう意味をもつているか、ということを知つていなければならない。そういう力を養うような記事ものせなければならないと思う。（千葉県君津郡上総町　栗原一郎）

私はイチゴづくりでいく

私の町では、イチゴづくりに力を入れている。栃木県の出荷量の七〇%はこの町で占めている。石垣栽培だが、今年の作付は七〇町歩。八〇〇〇万円の収益をあげる予定だ。来年は一億円の予定である。町の米政府売渡代金は一億二〇〇〇万円で、水田面積は一六〇〇町歩だ。七〇町歩のイチゴで、一六〇〇町歩に近い収益をあげていることになる。（栃木県足利郡御厨町　石川松弥）

Part
II

農業近代化のなかで

昭和三〇年代後半〜四〇年代前半(1960年代)

昭和36年「農業基本法」が施行され、「農業近代化」が強力に推進された。この農業近代化は、①稲作の機械化、規模拡大を進める、②輸入飼料を大量に使う多頭化・大規模畜産を振興する、③麦や大豆を「安楽死」させ、野菜、果樹の選択的な拡大を進めるもので、この背景には、食糧輸入の増大と工業発展のための労働力確保という財界の意向があった。

これに対し農家は、イネを大事にしながら野菜、果樹、畜産を組み合わせるイネプラスアルファ経営を確立し、耕地面積が少なくても所得を確保できる「下からの近代化」を進めた。イネへの増収意欲は、『現代農業』で精力的に追求した「片倉稲作」による大増収運動に発展し、当時、進められていた米輸入を阻止し、米の自給を確実なものにした。高度経済成長のなかで出稼ぎが増え、兼業化も急速に進んだが、それは、田畑と家とむらを守るためであり、こうして日本の小さな農家が維持されていった。

農業も家族もおかしくなる、だがやめるわけにもいかない。この年の十二月号では「出稼ぎ、これだけは気をつけて」を特集している

出稼ぎについて考える

＊＊＊＊
あなたなら＊＊＊＊
＊＊どうする＊＊＊＊
＊＊＊＊＊＊＊＊＊
＊＊＊＊＊＊＊＊＊

ありのままに話をしてもらい、テープにとってそれを別の人に聞いてもらう　そしてその人の意見をまたテープに……その両方を公開して、あなたにも考えてもらおうという新しい試み。ご意見をどしどしお寄せください

今月の担当

●この話を聞いてくれ（まとめ）　山田　桂子

●ズバリ一言　岩渕　直助

●わたしはこう思う　秋田県　高橋　良蔵

この話を聞いてくれ

出稼ぎ農民の告白

出稼ぎからかえって……

》＊《

私はきのう、五ヵ月間の長い出稼ぎ生活を終えて、わが家にもどってきた。本当はあと一ヵ月、四月いっぱいまで稼ぎたかった、失業保険がもらえるから。だが、それでは苗代が妻まかせになってイネの収量にひびくからサンザン迷ったが、やっぱり帰ってきた。

さて、わが家の庭に立ってみたが、何から手をつけてよいやら。工事場の騒音とスモッグにすっかりいためつけられて頭の中はガランドウ、からだは、毛穴にコンクリが詰って固ってしまったみたいに、いうことをきかない。出稼ぎボケという奴か。

村の中をみまわしてみると、まだ帰村しないとうちゃん達が三～四割はいる。一年中で一番大切な苗代のときに、家を留守にして、どうする気だろう、今年のイネつくりを……ドッコイそれも他人事じゃない。オレ自身、出稼ぎも三年目だが、どうするつもりだ、一体。毎年毎年イネの収量はおち目になるし、管理もいきあたりばったりだ。このままじゃ田ンボは荒れてしまうぞ、このへんで一つじっくりと、出稼ぎについて考えてみよう。

》＊《

イネ不作の原因は出稼ぎ

今年の出稼ぎの特徴は三つある(表参照)。一つは、一家の経営主の出稼ぎがふえたこと。二つは、期間が長くなったこと。三つは二町歩以上の農家の出稼ぎがふえたことだ。

去年は米が不作だった。私たちの秋田県で

出稼ぎの年代
(青森県湯沢市の調査37年)

20代	1632人
30代	1446人
40代	825人
50代	281人
60代	31人
うち、世帯主	1414人

出稼ぎ期間
(秋田県秋田村の調査37年)

2ヵ月	3%
3ヵ月	7%
4ヵ月	24%
5ヵ月	**39%**
6ヵ月	**26%**

2町歩以上農家の出稼ぎ
(秋田県「農家調査結果報告」)

36年	1536人
37年	3257人

は、全体で六六億円の減収、この町の農協は五万俵の供出割当てに五千俵不足だつたという。実際の減収は七千俵だろうとのことだ。それも私のみるところでは、人によつて収量の差がとても大きい。きいてみると例年どおり一〇俵とつた人もいるし、七〜八俵しかとれないとこぼす人もいた。原因は一般には冷害だといわれているが、実は、出稼ぎで手を抜いたせいなのだ。それは誰よりも私たち農家自身が一番よく知つている。

だつてそうだろう。ふつうなら、11月、12月は、暗きよをつくつたり、客土をしたり、堆肥の切り返えしをしたり、つまり、イネの収量をあげるための土つくり田づくりの時期なのだ。ところが、近ごろはイネあげをした後、田で働らく人の姿はぜんぜん見かけない。みな先を争つて出稼ぎにいく。早く出れば出るほど得だからだ。労働面でも賃銀面でも優遇される。ところが、12月に入ると、全国からドット出稼ぎが押寄せて、たちまち有利なところはなくなつてしまう。だから、イネ刈りが終るか終らないうちにとび出すのだ。そして、四月いつぱい失業保険のつくまで稼いで帰る。床土つくりもタネおろしもみなかあちやんまかせ、これでいいイネができるわけはない。

それから、もう一つ農閑期は経験交流の時期だつたのだ。親しい同志集まつて、イロリやコタツで茶をのみながら、話すのはイネのこと。ところが出稼ぎでそれもなくなつた。

もつとも、今年はかあちやん達の要求で正月だけ帰省するものが多くなつた。それで、火の消えたような村も正月はがぜん活気づく。お互いの往き来も以前よりひんぱんで派手だ。ところが、驚いたことに、話題といえば以前とはうつてかわつて、出稼ぎ先のことばかり。農業のことなんかこれつぽつちもない。賃銀がどうだとか、仕事がどうだとか、食い物がどうとか、あげくに「オレの方が有利だからこつちへ来い」という話。私の部落でも四割くらいの人が正月を境いに出稼ぎ先をかえている。

正月の三日だつたか、農研の仲間が集つたときでさえそうなのだ。

私はみんなが、そんな話に夢中でワアワア騒いでいるのをみていて、なんだかソラおそろしくなつた。そこで、そばにいる一人にきいてみた。

「去年はイモチでイネのできはよくなかつた。今年、おめえんとこは、どうする?」

すると、その人は答えた。

「今年はもつと徹底的に回数をふやして消毒するより他ねえな。去年も一〇回か一一回やつたがな、それでもヤラレたもんな」

私は黙つてしまつた。イモチが出たからつてただ消毒の回数さえふやせばいいというもんじやない。イモチに強い品種、つくり方から変えねばだめだ。この人も、出稼ぎにふりまわされて、不勉強で無計画になつているのだ。ひとごとじやない。

私は、家へ帰つて妻とこのことを話合つた。そしたら、とたんにヤラレてしまつた。

「去年、あんたは出稼ぎから帰つたとき、タネや肥料なんかの一番かんじんなことを、オメエやれ、オレは疲れていまよくわかんねえから、といつた。出稼ぎにいくのはいいが、かんじんなことを無責任にヤラレたんではかなわねえな」

そこで、今年は条件ずきで出稼ぎに出たのだつた。出稼ぎ先でも農業の勉強をすること休みを利用して、近くの先進地を見学してくること。そのかわり妻は農業日誌をつけて一〇日分ずつまとめて飯場へ送ること、農業雑誌を送つてよこすと、という約束だつた。

一応、約束は形だけは守られたが、しかし

オレの頭の中味は、はなはだお寒い状態だ。第一、飯場ってところは勉強する雰囲気じゃないよ。

飯場の生活

》*《

朝は七時におきて、夜七時に飯場へ帰る。それから、夕飯、風呂、あとは寝るだけだ。テレビなんかない。ラジオがあればいい方だ。それで寝るまでの時間を、みんな酒を飲んで、遊びか女の話に花さかせる。本なんか読んでいたら冷やかされてしまう。

飯はうまい。家にいれば冬場はクズ米だがここは銀シャリだ。それも食い放題。魚も日に二回食える。みんな食うこと食うこと。日に五合~七合は食うようだ。家にいれば、農閑期は三~四合だ。五~七合といえば農繁期に食う量と同じだ。それだけ体力を消耗しているんだな。以前は夏の農繁期のために冬の農閑期は体力をたくわえる時期でもあった。ところがいまは、村で農繁期やって、出稼ぎにいって引続き農繁期をやる。一年中農繁期だ。これじゃ命がたまらない。ここ二~三年では目に見えないが、五年、一〇年たって見ろ、農村には早死がふえるぞ。

それにしても、現場でのみんなの働らきぶりはすさまじい。

聞くところによると、横浜あたりの一年中工事場を渡りあるいている本場の風《ぷう》太郎は、「秋田の百姓は一番おそろしい」とこわがっているそうだ。

「奴らは、黙々と働いて作業の能率はあげるし、川へ入る仕事だからって手当を要求するじやなし、残業はいやがるどころか、大喜びだ。だから、奴らがくると、オレたちまで、奴らと同じ作業能率に水準をあげられちやって、サボルこともできやしねえ」というわけだ。

一方、親方連にはめっぽうウケがいい。

「秋田のお百姓さんはとてもいい。地元の労務者の二倍ははたらく。文句はいわないし残業はやるし……」

だからなかには、農家の出稼ぎ者だけをあてにして、一年のうちで、十一月~三、四月まで仕事を請負って、夏場は遊んでいる業者もあるそうだ。

これは実は、請負業者というよりは私設職安、いわば人買いだ。神社の空地かなんかに小さな飯場を建てて、三〇人くらいの人夫をおき、こぎれいな年増の未亡人を炊事婦に雇つてある。そして、朝になると、あちらへ五人、こちらへ一〇人とトラックへ乗せて工事場へ送る。だから、朝になってみないと、誰も自分の行く先はわからない。おそらく、人夫賃のピンハネをして食ってるんだろう。

こんなのに引っかかったら、へたをすれば賃銀不払いで逃られても文句の出しようもない。なにしろもぐり業者だし、親方の家は表札もなければ事務所なんか無論ないのだ。

賃銀不払いといかなくても、事故や病気で死んだ場合、何の補償もないというのが多いそうだ。仲間の話だと、ある飯場では、工事中の事故で死んだのに、たった五〇〇〇円のともらい金だけでおさらばというのがあったそうだ。

病気になっても医者に診せてくれない。それでこの間、うちの飯場でも、風邪から急性肺炎になって死んだ人がいた。急をきいて奥さんと子供二人が上京してきたが、立派なお寺で盛大なともらいを出してもらい、家族は一流の旅館に泊めてもらったといって感激して、会社の労務課長にペコペコと頭をさげていたそうだ。とうちゃんが死んだことなんか忘れちやったように、補償金のホの字も口に出さない。葬式を手伝った仲間の一人が、補償金のことを交渉したらとすすめたが、「とんでもない。こんなにして頂いてもったいないことだ」と押しとどめたそうだ。

オレたち農民はそろいもそろって、なんてお人好しなのだろう。

おやじは風太郎の二人前はたらいて親方に孝行し、かあちゃんはおやじの死を忘れて親方に感謝するとは。

留守家族の生活 ≫*≪

留守家族のかあちゃん達の苦労はいうまでもない。農作業の他に税金の申告だの、寄合いに出ることだのオレたちにかわっていろいろ不馴れなこともしなければならない。

子供の進学の時期なのにとうちゃんがいないから、どの学校へやるか相談もできず、むずかしい手続も一人でやらねばならない、と隣りのかあちゃんはこぼしていた。

学校の先生の話では、近頃また、戦時中のような「日の丸べんとう」がふえているそうだ。出稼ぎの家ではかあちゃんは忙しいのでおかずを作っているひまがない。それで、日の丸べんとうに、一〇円玉三つのせて包んでやる。これでおかずを買って食べろというのだ。だから子供は三時間目になると落着かない、授業なんかロクに聞いていないのだ。三時間目が終ったら学校前に一軒しかない店屋でおかずを買わなければならない。一度にドッと押よせるから、行列だ。おそくなればベントウ食う時間がなくなってしまうそれで三時間目は授業にならない、困ったことだという。

このごろ、火事がふえたのも、かあちゃん達の過労や、忙しすぎて目がとどかないための火の不始末、その上、火が出たら最後、それを消す男手がいないという二重のマイナスが原因のようだ。

全く、考えさせられる。オレたちの健康も、子供のすなおな成長も、農業経営も田や畑も、大きくいえば日本農業全体が目にみえて崩壊していく感じだ。しかもなお、出稼ぎはやめられない!!

秋田県雄勝郡羽後町貝沢
高橋良蔵さん

わたしはこう思う

出稼ぎの問題は、根本的には農業だけで生活できる農産物価格保証、農業への大規模な公共投資、近代的な労働条件の確立などの問題だ。しかし、だからといって、現実に東北から二〇万の農民が出稼ぎにいって現金をもって帰ってくる、このとうとうたる流れをいますぐせきとめることはむずかしい。

そこで私は、次のような、さしあたっての対策を考える。

一つは、各市町村に、民間から選ばれた、民主的な出稼ぎの専従指導員を置くべきだということだ。そして次のような仕事をする。

① 労働市場の調査
② 飯場の生活状態、作業状態の調査
③ 労働契約不履行の監視（労賃不払いなどのばあいかけあいにいくなど）
④ 留守家族の生活状態の調査と指導や援助

この専従者が民間人がよいという理由はこうだ。役所にやらせると、出稼ぎの実態を調査してついでに税金とりたての資料にしてしまう危険性が充分ある。ついそっちの方に熱心になってしまって親身になって出稼ぎ者のことを心配してくれないと困るからだ。

一つは、出稼ぎを六ヵ月したばあい失業保険をつけるのは当然だ。ところが失業保険法を楯にとって、失保を出ししぶる傾向がある

【一口メモ】 出稼ぎ　高度経済成長期に急増した出稼ぎは減反政策開始後の一九七二年にピークを迎えた。全国で五五万人、うち五五%が東北の農民だった。

が、これはもっての他だ。東京では実際に冬期の農民の労働力を必要としているのだから、必要ならばそれなりの保証をするのはあたりまえだ。むしろ、一歩進んで農民のばあい、五ヵ月で失保をつける特例を認めるべきだ。なぜなら、六ヵ月ではどうしても四月いっぱい稼ぐことになる。四月まで稼ぐことはイナ作に決定的な悪影響を与える。しかも、農民はコメを作らなければ食えないのだし、国家はこれを必要としている。従って、農民に特例として五ヵ月で失保をつけ、イナ作農業を守るべきだ。

三つは、新潟県中央会の要求している、有給休暇の問題だ。「有給休暇をみとめ、その旅費は国や県が負担せよ」これは出稼ぎ者全員の要求だから、大きな政治問題として立法化する運動をおこしたい。

四つは、出稼ぎ賃金に課税するなということ。町村役場では、出稼ぎ賃金に課税するために調査をしているところが多い。それをきらって、みんな職安にもとどけずにこつそり出稼ぎにいく。だから賃金不払いや工事場での事故などの被害があつても補償されないのだ。また、実際、課税されているばあいも調査が充分できないため、弱い人たちにだけ課税されるなど不公平がおきている。また、いままでの滞納や借金を返すために出稼ぎにいく人も多いのだ。従つて、出稼ぎ賃金は課税対象からはずすべきだ。

五つは、このようなもろもろの要求を通そうとするには、出稼ぎ者の組織がぜひ必要だ。なんとかしてつくりたいと思つている。

以上の五項目は、実際問題としては実現困難な問題をふくんでいるが、私としてはなんとかこの方向で多くの人に考えてもらい、実現できるようにしたいと思つている。

出稼ぎは、いまの農村の置かれている立場からすればよぎないことだが、実は知らず知らずのうちに農業を根底から破壊するものだと思う。出稼ぎ者の中には、一〇代、二〇代の若者が非常に多い。一〇代といえば人間形成の上でも大切な時期だ。それなのに、一年のうち半分という長い期間、飯場で四〇、五〇のおやじ連中と酒をのんでくだらない話をするという生活環境におかれる。この影響は重大だ。いまの農家の経営主には、冬の農閑期という経営や技術の学習期があつて、その中で育つてきた。ところが、将来の農民はそれなしに経営主になつてしまう。これからの農業はますますむずかしくなつていくのに、果してこれで大丈夫だろうかと心配だ。

すばり一言

出かせぎ農民の増大、これは高度経済成長政策の落し子だが、このまいけば、経済成長そのものの足をひっぱることになりかねない。出かせぎによる米の生産低下、米の緊急くりあげ輸入は、そのあらわれとみるべきだろう。政府は、高橋さんがあげているような根本的対策、当面の対策を早急に、真剣に考えるべきだと思う。

出かせぎ先の農民は、かつこうは労働者でも、あくまで農民なのだ。中小企業の経営者や商店の主人と同じように、収入が多くなるなら、つらい仕事でも残業でもいとわない。経営者意識があるからだ。経営主義を完全燃焼させているといってもよい。しかし、このエネルギーは、本来村のなかで、農業経営のなかでこそ発揮されるべきものなのだ。自分の土俵の外でしかエネルギーをもやせないという現実を、農政の担当者そし農民も考えてみなければならない。

農文協専務理事
岩渕直助

1964(昭和39)年7月号

零細農家を優先、自己負担軽減、水田は維持する…構造改善事業の農民的利用として注目された取り組み

これがおれたちの構造改善事業だ

―農業悲観ムードをたたきこわす―
―秋田県平鹿町金麓園地区の活動―

編集部

この記事を読まれる方へ

八万円の投資で、五〇㌃の果樹園が手に入るという話があります。あなたは一口入りたいと思いますか？それともことわりますか？

もう少しつけ加えますと、この地方には明治時代から果樹が植わっており、子どものときから果樹つくりにうちこみ、試験場よりもはるかに高い技術をもった指導者がいます。栽培技術の心配はまずいらないでしょう。

労力問題も、あなた一人が心配しなくてもいいでしょう。なぜなら、集団で労力対策を考えているからです。

1

悲観ムードをたたきこわすエネルギー

山の中腹までリンゴが植わっている。成木もあり幼木もある。斜面のきついこのリンゴ畑は、人間の手でひとくわひとくわ開墾し、手塩にかけて育ててきた苦労がにじみ出ている。

山のふもとで、一台のブルドーザーがうなり声を上げている。ただいま道路工事中なのだ。幅が七㍍もある荒けずりな道路は山の中をつき通って三〇町歩の開墾畑へ通じている。

ブルで山の土手腹をひっかいたところへ、昨夜の大雨で道路はドロ沼である。ところどころに太いヒューム管がおいて

ある。道路の側に埋めて排水するためだ。ヒューム管を埋め、砂利を敷けば、それで完成する。

この道路は、大型バスが通れるように計画されている。なぜこんなりっぱな道路をつくらなければならないのか？これには二つの理由がある。

一つは幼木中の雪の害。二㍍近い雪がつもるのだから、これから植えるリンゴも四〜五年生の幼木中に雪の重みで枝が裂ける心配がある。こんな時でも、現地に人が行けさえすれば手のうちようがある。この地帯の農家は昔から自分の家の果樹園でしこまれてきた仕事なのだ。それなら、ブルで雪をかいて、人の通れる道路にしておこうということになつた。

もう一つの理由は、収穫期の労力対策。将来開墾畑のリンゴが成木になつたとき、収穫期の労力不足が大きな問題になる。そのときは果樹園通勤用貸切りバスで他村から労力をおくりこもうと考えている。りっぱな道路にしておくのはそのときにそなえてのものである。

こんな話を聞きながら、ドロンコ道をゆっくり登りつめた。目の前へ突然現われたのが、三〇町歩の開墾畑である。予想したよりもはるかに広く、見るからに雄大である。一年前までは、杉や雑木の山だつた。木の根株はあとかたもなくぬかれ、山はくずされ、クボミが埋つて、きれいに整地され、みごとな畑に姿を変えた。この変身ぶりを、グラビアの写真

また、地域全体にもつと果樹面積をふやして、そこに果実の貯蔵用冷蔵庫をつくり、有利に売つていこうといつた販売対策もたてられております。

2

ここは、農業構造改善事業の指定地域です。だから、果樹園をつくつていく資金は、構造改善事業のなかから出ています。だが、ここの人たちは、政府の構造改善事業には反対しています。なぜなら、最近農業がやりにくくなり、農家の生活が苦しくなつてきたそもそもの原因は政府がそういう政策をとつているからであり、その政府が農業基本法をつくり、構造改善事業をすすめているのだから、うかつに手を出したら、農家の命とりになると考えているからです。とはいつても、果樹園をつくるのに資金が必要だから、その資金を手に入れるために、自分たちの力で構造改善事業を使いこなしていくのだと考えています。この点あなたはどう思いますか？

3

果樹園を育て上げるのに、技術の面でも、経営の面でも、販売の面でもさまざまな困難がともなつてくると思います。ここでは、自分たちの要求と自分たちの計画で始めた仕事だから、難所にぶつかつたときには、農家と果樹農協が知恵と力を出しあつて解決していこうと、みんなで話しあつています。つまり、しつかりした組織があるのです。あなたのとなり近所、あなたの農協とくらべてみてください。

4

この記事は、まず最初にグラビアのページをごらんになつて、つぎに以上三つの点を頭において読みすすんでください。読み終つてから、強く感じた点、疑問な点、批判などありましたらぜひお聞かせいただきたいと思います。

でとくと見てもらいたい。

それでは、この開墾畑について、現地の農家の方々の自信や期待をふくんだナマの声をお伝えしよう。

〈山へ案内してくれた山田貞幸さん〉

私たちは、山をぶっこわしてしまった。七㍍もあった山も今はなく、七㍍の沢が埋って平らになったところもあります。ブルドーザーの偉力は予想以上でした。工事中こんなこともありましたよ。事務所をつくったあの平らなところから、縄紋式土器が出てきたのです。私たちの祖先が大昔、こんなところに住んでいたんですね。これを見つけたときは勇気がでてきました。私たちはこれからりっぱなリンゴ園をつくります。三〜四年後にはどうなっているか、ぜひまた見にきてください。

〈山の事務所にいる斉藤甚之助さん〉

山の向う側にもスモモが白く見えるでしょう。あそこは、終戦後開拓者が入って苦労したところです。汗水流して開墾しても数年間は収入がない、車の通れる道路もない、冬は深い雪にとざされて手も足も出なかったのです。私たちは、この二の舞をしたくないと思います。資金と経営と、新しい技術と知恵を使ってやらないとつづかないですね。

〈果樹園で仕事中の森野安太郎さん〉

私のように一町七反の耕地があっても、今のままではなしくずしに首を切られそうです。池田政府は農民の首切り政策をすすめていますから。ここでみんなと一緒にがんばってみる、それでも首を切られるのなら仲間と一緒に切られるさ、こんな気持で開畑の果樹園を成功させたいと思っています。

〈共同選果場にいる佐藤宏一さん〉

第一次事業の三〇町歩開畑は、五七戸でやっていますが、その後希望者が出ております。そこで、第二次の開畑計画をねっているところです。来年は二次事業として一〇町歩ぐらい開畑したいものです。もともとこの開畑は自分たちの仕事なのだから、構造改善事業の補助金がなくてもやりますよ。

〈果樹農協組合長の田中正市さん〉

昭和の初めごろ、ここは、まことに貧乏な地帯でした。水田が少ない上に、米やマユの価格が安くて、しかたなかったのです。この頃から山へリンゴを植えはじめました。今なら、平《ひら》場の米どころにくらべてもけっしてひけをとりませんよ。

これは誰の力だと思いますか？果樹の産地づくりについて、政府は昔も今もなにもしてくれていません。農民の力でここまできたのです。私自身も二二才のときにリンゴつくりを始め、今までいろんな辛酸をなめてきました。

みんなが、組合長をやめさせてくれたら、開畑のリンゴ園を成功させるために、山へ入りたいと思っています。今度の開畑事業も、自分たちの力でなんとか成功させなければなりません。

今、多くの農村、わけてもリンゴの産地が悲観ムードでぬりつぶされている。だが、ここはちがう。ことさら悲観もしないが楽観もしていない。今まで自分たちがやってきたことを、さらに力強くおしすすめようとしているのである。ここには、農業やリンゴつくりの悲観ムードをたたきこわしてい

【一口メモ】農業基本法　昭和三十六（一九六一）年施行。「他産業との生産性の格差が是正されるように農業の生産性が向上すること及び農業従事者が所得を増大して他産業従事者と均衡する生活を営むこと」（第一条）を目的に、国は農業近代化を推進した。

第一表　秋田県平鹿町全体の構造改善事業（計画書）

区分			事業の種類	事業主体	事業量	事業費	資金計画 補助金	資金計画 融資金	資金計画 自己資金
補助金のある事業	土地改良部門	経営近代化施設	トラクター	部落団体	11台	万円 2183.5	万円 1091.7	万円 873.0	万円 218.8
			ライスセンター	農協	1棟	1200.0	600.0	480.0	120.0
		小計				3383.5	1691.7	1353.0	338.8
	果樹部門	土地基盤整備	樹園地造成	部落団体	60ha	2280.0	1140.0	912.0	228.0
			農道整備	〃	700m	182.0	91.0	72.0	19.0
		経営近代化施設	スピードスプレヤー	〃	3台	795.0	397.5	318.0	79.5
			果樹冷蔵庫	果樹農協	2棟	2000.0	1000.0	800.0	200.0
			ブルドーザー	〃	1台	570.0	285.0	228.0	57.0
			ダンプカー	〃	〃	96.0	48.0	38.4	9.6
			ダンプカー	〃	〃	155.0	77.5	62.0	15.5
		小計				6078.0	3039.0	2430.4	608.6
			養鶏センター	農協	一式	1554.5	777.2	620.0	157.3
			共同鶏舎	部落団体	825棟	1320.0	660.0	528.0	132.0
		小計				2874.5	1437.2	1148.0	289.3
		合計				1億2336.0	6167.9	4311.4	1236.7
融資だけの事業	土地改良		トラクター車庫	部落団体	11棟	330.0		264.0	66.0
		小計				330.0		264.0	66.0
	果樹部門	基盤整備	土地買収	部落団体	60ha	2400.0		1920.0	480.0
		果樹植栽	果樹植栽	〃	60ha	1080.0		864.0	216.0
		経営近代化施設	共同防除施設	果樹農協	5ヵ所	1100.0		880.0	220.0
			SS車庫	〃	3棟	150.0		120.0	30.0
			冷蔵庫付帯施設	〃	2ヵ所	600.0		480.0	120.0
		小計				5330.0		4264.0	1066.0
			集卵用自動車	農協	1台	100.0		80.0	20.0
		小計				100.0		80.0	20.0
		合計				5760.0		4608.0	1152.0
		総計				万円 1億8096.0	万円 6167.9	万円 8919.4	万円 2388.7

第二表　平鹿町の概況

総戸数　3561戸
農家〃　2666戸（74.8%）
〈耕地〉
田　3238ha（1戸平均1.52ha）
畑　242　反収552kg＝3.68石
樹園地　285
計　3765
〈山林〉
採草地　23
山林、宅地、その他　2444
計　2467
〈家畜〉
乳牛　86頭
和牛　660
豚　837
にわとり　4万3800

〈生産金額〉
イネ　9億円（88%）
果樹　4300万円（4.2%）
畜産（にわとり）　3900万円（3.8%）
その他　4000万円（4.0%）
計　10億2200万円（100%）

第三表　金麓園の概況

金麓園地区〈平均水田9反、果樹5反〉
戸数　170戸　うち農家160戸……
共販150戸で8万箱が目標
水田　140ha（反収9俵～10俵）　1万2600俵
リンゴ　10年以上　60ha（反収170箱）10万箱
農業収入
（生産）（飯米）
1　米1万2600俵－4000俵＝8600～9000俵
×5000円
4500万円
2　リンゴ　10万箱×{500円～600円}＞5000～6000万円
○160戸の粗収入は約1億円で1戸平均62万5000円
○自家労賃をふくまない生産費｛リンゴ10万円、米9万円｝20万円
○農家が使える金額62万5000－20万＝42万5000円

くエネルギーがある。このエネルギーは、構造改善事業の計画の中に、事業のすすめ方の中に、これからの見通しの中に、ひそんでいる。

構造改善事業と農協の実力

今まで紹介してきたのは、秋田県平鹿《ひらか》郡平鹿町金麓園《きんろくえん》地区の農家がとりくんでいる活動の様子である。

ここで、頭の中をひとまず整理するためにつぎの二つの点をはっきりさせておかなければならない。

1 山を開墾してリンゴを植えようとしている事業は、平鹿町の構造改善事業の一部分として行なわれているものである。

2 構造改善事業の果樹部門を担当しているのは、平鹿果樹農協である。

つまり、今までに紹介した金麓園地区の活動は、平鹿町の構造改善事業と関連し、また、平鹿果樹農協（金麓園地区は果樹農協の一つの支部になつている）と結びついて行なわれているのである。

まず第一点の、平鹿町の構造改善事業との関係をはっきりさせておこう。

1 平鹿町の農業構造改善事業

平鹿町の農業の様子については、第二表をごらんいただきたい。この町は、秋田県下のトップをきつて、構造改善事業の一般地域に指定され、三七年度から事業が実際にすすめられている。

中心になる作目は、イネと養鶏と果樹である。

「**イナ作**」水田面積は、全耕地の八六㌫を占め、平鹿町の農業の大黒柱である。水田はすでに五分の一が区画整理されている。残りの水田も、積雪寒冷地帯農業振興の事業で、引きつづき整理される計画があり、昭和四一年にはほとんど全部の水田が完了するはずである。

この区画整理が終つた地域へ、一一台の大型トラクターを入れ、さらにライスセンターと結びつけて水田作業の省力化をはかろうという構想である。すでに七台のトラクターが導入されている。ライスセンターは採算の見通しがたたないので、中止され、トラクター三台にかえるもようである。

「**養鶏**」平鹿町は、昭和三六年度に「鶏卵主産地」の指定を受けた。三七年当時で、四万四〇〇〇羽の鶏が飼われているが、これを五ヵ年計画で一〇万羽にふやそうという計画である。そのために、養鶏センターや共同鶏舎をつくつて、共同飼育をはかろうという構想である。現在、養鶏センターと

【一口メモ】 構造改善事業　農業基本法では「農業経営の規模の拡大、農地の集団化、家畜の導入、機械化その他農地保有の合理化及び農業経営の近代化」を「農業構造の改善」と総称し、昭和三十八年、第一次農業構造改善事業がスタートした。

共同鶏舎ができ上がつている。

「**果樹**」平鹿町周辺は秋田県きってのリンゴ産地である。ゴールデンデリシャスの産地として全国的にも有名である。山地の開畑で果樹園をふやし、農家の規模拡大、産地の大型化に力をいれている。今回の事業で開畑するのは六〇町歩。このほか、冷蔵車、共同防除施設もつけたそうという構想である。

それでは、第一表をみてください。各部門別の事業費をまとめたものである。それぞれの事業の規模がわかる。第一表をかんたんにすると、第四表になる。

第四表　部門別にみた事業費

	補助金のある事業	融資だけの事業	合　計
	万円	万円	万円
イナ作部門	3383.5	330	3713.5
養鶏部門	2874.5	100	2974.5
果樹部門	6078	5330	1億1408
合　計	1億2336	5760	1億8096

総事業費は約一億八〇〇〇万円。このうち半分以上が果樹振興につぎこまれるのである。

つぎに、第二点の金麓園地区の活動と、平鹿果樹農協との関連を明らかにしておこう。

2　果樹農協の実力

平鹿果樹農協は、底力をもった専門農協である。勢力範囲は、一市二町にまたがつており、組合員も団体まで入れると一〇〇〇人になる。

つぎの四つが特徴点である。

1. 専門農協である

果樹栽培農家とその団体（下部の出荷組合や防除組合）が組合員になつている。

2. 経営的な力をもつている。

果樹の販売事業に重点をおき、信用、購買事業も軌道にのつている。

3. 積極的な指導方針を掲げている。

4. 活動しやすい独得な組織をつくり出している。

〈農協経営に現われている力〉

とくに力をいれているのはリンゴの販売である。三七年の実績をみると、二四万箱のリンゴを出荷し、二億二〇〇〇万円の売り上げになつている。

信用事業、購買事業も伸びてきている。

三七年の信用事業をみるとつぎのとおり。

貯金残高　四二六八万円
貸付 ｛一般貸付金　二九六八万円
　　　 制度資金　二七四三万円

個人への貸付限度は七〇万円。また団体への貸付は金利を日歩二銭五厘にして資金面から共同化促進の手助けをしている。

三七年度の購買事業実績は四〇九三万円の売り上げ。おもなものは、農薬、肥料、リンゴ出荷用の資材である。

〈指導の実力〉

三九年度の指導部事業方針は三つのスローガンを掲げ、農家と農協が今なにをなすべきかを明記している。その要点を紹介しよう。

情勢 バナナの自由化とさらにすすむ開放経済の影響は日本農業全体の浮沈にかかわる大事件である。今日あることを、すでに三年前から察知して、①品種の改善。②経営規模の拡大と経営の単純化。③生産と販売の共同化を推進してきたことは、組合員に自信と勇気を与えている。したがつて、三九年度の事業も前二ヵ年の事業を引きつぎ、さらにこれを強力に推進する。いたずらに小事にかかわることをさけて、大胆に実施する。

1 品種の統一（改善）

① **既設園の改善** 祝、旭、紅玉はすみやかに全廃する。国光、印度も老令樹の改植のときは貯蔵性のあるふじにかえる。接木および改植はゴール、スター、ふじの三品種。改植更新は三年以上の中苗、できれば五年生まで共同で養成して植える。

② **新植園** ゴール、スター、ふじの三品種。比率は三品種均等か、ゴール、スター五〇％、ふじ五〇％にする。ゴール、スターは収穫後すぐ冷蔵庫へ。植付当初から収容できる冷蔵庫を考えておく。結実までの期間を短縮するため、苗木養成圃をつくつて、中苗で定植する。一反歩三〇〜四〇本の密植植えにし、保存樹は一五本。間伐樹は結実の早いゴールがよい。

2 経営規模の拡大と農業経営の単純化

① 組合員の多くは、水田プラス果樹農家だ。水田はこれ以上拡大できない。所得を高めるには、山林原野を開墾して、果樹園を拡大する以外に道はない。一組合員五反歩以上の果樹園をもつこと。

② 果樹専業なら一町歩以上が最も好ましい。水田プラス果樹経営でも、水田七〜八反、果樹七〜八反、計一町五反を目標にする。

③ 果樹の主産地では、養豚、養鶏などの多数飼育は望めない。経営規模がちがいすぎたり雑多な経営は、共同化、合理化をさまたげる最大の原因になる。

3 生産・販売の共同化

① **生産面の共同化の推進** 共同防除、共同施肥、共同せん定、共同経営（開畑事業によるもの）をすすめる。

② **販売の合理化** Ⓐ共選場は、果実を集めて上手に選果荷づくりし、高値に売つて生産者に喜ばれるだけの団体ではない。共同防除、共同施肥等々生産から販売までの各種事業を行ない、常に生産者に結びついたセンターでなければならない。したがつて、役員のほかに研究部とか婦人部のような組織が必要である。

③ **冷蔵庫** 新しくつくつた金麓園の冷蔵庫は好成績を上げている。ゴールとスターは収穫後冷蔵庫に入れ品質を保持しなければ売れない時代に入つてきている。リンゴを冷蔵庫に入れるのが常識で納屋や野積みにする方が非常識なのである。冷蔵庫はなくてはならない施設になつてきた。

〈活動しやすい組織〉

果樹農協を本部と呼び、共同選果場を支部と呼んでいる。

本部の役員（理事、監事）は各共選場（支部）から選ばれる。ここの役員は単なる名誉職ではない。たとえば、果樹農協の理事をしているが、自分の経営では果樹以上の熱を入れて豚を飼っているといったことはあり得ない。果樹農協の役員をしながら、半分のリンゴを商人に売っているといった不熱心なことも絶対にない。

果樹と果樹農協に生活をかけている人だけが役員として活躍している。

七つの共選場、つまり支部は本部と同じ役員構成で独立採算をたてまえにして運営されている。役員については本部と同じことで、責任感の強い人が選ばれる。共同選果場は、その地域の果樹の生産、販売、あらゆる面のセンターとして、生産者に日常的に直接結びついて仕事をすすめている。

共同開畑事業を説明中の田中正市組合長

〈農協の方針と構造改善事業〉

果樹農家と農協は今なにをなすべきなのか、これは、前にふれた三九年度指導部事業方針のなかではっきりいいきっている。

①品種の改善

②経営規模の拡大と経営の単純化

③生産、販売面の共同化推進

この三つのスローガンは、すでに三年前に掲げられ、農家も農協も同じ立場でとりくんできたのである。

構造改善事業で今なにをやっているのか。

①共同開畑による規模拡大

②果実冷蔵庫の建設

③共同防除施設の充実

農家と農協がさしせまってとりくまなければならない仕事と、構造改善事業との間にはズレがない。もともと自力でやる構想があり、そこに構造改善事業の指定を受け、農民的に推進しているのだから、ズレがないはずである。このへんが、構造改善事業に対する農家と農協の実力である。

それでは、話を金麓園地区にもどし、構造改善事業のすすめ方を現場で具体的に見ていくことにする。

農民的な構想とたくみな資金利用

〈なにゆえに農民的であるか〉

金麓園地区の農家戸数は約一六〇戸。たいがいの農家が多かれ少なかれリンゴをつくっている。この地区の農業の様子は四五ページ第三表のとおりである。

ここには、略称「金麓園共選場」と呼ばれる、果樹農協の支部がある。この共選場を軸にして、今大事業にとりくんでいる。

1. 山を共同で開墾して果樹園の規模拡大をはかる。

2. 果実冷蔵庫の建設とその利用。

この二つについて、農民的な構想をたて、しかも構造改善事業にのせ、農民的にとりくんでいる。

では、なにをもつて、農民的な構想というのか、まず最初につぎの点を考えていただきたい。

1 零細な農家優先の規模拡大である。水田面積二町以下、果樹園一町五反以下の農家が集まつて共同で開畑し、一戸平均五反の果樹園を新しくつくり出す構想でスタートした。

2 資金の自己負担額は全部八万円にとどめよう。八万円投資しておけば、将来優良品種の植わつた五反歩の成木園が手に入るという計画である。

3 資金計画が現実的である。開畑および植付は構造改善事業の資金を使い、その後の成木になるまでの四年間の経費は果樹の育成資金を使う。資金の返済は、成木になつてから、その収入の一部をあてていく。これなら経費のかかる幼木中も、なげずにやりおおせる。零細農家が果樹に手を出すばあいの不可欠な対策である。

4 開畑のリンゴ園では、今までの経験を生かし、さらに新技術をとりいれ、時代に即応した栽培技術の体系をつくり上げ、その技術を既成園へもち帰ろうと考えている。

5 水田は現状のままにする。水田の基盤整備→機械化・省力化→あまつた労力で果樹振興……たいへん近代的な構想に見えるが、実際は農家の負担をふやし収入をへらし生活をおびやかすやり方である。これでは農民的とはいえない。

つぎは、この構想の出てきた背影および事業のすすめ方をみていくことにする。

〈山へのり出す動機〉

金麓園地区の専業農家の一戸当り平均耕作面積は水田九反、果樹五反の計一町四反である。リンゴは成木なら古い品種が多く、新しい品種なら幼木が多い。

果樹園に隣接した山は年々果樹園に変わりはじめた。山へのり出していくのは、耕地の少ない人たちで、なかには一反歩の山林を八万円で買い開墾する人もいた。昭和三一年に共同防除施設ができたが、それでリンゴつくりが楽になり、生産も安定してきた。このときから、急速に山へリンゴが植わるようになつたのである。傾斜が二〇度もある山を開墾し、水田の二倍以上の労力をかけている農家もある。風当りの強い不適地にまでリンゴが植わるようになった。

それでも、一戸一戸の経営内容はバラバラである。水田プラス果樹で三町歩以上もやっている人もあるかと思うと、果樹だけで二町歩以上の農家もある。水田、果樹あわせて一町未満の農家もある。このように規模がちがうと、共同作業の足なみもそろわない。

三五年頃から、零細農家を対象にした共同開畑が話題になっていた。具体的な検討に入ったのは三六年の春からである。水田二町以下、果樹一町五反以下の層を中心にして開畑しよう。ここで一戸当り五反の果樹園がふえれば、出稼ぎに行かなくてもよくなる。三六年の秋には、構想と、買収する山林の候補地まで話がすすんでいたのである。

こういう準備のすすんでいるところへ、構造改善事業の指定があり、さらに具体的に動き出した。

山林三一町六反を買いとる。開畑事業は一人平均五反になるようにして、五七名で開畑組合をつくることにした。

金麓園共選場を使っている組合員のなかから、希望者を募った。

最初に希望した人は八〇人ぐらいあった。ところが、計画が具体的になり、①自己負担金が八万円必要なこと、②リンゴの先行不安、③開畑―育成事業に対する先行不安などから辞退者が現われ、残ったのは四十数人になってしまった。

そこで、仕方なしに、一三人の共選場の役員を加え、この人たちには、開畑が成功するまで一時預かってもらう約束で、五七人の開畑組合を組織し、事業にのり出したのである。共選所の役員をしている人は、比較的果樹面積の大きい人たちである。だから、零細農家を中心にして規模拡大をはかろうという点では、かならずしも理想通りに行かなかった。

ところが、実際に着手してみると開畑は予想以上にうまく行った。こうなると、共選所の役員は権利をゆずりたくないのが人情。一方、辞退した人はゆずり受けたいのが人情である。新しい希望者もふえてくる。それなら、引きつづき二次計画で開畑しようということになってきた。開畑可能な山林はまだたくさんある。第一次計画は、構造改善事業でやったから補助金もあり、安く上がったが、第二次計画では高くなった、というのでは不公平であり、零細農中心の規模拡大も口実にすぎなくなる。第一次、第二次、第三次、今後の事業も全体がプールされるようにすすめていこうと考えている。

〈たくみな資金利用〉

開畑事業は、苗木を植えるところまでこぎつけた。今後の見通しもたいへん現実的にたつようになってきた。果実冷蔵庫も建設され、一年使ってみた。つぎに、内容の吟味をしてみよう。

「**開畑にかかつた全部の費用**」第五表と第六表をみてもらいたい。開畑事業に使われている費用である。資金調達のやりくりでは、次の点に工夫がこらされている。①自己負担金は一戸八万円以上にしない。②構造改善事業の補助金はきまつている。そこで、③とすると、融資金の上手な使い方がきめ手になる。そこで、土地取得は、農林漁業金融公庫の資金を使う。これは、二年据置の一五年年賦、年利五分五厘である。さらに不足分は果樹振興法にもとずく、樹園地造成資金を使う。これは、三年据置一七年年賦、年利五分の資金である。

第五表　開畑工事の見通し総括表

事業区分	設計金額	見通し額		
		昭和38年実施金額	昭和39年の見通し	合計
土地買収費	万円 1256.2	万円 1284.7	万円 ――	万円 1284.7
開畑事業費	694.0	846.2	――	846.2
農道工事費	457.0	29.8	427.2	457.0
植栽事業費	484.3	155.0	329.3	484.3
合計	2891.5	2315.7	756.5	3072.2

設計金額より180万7000円ぐらい多くなる予想。これは土地買収のとき登記料が予想以上に多くかかつたこと、水源地の買収をつけたしたりしたためである。

第六表　開畑事業予算の内わけ

事業区分	補助金	融資金	自己負担金	合計
土地買収費	万円 ――	万円 990.0	万円 266.2	万円 1256.2
開畑事業費 1	394.8	135.0	342.0	564.0
〃 2	――	100.0	30.0	130.0
農道工事費	319.9	109.0	28.1	457.0
植栽事業費	45.6	350.0	88.7	484.3
合計	760.3	1684.0	447.2	2891.5

（自己負担額＝57人×８万円＝456万円）

なお工事費は設計額よりも一八〇万円ほど多くかかる予想である。これは、設計にない仕事をしているからだ。たとえば、水源地として沼を買いたしている。沢をそのまま残す設計になつていたが、木の根株の処置に困つた。そこで、材木を入れ、根株を入れ、ソダをいれて暗渠をつくり、その上に土を盛り上げ、沢を埋めてしまつた。工事を請負業者にまかせきりにするのではなくて、責任者が現場にいて、監視と変更の指示をくだしたのである。

工事費はオーバーしたが、質的には高い仕事をしたのである。第七表、八表を見てください。反当りの費用を示したものである。反当一〇万円の経費がかかつている。このうち、二万七七〇〇円が補助金、二万円が自己負担金、残り五万二二〇〇円が融資

第七表　開畑一反歩当りの費用

1	土地代	4万0000円
2	開墾整地	2 0000
3	農道	1 2000
4	苗木	7500
5	支柱	1500
6	植付労力	4000
7	管理小屋	6000
8	消毒器具	2500
9	雑費	2000
10	利子	4500
	合計	10 0000

2～9までの費用の半額は補助金

第八表　開畑費用の出所（一反歩当り）

	科目	金額	説明
1	補助金	2万7700円	5万5500円の２分の１補助
2	農林漁業資金	2 2200	2年据置、15年々賦借入金年利５分５厘
3	農林漁業資金 農地造成資金	3 0000	3年据置17年々賦年利５分
4	自己負担金	2 0100	加入者の出す資金（頭金）
	合計	10 0000	

第九表　一反歩当りの見通し

年次	生産数量(箱)	収入金額(円)	支出金額 総額	支出金額 管理費	支出金額 借入金額
		万　円	万　円	万　円	円
1（昭和40年）			1 1300	8450	2850
2（41）			1 3250	1 0400	2850
3（42）	10	6000	1 5200	1 2350	2850
4（43）	20	1 2000	2 1250	1 6250	4990
5（44）	50	3 0000	2 5790	2 0800	4990
6（45）	80	4 8000	3 3590	2 8600	4990
7（46）	120	7 2000	4 1390	3 6400	4990
8（47）	150	9 0000	4 9190	4 4200	4990
9（48）	180	10 8000	5 4390	4 9400	4990
10（49）	180	10 8000	5 4390	4 9400	4990

5年目（昭和44年）には収支トントンになる予定。
（管理費の中には自家労力費も見積つてある）

金である。

「採算の見通し」今年の秋はいよいよ三年生の苗木を植えつける。品種はゴール、スター、ふじを均等に配分する。ただし、これは将来の保存樹であって、間伐樹に結実の早いゴールをいれて密植していく。反当りの植付本数は約三〇本。

第九表を見てください。反当りの収支の見通しである。収入をみると、今年三年生の苗木を植えれば、三年後の昭和四二年には一〇箱ぐらいなり始める。一箱六〇〇円と見れば、六〇〇〇円の収入になる。昭和四四年には、三万円の収入があり、経費は二万五七九〇円だから、収支トントンになる。

この見通し、はたして大丈夫だろうか？

「資金計画」四三年までの四年間はたいへん苦しい。そこで、この四年間は果樹育成資金（果樹振興法によるもので、据置一〇年以内、二五年償還、年利五分五厘～六分）を使っていく。

冷蔵庫利用料１年目の収支

収入・利用料　160万2000円
（約２万7580箱×60円）

支出　電灯料、管理費、借入金利息、火災保険料、その他　合計　111万2000円

差引　49万円の黒字

第一〇表果実冷蔵庫建設決算書

科目	予算額	決算額
敷地買収費	76.5万円	69.8万円
建設費	1554.5	1572.0
整地費	25.0	（建設費に含む）
設計その他	70.0	87.7
合計	1726.0	1729.6

「技術の見通し」まず幼木中の雪の害が心配。道路を完備しておいて、共選所で働いている人たちを山へ送りこんで、除雪をする。

すべての品種は無袋栽培でいく。とくにゴールはサビが心配だが、技術的には無袋でいけることが実証ずみである。あとは実行に移すかどうかの問題だ。平鹿果樹農協管内に新規開園が六〇町歩できるので、これを取り引きの単位にして売りまくる。

無袋のゴールは味がいいのだから、時間をかければ確実に伸びる。その他の技術は、今までやってきたことと変わらない。

「労力対策」山場が二つある。一つは摘果期。この時期は平地果樹とかちあわない（標高がちがう）ので充分やれる。平地果樹の摘果→田植→開畑果樹の摘果、こういう段どりを考えている。

もう一つの山場は収穫期。これは、金麓園地区の労力だけでは不足する。早場米地帯へ毎日バスを

もつて行つて、労力を集めてくる。

「果実冷蔵庫の建設」ゴールやスターのような品種は、収穫直後に冷蔵庫へ入れて、もぎたての状態に品質をたもたなくては高く売れない。金麓園地区では、一昨年まで横手市の冷蔵庫を使つていた。このばあい、往復運賃四〇円、冷蔵賃一〇〇円、出入賃一五円の計一五五円かかつていた。自分のところへ冷蔵庫をつくつたら、約三分の一の六〇円ですんだ。しかも冷蔵庫も利用料で四九万円の黒字になつた。第一〇表は、冷蔵庫建設の決算と第一年目の収支状況である。

農家の期待と不安

とにかく、開畑事業は進行している。そのなかで、金麓園地区の一戸一戸の農家は、なにを期待し、どんな不安をもつているのか。自分の経営と生活からみた、ナマな声をおつたえしよう。

〈手ばなしの楽観は禁もつ〉

(開畑に参加) 田中貞治 (五〇才) さん

二人の子どもを高校へ出したり、娘を嫁がせたりで四苦八苦。家族のだれかが病気にでもなつたらお手あげだ。なんとかして、一年に一〇万円のゆとりができるようにしたい。一〇万円の所得増を考えてみるが、水田でもむり、リンゴでもむりだ。兼業も考えてみるが農業の収入がへるようではなんにもならない。開畑に期待する。

これ以外に方法がないからだ。開畑はうまくいくだろうか?手ばなしに楽観するわけにはいかない。リンゴをとりまく情勢がきびしいからだ。つぎこんだ融資の金だけとつても、反当五万円、五反で二五万円になる。技術に自信があつても、リンゴの価格の不安定は農民の力ではどうしようもないものがある。リンゴつくりをやつていけるような価格保証を自分たちの力でたたかいとつていくことが基本になるのではないか。リンゴの値下がり、農業資材の値上がりに手をこまねいていて、いくらがんばつても成功しないと思う。農業を圧迫しているものにたちむかつていくとりくみがなくてはならない。

田中さんの経営

耕地	水田 1.7町・リンゴ2反	
家族	7人 労力 2.5人	
粗収入	米150俵	販売75万円
	リンゴ	15万円
	計	90万円
生活に使える金		60〜65万円

〈頭の中がリンゴでいつぱい〉

(開畑に参加) 高橋一郎 (三五才) さん

果樹つくりで生活したい。頭の中がリンゴでいつぱいである。個人でも開畑したいが、山林が一反七万円、開墾して四年も五年も金をつぎこんでいく芸当は力のないものにはむりだ。おしつまつた十二月に、八万円の頭金をつくるのはたいへんだつたが、借金して参加した。あんな山の中で、はたしてリンゴがなるかどうかつぎこんだ金がかえせるだろうかそんな心配もあつたが、この道でやるよりほかに方法がない。

高橋さんの経営

耕地	水田　8反　リンゴ　8反（4反成木）	
家族	8人　労力　2.5人	
粗収入	米50俵　販売	25万円
	リンゴ	44万万
	計	69万円
生活に使える金		44～40万円

母は病気で、借金がふえるし、家の中がじめついていかん。妻にはこんなことをいってなだめているところだ。「四五年まで待ってくれ、開畑の果樹がものになる。それにゴールスターの植わった四反の未成木園からも金が入る。それまでのしんぼうだ」と。

リンゴの若木を見ていると楽しくなる。この木はどんなリンゴをつけてくれるだろうかと考えると、じっとしていられないくらいだ。

〈権利をゆずつてもよい〉

（開畑に参加）佐藤敬三（四九才）さん

昭年三五年に、山林を八反買つて、個人で開畑をした。このときは、山林一反歩三万円、開墾費に一万円かけた。既成園の八反（未成木三反）を加えると、今のところ手いっぱいだ。

今でも一町六反のリンゴ畑をもつているので、共同開畑の方は資格がなかつた。共選場の役員ということで一時的に加わつた。折をみて、権利をゆずつてもいいと思つている。

四三年ごろには、八反の開畑の分が成木になるので、弟を分家させようと思つている。水田を分け、果樹園を分けると、面積は少なくなるが、ゴール、スターが植わつているので、手入れをよくして成績を上げようと思う。

佐藤さんの経営

耕地	水田　1.5町　リンゴ1.6町（自分で山を開畑したのが8反）	
家族	11人　労力3人（昭和43年に分家を出す予定）	
粗収入	米　100俵	50万円
	リンゴ	45万円
	その他	13万円
	計	108万円
生活に使える金		60万円

〈第二次開畑には参加したい〉

「開畑に参加せず」山谷泰治さん

生活は楽ではない。八万円出すのもかんたんにはいかにい。見通しについても心配だつた。だが、それ以上に、一人の労力ではどうにもならない。最初に申しこんだが家族の反対にあつて、辞退した。

長男が農業高校の二年生である。卒業したら農業をやる気でいる。労力の見通しがつけば、第二次開畑にはぜひ加えてもらいたいと考えている。

山谷さんの経営

耕地	水田　1.2町　リンゴ3反	
家族	6人　労力　1人	
粗収入	米　94俵販売	47万円
	リンゴ	16万円
	計	63万円

〈東京へ出稼ぎにいくのはやめたい〉

「開畑に参加せず」石山繁治（四二才）さん

リンゴ四反といつても山の上で条件がわるい。未成木が多い。農業だけではとてもやつていけない。

昨年の暮から今年の三月まで東京へ出稼ぎに行つた。東芝の下請会社で電気ガマの部品をつくる仕事だつた。ひと冬働いてみたが食つて飲んで、見学して終りだつた。東京で働いても残らない。来年は地元で働きたい。この年をして東京まで行つてもダメ

石山さんの経営

耕地　水田3反、リンゴ4反

家族　4人　労力1.5人

冬の間出稼ぎ3ヵ月

だ。

開畑には最初希望したがあとで辞退した。雹の害が心配だったし八万円のくめんも楽じゃない。どっちの理由で辞退したといわれても困るが、まあ両方だ。しかし、第二次計画にはぜひ加わりたいと思っている。

結論にかえて

1 今、展開されている金麓園地区の活動は歴史の上に立っている。

昭和初年の農業恐慌の時にすでに方針がきまっていた。この時からリンゴに生活をかけ、いくたの浮き沈みをのりこえてきた。今はその上に構造改善事業をのせて走らせている。どこへ行くかわからないバスに乗っているのではない。

2 今、なにをなすべきか。自分たちの要求がはっきりしている。

さしせまって必要なのは耕地と資金だ。資金をつぎこみ山を耕地にかえれば零細な農家でも規模拡大ができる。この資金を手にいれるために構造改善事業を使っているのである。

3 自分たちのつくった組織の力と、自分たちの力で困難をのりきる。

今までみてきたように、果樹農協のはたしている役割は大きい。たとえば果実冷蔵庫をつくりたいと思っても、お役所仕事ではなかなか資金がまわってこない。四月に認定されて、十月頃金が入る。それから着工したのでは、一年遊んでしまう。しびれをきらし、資金のメドをつけて、六月に着工してリンゴの収穫期にまにあわせた。自分たちのつくった組織と誰かの命令で動いているお役所とでは一事が万事ちがうようである。

最後に、組合長の田中正市さんの意見をお伝えする。

「農業基本法」とそれにともなう政策には賛成できない。農業を犠牲にして、工・鉱業を発展させようとしているからだ。東海道新幹線や食糧輸入には熱心だが、山をきりひらいて耕地を拡大すること、食糧自給の政策などにはきわめて不熱心である。こういう政策で誰が得をし、誰が損をするのか。いうまでもないことだ。政府の農業構造改善事業に反対するところでこそ、農民がほんとうによくなる構造改善ができると思う。

共同防除施設も、共同選果場も政府からは手助けを受けず農家からは一銭も集めず、すべて融資金を使ってつくってきた。それでもちゃんとやってきた。

開畑の果樹園も絶対に成功させる。山でリンゴの木を育てること、実をつけること、これは今までやってきたことではないか。私たちは、豊富な経験をもっている。その経験を生かしてやれば、失敗することなどありえない。

米減らし、増収より省力化の風潮のなかで、米多収の意味と、米を土台にした複合経営の道を多収穫地域でさぐる

多収穫イナ作の解剖

全部そろつて4~5石
長野県新村地区

伝統ある〝米作日本一〟はもはやなくなつた。日本一農家の業績を長く歴史にとどめ、その後の発展を記録するために、私たちは百瀬さん、北原さんという二人の日本一を出した多収穫地帯を訪ねた。

編集部

★米つくりを見なおそう

今年は史上第三の豊作になりそうである。まことにうれしいことだ。米がとれなくては困る。

実はこんなことを考えてみた。

いまある水田から、いまできる方法で、もっとたくさんの米をとる方法はないだろうか、手間や経費をそんなにかけずに……。米の収量をもっとふやしながら、その収入を経営の強いつつかえ棒にする。その上で、畜産なりなんなりと結びつける。畜産部門でもしつかりもうけていこう。いうなればイナ作の多収穫技術と、収益の高い畜産技術を経営の中で握手させる方法である。

イネの機械化省力栽培は、たいへんけつこうな話である。企業的な畜産経営も、ごもつともな説である。そこまでいく前に、もう少し話をみみつちくして、イネの多収穫技術と、それをつくり出した経営を見なおそうと考えたわけである。

①そこらにころがつている、イネの多収穫技術は、得にならない、経済性のない、名人芸的なものだろうか？

②イネの多収穫技術は、経営の中で、養鶏・養豚、酪農部門とは無関係にすすみつつあるのだろうか。

この二つの点をくわしく知りたい。そこで長野県松本市の新村地区をたずねてみた。

それでは、現地の報告をはじめるとしよう。

★米作日本一のおきみやげ

松本市新村は、過去に二人の米作日本一を出しているところだ。昭和三一年に百瀬貫一さんが日本一になった。収量は五石七斗九升。二度めは昭和三六年の北原昇さんで、六石八斗二升。

現在の新村をたずねておどろいてしまった、どこの農家へ行っても反収がものすごく高いので……。イネつくりにそれほど力の入らない兼業農家でさえ、楽に四石とっている。四石以下なら凶作だとさえいわれている。

熱心な農家になると、全部の水田から、五石に近い収量を上げている。百瀬貫一さんのようなイネつくりのベテランは、全部の水田から五石三斗の収量を上げている。しかも毎年安定してとっているのだ。どの水田も、みごとなイネができている。

新村地区には、五石どりイナ作技術が確立しているとみてよい。

よそから行くと、こんなに高い水準のイナ作技術におどろくのだが、ここではそれがあたりまえのことになっている。この事実にはおそれいった。

農家を歩きながら考えた。米作日本一の技術に対する批判はいろいろあるだろうが、その人の技術が、その後自分の経営の中で、どう生かされているのか、その地域でどういう役割を果しているのか、そこをたしかめてから、評価すべきであると。

新村の実情はこうだ。地区全体が多収穫イナ作にとりくんだ結果として、二人の米作日本一受賞者が生まれたのである。それがまた大きな刺激になって、現在の高い水準のイナ作技術をつくり上げたとみられる。

また、誰でもやれるくらいだから、ここの多収穫技術は、たいへん経済性の高いものである。労力も費用もそんなにかけていない。過去に蓄積した、地力と技術で、多収穫をものにしているのである。

ところで、新村の多収穫農家は、どんな経営をしているのだろうか。代表選手の百瀬貫一さん、水田面積の大きい青木孝允さん、イネつくりはやめて専業酪農に転換しようと、目下準備中の平原源喜さん、この人たちの経営をながめてみよう。

【一口メモ】石（こく）、斗（と）、升（しょう）尺貫法の体積（容量）の単位。一石＝一〇斗＝一〇〇升＝一、〇〇〇合。一石は一人が一年間に消費する量にほぼ相当する。一石は一八〇リットル。米一石は重量では一五〇kg（二・五俵）に相当し、五石どりは収量七五〇kg／10aとなる。

★米つくり日本一のその後の経営

百瀬貫一さんが米作日本一に選ばれたのは、昭和三一年、五五歳のときだつた。あれから七年、いまは六二歳になつている。だが研究心はいつこうにおとろえていない。ますますさかんである。

この七年間に、講演で歩いたのがなんと四五〇回。講師として招かれれば、かならずその地域の気象条件の統計資料を送つてもらつて、研究する。帰つてくれば、聞いてきた話と統計をつきあわせて整理する。こういつた資料を各県別につくつている。日本全国のイナ作を研究しているのだ。百瀬さんいわく〃イナ作技術の問題点のつかみ方は大学や試験場より私の方がいつも一足早い〃と。

数年前は、イネの根に目を向けた。根づくりについては、客土と水管理で見通しがついた。目下の関心は地上部である。風の吹き方によって、イネの炭素同化作用はどう変わるか、炭酸ガスを発生させる肥料をつくり、それに適度の風があれば、もっと増収できるようになりはしまいか。水田へ行って観察する。電車の線路や道路ぎわのイネを見てくる。電車が通るたびに風が当るからだ。気象台の統計から風の吹き方を調べ、その年の米の収量とつきあわせてみる。観察や研究は百瀬さんの日常生活の中にとけこんでしまっている感じだ。

風ととりくむ百瀬さんの新研究

こういったとりくみ方は、単なる研究屋的、趣味的なものではない。自分の経営の中に生かされ、ためされている。

百瀬さんの経営はつぎのとおり。

○水田九一アール（うち六アールにタマネギをつくる）
　畑五〇アール（桑と花をつくっている）
○養蚕は年間三五グラム掃立。
　養鶏は大雛もいれて一〇〇〇羽。昨年までは五〇〇羽。
○二五馬力乗用ガーデントラクターを五人の共同で使っている。
○粗収入二〇〇万円が今年の目標になっている。

百瀬さんの経営は、米、養鶏、養蚕、花、野菜（タマネギ）の複合経営である。合理的な複合経営である。合理的だといえる理由が二つある。一つは家族の責任分担であり、もう一つは各部門の結びつけ方だ。

家族の責任分担

貫一さん—イネ、養鶏技術。
おくさん—養蚕、養鶏作業。
息子さん—花、野菜。
それぞれの分担にしたがって、専門的な研究をすすめていく。

《貫一さん》　イネの多収穫技術と合理的な仕事のやり方。一〇アールの水田で、五石以上の収量を上げる。労力は一〇アール一六・五人程度。一日の労働報酬は二五〇〇円以上になる。百瀬さんのイナ作部門は、こういう実績を上げている。

養鶏技術はどうか。

鶏本来の生理を生かして、寿命を伸ばす研究にとりくんでいる。

例えばこんな試みをしている。春先雪が消えてから、水田にかんたんなかこいをつくって、春の中雛を放し飼いした。夜もそのままにしておく。寒冷飼育と、思う存分の運動で、からだをきたえる。産卵率の高い、寿命の長い鶏をつくり上げるのがねらいだった。結果はきわめてよかった。産卵を始めて、満二年たっても、惜しくて淘汰できない鶏がたくさんいる。

《息子さん》　昭和二九年から花つくりにとりくんでいる。今年で一〇年になる。一〇年間鉄砲ユリの品種改良にうちこんできた。一株から何本もの切り花がとれる品種育成が目標になっている。自分のつくった品種が品評会で入賞するところまできた。これを登録品種になるまで改良をすすめる計画。

担当部門の収穫物は、自分の財布に入れるのが原則になっている。とはいっても、家の出費だとか、新たな投資が必要になる。こんなときは、家族で話しあってきめている。百瀬さんはこの方法を戦争直後からつづけてきている。

各部門の結びつき

専門的にほり下げられた技術は、経営の中で総合的に組みたてなければ生きてこない。

各部門を結びつけることが必要だ。各部門を結びつける担い手は養鶏である。イネの多収穫技術を生かすにも、そろった切り花をつくるにも、良質な堆肥が必要である。

鶏の羽数増加の最初の要請は、堆肥原料の確保にあった。三五年まで、一〇〇羽の種鶏を飼っていたが、三六年には、二五〇羽にふやした。三七年には五〇〇羽、今年は一〇〇〇羽になる。

二五〇羽の収入をつぎこんで、五〇〇羽にふやし、五〇〇

【一口メモ】「米作日本一」表彰事業　昭和二十四年に朝日新聞社が企画、後に農林省、全中も加わり四十三年まで続いた。最高記録は三五年、秋田県・工藤雄一氏の一〇五二・二kg。試験場による解析もされ多収穫技術の確立に貢献した。

羽の収入をつぎこんで一〇〇〇羽にした。三年目で新らしいケージ鶏舎を建てた。それまでは蚕室を改造して飼ってきた。ここで、養鶏部門が確立したのだ。

百瀬さんの多収穫技術を、経営的にみると、複合経営の強味が生かされて成り立っている。〝地力―水管理―苗つくり〟は深くほり下げられた多収穫技術である。この技術体系のうち、地力は、養鶏によって経営的に支えられている。

イナ作重点経営の多収穫技術は、どういう形で成り立っているのか。つぎに青木孝允さんの経営をみよう。

★イナ作重点経営のなきどころ

青木さんの経営状態はつぎのとおり。

○水田―二三八アール。（このうち昨年開田したものが二八アール。裏作にタマネギ一〇アール、他はレンゲ）

○畑―四五アール（桑畑一三アール、タマネギ採種一〇アール。他は豚のエサや野菜）。

○母豚五頭（年間八〇頭の子豚生産）。

○一〇馬力の耕うん機。働き手は三人。

青木さんは、安定したものと、組みあわせを考えている。

安定したもの―米を最低一〇〇石、マユ一六八キロを出荷。

不安定なもの―母豚五頭、タマネギ二〇アール（一〇アールは青果一〇アールは採種）。不安定だからといってやめる気はない。タマネギ（青果、採種とも）は当っても大きいし、はずれても大きい。ならしてみれば損にならないからやめない。経営におもしろ味をもたせる部門だと考えている。

豚も絶対にやめない。豚をやめると、堆肥の質がおちて、米がとれなくなるからだ。豚は、タマネギよりも安定性がある。子豚が安くなれば、肥育できるからだ。

青木さんのように水田面積が大きいと、各部門をたくみに結びつけた複合経営はむりだ。もっぱら米の増収に目を向ける。米の減収は経営に大きくひびいてくる。

養豚が大黒柱のイナ作を支える―青木さんの経営

一昨年は四石九斗五升もとったのに、昨年は耕うん機に切りかえたのが原因で四石四斗五升にとどまつた。同じ労力と、同額の経費をかけて、収入は一三万円もへつてしまつた。一ヵ月一万円以上の収入減である。

青木さんが、秋から春まで、どの水田にも一・九トン（五〇〇貫）の堆肥をもちこむ気持がわかる。

イネの多収穫技術は、青木さんの経営にとつて、大黒柱である。その大黒柱を支えるのが養豚である。たとえ豚の相場が下がつてもやめられない。

☆経営転換を可能にした

酪農家もたくさんの米をとつている。

平原源喜さんは、三五年からこつち、一〇アール当り四石五斗～四石六斗の収量を上げてきた。現在、一部の水田を牧草畑に切りかえ、酪農重点の経営に転換しつつある。平原さんの酪農経験は二一年、新村の酪農の草分けの一人である。

イネでもうけて酪農へ投資
―平原さんの経営

平原さんの経営をかんたんに紹介しよう。

○水田は六〇アール（裏作は飼料作物）。
○水田転換畑二五アール。
○畑二〇アール。
○搾乳牛は五頭、育成牛二頭（一頭の平均乳量は二五～二六石）。

水田を牧草畑に転換し始めたのは、昭和三六年である。三五年まで三頭搾乳だつたが、三六年に一頭ふやした。このとき一〇アールの水田を牧草畑に切りかえた。

三七年―五頭搾乳にして、一五アールの水田を転換。

来年―七頭搾乳にして一〇アールを転換。

昭和四〇年―搾乳牛八頭で、水田を四〇アールに減らす計画。

将来はいい搾乳牛を一〇頭そろえ、酪農専業経営を目ざしている。

酪農への転換を可能にしたのはなにだろうか。今でこそ、米つくりより酪農の方が有利になつているが、酪農拡大の過程では米の多収穫が大きな役割を果してきた。また、水田転換畑に牧草をつくれば、一五トン（四〇〇〇貫）もの良質牧草がとれる。これだけの収量が上がれば、一五アールで、搾乳牛一頭を飼える計算になる。米が四石六斗もとれる、地力のある乾田だからこそ、転換を可能にしたといえる。

★多収穫技術がつくられるまで

新村の多収穫技術は、三つの要素から成り立っている。

地力―水管理―苗つくり

これに加えて、水通しがよいという恵まれた条件をもっている。だから、地下部の排水（透水性）を加えた四つが、新村の多収穫技術の要素である。

こう上げてみると、別に目新しいものはない。いい古されたことばかりである。

ここでかんじんなのは、一つ一つの要素の結びつけ方である。四つの要素が互に結びついて多収穫技術をつくっているのだ。

いまある多収穫技術のなりたち方をはっきりさせるために、少しさかのぼってみよう。そこから、地力、水管理、苗つくりの結びつき方をとらえてみたい。

客土の効果

新村の水田は、水はけがよすぎるほどよい。だから、土の中の鉄分が、水といっしょに下層へ逃げてしまう。鉄分の不足した灰色の土だった。堆肥をたくさん入れ、土に力をつけている人でも、鉄分が不足し、根ぐされを起こしていた。土が肥えているからといって、それだけでは増収に結びつかなかった。とくに昭和二八年の凶作年には、土が肥えているところほど、イモチ病の発生が多く、減収した例さえあった。

昭和二八年の秋から、三二年にかけて、新村全体にわたって客土を実施した。客土の増収効果については、百瀬貫一さんが、自分の水田でたしかめてあった。客土は、水田の老朽化防止と鉄分の補給が目的だった。新村から約六キロ離れた、松本市城山の赤土を運んできた。

客土は金のかかる仕事である。頭の中では効果がありそうだと思っても、いざ実行に移すとなると、誰でもためらいたくなる。ところが実際にやってみたら、増収効果がはっきり現われた。二八年に百瀬さんの近くの八〇戸の農家で始めたものが、三二年にはついに新村全体にまでひろがった。

客土の費用はつぎのとおり。

一〇アール当り、トラック一〇台（三七・五トン）の赤土を二年に分けて持ちこんだ。費用は、三割の補助金（積雪寒冷地農業振興法）を除いて、トラック一台一五〇〇円。一〇アール当り一万五〇〇〇円の投資である。二年末おき、一五年償還、年利五分五厘の制度資金を使った。これで、新村中の水田は、耕土が三センチほど厚くなつた。

では、客土がどれだけの増収効果をもたらしたのか。百瀬さんの例でみると第一表のとおり。

百瀬さんの場合競作田では、昭和二七年にすでに五石どりイナ作が確立していた。それを全部の水田にまでひろげ、平均五石までおし上げたのは、昭和三〇年以降である。競作田として、特別なつくり方をしなくなつたのは、昭和三三年からである。それ以降、全部の水田から、平均五石二斗〜五石三斗の収量を上げている。平均収量を四石から五石にもち上げるのに、客土が大きな役割を果したことはまちがいない。他の農家でも、客土以降きわだつて増収しているのだから。

新村地区全体をとつてみると、客土後、四石安定線がみんなのものになつてきた。五石安定線の農家も現われてきた。

では、四石、五石の差はどこから出てきているのか。それは、おもに、家畜の堆肥が入るか、入らないかのちがいだ。

第一表　百瀬貫一さんの収量の変化

年　次	競作田収量	全水田の平均収量	客　土　量
	石斗升	石斗	
昭和27年	5 1 4	3 2	—
28	3 5 9（凶作年）	2	18.8 t（5000貫）
29	5 1 8	4	15.0 t（4000貫）
30	5 7 0	5	11.3 t（3000貫）
31	5 7 9（日本一）	5 1	11.3 t（3000貫）
32	5 5 3	5 2	—
33〜37	—	5 2〜5 3	—

堆肥の効果

青木さんは、毎年一・九トン（約五〇〇貫）の豚の堆肥と、一・一トン（約三〇〇貫）のレンゲを敷きこんでいる。

青木さんはいう。五石どりのいちばんたいせつな技術は、堆肥をたくさんつくることだと。

夏の間に堆肥がたくさんたまつたら秋にまく。冬の間の堆肥は雪どけ後にまく。春の堆肥は耕うん前にまく。冬の農閑期に堆肥づくりで手間をかけておけば、夏に粗放な管理をしても米はたくさんとれる。

百瀬さんはどうか。

鶏糞の入つた堆肥を二・三トン（六〇〇貫）入れ、さらに鶏糞を四六〜七五キロ（一五〜二〇貫）ぐらい施している。

新村で、四石五斗以上の収量を上げている農家は、養豚や養鶏、酪農をやつていて、堆肥をたくさん入れている人とみてまちがいない。そういう人たちが、平均五石の線に近づきつつあるのだ。

いつせいに客土した。そこへ堆肥を入れて土に力をつける。それが、多収穫イナ作の基盤になつているのだ。

水管理と苗つくり

青木さんは水管理について、こんなふうにとらえている。

昭和二八年の凶作の年、ズボラなイネつくりをしている人ほど収量が多かつた。ズボラな人は、水管理を熱心にやらない。気のむいたときに水をかけ、放つておけば水がなくなつている。今になつて考えれば理由がのみこめる。ズボラな人は、無意識のうちに間断灌水をして、根をよく伸ばし、イモチ病に強いイネをつくつていたのだ。

その頃は、間断灌水などはつきりしなかつた。イネつくりにとつて、水はいつも欠かせないもの、油断なく見まわつて、干してはいけないものと思いこんでいた。水田を干すと土がかたくなつて、草退治に骨がおれると考えていたのである。

堆肥を入れ、レンゲを敷きこみ、いつも水をつけてあるから、湿田のように土がわき、サンソ不足で、根の伸びをさまたげる。その結果、根ぐされを起し、秋落やイモチ病にもやられたのである。せつかく土に力をつけておきながら、水管理でその力を殺していたのだ。間断灌水で、根を深く伸ばせば、もつと増収できる。それを知つたのは、百瀬さんが日本一になつた時からだ。それ以後、間断灌水をつづけている。

一回に九㌢の水を入れれば二日はもつ。四〜五日干すと、地割れがしてくる。三日も灌水しておけば、もとのやわらかい状態にもどる。これをくりかえすやり方である。

こうして、根に目を向け、水管理を変えてからは、地力も生きてくるし、苗の力も発揮できるようになつた。地力、水管理が伴なわないで、いくらいい苗をつくつても、その力を一〇〇㌫発揮できないで終つてしまう。

ではいい苗とはどういう苗か。その姿は、太い茎で、そろつていること。質的には、肥料の吸収力の強いもののことである。そういう苗は、うすまきと地力でできる。

青木さんは、ビニールの保温折衷苗代をやつている。苗代は深耕し、坪当り七・五㌔（二貫）の完熟堆肥と、七五〇㌘（二〇〇匁）の苗代配合肥料を使つている。坪当り一合二勺の種をむらなくまいている。

百瀬さん、青木さん、その他新村の多収穫農家のイナ作体系は、地力—水管理—よい苗ということになる。

★多収イネの経済性

多収穫農家だからといつて、作業の面ではそんなに労力をかけていない。

除草は、田植後のＰＣＰ散布と、七月上旬のＭＣＰ利用で、手どりはやつていない。

病害防除は、イモチ病、モンガレ病予防の薬かけを一回、ヘリコプターの共同防除でウンカ退治を一回。病虫害の出ないイネつくりになっているのだ。百瀬さんも青木さんも共通してそうなっている。

おおざっぱな計算になるが、多収穫イナ作の経済性を調べてみよう。

まず、客土と、それにプラスされた技術の経済性から。

客土プラス技術の進歩で、新村全体の収量は、三石台から四石台に飛躍した。

第二表　米作日本一の1日当り粗収入の比較

		反収	労力	1日当り粗収入
35年	工藤雄一さん	7石	25人	2800円
36年	小池政之さん	6石5斗	34人	1800円
37年	百瀬貫一さん	5石2斗	17人	3000円
35年	全国平均	2石7斗	21人	1300円

米価は石当り1万円として計算した。

イナ作の場合、粗収入の六五㌫が所得になるとみる。

①数年前の石一万円米価のときは、反当一石の増収で、六五〇〇円の所得増になる。客土で、反当一万五〇〇〇円投資したのだが、それだけの効果は充分あったといえる。

②今年の基準米価、一万二八〇〇円でみると、一石の差は、所得で反当八三二〇円のひらきになる。

さらに、多収穫農家では、地力プラス技術で、五石どりのイナ作が可能になっている。必要労力は他の農家と変わらないから、今年の基準米価で、反当り八三〇〇〇円の所得増になる。これこそ堆肥と技術がつくり出した所得増である。堆肥をかなり高く見積っても、相当額の技術料をかせいでいることになる。

イネの増収技術も、同じ労力で収量がふえるものであれば、けっしてバカにしたものではない。一㌶の農家なら、八万三〇〇〇円。二㌶の農家なら一六万六〇〇〇円の所得増になる。こうなれば、堆肥づくりも割のいい仕事になる。

最後に収益性くらべをやってみた。

参加したのは、工藤雄一さん(三五年)、日本一小池政之さん(三六年)百瀬貫一さん(三七年・推定)、全国平均(三五年)である。米価は石当り一万円として計算した。

その結果は第二表のとおりである。

百瀬さんは、反当五石二斗の米を、一七人の労力で生産しているので、石一万円米価としても、一日の粗収入が三〇〇〇円になる。今年の基準米価で、計算すれば、三九〇〇円になる。このうち、三五㌫が諸経費で、六五㌫が所得部分だとすれば、一日当り二五三五円になる。

小池さんのように、三四人もの労力をかけている人でも、全国平均より高い収益をあげているといえる。

結論―米作日本一のイネつくりは、収益性の低いものではない。イネの多収穫技術は、今でも高く評価してよろしい。

(記事の性質上石単位をつかいました)

出穂四〇日前の姿を基点にした追肥重点技術で大きな影響を与え、収量レベルを飛躍させた片倉イナ作の要点

イネつくりの泣きどころはここにある

片倉権次郎さんとそのお弟子さんをたずねて ①

編集部

♣♣♣ イネつくりの神様登場 ♣♣♣

米沢米作（三六歳）さんは、この一〇年間に米の収量を三倍にふやしました。

米沢米作さんとは仮の名です。つくり話をしようというのではありません。山形県米沢市の沢の奥（海抜四五〇㍍）でイナ作に熱中している実在の人物です。

〝絶対に実名を使わないから、あなたの経験をお話しください〟という、男のかたい約束をしたのです。約束を破るわけにはいきません。

なぜ実名で紹介されては困るのか、理由は二つです。〝私のイネつくりは片倉権次郎さんの指導を受けてそのとおりにやっているだけです。まだ私のテガラとはいえません〟もう一つは、〝ひやかし半分に見にこられては迷惑千万〟とのことです。

♣

第一図を見てください。片倉さんの指導を受けて九年になりますが、この間に販売量を三倍近くもふやしました。〝昔はヤミ米が多かったのではないか〟とかんぐる方もありましょう。だが、米沢さんは全部政府へ売ってきました。

〝ナワ伸びがあるのではないか〟とある人にいわれました。米沢さんは、食糧事務所の知人をたのんで、実測してみました。

二㌶の台帳で四㌃だけ広かっただけでした。わずか二％のナワ伸びにすぎなかったのです

第一図　米沢さんはこんなに収量をふやした

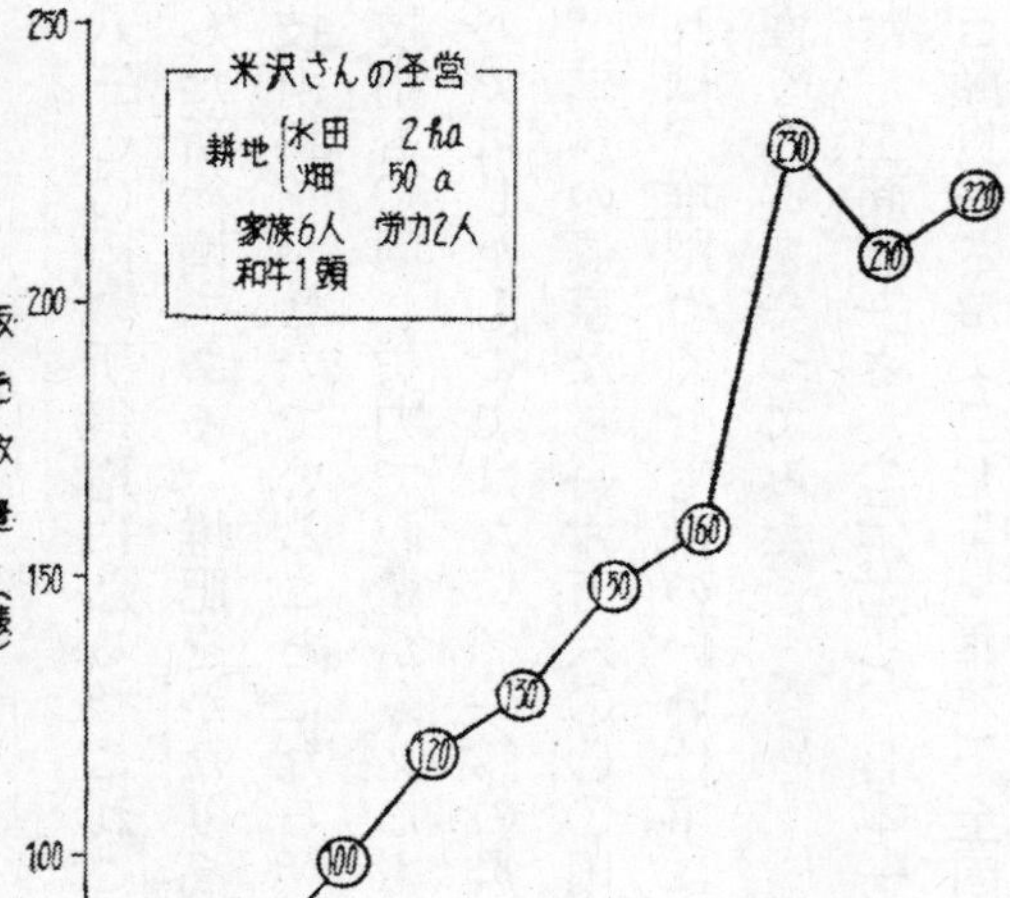

〝一〇年前の生活は苦しかった。コジキ呼ばわりされたことがあります〟と米沢さんは述懐します。米はとれない、そのうえ、大病で家族三人が入院する、葬式もある、残るのは借金だけだったのです。

夏でも炭焼に行く、乳牛に手を出す、肥育牛もやってみた、苦しまぎれに、鶏やウサギも飼ってみた、そんな生活を五年間つづけたそうです。いずれもうまくない。〝どんな苦労をしてもいいから米をとりたい〟そのねがいがかなったわけです。

〝耕うん機も買った、バイクもおやじと自分のを二台買った、ハダカ山に杉を植える余裕も出てきた、みんな片倉さんのおかげです〟米沢さんは、片倉さんを神様あつかいにしています。それもそのはずです。

米を一〇〇俵売りたい、これは三〇年と三一年で達成されました。一五〇俵売りたい、これは三年でかなえられました。二〇〇俵にしたい、これは二年でものにしました。今は毎年二五〇俵販売したい、実現できたら中古の自家用車を手に入れるのだとはりきっています。

♣

一〇年前にコジキ呼ばわりされた米沢さんも今では周辺の指導者です。米沢さんの活躍で、部落全体の収量も急速に伸び、今年の農協総会では表彰状をもらいました。

それでは、先生格の片倉さんはどうなっているでしょうか？　本誌の三五年新年号に、「これこそ真の米作日本一！」と銘うって紹介しました。古い読者なら、まだ記憶なさっている方もあるかと思います。このときを皮きりにたびたび登場ねがっております。新しくは、今年の二月号でも紹介しております。

片倉さんは有名になることをいやがります。〝名を売るためにやっているのではないから、そっとしておいてくれ〟と強調します。だが、日本のイナ作技術と全国の米つくり農家のために、活躍してもらわなければなりません。それだけの実力をもっているのです。

昭和三〇年以後、平均反収で毎年五石以上とっています。二・七㌶全部の水田からです。

昨年は六石突破した水田もありました。

片倉さんのねがいは、〝耕土の浅いところ、排水のわるい湿田、それでも五石とれるイナ作技術を確立したい〟という点です。今すぐ耕土を深くしたり、すぐ暗渠排水にとりくむことはできない相談だと考えているからです。悪条件を技術でおぎなおうというのです。

それでは、片倉さんの頭の中にあるイネつくりのスジミチをひき出してみましょう。

♣♣♣　イネの一生を三つに分ける　♣♣♣

片倉さんは、〝穂の出る四〇日～三〇日前、六月下旬～七月上旬のイネの姿で収量がきまる〟といっています。

イネつくりのすべての作業はここから出発するのです。

六月下旬になると、片倉さんはそわそわとおちつかなくなります。自分の水田も、お弟子さんたちの水田も気になってくるからです。

〝お弟子というわけではありませんが、相手の人が真剣にとりくんでいれば、私も責任をもたざるを得ません。一日中診断して歩くと、クタクタになります〟といっています。

♣

第二図をごらんください。

穂の出る三〇日まえ前後に片倉さんのイネつくりの泣きどころがあります。

この時期に肥料が切れると、モミの数が減り、稔実がわるくなります。肥切れしたからといって、肥料をたくさんふりまくと、ムダな分けつが多くなり、茎が伸びて、倒伏の危険が大きくなります。

また、この時期に土の中に肥料分が多すぎて、葉がしだれるようでは米がとれません。無効分けつが多くなり、倒れる危険が出てくるからです。

穂の出る四〇日～三〇日前の診断と手当が決定的になるのです。

片倉さんは、イネの一生をつぎのように分

第二図　片倉さんの頭の中にあるイネつくり

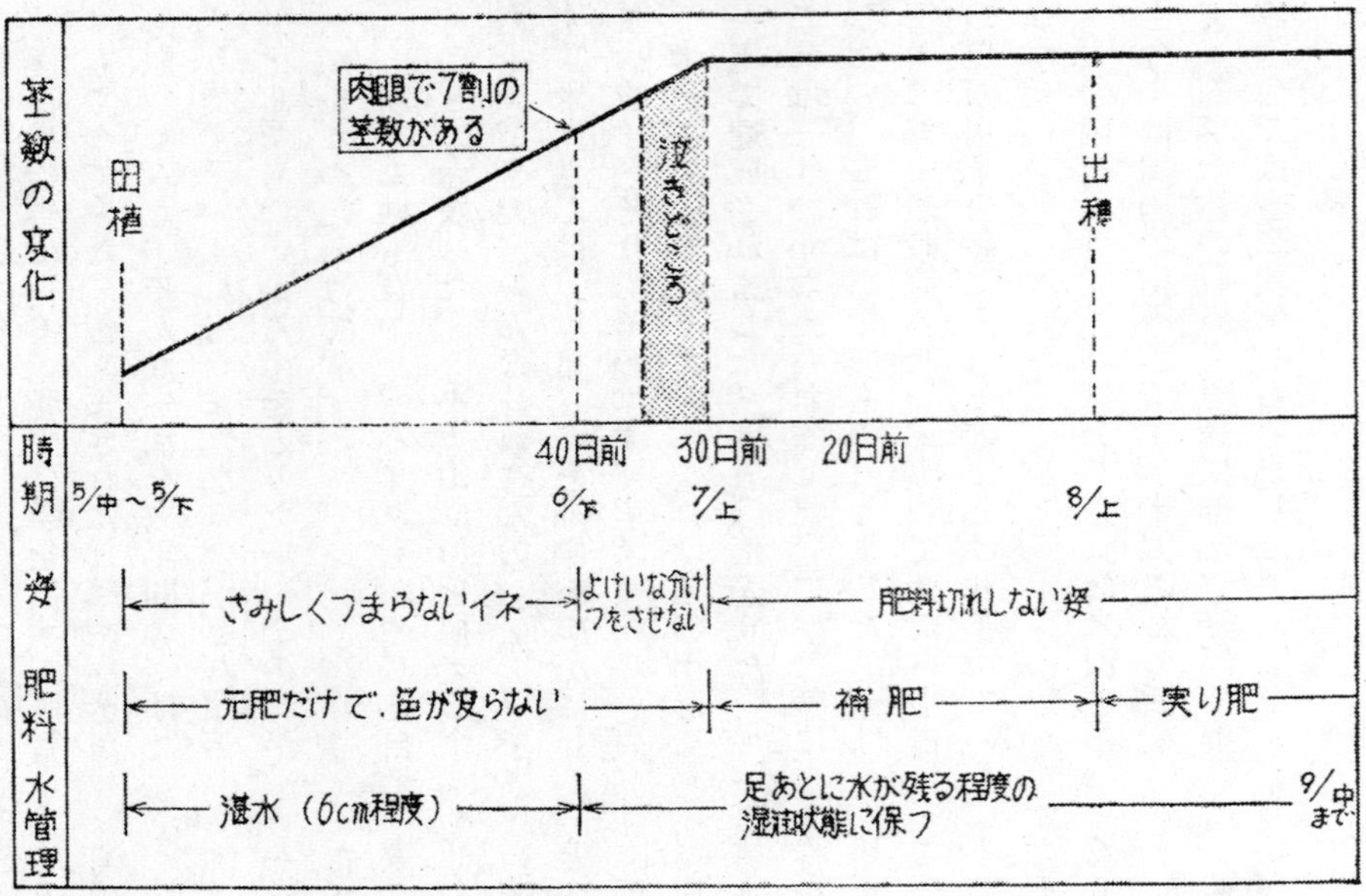

けてとらえています。

1　つまらないイネの姿

これは田植から出穂四〇日前までの時期。穂の出る四〇日前に肉眼で茎数を調べてみて、予定数の七割〜八割あればまず安心。

2　泣きどころの診断と手当

穂の出る三〇日まえ前後。肥料切れしても困るし、多すぎても困る時期。実際には、葉の色を見て、ほんの少しの肥料をふりまいています。そのとらえ方がたいせつになります。

3　安心して肥料をやれる時期

穂の出る二〇日前から、刈取一〇日前まで、肥料を切らさないようにもっていきます。根を丈夫にしておかないと、いくら肥料をやってもムダになります。いつも根を丈夫にするための水管理が必要になるわけです。

米沢さんや片倉さんは、この三つの時期をどのようにつくりわけているのか、つぎに、実際のやり方を紹介していきましょう。

♣♣♣♣♣　「つまらんイネ」をつくる時期　——六月下旬まで——　♣♣♣♣♣

昨年の話です。片倉さんの一枚の水田に珍事件がおこりました。片倉さんは、いつものとおり、元肥として成分量で一貫三〇〇匁（一〇アール当り）のチッソ肥料を耕起前にまきました。そうとは知らず、嫁さんがまた同じ量だけまいてしまったのです。

六月下旬、道を通る人が、その田を見ていいイネだとほめてくれます。たしかに、にぎやかで、見ばえのするイネになりました。ところが、当の片倉さんは心配でなりません。案の定、その水田は五石とれませんでした。無効分けつが多く、シイナがふえたからです。

出穂四〇日前を、「つまらんイネの姿」にもっていくためには、元肥のチッソを減らさなければならないようです。しかも、耕うん機を使うのなら、耕起前にまいて、耕土の全層に入れる必要があります。

♣

米沢さんが一〇年前につくっていたイネと現在のイネとをくらべてみましょう。時期は出穂四〇日前ころをとってみました。

〈一〇年前のイネ〉

青ダタミを敷きつめたような、見ばえのするみごとなイネです。

葉はしだれつ葉で、黒味をおびています。

茎は太いわりにブクブクしています。

畦間は葉におおわれて、見通しがききません。もちろん地はだなど見えません。

元肥のチッソ成分量は、二〜二・五貫ぐらいやっていました。谷間の水田で、雪どけ水なので、根つきがおくれ、一番除草ころは、さみしく見えます。そこで、尿素を追加していたものです。この追肥と、元肥が一緒に効きだしてもりもりにぎやかになるのです。

〈現在のイネ〉

ガサのないイネです。葉の色は、ササ色、杉の若芽のような色です。

茎は細くてきりっとしまった感じです。畦のはしに立って見ると、むこうはしが見えます。畦間のはだも見え、下葉まで光線がよく当っています。

〝片倉さんの教えを受けはじめの頃、これで米がとれるのか心配でした〟と米沢さんはいっています。それほど「つまらんイネ」の姿になったのです。

おもしろい話があります。米沢さんが、米俵をもっていくと、検査員がみて、〝あんたの俵はダンゴのようだ〟とおこるのだそうです。米沢さんはすかさずやりかえします。〝大きなイネをつくって、スマート俵にしたら米はとれんよ〟と。

36年当時

チッソ	1貫200匁
リンサン	8貫
カリ	4貫

（いずれも成分量）

ダンゴのような俵しかできないほど、草丈の短かいイネに姿をかえたのです。

米沢さんの元肥の量はつぎのとおりです。

チッソの量を大幅に減らした。これは「つまらんイネ」にするためです。リンサンの量を極端にふやした。これは、雪どけの冷水がかりでも根づきをよくするためと、黒ボクで、リンサン欠乏をおこしやすい土壌だからです。

♣

昭和三六年は、最高の収量を上げた年です。よくできた水田では、反当り五石九斗の米をとり、先生の片倉さんを顔まけさせたそうです。

品種はサワニシキ・坪当り七二株植・一株の茎数は一八本・坪当りの穂数は一二八六本になります。

モミスリのとき、万石にかからないので、乾燥しなおしたが、それでもまだだめで、特製万石を借りて使ったそうです。それほど粒ばりがよかったのです。

米沢さんの頭の中には、この年のイネの姿が焼ついています。ところが、その後同じ姿のイネができません。

これに対して、片倉さんはつぎのように忠告しています。

〝米沢さんのイネの姿は昔の姿にあともどりしてきている。原因は、水田に地力ができてきたからだ、もう少し元肥の量を減らしたらどうか〟

米沢さんは思い当るところがあります。三六年から本格的な堆肥づくりを始めたからです。

夏、山で乾草をつくって、家の近くへ積んでおくと、市役所のバキュームカーが捨て場に困った人糞尿を乾草の上へぶっかけていくのです。二〇台分だというから相当なものです。切りかえしをしながら、二年間積んでおきます。ボロボロに腐ったりっぱな堆肥ができるのです。それを反当五〇〇貫もいれるというのですから、土に力もつくはずです。

春先、米沢さんの水田を歩くと弾力性があって、ふかふかしています。地中へ深く、大きな裂目ができています。申し分のない土になってきているのです。

米沢さんは、片倉さんの忠告にしたがい、上のような元肥をいれて「つまらんイネの姿」をつくろうとしています。はたしてどうなるか、六月下旬と、秋が楽しみです。

今年の元肥量

チッソ	890匁
リンサン	4.8貫
カリ	2.7貫

（いずれも成分量）

♣

くりかえしになりますが、もういちどまとめをしておきましょう。

○六月下旬の出穂、四〇日前までは、見ばえのしない、つまらんイネにします。

○そのためには、元肥のチッソの量を減ら

【一口メモ】 片倉稲作　本誌連載や単行本の反響は大きく片倉さんの田には視察者が押し寄せた。昭和三十年代末はコメ不足が進行し輸入米依存が強まりかけたとき、「片倉稲作」で盛上った増収運動はコメ輸入を急減させ自給を確かにした。

し、しかも追肥は絶対にやらないことです。

根づきが早く、田植直後にも色がさめず、色の変化のない、茎だちのそろったイネにつくっていきます。

○出穂四〇日前に肉眼で調べてみて、目標茎数の七〜八割程度分けつしていれば安心です。この時期に葉が立っていて、色もさめず光線が下葉まで当るようにしておきます。

○水管理は、気温の低い時期だから、六センチぐらい湛水しておくのがよいでしょう。

♣♣♣ 泣きどころの診断と手当 ——出穂三〇日前ごろ—— ♣♣♣

出穂三〇日前になると、目標の茎数がそろってきます。と同時に穂のモトができはじめるのです。

この時期に、土の中のチッソの量が多いと、分けつはおさまらず、茎はよく伸び、倒伏の原因がつくられます。片倉さんがまちがえて、チッソを倍量いれた水田や、米沢さんが一〇年前につくっていたイネはこういう状態になっていたのです。

これとは反対に、チッソ不足で、葉の色がさめたらどうなるか。栄養失調で、大きな穂、実入りのよいモミはできません。

実際の栽培になると、薬を調合するようなうまいぐあいにいきません。だからこそ楽しみもあるというものです。

肥料をやるべきか、思いとどまるべきか、ここが思案のしどころです。へたに肥料をやると、無効分けつが多くなり、ぶっ倒すことになります。

♣

米沢さんが、片倉式イネつくりを習い始めの頃、自分の水田に立ってみて、一人では判断できなくなると、五里の道をすっとんで、片倉さんのイネを見に行ったものです。急いで帰ってきて比べてみる。それでもまだわからないと、片倉さんを引っぱってきて見てもらう。そんなことをくりかえして、今では近所の人に教えられるようになりました。

〝小学校しか出ていない、のみこみのわるい私に教えこむのは片倉さんもようじゃなかったと思います〟と米沢さんは頭をかきます。

片倉さんは、つぎのような方法でイネの栄養状態を診断しています。

○水田に黄色と緑のブチがでてくる、これは肥料切れのきざしだと見ます。

遠くからながめると、黄色に見える、そこで近よってみます。色のさめた感じがしない、これなら肥料をやらない方がいいと判定します。色のさめた感じがする、そこでもう少しこまかく見ます。葉全体が黄色味をおびてきて、葉のつけ根の葉鞘といわれる部分だけ緑が残っている、これは肥料をやる必要があると判定します。

○デンプン反応を調べるのも一つの手です。

薬局でヨード液をつくってもらって、親穂の根元を切り、ヨード液の中へ入れてみます。たちまち黒紫色に変わるようなら、デンプン量が多く、少し肥料をやっても、まあイネのバランスをくずす心配はないでしょう。色の変わり方がニブイとちょっと心配です。色がわるいからといって、肥料をやっても、それを消化する力のないイネです。こんなイネには肥料をやれません。

肥料をやった方がいいと診断しました。ではどんな方法でやったらいいのでしょうか？

片倉さんは、この時期の施肥を「補肥」と呼んでいます。わずかな不足分をおぎなうという意味です。大量におぎなうようでは、施肥の設計が〝なっちつよらん〟ということになります。

米沢さんが、五石九斗とったとき、補肥をやりました。出穂三〇日前に一〇アールで尿素の現物をわずか二〇〇匁ふっています。〝二〇〇匁の尿素を一反歩へむらなくまくのは、高等技術です。腕がちぎれるかと思うほどふりまわさないとうまくいきません〟といっています。

♣

まだつぎの二つの問題が残っております。

１ 出穂前三〇日になったが、それまでの天候がわるく、目標の茎数に達していないばあいどうするか？

２ 土の中の肥料分が多すぎて、過繁茂・倒状の危険があるばあいはどうするか？

１から説明します。

根本的には、どんな天候でも必要茎数が確保できるような対策を考えるべきです。

米沢さんのやり方を見ると、根づきをよくして、初期生育をさかんにするように努力しています。谷間の水田で、雪どけの水がかかるのだから、初期生育がとくにおさえられやすいのです。

○苗つくり……六〜七葉の大苗で、しかも体内の蓄積養分の多く、発根の旺盛な苗をつくろうとしています。

○水温を高める……初期の灌水は、黒いポリチューブを使って、水温を高めています。

○リンサン多施……リンサン分が多いと、発根をうながして、根づきを早めます。

出穂三〇日前になって、茎数が不足のばあい、肥料で茎数をふやそうとするのは危険です。過繁茂、できおくれ、病害を招くからです。

茎数を不足のままにしておけば、モミの数がふえ、稔実がよくなり、この二つで、穂数の不足を補なってくれます。そのへんはイネにまかせることです。人間がうつ手としては、刈りとり前まで肥料切れしないようにもっていくことがかんじんです。

２の過繁茂状態になったらどうするか？

最初からこういうイネにならないように施肥の計画をたて、管理していくことがかんじんです。こうなったら手おくれです。特効薬はありませんが、軽度なものならなおせる手が一つあります。それは２４Ｄの散布です。

出穂三〇日前ごろ、２４Ｄの濃度を規定よりも二〜三割うすくして、噴口の位置を少し上に上げ、株元にかかるように散布します。２４Ｄで、チッソの消耗が激しくなり、分けつがおさえられ、茎もいくらか丈夫になります。

♣♣♣ 安心して肥料をやれる時期 ♣♣♣

—出穂二〇日前からイネ刈まで—

泣きどころをうまくのりきって、出穂二〇日前までできたらもうひと安心です。つぎの二つの手で、刈取まで同じ調子でイネを育てていけばかならず増収できます。

１、肥料を切らさないこと

２、根をくさらせないこと

１、について、米沢さんのやり方をとってみましょう。

三六年の大増収のとき、米沢さんは出穂二〇日前から実り肥をやり始め（第一回目は尿素現物で反当一貫匁）、イネ刈までの間に、一六回尿素をまいています。チッソ成分量で二貫匁やっています。最後の施肥は九月二〇日で、イネ刈一六日前でした。

〝イネ刈のとき、葉が四〜五枚生きていて、刈るのがもったいないくらいだった〟といっています。

２、についてはかんたんにふれておきます。

根が死んでいては、いくら実り肥を何回やっても吸収してくれません。根を殺してはならないということ。

これは水の管理に関係してきます。

米沢さんは、七月から八月にかけて、暑さを頭において水のかけ引をしています。人間が身のおきどころのないくらい、暑く感じる日は、冷水をかけ流ししています。朝の九時から夕方の六時ごろまでつづけるのです。夜は飽水状態にしております。

曇天で気温のやや低い日は地表に水のたまらない飽水状態にしています。

真夏には、かけ流しで地温を下げ、気温の低目なときは地表を空気にさらし、サンソを送りこんで、根を健康に保つというやり方です。

× × ×

（実り肥、真夏の灌水法、根の健康維持については次号でくわしくほり下げます）

『片倉権次郎 田植機イナ作を語る』（農文協刊 九四五円）。多数の本がある片倉さんの最後の作品。品種、茎数、育苗、施肥、資材、ワラ処理等々、田植機の問題点を素材に増収の方法を語る。

独自の「自然農法」で知られる福岡正信さんが昭和三十年代に築いたイネの栽培法

暖地のイネつくり

不耕起直播で増収（1）

愛媛県伊予市
大平・農家　福《ふく》岡《おか》正《まさ》信《のぶ》

変わったイネつくりを紹介する。「不耕起直播栽培」と呼ばれているもの。これはただめずらしいというだけではない。注目すべき内容がある。

暖地のイネの欠陥を鋭くついている
直播栽培で増収している
手間がはぶけるイネつくりだ

そんなうまいイネつくりがあるかと疑問があるかと思う。とにかくお読みいただきたい。（編集部）

一、不耕起栽培とは！

不耕起直播の特徴点

ああすればよくなる、こうすれば増収するという技術をよせ集めても、やることばかりが多くなる。それでいて、案外増収にはならず、楽にもならない。私はああしなくてもよかった、こうしなくてもよかったのではないかという技術を追究して、栽培体系の単純化に努力してきた。

現在では、米麦の直播で、もうこれ以上単純な栽培方法はないのでないかと思われるようになった。その方法の特徴点はつぎのとおり。

ⓐ　二毛田は、一〇年あまり耕起することがなく、米麦を連続して直播する。しかも米とムギの栽培方法はほとんど同じである。

ⓑ　播種方法は、作条溝の中に、点播、密植（坪当り約百株）密播（一五―二〇粒）で、覆土をしない。

ⓒ　播種直後、前作のムギワラ全量を水田一面に散布する。（ムギ作のときはイナワラ散布）

栽培労力は、一〇アール当り種まき一人弱、以後の管理は一人あまり、収穫は約四人役である。的確な播種が行なわれたときは、五―六石の収量も困難ではない。

これだけの説明ではよくのみこめない方も多いかと思う。具体的な作業のやり方をみていただきたい。作業順序にしたがって説明していくことにしよう。

不耕起直播のやり方

①　灌排水溝の設置

水田のまわりや水田の中に、約五―六メートル間隔に、幅二五センチ、深さ二〇センチ以上の排水溝をつくる。これはムギまきのときに一度つくっておけば、米麦兼用の灌排水溝としていく年も使える。

この排水溝は、種の発芽、越冬、雑草対策、土壌の性状、的確な排水の実施などに重大な関係があるので、乾田、湿田をとわず絶対に播種前に実施しておかなければならない。

②　元肥、除草剤散布

種まきのときすでに雑草がはえているようなときは播種前に除草剤を使っておく。その方が、薬害の心配が少なく確実な駆除ができる。

私は元肥をかね、播種二―三日前に、石灰チッソ八〇㌔を朝露のある間に散布する。

鶏糞を元肥に施す場合は、除草剤シアン酸ソーダ五―六㌔（草が大きい場合はマシン油乳剤一％加用）を散布する。ＰＣＰなどはいろんな危険性があるので私は使っていない。

なお元肥として他の多量のチッソを含んだ化学肥料を使うことは無駄である。またムギ刈直後であれば除草剤不要のこともある。

③　**種まき**

品種、私は晩生の媛育二五号、同二七号を使っているが、ともに短稈で、後者は葉が直立型であるという以外特別な意味はない。

種の予措　種は厳選し、ヘプタ粉剤三％塗布したものを使うが、近年ナメクジの多発には注意が大切。

また冬まきや秋まきのモミには特別な、合成樹脂利用の長期保護剤を塗布する必要がある（後記）。

播種間隔　二〇―二五×一二―一五㌢（坪約百株）

播種粒数　一五―二〇粒（一〇㌃一斗五升以上）

種まきのときにもっとも大切なことは、正確に三―四㌢、それ以上にも深まきすることが大切である。浅まきすれば、イネは倒伏しやすく、多収穫を断念せねばならない。

私は自分で考案した播種機を使っている。

①種まき後ムギワラを覆つたところ

②分けつ期のイネの姿

③多収穫のイネの姿坪80株１株20本平均６石どり

【一口メモ】粘土団子と泥棒播き法　種もみの発芽不良や鳥害を防ぐために、福岡さんはその後、モミと粘土を混ぜる「粘土団子」にたどりつき、そして、ごく最近、モミでなく一穂を丸ごと泥でまいて棒のようにし、一㎡当たり一棒を播いていく「泥棒播き」を開発した。この方法については近々、本誌で紹介する予定です。

私も以前は、播種して、覆土してそのあとから除草剤を散布する方法を行なつていたが、覆土が浅ければ、雀害があり、深ければ発芽がわるく、とくに播種後雨にでも降られると極端に腐敗することもあり、発芽が安定しなかつた。

そのにがい経験から、無覆土方法をとるようになつた。覆土をしない方が雨年の発芽がよい。旱天の年でも発芽に必要な程度の水分は地中にある。実際には敷ワラがある関係もあり、灌水しなければならないような年はほとんどなかつた。無覆土方式にしてかえつて発芽が安定したと私は思つている。

不耕起田用の播種機（福岡さんの考案）

ただ乾田などで土壌のかたい場合、的確に深まきできる播種機がないことが、現在の私のなやみである。

④ ムギワラ被覆

裏作のムギワラの全量を長いままで、播種直後に水田全面にまき散らす。ムギワラは多いほどよく、一〇〇〇㌔はほしい。そのためには前作のムギもかならず直播の多収穫栽培でなければならない。なおムギワラは切断する必要はない。

不耕起直播が長年できるのは、イナワラ、ムギワラの全量還元で耕土が肥沃化するのであるから、この作業は絶対に必要な作業になる。

多量のムギワラを播種直後にまき散らしておけば、雑草防止の効果が大きいだけでなく、雀などの害はまつたくないものである。ただモグラやナメクジの害は多くなるようである。

ムギワラの代用として、刈草や、レンゲなどでもよさそうに思えるが、発芽や雑草対策の面でも失敗しやすい。

⑤ 除草剤散布

播種前に一回除草剤を散布してある場合は、播種後の除草剤は急いでやる必要はない。

このイネつくりでは、分けつ期中はほとんど畑状態に近い作り方であるから、その期間中で、田面がよく乾燥しているときを見はからつて、スタム乳剤の一〇〇〇㏄、水九〇㍑液を動噴で、散布する。

水田表面に湿気があつたり、散布直後に雨があり殺草効果のわるいとき、また散布時期がおそくなつて雑草が大きくなつているときには、濃度を高めて一五〇〇㏄にしてもよい。的確な散布をすれば、ヒエ類やメヒシバが五―六葉以上の大きさになつていても完全に枯らすことができる。

この不耕起直播をつづけていると、カヤツリグサ、マツバイ、ウリカワなどの水生雑草はもちろん、ヒエなどもほとんど絶滅できる。問題はメヒシバ一種にしぼられる。

要はこの栽培方法に徹し、敷ワラを多くし、スタム乳剤散布の時期、とくに乾燥に注意すれば除草対策はもう十分であると私は今までの体験から考えている。

⑥ 水の管理

私が今までわからなくて苦労してきたのが水の問題であつた。普通栽培のやり方はまつたく通用しない。とくに多収穫をあげるためには相当思いきつた試験もやつてみた。結局水は肥料との関係が深く、灌漑法は施肥法とあわせて考えなければならないが、現在はいちおう灌水の基準をつぎのようにしている。

分けつ期	畑状態	水分六〇%以下	無灌水
幼穂期より出穂期	湛水または湿潤状態	六〇〜一〇〇%	二〜三日湛水 二〜三日落水
穂ぞろい期以降	湿潤状態	五〇〜八〇%	二〜三日灌水 四〜七日落水

分けつ期は、ほとんど放任状態で、月に一—二度の降雨があればそのままでよい。イネの徒長を防ぐためには湿田は排水につとめることが大切である。分けつ期の抑制程度が強いほど多収穫栽培ができる。

幼穂形成期以降は、水もれ田では普通灌漑法をとってもよいが、なるべく数日以上の湛水はさけ、根ぐされをおこさないよう注意する。

またできれば、灌排水溝だけに水をかけて田の表面には水を走らせない方がよい。したがって一度灌水した水が地中に吸収されてしまうまでは、次の灌水はしない。水尻からは落水しないかんがい法になる。

湿田では幼穂期以降でも灌水しない方がよいことも多い。最初から最後まで一度も灌水しないですむ年も多い。

したがって畦ぬりは、粗雑でよいように考えられやすいがそうではない。畦ぬりがおくれるのはさしつかえがないが、もし粗末なことをしておくと幼穂期以後に的確な灌排水ができないで苦労する。

このイネつくりでは水管理は放任になりがちであるが、幼穂期、穂ばらみ期、落水直前の最後の水などは稔実にきわめて大きな影響があるので油断はできない。

⑦ 施肥の目やす

このイネつくりでは密植、多粒播なので分けつは不必要といえるくらいである。元肥は極度に少なくて、追肥重点の施肥でよい。実際には多量の敷ワラがあるので、除草剤を兼ねた石灰窒素を施しても、チッソ飢餓現象がおき肥効が一度に現われるようなことはない。

したがって元肥はイネに施すというより、ワラを早く腐熟させるために役立っているとも考えられる。肥効は幼穂期以降にだんだんに有機化されて効くことになる。

施肥例（10ａ成分量kg）

	チッソ ※	リンサン ◇	カリ
播　肥	8—16	10—15	15
元　肥（分げつ初期）	0—5	0	10
穂　肥	2—6	0—5	5
計（基準）	20	10—15	30

※鶏糞
◇石灰窒素硅カル200kg

抑制した小イネを作るので、少肥でよいように考えられるかもしれないが、茎数が多く、総ワラ重は少なくないので、普通以上の肥料がいる。しかし、多量の施肥をして普通のかんがい法をとればかならず倒伏するから注意しなければならない。

私の示した施肥例は、深い根拠にもとずくものではない。リンサンやカリも適量と思っているのではない。やや多目に施して茎葉の硬化、短縮、とくに葉身の短縮をはかるためである。肥効についてはまだ不明のことが多く、今後研究の余地がきわめて多い。

⑧ 病虫害防除

イネつくりの前半を無灌水に近い栽培にすると。イネはきわめて強健で、キンカク病やゴマハガレ病の発生はきわめて少なくなり、メイ虫も第一化期は、周囲に移植イネがある関係かも知れないが、ほとんど防除しなくてさしつかえない。

普通の年は、分けつ期に、ウンカの防除を一回と、出穂前にイモチ病防除剤加用メイ虫防除剤を一回散布する程度で充分である。

二、不耕起直播による多収穫 △▲

多収穫のイネつくりといえば、深耕、客土、堆肥増産が基本的な条件として考えられている。

【一口メモ】イネの直播栽培　昭和二十年代、全国で試験が行なわれ、昭和三十年代には構造改善事業の中で大型機械化直播が導入されたが定着せず。一方、暖地では乾田直播が普及。その後年々減少したが、近年、湛水土壌中散播法が開発され、乾田不耕起直播の機械化も進んだ。

したがつてかんたんなズボラな栽培法である不耕起直播で多収穫をはかるということは無謀とみえるが、実際不耕直播をつづけている間に、意外にも多収穫ができることがはつきりした。

多収穫栽培をしてみて、反省させられた点を述べてみよう。

多収穫をするということは、多収穫型のイネをつくるということであり、多収型のイネというのは一口に言うと、生産能率、能力のよいイネで、小型のイネであつた。

私はずいぶん長い間、ムダなイネつくりをしてきた。多収をあげるために、色々理屈はつけながらも、大きなイネで、大きな穂をつけることばかりを考え努力してきたといえる。ところが五石どり六石どりのイネを作つてみて、まつたく考え方が逆であつたことにおどろいた。

増収のために深耕、客土、堆肥の増産が叫ばれ、分けつ促進のために中耕除草、茎葉肥大のための追肥、灌水など、すべての努力はみな大きなイナワラを作るための努力であつたといえる。

ところが生産力の高い能率のよいイネというのは大型のイネではなかつた。

普通暖地で田植をしたイネのワラ重とモミ重の比較をみると四〇—七〇%、普通五〇%のイネである。モミ重はワラ重の半分しかない。一〇〇〇キロのワラを作つて五〇〇キロのモミをとるのである。

能率のよい六石どりの多収穫イネは一〇〇〇キロのワラに同重量または一二〇〇キロ以上ものモミをつけている。こういうイネはどういうイネかというと、草丈が八〇—九〇センチ程度の小型のイネで、努力して生長を促進して作つたイネでなく、生育をおさえて作つたイネであつた。

いわば多収穫の要点は、多収型の姿のイネワラを、一定の面積に多数作ることであつた。ただばく然と肥培管理に努力しても、非能率のワラ作りになるだけで、米作りにはならないということであつた。

多収型のイネの姿

(イ)草丈短く、稈は短大、強硬である。

(ロ)葉身は直立短大、厚く硬く光沢ある黄緑

(ハ)茎の基部は硬く緑色で、最後まで健全で枯れ葉がない。

(ニ)根部はよく発達し、褐色、屈曲、細根多く弾力があり健全なイネである。

したがつてイナ田外観は、すね丈、腰丈の貧弱なイネで普通のような胸丈、首丈のよくできたイネではない。だが刈乾してみると全面によろい重ねで干さねばならないほどのワラがある。

しかし多収型のイネといつても、まだ不明のことが多い。たとえば、葉身は短大でよいと思えるが、上からの第一第二葉は長大でもよいことがあり、また葉位の何番目が一番長いのがよいのか、かならず直立型でなければならないかどうか、などは私には断定できない。

また茎は短く太いほど、大きな穂がつくのでよいと考えられるが、疑問がないわけではない。というのは短期栽培で六月末に直播したような場合、茎葉はかたく細く、貧弱であつたのに、五石以上の多収があげられたことからみると、茎が太いということが、必ずしも多収の絶対条件ではないといえる。だが一般には長期作をしてだんだんに太らせ、茎葉の短大なイネが多収型のイネと考えてさしつかえないと思われる。

また穂ぞろいがわるく、おくれ穂があるのはきらわれるが、初期無肥で分けつ末期以後に多量の肥料を施したときは、二段穂が多量にできる。このときは絶対量は少なくはないので、この点などもなお検討の余地があるように思われる。

ともかく草丈をおさえ、硬く、短大、頑健なイネにすることが多収穫の条件である。これはまちがいない。

三、多収穫のイネを どうしてつくるか △▲△

多収型のイネは、イナ作の前半をできるかぎりおさえた作り方をし、後半に重点をおい

た秋まさり型（おいこみ型）のイネを作ればよいと考えられるが、具体的にもっとも大きな関係があるのは、播種時期と、施肥法および灌漑法である。

① **播種期のとらえ方**

私は多収穫をあげるのに、二つの方法があるように思う。一つは短期栽培で、生育特に分けつ期間が短いため、ワラの繁茂するひまがないやり方で多収をあげる方法である。

晩期栽培や早期栽培にみられるようなやり方で、このときは品種との関係がきわめて大切なことになる。その時期に適した品種を選んで栽培すれば、分けつ期が短いので、ワラの重さよりモミの重さが重いイネがでやすい。したがつて密植、穂肥重点施用によつて多収がはかられる。たとえば七月始め坪一五〇株まきで、多粒の一五粒程度をまき、相当の多収をあげたことがあつた。

しかしこのような場合は、イナワラは短かく、細く、後期の多肥でやわらかくなり、大きい穂をつけようとすることは危険で、どこまでも小穂多茎主義でいかねばならない。

したがつて安定した絶対多収栽培とはなりえないのでないかと思つている。

第二は、長期栽培による方法だ。晩生イネなどを早くまいて、長期にわたる分けつ期間中抑制につとめて、イナワラが短かくて太い型のイネに育て多収をあげる方法である。

これは生育期間を最大限にして、だんだん生育させる長期作である。この場合普通のような灌漑方法をとり、多肥栽培すれば、長大なワラになり、多収穫はできない。

私は早まきというより冬まき、モミの秋まきをやつてみているが、少肥で、無灌水に近い抑制栽培をやれば、イナワラは自然に短かくなり、茎は太く、長い大きな穂がつく。この場合はまず理想的なワラの重さからモミの重さが同等か二—三割も重いイネができる。

秋まきの実験では、密植することで坪一五〇〇本から二五〇〇本の茎数の確保ができる。しかも一穂平均粒数は一〇〇粒をつけうることがたしかめられた。

結局、イネの多収穫の主流は、やはり早播、長期作にあり、したがつて裏作にムギがある場合は、早春の麦間直播ということになる。いちばん省力で多収をあげうるのは、秋のうちにイネとムギを同時播（混播）することだと考えられるようになつた。

② **灌水法のとらえ方**

多収型のイネをつくる上で、もつとも大切なことは灌水法である。習慣になつているように全期、浅水湛水法をとつた場合は、他の管理がどんなに完全であつても、まず多収穫はできないといつてよい。

分けつ期中に湛水すれば、せつかく直播しても田植したイネと同じ型のイネになり、草丈も長く、穂数も坪一〇〇〇本内外にとどまり、多肥を施せば病害が多く、過繁茂になり、受光量は少なくなり、結局一〇俵以上のイネつくりはできない。

密植、密播していて、分けつ期中灌水すると茎葉は弱くなり、むれて役立たないものになる。坪二〇〇〇粒のモミがまかれて発芽した場合でも、無湛水で抑制方法がとられたときだけが目的の二〇〇〇—三〇〇〇本のりっぱな穂がえられる。

幼穂期以降は灌水するが、それも間断灌漑で数日以上の連続湛水は極力さけ、できれば田面上には水をのせないで、根ぐされを防ぎ、下葉の枯れあがりのない最後まで健全な葉が、四—五葉があるようなイネをつくることが重要である。暖地のイネ作りでもつとも改善しなければならないのは灌水法であろう。

③ **施肥量の問題**

不耕起直播を行なつて、今まで述べたような灌水法をとると従来の施肥の考え方は、あてはまらないことが多い。私は今まで暗中摸索をつづけてきた。普通肥の五割増、十割増を施してもさしつかえないことがあり、またうに少肥でもよいようにもみえ、過剰なのか、反対に肥効がわるいのか判断に苦しむことが多かつた。この点不耕起の土壌そのものがどうなつているかを深くつきとめていかなければならない。

（以下次号）

精農家の野菜つくり①

トマトの苗つくり 秘訣はここだ

日本の施設園芸をリードしてきたハウストマトの精農家の鍛え抜かれた観察眼

小島《こじま》重定《しげさだ》／宇都宮市石井町　実際家

タネまき後一五日ごろがいちばんたいせつ

＊＊＊＊＊＊

トマトの一生のうち、いちばんたいせつな時期は、タネをまいてから、一五日ぐらいたつたころです。第一枚めの本葉が見えているが、まだ子葉よりも小さい時期です。トマトつくりで、いちばん神経を使うのは、この時期です。

第一図　第一花房の花芽ができはじめるころ

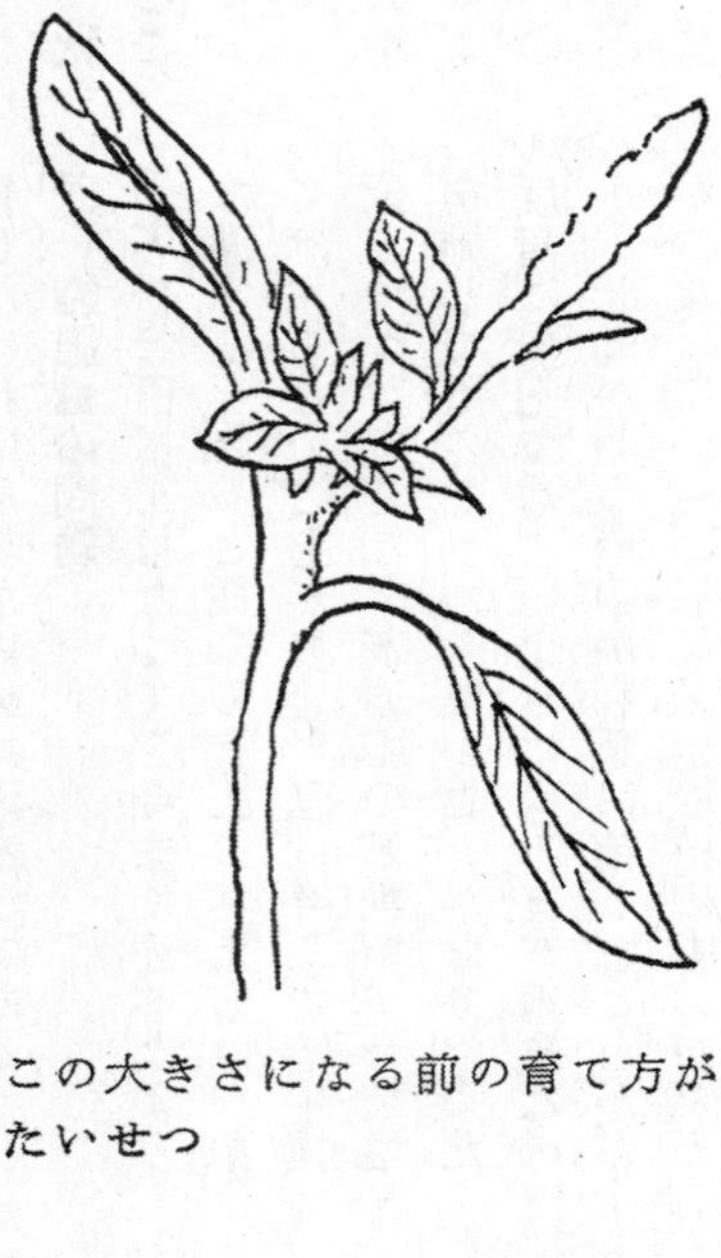

この大きさになる前の育て方がたいせつ

なぜそんなに重要なのか。これから、ゆつくりお話しましょう。

トマトの第一花房の花芽ができるのは、タネまき後、二三日ころだと言われていますね。この時期に、顕微鏡を使つて、トマトの成長点を調べてみると、第一花房の花芽ができかかつています。花芽ができかかつている時期に、〝これはたいへんだ〟と思つて、よい環境にしてやつても、もう手おくれです。ちようど、「ドロボウを見てナワをなう」のたとえのようなものです。第一花房の、花芽の素質は、すでにきまつています。

花芽の分化開始をとらえて、「この時期が重要だ」と強調するのは、トマト栽培者の態度ではありません。この花芽分化開始期が重要だとしたら、その時期を、理想的な状態で通過させるのが、栽培者の態度です。

そのためには、花芽のできる、一歩手前のところで、花芽つくりの準備をしなければなりません。こういう理由から、タネまきしてから一五日めごろのトマトの生育を重要視するのです。

では、この時期に、どんな環境を与えてやつたらよいでしょうか。

さわやかな秋の天候を思いうかべてください。日中は、チカチカするような太陽光線が当たり、気温も手ごろです。空気が乾燥していて、気分がいいものです。夜は、うつかりすると、寝びえをするほどひえこみます。こんな季節は、食欲が旺盛になつて、体力がつきますね。

トマトもこんな気候を好んでいるのです。

日中は、トマトの苗がまぶしがるほど、強い光線を当て、床の温度は二五度ぐらいに上げます。ただし、床のなかの空気は、できるだけ乾燥させます。つまり、換気をよくしてやるのです。

種をまいてから、一五日ごろに、こういう環境を与えてやると、光合成作用がさかんになつて、炭水化物をたくさんつくるようになります。しかし、昼間炭水化物をつくつても、夜の消耗がはげしかつたら、炭水化物の貯蔵量はぐつとへつてしまいます。これではだめです。

こんどは、さわやかな秋の日の、夜の気温を思い浮かべてください。一五度ぐらいになりますね。トマトの苗にも、そんな気温を与えてやります。

こうすると、炭水化物の貯蔵量はどんどんふえていきます。タネまき後一五日ごろに、炭水化物の貯蔵量が多くなると、子葉と、第一葉との節間が短い、しかも、第一本葉の大きな苗になります。

この時期に、曇天や雨天がつづいたら、どうすべきか。自然はうまくできているものです。曇天や雨天がつづくと、太陽光線が弱いので、光合成作用がおとろえます。そのかわり、気温も上がらないので、消耗も少なくなります。長い時間をかけ、ゆつくり炭水化物を生産していこうとしているのです。

こんなとき、寒いからと言つて、換気をしないで、地温を上げると、消耗がはげしくなります。つまり、炭水化物の生産と消費との調和がくずれてしまうのです。雨天のとき地温をあげると、苗は大きくなるが、まことに不健全な生育になります。

自然にさからうと失敗します。トマトの苗は、曇天なら、時間をかけて、炭水化物を生産しようとしているものです。それだけ、生育がおくれることになります。おくれるのが正常です。

トマトは、育苗期間がだいたい七五日ぐらいとされています。しかし、これはその年の天候によつて変わるのがふつうです。曇天が多ければ、育苗期間が長びきます。晴天がつづけば、短縮されます。どんな天候でも、七五日で定植できる苗ができるとしたら、きつと、どこかが狂つています。自まんできることではありません。

「花芽分化までに必要な積算温度は……」なんていつて、温度だけを問題にする人もいます。積算温度はアテになりません。温度よりも、光線の量を生育のモノサシにすべきなのです。光合成作用がどれだけできたか、それによつて、花芽の分化期をとらえるべきです。

いまさら言うまでもないことだが、トマト栽培は、果実を生産するのが目的です。高く売れる時期に、そろつた果実をたくさん収穫したいものです。こういう目的にかなつた花芽をつくつていかなければなりません。

第一花房が何節めにつくか、花房はどんなかたちになるか、花の数はどうなるか、こういつた重要なことがきまるのは、じつは、タネまき後一五日めごろなのです。

タネまき後一五日ごろ、炭水化物をたくさん貯蔵した苗をつくると、第七節めぐらいのところに、みごとな第一花房をつけます。

第二図をごらんください。

トマトの花房には、シングルとダブルとの二つがあります。よくそろつた、品質のよい果実をとるためには、シングルの花房にすべきです。ダブルの花房にすると、果実の数が多くなるので、収量はふえるが、不ぞろいになります。生食用の栽培には不向きです。

タネまき後一五日ごろに、苗を極端な低温

第二図　花房のかたち

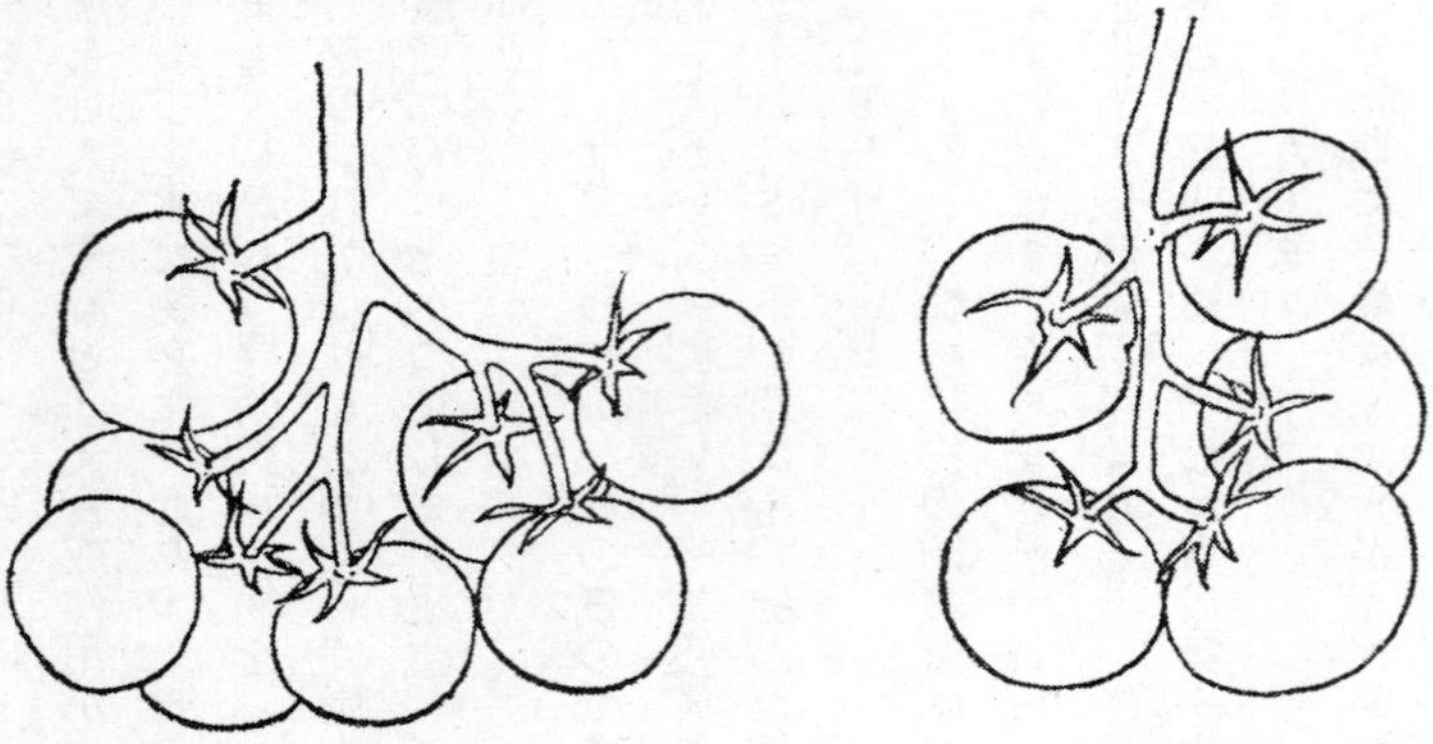

ダブルの花房　　シングルの花房

や風に当てると、ダブルの花房になりやすいものです。

光線の弱いとき、温度だけを上げて、生育を早めると、花芽の数が少ない貧弱な苗になります。第一花房が貧弱な苗は、第二花房も第三花房も貧弱になるものです。貧弱な花芽の苗をつくったら、一生遊んでしまいます。

だから、なんとしても、第一花房をりっぱに育てることです。光線が弱いときは、生育をおさえぎみにして、時間をかけることです。以上が、トマトの育苗で、いちばんたいせつな部分です。

では、具体的にどうしたらよいのか。当然タネまきからの作業の手順が問題になります。そこで、参考までに、わたしのやり方を具体的に紹介しましょう。

＊＊＊＊＊＊＊＊

タネまきから
第一回移植までの管理

タネの準備　二〇ミリリットル（約一勺）のトマトのタネがあれば、じょうずな人で一三〇〇本、なれない人でも一〇〇〇本の苗が育てられます。だから、タネの量は、植える本数にあわせてきめていきます。

タネの選別はやりません。発芽後、どうせ間引きをするのだから、第一回の間引きを、タネの選別のつもりでやった方が、正確でしかも楽にできます。

タネの消毒と水洗い　消毒は、ウスプルンを使うのがいちばん安全。トマトのタネには、こまかな毛が密生しています。そこへもってきて、タネがからまりあって、かたまっていると、その部分へは、薬がしみこまなくなります。これではまずい。そこで、消毒にかかる前に、水洗いしながら、タネをほぐしてやるのです。

消毒のやり方は、ウスプルン一二〇〇倍液に五〇分浸します。袋は、ガーゼのような、水のとおりやすいものを使うとよくしみこみます。薬液に袋をいれると浮きます。そこで、石コロを乗せ、沈めるようにします。薬液がタネのすみずみまでしみこむように、二〜三回もみほぐしながら、薬液のなかで、天地返しをしてやります。

消毒が終ったら、タネをていねいに水洗いします。薬がついていると、発芽後の生育がひどくわるくなります。

水道のジャロに、袋の口をしばり、水をどんどん流して、手でもんでやります。オケの中で、サブサブやっているようではダメ。消毒後にタネを乾かすと、薬がおちにくくなるので、消毒液から袋をひきあげた直後に、水洗いすることがかんじんです。

水洗いは欠かせない仕事です。水洗いをていねいにやれば、ウスプルンでは死ななかった病菌まで、洗い流す効果があるのです。

芽出し

芽出しをしておくと、床の地温が、いくらかまちまちになっていても、平均に発芽します。芽出しは温湯浸法。お湯の温度は三六〜三七度にします。八時間後には二〇度ぐらいになればしめたもの。実際のやりかたとしては、夜の一〇時ごろフロにつるしておいて、翌朝引きあげれば、ちょうどよい温度になっています。フロにはフタをしないでおくこと。

温湯浸法がすんだら、水を切って、苗床へ。苗床は、三〇度以上になっているところを見つけて、袋ごと、うすくひろげていれ、その上に土をかぶせて発芽を待ちます。床の表面が二五度ぐらいになっているところなら、床土の下の方は、二〇度ぐらいになっているものです。温度が不足しているときには、床の表面にビニールをかけるといったくふうをこらします。

タネまき

親床は前の日に灌水します。灌水の量は、箱まきのばあい一リットルで四箱分ぐらい。ベトベトしない程度。灌水が終ったら、ビニールをかけ太陽熱であたためます。ビニールで密閉すると、三〇度ぐらいになるものです。まいたタネは乾燥させないこと。タネまきしてから、乾燥すると、皮をかぶったままで発芽してきます。一箱まいたら土をかぶせ、つぎの箱へ移るようにします。

なるべく、うすまきにしたいものです。事情がゆるせば、一三〜一五セン間隔にまいていきたい。タネまきから、二五〜三〇日ぐらいまで、まき床において、第一回の移植にかかりたいものです。こうなると、株ごとの面積は、タネまきのときから大きくとっておかなければなりません。密まきにして、移植回数をふやすやり方では、いい苗はできません。

まき溝は、棒か、二分ぐらいの厚さの板を使って、上から床土をおして、すじをつくります。そこにタネをまきます。タネとタネの間隔は二〜二・五センぐらい。一坪当りの播種量は約二〇ミリリットル。タネをまき終えたら、種の上に、わずかな土をサラサラッとかけ、棒でおさえておきます。

棒おしがすんだら、フルイにかけた埴土を種が見えなくなるまで覆土します。さらに、噴霧機を使って、表面がしめる程度に灌水しておきます。

発芽までの管理

軽い灌水が終ったら、表面に古新聞を一枚かけます。こうすると、床からあがってきた温度や湿度が、紙のところにぶつかって、横に流れ、発芽のための条件がそろってきます。ここで、ビニールをかぶせると、床からあがってきた水蒸気が、ビニールに着き、やがて水滴になります。その水滴がおちて、部分的には水分過剰になり、その結果、発芽が不ぞろいになります。一枚の新聞紙があれば、こんな心配はなくなります。

順調にいけば、タネまきして、四日もすると、発芽してきます。そこで、二日めの夕方には、新聞紙を除いてやります。三日めには発芽がはじまっているのに、ひと晩知らないでおくと白い芽になって、軟弱に育ってしまいます。新聞紙を早めに除いて、最初から緑色に育てていくことです。新聞紙を除く時間は、夕方の方がいいようです。発芽までの床温は、二六〜二八度ぐらいにします。発芽までの期間は、床の空気の温度が、三〇度ぐらいになっても、換気の必要はありません。

子葉の展開まで

新聞紙をとり、発芽がはじまったら、わずかに灌水します。発芽をそろえるためのもの。だから、発芽のおくれているところへは、少し多めに灌水します。そうすると、発芽がすすんで、おくれをとりもどすのです。この灌水の手かげんは、発芽をそろえるのに役だつものです。

といっても、灌水の量はごくわずかなものです。やりすぎは、絶対に禁物。その日にやった水は、その日のうちに消費され、もとの状態にもどる程度が、ちょうどよい量です。ただし、晴天の日だけ灌水すること。灌水の時間は、午前一〇～一一時ごろにします。雨の日や、翌日雨が降りそうなときはとりやめること。

子葉が展開したところで、第一回の間引き。子葉のかたちのわるいものを抜きます。子葉の異常なものだけを抜いていくと、だいたい、一〇～二〇%の苗をへらすことになります。

第二回めの間引きは、二枚めの本葉が、ちょっと顔を出したころにやります。このときは、くっつきすぎているところに目をつけて、間引きします。

この第二回めの間引きにあわせて、「根切り」を実行します。畦間や株間にホウチョウをいれていくのです。この作業は、移植する前の事前操作とみればよいでしょう。「根切り」が終ったら、「土入れ」をやります。ホウチョウをいれた溝に、新しい床土をいれるのです。

第一回目の移植

親床には、なるべく長くおきたいもの。ふつう、播種後二〇日そこそこで、第一回の移植をするが、これでは早すぎます。第一花房の花芽の素質がきまる、だいじな時期に、大きな手術をすることになるのです。

この時期は、なるべくそっとしておいて、苗が栄養万点のうちに、花芽つくりの仕事をさせたい。なるべく動かしたくない。

たとえ、どんな頑健な苗でも、環境が急に変わると、苗の素質にヒビがはいりやすいものです。

親床には、二五日以上、三〇日ぐらいおきたいもの。親床のうちに、優秀な素質を養わせるのです。七五日間の育苗で、親床に三〇日間おけば、残り四五日。わたしは、移植を一回にとどめ、四五日の間に、二回の「ズラシ」を実行しています。

第一回の移植のときには、ウネ幅・株間を一五㌢（五寸）から、欲をいえば、一六・五㌢（五寸五分）ぐらいにしたいもの。最初から最後まで、根元に光線が当たるようにしておきます。最初にこみあわせた苗は、あとからいくら広い株間にしても、ダメです。

親床の地温よりも、移植床の地温を高くしておくこと。これは常識。移植床はだいたい二七度ぐらいにしておきたいものです。

移植作業にかかる前の日には、親床にたっぷり灌水します。一回灌水して、一五分ぐらいしたら、また灌水します。一回にだぶだぶ灌水するよりも、二～三回に分けた方が、水が土によくしみこむものです。

移植は、晴天の日を選ぶこと。前日にたっぷり灌水して、翌日雨が降って、移植できないことになると、苗はたちまち徒長してしまいます。晴天がつづくことを見こして、移植の準備をすすめないと、とりかえしのつかないことになります。

親床に、たっぷり水をかけたが、翌日、移植ができなかった、ということになると、苗は急に徒長を始めます。こうなったら、苗の素質が、ガラガラくずれてしまいます。

移植床の床土の厚さは、九㌢ぐらいが適当。ここが、たいせつなところです。床土を厚くしすぎると、移植後の生育調整が非常にむずかしくなります。

移植が終ったところで苗の葉面に軽く灌水します。葉がぬれる程度で充分。床土にしみこむようでは、多すぎます。

移植後の生育調整

わたしは、三枚めの本葉が出かかったころに、移植作業をしています。このころは、第一花房の花芽の分化も終わり、第二、第三…花房へと移っていきます。

移植後にたいせつなのは、花芽の質をよくすることです。ひとつひとつの花芽をよくして、やがて、そろった果実をたくさん収穫できるようにするのです。

花芽をよくするには、苗の炭水化物の生産量をふやすこと。スクスク伸ばすと、見ばえはいいが、花芽がよく充実していない苗になります。移植後は、生育をややおさえぎみにして、炭水化物の貯蔵量をふやすように努力します。つまり〝花芽の質を高くする〟ところに重点をおいて、生育を調整するのです。

生育調整の手段はなにか。つぎのようないろいろな要素が考えられます。

「温度」　床土の温度を下げると、根が伸びずに、生育がとまってしまう。これではまずい。地温では、極端なことができません。床面の空気の温度はどうか。換気によって、床内の空気を乾燥させ、しかも、低温にならしていくと、そろった果実が収穫できます。低温にならしていけば、耐寒性が強くなります。また、心配するほどの奇形果は出ません。しかし、低温育苗をつづけると、タマ伸びがわるい花芽になります。品質はよくなるが収量が出ないのです。収穫の時期もおくれます。良質・多収・早い収穫をねらうなら、極端な低温育苗は考えものです。

「灌水」　床土を乾燥させて、生育をおさえていく方法が考えられます。しかし、これも極端なことはできません。あまり乾燥させると、若さのない、老化苗になります。盆栽のような老化苗にすると、タマ伸びはひどくわるくなります。これでは収量があがりません。また、根から感染する病気たとえば、イチヨウ病やカイヨウ病の発生の危険性が出てきます。

〝床面は、乾燥して白くなっていても、指先で、チョコチョコ掘ってみると、すぐしめった黒い床土が出てくる〟その程度の乾燥状態にとどめたいものです。要するに、苗が若さを失うほど乾燥させるのは、危険です。

「断根」　根を切って、生育を調整しようという方法も、あまりいただけない。とくに低温状態で、たびたび根を切ると、根が深く張らない。うわ根になってしまうのです。根の張り方がわるかったら、養分の吸収が順調に進まないので、いじけた苗になってしまいます。

この三つの、生育調整手段は、いずれもきめ手になるほど極端なことはできません。そこでわたしは、第四の方法をとりいれます。

「ズラシのときの調整」　第四の方法とは、ズラシ作業のとき、床土の厚さを平らにしていくやり方です。移植後苗床のようすを見ていると、伸びのよい部分と伸びなやんでいる部分とのムラが目につくようになります。外観が勢力のいい苗はあんがい低温に敏感なものです。また、花芽の方は苗の見かけほど充実していません。へたをするとツルボケになります。

こういう生育をするところは、かならず、床土が厚くなっています。移植のときは、床土を九センチ《センチ》に平らに入れたつもりでも、なにせ人間がやること、かならずムラがあります。そこで、ズラシのとき、生育のよすぎるところは根の下の床土を取り除くのです。逆に、伸びがわるいところへは、床土を加えて厚くしてやります。この生育調整手段は、苗をそろえ、花芽を充実させる効果があります。

(つぎの号は、キュウリの育苗について)

リンゴの名誉回復、リンゴ経営の苦境脱出にむけ、消費者直結販売に乗り出した先駆的な取り組み

■特集・味を売る農業経営

リンゴの味を売る

■通信販売で消費者と直結

わるい作り方〇》
わるい売り方＊》

■自ら招いた苦境

リンゴの味がとやかくいわれだしてから久しい。ごく最近では、〃猿も食わない紅玉・国光〃などとまことしやかにさわがれ、それを信じこんでいる消費者もあるとか。動物園の猿に紅玉やスターキングやそのほかさまざまの品種を与えたところ、紅玉や国光には猿もとびつかなかったという話。

〃バカなことを言うな〃と憤慨する人も多かろうと思うが、ここで紹介する長野県須坂市高梨の中島輝夫さん(三九才)もその一人。

中島さんは言う。「猿も食わないなんてとんでもない。どの品種も消費者に喜ばれる素質をもっているはずだ」と。

紅玉について言えば、真紅に黒味を帯び、果実の心に蜜がのるほど完熟させれば、こんなうまいリンゴはない。好評のスターキングでは、一つ食べるとこってりした満腹感が出てしまうが、完熟した紅玉は、もう一つ食べたくなり、またもう一つ食べたくなる。たくさん食べられる品種であり、通にも喜ばれるリンゴということになる。紅玉の方がスターキングよりもすぐれているというのではなくて、紅玉なりの、スターキングなりの個性的な味があるという。

消費者には、〃猿も食べない紅玉〃という印象があり、生産者は〃こんなうまいリンゴはない〃と強調する。このズレはいったいどこからきているのだろうか？

「紅玉にかぎらず、リンゴの評判を落とした大半の責任は生産者の側にある」というのが中島さんの意見。

生産者のご本人が、自分でも食べないようなリンゴを出荷して金をとってきた。だが、どんなに目先を変えてとびつかせても、味がわるければ喜ばれるはずがない。

自分の首を締めるようなつくり方・売り方では苦境に追いこまれるのがあたりまえだ。中島さんは、つくり方・売り方でこんな例をあげ、自分たちのやり方の非を手きびしく指摘する。

■わるいつくり方

旭の人工着色――果実の肩は真赤だが、ひっくりかえしてみれば尻は真青。味はさっぱり。目先を変え早く出荷し、かりに高く売れても、うまいと思って食べる人がはたして何人いるだろうか？

紅玉の早取り人工着色――色を着けるので見ばえはするが、味はすっぱいだけ。これでは〝猿も食べない紅玉〟と言われてしまう。

早取り青ゴール――チッソを大量に投入して果実を早く太らせ、青いうちに出荷するもの。とりえは大きいだけ。味は祝よりも劣る。取り残しの実を木につけたまま成熟させてもはやゴールに本来の味は出ない。

チッソ太りの大玉国光――大玉の方が高く売れるからといって、チッソで太らせても味はよくならない。

■わるい売り方

大型の共同出荷組織には、大きな落とし穴があるようだ。中島さんの指摘にしたがえばこうだ。

生産者の無責任――共同選果の格付けは、果実の色や重さに中心がおかれる。味による選果（たとえば糖度）はまだ一般化していない。しかも単価はプール計算。したがって、大玉で着色がよければ等級が上がり、財布もふくらむことになる。これでは〝自分のつくったリンゴの一つ一つに責任をもって売る〟という気持ちがうすらぐ。

神経がいきとどかない――大きな選果所へ行って見ると、未熟果（中島さんにいわせればり）を収穫して、しかも一五日も二〇日も軒先にぶちやってある。味にも鮮度にも神経が使われていないように見受ける。出荷組織が大きくなると総身に神経が回りかね、ダ性で動く傾向があるようだ。

消費者の声が届かない――販売経路が複雑になるため、消費者の声が生産者に直接ひびかない。たとえば、生産者↑↓共選場↑↓単協↑↓経済連↑↓荷受会社↑↓仲買↑↓小売↑↓消費者、こんな経路をたどっているうちに、消費者の生の声はたち消える。

荷受会社の担当者を呼んで話を聞くにしても、カミシモを着た、かしこまった話か、おていさい話になりやすい。消費者の声がビンビン入ってこない。出荷組合は味をとやかくいわないでリンゴを売ってくれる。こんなことから、生産者は現状にアグラをかきやすくなる。それだけ消費者と生産者とのズレが大きくなり、生産者の立ち遅れが出やすい。

消費者の好みは急激に変わってきた。味に対する追求がきびしくなる一方だ。なんでも安ければとびつく時代ではない。つくりさえすれば売れた時代の出荷組織そのままではもはや通用しないとみる。

だが、中島さんは、共同出荷そのものを否定しているのではない。一人一人が、一つ一つのリンゴに責任がもてるようなつくり方・売り方を考え、その知恵を共同出荷組織に結集しなければ、リンゴの名誉回復がはかれない。消費拡大もはかれない。リンゴ経営の苦境から脱出できない。こう考えている。

中島さんは、個人でできるところから手をつけた。それが、通信販売であり、もぎ取り即売である。〝味が自慢の中島農園〟を看板に、消費者との直結をはかり、消費拡大にのり出した。

《品種の個性を〇》
《消費者へ直送＊》

■通信販売

中島さんがリンゴの通信販売を始めたのは

今から六年前である。当時、リンゴ価格の頭打ちがはっきり現われていた。中島さんの経営の主体はリンゴであり、リンゴの主力品種は紅玉だった。うまくもないリンゴをズルズルとダ性で売っているのだから、このままではじり貧になることを痛感。

ここで中島さんの打った手が通信販売。

〝うまいリンゴを送ります〟という趣旨のチラシを印刷して、会社関係の名簿を手に入れ、東京都内へ五〇〇通手紙を送った。その経費は、印刷代が五〇〇〇円、郵便代が五〇〇〇円、しめて一万円。ところが、〝送ってくれ〟という返事がたったの七通。期待していただけにガックリ。一箱で二〇〇円高く売ったとしても一四〇〇円、とても元がとれない。だが、別なもっと有効な方法が見つからないかぎり、やめるわけにはいかない。ともかくこの七人には、約束どおり、〝味〟を送り届けた。

この七箱がもとになって、三〇〇箱になり五〇〇箱になり、一〇〇〇箱になり、ついに昨年は一五〇〇〇箱に達した。消費者が口から口へとひろげてくれてこうなったという。

うまいリンゴをつくればかならず正当な価格で売れる。紅玉が三〇〇円ではとてもリンゴつくりをつづけられないが、同じ紅玉でも責任のもてるものをつくり、経営が成り立つ正当な価格をつけて売る。

味がよいものであれば、消費者に反発されることはない。とにかく味がよければ、有利に販売できる道がひらけるというもの。

とりたてのリンゴを夜のうちに箱づめして翌朝駅から発送する。東京なら二〜三日、大阪でも三〜四日で台所へ到着。作業がやっかいなようだが、消費者との直接の結びつきを考えると楽しみに変わるという。もちろん手選果だから、一つ一つの果実につくった人の意思をこめて選べる。

〝こんなうまいリンゴは生まれてはじめてだ〟なんていう返事をもらうと、たとえおせじと思っても、やはり励ましになる。

ときには苦情がもちこまれることがある。これも勉強になる。たとえば、完熟したスターキングを送ったところ、〝ボケていた〟という苦情が出た。そんなはずがないと思って調べてみると、スターキングを過熟にすると木に着いたままボケルことがわかった。また一箱のうち一つでもボケリンゴが入っていれば、全部ボケていたような返事がくることもある。なかなか手きびしい。苦情が出たときには、一五キロ一箱買ってくれた人にも、七キロ箱を無償で送るようにしている。

こんなこともあった。消費者本位に考え、紅玉を完熟させ蜜が入るのを待った。ところが、受け取った消費者からは、〝腐りそうな状態だった〟とか、〝凍ったリンゴのようだった〟とかの返事が返ってきた。今まで、蜜が入るほど完熟したリンゴを食べたことがなかった人たちの意見である。

■もぎ取り即売

中島さんは観光客相手の即売も始めた。直接木からもぎ取って食べてもらう。リンゴ狩りである。もぐだけでも喜ばれるが、同時にほんとうにうまいリンゴをたんのうしてもらう。食べる分はタダにして、うまかったら買ってもらおうというねらい。

多いときには一日に一〇〇〇人もの人がもぎ取りを楽しみ、その場で購入したり、箱で注文したりすることもある。また、一度きた人がその味を忘れられず、日曜日に東京や近県から自家用車でリンゴの買い出しにくることもある。これがもとで、神奈川県のある農協に注文をとってもらい、組合員に直接送って喜ばれているような取り引きも始まった。

こちらの売れ行きも年々増加の一途をたどり、自分の家のリンゴだけではまかないきれなくなった。そこで、まわりの仲間にも責任のもてる味のよいリンゴをつくってもらい、一緒に売っている。

　このもぎ取り即売でも消費傾向がつかめる。テレビの功績なのか、「これは○○品種だからうまいはずだ」と、品種を見分ける人が予想以上に多くなったという。ここでも〝うまい紅玉〟の声に耳を傾ける。

　中島さんは、あらゆる機会をとらえて、リンゴを宣伝する。一例をあげるとこうだ。数年前、テレビ女優のS嬢が、ロケで須坂地方へやってきた。農家を題材にしたものだったので、中島さんの家にも立ち寄った。この須坂ロケが縁で、地元の男性と結婚することになった。中島さんは結婚式に「むつ」を贈り、〝むつをたべてすえながくむつまじく、ご結婚おめでとう〟という祝電を添えた。テーブルの上の「むつ」をめぐって、しばし話題がにぎわったとか。

味をつくり出す　四つのポイント

売り方にも独創性があるが、つくり方にもそれがある。味中心のつくり方の骨子を紹介しよう。

収穫適期の問題——リンゴの収穫適期はあんがい短く、一週間～二週間。スターキングでいえば、十月五日から二〇日ごろまで。消費者に味のよいリンゴを届けようとすれば、ごく短期間に発送しなければならない。ところが、消費者はそんなことは知らない。いつでもうまいリンゴがあるように思っている人が多い。うまいリンゴを長く売るためには適期に収穫し冷蔵しておかなければならない。

　中島さんは、三年前、坪単価一〇万円で、一一坪の簡易冷蔵庫を建てた。バイチラーと呼ばれるもの。償還期間一〇年の資金を使ったから、返済は年一二万、電気料は年五万円。あわせて年二〇万円の出費。一回に一〇〇〇箱入るから、一回使うだけなら、一箱二〇〇円。二回転すれば、一箱一〇〇円。一箱五〇玉入りなら、一個二～四円の計算。この分を消費者に負担してもらえば、採算がとれる。

チッソ施肥の問題——中島さんは、九月から十月にかけて、チッソ成分で一一㌔の肥料をどかっとやってしまう。秋肥一本やりだ。だれに教わったのでもないが、結果がよいからそれを実行しているのだという。中島さんは、味のリンゴつくりは七月の花芽分化期から始まると考えている。七月に新梢の伸びが止まるようにしなければ、よい花芽ができない。そのためには、秋肥一本にしぼった方がぐあいがよい。中島さんが経験のなかから導き出したやり方である。

無袋栽培——台所へ直送する通信販売と、もぎ取りで味をみてから買ってもらう即売方式だから、味本位でいける。外観はあまり気にならない。当然、無袋栽培ということになる。ゴールはもちろんだが、むつまで無袋に切りかえていくことを考えている。

　中島さんのリンゴ栽培面積は一・七㌶。品種の内訳は、紅玉三〇％、国光二〇％、祝・旭の早生が一〇％、残り四〇％はスター、ゴール、むつ、ふじなど（成木が少ないが）。

　更新を急いでいるのが国光。ふじの個性の方が数段すぐれており、競争にならないからだ。東光、かがやきなど目下検討中。

　個性のすぐれた品種が多くなれば、それだけリンゴの消費量をふやすことにつながる。各品種の個性に応じて味をつくり、味を売り込んでいく方針である。

温州ミカンは開心自然形が主流だが、一本仕立あるいは主幹形で増収する技術も工夫されてきた

ミカンの一本仕立てで施肥方法も変える

50年打ちこんだ独創技術

編集部

ミカン一本仕立て法を取り入れている人たちの収量は驚くほど高い。品質もよい。しかも、年々収量を高めている。これはなんといっても独特な整枝方法がきめ手。

この一本仕立て法は、静岡県引佐郡引佐町金指の内山清太郎さん（七〇歳）が、五〇年の研究で実らせた農家技術である。

地下一五チセンを理想的にする

一本仕立ての地上部には、働きのよい一〜二年生の緑枝をだし、一枚一枚の葉に能力いっぱい働かせる。これが一本仕立てのねらい。

しかし、効率的な緑枝は、地上部の管理だけでできるものではない。地下部にも働きのよい細根をださなければならない。

つまり、地上部の働きに見合った根づくり、施肥管理が必要だということである。

内山さんのとらえている理想的な土壌条件を示そう。

地下一五〜二〇チセンくらいには、つねに空気が流通している。土壌水分も充分にある。必要な養分がととのっている。

そんな土壌状態を、具体的に、内山さんのお弟子さんの松田静夫さん（静岡県清水市庵原）の例でみると……。

①堆肥は入れていない。敷ワラをバラまくだけだ。②かん水施設もない。園地が、まったくの雑草地帯になる。

理想的な土壌条件とはいうものの、なんのことはない、特別のことをしないということだ。

なぜ、こんな土壌状態でいいのだろうか。十二月号、二月号をおもいだしていただきたい。一本仕立ての整枝方法では、地上部は、どんな姿になっていたか。

この整枝方法では、樹姿の下方に重点がかけられている。四方にのばした水平主枝からあがる収量の比率が圧倒的に多い。生育が年数がたつに従って、しだいに、一本の主幹へ、主枝が発生するしくみになっている。

ところで、ミカンは、枝根相関関係で、地

上部と地下部の結びつきは深い。

木の下方に枝を広げていると、地下部の方もそれと対応して、根の浅い部分がのび広がる。つまり、地下部の管理も、土壌表面に近い部分に重点がかけられることになる。

土壌のどれくらいの深さに根が張るかというと、地面から一五～二〇㌢くらいのところである。いわゆる耕土の部分だ。

だから、この部分さえ、土壌の状態を理想的にしておけばよい。発根がよければ、地上部も理想的な生育ができるということなのだ。

この整枝方法では、一〇㌃に植える本数は二八〇本ぐらい。一坪、約一本の割合だ。結局のところ一本仕立て法とは、約一坪の面積で、深さが一五～二〇㌢の土壌から、七㌧、八㌧のミカンをとる技術ということができる。

深さ二〇㌢くらいの土壌を理想的にするくらいなら、それほどの苦労はない。

毎年毎年堆肥を運びこまなくてもよい。

堆肥は、ときどき、土壌表面に敷きこむだけでよい。あとは、雑草が生えてきて、どんなにわるい土壌でも一～二年で団粒化してくれる。

また、地面は、水平主枝にいつもかくれていて、湿潤状態になっている。夏の乾燥期でも、夜ツユがおりて、土壌は適度な水分をもつ。夜ツユが、自然のかん水装置になっていてくれるので、かん水装置も必要なしということである。

しかし、これというのも、整枝方法が、下枝を重点にした枝のくばり方を行なっているからできること。

慣行の整枝方法なら、こんなことはできない。地上部をどんどん上にのばすのだから、地下部も下方へのびようとする。下方へのびる根を助けるために、深耕だの、堆肥多用だのといった、めんどうなことを行なうことになる。だが、いくら深耕し、堆肥を入れてみても、地表から下にいくほど空気の流通はわるくなる。地上部をのばせばのばすほど、下枝の光線の当たりがわるくなるのと同じで、根をのばすほど空気の流通がわるくなるので細根が発生しにくくなる。この影響は、たちまち地上部に現われてくる。隔年結果が、その典型である。

一本仕立て法は、こんな悪循環をキッパリ

一本仕立て法の葉の同化能力は高い

写真が一本仕立ての樹姿。光線がどの枝にも当たる独特の整枝方法である。

主幹を垂直に立てる。主幹の下方へ水平に四本の主枝をのばす。こうして、主幹、主枝ともに一～二年生の緑枝をたくさんだしていく。主幹の高さは六尺。水平主枝の長さが四・五尺。三角形の樹姿である。

光線がどこからでも充分当たるので、従来の逆三角形樹姿と比べると、一葉一葉の働きがちがう。葉の同化能力が高い。従来の整枝方法に比べると、炭水化物の生産量がざっと四倍はある（九大農学部での調査による）。

同化能力が高いだけに、充分に養分を吸収させれば、収量はきわめて多くなる。五～六年樹で四㌧はとれる。一〇年樹で六～七㌧の収量。隔年結果なしで、年々収量を高められる。

と断ち切ったのである。地下部は、理想的な環境のもとでは、のび広がるというよりも、細根を密生させてくる。細根の多いほど養分吸収がよいことはもちろん、地上部で生産された養分を蓄積する能力も高い。少しくらいのわるい天候でも、充分に耐える力をもっているわけだ。

施肥量は少ない

ところで、一〇アール当たり七トン、八トンもの収量を上げるので、さぞ、施肥量が多いだろうと考えがちだが、さにあらず。

年間の施用量は、チッソでわずか三〇キロ弱。リンサン二〇キロ強、カリ二〇キロ弱。いたって少ない。それというのも、施肥基準が合理的だからである。

根がよく張るのは、地下一五〜二〇センチのところ。ここへ、必要な量だけ施せばよい。つまり、従来のように地下深くまで根をのばす必要がない。施す量が少なくてよいわけだ。

しかし、少ない肥料を充分に効かせるには、それなりの基準がある。

施肥を行なう**第一の基準は**、肥料が、ムダにならない量である。

とくに、施しすぎのばあいには、土壌溶液の濃度が高くなって、根に障害を与える。その限度を、内山さんは、三・三平方メートルの面積で、深さが二〇センチ以内のばあいには、チッソで七キロ、リンサンで五キロ、カリ三・五キロだとしている。いわゆる「七落とし」である。

第二の基準は、使う肥料が速効性であること。なぜなら、土壌に施肥量の限界があるので、たとえば、生長が旺盛な時期とか、果実肥大期には、施用回数も多くしなければならない。

そのため、肥料には、つぎのようなものを使っている。

チッソ…硫安。リンサン…過石　カリ…硫加。このほか、消石灰を使う。

硫安のばあいは、肥効期間が四日で現われてくる。肥効が早くでるので、施しすぎるという心配がない。

これに対して、尿素の肥効は七日。

有機質肥料の油カスのようなものだと三〇日くらいの期間がかかる。すぐに肥効があらわれないと、ちょっとした天気のくずれがもとで、急に肥効がでてくる。根は吸収しきれず、肥焼けすることが多い。

第三の基準は、生育状況に見合った施肥量を決めることである。この点も、第一、第二の基準を守れば、失敗がない。施肥期間が短いのだから、施肥で自由に生育を調整することができるのである。

施肥の出発は一月から

つぎの表は、お弟子さん松田静夫さんが昨年行なった施肥方法である。この施肥設計は、内山さんがたてたもの。

まず気がつくことは、一回の施肥量が少ないこと。しかし、生育時期ごとにみたばあいには決して少なくはない。とくに、収穫期の施肥量は多い。一六キロも施している。これは、一樹当たり六〇キロからの収量をあげた園の施肥量である。収量が多いのだから、施肥量も多くなるのは、いってみれば当然のこと。施肥基準は、先にのべたとおりでも、年によって、あるいは、その施肥期によって、施肥量を変えるのが、この栽培方法の特徴点である。

冬肥が元肥となる

この施肥管理で、とくにポイントをおいて

いるのが、冬肥である。つまり、収穫が終わったあとの施肥だ。

一本仕立て法が多収になるのは、なんといっても、たくさんの春枝をだし、たくさんの花をつけることによる。ここで使われる養分は冬のうちに枝や根にたくわえられた貯蔵養分である。だから、本格的な生長期に入る前に施肥を行なわなければならない。つまり、

1本仕立ての施肥設計（10ａ当たり成分量）

	12月中～1月中 元肥①（冬肥）	2月下 元肥②	3月上 元肥③	5月上 元肥④	7月下 夏肥①	9月中 夏肥②	10月上 実肥①	11月上 実肥②	合計
チッソ	2kg	4kg	4kg	4kg	3kg	4kg	4kg	4kg	29kg
リンサン	2	4	4	3	2	3	2	2	23
カリ	2	4	4	2	1.5	2	1.5	2	19.5

肥料は，チッソには硫安，リンサンには過石，カリには硫加を使っている。速効性のものを使う。

一年の施肥の出発は、まだ、芽が動きださない真冬になる。

といっても、根は、地温一二度以下になると、ほとんど活動を停止してしまう。呼吸をとめてしまう。

その対策として、内山さんは、ビニールマルチを奨励している。これだと、地温が上がるし、地下一五～二〇センチくらいのところなら土壌水分も適度に保たれる。

施肥は、一月中旬をめどに肥料を施す。これが、根の蓄積養分をふやすし、春枝を多くだすキーポイントである。

内山さんの指導で、冬肥をやっている松田さんは、こういう。

「とにかく、春になっての緑化が早い。早くから同化作用が行なわれるので、ちょっとくらいの天気の不順で、花落ちすることはない」と。

真夏にも施す

九月は主芽の分化期である。同時に、果実の肥大盛期に入るときでもある。肥料の吸収は当然盛んになる。したがって内山さんは、真夏でも施肥を行なうようにすすめている。

こんなときでも、硫安を施せば、分解比率が高いため、容易に分解する。夜ツユに当たって、二日くらいで分解し、吸収されはじめる。

硫安を施す前に、土壌表面を三～五センチくらい軽く耕しておけば、土壌水分の蒸散も防ぎきれる。決して、かん水をやる必要はない。これが、内山さんの考え方。

また、もしこのときにかん水をすると、樹はどんどん根をのばすだろう。しかしかん水をおこたったときが大変だ。耕土は浅いのだから、必要以上にのびた根は、かんたんに干害を受ける。その結果、せっかく分化する主芽が落ちてしまうのだ。

× ×

十二月号から紹介してきた「ミカンの一本仕立て法」は、決してむずかしい技術ではない。しかし、従来のミカンづくりをしてきた人たちにとっては、ちょっと異質な感じがしたのではないだろうか。ともあれ、たいした手もかからないこの技術には魅力を感じたことと思う。次号からは、この技術を開拓された内山清太郎さんに、連載で、ミカンづくりの原理を執筆していただくことになった。

養豚農家がつくった豚肉消費組合。肉を腹いっぱい食べて、飼育技術の改善にも役立てる

自分でつくった豚肉を食べる人たち

編集部

母豚飼育農家が集まって「豚肉消費組合」をこしらえた。売れば買いたたかれる繁殖不能の廃用母豚を自分たちで食べよう、肉をつくる者が肉を食べないというのは不自然なことだ、と場まで行って繁殖不能の原因をつきとめよう——これが彼らのねらいであった。

発足して四年余りを経過した。発足当初一五人ばかりだった会員は現在二八〇余人とふくれあがった。一カ月に二回の定期的な販売日も軌道にのった。豚肉を腹いっぱい食べる農家もふえている。

これは新潟県三条市、見附市、栃尾市、長岡市、南蒲原郡を基盤として発展する農家がこしらえた「中越ミートバンク」の報告である。

母豚飼育農家が発起人——♣

廃用母豚は自分たちで食べよう

中越ミートバンクは母豚農家が発起人となってこしらえた豚肉消費組合である。組合設立の目的をみても農家の強みをいかんなく発揮しているのがわかる。

①養豚農家に安い豚肉を供給
②繁殖不能豚の買いたたかれ防止
③不受胎豚の解体による原因追究
④枝肉解体による肉質の研究

ごらんいただいたとおりである。生産と直結した消費組合ということができる。

昭和三八年ごろだっただろうか。発起人のある人がアメリカの養豚を見学してきた人から「アメリカの養豚家にくらべたら、日本の養豚家はまったく豚肉を食べていない。自分で生産したものを自分で食べないのはおかしい」というようなことを聞いたのがこの組合設立のきっかけとなった。

そのころ、廃用母豚を売ると二足三文で買いたたかれる、いっそのこと自分たちで食べたほうが得だという話がもちあがっていたときだけに、彼の言葉はひびいた。

〝廃用母豚は自分たちで食べよう〟ということになったわけである。そして、繁殖不能豚にはと場までついてゆき、その原因をつきとめようとなったしだい。

こうして寄り集まったのが一五人ほど。長岡市の枝肉センターでと殺して自分たちだけで食べることになった。ところが、一頭つぶしても一五人では食べきれないほどの肉がとれる。仲間以外で食べてくれる人も募集したくらいである。

豚肉をたくさんの人に食べてもらおう

そんなことから、食べてもらう人を多くするために正式な組織をつくることが必要になった。なぜなら豚肉の売買は食品衛生法できびしく規制されている。したがって、その法にもとづいた手続きをとり、必要な設備をそなえなければならないからである。そればかでない。自分でつくった肉を自分も食べる人たちをふやすためにだ。

食べる人を多くするといっても主流は養豚農家とした。あくまでも「自分でこしらえたものを、自分たちで食べる」ことがこの組合のねらい。もうけは組織運営に必要な資金にとどめよう。安い肉を腹いっぱい食べるための組合にしようと話がまとまった。

保健所の許可がおりたのは四〇年。ここまでくるのに予期せぬ障害にぶちあたった。豚肉の消費組合をつくるとなると地元の小売商がだまっていない。お客をとられるからである。それだけならまだよかった。この小売商で組織している協会から認められなければ保健所では肉の売買を許可してくれないしくみになっていたからだ。

しかし、われわれの豚肉消費組合は廃用母豚の買いたたき防止から出発したもの。しかも購買者は母豚を飼育している農家である。誰にでも売るという組織ではない。〝組織の目的に賛同した人たちを会員とし、会員外の利用はいっさい認めない〟ことを建前としている。

ここを強調して小売商の人たちの説得にまわった。そうして、どうにか認められたのは組合結成に動きだして一年たった昭和四〇年四月のことである。「消費生活協同組合法に準拠した、営利を目的としない任意組織」が成立したのである。

どんどんふえた仲間たち

昭和四〇年に一五人の発起人を加えて会員数は約五〇人であった。会員になるには入会金一〇〇〇円をそえて入会届を提出する。この制度は現在もまったく同じである。

初年度の入会者には（ツツジの一種で観賞用植物）アザレアの鉢を記念品としてくばるなどたいへんな熱の入れようであった。

もちろんすべてうまくいったのではない。たとえばこうだ。販売日を一カ月二回とした。一日と一五日である。この日は豚肉の解体、包装、配達が行なわれる。

ところが、豚になれていても豚肉についてはずぶのしろうとばかりである。販売量の見積が多すぎて肉をかかえこんだりもした。そして、大量に買ってくれそうな会員をまわるなど今考えるとなつかしい失敗もある。また中古の冷蔵庫を買ったのはよかったが性能が悪く、肉をくさらせたこともあった。

失敗も多かったが、それはむだではなかった。会員数の増加がそれを裏づけている。発足してから五年目にあたる四四年度には二八〇余人もの会員をもつ組合に発展している。

運営もすべて自分たちで——♣

豚肉を買うのが農家なら売るほうも農家である。しかし、直売所はない。雇い人もいない。解体も自分たちでやる。借家に冷蔵庫など保健所が指定する施設をもっているだけの組合である。

そこで、かんたんに組織についてふれる。役員の数は次のとおりだ。頭取一人、副頭取四人、常務三人（本部長、事務局長担当一人技術、格付担当一人）、監査役四人。それに支部長。

支部長は各支部会員による選出。そのほかの役員は総会で選出される。

日常的な運営は常務と支部長が中心になっている。そこらをくわしくみていこう。

自分たちで枝肉の解体もやる

枝肉の解体は年季のいる仕事である。まず最初にこの技術を身につけるのがたいせつである。幸いなことに発起人のなかに二年ばかり肉屋へ稼ぎにいっていた人がいた。この人を中心に数人で解体にあたってきた。

また、こんなこともあった。商人が中心となってはじめた豚肉消費組合が近くにでき、組織づくりを勉強にやってきた。解体技術を向上させるチャンスである。組織づくりについて教えるから、解体技術を教えてもらいたいと申し入れ、頭取を除いた役員全員で一日のうち半日交替で交換会をやってのけたこともある。

今では解体をこなす人は四〜五人いる。この人たちが交替であたっている。平月なら一〜二人で充分まにあう。

たとえば、一カ月に四〜五頭のと殺解体だ。一回で二〜三頭といったところ。このくらいなら二人で解体・包装をやってのける。

各地区にいる支部長をとおして、注文をとり、解体した肉をかたまりで最低単位五〇〇グラムずつ包装するのである。

各農家へは支部長を通して配達される。参考までに肉の規格をみると特上肉、上肉、並肉となっている。

特上肉、上肉は肉豚からつくっている。廃用母豚は並肉がほとんどである。年をとったばあさん豚はかたいのでほとんどヒキ肉にして売ることにしている。自分たちで食べるのだから細工をしてまでもうける必要はない。正真正銘の特上肉であり、上肉である。

しかも価格は一キロ当たり市価の一〇〇円以上安くなる。たとえば九月の例をみると特上肉九〇〇円、上肉八〇〇円、並肉七〇〇円、ヒキ肉六〇〇円といったぐあい。価格の決定は支部長も加えて会員の意見を反映させるようにしている。

だから最近では一戸平均にすると一カ月に約二キロの豚肉を食べている。

十二月ともなると一カ月で一トン（二〇頭分）ぐらいの肉を取り扱う。この月ばかりは二五日ごろまでにハガキで予約を受けて、二五日から二九日ごろまで解体にとりかかる。解体する人には肉豚のばあい一頭二〇〇〇円、廃用豚は大きいので三〇〇〇円支払っている。

肉質、内臓の研究をやる

常務のなかに格付員がいる。この人の仕事は市場の格付員とちがって価格をきめるだけでなく、出荷者と肉質のよしあしを話しあう責任がある。

子豚生産が主流のせいもあって、枝肉を見たこともない養豚農家が多い。そんなこともあって、解体するときには母豚を出荷した人でも立会うことにしている。肉を知るためである。そこで価格交渉はもちろんのこと、飼い方を話しあうのだ。

今まで豚の肋骨すらみたこともない人がいたほどである。まして脂肪がどうつくか、脂肪の色がエサによってどう変わるかわかるはずがない。だから解体場はそのときばかり枝肉の検討会場に変わってしまう。

枝肉センターのと場にも出荷者はついていく。とくに繁殖不能で廃用にした母豚では欠かせない。内臓をみながら欠陥を調べる。飼い方が悪かったのか豚が悪いのか。

なお、運送費は長岡市枝肉センターまでが一頭当たり一五〇〇円（出荷者が支払う）、枝肉センターから解体場までが一頭一〇〇〇円、二頭目からは五〇〇円（組合が支払う）。

豚肉を腹いっぱい食べる——♣

中越ミートバンクは豚肉を腹いっぱい食べるためにつくられた。豚肉の配分だけが事業ではない。なるべくたくさんの会員が豚肉をすすんで食べるように力をそそいでいる。

好評だったヒキ肉料理の講習会

二八〇余人の会員のうち農家が二五〇人。あとの三〇人ばかりは周辺の一般家庭だ。したがって、どちらかといえば今まで豚肉の料理は切って煮て食べるくらいのことしか知らない人が多い。もちろんヒキ肉の食べ方などはおよそわからない。それが証拠にヒキ肉の売れゆきはかんばしくない。

ところが、中越ミートバンクでは廃用母豚を食べようということで発足している。だからどうしてもヒキ肉が多くなる。ヒキ肉を食べてもらわなければならない。

そこで思いたったのが〝ヒキ肉ばかりの講習会〟である。学校の調理室を借りていろいろなヒキ肉料理の講習を行なってみた。

肉、野菜などの材料費から会場費までいっさい組合負担である。一五〇人ばかり参加者があった。

この講習会が終ってからしばらくは、ヒキ肉が飛ぶように売れたそうである。しかし、食べるのならいい肉を食べたくなるのが自然なのかも知れない。講習会が終って三カ月ばかりはヒキ肉も売れるが、その後はふるわないのである。上肉、特上肉の売れゆきに負けてしまう。いたしかたのないことである。

そんなことで、廃用母豚だけでなく、肉豚も扱うことにしているのである。さばき切れない廃用母豚は枝肉で業者に売る。

これがまた、よく売れる。個人で業者に売るよりも高くなるのだ。まとめる力があるので業者も日ごろからたよりにしているので買いたたけないわけである。したがって、肉があまっていても会員の廃用母豚は組合を通して売っている。

肉を腹いっぱい食べる総会

一年に一回の総会は会費のもちよりで肉を腹いっぱい食べる会でもある。収支報告などが終ったあと豚肉料理をかこんで会員の交流会を開くのだ。

こうした取り組みのなかで豚肉を食べる農家はふえてきた。もちろん安く手に入る条件があったからである。そこが土台であることはいうまでもない。

なお、組合運営の中心になっている常務は倉茂弘恵、渡辺伴英、信賀忠春の三氏である。

「乳牛たちのなげかける暗示と訴えを正しく読みとる力を養わねばならない」と訴え続けた酪農家の経営と技術

乳牛にスタミナ（体力）をつける技術

スタミナのある金子さんの乳牛

金子さんは千葉県佐倉の開拓地で十五年間酪農一本に打込んできた。その十五年間の積みあげを、ここで一気に吐き出してもらう。実際に酪農一本で食ってきた人のものだから。内容はすべて酪農で最大の利益をあげるところから出発している。金子さんの牛飼いは連産で、牛の寿命が長くて、乳量が多い、それでいて手間も金もそうはかけない。編集部では、これこそ牛飼いの真ずいだと信じ、四回にわたって連載する。

1. 乳牛にスタミナをつける技術　2. 飼養標準は標準にあらず
3. 飼料作と牛の管理技術　4. 酪農経営のくみたて方

酪農本命の経営と技術①

千葉県佐倉市　金子　茂

一般的には、①連産、②長寿、③能力一ぱいの乳量、この三つの条件がそろっていないと酪農経営は成功しない。私はこの三つの条件をささえる技術、これが、本物の酪農の多収穫技術だと思っている。この技術をもとに立地条件に合せて、経営の仕組みを考えてい

☆**金子さんの経営**　戦後入植し、現在は耕地三・五㌶。乳牛は成牛一三頭、若牛七頭、子牛七頭、働き手は奥さんと二人

まず体力づくり

イナ作やムギ作の多収穫技術は、反収何石とるかを追求していけばいい。しかし酪農では、年間一頭の搾乳量三〇石ということで評価することはできない。次の年は繁殖障害で一年休んでしまうかもしれないからだ。ここに酪農技術のむずかしさがある。中には連産などは考えずに、一腹搾りで勝負するやり方もあるが、これも都市近郊の乳価の高い地域でなり立つもので特殊なやり方だ。

る。

三つの条件。これは酪農をやる者にとっては、あたり前のことのようだが、しかし実際にはたいへんむずかしいことだ。というのも三つの条件を充す、体系的な技術がなかなかつかめないからだ。

一般的にみて、基礎飼料確保のむずかしい現状の酪農では、連産、長寿ということと、能力いっぱいの乳量を出すということは矛盾している。このことは、酪農をやったことのある人なら誰でも経験することである。私も酪農をはじめた頃は成牛全部を繁殖障害にしたこともある。私はこのにがい経験から、連産、長寿、能力一ぱいの乳量、この三つの条件を充す技術を身につけることができるようになった。

三つの条件を充す技術とはいったい何か。一口でいえば、牛の体力をつくることだ。そのネライどころは、牛の健康を、一日の習性、年間の起伏の点から、とらえていくことだ。そして健康な牛をつくるためには、質のいい粗飼料（質のいい牧草は栄養価が高く、牛の体をつくる基礎であるので以下、基礎飼料とよぶ）を充分に与えることが前提条件である。

これが私の酪農についての基本となる考え方である。

落し穴にご注意

こうして私の牛群では成牛の場合では、一受胎当り授精回数一・一回、七〜八産はざらで現在までに一〇産以上とっている牛も数頭を下らない。乳量は全体の平均で三〇石、いままで一番出した牛で四六石である。

それでは、連産、長寿、能力一ぱいの乳量を出させる技術について具体的にふれることにする。

正常な健康を維持して、能力一ぱいの仕事をする場合どんな食物をとり、どんな環境においたらよいか、この点は理屈からいうとそうむずかしいことではない。

例えば、人間の場合を考えてみても、充分な栄養をとって、熟睡し、無理をしなければ仕事の方も能率が上る。ところが、こんなうまい具合に長い間保つことは不可能だ。たまには飲み過ぎて二日酔になることもあるし、夜遅くまで仕事をしなければならないこともある。その上、暑さによる夏バテもあり、お金の都合でうまい物が食えないこともある。こうした起伏のあることを予想して、ふだんに体力をつけておく。人間はこういったことを意識的にやっている。そうでない人はいったん落ちた体力を回復し切れずにガックリと来てしまう。

つまり平均線だけを考えていては本当の意味での健康は維持できない。起伏のあることを前提に、蓄積の段階、消耗の段階をうまくコントロールしていく、これが本当の健康法というものである。

乳牛の場合も全く同じことがいえる。

乳牛の場合はこんな例が多い。体を維持する維持飼料、乳のための生産飼料は一応計算ではじき出すことができる。しかしそれだけでは正常な健康を保つだけで、悪い環境条件に出会ったときにはひとたまりもない。こんな状態で体力がおとろえたらこれを回復させるにはたいへんな努力がいる。こんなとき体力としての蓄積があれば、悪い環境条件がきても乗り切ってしまう。

牛も人間と同じ生物だ。機械的な計算だけでは本物の健康維持はできなくなる。現在私はこれらの点に注意して成功している。それを図式化してみよう。

次ページの図をごらんください。点線を正常な健康型と考えると、あたりまえの飼育技

第一図　牛の健康

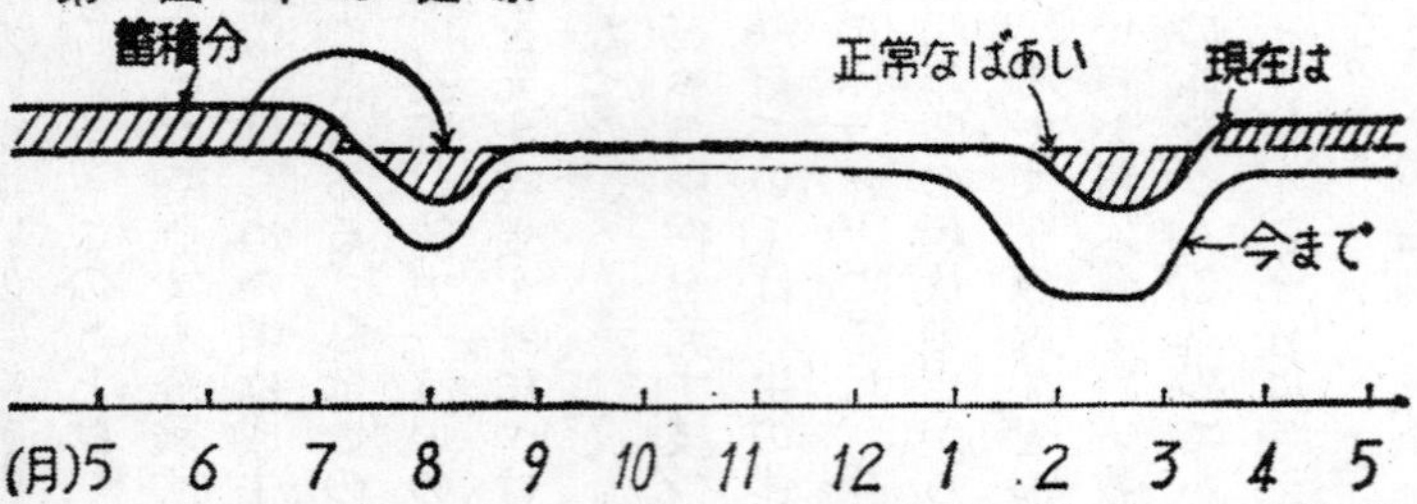

術でやっていると、黒線のようになってしまう。その経過をみてみよう。四～七月頃までは一応基礎飼料も確保できて、正常線をたどっていたものが、夏の暑さで牛の体は消耗がはげしく、八月頃に第一の落し穴にぶつかる。このとき、体力維持が極限に来たものはさらにガックリと落ちる。そして秋口に入り体力が回復し切れないうちに冬場に入る。ここでは良質の基礎飼料確保がむずかしいので体力は正常線よりも下回る。それでもまあまあ何とか維持できたとしても、それも長くは続かない。二～三月頃に第二の落し穴にぶつかる。ここではさらに大きく落ち込んでしまう。そしてよい基礎飼料が出廻る頃になっても傷めつけられた体力は簡単には平常線に回復することはできない。こんなとき、濃厚飼料で一応見かけの肉づきをよくしても、体の内部では、栄養のバランスを失っている。その影響は最も敏感な繁殖機能に障害となってあらわれるわけだ。私もはじめのうちは二つのこの落し穴にかからないようにとその時期のエサの管理にいろいろ工夫してみたが、結局うまくいかない。そこで考えたのが、前もって体力をつけておいてその惰性で乗り切る方式だ。それが太い線で示したものだ。まず四・五・六・七の四ヵ月間に正常線よりも上回るスタミナをつけておいて、八月の落し穴を蓄積分で乗り切り、冬場は正常線でもっていく。そうすれば春先きの大穴は軽くてすむわけだ。できれば冬場も蓄積したいのだが、現在のところ経営的に無理なので、正常線にもっていくことを最低線と考えて実行している。それとは別に落し穴の時期にとくにエサに工夫をこらしていることは、もちろんである。

一日60キロの基礎飼料

こうしてみると、維持飼料つまり体力を維持するということだけではすまされなくなってくる。もっと積極的に体力を蓄積するエサ管理が必要になってくる。

それについてはこんなふうに考えている。

(1) 栄養のバランスは、従来考えられているTDN(可消化養分総量)、DCP(可消化粗タンパク質)の割合を体力の蓄積という方向にもっていくこと。

(2) 良質な基礎飼料を、一日六〇キロ給与する。この場合、良質という点をもっと深く考える。

以上二つの柱があるが、まず第一の栄養のバランスの点からいこう。

一般に維持飼料は○対△。生産飼料は○対△の比率で計算されているが、これをTDN二割増しの比率にもっていく。この二割増のTDN分が、常に体力蓄積の分にまわっている。こうすれば牛はまず第一に体力ができ、その上で牛のもっている能力いっぱいの乳量を出してくれる。こうして出した乳量は牛にしてみれば少しの無理もない状態だ。そして出た乳量に合せて生産飼料の給与をやれば、スムースに再生産の態勢ができ上がる。

ところが、維持飼料を固定的に考えると、悪循環の態勢に編成されてしまう。それはこんな具合だ。

維持ということは、現状のままの体を維持するということでそれだけでは余力がない。

その牛が最も良い状態のときスタートすればまぁ何とか持つとしても、そんな牛は、少ない。こんなとき、維持、生産それぞれの栄養のバランスを従来通り機械的に計算して与えた場合どうなるだろうか。

もし、体力が七割なら乳量も能力一ぱいに対して七割しか出さない。こうした状態が維持されていくだけだ。この状態でかりに一斗出したとしよう。そのとき飼い主はもうちよつと乳を出してほしいと期待する。そしてこの期待を実現するために、一斗一升分の生産飼料をやることになる。牛の方ではそんなこととは知らずに食べてしまい、一斗一升の乳を出す。この一升分は牛の体にとって消耗の方向に働くことになる。ところが飼い主は一斗一升出たので、さらに一斗二升をと思うだろう。

こうなつたら完全に悪循環態勢だ。その結果はいうまでもない。

ここではつきりさせたいのは、その牛のもつ能力一ぱいの乳量を出そうとするなら、飼い主が乳を出そうとするのではなく、牛に出させることだ。**飼い主──→乳量**ではなくて**飼い主──→牛の体力──→乳量**ということにしたい。

さて、第二の問題は良質な基礎飼料についてだが、ここでも同じようなことがいえる。

乳牛に良質の基礎飼料を与えることは常識のようになつている。ところがこの良質という点をまちがつてとらえていたために、少ない面積で生産され、貴重な基礎飼料が充分生かされていなかつた。私は長い間これに気づかず、ずい分失敗を重ねたものだ。私もはじめの頃はこんなふうに考えていた。

良質な基礎飼料の確保のために、まず第一に考えることは、年間平均してどう確保するかである。そこで、いろいろ輪作体系を考える。狭い面積の悲しさで、高度利用ということになると、作物の種類は一〇種以上にもなる。マメ科のもの、禾本科のものとうまく編成したようでも、時期別にみると、かたよりのでるのはやむを得ない。いずれにしても体重の一割は必要なので、栄養のバランスのことは第二義的になる。

次に出てくるのは面積当りの総養分量だ。ガサだけでなく、養分のことまで考えるのはあたり前のことだが、ここに大きな落し穴がある。それはこの養分量を金に換算することだ。養分量を金に換算すると、どうしてもDCPの多いものの方が金額は多くなる。そこでどうせ作るならDCPの高いマメ科の牧草を作つてエサの自給を高めようとする。

こういうおさえ方は経営的にみてよさそうだが、よく考えてみるとこれも飼い主が勝手に決めていることで、牛の側に立つた考え方ではない。良質な基礎飼料といえば、すぐにクローバー類などが頭に浮ぶのは、青々したやわらかい感じがして牛がよろこぶだろうということもあるが、それよりも少しでもエサ代を安く上げようとする計算が基礎になつているのではないだろうか。

こうして生産される基礎飼料は、DCPの高いマメ科のものが多くなるし、一方では、かたよつた単調なもの（クローバーのできるときはクローバーだけ、テオシントのできるときはテオシントだけ）になつてしまう。

これを牛の方の側からみるとどうか。どうしてもDCPが多くなりがちで、体力の蓄積よりも、しらずしらずのうちに、乳量を多くする（無理をして）方向にいつてしまう。

事実こんな例がある。牛は本能的に体をつくろうとしている。そのために同じ牧草でも禾本科のものを好む。春先、クローバー類、良質の禾本科牧草を別々にやると、先に禾本料牧草の方を食べる。牛の希望をまとも受け入れようとするならば、まず禾本科牧草、つまりTDNの高い良質のものを与えるべきであろう。

　それに牛にとつては、片寄つた単調なものが時期的に変化するためにたいへん効率が悪い。人間だつてそうだ。いままで、粗食でいたところに急に栄養のいいものを食べさせられても体力の方がそれを消化吸収してくれない。少しずつでもよいから一定の種類のものを長期にわたつて食べた方がよいのと同じことである。

いい基礎飼料の条件

　もう一つ飼料で考えなければならないのは良質ということの意味だ。

　極端な話しが「牛はハンスウ動物で繊維質のものがある程度必要だというならば、この分をワラや野草でやつてあとの栄養の不足物は濃厚飼料でやつたらいいだろう。ミネラルが必要というなら、ミネラル剤をやつたらいい」こんな意見もある。全く反論の余地もないが、私はそれにプラスアルファーをつけたい。このアルファーを科学的に説明することはできないが、これには貴重な失敗の歴史があつた。

　私は牛をはじめて五～六年たつた昭和二六年に搾乳牛全部の六頭を繁殖障害にかけた。一ヵ月の注射代が一ヵ月の乳代でまかないきれないほどのひどいものだつた。

　この原因は牛の体が酸性になつたことである。そして、この大元は畑の土が酸性で、この畑でつくられる酸性の強い飼料に問題のあることがはつきりした。この経験は貴重なもので、現在私の技術に対する自信の根拠になつている。

　この頃の私の考え方は、化学肥料をいつぱい入れて収量の多い飼料をうんと確保することに目標があつたのだ。そこで、デントコーン、エンバク、ライムギなどの収量の多い飼料だけをつくつていた。いわば多肥多労のエサ作りの時代でもあつた。ところがついにくるものがきた。やせた畑で生長した基礎飼料は牛の健康を保つだけの栄養のバランスに欠けていたわけである。それほど基礎資料の質というものが重要なのである。

　私はこの失敗の経験から、牛の体を維持するために欠くことのできないものが何であるか、身にしみてわかつたのである。

　こうした経験の中から現在とり得る最良の方法として、次のような基礎飼料生産をしている。基礎飼料生産の考え方を軸に話を進めよう。

　まず、最も条件の悪い冬場の基礎飼料確保からはじめなければならない。

　最初にエンシレージ用のテオシント・デントコーンの作付計画を立てる。エンシレージは過食させるといけないので日量で一五～一八キロの安全点でとどめる。家畜カブはここでは適しているので冬場の飼料の中心にしている。家畜カブは日量四五キロ。

　さて、次に夏場の組合せであるが、結論からいえばこういうことになる。

　牧草は四・五・六・七月の四ヵ月間は日量六〇キロ、牧草夏ガレ期の八月はサイレージ用を除いたテオシント、デントコーン三〇キロ位と家畜ビート三〇キロ位、九・一〇月は牧草とサツマのツルとで約六〇キロ与えている。

　作付は、牧草を九月下旬～一〇月上旬にまき、次の年とその次の年の二年間刈取つて八月中旬に耕起してすぐ家畜カブをまく。カブは次の年の三月まで。この後デントコーンとテオシントをまく。続いて、牧草へ移つていく。耕地は三・五ヘクタールで一区画は二五アールにしている。

このように、作付の主体はラジノ、レッドクローバー、オーチャード、イタリアンライグラスの四種混播の牧草である。私はこの四種混播の牧草は栄養の面からも生産の面からも最も理想的なもので、これに変るものはいまのところ他にないと思う。これを日量六〇キロやれば、必要な乾物量、ミネラルそれにアルファー部分が加わつて私の考え通り順調に育つてくれる。

この理想的な牧草はできるだけ長い期間やりたい。できれば年間通してやりたい。

しかし、それは無理だ。

夏場についていえば、八月が穴になるのでその分は四～七月の四ヵ月の蓄積で乗り切つていることになる。耕地が充分あれば、余りの分を乾草にして、これを八月の穴や冬場にやることができればもつといいのだが、いずれそうしたいと考えている。

冬場の不足分は荒地でできた野乾草をつくつているが、これもきわめて大切な基礎飼料となる。

ここで、もう一度強調したい。四種混播による栄養価のバランスのとれた牧草を長期にやる、ここにポイントがある。ここで体力をつけるわけだからエサがいろいろ変るようではロスが多く、蓄積はできない。

そして蓄積のもとは良質のTDNによる高いカロリーの補給と体調を活発にさせるミネラルプラスアルファーである。

したがつて、牧草といえばDCPという考え方を改めて、良質なTDNを基礎飼料の形で与えて、牛の体力を第一に考えることだ。

さて、それにしても八月と春先の落し穴は大きい。この時期は蓄積分で乗り切る一方、金をおしまずにかけることだ。八月にはテオシントとデントコーンを中心に家畜ビートをやつている。また春先はビール粕をやることにしている。こうして落ち方を少しでもささえてやることが回復力を増すことになり、このときの金はそれ以上になつて返つてくる。

春先、ふだんは食べないワラビやヒバの葉を食べることがあるが、これなどは栄養のバランスが悪いためだ。昔は運動場のまわりにあつたヒバの木は春先に大部分食べられてしまつたものだが、いまは健全に育つている。牛が理想的な体調でいつている証拠だ。

牛のいごこちよい動かし方

一年のスタミナを考えると同時に一日のスタミナを考えなければいけない。それには小頭数の場合はそれぞれの牛の個性、多頭の場合は群としての個性なり、牛の生活ルールをつかむことだ。

牛の個性に逆らうことは、ストレスを起こす元だし、飼育の面でも能率があがらない。

例をあげてみよう。

朝おきて濃厚飼料を与える。この飼料はミルカーをおとなしくかけさすための役割をもつので牛の食べる速さと搾乳の時間をつかむことだ。搾乳がすんだ牛から尻をあらう。飼料を多く与えて長時間食べさせておくと牛は横になるのでこの点でも飼料は少なくし、すぐ運動場へ出す。このときも運動場に基礎飼料をおいてやるので、牛はさつさと牛舎を出ていく。牛が出てから牛舎の掃除。

昼は、畑からもつてきた基礎飼料をやるだけ。飼料を与える場所と給水場はできるだけ離しておくと、必要にせまられて運動をすることになる。夕方は、まず濃厚飼料を牛舎で与える。牛は濃厚飼料にさつさとやつてくる。ついで搾乳し、すめば乾草など夜に時間かけてゆつくりハンスウできる飼料をやる。

牛のいごこちのよい最上の状態におくことと人間の都合だけに合せたやり方でなく、牛の習性にあわせた管理が、ポイントだ。

この年から、取材先の農家の思いを届ける「現代の発言」コーナーを設置。その一回目

現代の発言

大関 柏戸のお兄さん

富樫《とがし》 勝《まさる》さん

きのうは、女房と子供をつれて五人組の仲間（農研）とハイキングにいってきたよ。キノコ汁で一パイ、わるくなかったな。

問 ずいぶん女房おもいですね。

んだ。これからの百姓は、男がワンマンではだめだよ。女房を大事にしなくてはね。オラは、週に一回はかならず、女房を映画やハイキングにつれていくんだ。

オラんとこの労力はオラと女房と定時制高校にいっている弟――こいつは半人分だから二人半。だから「しよっ中休んでいて、

よくやっていかれるね」とき かれるんだ。んでも、草とりは、三人かかっても、一日で一反がせいぜいだ。除草剤まけば一〇分で終るよ。手間賃を、一人三〇〇円はらうとこが、薬代一〇〇円でまにあうな。オレはなまけ百姓だが、本当のイミで、「草をみずして、草をとる」百姓じやないかな。

ほかの仕事も、ぜんぶ機械でやっちまうんだ。オラんとこは、七・五馬力の耕耘機、一・五馬力のミスト機、手押しのイネ刈り機、けん引車、全自動脱穀機とひと通りはそろえたよ。機械は百姓の生命だからな。耕耘機の車庫も建てたよ。蔵と馬小屋のかわりだ。

時間が浮いてしようがないから水田酪農をやってるんだ。

問 労力が二人半で、よく水田酪農がやれますね。

いまのままでも、五頭までは飼えるね。

裏作にエサを作ってな――こうすれば農機具も年中使えるし、機械にタダもっていかれることもねェしな。イネは三、四回にずらしてまくから春はこっちの田で田植えをしてるとき、そっちの田では乳牛が草を食ってるよ。放牧して草を食わせて、草を刈って田を起して、田植えをするんだ。秋はイネ上げして牧草をまいてな。それでも、ほかの人がイネを刈ってるとき、オレは遊んでるよ。

問 なにか、共同で研究でも。

オラだちのとこは、やっぱり米づくりだからな。米の質をよくして、うんととる以外にないと思って、五人で試験田をつくったんだ。

市販の化成肥料は、この土地に合うかどうかぜんぶ特性調査をやった。肥料商や農協が聞きにくるよ。ＰＣＰは田植えまえがいいといわれてるが、ここでは田植後一週間がいいとわかったな。

問 弟さんが大関が柏戸だそうですね。

「弟さんが大関になったので大分楽になったろう」とか「どれくらい仕送りがあるか」とかどいつもこいつもいいやがるので腹が立ってしようがないんだ。オレはぶつうの弟だと思ってるんだ。弟は弟だし、オレはオレだよ。弟が大関なら、オレだってとは思うげっとな。しかしね、長い眼でみたら、ヤロよりオレの方が幸せかも知らん。んだからいずれは、財産を分けて家を建ててやろうと思っているんだ。

富樫勝さん（25才）は山形県東田川郡櫛引村
水田2町，畑1反，リンゴ2反，裏作（飼料）1.3反，乳牛搾乳2，育成1，種豚1，鶏30羽。農業をはじめて5年目の経営主。本誌愛読者。

Part
Ⅲ

暮らしから農業を見直す① むら・経営・家族

昭和四〇年代後半〜昭和六四年（1970年〜1980年代）

昭和47年（1972年）に稲作の減反政策が始まり、一方、野菜産地では土の悪化、連作障害が深刻になり、農薬中毒による農家の健康破壊など、経営面でも身体面でも農業近代化の矛盾がだれの目にも明らかになっていった。これに対し、『現代農業』は、主張欄を設けて近代化批判を開始する。

この農業近代化批判のなかで拠りどころになったのは、農家が農家であるかぎりもっている「自給」の側面であった。堆肥などの農業資材から、ドブロクなど暮らしの面まで、本誌では自給のとりもどしを訴えた。かあちゃんたちは、子どもや家族の健康を守り、農家ならではの豊かな暮らしを求めて自給運動をくりひろげ、それが、産直や直売所など「地産地消」の大きな流れへとつながっていった。

青年会や婦人部も復活。高度成長期にバラバラになったむらを活気づける、夫婦参加の「おしどり会」

大いに働き大いに遊ぶ

おれたちの農村計画

立花利通

「大いに働き、大いに遊ぼう」これは私が仲間たちに機会あるごとに主張しつづけていることばです。

農民である以上、第一に食糧を生産する権利と義務とがあります。農民だれもがよりよいものをたくさんつくりたいと考えますが、この点では私も変わりありません。

もう一つは、農民であっても余暇を楽しむ権利があるということです。農業はひまがないものとあきらめてはいけないと思う。自らの手でひまをつくりださなければならないと考えています。

人間、世の中を渡るかたちとして、つぎの四つに大別することができると思います。

一、「ただ働き通しの人」……これでは息がつまります。第一、からだが持ちません。

二、「遊んでばかりいる人」……働くことに生きがいを感じないあわれな人間。それでは生計が持ちません。

三、「働いたにもつかず、遊んだにもつかない人」……このかたちがいちばん多いようです。すべてが中途半ぱでものごとにけじめのない人。

四、「大いに働き、大いに遊ぶ人」……このかたちの人はいちばん少ないかもしれませんが、人生のなかで最も生きがいのある歩み方だと私は思います。しかも健全な生産計画、生活設計を立てるためにも、この歩み方でなければとうていできないことだと、私は常に考え、仲間たちに主張しつづけてきました。

では、仲間たちと今日までどのような働き方をし、またどのような遊び方をしてきたかをふりかえってみたいと思います。

大いに働こう
——生産活動と仲間つくり

片倉イナ作で躍進

私の住んでいる遠野市は岩手県でもいちばん寒いといわれている盆地で、広大な山林牧野に恵まれ、今後畜産に比重をかけなければならない地域です。もちろん田園都市ですから、イナ作は生活設計の中で大きな位置を占めております。

私たちの部落は、イナ作の単作農家が多く、私もその一員です。これまで米作りに励んできました。農業をおぼえかけのころ（一三年ほど前）には労働に対する楽しみなどというものは少しも感じませんでしたが、その後二〜三年目から、「やろう！」とする意欲を持ち始め、当時はただ一つの頼りであった普及所や農協の営農指導部にずいぶん通いました。田の中でいろいろと研究もしました。

しかし、それはただ一人の学びであり研究であったのです。もちろん、友だちがなかったのではなく、また、俗にいう隣をこばんだわけでもなく、ただなんとなく他人様には関心がなく、ただ一人でコツコツと努力したとでもいった方がよいかもしれません。このかたちで二〜三年やってみました。しかし、限界があることを知りました。

その限界というのは、自分一人ではどうにもならない壁につき当たってしまうことを知らされたことです。いかに努力しても一人は一人。壁につき当たればそれをつき破るだけの能力も気力もなかったのです。このときほど人間一人の弱さをつくづくと感じたことはありません。

イナ作を例にとれば、収量一〇俵の壁がどうしても破れず、なんとかならんものかと必死になっているときに私の目にとまったのが、今日まで愛読している「現代農業」の中の片倉さんのイネつくりです。

何度読み返したかしれません。ただちにその年から実行したのです。しかも今度は私一人ではないのです。力強い仲間があったのです（仲間とは、似田貝雪右エ門さん＝現在、グループの会長）。初めの年はたった二人でした。二年目から仲間が続々とふえて、現在、名目七人の会員で組織しておりますが、実際はたくさんの仲間とともに歩んでおります。

初めのころはずいぶん非難されました。関係機関からもいろいろいやみを言われ、当時はずいぶんつらい思いをしたものです。しかし現在は米作り農家のほとんどが、私たちが歩んでいるかたちと同じ方向を進んでおります。

初めの年は、片倉さんのまねごとでした。もちろん、苗も悪く、イネの生長状態もわからなかったものが、まねをしたところでうまくいくはずがありません。しかし失敗ではなかったのです。この年の収量は今までの最高と同じに終ったのですが、イネの姿のよさをがっちりと確認しました。

その後これに自信を持ち、仲間とともに研究をかさね、たえず公開し合って、そのつど長所や欠点をさがしだし、大いに討論した上で一つ一つ自分たちのものにしてきたのです。

一〇年分を三年で

　私たちのグループは、決してまねごとで終わろうとはしておりません。よいと思われることは、素直に受け取り、すぐ実行に移し、その地域にあったイネ作りにたたきなおしているのです。たとえば、山形県に合っていることでも私たちの所では合わないことだっていくらもあります。やはりいちばんだいじなことは、自分たちの地域に即応した独自なイネつくりに変えていくことです。

　現在では、寒冷地といわれるかなり条件の悪い所で、五石の線を出す仲間が何人も出ており、すばらしい成果を上げております。とくに遠野市のうまい米つくり共進会においても、仲間の中から上位入賞者がたくさん出ております(グループの一員である中屋敷惣一さんは、二年連続二位入賞)。この成果は、なんといっても仲間とともに真剣に一つのものに一丸となって取り組んだことが、現在の立場を築いた唯一の理由であったろうと思います。

　グループでの仲間はもちろんのこと、部落のおおぜいの仲間たちを通して、一人でやれば十年かかるものを、仲間と一緒に取り組むことによって、五年いや三年でもできるという、実にたのもしい力強さを身を持って経験しました。今後ともいっそうグループを通して、また、部落民のだれとでもわけへだてなく、できるだけ多くの仲間たちと力を合わせて生産に励まなければならないと思っております。

大いに遊ぼう
——生活設計と仲間つくり

青年会の活動

　私は農業に従事して、まもなく青年会に加入しました。入会した理由は、ただなんとなく入ってみたかったということだけでした。入会後はたくさんの友だちができ、会合の日が待ちどおしいほどでした。私はつとめていろいろな行事に参加しました。研究会、討論会、弁論大会、運動会、演劇大会、そしてキャンプファイアと、忙しい中から時間をさいて参加し、仲間とともに歩んだものです。

　その当時、多忙にもかかわらず、無理をして参加した青年会活動が、今日の生活にいろいろな形で、どんなに役に立っているかしれません。

　しかし、新しい年を迎えるにしたがって、仲間が村から離れ(女子は結婚すればやめてしまう)、会を形成することがむずかしくなり、自然消滅のようなかたちで、私も会を去りました。

気が抜けた生活

　それから自分一人のコツコツ生活が始まったのです。楽しかった青年会当時とは打って変わって、仲間が集まって何かやる……ということなどまったくなく、ただ自分一人でその日その日をまぎらわしておりました。農家の休日がきても、何をするでもなく、ただぼんやり一日を過ごしておりました。

たまに気晴らしにパチンコに行くのですが、いったんやり始めれば、なかなかやめられず、開店から、昼食抜きで閉店までがんばり、そのあげく、千円も二千円も負け、腹いせに酒を飲んで真夜中に帰宅ということがよくありました。実に不健康で金のかかるつまらん余暇を送ってきたものだと、その当時のバカらしさが思い出されます。

一～二年のことでしたが、私にとって、この時ほど進歩のない無意味で味気ない人生を送ったことはなかったと思います（しかし、その体験があってこそ、現在または未来に対する夢が生まれてきたものだと、私はその体験を貴重なものとして考え、少しも後悔しておりません）。

おしどり会の活動

これではだめだ、なんとかしてこの味気ない、そして不健康な状態から脱皮しようと、いろいろ考えたあげく、思いついたのが、今日なおつづいている「おしどり会」の結成です（会長は初代から現在まで中屋敷惣一さん）。

おしどり会は名の通り、夫婦が一つの単位となり、何組かの職業をともにする夫婦が集まってつくられたグループです。結成した理由は二つあります。

一つは、私たちの身のまわりには数多くの悩みや苦しみがあります。それも、一人で考えてもどうにもならないことがたくさんあります。この問題をグループを通して仲間と一緒に考えたならばなんとかなりはしないだろうか……、自分たち夫婦だけではなく隣の夫婦と、いや、その隣の夫婦といったようにできるだけたくさんの仲間と話し合ったならば、そこに何か自分たちだけではできなかった何かが生まれてくるだろう……。

もう一つの理由は、多くの仲間を作ることによって、今自分が苦しんでいる立場から脱皮することができるのではないか、ということ。

会の結成はかんたんにまとまりました。当時の年齢として、二五歳から三五歳までで、一〇組二〇人が集まりました（現在一五組三〇人）。初めの頃は農休日または夜、部落の公民館に集まって、ただ世間話をするだけでした。それでもストレス解消になったもので、翌日の農作業に精が出せたものです。

しかし、そのうちに仲間の中から自主的に「どうだい、何か一つやってみようではないか」という声が高まり、それでは、というのでできるだけ確実に実行できるものから取り組んだのです。保健衛生、子供のしつけ、料理講習、映画会など、興味があってすぐ役に立つことから始めたのです。

そのうちに会の実績が買われ、市の社会教育長から、青年会・婦人会・若妻会などと同じく、社会教育機関の集まりとして認められ、公民館からも補助を受けられるようになりました。

その後ますます会の親睦は深められ、農業発表会、民謡会、ソロバン講習会、農政講習会と進展したのです。もちろん純粋な娯楽もおろそかにしません。花見、ダンスパーティー、旅行、忘年会と、個人では得られない楽しさが数多くあったのです。

家庭も部落も変えた

このおしどり会が家庭や部落民にどんな影響を与えたのか。まず、家庭においては昔からなかなかぬけきれない嫁と姑の問題が大きく改善されたことです。なにげなくおたがいに話し合われているなかで、自分のおかれている立場がよくわかり、よい点はまね、悪い点はできるだけなくそうと、おたがいに努力したかいがあって、今では姑さんからもよい意味での嫁さんといわれるようになり、それ一つだけを取り上げても、どれほど家庭が明るくなったことかしれません。

子どものしつけ（夫も含めて）についてもグループでなにげなく話している中から思いがけないよい点に気づき、それをおたがいの家庭に合った方向に手直しして成果を上げている仲間もたくさんおります。また、料理講習では、ときには殿方も中に入り、材料の買物をしたりして手伝い、でき上がったら、みんなで食味会をするわけですが、こんな時はすぐ家庭で実行できます。

嫁さんだけの講習会ですと（たとえば若妻会）せっかくよい講習を受けても、それを家庭で実行するには、かなりの勇気と姑さんの理解がなければ家庭に反映されません。私の知っている限りでは大部分の方が、自分一人の講習会で終わってしまうようです。

その点、夫と一緒に学ぶおしどり会では（かりに夫が参加しなくとも）夫の手助けで、いつでも実行できるわけで、なかには何度も作らせられ、家族全員にたいへん喜ばれている方もたくさんいます。

また、おしどり会は部落の人たちからも大いに期待されております。たとえば町民運動会、敬老会、盆踊りなどには、全員が先頭になって協力します。何かあれば「おしどり会に頼もう」といわれたものです。消滅していた青年会も最近になって組織されました（私たちの当時とは違って、いくつかの部落と合併している）。消滅しておりました地域婦人部も組織され（おしどり会員が全部入会している）、行事が分担されるようになりました。多少過重ぎみであったおしどり会の荷が軽くなったというのが現状です。

おしどり会は、農業という職をともにする仲間どおしが、おたがいに苦しみや楽しみをわかち合い、おたがいに身も心もともにして、これからもいろいろな問題を自分たちの手で、自ら解決して行こうという精神には変わりなく、今後とも大いにがんばっていく覚悟です。

仲間がいれば……

私が主張してきた「大いに働こう」とは、ただ無計画でがむしゃらな働きではなく、あくまでも計画を立てて、それにもとづいて、たえず創意くふうをして、むだのない生産の仕方を自分一人ではなく、できるだけ多くの仲間とともにやろうではないかということです。

また、「大いに遊ぼう」とは、ただぼんやりとその日を過ごしたり、不健全な遊び方ではない。それでは百害あっても一利なしとなってしまう。農家には娯楽施設も設備もないので、レジャーの場がないと嘆く人もおりますが、私はそうは思わない。なにもボーリングや見せ物ばかりが娯楽ではないのです。私たちには仲間さえいるならば、娯楽はいくらでも創り出せるものとて、創意くふうによっ確信しております。

ちょっとしたくふうによって農村でなければ味わえない、明るくて健康的な楽しみというものが、いつでも身のまわりにあるんだということをもう一度思い出し、大いに遊んで、日ごろの疲れをふきとばして、明日の労働のエネルギーとして行きたいものです。

今こそ結集しよう

――失政をはねかえす力

過去の個人活動から現在のグループ活動に至るまでの実践をふりかえってきました。

今いちばんたいせつなことは、農家はもっともっと団結しなければならないということです。個人からグループ活動へ、一つのグループから二つのグループへ、一、二のグループからＡＢのグループへと連鎖的に手を結び、農協を中心とした大々的な結集が今すぐ必要になってきました。

今日の、最も緊迫した農業情勢に対処して行くためには、個人的な欲得だけを考えていたのでは、さしあたりは切り抜けたとしても、ついには自らの手に苦しまなければならなくなると思うのです。

今の米つくりの仲間は仲間として、もちろん今後とも大いに励んで行かなければなりませんが、やはり何を生産している人でも農家は農家なのです。同じ農家であるならば、いかに生産物が違っていても行くべき道は同じなはずです。

ですから、これまでの狭いからの中での考え方は捨てて、もっと視野を広めた大きな意味での仲間作りが必要と思うのです。

相次ぐ失政に血も肉も奪われ、骨まで けずり取ろうとしている今日の農業政策には、はなはだしい憤りを感じないではおられませんが、その中において、われわれ農民は力を落とさず一歩でも二歩でも自分たちの手で、前進をし、少しでも明るい豊かな村つくりに全力をつくさなければならないと考えます。

現在活動しているいろいろな団体やグループを通して、農家は堅く手を結ばなければなりません。この団結力があってこそ、ふりかかる難題も払いのけることができるのですが、それができずして、どうして難題に立ち向かうことができましょうか。

最後に、今日の日本経済の高度成長は今日まで汗と土に汚れた農民の、たゆまざる努力があったればこそであり、それを良いことにして政治的にもまたいろいろの面で農民の弱さを悪用し、踏み台にしてのし上がった日本の高度成長を、私たち農民は決して喜ばしいことではないということをもう一度心に入れ、今後の進むべき道を考えなおしてみようではありませんか。

（岩手県遠野市）

土の悪化、病害虫の多発、農家の健康障害…近代化の弊害が顕になる中、本誌では「自給型複合経営」を追跡

複合経営を築く①

親子三代・生活と経営の年輪

二階堂彦寿

わたしも「現代農業」の読者の一人である。今回、六回にわたる連載をおおせつかったが、不安である。若輩の身ゆえ、読者のみなさまの教えをいただいて責任をはたしていきたい。よろしくおねがいいたします。

◇――◇

親子三代九人家族

祖父	留次郎	明治十九年生	
祖母	ひさ	〃二十六年生	
父	保次郎	大正三年生	家畜担当
母	きよへ	〃六年生	家畜担当
私	**彦寿**	**昭和十四年生**	イネ野菜担当
妻	すみ子	〃十六年生	イネ野菜担当
長男	和彦	〃三十八年生	
次男	吉彦	〃四十年生	
長女	保子	〃四十七年生	

わが家は九人家族である。八十六歳の祖父をかしらに、一歳にみたない子どもまで親子三代なかなかにぎやかである。

わたしはつくづく思うのだが、毎日の食べるものがうまいと家のなかもうまくいく。大家族であればなおさらである。

といっても、お金をかけてめずらしいものを食べようということではない。

祖母や母や妻の女衆にありったけのウデをふるってもらう。味噌もしょう油も漬けものも、よその人に自慢できるうまい味をつくる。

母はこっそりドブロクつくって味噌に入れる。わが家独特の「香味」を出して

いる。これがほんとの「おふくろの味」というやつだと思う。ドブロクをじかに飲むのではないのだから、専売法違反でひっぱられることもあるまい。

ありがたいことに、農家は金をかけなくてもうまいものが食べられる。自給できるからだ。

田植機を使うようになってから、苗代向けのクンタンが不要になった。だからモミガラは全部メシたきに使える。九人家族でも水田二㌶のモミガラがあれば、七カ月はカマドで燃せる。なんといってもモミガラカマドのメシはうまい。

二階堂彦寿さん

本誌では毎度食生活の自給が強調されている。わが意を得たりというところである。わが家では卵も肉も味噌もしょう油も果実も野菜も燃料も自給している。

農家の自給生活は、家族の和とみんなの健康と大家族の経済とをなりたたせるものだと考えている。

もう一つだいじなことがあると思う。わが家は、冬にホウレンソウをつくる。たばねるときには、祖母も父母もわたしたち夫婦も一つ場所に集まる。ごく自然に親子三代の話しあいがはじまる。

食事の時間にもみんなが集まるわけだが、ここでは、幼い子どもたちが主人公になってしまう。それにくらべ、仕事の場の話しあいは身が入る。作業のくふうなどはこういう場の話しあいから生まれるものである。

九人家族の複合経営

父は十八歳のときからの習慣で毎日「作業日誌」をつけている。わたしもみならって「作業日誌」をつける。この二つをつきあわせて一年間の作業時間をまとめたところ、つぎのようになった。四十五年の例である。

父	九九六時間
母	四一二〃
本人	二〇三五〃
妻	一二八五〃
臨時雇用	七〇三〃

父母は家畜の管理が中心。わたしたち夫婦がイネと野菜を担当している。

ところで、四十七年は、わが複合経営にとって、最大のピンチ到来になった。五月に妻のお産。これはまあ予定されたことだったが、六月には父が十二指腸かいようで入院。母がつきそいの看病。父も経営も重症におちいった。おかげさまで父は十一月上旬に元気で退院できた。

この急場をなんとかきり抜けたが、わが複合経営も再検討する時期にきていることを痛感した。これからひと冬かけてじっくり計画をねっていきたい。

といっても、イネも野菜も豚も鶏も果

樹もどれもやめる気はないのだが……。
つぎの図をごらんください。第一図は経営のあらましであり、第二図は全体の収支をまとめたものである。
イネ＋鶏＋野菜＋豚＋果樹の五部門の複合経営をやっている。
雑多すぎるではないか
なぜ鶏を始めたのか
なぜ野菜を加えたのか
なぜ豚まで飼うのか
なぜ果樹をつけ足したのか
わたしにしてみれば、それなりの事情があってとり入れたものであり、どの部門も手放すわけにはいかないのだ。
この内容に入るのをちょっと待ってもらいたい。その前にだいじなことが一つあると考えるからだ。
「農業は一代にして成らず」というのが、わたしの現在の実感である。五部門の複合経営といっても、まだまだイナ作が中心柱である。収入面でもそうだが、それ以上にわが家にとって水田は親子三代の精神的な支柱でもある。水田には、祖父母や父母たちのねがいがこめられてきているからだ。

祖父母の働き

大正二年がわが家の農業の出発点である。行商で生計をたてていた家へ、近くの農家の三男坊の祖父が養子に入った。と同時に行商のかたわら、飯米かせぎに八畝の水田を借りてイネつくりをはじめたのである。

「小作農でも二町の田があれば農業だけで食える。早くそうしたい」これが祖父のねがいであった。農家生まれの祖父は農業を忘れられなかったわけだ。

祖父は行商のかたわら、日雇いもしながら、だれも借り手のないわるい条件の田を知人や親せきの人たちに世話してもらって小作した。イネでもたい肥でも、四〇〇㍍もアゼづたいに背負って歩かなければたどりつかないようなわるい田が多かったという。それでも、だんだんに小作面積をふやした。

いくら耕作面積をふやしても、反収六俵のうち二・五俵は地主に納めなければ

第1図　わが家の複合経営

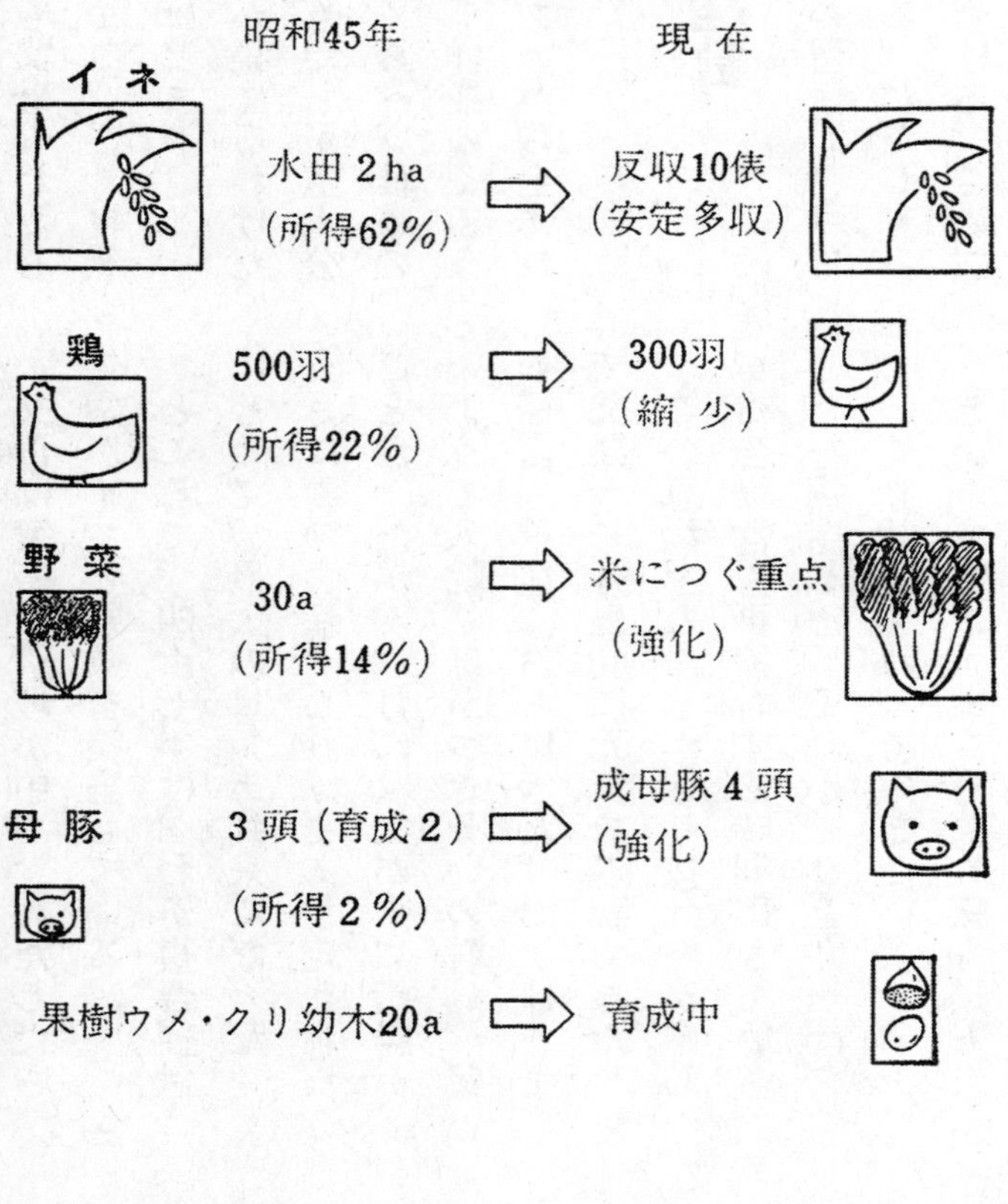

ならない。当時も一〇人家族で食うのがやっとだったという。

それでも、大正の末期には小さな雑貨屋をかまえることができた。菓子やしょう油やホウキやタワシやそんなものを商う小さな店である。

父母の働き

昭和六年。父は乙種実業学業を卒業。父が家に入るときには、祖父母の働きで小作の水田一町二反と畑を二反五畝を耕作する農家になっていた。小さな雑貨商もやっていたからまあまあの兼業農家になっていたわけだ。

家に入った父が最初に体験したのはこうだった。

荷車に小作米を四俵積んで、雪道をワラジばきで地主の屋敷へ。待っていたあいさつは、「かついで倉まで持って行け」だった。倉の中は米俵が山とある。帰りのあいさつは「来年はもっといい米つくって持ってこい」だった。忘れたくても忘れられないと父はいう。

このときから父は作業日誌をつけはじめた。農業にも年輪がある。一年間働いた記録を冬の間に検討し、けじめをつけ、来年の作業計画をたてるようにすればもうすこしらくになるのではないか！父はそう考えたわけだ。

十八歳で結婚。母の生家は農業だけで生計をたてていた。「せめて実家程度の農家にしたい」というのが母のねがいだった。

当時父は、冬の間の内職として、モーターつきの動力ナワない機を買いたいと考えた。一台一二〇円。「そんな金はない」という祖父。「こんなに働いているのにそんなはずはない」という父。

実際は、雑貨屋の収入も水田の収入も家計費にまわって終ってしまう。どうして金がないのか。どうして追いつかないのか。

原因追及のために、父は家計簿をつけはじめた。原因は単純。米が小作料として出ていってしまうからだ。

父は畑に食べきれないほどの野菜をつくり、余った分は母が引き売りする。こうして手にした金なら、地主にもってい

第２図　５年間の経営収支

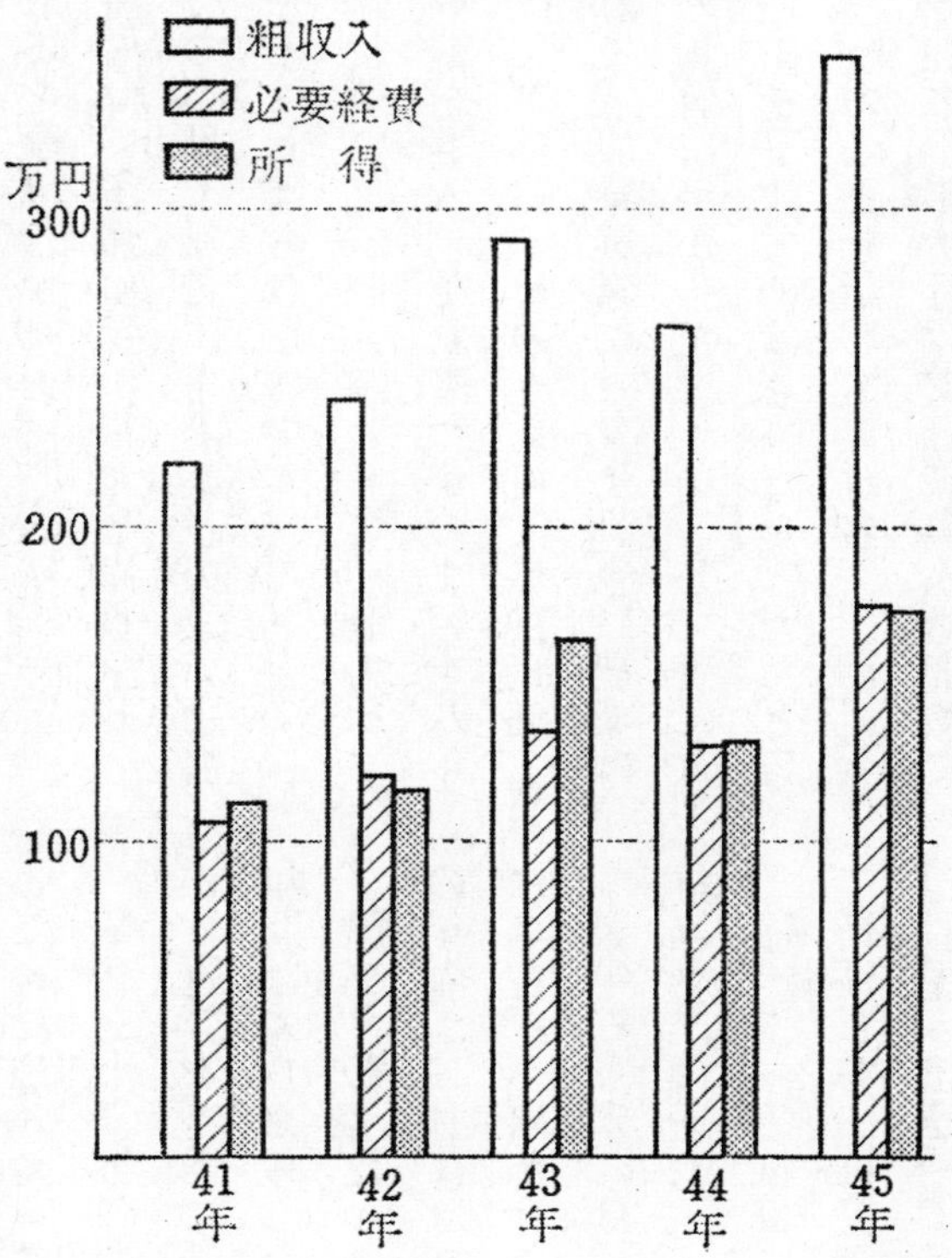

かれる心配はなかった。

時局は、満州事変から太平洋戦争へ。物資の不足で雑貨屋を廃業。いよいよ農業一本にしぼられた。

雑貨屋に代る収入源として、動力ナワない機を導入。それもつかのま、十八年には父が応召。そのうえ祖父が神経痛で倒れて、農業経営にピンチ到来。農業は母の両肩にかかった。「苦労して手に入れた田を手放すのは忍びなかった」と母は当時のことを話してくれる。

昭和二十年十月、父は戦場から元気で帰ってきた。そのときの耕作面積は水田が二町歩(小作地一町九反)、畑が四反六畝(小作地二反歩)。母のがんばりを示すものだ。

昭和二十二年には農地改革。小作地三反のほかは、ようやく自作地になった。

わたしのやり方

さて、わたしの番だが、祖父母や父母に対して、苦労知らずのおっちょこちょいだったといえる。

昭和三十三年に農業高校を卒業したが、進学を望んで親たちに反対され、四年間はふらふらした生活を送っていた。

腰がすわったのは三十六年である。この年の十二月には養鶏技術の勉強のために名古屋へ出かけた。

翌年三月末には、一〇〇羽の初生ビナをみやげに帰宅。

帰って一〇日目には結婚式。

結婚して三日目には「嫁入り道具を全部質屋へ出せや、その金で鶏を飼うべや」とやって、早くも夫婦ゲンカ。

片手間の農家養鶏では、五〇〇羽が限度。羽数をふやすよりも、むしろ鶏の食いこぼしのエサや幼すうのふんをエサにして豚を飼ったほうがうまみがある。そこで母豚を入れる。こうして、鶏を飼い、豚を飼い、それらは父母の担当になった。

わたしたち夫婦は水田と畑を担当。ところが、毎日たえることなく生産される家畜のふん尿を一年間有効に使えるのは野菜である。野菜ならたい肥の使いすぎはない。三〇㌃の畑に野菜をつくりはじめると、山の畑まで手がまわらない。そこで、一〇度の傾斜をもった山畑には、柿二〇本と梅四〇本を混植。その下で豚の飼料作物をつくろうということになってきたわけだ。

ごくおおざっぱにいって、現在の複合経営のきっかけというのはこういうところにあったわけだ。くわしくは次号にゆずることにする。

父の農業哲学に学ぶ

父のあとを受けて、わたしなりの複合経営をはじめたかにみえるが、今までのところはどうもそうではない。

農業に対しての考え方や計画は、父の長い間の夢に対して自分が手伝ってきたにすぎないと思う。父の農業哲学にすっぽりつつまれた経営にすぎない。

第一は食生活の自給路線

父の頭のなかには、「今、農村には農業近代化の波と都市化の波とが押し寄せている。この二つは根っこは同じで大資本がもうけ、農家をほろぼすものだ。一度自給の線がくずれると、あとは急速に農家の経済はくずれてしまう、都市化の波に押し流されてしまう」という考え方がどっしりとすわっている。

だから父は、都市化の波に対して、こんな防波堤を築いている。

①交際費に類するものが、以前は米麦などを持って行ったが、最近は、お金を包むとか、お酒を買って持っていくとか、そういうやり方に変わった。これは相手があることなので、自分の考えを通すことができないこともある。

②しかし、燃料はまだモミガラやマキが使える。家畜がいれば、メタンガス発生の開発も考えられる。複合経営のなかで考えるべきだ。

③卵や肉の自給は複合経営のなかで考えられる。

④味噌・しょう油の自給。水田一本にしぼらず、畑をもち、ダイズやムギを栽培すれば自給可能。

⑤野菜・果実の自給。庭先だけでも家族が食べる分くらいつくれる。めずらしいものが八百屋に出たら買うことを考えずに自分でつくることを考える。

⑥米の自給。水田農家が米を他人につくってもらうようになったら農家でなくなる。

第二は働くことへの信念

父はよくこういうことをいう。「農業の省力化—機械化は、人間の働きではなく、金の働きだから収入を減らして支出をふやす」と。

たしかにそうだ。一三馬力の乗用トラクターを四十四年に買った。仕事は楽になったが、借金返済に四苦八苦した。車で三陸海岸沿いに野菜の引き売りをやって、ようやくおっつけた。おかげで、どんな野菜をつくればよいかつかめたわけだが……。機械化の前に働くことが好きでなければ農業はうまくいかない。

第三に「数」を当たれということ

わたしが腰をすえて農業に入ろうとしたとき、父はこういった。

「農業でも食えるはずだ。ここに今までの経営の資料がある。これを材料に考えてみろ。おれはワキ役にまわるが、できることは応援する」と。

作物や家畜の生産から販売まで、とにかく数の差し引きをしてみろということだった。これも父が小作農時代に身につけた哲学である。

父の農業哲学は年季が入っているが、わたしの複合経営はまだかけ出しである。親子三代にわたる生活と経営の年輪をふまえて、わたしなりの複合経営を組み立てたいと考えている。(次号へつづく)

(宮城県登米郡登米町)

『農家に学ぶ複合経営への道』(農文協編　六三〇円)。一九七〇年代に本誌で紹介してきた「複合経営」の農家事例集。生産資材から暮らしまで、自給を基礎にした農家経営のありようは、現代からみても豊かなヒントがいっぱい。

子のため、孫のために張り切るおばあちゃん。つくり方、食べ方のちょったした気づかいが好評だった

私の自家用野菜ごよみ ―六月―

農業 吉田トシ子

私の兄弟は八人いるのですが、ちょうど一週間前に、みんな集って「兄弟会」をやったんです。そのとき都会にいる弟たちが「フキノトウが食べたい。年をとるとふるさとの味が恋しくなるんだなァ」といってました。そして、フキの塩漬けやみそ漬けを「この香りはなんともいえない」とおみやげにもって帰りました。

一方、私たちの村では「母の会」（実はおばあちゃんの会なのですか）というのがあって、二日間旅行に行ってきたのですが、そのとき「せっかくつくったものを孫たちが食べてくれないんだよ」という悩みがだされました。そんな悩みは、どこの農家にもあるのかも知れませんね。そこでつい「買ったもの」に頼ってしまう……。でも「自分でつくり、料理して食べるのが一番おいしい」というのが私の信念です。そこには、いろいろくふうすることが大切だと思います。

孫たちがよろこぶ 六月の四つの味

六月は農繁期、水田や畑の管理に忙しい毎日です。高校三年生の女の子を筆頭に三人の孫たちも陽気にうかれ、運動も活発になります。みんな食欲旺盛、私の腕のふるいどきです。

エンドウ 春の菜っ葉に加え、六月にはいよいよマメ類が登場します。エンドウ、インゲン、エダマメなど四月中旬にまいたマメ類がきれいな花をさかせ六月にはもう食べられます。

エンドウはサヤがついたら実が入ってなくても、みそ汁にしたり、油でいためてタマゴでとじたり、切干しダイコンと

いっしょに煮つけたりして食べます。エンドウはどんどん大きくなってすぐ実が入ってきますが、大きくなったものはそのままゆでて、孫たちのおいしいおやつになります。

またみそ汁にも使えます。食べるときに、実だけ歯でぬいて食べるのですが、そんな食べ方がおもしろいのか、孫たちの大好物になっているんです。

ササゲ　インゲンのことをこちらではササゲといいます。ササゲには、手なしササゲ（支柱を立てない）ササゲと手のあるササゲがあります。

野菜畑の吉田さん

手なしササゲの方は、ジャガイモ畑のまわりなど、ちょっとあいたところにまいておくのですが、それをまだ実の入らないうちに、みそ汁やおひたし、あえものとして食べます。

それがなくなってきたころ、手（支柱）をやっておいたササゲを食べはじめるのです。これはあえものにもってこい。塩の入った湯でサッとゆでるとまっ青なきれいな色になります。それから水をきって、クルミ（すりばちですって、みそと砂糖をまぜておく）とあえてできあがり。ササゲの青さとクルミの香りがとても楽しいです。

イチゴ　孫たちの〝おなぐさみ〟といいましょうか、孫たちの楽しみのために二坪ほどイチゴをつくっています。そんなにりっぱなものがとれるわけではないのですが、充分熟したのをとってくるからとてもあまい。これに、私の家で飼っている牛のしぼりたての牛乳と砂糖を入れて冷して食べれば、これはもう最高の味、六月の孫たちの大きな楽しみになっています。

ササダンゴとひしまき　ダンゴやモチは年中つくるのですが、運動が活発なせいでしょうね、すぐおなかがすくらしく五月末から六月は、ダンゴやモチがよく売れるのです。

ひしまきは、モチ米をササにつつみ、角々にマメを入れてしばり、それを煮ます。それにキナコをつけて食べるのですが、ササの香りがしみついてとてもおいしいです。ササダンゴは先月号の草ダンゴと同じようにつくり、ササで包みます。ササがカビ止め、腐り止めになり、あったかくなってもなかなかダンゴがいたまないので便利です。いっぱいつくって近所にわけてあげたりします。

孫たちも楽しそう

どうも、昔ながらの食べ方だけでは、孫たちもよろこばないのが現実のようで

中耕のしかた

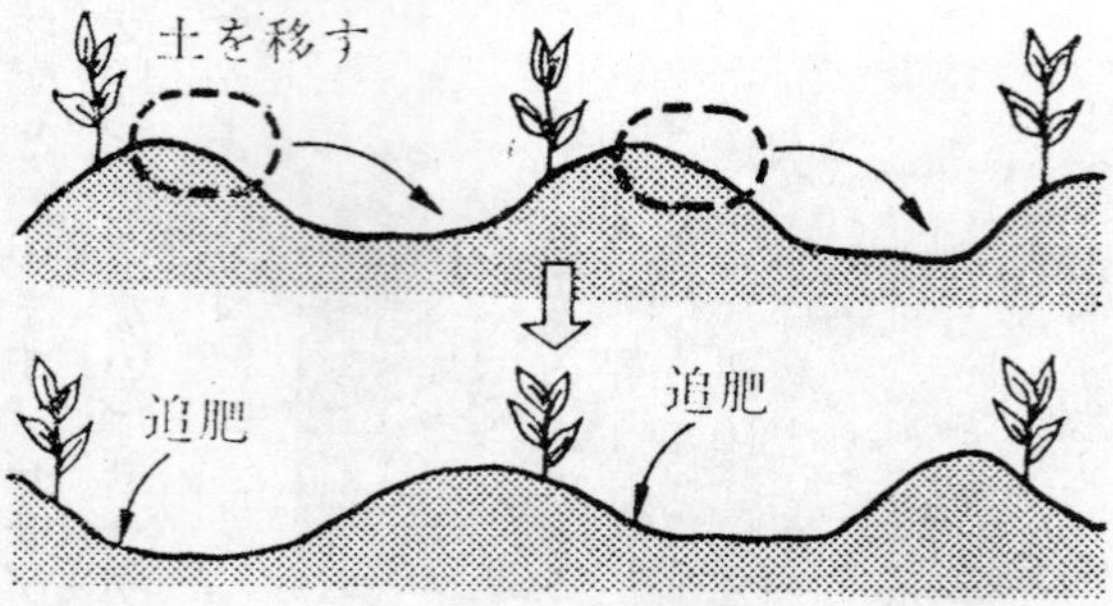

すね。自給できる材料でよいのですが、やはりくふうがほしいものです。

そのために、材料を豊富にすることが大切。たとえばクルミをカンにとっておくとか、切干しダイコンを年中欠かさないとか……。それに、牛やニワトリがいると一段と料理も豊かになります。

私のところでは、乳牛一頭、ニワトリ二〇羽飼っていますが、それでいつも新鮮な牛乳やタマゴがあるんです。それにこの家畜たちは、野菜クズや大きくなりすぎた果菜くずを整理してくれます。ニワトリは野菜クズをやったのとやらないのとでは黄身の色がちがいます。

こういう材料と季節の野菜、そして自家製のみそ、しょうゆ……を使っての料理、孫たちが喜ばないはずはありません。

孫たちも大きくなったので、自分たちでいろいろ料理しています。私と同様、料理が好きなんですね。遊んだ帰りに、野のフキやヨモギをとってきたりもします。もちろん、ヨモギをとってくるのは草ダンゴをつくってほしいからです。

いっしょに遊んでた子供たちもつられてヨモギをとり、家に帰って「おばあちゃん、ヨモギとってきたから草ダンゴつくって！」といい、おばあちゃんたちは、「アズキをいっぱいとっておかんといけんなア」と思うのです。

六月の作業

六月には、マメ類の定植、摘芯、草とり、中耕、追肥、トマト・キュウリの整枝、摘芯などの作業があります。

★中耕・除草　中耕はすべての野菜につ

《家族の声》

ありがとう　おばあちゃん

今、おばちゃん（といっても私にとっては母ですが）はダイコン干しをやっているところです。この辺でも切干しダイコンをつくる人が少なくなってしまいました。なぜそんなことするかって！　そんな大げさな理屈があるわけじゃないと思うんですが……。

おばあちゃんの生きてきた時代、農作業もずいぶんきつかったと思うんです。でも、田植えあとの「小やすみ」、暑い苦しい草とりあとのお盆、そして秋の十三夜というように節があって、そんなときは季節の野菜をたっぷり食べて体の疲れをいやしていました。たとえば十三夜には、一三種類の野菜をそなえるというしきたりがあって、それだけの野菜を食べていたんですね。モチなんかも年中ついていたようです。

そういう農村生活のリズムみたいなものがおばあちゃんの体にしみついているように思います。そして「自分で食べるいて三〜四回行ないます。土が固まってきて空気の流通がわるくなり、雑草も生えやすくなるからです。とくに六月は二回やりますが、中耕したあとは作物が元気になったようにみえます。

図が中耕のやり方です。クワでうねの野菜が植わっている反対側の土を隣のうねに、というように順ぐりに土を移していくわけです。中耕の前には草とりをしておき、中耕の後は株元に追肥（下肥、化学肥料など——五月号参照）します。

除草は毎日少しずつでも手でとるようにすると、そんなに大変なことではありません。除草剤を使うと土は荒れてしまいます。

（福島県河沼郡湯川村）

6月に食べる野菜

＜畑でとれるもの＞
ホウレンソウ，春ハクサイ，シュンギク，コマツナ，ダイコン
ダイコンの間引き菜，ニラ，クキ，ミョウガタケ，キャベツ，ヤグラネギ，クキタチ，インゲン，エンドウ，エダマメ，イチゴ，フダンソウ

＜野のもの＞
フキ，セリ，ヨモギ，ヒロゴ

＜土蔵に貯蔵＞
ジャガイモ，ナガイモ

＜干しもの＞
シイタケ，サトイモの茎，クキタチ，切干しダイコン

＜その他＞
トウガラシ，クルミ

6月の食べ方

＜みそ汁＞
ハクサイ，コマツナ，ダイコン
ダイコンの間引き菜，ミョウガダケ，ジャガイモ，サトイモの茎，インゲン，エンドウ，フダンソウ

＜おひたし＞
ホウレンソウ，ハクサイ，シュンギク，コマツナ，ニラ，アスパラ，インゲン

＜油いため＞
ホウレンソウ，アスパラ，ダイコンの間引き菜，エンドウ，クキタチ

＜あえもの＞
インゲン，エダマメ，切干しダイコン

＜なべもの＞
ホウレンソウ，ヤグラネギ，ジャガイモ，シュンギク，フキ

＜生のもの＞
ダイコン，ミョウガタケ，キャベツ

＜漬けもの＞
キュウリ，ナスのみそ漬け，ダイコン

＜天ぷら＞ 多数

＜おやつ＞ ヨモギモチ，ササダンゴ ひしまき

ものは自分でつくる」というのも当たり前のことだったんです。

苦しい中にもそんなリズムがある。それは苦しみだけでなく楽しみを見出しながらやっていたんじゃないでしょうか。

この間、おばあちゃんが埼玉の弟の家にいったとき、二坪のあいた土地をみつけて、さっそく野菜のタネをまいてきたそうです。少しの土地もムダにしたくないのですね。

そんな気持は農家のお年寄りみんなに共通することだと思います。でも最近は機械化が進み、自給野菜もつくらなくなってきてお年寄りの活躍する場所もなくなりつつあるようですね。

おばあちゃんの活躍がどんなに家庭を明るくしているかわかりません。私もそうだったように、子供たちもヨモギをとってきては、おばちゃんが草ダンゴをつくってくれるのを楽しみにしてます。

これから暑くなると夜はみんなでビールを飲みます。子供たちはおばあちゃんのつくった梅酒。とりたてのエダマメを食べながら………。

（吉田恒雄）

賀川豊彦の「乳と蜜の流れる郷」に感銘を受けた農家が、伝統的な農業を見直しつつすすめる立体農業への思い

生命の樹の下に乳が流れて……

◇もうからない農業をどうするか◇

◇立体農業三〇年の歩みを語る◇

編集部

(クルミの樹下で牧草を食む乳牛)

「農業というものはもうからないもんだ……それを自覚するまでは時間がかかるんですなあ」

小井田与八郎さん(53歳)。岩手県九戸村江刺家。乳牛を飼い、クルミを栽培し、イネもつくる小井田さんの口から出たのは、まずその言葉だった。

のっけから夢も希望もないようで恐縮だが、小井田さんの口ぶりには決して暗いところはない。

先祖は何を?……山国での永久農業

「昔から農業というものは、もうかるものではないですからな。もうかるものやった人は、この村から消えてしまいましたからなあ(笑)。なんでもそうですよ。農業で、これでひともうけするんだとやった人で、ここに残った人はおりません。〝もうかりすぎて〟いなくなったですよ(笑)」

「私も、ときどき、どうしたらいいかわ

からなくなるときがあるんですな。そのとき、昔われわれの先祖はどうしたんだべと考えてみる。そこからなんとか判断していく……。

サトルというんだか、『ヒエ・ムギ・ダイズ』の農業をじっくりと考えてみてこれはすばらしい農業だったと、いまになって思うんですな」

小井田さんのいう、『ヒエ・ムギ・ダイズ』の農業とは、かつて昭和三十年当時まで、岩手県北の畑地帯で広く行なわれていたヒエ—コムギ—ダイズの二年三毛作のことである。当時は、人間と馬と作物とが実にうまく共存していた。ヒエは人間と馬が分けて食べ、カラは馬へ。コムギは残ったワラが馬の敷草に。ダイズはタンパク源として人間に、また馬に。マメカラは馬へ、また燃料に。

山からは、マキ、木炭、木の葉をとり草を刈って、田んぼの刈敷に、馬のエサに。……外から何も持ちこまなくとも、その土地で永久に続けていける農業と人間のくらしだった。

♥金にはならんことだが

「ヒエ・ムギ・ダイズのころは、食べ物を自給できればいいんだというのが第一だった。金にはならんことにちがいないが、昔の人たちは、金、カネとそれだけを追求してきたかというと、そうではなかった」……土地柄を生かす見事な作物の組合わせ、土を肥やす家畜の存在。山と農業やくらしとの結びつき。

だが、いま畑からはヒエが消え、ムギが消え、ダイズも細々と残っているだけだ。馬も消えた。小井田さんの家もその例外ではない。

「昔の二年三毛作をいまやれといってもできないが、その考え方を大事にして現実を見つめていくことが必要だと思うんですな」

ここは山国だから、その土地柄を生かさねばだめだ。地元でできるものを活用せねばだめだ。小さくても、オレでなくてはできないような、そんなことをやりたい。……これは若いときから今日まで小井田さんの考えつづけてきたことでもあった。

生命の樹クルミ……土地柄を生かせ

昭和二十年の秋、小井田さんが兵隊から帰ったとき、家の前にクルミの大木があった。そして、当時二十四歳の小井田青年が、若き血に燃えて書きつづった小文がある。

「国破れて山河あり、誰か故郷、郷土の風物を愛せざるものぞ。江刺家村に生を享《う》け、手打《てうち》グルミと共に育った私は、戦時中、主食増産のためにかえりみられず、今滅亡の一歩前にある銘産手打グルミを思うとき、ただ傍観するに忍びず……(略)。敗戦後、狭小な国土に八千万の人口を養わなければならない日本は、従来のごとき平地に於ける農業だけでは満足することができないだろう。

山地傾斜地を高度に利用したいわゆる立体農業だけが今後の日本に残された唯一のものではないか……(以下略)」

手打グルミとは、この地で三五〇年も

の昔からあった、カラの軟らかいクルミ（菓子グルミともいう）。

小井田青年は、賀川豊彦の「乳と蜜の流れる郷」に感銘をうけていた。クルミやクリを〝生命の樹〟と呼んだ賀川豊彦の言葉も強く心にひびいた。立体農業の教えにも、共鳴するものがあった。

小井田さんは、昭和二十三〜二十五年、ヒエ・ムギ・ダイズをつくる山畑の合間にクルミの苗木を植えた。

そしてのちに昭和三十年からは、馬に代わる家畜として乳牛を飼い、酪農を開始した。

♥実がつかない

小井田さんの〝生命の樹〟〝食糧の樹〟のクルミ栽培は、順調な足どりというわけにはいかなかった。二五年を経た今も試行錯誤がつづいている。

二年生苗木は四〜五年目から実をつける。はじめのうちはまずまずの成績で、「園地で一旗あげられるか」と思うこともあった。ところがその後昭和四十年ごろをピークにして、収穫量が落ち、さっぱり実がならなくなった。

原因もまたさっぱりわからない。なぜ実がならないのか。……クルミを売るほうはいくらでも販路がある。カラつきをアミ袋に入れて駅の売店におろす。小さいクルミはカラを割って、中の実をお菓子屋へ。冬ストーブを囲み、クルミを割る仕事はのどかでよいものだ。クルミは日持ちがよいから、とれさえすればあとは気楽なものだ。いつ売ってもよい。

しかし、実がつかないことには話にならない。弱り目にたたり目で、小井田さんは四十六年ごろから〝メニエル氏病〟という、耳鳴りやメマイのする病気にかかり、三カ月も入院、治らずに帰ってきて、満足に仕事もできない状態が二〜三年もつづいた。その後は自力でマッサージやハリを学んで、どうやら元に近い状態に回復したところだ。

なぜクルミに実がつかないのか。その原因のひとつに思いあたったのは、昔読んだ賀川豊彦の「立体農業の研究」を再び読みかえしてみたときだった。

「クルミの園地は、日光を充分にうけ、

♥生命の樹と智恵の樹

土を離れた日に人類は呪われる。エデンの花園に、生命の樹と智恵の樹が生えていた。神は、アダムに生命の樹から食うことを許したが、智恵の樹の実を食うことを許さなかった。そして遂に人

蛇がエバを誘わくした。

類は智恵の実を食べた。

たしかに樹木の中には二種の果が結ばれる。人類に生命を与えてくれるものはその果実より蛋白と脂肪とデンプンを与えてくれるものである。栗、胡桃（クルミ）、椎、栃、榧《かや》、団栗《ドングリ》、バナナなどは生命の樹である。リンゴ、ミカン、ナシ、モモなどは智恵の樹である。

今日人類は、生命に必須な生命の樹を栽培することを忘れ、リンゴやミカンや水蜜桃など、いくら食っても生命の原料にならないものを幾万町歩と作るようになった。真正の文明は、生命の樹の文明でなければならぬ。今日の文明は蛇に教えられた文明である。

——立体農業は、立体的作物だけを意味しない。地面を立体的に使おうという野心が含まれている。我々は樹木作物の

根が無際限に張りうる広さを持っていること」とあった。そして、フランスあたりでは、一エーカー（約四〇アール）に一本の割合だという。……さてはこいつが原因かと頭にひらめいた。

小井田さんのクルミ園は、一〇アールに一〇本植えてある。大木に近くなったいまでは、お互いの枝がふれあうほどになっている。こみすぎていたのだ。

四十八年に、小井田さんは思いきって一〇本のところを半分の五本に減らした。大木をバッサリ切り倒した。

本当ならもっと減らしてもいい。なんのことはない、こっちの庭に一本、あっちの畑に一本と、そんな昔のクルミのありようが、一番ふさわしかったのだ。たぶんフランスでもそうなのだろう。クルミの木の下にムギを植えたり、牧草地だったりして。

♥樹の下に乳牛が遊ぶ

「結局、果樹園としてのクルミと、農業経営、複合経営の中のクルミのちがいということですなあ。畑の中にポツンポツンと残すのがいいんだと、やっとわかってきたわけです」……クルミだけ密植してそれで稼ごうというのはあさはかだったと。

いま二五〇アールほどの山畑に、クルミが二〇〇本。牧草のオーチャードと共存している。以前は人間が草を刈って牛に与えていたが、健康がすぐれなかったこともあって、四十九年からは乳牛をそこへ放牧した。若木の時代には、乳牛がクルミの葉を食べるのでムリだったが、成木となった今は、その心配もさほどではない。生命の樹の下に乳牛が遊ぶ、まさに立体農業の姿になった。

乳流れる郷……牛飼い二〇年

昭和三十年に酪農を始めて、ちょうど二〇年の歳月が流れた。

馬と交換して最初は二頭。屋敷まわりがせまいので、山畑のクルミのそばに牛舎（五頭入り）を建てた。五年ほどは電気もなくてカンテラで搾乳。奥さんは子供を背負って、どんな雪の日も牛舎にかよった。牛舎のそばに管理舎を建てて、子供とそこに寝とまりもした。

はじめは二頭も飼えば村役場の給料ほどとれる、五頭なら大酪農だと、それだけの牛舎を建てた。それにやっと牛がいっぱいになると、こんどは一〇頭だ、いや二〇頭だと……。

「さっぱり残るところがなくなったんですなあ。大資本にのっかれば百姓の取り分はなくなりますなあ、ブロイラーなんかはまったく大資本の下請けだが、牛を飼っていてもそう思う。

牛を飼うのは、農業の基本だからやっているんだが、大資本に奉仕しないもの

間に蜂を飼い、豚を飼い、山羊を飼うことは容易であり、その傍を流れる小川に鯉を飼うことはそう困難でないと思っている。その他、土地を最も有効に、多角形的にまた立体的に組合わせて、日本の土地を利用すれば、今まで棄ててあった日本の原野が充分生き返ると私は思っている。（賀川豊彦・「立体農業の研究」昭和八年刊より）

（左：管理舎，右：牛舎）

を何か組み入れないとうまくないなと思います。複合経営の強いところを発揮しませんとなあ」

♥無事故で過ぎた二〇年

牛はいま搾乳牛六頭、未経産・育成牛が各二頭ずつ。

「牛の規模はいまの一〇頭、あとふやしても二頭ぐらいですな。そのくらいならいまの道具でやれますから。もうすこし牛をふやすと、こんどは機械と牛の両方に二段がまえに締めつけられます。

いま一頭しぼって、ひと月に一万五〇〇〇円くらいは入りますが、しかしその金を使ってみて値打がないのですなあ。なんでも高くなって。乳量もうちはあんまりしぼっていないほうで、一頭平均五〇〇〇キロまでいかないでしょう。いい牛をそろえなかったこともあるんだが」

「しかしね」と小井田さんは笑う。

「……いい牛をそろえてやった人は、酪農やめてますよ(笑)。品評会へ持っていったり、高等登録だとかやった人は〝金もうかりすぎて〟やめてしまうんでしょうな」

酪農も決してもうかるものではない。ただし、小井田家では、この二〇年、牛は無事故ですごしてきた。牛舎で死なせた牛は一頭もない。

「牛を入れ替えないできたのも、事故のない理由かもしれませんな。私のばあいは金がなかったから、自分の家で生まれた牛ばかりで、最初に買った牛の子がまやいっぱいになったということで。みんな自家育成です。獣医から、もう少し改良したらいいといわれるけれど、〝牛の耳〟に念仏で聞き流している(笑)。よそから買うと、その牛は三年は落ちつかないのですな。だから入れ替えはきらいで、売ったり買ったりは、結局必ず損するんですなあ。牛を入れ替えると、きっと事故あるもんです」

もうひとつ、無事故の理由に小井田さんが強調するのは牛舎の位置。牛舎のとなりに管理舎を建てたのだが、「道路から出たり入ったりするのに、必ず牛舎の中を通るように、いうならば〝南部の曲り家式〟ですな。管理舎の出入りのときは必ず牛の尻のわきを通らねばならんわけで、自然に牛に目が届くんですな」

そして今は……息子が帰る春

この春三月には、息子の重雄さんが、農業短大の畜産科を卒えて家に帰ってくる。待望の労働力増加だが、しかし、とりたてて新しく別のことをやるということは考えていない。

「いまのところ、育成牛をいれて一〇頭がいいところです。頭数増加よりも内容の充実ですな。いまの頭数で完全に利用していない面がある。堆肥や牛の小便です。それを上手に生かしていくことが大事なように思います」

六〇㌃の田んぼは、反収一〇俵はとれている。特別に手をかけているわけではないが、堆肥だけは充分使っている。堆肥を入れないササニシキなんかより、うちのフジミノリのほうがうまい、と笑っている。

かつての畑のヒエ・ムギ・ダイズを思うとき、いま牧草地に変わった畑の作付けも考えなおしたいと思う。いまはオーチャードの永年牧草地の他は、デントコーンの一年一作で冬は遊んでいる。小井田さんは、ライムギとヒエの青刈りをやったらどうかと思っている。

それを道路ぞいの斜面に茂るにまかせた雑草、とくにイタドリなど与えれば牛も好むし、息子と二人でサイロに詰めれば、今使っているヘイキューブとも縁が切れるのではないかと思う。

からだをこわして奥さんの肩に仕事がふえたころから、ダイズもつくらず、味噌も買うようになった。

これではいけない。〝農業はもうかるものじゃない〟とすれば、もっと別な農業のありよう、生活のありようがあるのではないか。農家らしい豊かさをふくらます道があるのではないか。先祖はどうしていたのか……生命の樹の下で、小井田さんは考える。

【「読者のへや」から・一九七五年十一月号】

自給の記事にわが意を得たり

大分県 後藤誠子

はじめまして！ 貴誌の購読を始めて六年になります。主人は米作りや和牛の記事を主体に、私は野菜作りや「野良で生まれたうた」、「伝統の味」、「村の宝さがし」などを毎月楽しみに拝見いたしております。

減反、低米価などで農家の生活はますます苦しくなり、農家の主婦までが働きに出なければならなくなりました。私の集落でも専業は数えるほどしかいなくなり、牛を飼っている農家も昔の三分の一に減りました。

それでも集落の結束はかたく、昔からやられてきた割り干し大根作りも長く続いています。農産物の価格が不安定で生活は苦しくなるばかりですが、そのなかで、少しでも支出を減らすにはと「自給自足」の大切さが身にしみてまいります。

貴誌にも、「自給こそ最上の防衛だ」とか、「手作り食品」などがのっており、本当にわが意を得たりと喜んで、ますますはりきっています。

稲の刈取りと出荷が終わり、麦の種まきがすみましたら、私の地方では割り干し大根の時季を迎えます。一寸の暇をおしんで作業に励みます。家中総出で流れ作業で働くのです。

軒下に幾段も干された大根すだれ、庭の木々の間に張られた縄に干された大根、その大根に久住おろしの寒い西風が吹きつけます。こうして真っ白の割り干し大根ができるのです。

この地ならではの、冬の風物詩でございます。

一九五〇年代に生活改善運動を担った母さんたちは八〇年代、今日の産直・加工につながる動きをつくりだした

がんばれ熟年！

ばあちゃんたちの手づくりコンニャク

——平均年齢65歳の生活改善グループ——

編集部

山あいの木積のたたずまい。戸数24戸

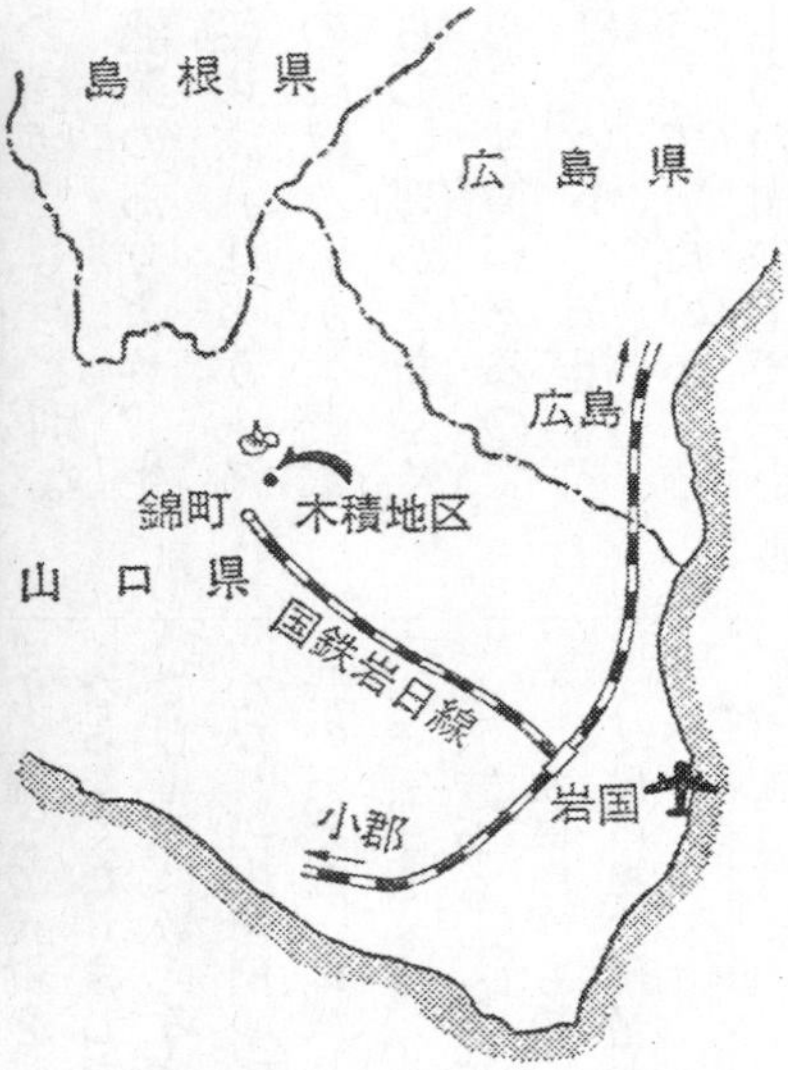

山口県玖珂《くが》郡錦町の木積《こつもり》地区は、中国山地の山あいのむら。総戸数二四戸のうち、小中学生のいる二戸を除けば残りはおじいちゃん、おばあちゃんだけの二人暮らしか一人暮らしです。若い人はみな町へ出て行ってしまいました。

でも、ここのおばあちゃんたちは元気いっぱい。総勢一九名でなんと平均年齢六五歳の生活改善グループを結成しました。そして取り組んだのが一〇〇年も昔からこの地区で栽培されてきたコンニャクイモの手づくり加工です。はつらつとしたこのおばあちゃんたちの活動ぶりをごらんください。

●木積地区から錦町の中心部広瀬へは徒歩か車で一〇キロの山道を下りてゆきます。広瀬から岩国へは国鉄岩日線で四〇分。国鉄の赤字対策で廃止候補に上っていますが、高校生や行商の人たちで利用者の多い路線です。

農地はゴロ石を積み上げた棚田と急傾斜の自然畑。一戸当たり耕地面積は三〜四反。一戸当たり約五〇俵（一俵四五キロ）のコンニャク生イモが主な収入源。

グループ会長の岡崎イツヨさんは63歳の「若手」。ご主人との二人暮らし。

生イモ価格の大暴落 そのくやしさが引き金

◉離村する人も出て

お話をしていただいたのは木積生活改善グループ現会長の岡崎イツヨさん（63歳）。お年よりずーっとお若く見える美人のおばあちゃんです。ご自分で「若く見えるでしょ。私よりふたまわりも年上の八〇歳ちかいおばあちゃんたちもがんばっているから年をとっておられんのですいね」とおっしゃいます。

岡崎さんもご主人との二人暮らし。六人いる子どもさんも東京、静岡など全国にちらばっているほか、アメリカに嫁いだ娘さんもいます。でもお部屋の中は子どものオモチャがあちこちに。でっかいラジカセもあります。

「オモチャは孫たちが遊びに来たときのために買うてあるんです。ラジカセはお父さんの民謡の練習用。こんなんみーんなコンニャクのおカネで買うたんですいね。この夏も静岡の孫たちがひと夏も帰ってくるいうんでね。今から楽しみにしてるんです」

木積地区でコンニャクの加工が始まったのは八年前。きっかけは昭和四十一年のコンニャクイモ価格の大暴落でした。一〇〇年以上も続いたコンニャク産地ですが、村を離れる人やコンニャク畑をつぶして杉山にする人が多くなりました。

「くやしいですいね。イモにちょこっとでも傷がついとったり、腐れがあったりしたら商人に買いたたかれてね。

そんな傷や腐れなんか皮をむけば、立派なコンニャクになるですいね。もうくやしいやらもったいないやらでね」

傾斜角四五度を超えるような急傾斜の畑を耕し、種イモを植え、山から山へカヤを運んでマルチをかけ、夏の炎天下で除草をする。こうした作業を三年続けなければ出荷できるイモにはなりません。

ようやく出荷できるようなイモになったら価格の低迷。商人のいいようにケチつけられ、値ぶみされ、おばあちゃんたちは何度も歯がみしました。

胸をつく急傾斜地のコンニャク畑。５月カヤやワラでマルチをする。

加工コンニャクは生イモ価格の三倍値

◉いっそ自分でつくろうか

木積のおばあちゃんたちも負けてはいません。コンニャクの生イモや荒粉は「コンニャク相場」という言葉があるほど不安定ですが、製品コンニャクは価格も安定しており、生イモ出荷の三倍の収入になります。

そこで生イモ出荷の一方で、コンニャクを加工し、製品も出荷してみようということになったのです。初代会長の下瀬ヒデさん（現在78歳、今も年長組として活躍中）を中心に、離村した人の家を借り、廃校の給食道具（ナベ・カマ）をもらってきました。

コンニャクの加工法には、生イモすりおろし法、精粉法、煮イモ法がありますが木積に伝えられてきたのは煮イモ法。

イモをゆがいて皮をむき、小さく切ってうち砕いたあと一晩ねかせ、翌朝水と苛性ソーダを加えて手でこね、団子にしてゆでます。

「ソーダの量とか水の量とかむずかしくて一口では言えんですいね。九月ごろ収穫したての生イモと、三月ごろの乾燥イモじゃ、ソーダも水の量も変えんといかんでしょ。もう八年もやってるけど、これでおぼえたいうんはないですいね」

木積のおばあちゃんたちはコンニャク栽培のほうはプロでしたが、加工のほうは自家用の経験しかありません。家によって味も歯ごたえもまちまちです。商品として売るために、各家の加工法を比較し、研究を重ねました。

らくに、早く加工できるようになった一番の決め手は最初に砕くときのミキサー利用です。それまでは木の棒で砕くというやり方でしたから、時間がかかりすぎて量産することができませんでした。

ミキサー利用をすすめたのは錦町普及所の生活改良普及員さんたち。

「あのばあちゃんたちはファイトもあるけど頑固でね。『そんなんでうまいコンニャクつくれるか』言うてね。導入するまで四年かかったよ」と普及員の山田智

一晩ねかせたコンニャクを手でもむ。氷より冷たいのがうまさの秘訣。

良さんは苦笑い。今でも最後の仕上げは手でこねています。

朝市とみやげで「木積コンニャク」直接宣伝

◉みんなで稼ぐ五〇〇万円

つくるほうがなんとかうまくいくようになったら、今度は売る苦労です。はじめは一〇〇枚ぐらいずつつくって岩国方面に出ている子どもたちや親類に持たせたり町内の小売り店におろしたり。月二回は広瀬で行なわれる朝市へまだ暗い山道を下りて行って、直接消費者へのはたらきかけもやりました。

「はじめは『おいしいですよ、安いですよ』とポツポツしかよう言わんのですいね。恥ずかしいでしょ。

そのうち馴れてきたら『奥さん、この木積ゴンニャクは私らの手づくりですよ。三〇分ぐらい水につけてアク抜きして、うすーく切ってワサビ醤油で食べてみんさい。おいしいですよ。だんなさんの酒の肴にいいですよ』なんて、だんだんに言えるようになってね」

そんなおばあちゃんたちの努力が稔って「木積の手づくりコンニャク」の評判は徐々に高まり、それを聞きつけた岩国のスーパーから大量の注文が舞い込んできました。

「岩国のスーパーがね、直接話を持ってきたんです。値段は一五〇～一八〇グラムで一枚五〇円。木積ゴンニャクはなあんも混ぜもんしとらんですからね、夏の間は出さんのですけど、九月から三月の間は毎週毎週注文があるんです。一回三〇〇〇枚から五〇〇〇枚の注文でね。週一回一九名のグループ員が集まってつくるんです」

スーパーからグループに入ってくる代金は、新しく建てた加工場（総工費三〇〇万円、半分はイナ作転換の補助金）の地元負担分をコンニャク一枚につき四円と、バーナーの重油代を一円天引きし、イモを出した量に応じて配分します。

昨年から今年のシーズンはスーパーだけで一〇万枚―五〇〇万円分をおろしました。おばあちゃんたちは週一回ずつ月

コンニャクを団子にする。話題は孫のこと，むらのこれから。

四回の作業で三〜五万円の月給取り。
夏場は各戸でコンニャク畑の管理のかたわら朝市に出す分や町内の小売りにおろす分をコツコツつくります。

共同作業はみんなが家族

◉つらい作業も楽しみに

いくら収入が安定してきたとはいえ、コンニャクつくりがつらい作業であることにかわりはありません。とくに冬場のいちばん需要の多いとき。

「日の出までまだ二時間あるような暗い道をね、雪の降るなかおばあちゃんたちがトットコトットコ集まるんですいね。前の晩にミキサーにかけたコンニャクはね、もう一ぺん手でこねんことにはねばりが出んのです。冷えきって氷より冷たいですいね。

だからゴンゴン火を焚いてね。お茶も沸かしてみんなでワイワイにぎやかにやるんです。みんな家族みたくしてね。

今ごろの季節はかえってさびしいです

【「読者のへや」から・一九八五年六月号】

子どもの自然食の献立を

栃木県　高久千栄子

今まで主人が読んでいたのですが、先月号から興味深く読んでいます。それは「豊かに食べる、健康な生活づくり」という項目があるからです。三人の子供たちがいますが、毎日の食生活には頭を痛めています。食品添加物の問題、バランスのとれた献立て、おやつといった具合に、四月号に載っていたようなことを毎日考えさせられていたからなのです。

四月号を最後まで読んで食べることが恐ろしくなってしまいました。そして何よりも考えさせられたのは、これから成長する未来ある大事な子供たちを薬づけにしていいのだろうかということです。加工食品や清涼飲料水、そしてスナック菓子を食生活から追放してしまいたい気持ちでいっぱいです。

私は最近、野菜を中心とした献立てを毎日の食事に取入れ、一品でも多くと心がけています。でも大人用の献立てはいいとして、子供用の献立てが乏しいのです。そこで『現代農業』で、子供の食事として野菜、小魚、海そう類、豆類等を使った自然食の献立を特集していただけませんか。

できたぞ！　うまい手づくりの「木積コンニャク」だ。

よ。お盆ぐらいしかにぎやかなことないですからね。みんな早う冬にならんかねえ、と思うてますいね」

にぎやかな加工場での話題は、お孫さんをはじめ家族の噂が多いのですが、いろんな提案も飛び出します。

全戸でお金を出し合って、念願の簡易水道を実現したほか、年三回、地区の道路と川の清掃をすることをみんなで決めました。

「赤字線」として廃止されようとしている岩日線の存続のために、広瀬の朝市にさらに積極的に参加するようにしました。一日の朝市で六〇〇枚（三万円）のコンニャクがはける日もあります。

コンニャク代金を積み立てて、正月には近くの温泉で新年宴会もやります。

「スーパーの担当さんに『いくらでも飲み食いしていいから友だちも連れといで』と言うて毎年誘うんです。

その人がね、『おばちゃんたちいつまでコンニャクつくり続けられるかねえ。いつまでも続けてほしいんだけどねえ』言うんだけどね。私らも年とるでしょ。でもまだまだやりたいからね。役場に大きなミキサー買ってもらうように今交渉してるんですいね」

町内のお年寄りも刺激されて朝市に

◉ひろがる手づくり加工

錦町はコンニャクばかりでなく、ワサビ、クリなどの産地でもあります。木積のおばあちゃんたちの活動は、町内の他のお年寄りを刺激し、町内に加工ブームがひろがりました。月二回の朝市は、ワサビ、山菜、野菜のほかにワサビ漬やベッタラ漬、ユズみそ、煮豆などが出されるようになり、岩日線廃止に反対して岩国から乗り込んでくる数百人のお客さんたちをよろこばせています。

生産したコンニャク生イモ全部を加工することはこのおばあちゃんたちだけの労力では無理でしょう。しかし自分たちの手で、商品にならないようなイモを生かしてこれだけの収入を生みだしたおばあちゃんたちの工夫は立派です。

ヤギ、鶏、ウサギ…どの農家にもいた小家畜は、子どもら歓声とともに農村をにぎやかにしていた

ヤギのいる生活

画家 近藤　泉（絵も筆者）

長野県松川町・水野昭義さんご一家

あと一週間もすると、わが家にメスの子ヤギが来ます。期待と不安の入りまじった気もちで、亭主殿はヤギ小屋づくりに一生けんめい……。そんなときおたずねした水野さん一家は、ヤギ飼いの大先輩でした。

水野さんの家がある伊那谷は果樹の栽培がさかんなところです。いく段もある天竜川の段丘の、山に近い所は一面にリンゴとナシが植えられています。昭義さんが有機栽培をはじめたのは昭和五十年ころ。かれこれ一〇年近く、安全な作物づくりに取りくんできました。出荷しているリンゴやナシはもちろん殺虫剤など使いません。

♡孫にはヤギを……

昭義さんと孫のはじめくんが案内してくれた家の裏のほうにヤギがいました。リンゴの木の下でのんびり草を食べているヤギは珍しく角があります。しばらく飼わなくなっていたヤギですが、孫が生まれたからまた飼うことにしたということで、昨年春から乳をしぼっています。

乳をしぼるのは昭義さんの長男一郎さんです。シュッシュッと泡をたてて左手に持った一升びんに乳がたまっていきます。朝夕搾って一升くらいになるそうです。ヤギの乳しぼりを見たのははじめて。なんだかうれしくなってしまいました。来年うちのヤギが子を生んだら、こんなにうまく搾れるかしら。ちょっと心配です。

もう一つの心配は、ヤギの乳はクセがあって飲みにくいといわれていること。夕食後沸かして出してくれたものをこわごわ飲んでみました。ところがどうして、おいしいのです。牛乳とはまたちがった味があって、これならいける、と思いました。

一郎さんの二人の子どもたち、下のはじめくんはよろこんで飲むのですが、上のさと子ちゃんは、牛乳を飲んでいたためかそのままでは飲みません。

それでも、これが手づくりのおやつにいろいろ使えるそうです。蒸パンにも入っています。まるくふくらんだ蒸パンは茶色くて、出荷できないナシでつくったナシ飴で甘味がついています。かんてんなどにも入れます。毎日食後のお茶のようにして飲んで、それでも余ると酢でかためて自家製チーズに。「しょう油をかけて食べるとおいしい」と一郎さん。

家へ帰ってからヤギの乳の成分を調べてみると、脂肪もタンパク質も、牛乳や人の乳にくらべて抜群に多いのです。こんなに栄養があるのかとあらためてびっくり。健康のためにもヤギを飼うのはいいんだなと感心してしまいました。

♡仲のいいヤギと野菜

いずみの農家訪問記

ヤギにはまたいいことがあります。水野さんのお宅ではエサは草だけ。昭義さんが果樹園の仕事の帰りに、農薬のかからない所で、しょい籠一杯草を刈ってきます。冬はワラにお湯をかけ、ヌカやフスマをまぶしてやります。それとクズリンゴ。小屋があれば特別の施設もいらないし、ほんとうにお金がかからない動物です。

もう一ついいことがあります。水野さんは自家用の野菜畑にいれる堆肥を、この一頭のヤギの糞尿でまかなっています。普段はもちろんのこと、秋になるとヤギ小屋にススキなどを二〇㌢くらいもしきつめ、それをかき出してつんでおきます。これも帰ってから調べたことですが、家畜の中でも特にヤギの糞尿は濃厚で発酵しやすく、肥効も速いと本に書いてありました。

♡昔からの良さに新しさがドッキング

水野さんの家の裏にはヤギだけでなく、ウサギもニワトリも犬もいます。ウサギは今は飼っているだけですが、ニワトリは毎日新鮮で安全な卵を供給しています。「いろんなものがいる」とはじめはびっくりしてしまったのですが、少し前の農家はみなこうだったのではないかしら。

自家用野菜の畑はとてもにぎやか。子どもたちが喜ぶイチゴがたくさん植えられてまっ赤な実をつけています。ナスやキュウリ・レタスなどとまじって中国野菜や青汁用ケール、ステムレタス、ズッキーニカボチャなど珍しいものもどんどんとり入れて利用しています。ミツバやフキ、チョロギなども勝手にふえていってます。

昔からの良さを守って新しいものを取り入れていくのは、水野さん一家の生活全体に言えるようです。家のつくりもそうです。新築して土間をなくす家が多いなか、水野さんの家は表から裏まで土足でぬけられるのです。台所も土間で、裏の畑からすぐ入ってこられます。仕事の間に一服するにも地下タビなど脱ぐ必要はありません。

土間の隅には臼と杵がいつでも使えるように置いてあります。これで草もちをつくってくださったのですが、色も香りもすばらしく、おいしくて、いくつでも食べてしまいそうです。ヨモギは果樹園での農薬散布がはじまる前に摘んで、冷凍庫に保存しておいたのだそうです。古くからある臼と新しい冷凍庫、日常の生活でともに活躍しているわけです。

【一口メモ】乳用ヤギ　気軽に飼えて乳が搾れるヤギは明治末期から戦後昭和三十年代前半期まで増え続けたが、その後は激減。昭和三十五年の四七万頭が五十三年には四万頭になった。

1985(昭和60)年3月号

一九八〇年代に深刻化した農家の負債問題。本誌では経営転換と制度活用の両面から打開策を追求した

雪中の竹のように生きる

借金をへらす!子供のためにも

長野県・小山美智子さん(45歳)

池田玲子

美智子さんのご家族。ほかに高校３年生を頭に女の子が３人。

美智子さん（四五歳）の家はかつての御料牧場の跡地、白煙の糸ひく浅間山を目前にみる御牧台地の中だ。

そこは義父の四三さんが青雲の志を抱いて開拓の灯をともした所でもある。居間にある石川三四郎筆の「九層壹起於累土」（老子）の掛軸が気骨ある小山家の家風を物語っている。

経営は肥育牛主体の複合経営。

ときにはご主人に怒りをぶつけてしまうが

昨年の秋、美智子さんはこんな日記を書き綴っている。

「今日は夫の誕生日だ。心は決して晴ではない。でもいつの間にか花束を用意している子供達の手前、ささやかなごちそうの席を用意した。祝ってもらう夫のほうも無理に明るさをつくっているのがよくわかる」

その日の昼すぎ、三日程前に出荷した牛のあまりにも安い売りあげ伝票が届いたからだ。そして『私はあんたと結婚したんで苦労と結婚したんじゃない。一体何のための苦労なの！』と思わず怒りを夫にぶっつけてしまったからだ。日記はつづく。

「しばらくして気がついた。私よりももっと夫のほうがくやしくてつらいのに—

暗い大根畑で、抑えていた涙がくやしさを一緒に運び出してくれた。今度の結婚記念日には『あなたと結婚していてよかったわ』と笑顔で言おうと心に誓った」

美智子さんの家の肥育牛主体の経営は、現在、火の車だ。借金の返済、コスト高。それなのに枝肉安でもうけ薄。昨年の秋のように、ときにはご主人にぶつけてしまうほど、気持が落ちこんでしまうこともある。

女の技

しかし、実は数年前、美智子さんはそれではいけないと心にきめていた。ぐちばかりを言っているのは一人前の農家の主婦のやることゃじないときめていた。

開拓二世の子育て哲学

青年団活動の中で知りあった剛さんと結婚したのが、昭和四十年。開拓農家としての自主自立の家風の中で、四人の子供の子育てが続いてきた。この子育てがあればこそ、数年前、美智子さんがより大きく脱皮することができた。

美智子さんの家では、子供が自分のことを自分でやるのはあたりまえだった。その上、必ず家の「仕事」をさせた。

どの子にも小学校へあがった時から夕方の牛のワラくれを手伝わせた。女の子は、小学校五年生になれば夕飯の仕度をさせた。

「家ではみんなが仕事をするように毎日の家事作業や農作業の中へ仕組んである。わけもなくおさぼりをしても誰も手出しをしないことにしている。かわいそうな気もするけど、自分の責任をまっとうすることで働くことや家族と一緒にくらすことの意味を体をとおして覚えていってくれるはずだ」。

洗たくものが夜露にぬれても、夜中に風呂へはいっても命に別状はないと美智子さんはわりきった。

今は高校二年生の長男が中学二年生の時にこんな作文を書いている。

「両親はボクの身近かで一生懸命働いている。それなのに手伝わないものがいるだろうか。もし仕事をやらなかったらきっとぐうたらな人間になるだろう。しかしただ働くだけではロボットだ。やろうとする気持が大事だ。早く仕事を好きにならなければ。そうなる日が早く来るといいな」

この彼は、中学一年生の時から自分で希望して、子牛二頭を全責任をもって育てていた。飼いはじめて間もなく一頭が死んだ時、どうしようもなく息子がかわいそうで一緒に声をあげて泣いたという。

こんなこともあった。それは次女が夕食当番をはじめて間もなくのこと。「今夜のコロッケはじゃがいも七つでいいよ」と言って美智子さんは畜舎へむかった。そして帰ってみると、超ミニコロッケが出来上っているではないか。

「これでも七つ使ったんだよ」

と子供は半ベソかき。何と下手な教え方をしてしまったものか。その日から秤を持ち出して教える者、教わる者の大奮闘がはじまった。

時には塩辛いみそ汁が出来た。

「これではしょっぱくて飲めんぞ」とご主人。美智子さんはじっと子供達を観察する。夫婦の呼吸はぴったり。子供達の非難の目がお父さんにむけられる。

「しょっぱい時はポットのお湯でうめればいいんだよ」

姉兄がいっせいに妹をかばった。美智子さんはほっと息をつく。子育てはこうしたドラマの連続だった。

「失敗したくやしさをバネにする。他人の痛みをわかちあい、子供同士が知恵を教えあう。これこそまさにファミリーではないかとつくづく思う。こうして育てばちょっとのことで、命をおとすようなことは絶対ない。子供に働くよろこびをと簡単に言うけれど、それは長い間の瞬間瞬間の真剣勝負。単に仕事のやり方を教えるのではない。そこには、仕事のつらさきびしさが含まれ、人間になることにつながっている」

〝ぐち〟を言ってるだけでは一人前の主婦じゃない

こうして十数年にわたる子育て時代が終わろうというとき、家の経営が火の車となりつつあった。

結婚後、後継者資金で肥育牛を開始。昭和五十二年には、近代化資金を借りて七〇頭収容の牛舎をたて、一〇〇頭余の肥育牛を飼う規模にきた。しかし間もなく、順調にいくはずの計画が、枝肉安、素牛高などでつまづき出したのである。

子育てでは開拓者精神を地でいった美智子さんの前に、〝経営のぐらつき〟という事態があらわれた。そして、その経営には全くといっていいほど無力な自分がいた。

「お金がない。牛はもうけがでないからだめだ」と、いつも夫をせめ、ぐちっていたのがほかでもない自分だった。

〈結果だけみてものを言うのはどんなに簡単なことか。そうなるまでに私は何をしたんだろう〉

ただ手伝っていただけの自分の立場にはっとした。自主自立の子供を育てるためにがんばってきたこととの矛盾に気がついた。百姓の女としては半人前でしかなかったことが悔まれた。数年前のことである。

主婦としての経営参加。これは簡単ではない。どこから始めるべきか。美智子さんは、まず自分が一人前になるために、簿記の記帳を受け持つことにした。

一年目に必死ではじき出した数字は、すでに剛さんにはわかっていることだった。でも、これでやっとはなし相手になる資格が出来たのかと、うれしく思うと同時に剛さんに心から詫びた。

持ち前の負ん気で二年目からは青色申

告もできた。

「うちの簿記は節税なんて生やさしいものではないですよ。どっかでこれ以上もうけることはできないかと血まなこでみつけるんです。農協の帳尻だけみていたんでは百姓はだめ」

こうした記帳の結果をもとにとことん相談し、二年前、経営の大転換がはかられた。

①一二〇頭いた肥育牛を七〇頭にし、繁殖牛をいれる。多頭飼育をつづけるよりも、いい牛をていねいに飼う。

②安定している水稲部門をとりいれる

③労力を考えてアスパラ、加工トマト、薬用人参をとりいれる

「これだけやっても借金には追いつかないかもしれない。けれども農業がきびしければきびしいほど自分でぬけ道を探さなければいけない。ダメダと力を抜いてしまったらもうおしまい。やるしかない」

それは必死でもうからない牛飼いにしがみついてきた美智子さんのひらきなおりでもある。雪中の竹のようにしたたかにたちあがる底力をもった百姓の女の姿をそこにみるおもいだ。こうして〝小山丸〟の再出発がはじまった。

「百姓でよかった」といえる生き方をする

農業のつらさをまのあたりに毎日みてきたはずの長男は近くの普通高校をみむきもせず、自転車と汽車をのりつぎ一時間かかる農業高校を志望した。美智子さんは世間体を考えたり、農業以外の空気も吸わせたかったりで、はじめはあまり乗り気でなかった。

しかし、特待生として二年生になった彼は、今年の一月からまた自分の牛飼いをはじめた。美智子さんは「農業まっしぐらの彼の生き方をみていると、ほんとうにこの子に農業をえらばせてよかったのか」と考えこんでしまう時もあるという。子供を育てる親の責任はこんなにもむずかしいものか、と。

それにしてもお陰でいい子供達に恵まれた。その子供達のためにいつの日にか「百姓をしていてよかった。百姓でなくちゃ」といえるような農業経営や自分の生き方をしてみせなければと心の底から思うという。

子育て中心の主婦から、一人前の農家の主婦にかわってきた美智子さん。美智子さんに、春の陽差しの一日も早からんことを！

（長野県農業大学校）

「一戸一アール自給運動」「五〇万円自給運動」など、この頃、農協婦人部による自給運動が各地で始まった

女の技

ない嫁っこたちから好きの嫁っこたちへ

――共同畑の大きな波紋――

渡辺　広子

部落の嫁さん二〇人で始めた、たった一反の共同畑が、大きな波紋をもたらした。

ここは秋田県仁賀保町。カセットテープで有名なTDKの大工場があるところで、早くから兼業化がすすんだところである。四代、七人家族の恵美子さん（36歳）も、ご主人ともども勤めに出ている。

畑は義母さんにまかせていたが、内心「私の代になったらどうしよう」と不安であった。

心配だらけの共同畑の出発

共同畑をやろうという呼びかけに、婦人部の中でも若い若妻会の部員たちはとまどった。

「クワもカマも握ったことのない私たちが、しかも、水田に畑をやってろくなものがつくれるだろうか」

でも、先輩の部員たちを中心に、まずやってみようとなった。

約一反の田を借りて、あまり手のかからない大豆を植えることにした。作業は日曜日と、朝夕の勤め前、勤め後。

前年の秋まではイネがあった水田をみつめ、恵美子さんは心配だらけ。

……水が入ってきたらどうしよう。

……また田んぼにもどしたとき、水もちするんだろうか。

兼業でお金を稼ぎ、すべて買うという生活の中では、健康、家族の和、農の心……が失われつつあった。それではいけないと、農協が自給自足運動をよびかけたのは昭和四十五年である。

金をとるよりも使わない工夫！

土をもつ農民こそ真の幸せを！

郷土の土から豊かな健康！

などを合言葉にすすめてきた。

「共同畑」はその自給自足運動の一環として、昭和五十二年にはじまった。組合長が、「勤めと家の仕事で忙しい主婦たちが、畑の中で井戸端会議ができるように」と婦人部に提案したのがきっかけである。

共同畑でのうねつくり

畑に出
畑大

……自分の家の田や畑の手伝いもろくにできないのに、共同畑までやれるだろうか。

（春）ご主人たちにトラクターで耕起してもらい、いよいよ本番。クワを持ち、ウネつくりが始まった。スタイルは一人前でも、思うようにウネができない。

「クワはこう持つ。足の運びはこうしたほうが楽だよ」

二〇人の部員たちは、教える人、教わる人が一体となって一生懸命、汗を流して楽しく終えた。

（夏）は草との格闘。カマの研ぎ方、使い方、刈った草の集め方から利用の仕方を教えあい教わりあう。さくりかけ（中耕除草）をやる時期やかけ方を教えあい教わりあう。

そんな中で、日一日と生長する大豆をみて、自分の子供と同じように愛着がわいてきた。共同作業のときではなくとも、風の強いとき、大雨が降ったときなど、わが「子」たちがどうなったかと、朝早くかけつけてみる。恵美子さんだけでなくそんな仲間がいっぱいであった。

（秋）天気をみはからって収穫。十一月の組合員大会の品評会や出荷にむけて、全員で部落会館で選別した。選別しながらの楽しい会話は、夜遅くまでつづいたものである。

品評会も、検査大豆も一等で、わが愛する「娘」たちは経済連へ全量「嫁入り」したのである。

こうして今年は共同畑も五年目。昨年は、キナコ用青大豆、スイカ、メロン、ヘチマなど作目数も増えてきた。

子供、ご主人、姑さん
——家族が共同畑を応援

今までは、恵美子さんの家の畑仕事は、六四歳の義母が中心で、草とりなどは、八九歳の祖母が手伝っていた。恵美子さんはなんとなく、傍観していた。

しかし、共同畑を実施することによって、恵美子さんは自分の暮らし方が変わってきたと思っている。

まず、作物をみることがとにかく楽しくなった！ また、畑仕事の順序というものや、わが家でつくられている野菜の種類にも関心がでてきた！　自給できる野菜の種類がいかに多いかに驚き、それらのすべてに挑戦してみたいと思うようになってきた！

■子供は共同畑に自分の家の畑に大ハリキリ

今までわが家では植えたことのなかったメロンやスイカも、共同畑と並行して自分で植えた。子供たちは「早く大きなメロンやスイカがなりますように」と毎日水をかけ、草をとり、共同畑の野菜と見比べたりして畑に通うのである。

大きく甘いメロンやスイカを食べながら「ボクたちがつくったんだ」と大いばりである。

■ご主人たちの協力

また、ご主人たちも、共同畑を心配し、その前を通るたびに、虫がついていたぞ、そろそろさくりかけしたほうがいいぞ、と教えてくれる。その都度、畑の専門家の義母たちから作業手順を習うのである。

■部落内の姑さんたちも「エガッタモンダ」

部落内の姑さんたちも恵美子さんたちの共同畑には大喜びである。

「嫁っこになってきて、三年も五年もたっても、畑サなんか一日も出たことねえ。こんなことで、オレたち畑仕事できなくなったらなんとするべ」

と心配していた姑さんたち、さりとて「忙しい嫁っこつかまえて、畑サ連れていって一つ一つ教えるなんてとってもできなかったけど、共同畑でこうしてひととおりの仕事おぼえてきたら、自分でヒマみつけて畑サも行ぐようになった。ホント　エガッタモンダ」

ということである。

■自分の代になったら畑をどうしようと心配だった

恵美子さん自身もそうであった。義母は、畑が好きで、週一回行なわれる農協の青空市場の主力メンバーの一人である。しかし、いくらベテランの義母がいても、時間がなくて一つ一つ教えてもらえず、恵美子さんは「自給はいいけど、自分の身代になったらどうしよう」と、いつも不安だった。

でもこうして仲間といっしょに野菜つくりの技術を知り、心の交流ができ、悩みごとや生活の知恵の交換、会社でのできごと、心のモヤモヤを消し、子供たちもいっしょに畑仕事ができること、なんといっても協同という絆が強く結ばれたことは、すばらしいことと思っている。

土の中にはこんなに宝物があった

共同畑で収穫したメロン、スイカを食べながらの家計簿講習会や料理教室に出る。また部落レクレーション大会や盆踊りには部落みんなに食べてもらう。子供たちは「カアちゃんたち、つくったんだゾ」と得意顔。青大豆のキナコもみんなで分けて、食べきれない分は農協の店ぽで、地元特産として販売する。ヘチマ化粧水は一人で約一・二リットルもとれ、

ベテランの姑さんたちがつくる野菜は青空市場に

家中が手・足・顔にまでたっぷりつけている。

金、金、金と明け暮れた日々。土の中にこんなにたくさんの宝物があるとは思わなかった。

共同畑も年とともに意欲が出て、次々と作物が増えた。販売よりも自分たちの自給物を中心につくっている。ツルではわせるもの、ビニールをつかうもの、芯をとめたりするものと技術も向上してきた。でも、あくまで堆肥を中心として、本来の健康で強い農作物をと張り切っている。

手をかけて尽くせば、尽くしたようにお返ししてくれる作物と自然。それを相手の農業。農家生活のすばらしさに恵美子さんは本当に感激している。それも自分だけでなく、多くの仲間と共に……

兼業の進む中でともすると失われがちな農業の希望や誇りを、自給運動や共同畑に結集する中で発見した。これからは共同畑を「基礎講座」とし、わが家の畑は「上級講座」とし、仲間の先輩や義母からよく習おう。田んぼと同様、畑にも力を注ぎ、義母の青空市場へ「これも、あれも」と出せるような野菜をつくり、義母の後継ぎになろう。

今、恵美子さんの畑にはかつて見たこともないような、いろいろな作物がビッシリと植えられ、スクスクと育っている。

（秋田県仁賀保町農協）

【「読者のへや」から・一九八五年十一月号】

嫁さんたちに伝えたい、農業をしていてよかった

岡山県 三谷芳男

最近はなかなかの結婚難で、とくに農家の嫁不足は深刻のようです。しかし私は農業をしていることくらい心強いものはないと思います。

私は五四歳になったときに、会社不況で失業しました。五〇歳を過ぎるとなかなか良い仕事はみつからないものです。また、仕事がみつかっても、給料は安く、生活苦におちいってしまいます。そのようなとき、家で農業をしていたことが何と心強かったことか。

私は交通事故で重傷を負い百十日ほど入院したことがあります。そのときも老父と老母が留守をしっかり守ってくれていました。何と心強いことか。農家は持家があり、畑では新鮮な野菜、美しい花が栽培できます。

今の若い娘さんは借家住まいでも、夫婦二人暮しのほうを望むようですが、そんな安楽な生活が一生続くはずがありません。長い間にはどんな事態が起こらないともかぎりません。全国の娘さん、結婚するなら将来のことをよく考えてください。

農家の自給の大事な一貫として本誌では何度も農家のドブロクつくりを紹介。思いもつくり方も個性的だ

『ばあちゃん長生きしてね』嫁がつくりつづける本物の酒

編集部

「ばあちゃん、長生きしてね」

そんな思いをこめてつくりつづけるドブロクだってある。

鈴木民子さん（仮名）、五二歳。病いの床につき、寝たり起きたりのキヌばあちゃん（八三歳）のために、今年もまた、ばあちゃんから教わった酒つくりの技術のすべてをそそいでドブロクをつくる。

キヌばあちゃんの楽しみは、夕ごはんのときの一杯のドブロク。民子さんは、それを欠かすわけにはいかない、と思ってつくりつづける。

ばあちゃんに笑みがもどった
——盃一杯のドブロクから——

「ばあちゃんは、漬けものつけるのも、ドブロクつくるのも上手でなぁ。ぜーんぶ、ばあちゃんから教わったんだ。まだまだ、オレもばあちゃんみたいにはできね」

食卓の上には、小ナスのこうじ漬け、ブナマイタケの煮物などが並ぶ。そして、徳利の中には冷やしたドブロクが満たされていた。

「どうですか、ひとつ」

民子さんのすすめで、そのドブロクをいただく。上品な甘さと、さほどアルコールは強くはないけれど重量感のある味が口のなかにひろがった。夏場だというのに、すっぱみもなく、苦みもない。のどごしもとてもスムースだ。

「おいしいですね」

「ばあちゃんが喜んでのんでくれるので、はりあいがあってな、やめられネ」と民子さん。今、民子さんは「ばあちゃん、長生きしてね」と願いをこめて、できるだけ切らさないようにドブロクを仕込むのだそうだ。

退院したばあちゃんにすすめた一杯の酒

話は一一年前にさかのぼる。キヌばあちゃんは病気で丸二年間入院した。やっと退院。快気を祝して兄弟たちが集まったとき、民子さんはお祝いのドブロクをつくった。兄弟たちは口をつけてくれたが、キヌばあちゃんは「頭が痛くなる

で、オレはのまね」と一人ふさぎがち。

民子さんは、ドブロクに卵と砂糖を加えて燗をしておばあちゃんにさし出した。

「おばあちゃんも少しのんだら。そしてみんなと楽しくやったら。盃一杯だけでもいいんだから。頭、痛くなったら、みんなして病院さ連れていくで、心配しねぇで」

その日が、ドブロクを口にした退院後はじめての日であった。それから、毎日、盃一杯、そして二杯とキヌばあちゃんのむ量はふえていった。それとともに、笑顔の時間もふえていった。

今、キヌばあちゃんは、夕食のときに必ず民子さんがつくったドブロクを、コップに一杯か二杯、ごはんがわりにのむのだそうだ。民子さんは、キヌばあちゃんのために、ドブロクには卵と砂糖をおとし、少し水でうすめて必ず燗をして出す。ニコニコしながらのんでくれるキヌばあちゃんの顔を見て、民子さんはやっぱりつくっていてよかったと思う。

ばあちゃん秘伝の酒つくり
——こうじたっぷり・土の中で熟成——

民子さんがキヌばあちゃんから教わったドブロクつくりは、とてもぜいたくなつくり方である。材料は——

米　五升。
こうじ　一斗
水　三升

こうじの量がとても多い。その分だけできあがったドブロクは甘くなる。でも甘いほうが、キヌばあちゃんの口にはあう。昔、米がもっともっとぜいたくな品だった頃には、こうじの量は米と同量ほども使えなかった。今、ライスグレーダーが出てきて、米選機下の米にもいいものがたくさん混じっている。民子さんは、その米をついてこうじをつくる。だからタップリつかっても惜しくはない。

酒を仕込む日は午前中からその準備が始まる。まずはモトつくり。

五升の米でドブロクをつくろうと思えば、モトの調合はこんなぐあいだ。

こうじ　五升
イースト　果粒のものフタ一杯
水　二升

これを混ぜあわせて半日くらいねかせておく。昔は花モト（八二ページ参照）をつくったそうだが、手間がかかることもあって、今、民子さんはイーストを使うったモトをつくる。

それを、ふかした米五升、こうじ一斗、水三升を混ぜたドブロク原料のなかに加えて発酵させる。

三日間ほど室温でブクブクさせると米と上澄みが分かれ、酒らしきものにはなるが、実はこれからが民子さんのおいしい酒つくりのポイントなのだ。

土の中でジックリ熟成させて味を醸す

仕込んでから四日目、民子さんとご主人の英一さんは朝五時ころ、まだあたりがうす暗い時間に畑に出る。適当な木蔭を見つけて穴を掘る。掘る大きさや深さは、酒を仕込んだ容器（ふた付きのポリバケツ）にあわせる。大きなバケツになると一㍍ちかくも掘る。容器の上に三〇㌢の厚さに土をかぶせるのが、キヌばあちゃんのやり方だからだ。

「自分がのむでな、穴掘りくらいはやらなくてはですな」

と英一さんは笑う。

穴を掘ったら民子さんといっしょに酒を運ぶ。バケツ全体をスッポリとビニールでおおって穴の中に沈め、上から土をかけて一段落。

ドブロクは土の中で熟成していく。少なくとも二カ月、長いものだと半年、一年、土の中でじっくりと酒の味がつくられていく。

「日中にですな、陽の当たらない木の下に埋めておくと、全然すっぱくならずに自然と甘味がついてくるんです。一週間もすれば酒はできるども、おいしくなくて……一カ月でもまだまだ本当の味は出てこねぇす」

民子さんがキヌばあちゃんにすすめ、記者にすすめてくれたドブロクはこうしてつくられたものだった。トローッとしたあの上品な甘さは、たっぷりのこうじと土の中での熟成にその秘密があったのだ。

酒つくりの腕は女から女へ
――嫁に持たせた二つとない土産――

ドブロクをつくる楽しみは、ただ上手に酒ができた、というだけにはとどまらない。

「いいものをつくってのみたい、という気持ちは、人にものませたい、という気持ちと同じなんですな。集まりのときに、土の中から掘りあげてバケツごと持っていくんです。『おめぇのつくった酒、うめぇな、どうしてつくったんだ?』なんて言われるとうれしくて」

民子さんは、近所の人たちによくできたドブロクを持っていくことも多い。そうすると、米をお返しに持ってこられることもある。

「近ごろでは、ここいらでも自分でつくる人が減りましてな。オレはばあちゃんに教わって、今でもつくっていてよかったと思います」

最高の嫁には最高のドブロク

六年前、民子さんは長男に嫁をもらった。隣りの県から来た、気立てのやさしい嫁だった。「ばあちゃん、ばあちゃん」と、民子さんの母、キヌばあちゃんにやさしくしてくれる。「いい嫁が来てくれた」、民子さんは嫁のそんな態度を見て目を細める。

最初のお盆のとき、民子さんは、実家に帰る嫁の車のトランクに、ドブロクをつめた一升ビンを入れた。嫁の実家では「なつかしい味だ」というので評判になった。それ以来、お盆の土産は民子さんのドブロクがメインである。

今年もまた、車のトランクに六升のドブロクを詰めた。途中で爆発してはいけないから、熟成にはたっぷりと時間をかけた。それに、特別なつくり方をした酒でもあった。というのは、米とこうじとイーストだけでつくった酒だったからである。そのかわり三カ月ちかい熟成期間をおいた。しぼるときにわずかの水をつかっただけのドブロク。

「こんなにいい嫁だから、最高のものを持たせてやりたいと思ってな」

お嫁さんは今、民子さんがつくるドブロクのファンになってしまった。

「おばあちゃんがのんでる卵と砂糖を入れたドブロクおいしいなー。冷蔵庫で冷やしておけば、ビールなんてのまれないな。こんがーなおいしいものがあるんだねー」

そう言って民子さんを喜ばせてくれる。

病気で酒をうけつけなかったキヌばあちゃん、生まれてこのかた酒をのんだことがなかった亡きじいちゃん、それまで酒をのんだことがなかった長男の嫁、みんなドブロクファンにしてしまった民子さんのドブロク。

このドブロクつくりの技術、キヌばあちゃんから民子さんへ、そして嫁さんへとひきつがれるにちがいない。

床の間に額に入った一枚の表彰状があった。今年、英一さんの牛が品評会で一等賞をもらったときの表彰状である。その牛は、民子さんがつくったドブロクの酒カスを「オイシソーダァ」と食べて育った牛だった。酒カスは英一さんの飼う二頭の繁殖牛の大好物でもある。

【「読者のへや」から・一九八二年一月号】

命がけの酒づくり

東京都 鈴木 清

十一月号の「自家用酒のすすめ」を読んで、終戦後、開拓技術者として働いていた時に、開拓農家に桜見に招かれたことを思いだしました。堤に並んだドブロクに、戦後復興の力強さを感じたものです。

数年前、私はサウジアラビア南部の地域計画に従事し、数年を過ごしました。サウジは酒の禁じられたおきてのきびしい国です。私はアラーの怒りも恐れず、ブドウを部落で買い求め、ビニール袋につめ、タネがつぶれない程度につぶして発酵を待ちました。広漠たる砂漠の寒気が襲う野宿で、密かに手作りワインを口にした時、調査疲れも忘れ強行軍にもファイトがわいてきました。

摘発されれば国外追放か投獄というこの冒険は、戦後開拓の入植農家の活力を思い出したことから始めたものです。

ドブロクのロングセラー本（農文協刊）『ドブロクをつくろう』（前田俊彦編 一、三三〇円）『趣味の酒つくり―ドブロクをつくろう実際編』（笹野好太郎著 一、三三〇円）

農協婦人部の要望で実現「近年、稀にみるヒット」と好評だった取り組み

リンゴジュース搾り機が老若を超えて自給の輪を広げた

岩手県花巻市の七つの農協　編集部

近来、稀にみるヒット

岩手県花巻市には七つの農協があるが、自給運動に取り組む各農協婦人部のお母さんたちの間で、「近来、稀にみるヒット」と話題を呼んでいるのが、花巻市青果農協連の選果場の片隅に備えつけられた「リンゴジュースしぼり機」である。

連日、われもわれもの使用申込みに、各農協の生活指導員さんの間で調整が必要なほど。昨年十一月から年末までで、なんと八〇〇〇本（一升ビンで）ものリンゴジュースが婦人部のお母さんたちの手でしぼられたそうだ。

市販のものを買えば一缶一〇〇円。しかも水でタップリと薄められている。安全性の点でも不安だ。味、安全性、どっちをとっても市販品より数段上。

選果場の片隅は、さながら女性だけのサロンと化し、添加物の話、自給野菜の話沸騰。

婦人部のお母さんたちの要望で実現したこのリンゴジュースしぼり機。婦人部自給運動に確かな一石を投じたのであった。

水田再編事業の補助がついて

花巻地区は、水田利用再編対策で、転作作物として、わい化リンゴが急激にふえてきた地帯である。

リンゴを栽培するお母さんたちにとって頭が痛いのが、どうしても規格外品が出ること。自分の家で食べるといっても限度がある。よそ様へ持っていくにしても毎度毎度では気がひける、さりとて売るとキロ三〇～五〇円の捨て値。

どうしたものか……。

丁度その頃、農協婦人部の研修で青森県のリンゴ地帯に行ったお母さんから耳よりな情報が入った。

「S農協で、クズリンゴをしぼったジュースを飲んだら、とてもおいしかった。私たちのところにもあるといいね。これからますますリンゴがふえるんだし」

話はトントン拍子にすすみ、花巻地区七農協の婦人部の要求に。機械の値段は施設費だけで二五六万円。「何かの補助金はないものか」と調べてみると〝水田利用再編推進事業〟という、うってつけの事業があった。

花巻市青果農協連の事業主体で申請し

たところ、昭和六十年度事業として認められたのである。二五六万円の半分一二八万円の補助。残りの一二八万円＋α（ガス水道の配管工事や鍋などの付帯設備）は、青果連の一般会計から出して、昨年十一月に動き始めたのである。

安い・美味い・安全……今や運動のメッカ

選果場の青任者、佐藤忠男さんにお話を伺ってみる。

――人気のほうはどうですか？

「最初はどのていど利用されるものか心配はしましたね。フタを開けてみたら、老いも若きも順番を待つような状態ですよ。とてもここでは対応できん、というので七つの農協の生活指導員さんに調整役をお願いしたんです。

みんな一升ビンで二〇本、三〇本としぼって持って帰ってますね。年末年始の贈りものに、これ以上のものはありませんからね。きれいなビンに詰め直せば見た目も美しく、純粋、混じり気なしのリンゴジュースですから」

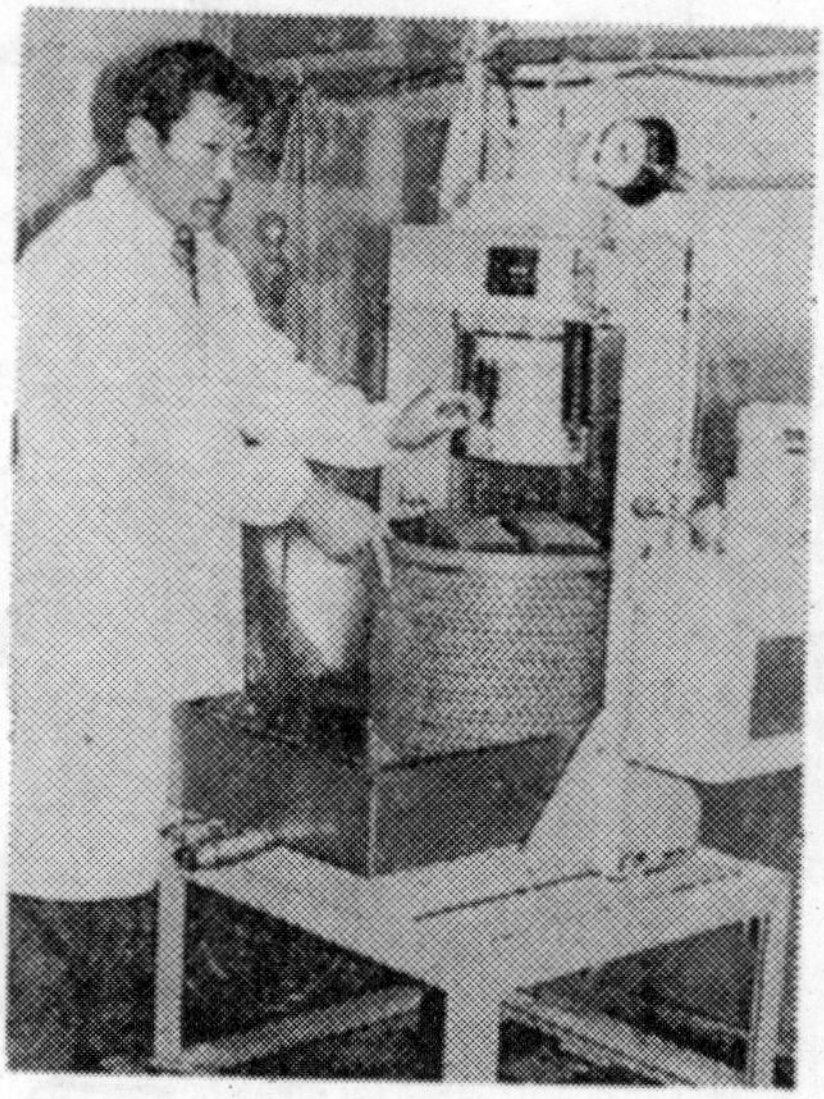
「お母さんたち楽しそうですよ」搾汁を実演する佐藤所長

――利用料はいくらなんですか？

「自分でリンゴを持ってくれば、ジュース一升ビン一本で一〇〇円です。リンゴ一箱でだいたい六本くらいジュースがとれます」

――リンゴをつくってない人はどうしているんですか？

「この選果場で出た規格外品を保冷庫にとっておくんです。それを一箱一二〇〇円で買っていただきます。買う方は安くてすむし、規格外品を出した人にとっては高く売ったことになるんです。規格外だと一箱八〇〇～九〇〇円ですからね。売る人も買う人も大喜び。だから、婦人部に入ってさえいれば、誰だってリンゴジュースをしぼることができます。リンゴを買っても、一本三〇〇円くらいです」

――いろんな品種を組み合わせて、自家製ブレンドリンゴジュース、というのも楽しそうですね。

「品種によってジュースの味がちがいますよ。フジだと甘いだけ。フジに紅玉を二割ほど混ぜると、味にグッとしまりが出てきますね。いろんな品種混ぜ合わせると、ジュースにこくが出る。お母さんたちに、教えてあげるんです。

今、お茶のみながらよもやま話するってことがなくなったんでしょうね。みんな楽しそうですよ。リンゴも野菜もつくらない人も来るんですね。みんなの話の輪に加わって、『じゃ、来年、リンゴはムリだけど野菜くらいはつくろうかしら』なんて話もあります」

（花巻市青果連）

＊自給活動の一環としてここを大いに利用している湯口農協については五月号で詳述

こんな取り組みが「地産地消」、女性による農産加工の大きな流れをつくっていった

市販品に味で勝つ！

◆自給運動に取り組む岩手県花巻市湯口農協

編集部

婦人部の面々（左から，立川目トヨさん，農協の高橋テツさん，平賀スミさん，畠山妙子さん，高橋真さん）

鮮度で勝ち、安全性で勝ち、味で勝つ――豊かな自給運動はそうでありたい。ここ、岩手県花巻市の湯口農協婦人部の母ちゃんたちは、そんな切り札を四つ持っている。

一つは味噌、二つめは焼肉のタレ、三つめはトマトケチャップ、四つめはリンゴジュース。

いずれも、子どもたちに「買ったの、やんだ。母ちゃんのつくったのがいい」といわしめ、自給運動に取り組む母ちゃんたちの自慢の品なのだ。

▼自信作ナンバー1 味噌と焼き肉のタレ

四つの自信作でも、きわめつけは味噌と焼き肉のタレ。味噌は〝手前味噌〟というくらいだから、味の押付けはやめて、まずは七〜八年前から始めた、共同作業でつくる「焼き肉のタレ」をご紹介しよう。

市販の「○○焼肉のタレ」や「○○ンは生きている」も、母ちゃんたちのタレにはお手上げ。老いも若きも「買ったものは食べられれね」と口をそろえるほどの

焼肉ソースのつくり方（1人分）

材料

しょうゆ	1升
ゴマ油	少々
●みりん	1/3カップ
●ウスタソース	1/3本
●水あめ	170g
●砂糖	600g
●こしょう	13g
●粉なんばん	少々
△レモン	1個
（値が高いときは酢と半々に）	
△リンゴ	紅玉1個半
玉ネギ	350g
根生姜	170g
ニンニク	170g
△夏ミカン	2個
（ないときはハッサクで）	
出し昆布	1/2袋

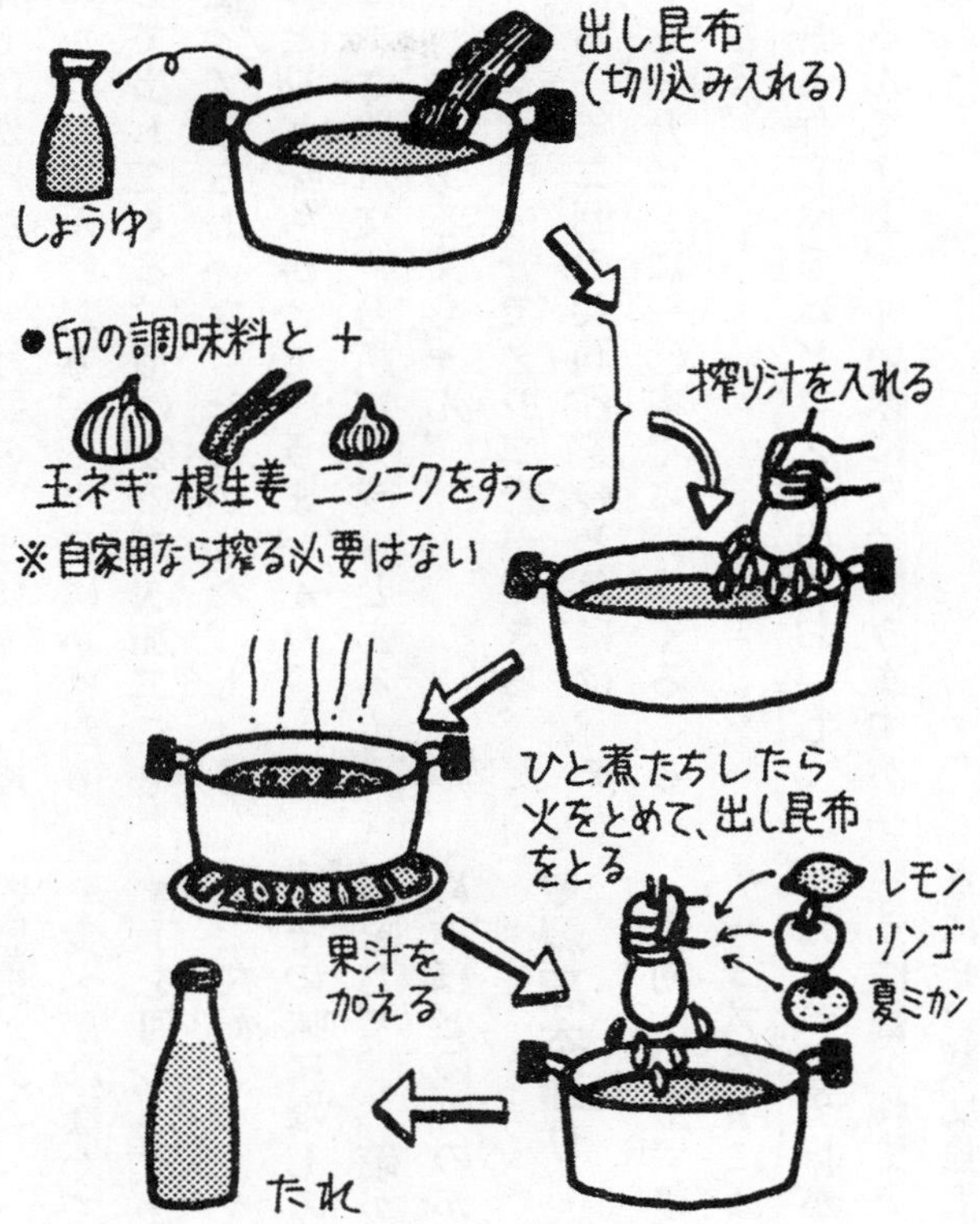
出し昆布
（切り込み入れる）
しょうゆ
●印の調味料と＋
玉ネギ 根生姜 ニンニクをすって
※自家用なら搾る必要はない
搾り汁を入れる
ひと煮たちしたら
火をとめて、出し昆布
をとる
レモン
リンゴ
夏ミカン
果汁を
加える
たれ

できばえなのだ。

図の材料を見ていただきたい。自給のものばかりとはいかないが、農協の共同購入で安全なものを吟味し、自給のものは新鮮そのもの。根生姜など畑を選ぶ作物も多いが、それはつくりやすい畑を持った母ちゃんたちが持ちよってくれる。これも共同作業の賜である。

♥味をひきたてるリンゴ「紅玉」

味のよさの秘伝は、この地で昔から栽培されてきたリンゴ「紅玉」にある。今転作でワイ化リンゴが田んぼに進出しつつある湯口地区だが、細々とではあるが「紅玉」が残されていた。

「本当に味がちがうんですよ。新しい品種は甘味が強すぎてダメですね。紅玉だと酸味があるでしょう。それが全体の味をひきしめるというか、コクが出てくるんです。タレだけでなく、料理につかうのなら紅玉にかなうリンゴはないと思います」

『現代農業』三月号七二ページで紹介した花巻市青果連でつくる自家製リンゴジュースでも紅玉が大活躍していたが、タレのばあいも同じなのだ。

♥焼き肉だけじゃないこの使いみち

つくり方は簡単である。図にあるように、しょうゆの中に、ぬれ布巾でふいた出し昆布に刻みを入れてしばらく浸しておく。それに調味料を入れて、タマネギ、根生姜、ニンニクをすりおろした搾り汁を加えて火にかけ、ひと煮たちさせたところで火を止める。

最後に果汁を加え、出し昆布をひきあげれば、タレのできあがり。

しかしこの方法、すりおろした材料を搾ったりする手間がかかる。そこで母ちゃんたちは、わわざわ搾ることをしないで、すりおろしたものをそのまま使うことにした。多少、ザラザラした感じが舌に残るていどの話。自家用ならこれで充分なのだ。しぼり汁を使うのは進物用だけだ。

「母ちゃんもいろいろ考えてな、焼き肉のときに使うばかりじゃないんだ。おひたしにかけたり、炒飯のときにしょうゆのかわりにかけたり、トウフにかけたりして出してくる。漬け物の二次加工にも使ってるらしいな。それがまた、しょうゆとひと味ちがって、うまいんだ。一升ビンさ入れて、台所にズラっとあるもんな」と、ある父ちゃん。

しょうゆ一升でタレ二升ができる。だから、年二回の共同作業のときには、タレを一升ビンに一〇本くらいつくることになる。

「長く保存するほどコクが出ておいしくなるんですよ。丸い味になってきますからね」

食べるときに、白いゴマをパッとふる。これも見た目美しく食卓に並べようとする母ちゃんたちの知恵だ。

▼息子にはいま一つだが
これが本当のトマトケチャップ

湯口農協婦人部のケチャップつくりは焼き肉のタレよりも古く、すでに一〇年の歴史がある。

食べきれなくて樹で腐らせてしまうトマトを何とかできないものか……ということで始まったケチャップつくりも、今やその味になじみのなかった父ちゃんたちをして、「確かに味がいい」と言わしめるほどのものができるようになった。

♥料理本通りじゃね、とても……

最初は、まず農産加工の本を開く。ケチャップの項には、聞いたこともないカタカナの香辛料が並ぶ。つくり方も面倒そうに書かれている。「大変だな——」。なにせ、減反強化で、イネの管理のほかに減反田での野菜の管理のまっ盛りにトマトが熟れてくる。とても加工しているヒマがないのである。

どうしたらいいものか……そんなときに浮かびあがったのが、昭和十七年生まれの高橋光子母ちゃん。嫁ぎ先がお店に遠いということで、自分で加工の腕を磨いてきた母ちゃんだ。

「地元の人なら、使う材料だって似たものだし、いろいろ相談もできるし」というので、ケチャップつくりの先生にお願いしたのである。

味はどうか、見ばえはどうか。最初は料理本の分量と光子さんの分量でつくってみて味テスト。結果は光子さんの勝ち。その分量が図に示したものだ。今では、光子さんの分量を基本に、それぞれの家で、酢の量や砂糖の量を加減しながらわが家のケチャップの味をつくり出している。

♥忙しい時期の母ちゃんの智恵

トマトが熟す時期は、水田地帯といっても今や忙しい。手間をかけて加工して

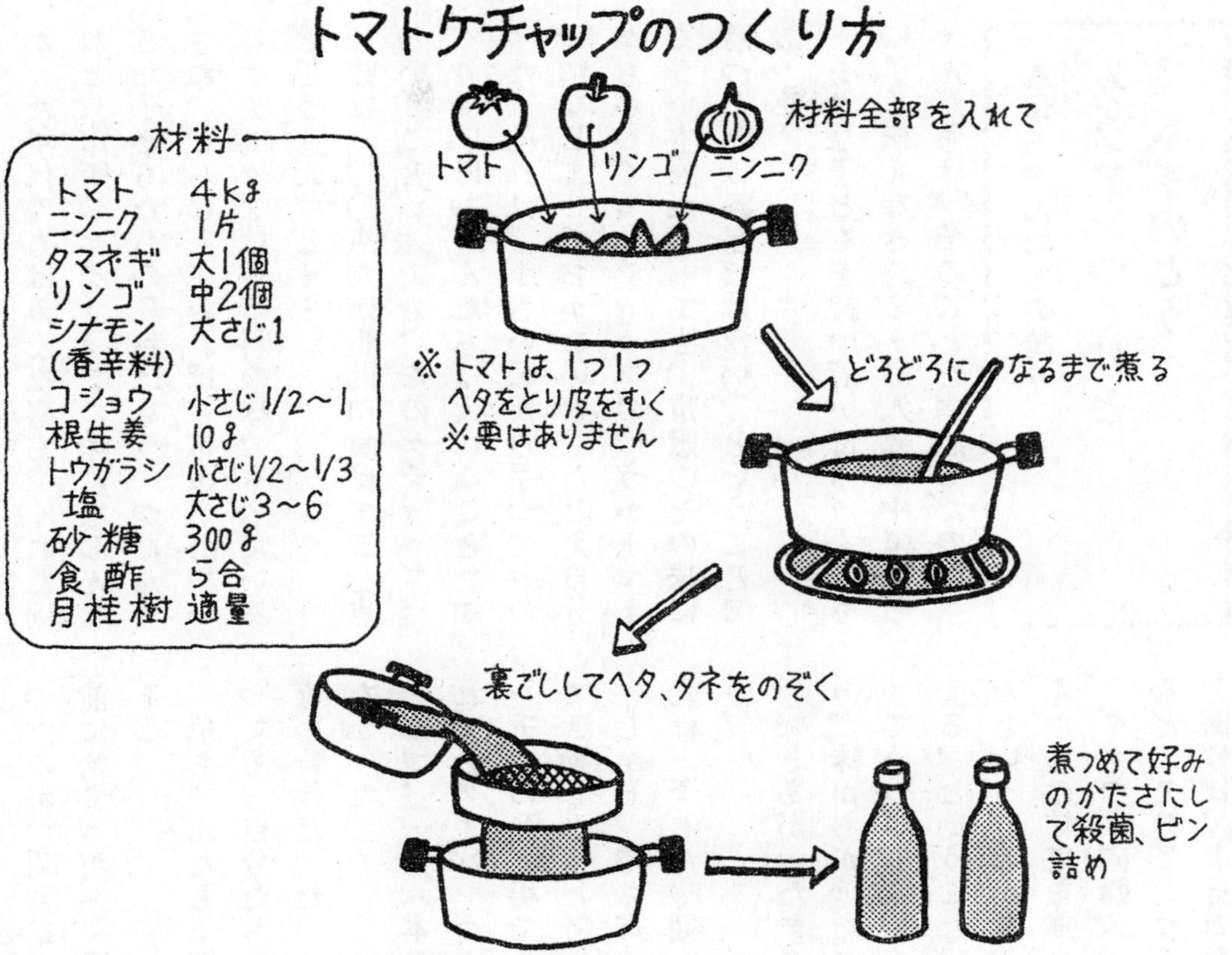
トマトケチャップのつくり方
材料
トマト 4kg
ニンニク 1片
タマネギ 大1個
リンゴ 中2個
シナモン（香辛料） 大さじ1
コショウ 小さじ1/2〜1
根生姜 10g
トウガラシ 小さじ1/2〜1/3
塩 大さじ3〜6
砂糖 300g
食酢 5合
月桂樹 適量
トマト
リンゴ
ニンニク
材料全部を入れて
※トマトは、1つ1つヘタをとり皮をむく※要はありません
どろどろになるまで煮る
裏ごししてヘタ、タネをのぞく
煮つめて好みのかたさにして殺菌、ビン詰め

いる時間がとれないのである。

料理本には「ヘタをとって、トマトをゆでたあとクルッと皮をむいて……」とある。しかし、そのヒマがない。

そこで母ちゃんたちは、図のように、材料をすべていっしょに煮てしまうことにした。煮こんで材料がドロドロになれば、トマトも皮はヘタと実がバラバラ。そうしておいて、まとめて裏ごしする。

これくらいなら忙しいときにだってやれる。裏ごししておけば、あとはヒマをみて煮つめればいいのである。

これが忙しくてもやれる、母ちゃんたちのケチャップつくりなのだ。

♥まっ赤につくるコツ 〝プチトマト〟

材料のトマトの新鮮さは折紙つき。新鮮だから、トマトの香りがプーンとして、本物の味。ただ、生で食べるふつうのトマトだから、いくら完熟とはいっても、市販のケチャップの色鮮やかな赤色に勝てない。

そこで母ちゃんたちが目をつけたのが、婦人部でタネを配った「プチトマト」である。小さくってまっ赤で、たくさんの実が成る。可愛らしさと色の美しさで、盛付けの飾りやお弁当に使っていたわけだが、ある母ちゃんが、このトマトを加えれば色もきれいに仕上がるんじゃないかしら、と言い出した。〝三人寄れば文珠の知恵〟というが、その発言以来、人それぞれ、プチトマトを適当に加えてケチャップつくりが始まっている。「ただ……」ある母ちゃんは顔をくもらせる。

「それまでケチャップの味になじみのなかった年代の人はみんな喜んでくれたけれど、市販のケチャップの味になじんできた子どもたちの評判はもう一つなんですね。私らにしてみれば、市販されているケチャップは香辛料の味でもっていると思うんだけど……」

味は一〇〇点だが世間に負けて五〇点ということか。でも、このケチャップつくりで、母ちゃんたちは大切なことを知った。それは、小さい頃から手づくりの味になじませておかないと、たとえ自分たちがつくるケチャップのほうがトマトくさい本物だとしても、市販のその味に勝つことは容易ではない、ということであった。

小さな子どもを持つ若い母ちゃんたちに早く伝えなきゃ……婦人部の中堅母ちゃんたちは、そのことを痛感したのだ。

▲母ちゃんたちの誇り タクアンつくりと「ふきのとう」

そんな母ちゃんたちの活動の基礎になったのが、昭和三十七年、今から二四年前に始まった「共同タクアンつくり」である。

母ちゃんたちで何かやりたい、そう思っても、自分たちだけで動かせるお金がない時代だった。しかし、めげることはなかった。

まず、一人六本の大根を持ち寄る。それでタクアンをつくり、できたタクアンを近くの温泉場で売って、その売上げ金で活動しようと考えたのである。

しかし、持ち寄った大根は品種もちがえば、干した時期もちがう。期間もちがう。

できあがったタクアンは、スが入ったり、味がちがったり……。みんなで集まって一つのものをつくり、それを他人に売る、ということでの苦労が絶えなかったという。しかし、それが逆に、母ちゃんたちの結束を強めたのである。

タネの共同購入、まく時期、干す時期など、タクアンつくりが上手な人がいると聞けば、よその農協の人であっても教えてもらいに足を運んだ。

以来二四年間、母ちゃんの世代は変わっても、休むことなくつづけられてきた。そうした努力が、今の湯口農協の自給運動にドッシリと根をおろしているのだ。

♥タクアン資金でタネの無償配布

自前の資金があるから、新しい野菜や珍らしい野菜、つくってみたい野菜を導入するときのタネはすべて無償配布。みんなでつくるから、少ずつ小分けにしてムダが出ない。みんなでつくるから、その野菜の適地やつくり方、食べ方も、一人で考える何倍もの情報量だ。

スイカ、メロン、カボチャ、ベビーキャロット、スナックエンドー、バイアム……無償配布でタネを導入したものは数知れない。そんななかに、ケチャップつくりにも利用されたプチトマトも含まれていた。

「最初の頃は、どこの農協婦人部でもタクアンつくりなどに取り組んでいたんです。私たちの婦人部の自慢は、それをつづけてきたことだと思います」

1月9日　取材のときに持ち寄ってくれた手づくり料理の数々（大福，ドラ焼，キリセンショ，トウモロコシ，エダマメ，黒豆，チョロギ，赤カブ漬物，冷凍メロン，栗）

生活指導員の高橋テツさんは、当時のお母さんの娘世代にあたろうか。でも、とってもうれしそうに話してくれる。

♥子や孫の健康を願って

今、もっと野菜つくりを勉強したい、という人を中心に、婦人部内に「家庭菜園研究班」ができた。これまでは苗を購入していた、スイカやメロンなどのツルもの野菜を、苗つくりからやってみたいそれが研究テーマだ。

初年度の昨年、メロンつくりに初めて取り組んだ母ちゃんは、婦人部の文芸誌「ふきのとう」にこんな詩を書いた。

生命

新田　神山シナコ

起きてすぐ有線の電話である
「メロンの芽が出たよ」
「え？　毎日見てたけど、家ではまだだよ」
「まんず見でねっか」と
私は急いでハウスの中にとんで行った
出てる小さな白い首っちょが
「おはよう、よろしく」と伸びていた
あれから、三ヶ月もすぎ
夏の陽をあびた、つるが、元気に伸び
大きな葉っぱの下には、実がころころついた
花もよく咲く
きっとお盆には食べられるかな
いつもの年と、ちがった甘味がする様に
大きな雌花にそっと花粉をつけてやった

（ふきのとう　第四五号）

天候にも恵まれ、自根のプリンスメロンはデッカイ実をつけた。みんな、そのメロンをおつかいものに使った。「来年つくってみない」と言葉を添えて。

☆「ふきのとう」は、湯口農協の婦人部発足と同時に創刊。以来二四年間、年に二回、欠かさず発行。昨年、編集長の久保田おさちさんが「日本農民文学賞」受賞。

農家とのかかわりで消費者も変わっていく。産直の先駆的な事例として知られる三芳村の取組み

産直13年 消費者も変わる

千葉県三芳村と消費者との産直運動

編集部

「農薬や化学肥料を使わない安全な野菜が欲しい」という東京の主婦と、「今までの農業に行きづまりを感じていた」千葉県三芳村の農家とが手を結んで、はや一三年の年月が流れた。

スタートのとき、一八戸の農家と一一一戸の消費者。たった一品目、コマツナの有機無農薬野菜の産直から。一三年を経た今、三三戸の農家と一三六五戸の消費者が手を結ぶ。その品目も、加工品を含めると一〇五品目にのぼる。取扱い高一億六〇〇〇万円（昭和六十年）。

新しい農家と消費者の結びつきを求めながら、生まれては消えていくことの多かった生消直結運動のなかで、一四年目を迎えるこのグループ。

いったい、何が農家と消費者を支えてきたのか、どこを変えてきたのか。

十三年前の秋 村に都会のオバサンたちがやってきた

昭和四十八年十月、三芳村の共同館は農家と消費者、あわせて一〇〇名近い人数の熱気のなかでごったがえしていた。

これが三芳村と東京の消費者とが産直で手を結ぶための、第一回の集まりであった。

♥都会の主婦の熱弁に圧倒されて

北海道よつ葉牛乳の共同購入運動をしていた主婦二五名、残りは三芳村の農家のお父さんお母さんたち。ひたすら、都会の主婦たちの熱弁に押されっぱなしであった。

「都市ほど公害食品が集中しており、大量生産・大量消費・広域流通の経済合理主義により、食品の化学合成化、工業化の結果、食べものの質がますます悪くなり、生命・健康がおびやかされて、もは

農薬害と闘う人々

無農薬野菜

農も変わり

三芳村は東京から特急で２時間。
館山から10kmほど山に入った村だ。

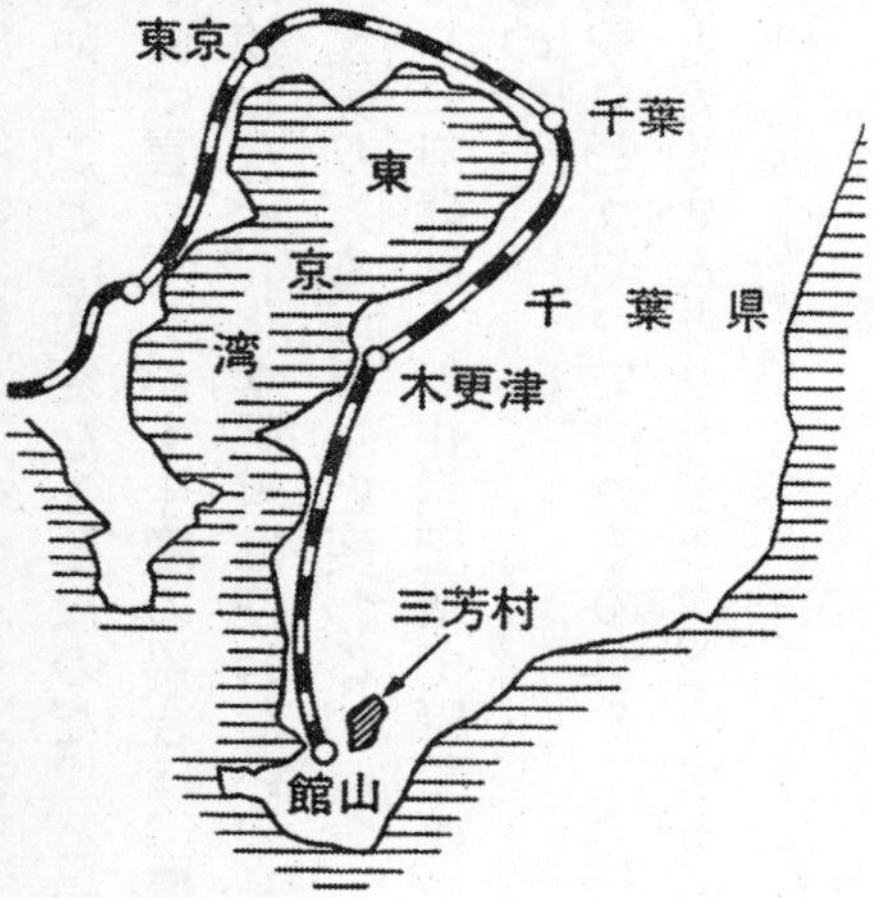

や自衛に立ち上がる以外にない。

たとえ虫食いの菜っぱでも、曲がったキュウリでもかまわない。化学肥料や農薬を使わない、自然農法による安全な農産物をつくってほしい。それを私たちにも分けてほしい」

食品添加物・石油タンパク・農薬・化学肥料・配合飼料……それまでに学んできた情報を駆使して、農家にそう訴えたのである。

聞かされる農家の人たちにしてみれば、何が何やらわからぬ言葉が次から次へと浴びせられる感じであったろう。「これは生産者自らの問題でもある」とやられるに至って、会場騒然。

それはそうだろう。米と果樹それに、自給に毛の生えたていどの野菜をつくりながら、「過疎化していく」と言われる村で静かに暮らしている人たちのところへ消費者の主婦二五人が乗りこんで、言いたい放題なのだ。話はまったく平行線をたどり、何もまとまらないまま時間切れで終わった第一回集会であった。

♥魅力はあるけど考えこんじゃう

三芳村の主力の商品作物といえば、温州ミカンである。昭和三十年後半からの果樹振興政策にのって、村をあげて畑にはミカンを植え、山を開いてミカンを植えた。田んぼはもともと四〇〜五〇アールしかなかった村だから、ミカンにかけたのは当然のことだった。

昭和四十年代の後半に入ると、ミカンの大暴落。ミカンにかけて農業をつづけてきた人たちはみな苦しかった。

いい品質のミカンをつくるために、夏の暑い盛りに農薬を散布した。「散布するときは、きちんと防護器具を」と言ったって、暑くて暑くてそれどころではない。かけた農薬が木からポタポタと落ちてくる。しかし、そんなことにかまってはいられなかった。農薬散布のあと、ぐあいの悪くなる人が、村の中に必ず何人かはいた。そのときは言い出せなかったけれど……。

三芳村生産グループの代表を長くつとめた和田博之さん（51歳）は、こう当時をふりかえる。

「みんな農業に行きづまりを感じていたのです。苦労してつくったミカンは二足三文。市場に出した野菜も、店屋に並ぶときは二倍以上の値段がついている。誰かが自分の手を汚すことなく儲けている。なのに何もできない農家。私もまだ三八歳だったですからね。私は、産直をやるべきだと思いました」

和田さんは、夜、みんなの仕事が終わったころを見はからって、一軒一軒説得しに回る。

「みごとにみんなに断られましたね。考えてみればあたりまえなんです」

農家が経営のやり方やつくり方を変えるということは大変なことなのだ、と和田さんは言う。しかも今度の場合は、農薬は使わない、化学肥料は使わない、そのうえ売り方もガラリと変わる。

本当に無農薬・無化学肥料で野菜ができるのか？

値段をどうやって決めるのか？

もしたくさんとれたとき、どうするのか？

どんなものでもいいのか？

もし、虫や病気がでて、収穫皆無になったときどうするのか？

問題は山積していた。このままでも経営は行きづまる。しかし、新しいやり方には、それ以上の不安がある。

消費者の代表数名は、第一回の集会のあと半年間、足しげく三芳村に通ってきた。農家のそうした不安を取り除かなければ、産直はスタートしないのだから。

そうした交流の中から、農家と消費者の間で画期的な合意ができあがっていったのである。

消費者がだした六つの条件・農家が示した六つのキメ（規則）

—互いの立場を認めあうなかで

消費者側から示された条件は次のようなものであった。

●産直にのせる生産物は、農薬と化学肥料を使わずにつくったもの。

●どんな作物をどれくらいつくるかは

生産者にまかせる。

●生産物の価格はいっさい生産者がつける。

●生産されたものは、全量引取りとする。

●万一のときの負担は消費者も負う。

●流通は、大変だけれども、生産者の手で戸口まで直接届けてもらう。

♥どうなるかわからないけれど　転換しよう

一方、農家の側でも、無農薬・無化学肥料でつくるための準備がすすめられた。

見本箱（ちょうど春の作付時期との端境期）

●自然農法（不耕起・無除草・無化学肥料）をめざす。そのために自然堆肥（モミガラ・イナワラ・米ヌカでつくる）による被覆と土つくり。自家用ていどなら農薬を使わずにできていたが、問題は除草。雑草は堆肥で土を覆って防ぐ。

●化学肥料は使わない。そのためには鶏を各戸で飼って、そのフンを肥料とする（各戸五〇羽ずつ放し飼いを義務づける。七年前、鶏が隣りの畑を荒したりすることから、平飼いに変えた）

●鶏のエサは、米ヌカ、クズ米、フスマ、貝殻、草、野菜だけ。配合飼料、二種混合は使わない。

●つくる作目、量については、それぞれが全体の出荷量や経営条件にあわせて判断する。

●あまりに形のひどいものは出荷しない（ひどくわれたニンジン、ダイコン、トマトなど、ひどく虫に食われたり、風害ですり傷のできたもの、硝酸塩検査に合格しないものなど）

●配送は必ず全員が出る。ただし六〇歳以上の人は補助員とする。

♥ゆるい取決めが　幅広い仲間を呼び寄せた

そのキメさえ守れば、あとはどんな作物をどうつくろうと何らしばりはない。自分の畑、自分の家の労力に応じて作付ければよい。その人の得意技を生かしてつくればよいのである。

そうしたゆるやかな農家と消費者の取り決めは、村のいろいろな人たちを運動の中に巻きこんでいった。

それまで専業で取り組んで農業に行きづまりを感じていた人、ご主人が勤めに出て奥さんが一人で頑張っていた人、逆に奥さんが勤めでご主人がノンビリ農業やっていた人、年をとっていてもうこれまでかな、と思っていた人。入会してきた人たちの顔ぶれは多士済々であった。

こうして、最初は一八戸の農家で、三芳村生産グループ「四八《ヨンパチ》会」（四十八年に結成したため）ができたのであった。

じいちゃんも ばあちゃんも 父ちゃんも 母ちゃんも みんな楽しくなってきた

村の中にはいろいろな人がいる。一つの産直運動でも、そこにかかわる農家の人たちの気持ちはいろいろである。でも、年齢に関係なく、性別に関係なく、みんな農業やることが楽しくなってきたようなのだ。

♥「四八会」最長老語る このやり方なら死ぬまで現役さ

田原斉次さん（71歳）

「四八会」の最長老、田原斉次さんは、今年の一月二十五日で満七一歳の誕生日を迎えた。息子さんは大工である。一〇アールの田んぼと四〇アールの畑、そして鶏の世話は、斉次さんと妻のぶさん（63歳）で切りまわしてきた。「四八会」発足当初からの会員だ。

「ちょうどミカンが暴落したころでな。それでもつくらんわけにはいかん。夏の暑いときにマスクしてカッパ着て手袋つけて農薬まくだろう。汗でベトベトになって、とてもきつかった。風上にむかってかけたときは、たっぷり農薬を浴びる。若い頃、自分の手で畑に植えたミカンだったが、会に入って三年目にミカンを切って畑にした。切るのは別に何でもなかったな」

斉次さんの畑は、家のすぐ上のほうにある。だから車の運転できない斉次さんでも、リヤカーで堆肥を運ぶことができる。堆肥をうないこむのは大変だが、マルチとして敷くくらいなら斉次さんにだって、のぶさんにだって雑作もない。

今、その畑には、ホウレンソウ、ダイコン、菜っぱ、カブが最後の収穫を待っていた。とり終われば、春の作付けだ。チマチマつくって五〇種類。

「ミカンをやってたときみたいに薬をかけてたら、この年まで体がもってたかどうか。はっきり言って、オレは恵まれすぎてるよ。年中無休だけど、感謝されて働けて、不自由なく暮らせる。夫婦そろって現役でやれるのがいいね」

出荷の日、斉次さんはリヤカーに野菜をのせて、自転車で出荷場まで運んでくる。最後までのぶさんと二人、現役でいたい、斉次さんはそう思う。

出荷場まで各自野菜を持ち寄って中身を箱に書いていく

♥「畑にあわせて作物を」と語る オレの畑の根ものは天下一

中村一良さん（44歳）

オレの畑は根ものがむいてる、そう言って、せっせとサツマイモやニンジンやゴボウ、ダイコンつくりに頑張る人もいる。

奥さんが学校の先生をやっている中村一良さん（41歳）がその人。

「うちの畑は南向きで陽当たりのいい畑だ。でも、その分だけ台風なんかの風当たりも強い。インゲンとかトマトとかキュウリなんかは、風ですぐガリガリになるからね。だから風があたっても大丈夫な根ものがむいているんだ。土地も深いし、暖かいから、いいのができるよ」

去年は一反五畝の畑でニンジンが四トンもとれたそうだ。

七〇歳をすぎた両親に力仕事は頼めない。一良さんはノンビリやりたいほう。

それで、労力配分のために、夏作にはヤマトイモを作付ける。ヤマトイモなら、植え付けたら竹の支柱を立てて、ワラを敷いておけばよい。草とりは少なくてすむし、カンカン照りの夏の間に一～二回水をやればすむ。あとはヒマをみつけてイモを掘ればいい。

「オヤジとオフクロには草とりをたのむんです。農薬散布は一人じゃできないから、どうしてもオヤジに頼むことになってしまう。年とったオヤジにはそんなことやらせたくない。今は、農薬やめて、ノンビリやれるのが本当にありがたいと思います」

♥勤めの主人を持つ母ちゃん語る

父ちゃんを迎える準備OK

安田和美さん（52歳）

「まだ半人前以下なんですよ。今年から、主人と二人でやっと一人前にやれるようになると思っています」

そう話すのは、田二〇アール、畑四〇アール、鶏四〇〇羽を一人できりまわしてきた安田和美さん（52歳）だ。ご主人の誠さん（57歳）は、村にある会社勤め。今年、定年を迎えて退職した。春からは二人して野菜つくりに取り組むことになった。

昭和五十年、自分の家で食べるための野菜が残ったときでいいから出してく

【「読者のへや」から・一九八六年一月号】

「故郷」の作詞者の生家をたずねて

長野県　阿部絹雄

うさぎ追いしかの山……

この「故郷」、作者不明だったが、昭和四十九年、作詞者が長野県豊田村の山村で生まれた故高野辰之文学博士とわかり、「春の小川」「おぼろ月夜」「紅葉」も同一作者と判明したことは何よりうれしいことだった。

今年の秋、私は高野先生の生家を訪ねてみた。すると、先生の甥にあたる高野助之さん（七二）がおられ、先生の昔のエピソードや苦学談を聞かせていただき感激した。部屋には先生の代表遺墨の横額が飾られていて「望山舒気」とあった。「ぼうざんじょき」と読み、わが家の居間から故郷の山を眺めながら一杯やっていると、自然に心が舒（ほぐ）れてくるわいと訳せばよいということだった。

先生は少年時代から終生、生まれ故郷の風物を心から珍重視していたらしい。雪深いふるさとで、地域の仲間たちとの協同学習と啓発をつづけていけば、その農業者こそ、どんな科学者よりも偉いのではないかと思ったりした。ふるさとを愛する心こそ、私たちの不朽の財産と信じたい（元農協職員）。

れ、というので入会した。

四十八年の最初の会結成のときは、鶏を飼うことが義務づけられていた。病気で寝たきりの年寄り、しかもご主人は勤め。和美さんは入会したくとも鶏を飼う手間がなくて、条件を満たすことができなかった。五十年のときは、鶏を飼える人はできるだけ飼ってくれ、ということだった。野菜だけ少しならやれる。和美さんはそう思って入会した。

「まだ、皆さんの三分の一もいきません。手間がなかったから、少しずつポツポツです。三年ほど前から鶏も始めました。野菜は何でもつくるんですよ。少なくみても四〇種類はつくっています。それでないと量の調整がつかないですからね。私も女ですからね。勝手をあずかる女からみると、いろいろつくっていたほうがいい。消費者の方も同じですよ。今年から主人と二人で一所懸命やります！」

和美さんは、ご主人の受入れ態勢をバッチリ整えた。夫婦そろっての春の作付け準備が始まっている。
＊
一八戸の農家でスタートした「四八会」の産直運動も、一三年を経て、取り組む人は三三戸にまで広がった。いろいろな人たちが、それぞれの個性的な田畑の条件のなかで取り組み始めたということでもある。

しかし、無農薬・無化学肥料の野菜つくりが安定していくには、それぞれ技術とかそれを受け入れていく経営の仕組みが必要なのだ。自分の土地で、年々作業がラクになり、より品質のいいものがとれるようになっていかなければ、けっして長つづきはしない。

だんだんラクになっていいものがとれるからつづく

「四八会」の面々も、発足当時からすると、確実に十三歳、年齢《とし》をとった。ふつうの有機栽培のように、大量の有機物が必要だとすると、とてもできない。深耕しなければならないとしたら、それもだんだんムリになってくる。除草の手間もそうだ。
ところが、それは話がサカサマだ、というのである。「だんだん手間がかからなくなってきた」と和田博之さん。
「私たちがめざす自然農法というのは、耕起しない、除草しない、肥料を施さない、それでも年々作物のできがよくなるやり方なんです。最初は、農薬をかけずに、化学肥料さえやらなければいい、くらいに軽く思っていたのですが、全然ちがっていました。収量が半分以下になってしまいました。放任と自然とをとりちがえていたんです。最近、自然農法の意味がやっとわかりかけてきたような気がします」

♥カチンカチンの粘土をどうするか

三芳村の土というのは、粘土が強く、耕うんしたあとに雨がふると、表面の二《センチ》くらいの土がカチンカチンに固まってしまう。だからこそ、最初は、誰もが頑張って土を起こした。頑張って堆肥を入れた。それでも土はよくならなかった。雨がふれば、やはり昔と同じように土の表面がカチンカチンになった。耕さなければタネがまけないし、耕せばまた土がカチンカチンになる。

房総半島の山すそにへばりつくようにしてつくられた畑である。コチンコチンの土を大型機械なしで耕すのは大変な作業なのだ。もし、自然農法のいう〝耕さないほうがいい〟というのが本当なら、粘土けの強い三芳村の土にだって何かあるはずだ。和田さんは考えつづけた。

第1図　通路にモウソウ竹を敷いて土を踏まなくしたら，作物の根がかわり，土がかわった

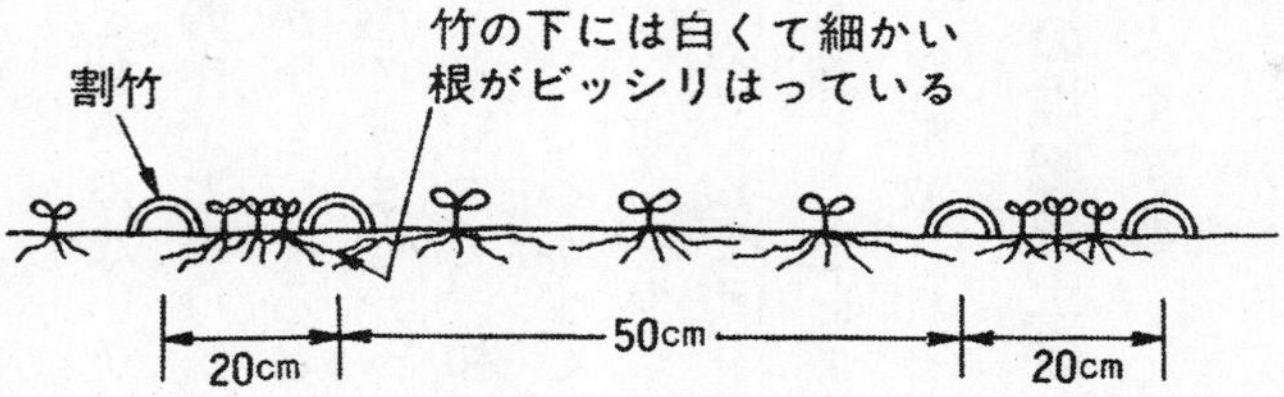

第2図　堆肥を土寄せがわりに使って何回も利用する。堆肥の下の土がやわらかくなる。

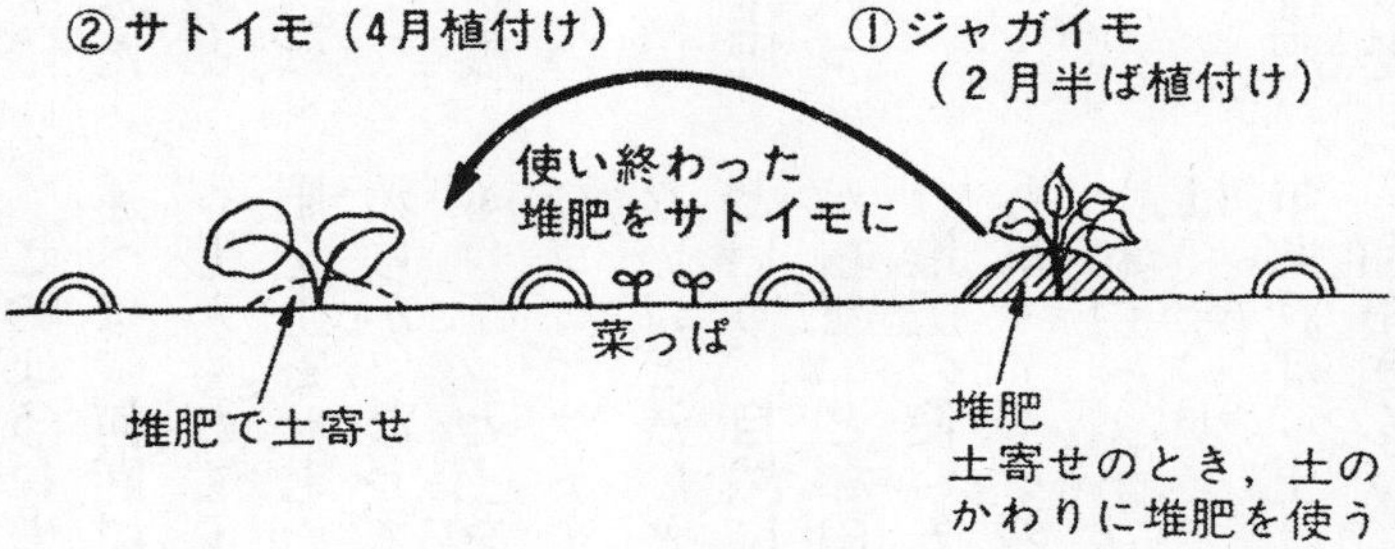

♥竹を通路に敷いたら土が変わった

土をかたくしたくなければ、畑の上を歩かなければいい。——自然農法の先達を訪れ、ハタとそのことに気がついた。和田さんは自分の畑の通路の土を掘ってみた。管理のために歩いているだけで、土が何とかたくなっていることか。しかし、管理のために畑に入らないわけにはいかない。どうしたらいいのか……

そんななかで和田さんが考えついたのが、管理のために畑に入っても、土にとっては入ったことにならないやり方だ。

「竹がある、あの竹を通路に敷いて、その上を歩くようにすればいいではないか」

かつて、竹の子は安房の特産物だった。にもかかわらず、手間がなくて、どの農家でも竹林の管理ができずに荒らし始めていた。和田さんもその例外ではない。

さっそく、モウソウ竹を切り出してきた。それを二つ割にして畑の通路に敷いた。一作休んでの作業だった。

第一図のように、通路には二〇センチ間隔で二本の割り竹を敷いて、その間とウネ間にホウレンソウのタネをまいた。ホウレンソウが育ってきたころ、和田さんは割り竹をはぐってみた。

「竹の下に白い根がボワーッと浮き出していたんですよ。白くて細かく枝分かれした、一番働いている根っこがビッシリでした。これだ、と思いました」

そこで土を掘ってみたという。以前の通路の土とはまったくちがう。土がやわらかい。そしてカチンカチンの土がフカフカとした感じの土に変わっていた。思わず和田さんはその土を口に含んでみた。

「ちょうど甘みのないチョコレートみたいで、口の中でとろけるんです。そのとき、作物が土をつくるということを、はじめて実感できました」

そのことを知って、和田さんは自然農法の本当のところが少しはわかったという。あとは、通路を少しずつ動かしていけばいい。そうすれば、深く耕し、堆肥をたくさん施して土をよくする、といった重労働から解放される。

♥少しの堆肥を土寄せして土をよくする

今、和田さんは、ほんの少ししか堆肥を使わない。作物の土寄せがわりに、その株元に堆肥をかけてやるだけである。一例をあげれば、第二図のようなやり方だ。二月半ばころジャガイモを植え付ける。育ってきたところで、堆肥を土寄せする。六月頃ジャガイモの収穫。そのときに堆肥をよけ、隣りのウネに四月ころ植え付けておいたサトイモの株元へ寄せてやる。

このようにして、一度山の畑に堆肥を運べば、何回にも利用できるのである。

しかもおもしろいことがわかった。堆肥を土寄せしたところの土は、とてもやわらかくなっているという。ジャガイモもソーッと土をよけるだけで、イモがゴロゴロ。サトイモも、土の中にはイモがないほど浅いところにイモがついているという。自然に土が変化していっているからだ、と和田さんは考える。

堆肥の使い方一つでも、手間はグンとちがってくるのだ。

和田さんの竹の利用、堆肥の使い方は、今、少しずつ広がりつつある。「半年あれば、土は必ず変化してきます」

和田さんは、粘土をフカフカの土にする自分なりの方法を発見したのであった。

産直は、作る人と食べる人一人一人の個性が触れあう場

「四八会」の農家は、一人一人田畑の条件がちがう。そして一枚一枚、土がちがい、水の流れがちがい、風や太陽のあたり方がちがう。だから、土をよくしていく手だても、その農家の働き手や周りの条件によってちがっている。それが三芳村「四八会」のいいところだと思う。

それぞれの農家が、自分の畑に一番適した野菜とその組合わせを、働き手に応じて築いていく。土の深い南側の畑では冬に根菜をつくり、風のあたりにくく、日あたりはもう一つだけれど温度が低めのところには、夏の果菜を植えていく、といったように。

コマツナ一品目から始まった産直も、今や加工品まで含めると一〇五品目。会員の数がふえ、個性的な作目選びをする一方で、どんな野菜でもつくりやすい土に変えていくことで、品目の幅を広げていったのである。

かつては、一軒の消費者のところに、コマツナが一〇把も二〇把も届いたことがあったという。「全量引取り」の原則から、「食べる会」側で引き取ったわけ

だが、不満が残らないはずがない。

そうした行き違いから、引取り量の品目別上限が設定された（二三八ページの「食べる会」の記事参照）。一方では、前に述べたような土の準備が整っていった。

今、「食べる会」事務局への苦情はほとんどなくなったという。

♥消費者の食卓に個性輝いて

「食べる会」の方から嬉しい話を聞いた。会員のお母さんたちが、料理の本を開かなくなったというのだ。

三三戸のそれぞれの農家がつくりだした野菜を、受け取ったお母さんたちが、わが家流の個性的な食卓づくりに取り組んでおられることを知って、嬉しかったのである。

そうした取組みなしに、本当の産直など生まれようがないではないか。今、三芳村の野菜は、消費者の食卓に並ぶ野菜の七〜八割を占めているという。

六十年度販売額一億六〇〇〇万円、「四八会」の運営費（トラック代、ガソリン代他）約三〇〇〇万円。一戸平均販売額約四〇〇万円（台風被害のため少なめ）。

伝票つくりも農家。「今日はレン草が少ないなあ」と，消費者の台所を心配する

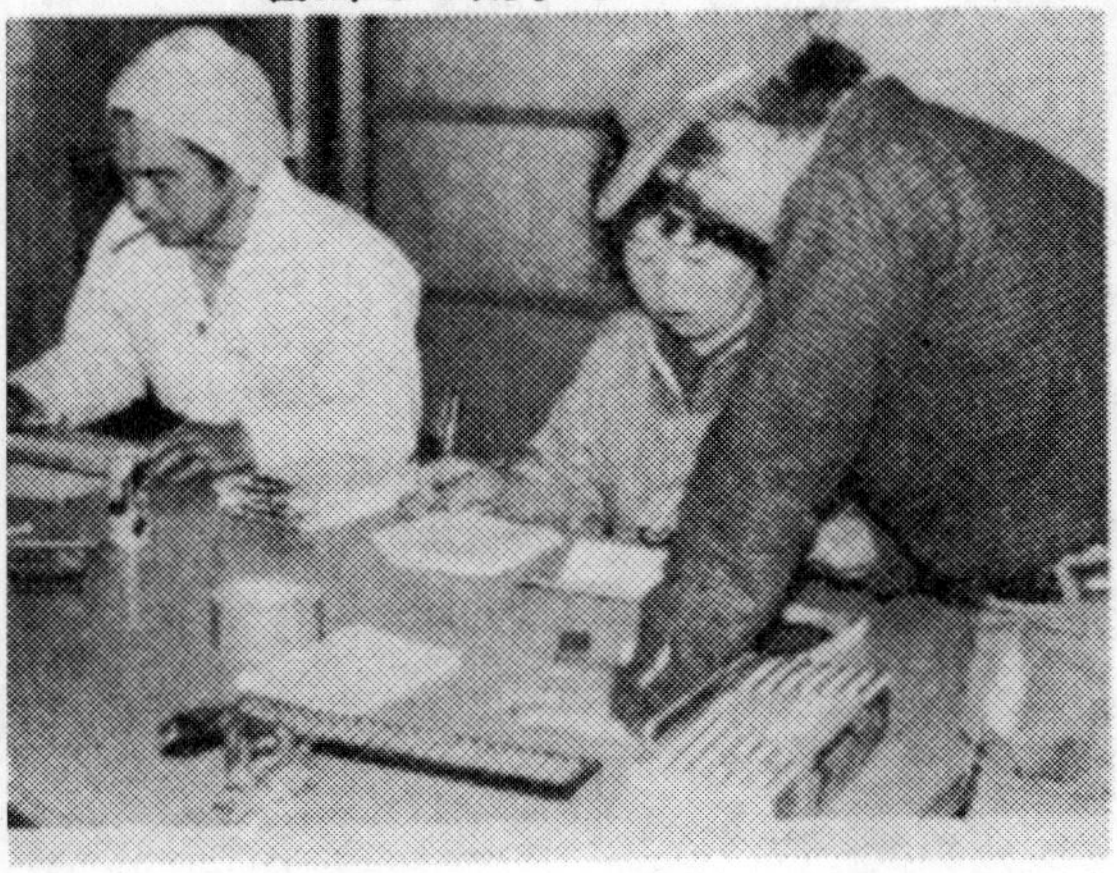

【「読者のへや」から・一九八六年八月号】

「人ネットワーク」をつくろう

北海道　太田信男

昨年の春、二〇羽から平飼いを始めた。今一〇〇羽ほどになり週に一回、卵を二〇世帯ほどに届けている。一律に一個三〇円。市販の卵より二〜三割高になる。買ってくれる人は少しずつ増えてきたが、マスコミは一切つかわないと思っているのでその増え方はのんびりしたものだ。

さて、今日は全部売れるかなと、一週間分の気力をためて家を出るのだが、帰るころはくたくたになる。単なる「商品」と割り切って「売れりゃあいい」と思うならそんな疲れないと思う。けれど、「商品」として以上に「食べ物」としての卵を届けたい。毎日鶏たちと接し、わずかだけれど自家用野菜をつくりつつ日々思っている私の気持と、卵を買ってくれる人との溝があまりにも大きいのだ。

円高で輸入穀物が値下がりして二種混合のエサは二割も安くなった。そんな中、できるだけ輸入物を使わずに地元産のエサでまかなうのに苦労している。今のところ二種混二五％、地元産は六〇％だ。そうした身土不二の気持が、卵を買ってくれる人にどこまで伝わっているだろうか。

まだ始めたばかりの鶏飼いであるが、少しでも互いの気持を伝え合うことが、あるべき「食」と人とを結びつける最短の道であるような気がしている。

一村一品運動は地域活性化に寄与したかもしれない。しかし「商品開発」に終始しているともいえる。誰のフトコロを肥やしたのだろうか。今後、農業が明るくなるか暗くなるかは、一人一人の農業人が何を思い何をしようとするのかにかかっていると思う。そのためにも手を結びつつ、引き売りでも朝市でも何でもやって、少しでも多くの人との結びつき、ネットワークを自分のまわりにつくろう。

「仲人奮戦記」も書いた小沢禎一郎さんの提案。賛否両論、いろんな議論が巻き起こった

給料を

嫁さんに二〇万円の給料を払ったほうがよいわけ

私は今まで一〇組ぐらいの縁談をお世話して、みな幸せに暮らしています。幸せに暮らせる最大の原因が、二〇万の給料だったのです。今になって本当に良かったと思うくらい成功しているのです。

私がなぜそのようなことを結婚式の前に新郎新婦に約束させたかといえば次のことからです。

一、私には娘がいないので、娘を欲しい気持ちが強くあります。そんな気持ちで、嫁に出す父親の気持ちを察すると、お世話する以上、嫁に行って何としても幸せになってほしい。幸せになる証明がほしいのでした。

二、縁談の進行中に娘さんと話してみると、皆さん二〇万円くらいのお金を毎月動かしている現実がありました。また、花嫁衣装をつくると、貯金は皆無に等しく、婚家での「こづかい」に不安があること。

三、お見合してから結婚するまでに恋愛状態になり、新生活にものすごく夢を持っている若い女性が多いこと、夢は生活主体であること、その生活の幸せの夢を実現してやるには資本のいること。

四、むこさんに話してみると、たいへん乗り気なこと。結婚する前なので、ちゃんとそのくらい支払うと約束してくれること。

五、嫁に出すほうの両親がたいへん喜んで縁談がスムーズに進むこと。

六、月給を支払うことを半強制的に命じると、むこさんは何としても支払うようになること。最初は支払い能力がなければ農協から借りてでも支払い、可愛そうなくらいだが、愛する女房、愛する子供のために経営がどんどん良くなり、苦労しながらも支払いが楽になり経営改善につながること。

七、嫁さんが婚家に行ったその月から生活の実権を握るので、家庭生活・食生活がおどろくくらい改善されること。

八、今の若い女性は足りないぐらいの金額は皆使ってしまうが、余裕を持ってお金を渡すと（二〇万）ものすごくへそ

嫁さんをどう迎えるか——
嫁さんに20万円の

昨年の11月号に「夢破れて田畑なし」の文章を発表したところ、全国の皆さんから多くの反響をいただきました。厚く御礼申しあげます。発想の発端は、無二の親友の牛飼いを事故死で失った悲しみです。内なる心のさみしさを書いてみたら、あんな文章になったのです。

読者の皆さんがいちばん関心のあったのは、嫁さんに20万の給料を支払うこと、子供一人生まれるごとに３万円ずつを増給することだったようです。反響大なるものがあり、今も酪農家でない人が私の真意を聞きにきてくれます。

前段が長くなりましたが、なぜ、嫁さんに月給20万円を支払わなければならないと思うかを書いてみます。

小沢　禎一郎

くりをつくること。

九、今の若い女性は、東京の原宿の若者ぐらい新鮮で活気に満ちて明日の希望を持って結婚するのに、迎える婚家は、夢も希望もおかしくなって、古くさく格式とか変てこなことをいう〝江戸時代〟であること。

どうせ合わない他人が入るのだから、極端なくらい新鮮な生活にするには、嫁さんが銭を持ったほうがよいこと。

十、お世話した皆さんが実行してくれて、どの家も家庭円満で嫁も姑も仲良くて明るい生活をしていて、何よりもうれしいのは、嫁さんが仕事・生活のリーダーシップをとっていること。

私は、これぞこれからの農家のあるべき姿と、年に二〜三回は、お世話した家をアフターケアで回っています。

月給二〇万円を実行した第一号
Kさん夫婦の幸せ

Kさんは、二〇万円の給料を嫁さんに支払ってくれた第一号でした。花嫁さんの荷物をいただきにうかがったとき、実家のお父さんに「荷物を出すのに歌が出ないようでは出せない」といわれました。私は歌を歌えないので、お父さんが、涙ながらに〝幸せになれよ〟と歌を歌ってくれたあのシーンは今も忘れられません。農業状勢が悪くなる一方のときに、反対もなく酪農家に嫁に出してくれる両親のことを思えば、何としても幸せになってほしい。何としても立派な酪農経営をしてほしいと願ってやまないものでした。

おむこさんは結婚式の月から月給二〇万円をお嫁さんに渡してくれましたので、新婚旅行から帰ると、自分で買物をし家計簿を付け、意気ようようでした。

しかしそれまでは、婚家のお父さんが買物をしていたので、お父さんとすれば何か不満で、なれるまではムシャクシャするようでした。しかし、二〇万円を仕分けして生活に使っているお嫁さんは、毎日の食生活には自家産の野菜をふんだんに使った手料理で、あまりスーパーなどのものは使わずにおいしい料理をつくります。私が行くと、「おらとこじゃ、姉ちゃんが来てくれてから毎日、正月とお祭りだいね」と、八七歳で亡くなったおばあさんは喜んでくれました。

今の若い女性は、独身の頃に夢だったことを結婚後に実行したい気持ちがあります。ここのお嫁さんも、自分がやりくりする二〇万円と子供一人が生まれたあとにつけ足された三万円を有効に使い、自分の夢だったお花の勉強、習字、お料理と、忙しい酪農経営の中なので自宅に友達の先生を呼んで勉強しています。だれに気がねなく授業料が支払える、私は見ていてうらやましく思います。

さらに、月給二三万円で生活し、子供を育て、牧場で働きながら、自分たちの夢＝住宅の新築のために毎月五万円ずつをへそくって貯金しているようです。「もう一六〇万円も貯金できた」と先日来ていっていました。

二三万円から五万円のへそくりを貯金すれば、一八万円しか残りません。一カ月一八万円で子供を育て勉強もし家族六人が暮らすのは、よほど努力しないとできないことです。お嫁さんはそのために自給の野菜と、手づくり料理の大家になってしまったのです。私どもの家に来るときのおみやげは、いつも手づくりのケーキです。「嫁に二〇万円も給料支払うと家中干からびてしまう」という反論がいくつかありましたが、今の若者を見直してほしい気持でいっぱいです。

月給二六万円　新車ダンプが買えた
Tさん夫婦の幸せ

「仲人さん、月給まけてくれねえかい。子供一人三万円なんていやあ、うちじゃ二六万円にもなっちゃって、三人目を生むとすりゃ、二九万円になるんね。俺はそんなに払えねえ」

「だめだぞ、約束だでな、払えよ」彼はしぶしぶ帰りました。

二年後の夏、イスズの二トンダンプの新車が三段あおりを付けてカラカラと走って来ます。今どき新車のダンプを買う牛飼いなんているのかやと見ていると、彼の車です。

「小沢さん、ありがとうございました。かあちゃんにダンプ買ってもらっちゃってせ」

私はただおどろくばかりでした。お嫁さんは、毎月二六万円のうち二〇万円で生活して、六万円ずつ貯金していたのです。ダンプがこわれて困っているのを見た彼女は、「私が助けてやる」と新車のダンプを買うことになったのです。二六万円支払うために、経営は合理化に合理化を重ねて、メーカーの発表会で一位になるくらい経営も良くなり、しかも、新車のダンプが手に入ったのです。

ここの家でも自給農業に一生懸命で、夫婦で生活の農業化も進めています。私たちが行っても、自家産の焼肉と自家産の野菜と自家産の酒でもてなしてくれます。ここまでやれば銭も残るし酪農もおもしろくなるわなあ、と私は感激しています。何よりもだれよりも喜んでくれるのは実家の両親です。

「うちのS子がダンプ買ってやったってせ。あの子はよくやるいねえ。小沢さん良いところの世話してもらってありがとうござんす」

何よりもうれしい言葉です。

おむこさんをとるばあいは

お嫁さんには月給二〇万円ですが、おむこさんのばあい、私は将来の農業のあるべき姿がわからない本人のために「勤務先をやめてまで農業をしなくてよい」といいます。

「養子先の経営は、そのまま今までどおり続けなさい。しかし、あなたが入ったら、その家の生活費はあなたの給料でまかないなさい。月給袋を女房に渡して、何としてもその金額で生活することを女房に要求しなさい。それでなかったらこの話はないことにします」

私はそんな話をして御両人を納得させます。今までの家付き娘は塗炭《とたん》の苦しみです。甘えて育てられ、お金の苦しみを知らないのです。おむこさんは次男坊ですので、お金にがめつく、何としてもその金額での生活を女房にせまります。

そのおかげで、今までの農業経営は生活費を出さなくてもよい経営になります。大金がまる残りになるのです。そこで、おむこさんは考えます。

「こんなに農業は苦労で、皆で働いているんだが、残る銭もでかいなあ。俺も手伝ってもっと銭残すかなあ」――なんて変わってくるのです。最近お世話したS君は、「僕は豚は好きだが、豚は飼いません」なんていいながら、今は出勤前に豚を飼い、帰宅後はすぐ豚舎へ行っているようです。

いちばん苦労しているのは家付き娘のお嫁さんです。月給生活のやりくり算段、新たな自給生活が生まれ、一生懸命に野菜をつくっています。

おむこさんは、月給で女房に生活させる兼業農家づくりから、新たな農業経営を生みだしています。うれしい農業青年の誕生です。

＊＊＊

私は大きな実験だったと思います。

家庭と経営と地域を変えるために、新品の知能と行動力を持った美人が力いっぱい実力発揮できるようになったことはうれしい限りです。

まわりがいろいろと江戸時代的なことをいう前に、現代の若者たちにまかせるべきです。仕事をまかせるだけではダメです。資本（月給二〇万）と、経営権をまかせれば、若者らしい打算と合理主義によって、経営も生活もまたたく間に良くしてしまいます。親はただ傍観のみで結構です。一生懸命手伝って、今度は嫁さんに給料を要求すべきです。そしたらまた、若者夫婦は収入の道を考えます。

（長野県松本市島内五九一四）

素材に自信のある農家と腕のある地元加工業者が結べば何かが始まる。農工商連携、「地産地商」の先駆的事例

加工で拓くコメの売り方

地元の小さな酒屋と農家が提携 会員制高級純米酒が大評判

山形県高畠町有機農業研究会　渡部　務《つとむ》

農家―「米が何とか売れないものか」

酒屋―「大手に潰されないためにも、マネのできない酒をつくりたい」

こうして結びついた農家と地元の小さな酒屋がつくりあげた酒が、本当の酒を求める人たちに評判を呼んでいる。

百姓で食っていきたいから

〝百姓で食っていきたい〟という願望を満たすため、有機農業に取り組んで一四年が経過した。米過剰による米価の据置き、自主流通米制度の新設、第一次減反、そして第一次オイルショック時の畜産価格の大暴落と続いた昭和四十年中頃の農政は、まさに〝猫の目〟といわれる状況であった。

有機農業研究会発足に結集した四十数名の当時の仲間は、二五歳前後の農業後継者であった。いずれも当時の近代農業の先頭に立って単一規模拡大を目ざし、そして地域青年団活動のリーダーとして頑張ってきた仲間である。開田を含む大規模圃場、機械化の構造改善事業、畜産、果樹の規模拡大に〝自立農家〟の夢をかけ取り組んだ我々に対する政府の背信行為は、けっして許せるものではない。

その怒りとその裏にみえてくる工業優先政策を知るとき〝いかにして百姓で食っていけるか〟が、当時の青年団活動のテーマであり、そのことをめぐって深夜までの議論が何度も繰り返されたのである。

♥奪われたものを取り戻せ

近代農法が農家の利益にかならずしも結びつかず、農民のフトコロを経由して肥料、農薬、機械メーカーに流れ込む結果になることの原因は何か。また、大型広域化する市場により産地間競争が激しくなり、外観や包装だけで取引きされる中で利益を得るのは誰なのか。

近代農法がまねきよせたこうした栽培飼育技術、流通において、便利にはなったものの農民の手元から離れていったものを、農民自らの知恵と工夫によって取り戻し、新たに築き上げる方法でなければ、真の自立はない――我々はそう考えたのであった。

昭和四十九年、我々の考えを実現すべく、まずは飯米用の無農薬米作りから取り組み始めた。化学肥料、農薬に守られた栽培技術を農業高校などで学んだ我々には、地力だけで米がとれるかどうか大きな不安があった。しかし、その不安をふきとばすように、秋には病虫害の一切ない無農薬の米を収穫できたのである。

これで自信を得て以来、果樹、野菜、家畜への取組みへと発展していった。いずれも教科書のない中での試行錯誤の取組みであったが、仲間のささえ合いによって向上させることができた。そのなかでも、昭和五十五年の冷害の年にも有機農業田はみごとな稔りをみせ（周囲の田は半作）我々の大きな自信となった。

無農薬の米でつくった
「辨天　自然酒」

「大手にはできない酒づくりをやりたい」
――地元酒屋の声がかかって

順調な栽培に加え、我々の取組みが消費者グループのなかで話題になり、生産物の直接取引きも比較的順調に伸びていった。しかし、その大部分は果実、野菜であり、主食である米については、食管制度もあり、なかなか消費者グループも取り組めない状況にあった。

そうしたなかで、仲間の親父さんが勤めていた地元の酒醸会社（後藤酒造店）が我々の考え方に共鳴し、大手メーカーにはできない酒づくりをやってみたい、という話が持ち込まれたのである。

会員のなかには、汗水流してつくった米を、主食以外に回すのは、どうか？　という疑問の声もあったが、有機農業の会員として参画してもらう形で酒づくりがスタートした。

♥こだわりの酒づくり

現在、市販されている酒の主流は、醸造アルコール、ブドウ糖が添加された日本酒である。また、ビールをくず米でつくったり、ウィスキーにもアルコールが添加されているともいわれている。日本酒にもこれらの添加物が認められて四十余年になる。我々日本人の舌もこの味にならされてきた。最近ではアメリカに酒醸会社をつくり、外米で日本酒をつくり、それを国内に販売している大手の酒醸メーカーもある。さらには今年産米より他用途米を使った酒づくりも始まることになった。

こうした〃まがいものの酒〃に加え、地域との接触がとぎれる酒づくりが幅を利かせることは、永々と築かれてきた日本の文化、とりわけ農村文化を壊すことにつながる。

酒醸会社の中でも、大手メーカーは販売網を使って市場領域を広げており、その影響により小規模メーカーは倒産廃業に追い込まれている。これを打開していく手段としても、本物の味を持った酒を、古くからの愛飲者である地元の人に理解してもらうことによって、経営の維持と、地場産業の発展を目指そうとする酒屋の意地とこだわりがある。

こうしてつくりあげられたのが、地酒屋、後藤酒造店の「辨天《べんてん》」という酒である。

ねかせるほどにコクをます本物の酒

四割精白された私たちの無農薬米を低温で長期発酵させた酒は非常に「コク」があり、大好評を得ている。普通酒（アルコールや糖が添加された酒）は仕込みから販売まで一年間が勝負であるといわれているようだが、この酒は三年経過しても味が変わらず、かえって「コク」が増すように感じられる。一〇年余り前の最初の仕込みの酒を三年後に仲間で飲んだとき、酒屋も我々も大変感激したものである。鑑定にこられる税務署の職員の方からも、「何が原因かはわからないが、何かが違う」と言われている。酒屋によれば、やはり米の違いが酒に表われるのではないか、とのことだ。

今、「生酒ブーム」とか、目先を変えた商品が出回っているが、いずれも冷蔵庫などでの保存が原則になっている。しかしこの酒は、常温でも充分味が保たれるのである。

♥酒屋の願いも我々と同じ

私たちの農産物はすべて、私たちの考え方を理解し運動に共鳴してくださる方々への産直提携で供給している。このことは、私たちが汗と泥にまみれて生産したその思いを消費者に理解していただき、さらに都市のなかで食文化の正常化や生き方、価値観の見直しまで含めた運動の糧にしていただきたいという願いがある。

酒屋の願いも私たちと同様である。今、まがいものが幅を利かせる一方、本物を求めようとする動きの二極分化が進んでいるといわれる。この状況のなかで、やはり味のわかる人たちに少しずつ、そして長く愛飲してもらえるような酒をつくりたいとの願いである。私たちの有機農業運動が信頼関係を最重要視していることと同様に、酒屋もそれを願っている。

現在、一部市販はしているが、ほとんどは私たちとの交流のある方々への販売と、私たちの会員への供給になっている。

三者の結合の充実を目指して

今や全国各地で〝自然酒〟の名称の入ったものが市販される時代になった。なかには水が自然水であるとの理由でその名称を使っているまがいものがある（〝自然酒〟では商標登録はできない）。

私達の有機農業運動も一七年（日本有機農業研究会発足が昭和四十六年）が経過し、一般店頭にも有機農産物と名前の入ったものが出回るようになった。それが本当に栄養価の高い安全なものであれば、私たちの運動が本当に拡がったと喜べるわけであるが、現状はかならずしもそうではない。名前だけが市場流通に掠め取られるのであれば、私たちの運動の目的からは大幅にずれてしまう。

こうした現状のなかで、農民と酒屋、そして消費者の結合によって相互の利益を生み出すこの取組みは、ますます複雑になる流通のなかで大きな意義を持つものと思う。

私たち生産者にしてみれば、米の価格の安定に加え、合法的にそれを使ったうまい酒を飲むことができるというぜいたくを味わうことができる。

消費者にしても、素姓のわかったものをより安く、しかも安心して飲むことができる。

酒屋にしても、地元と結びつくことで、地場産業としての役割を果たしながら、各地への販路を切り拓くことができる。

この事実を大切にしあいながら、頑張っていきたいと思っている。

（山形県東置賜郡高畠町）

【「読者のへや」から・一九八八年十月号】

生産者本来の権利を「自由化」して今、「村に仕事をおこす」とき！

愛媛県 渡部顕一

本誌連載中の記事「村に仕事をおこす」は大変重要なことだと、以前より考えていました。なぜなら、中間人（資本）から自由なところで、「生産・自給・加工販売」の三本柱のそろった農業が展開されているからです。その三本柱に、さらに「安全」が加われば、鬼に金棒。この農業こそ二十一世紀の主流になりそうな気がします。

加工販売といったとき、急務なのは、ドブロクの自由化であり、農産物加工の自由化です。つまり生産者自らの当然の権利の主張です。

加工・販売には、それこそ加工調理の仕方から販売の方法にいたるまで、地域によって様々あるでしょう。しかし考えは一つです。これからの男は、何に対してもチャレンジが必要です。自分で、また仲間と一緒に月に一度くらいは、自給用加工食品、畜産物の調理研究などをしてみたらどうでしょう。皆でワイワイと飲みながらでもやれば、良い発想がでてくること請け合いです。私事で申し訳ないのですが、にぎり寿し、鍋物、天ぷら、丼物などなど、私は人に食べさせて金のもらえるくらいの腕はもっています。要はやる気があるかないかの問題です。

一つ提案するのですが、自然卵養鶏の廃鶏のうまさを利用してみたらどうでしょう。食べてみると野生のキジ、山鳥に似た味がします。これで夏は夜、星を見ながらの「自然鶏ビヤガーデン」とか、資金ができれば間伐材利用の「自然鶏レストラン」なんぞ面白いと思います。食器も全て裏山の竹を利用する。炭火でヤキ鳥を焼き、竹のカッポ酒を出すとなれば、客はワンサと来る。三百円前後の廃鶏が、ウン千円にもなるというものです。

1988(昭和63)年1月号

「村でとれたものを食べるのは当然でしょう」と教育長。地場産学校給食の先駆的な取り組み

特集 新春食べもの自給の夢語り

親爺さんの自給畑で地域型献立学校給食実現

写真家 杉田 徹

「うちの栄養士さん、調理師さんは県下一」と自慢する高知県三原村

四国は山が多い。土佐は高知のその山の中、数人の乗客を乗せた村営バスが暮色の山にわけ入ると、いったい何処へ誘うというのか、山峡の道は淋しくかどわかしにでもあったようで心細い。

「嫁にきたとき、驚きました。この先に村があるのかって……」

やがて道は川筋を離れ、つづら折りになって高台に出ると、険しかった山は嘘のように穏やかになり徐々に山が遠のく。まず畑が現われる。そしてほどなくして、人家の明かりに胸をなでおろす。人は平地に寄り集まって田をおこし、畑を耕し、集落をつくるものである。

高知県幡多郡三原村は、山の中に忽然と現われた隠れ里のおもむきがある。村の八六%が山。よく雨が降り、寒暖の差が大きく、たびたび霧が立ち込める三原村のお茶と米はおいしい。場にあるものは、その場が織り成す自然の現象と無縁であるはずはないが、おいしいといえば他にもうひとつ、学校給食がある。

今どき、先生にも生徒にも大人気の学校給食があったとは……

「転任した先生方は、きまってここの給食はうまいっていいます。献立表を見ていると楽しいですよ。まず最高ですね、ここの給食は」

小中学校の校長先生は口を揃えておっしゃる。

コッペパンを油で揚げて黄粉《きなこ》をまぶした黄粉パンは、先生にも生徒にも人気がある。料理の味は材料と調理しだい、三原村村営の学校給食を検分すると……。

給食センター職員（白衣）と野菜を届けた宮ノ川ハウス組合員。長雨で白菜が根ぐされして、キャベツに変更。

♥給食センターに届けられた不揃いの野菜・カエル入り

「カクさん、おはよう！」「やあ、おはよう！」。給食センター（三原村学校給食共同調理所）の所長、カクさんこと杉本角雄さん、登校する児童と挨拶を交しながら出勤すると、調理室入口にダンボールや紙に包んだ野菜が待ち受けている。

ニンジン、タマネギ、ジャガイモ、ホウレンソウ、キャベツ。見ると粒は不揃い、ニンジンの紙包みにはカエルまで入っている。店の野菜でないことは一目瞭然、村の農家、宮ノ川ハウス組合の面々が届けた、とれたての野菜である。

♥村で作り出された豆腐・卵・キジ肉も給食に

実は給食に使う村のものは、野菜の他にもまだある。

豆腐をつくって二三年、下切《したぎり》集落の豆腐屋さん、宮川きみ子さん（57歳）がうまい水で防腐剤を使わずにつくる、大豆の香りがプンプンする豆腐。同じ集落の手造りの会のお母さんたちが自前の米と麦で麹をおこし、転作大豆でつくった味噌。それに、宮ノ川集落の檜林の中、廃鶏にするのもためらう動物好きな森本勝治さんが飼う平飼いの鶏の卵。そして、とっておきはキジ肉。

学校給食がうまい秘密のひとつは、材料の内容が充実していて新鮮で、出所がはっきりした地元のものを使っていることにある。

♥地のものだから手数かけてよりうまく

給食センターに届いた野菜は、今日の献立、カレーライスと野菜サラダの材料。珍しいメニューではないが、三人の調理師の作業を見ていると、野菜を洗うにも

矢野哲男さん(59歳)。家の前の畑でホウレンソウの種をまく準備。

手作業、ジャガイモの芽も一個ずつ包丁でとっている。そして、カレーのスープは鶏ガラでとり、ルーは小麦粉とカレー粉を炒めてつくっている。

ご飯は麦飯。野菜サラダは、キャベツ、ホウレンソウ、キュウリ、リンゴ、干葡《ぶ》萄《どう》ともりだくさん。デザートのプリンも手製である。

「今日は小学生が遠足で、給食は中学生だけですから、これでも楽なんですよ」

カレーライスは口あたりがよく、野菜サラダはドレッシングをかけなくても、それぞれの味が口の中で踊るようでうまい。

「村でとれたものを食べるのは当然でしょう」

——教育長はこともなげに言った

「ここは農村ですから、子どもたちが村でとれたものを食べるのは当然なことでしょう。その当然なことを私たちはやっただけですよ」

地場物を学校給食に取り入れたときの前教育長・下村利彦さんはこともなげに語る。

学校給食が始まった当初から、給食に地元のものをという声が父兄の間にあった。そして、一足先に同様の給食体制をとった他村がきっかけとなって、三原村でも地元生産物を取り入れる学校給食に踏み切った。昭和五十九年のことである。

♥ホウレンソウ一品から今や材料の半分を自給

全村の農家を対象にして、少しでも村の活性化をはかる狙いもあったが、不特定の農家となると献立を立てるにも伝票を処理するにも繁雑になる。ある程度まとまった量を安定して供給できる野菜が欲しい……。

幸いなことにそのころは、村内で最も畑地が多い宮ノ川集落に雨よけホウレン

給食センターへの野菜供給者を決める、月2回の宮ノ川ハウス組合定例会。

ソウをつくる一〇人のグループ、宮ノ川ハウス組合が発足して間もない時期であった。学校給食の自給は、まず同組合のホウレンソウ一品からスタートした。慣れるにつれて品数をふやし、今ではホウレンソウからイチゴ、干柿にいたるまで、二十数品目、その全てが宮ノ川ハウス組合の野菜と果物。その量は、二七〇食の学校給食の四五%を賄う。

その間に加わった豆腐、味噌、鶏卵、キジ肉の自給率は一〇〇%。ホウレンソウ一品から始めたこと、給食数が少ないこともあって、業者とのいざこざもなくここまでやってきた。

♥親爺さんたちの出荷割当会議

「タマネギ、十六日が七・二キロ、二十五日が二・九キロ、今度は小さくてもかまわん、誰かおらんかの……」

「テッちゃん出せよ、出しおしみしちゃいかんよ」

「キャベツ、十六日が四・八キロ、十七、十八日が九・六キロ……」

「まだ巻いとらんよ、月末じゃないとできんぞ」

ない物や不足分は給食センターが業者に注文する。

「十四日のシシトウは変更でなし、二十一日が五四〇個、これはナオちゃんに出してもらおうか」

ナオちゃんこと森本尚助さん、現教育長さんも組合員の一人。

ハウス組合は毎月二回例会をもって、給食センターの一カ月の給食計画表をもとに半月分の野菜の出荷担当者を決める。そして、それにもとづいて毎週金曜日、給食センターから翌週分に使う野菜の発注伝票が組合に届く。注文を受けた組合員は、見込み違いなどでその量に足りなければ、他の組合員に融通してもらうか、お店で買い足してでも責任をもつ。高知市場の一割増しの値でセンターへ納める。店で買い足して足が出ることもある。

「組合員全員がつくる野菜は、順繰りに割りあてますが、ホウレンソウのように時期によって値動きの激しいものですと、納めた人によって値に差が出るわけですよ、でも量も少ないですし、小遣い稼ぎ程度の仕事ですから……」

それに、互いに愛称で呼びあう子どものころからの気心の知れた仲、そんなことでひびが入る間柄ではない。

♥一人八万五〇〇〇円の売上げだけど……

組合員の平均年齢は、四四歳の専業農家・栗原高明さんを除くと六〇歳。野菜づくりのプロたちではあるが、いわば小遣い稼ぎの隠居農家といったところ。五、六畝の畑を夫婦でつくり、余った自家用野菜を給食センターや市場へ出荷する。

「手造りの会」のお母さんたちがつくる三原味噌。給食センターへは年に50kg納める。

昨年、給食センターへ納めた野菜は八五万円、一人平均八万五〇〇〇円。家計の足しになる金額ではない。

「一人や二人でできることではないですが、数がこまかくても一〇人で続けてきたのは、学校給食のためだからですよ。給食センターでも献立を変えてまでして、村にある野菜を使ってくれますから私たちも頑張るんです」

村の畑を歩いて食材を探し回る栄養士さん

「給食に村の野菜を取り入れたころは、心配で所長さんとホウレンソウ畑を見てまわりました」

栄養士の土居宣加さん（26歳）は当時を振り返る。それが今では、給食に使えるものを探しに畑や農家をまわるようになった。そして、ハウス組合員が自家用につくった干柿、梅干、干大根、塩漬竹の子、いものツルまで給食にひっぱり出す。

自給率一〇〇%の野菜、果物は、ホウレンソウ、さつまいも、里いも、ごぼう、かぼちゃ、春菊、ブロッコリー、なす、しょうが、栗、イチゴ、すいか、柿。

畑や農家にあるものを使うようになって、学校給食から冷凍食品と化学調味料が姿を消し、主菜に魚がふえ、野菜が多くなって副菜がふえ、献立は郷土食の色彩が強くなった。いものツル入り五目ず

森本勝治さんの卵はひっぱりだこ。
給食センターへ年間 500 kg。

11月2日の献立

11月4日の献立

11月5日の献立

し、いも飯、大根飯。目をひくのは、野菜のおひたし、酢のもの、和えもの、煮もの、炒めものが多いこと。月一回の粗食の日のメニューを見ると、すいとん、梅干、ホウレンソウのおひたし。

「意識して郷土食ということはないですが、村のものを使うことが郷土食だと思ってます」と土居さんは言う。

気になるキジ肉は、脂ののった十二月に野菜を挟んだ焼とりに。三原村ならではの献立である。

子どもたちは給食の野菜、ミソ、豆腐、卵、キジを誰がつくり、誰が飼っているか知っている。算数がわからなくても給食の味はわかるし、学校で習ったことを忘れても「三原村」のものを食べたことは忘れないはずだ。

♥残菜率が半分に減った！

「今日も酢のものが出たよ」と、子どもたちはお化けが出たようなことをいうが、地元生産物を給食に取り入れてから、生徒は野菜をよく食べるようになり、残菜率が一三％から六％に減った。

過去の献立表を参考にして、来月の畑の作物を予測し、ハウス組合と連絡をとりあいながら献立表をつくる。慣れたとはいえ、野菜は生き物、雨や日照りで献立の野菜がないことや、また思いがけない野菜が突然舞い込むと、給食費の枠内（月額、小学生三四〇〇円、中学生三八〇〇円）で他のある野菜に献立を変更する。栄養士さんの苦労は多いが、腕の見せどころでもある。

「うちの栄養士さんも、調理師さんも県下一です」

と杉本さんは自慢する。

地元生産者があっての学校給食。今年のハウス組合の課題は、野菜の供給率を五〇％にすること、組合員の技術向上のために実験圃場を持つこと、そして組合員を減らさず今年も野菜をつくり続けること、それは同時に給食センターの願いでもある。

「前組合長の教育長や栗原君が目をひからせているから、私も手が抜けないんですよ」

マコちゃんこと、渡辺正伊宮ノ川ハウス組合長は声高らかに笑う。

【「読者のへや」から・一九八八年十月号】

アトピーの子供と共にがんばる自信と喜びが

千葉県　海野りつ子

私の二人の息子（七歳と五歳）は食物アレルギーによるアトピー性皮膚炎とぜんそくで、除去食物療法を行なっています。ヒエとキビ、あくの少ない小松菜、大根、かぶ、白菜などの野菜、それに白身の魚が主な食材料です。農薬や添加物にも反応するので避けています。おかげ様で皮膚はつるつる、ぜんそくもほとんど起こらなくなりました。

八、九月号の「急増するアトピー食べもので治す」の特集は、雑穀料理の豊富なメニューと工夫された献立で感激しました。どうしても食事が単調になりがちなのです。また、五〇〇号の特集で一見豊かにみえる日本の食生活が実は偏食に陥っている、アレルギー治療のための食事は伝統的なおばあさんの食事にいきつくなど、食と農をみつめつづけている貴誌ならではの視点もすばらしいと思いました。

農産物輸入自由化が叫ばれ、安全な食料を手に入れることがますます難しくなるような動きのなか、子ども達を守るためにも日本農業を守ることの大切さを痛感しています。

小麦つくりが増えているのだからパンを焼いたらどうだろう。こうして始まった国産小麦パンの連載に大反響

卓に〝焼きたてパン〟を 私の〝奥の手〟公開

◆冷蔵発酵、冷凍パンで忙しさ克服

農業 千葉 雅子

『パンづくりの反響が、あちこちから寄せられるのを読むにつけ、どうしてもただの読者で終わりたくない、という思いにかられ、ついにペンを執りました……』

娘さんの便箋をそっと失敬して書いたんじゃないかと思われる雪ダルマの絵入りのかわいらしい手紙が届きました。〝手づくり大好き主婦、33歳〟とあります。

手紙の主は、岩手県花泉町の農家のお母さんで、三人の子育てに奮闘中の千葉雅子さん。

寄せられた手紙には、忙しい農家の主婦だからこそ生きるパンつくり法、ジャガイモやカボチャやお米を生かしたパンつくりの工夫が詰めこまれていたのです。（編集部）

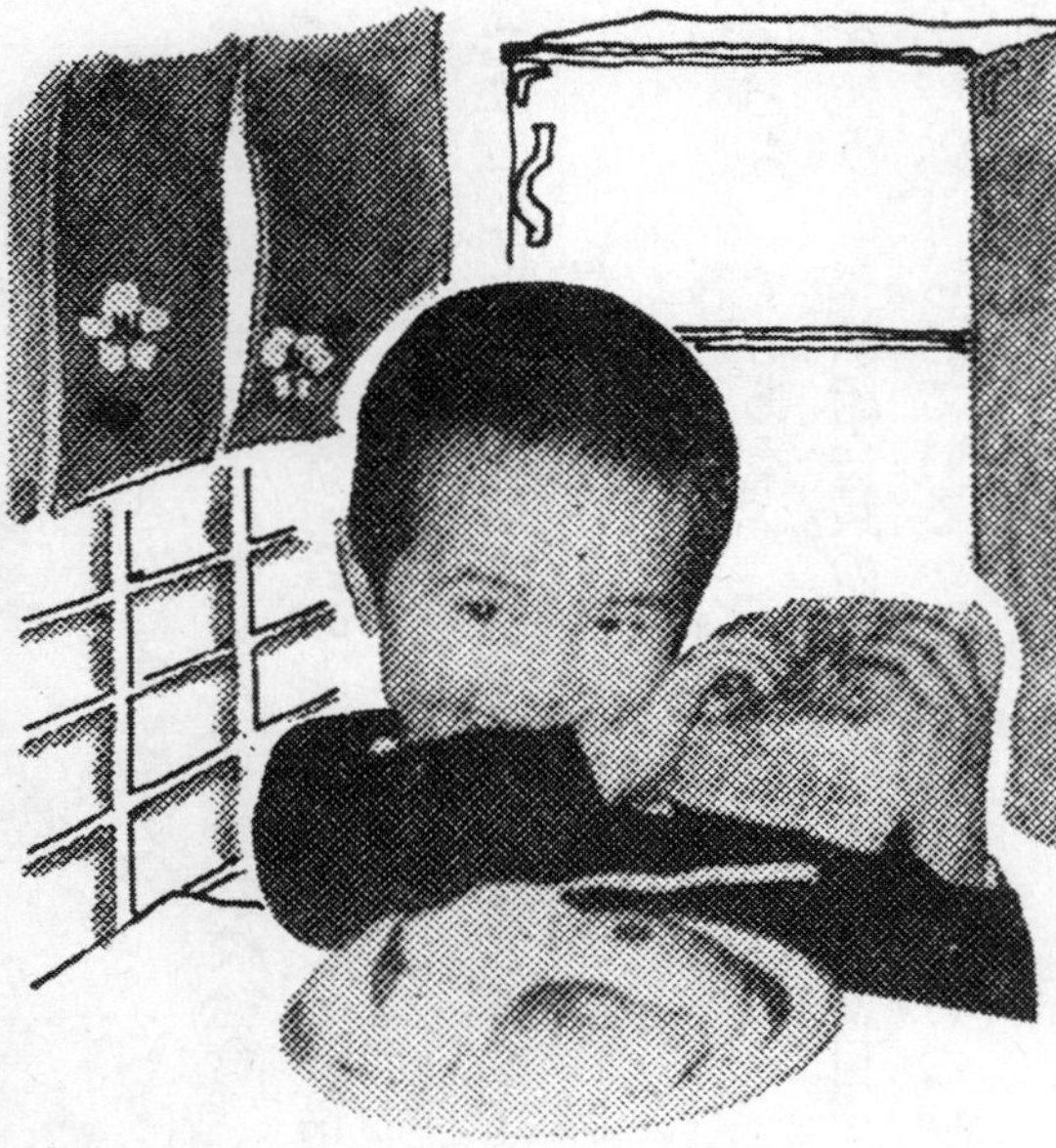

ライスパンと庸平（長男）

失敗したって………イーストのせいだ！ちょっと手を加えてピザに変身！………と笑ってごまかそう

『現代農業』の十二月号に、「パンを焼くならもっと本格的に」というご意見がありましたが、私の場合はそうではないのです。もっと気楽に、もっといいかげんに、もっと楽しく、そんなに構えないで、どんどんパンを焼きたいっ！

何も市販品のようでなくたって、自己満足だっていいと思うんです。失敗したら、よーし今度こそ！という気持ちでつくればいいと思うんです。

自家製の小麦をふんだんに使えるのは、農家の強み。しゃれたフランスパンだって、元をただせば、地粉と水と塩と、自家製のモルトシロップ（麦芽水あめ）なんかを利用して、のんびりゆっくり、素朴な生活のなかから生まれたもの

国産小麦パン追跡第7弾

朝の食 出す

わが家の家族（主人・善幸撮影）

でしょう。自分で納得しただけでもいいんじゃないかなーと思っています。

♥子どもたちに勇気づけられて

私が初めてパンを焼いたのは、もうかれこれ一〇年も前になります。当時はイーストもあまり普及していなくて、店の片隅にほこりをかぶっている有効期限切れのものをやっとのことで捜しだして（もちろん値切って）買い、何も知らないものだからパン用にと強力粉を買いもとめ、一日がかりでパンをつくったものでした。

うまくふくらめばめっけもの。二回に一回は失敗して、ひたすらイーストに責任を押しつけて、笑ってごまかす。

チーズがあれば、失敗したパンに自家製のトマトケチャップを塗って、玉ネギやピーマン、ハムなどをのせて、急きょピザに変身！

なんとかパンの形になっても、どうしてもガチガチになり、歯の弱い人にはおすすめできないしろものでした。

そんなこんなで、しばらくブランクがありましたが、ある日、長女が「小さいとき、おかあさんがいろんな形のパンを焼いてくれたねー」と次女と話しているのを聞いて、逆に子どもたちに勇気づけられて、二、三年前から再びパンつくりにはげんでいます。

♥りっぱな自家産無農薬小麦で

わが家の小麦は、岩手県の誇る「ナンブコムギ」

十月末ころ、小豆、大豆のあとに堆肥と石灰チッソをまいて、耕してからタネをまきます。三月ころ一度だけ追肥したら、七月に刈るまでほったらかし、というりっぱな無農薬の自家製小麦です。

昔は大量につくっていましたが、一時つくらなくなり、減反が始まってからまた少しつくるようになりました。

この地粉でほとんどのパンができます。バターロール、レーズンパン、ポテトパン、ライスパン、それにペストリーや揚げパン、クロワッサンなどは中力粉を使うので、まさにぴったりです。

ポテトパンは、粉をこねるときにマッシュポテトを混ぜたもの。ライスパンは、小麦粉の一割から二割の米の粉を煮て混ぜこんだパンです。しっとりとした仕上がりで、わが家では好評です（つくり方は後述します）。

あんこがあれば、アンパンもＯＫ。好評で、あっというまになくなります。

忙しい人にこそ便利な「冷蔵発酵」「冷凍パン」……手抜きの工夫は主婦の才覚です

パンもいいけど、めんどうでねぇ、という忙しい農家の主婦が多いと思います。でも、私のパンつくりなら簡単です。私も含めた大忙し主婦のための、私なりの手間省きの方法、「冷蔵発酵」と「冷凍パン」のやり方を紹介します。

♥寝てる間に冷蔵庫の中でふくらむ「冷蔵発酵」

ご存知の方も多いと思いますが、この方法は、夕食後に材料を混ぜて五～六分ほどこね、それを厚手のビニール袋に入れ、輪ゴムで口をしばったら、上からもう一枚ビニール袋でおおう。冷蔵庫の中で一晩発酵させて、翌朝、形をつくって焼く方法です。

寝ている間に発酵してふくらんでいきますから、一番厄介な発酵に時間をとられることもないし、少し早起きすれば、朝食やお弁当にも間にあうんです。

先日つくった〝かぼちゃパン〟（材料やつくり方は一一九ページポテトパン参照）の冷蔵発酵の例をあげますと――

①夕食をつくりながら、かぼちゃを煮る（煮つけの余りでもよい）。

②夕食後、かぼちゃをつぶして、それに豆乳、塩、さとう、バターを混ぜる。

③夜九時　小麦粉をはかってイーストを混ぜて、②と卵を加えて五～六分間こねる。たたきつけるようにすると早くまとまる。

④夜九時二〇分　ビニール袋に入れて冷蔵庫へ入れる。

⑤翌朝六時　冷蔵庫から出して、生地を分割して形をととのえ、テンパンに並べる。

⑥朝六時二〇分　テンピを弱火にして成形発酵。

⑦朝六時五〇分　ふくらんだのを見はからって強火に。

♥雨の日につくる「冷凍パン」

雨が降った日や、少し時間があるときに、一度に一キロの地粉をつかってこね、それを冷凍保存して、いつでもパンが焼けるようにしたものです。

四歳になる息子と生地をひっぱりっこしたり、取り合いっこをしたり、投げ合い……まではしませんが、遊びながらやると楽しいですよ。そのとき家にあるも

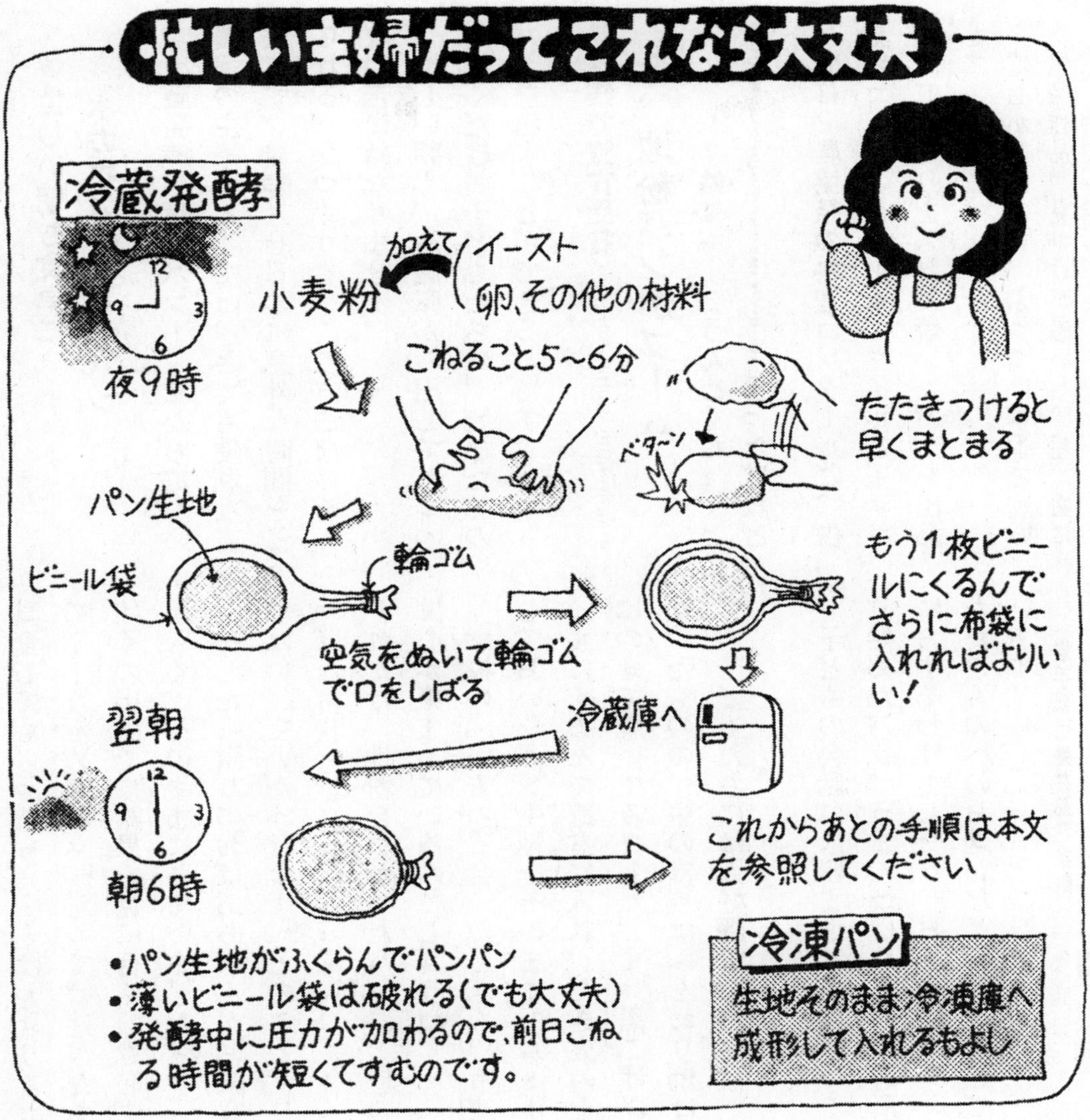
忙しい主婦だってこれなら大丈夫
冷蔵発酵
12
9
3
6
夜9時
加えて
イースト
卵、その他の材料
小麦粉
こねること5〜6分
たたきつけると
早くまとまる
ベターン
パン生地
ビニール袋
輪ゴム
空気をぬいて輪ゴムで口をしばる
もう1枚ビニールにくるんでさらに布袋に入れればよりいい！
冷蔵庫へ
翌朝
朝6時
これからあとの手順は本文を参照してください
•パン生地がふくらんでパンパン
•薄いビニール袋は破れる（でも大丈夫）
•発酵中に圧力が加わるので、前日こねる時間が短くてすむのです。
冷凍パン
生地そのまま冷凍庫へ
成形して入れるもよし

のによって、いろいろなパンをつくることができます。

①材料を混ぜ合わせて、約一〇分間こね合わせる（わが家では、娘たちが休みのときは、材料を混ぜ合わせて渡し、あとは子どもにこねるのを頼んでいます）。

②一次発酵をさせたらガス抜きをし、ビニール袋に入れて冷凍する。あるいは、バターロールなどの形をつくってから、お盆にのせていったん冷凍室に入れ、凍ったところでビニール袋に入れ直して、再び冷凍庫へ。

③焼こうと計画した日の前の晩に冷凍室から出し、翌朝まで七〜一〇時間かけて解凍し発酵させる。

夏などふくらみすぎることもありますが、そんなときはガス抜きして成形すれば大丈夫です。冬はふくらみが悪いので、低温のオーブンに少し入れて発酵させるといいようです。

♥忙しい朝も食卓に
ホカホカ手づくりパン

冷蔵発酵、冷凍パン――私たち忙しい農家の主婦にとっては、とても便利な方法です。発酵させるのに意外な時間をとられるパンつくりも、この方法ならそんなに苦にはなりません。

忙しい朝も、冷蔵庫から出してちょっと焼くだけ。子どもたちに、焼きたてのパンを出すことができるんです。

農協祭で銀賞受賞

今、地粉パンがブーム

姑は「……うんめぐねぇ」と言ったけれど

先日、農協祭の料理コンクールに、缶詰めコーンのクリームスタイルと玉ネギのみじん切りを入れて焼いたパンを出品してみました。

忙しかったので、ぶっつけ本番で焼いた出品作品。見かけが悪いし、朝、姑に試食してもらったら「……はっきり言って……うんめぐねぇ」だって。迷ったあげくの出品で、結果を見に行くのも恥ずかしく、そのままにしていました。

そしたら隣りのおばあちゃんが「銀賞にはいっていたっけよー」とのこと。りっぱな賞状と賞品をいただきびっくり。それだけ、地粉をつかったパンに、皆の関心が集まっているのでしょうね。

学校の「いものこ会」のときも、冷凍しておいたパン生地をそのままアルミホイルにくるんで飯盒《はんごう》に入れ、たき火の上にのせて焼いてみました。まっ黒こげになったものの、中のほうはふんわり焼けて、子どもたちには大好評でした。

＊

子どもの会話にはげまされて再びつくり始めたパン。うまく焼けたときは近所におすそわけをしたり、おみやげや、いただきものへのお返しなどに大活躍しています。

（岩手県西磐井郡花泉町）

【「読者のへや」から・一九八七年十一月号】

楽しかった、「クリスマス会」で聞いた村に伝わる話

山梨県　小林かおり

勤めのかたわら村の公民館の図書室で、本の貸出しのボランティアを始めてもうすぐ二年。農村とはいえ若い人はほとんどが勤めで、その子供たちも、だんだん都市化(?)しているような気がします。お父さんやお母さんにいろいろな所に連れていってもらったりして、以前に比べたら子供のころの体験はとても豊富になっている気がします。

ですが、また違った意味でのこの村の特色を、子供に伝えていけたら（おこがましいのですが）というのが、図書室と子供たちに関わっている私の願いです。

「クリスマス会」では、村のおじいさんから、村に伝わる話を聞く機会を設けましたが、じかに話を聞く楽しさを改めて感じました。

『現代農業』は以前から知っておりますが、「食べものの民話」など楽しく読ませていただき、いつも地域にねざした農業（という言い方はおかしいかもしれませんね）という視点で編集されていて敬服しています。これからも、地道ですてきな雑誌でいてください。

Part
Ⅳ

暮らしから農業を見直す② 農家の技術

昭和四〇年代後半～昭和六四年（1970年～1980年代）

農業近代化への見直しは、これを支えている農薬、肥料、品種、機械などの「資材」の見直しへと進んでいく。昭和50年前後に、有吉佐和子の『複合汚染』が大きな反響を呼び、農薬を多用する農家を加害者とみる風潮が広がったが、『現代農業』は、農薬の最大の被害者は消費者ではなく農家なのだ、という立場に立ち、農薬のムダのない使い方や、農薬依存から脱却する方法を農家に学び、提案していった。こうして1980年代の前半に農薬、肥料、品種の特集号が始まり、この特集号は今日まで続いている。

この時期、過剰施肥から脱却する「施肥改善運動」や、井原豊さんの「への字稲作」、福岡県から始まった「減農薬運動」など、資材依存から抜け出す「農家の技術」が続々生まれ、各地に広がっていった。

田植機の普及が進むなか、本誌では手植え疎植を追及。疎植の伝統は「への字」稲作など様々な形で引き継がれた

思いきった粗植で大増収

——坪36株で11俵確実——

編集部

イネ作りがおもしろくてたまらない

暖地型の省力—安定—多収の画期的なイネつくりがここに誕生した。その特徴は粗植にある。ウネ幅も株間も三〇センチ間隔。一尺の正方形植えというわけだ。株の間を「おぜん」が流れそうな植え方である。坪当たりの株数は三六株。ふつうのイネつくりの半分である。ここでは、「増収には密植が必要だ」という常識がもはや通用しなくなっている。

株数が少ないから田植えの労力を半分に減らした。苗取りをふくめて、一人の労力で一〇アールの田植えがらくにできるようになった。田植機が顔まけするほどの能率である。

収量も高い。二〜三年の経験者は一〇アールとか二〇アールの単位で、反収五石の記録をもっている。昨年のような悪い天候でも、全部の水田の平均反収で、一一俵以上をものにしている。また、誰がやっても初年めから四石の壁を破っている。ばつぐんに安定性があるわけだ。

さて、この独創的なイネつくりをうちたてたのは、千葉県東金市押堀の浅野総一郎さんたち(別表)のグループである。

浅野さんたちは、千葉県に根づいた伝

統的な早植栽培と山形県の片倉さんの増収イナ作とを結びつけたのである。

片倉さんのイネつくりの基本を身につけて、早植栽培の「四石頭うち」を破った。

さらに応用の幅をひろげて、省力と多収のねがいをかなえたのである。

浅野さんたちは、イネつくりを語りあうのが楽しくてたまらないという。減反の悲観ムードなどこれっぽっちもない。

このイネつくりのエネルギーを結集して、四十五年には十一人の仲間で「ライスセンター」をつくった。

ライスセンターというと、あまくだりの補助金でつくったあのばかでかい施設を想像するのだが、ここのはちがう。個人が一・五〜二㌶規模でバインダーやハーベスターや乾燥機を買うと過剰投資になるので、それを防ぐためにつくった小規模なものである。

効率が高い。たとえばこうだ。山本尚司さんは一・五㌶の水田を耕作するが、イネ刈り—乾燥—調製作業でライスセンターに支払った金がたったの一万五五〇〇円。個人が機械を買わないからその償却費はいらないし、センターへの支払いも少ない。労力は三五人（男）出しているが、一方では、一㌶の水田にキャベツ、ハクサイの裏作野菜をつくれるようになった。

ライスセンターの会長をつとめる高宮啓明さんは、「これぞ日本一」と胸を張る。償却費、燐料費などいっさいの必要経費を差し引き、一戸のかあちゃんたちに五〇〇〇円のボーナスを出した。それでもまだ五〇万円の定期貯金ができたという。まさに日本一の効率であろう。

このライスセンターをテコにして、水田裏作の野菜を軌道にのせた。一〜三月出荷のキャベツ・ハクサイである。個人なら二〇㌃の裏作野菜しかできないが、ライスセンターによる共同作業で一㌶以上もらくにこなせるように変わった。

さらに、このグループの人たちは、東金地方特産の庭木生産にも情熱をもやしている。

ライスセンター、裏作野菜、庭木生産いずれをとってもくふうがこらされているわけだが、今回は、とりわけ独創的なイネつくりにまとをしぼってみていくことにする。

お話しくださった人たち

浅野総一郎さん	（三七）	水田一・八㌶
池田　菊司さん	（四六）	一・四
鈴木　祥市さん	（三七）	一・六
高宮　啓明さん	（三八）	二・〇
高宮　好孝さん	（三七）	一・五
山本　尚司さん	（三六）	一・五

（どなたも五石どりの経験者）

☆ザリガニの害が粗植のヒントに

次のページの図をごらんください。浅

野さんたちのイネつくりの骨ぐみをまとめたものである。

ここでひとつおねがいがあります。これから先の説明を読んでいただく前に、第一図とあなたのイネつくりとをくらべてみてください。図の①〜⑧の順に検討してみてください。早植え地帯の人で、納得のいくところがあったら、ことしは一アールでもよいから、ためしてみてください。

これは、浅野さんたちの貴重な体験から生まれた新しいイネつくりです。ひとつみんなでみがきをかけてみようではないか。

このイネつくりを最初にはじめたのは浅野さんである。四十三年に七アールだけ実行。四十〜四十二年は、片倉さんのイネつくりを身につけるのに一生けんめいだった。片倉イナ作のおかげで一〇アール当たり一一俵とれるようになった。

ところが、東北地方の品種を入れ、どんなに打ちこんでも山形県と同じようなイネができない。出穂三〇日前ころになると、チッソ肥料がきいていないのに、葉や節間がのびてしまう。だから、反収一一俵まではいくが五石はとれない。

一方、田植えの労賃も一日三〇〇〇円にもなってきた。坪当たり七〇株もむずかしい。

みんなで田をまわりながら話しあった。ザリガニに食われた株のとなりのイネは株がみごとに開いて、草丈が伸びていない。穂も大きい。水路に植えたイネも健康に育っている。

第１図　浅野さんたちのイネつくりの骨組み

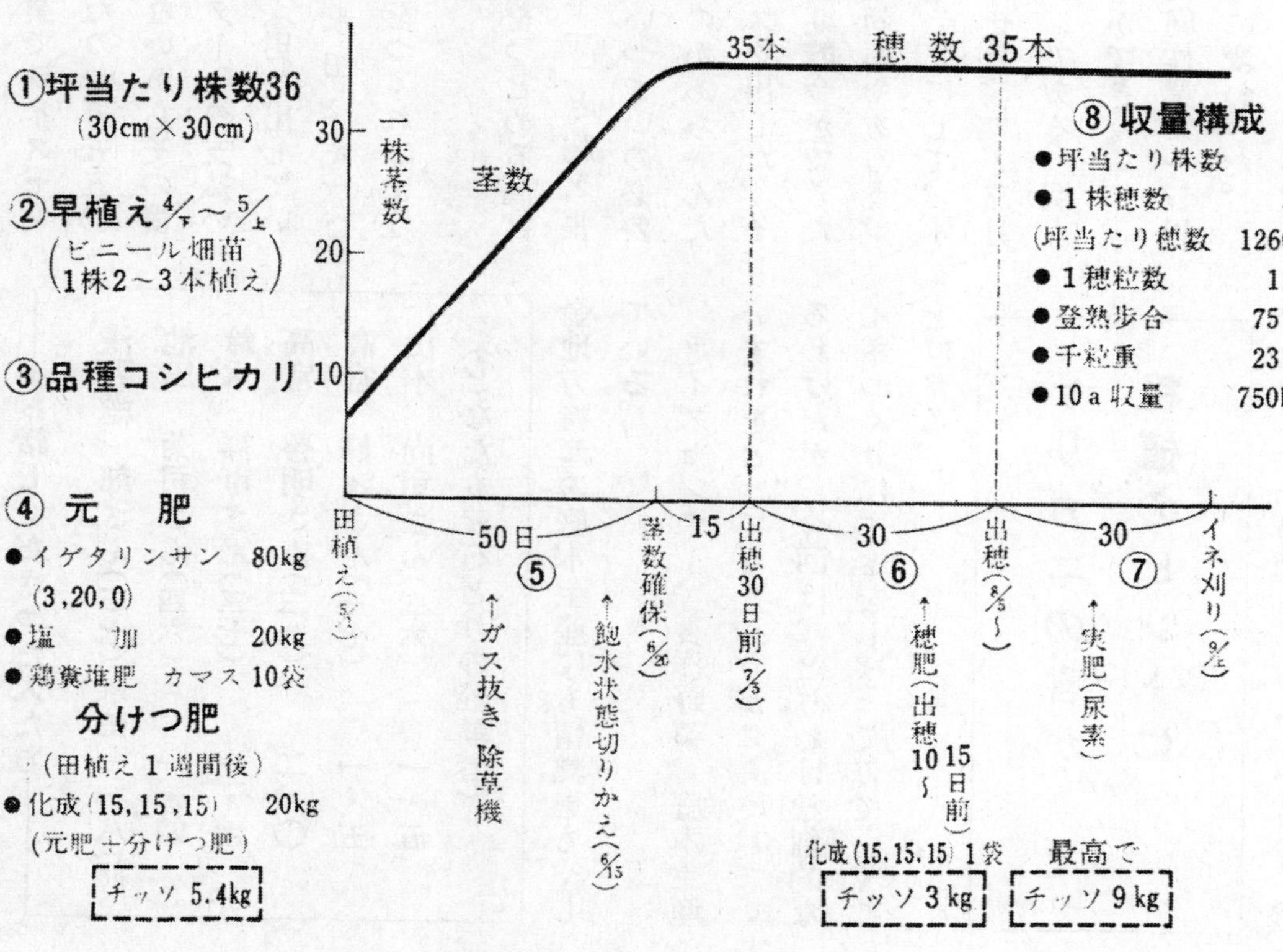

思いきって粗植にしたらこういうイネになるのではないか。ひとつやってみよう。そういういきさつで、浅野さんが一尺並木植えをためすことになった。

田植え後一カ月は、みられたものではなかった。一尺おきに一株二本植えのイネがポチャンポチャンとあるだけ。これで茎数が確保できるだろうか？　不安でたまらない。

そのうちに、分けつがはじまり、扇形のみごとな株になってきた。六月下旬には一株の茎数が三五本になって、分けつがとまった。なんとか空間もうまった。

このイネにどんな穂がつくか？　新しい不安である。

穂が出た。不ぞろいである。親茎は穂の天井が垂れているのに、孫茎のはようやく出穂。一穂の粒数も不ぞろい。親穂は二〇〇粒もあるのに、五〇粒の小穂もある。平均一一〇粒ぐらいだから、粒数に不足はない。

このモミが実ってくれるだろうか？　つぎの新しい不安である。

刈ってみておどろいた。茎がひとまわり太くてかたい。ヨシの茎のようだ。今まで八株で一つかみだったが、このイネは四株刈ったらつかみきれない。茎がかたいので、手の皮がすりむけてきた。

モミすりしてみて、一〇粒中に三粒は青米が入るが、これは生き青だから等級は下がらない。収量も一〇アール当たり一一俵以上とれることがはっきりした。

ようやく胸をなでおろして、四十三年が終わった。

これに力を得て四十四年には五人の仲間が実行し、翌四十五年には二〇人になり、昨年八〇戸の部落全体の話題になった。田植労力を減らせて米がとれるのだから、広がらない方がおかしいわけだ。

☆分けつ期間はたっぷりとる

■どの品種にもあてはまる

もう一度第一図をごらんください。これは浅野さんのコシヒカリの例だが、どの品種にもあてはまる。

ある人はシナノモチ三号を使って一一俵の収量をあげた。ツキミモチでも試験ずみ。もちろん、トヨニシキでもトドロキワセでもフジミノリでもよい。

フジミノリは、宮崎県の早場米について、八月中旬に出荷できる。フジミノリが味がわるいといってバカにされているが、過乾燥にしない新米なら評判がよい。早く出荷できて収量も多いから申し分ない。

ややむずかしいのはホウネンワセ。一株茎数が六〇本にもなって、そのわりに収量があがらない。このイネつくりは、穂数型の一穂粒数の少ない品種は不向きのようである。

第２図　扇形に開張したイネ

（品種：トドロキワセ，５月５日植え，６月５日の姿）

■畑苗＝早植えの特性を生かす

自由奔放に育てるのが、このイネつくりの特徴である。太陽光線をたっぷりあてて、出たいだけ茎を出させる。その茎に着きたいだけモミをつけさせる。光線も風通しもよいから、節間が伸びない。下葉も枯れない。登熟期になっても倒状の心配はない。一株の穂は四方に垂れるが、株元はよろめきもしない。

だが、このイネつくりには一つの条件がある。それは、分けつ期間をたっぷりとること。「気温が一三度になれば、田植えしてもよい」というのが千葉県の早植栽培である。ビニール畑苗を使って、四月下旬から五月上旬に田植えしてきた。

この早植栽培と自由奔放なイネつくりとが結びついた。第一図でごらんのように、田植えから必要茎数を確保するまでに五〇日もある。早生品種でもこの期間が四〇日ある。

ビニール畑苗を早植えすると、とかく過繁茂になって苦労するのだが、このイネのように自由奔放に育てれば畑苗の特性が生きる。

六月二〇日前後には、一株が三〇～三五本になる。分けつは自然にとまる。誰のイネも三〇～三五本程度で分けつがとまるというからふしぎだ。

浅野さんたちは「茎数は苗の力と光線でとるものだ」と考えている。苗に力があって、光線が当たっていれば、田植え直後からどんどん分けつする。やがて、イネは光線不足になるのを恐れてか、一株三五本で分けつしなくなる。分けつした茎は全部穂を出す。無効分けつはほとんどない。

ところが、茎数をチッソ肥料でとろうとすると失敗する。三〇～三五本になっても分けつはとまらない。無効分けつがふえて、増収できない。

まとめておこう。

このイネつくりは、分けつ期間をたっ

ぷりとる必要がある。そのためには早植えする。早植えにはビニール畑苗が向いている。坪当たり二合のうすまきにする。六・五葉（不完全葉を含む）で親茎を含めて三本に分けつするようなよい苗をつくる。一株二～三本植えにして、時間をかけて自然に分けつさせていく。

☆野菜あとなら元肥無チッソ

もういちど第一図をごらんください。図の④は浅野さんの元肥をみたものである。浅野さんは、ブロイラーを常時一二〇〇羽飼っているので、鶏糞堆肥を使っている。

鶏糞堆肥といっても、オガクズを鶏舎の床に敷き鶏にふませ、鶏糞とオガクズをまぜこぜにして腐らせたものである。

化学肥料はリンサン多施である。イゲタリンサン四袋―八〇キロで成分量は一六キロ。化成肥料は田植え一週間後にやる。浅野さんのところは、湿田が多くてチッソがおそぎきしやすいので、分けつ肥として表層にやった方がつくりやすいという。乾田なら元肥に使う。

■野菜をつくるほど米も増収

裏作に野菜をつくった人は米もたくさんとっている。土が肥えてくるからだ。部分的に五石どりの記録をもち、平均反収一一俵以上あげている人たちは、浅野さんのように堆肥を使うか、野菜をつくっている。このどちらかである。

粗植―化学肥料でも一〇俵はいくが、一一俵、五石と増収するのはむりだという。

裏作に野菜をつくったばあい、イネは無チッソ出発。元肥のチッソ肥料はまったく使わない。

八月下旬、イネ刈りが終わると同時に野菜を植えるためにトラクターで耕起する。そのとき、生ワラはカッターで切って田にすき込む。まだ地温が高い時期だから、土のなかでくさる。この生ワラは、イネにとって堆肥と同じ状態になっている。

春先、ハクサイ、キャベツの収穫が終わったら、田に水を入れてトラクターでかきまわす。野菜の下葉がどっさりすきこまれる。

このとき、珪カルを五袋ほど入れる。裏作野菜には珪カルがつきもの。これに過石三袋、塩加三分の二袋ほど使う。

野菜の下葉をすきこんで四～五日してから代かきする。

野菜をつくった水田で問題になるのがイネの根ぐされである。

六月中旬、一株三〇～三五本の必要茎数確保の見通しがつくころから飽水状態の水管理に切りかえるわけだが、それまで放っておけない。

湛水をつづけると野菜の下葉がくさり、土がペロンペロンにわいて、雑草も生えない状態になる。

【「読者のへや」から・一九八七年十月号】

わが小学校の疎植一本植え多収稲作

福島県 遠藤晴男

私の勤める小学校（全校生二九名の超小規模校）では、五、六年生全員で四年ほど前から稲作にとりくんでいます。最近は「勤労体験学習」なるもので稲作りにとりくんでいる小学校がふえていますが、本校は一味ちがう、と自負しています。科学的に研究をしながら作物作りをして、その成果を「科学発表会」で全校生や父母たちに発表するのです。

稲作り二年目には、イネがよく育つ条件は？　という観点から、本数、間隔、苗を植える深さ、日当り、などのちがいによる育ち方を研究しました。

その結果をもとに、三年目は一本植え、しかも昔おこなわれていたという尺角植えにとりくみました。ふつうの植え方をしたイネと比較しながら研究したところ、一本植えのほうがたくましく、じつによく育ちました。色といい、茎の太さといい、背の高さといい一目瞭然。子どもたちもこれにはビックリしてしまいました。

この結果を数量的なデータを整理して会で発表したところ、父母も感心していました。

そうなったら、水を二〜三回切って、ガス抜きのために除草機を押す。

排水のよい乾田では、株間が広いだけ雑草も生えやすい。除草剤を使うことになるが、これはふつうの使い方でもよい。

田植え前にやるときは、PCPを一〇㌃三㌔。田植え後にやるときは、一週間後の活着時点でパムコン三㌔。昔ながらのやり方をとっている。

まとめておこう。

株数が少ないからといって、元肥チッソの量をふやさない。むしろ減らす。慣行イナ作の三分の二の量で充分。チッソ成分でせいぜい多くて五㌔である。裏作に野菜をつくるばあいには元肥無チッソでよい。分けつを助けるために、リンサン肥料は多く使う。

☆穂肥・実肥は片倉イナ作で

六月下旬には、一株茎数が三五本程度になって分けつがとまる。葉の色にむらが出れば、むらなおしの肥料をやる。

出穂四〇日前から二〇日前にかけて、コシヒカリのような倒れやすい品種であっても、葉の色を極端におとさない。Ｖ字型イナ作のようにチッソ肥効を中断すると穂が小さく、粒数不足で増収できない。その必要もない。株間が広く、光線も風も入るから、葉の色がいくぶん濃くみえても、下位節間が伸びたり、葉が徒長したりすることはない。倒伏の心配はない。

穂肥・実肥は片倉さんのやり方と同じ。穂肥の時期は品種によって、葉の色によっていくぶんかえるが、コシヒカリなら、出穂一〇〜一五日前に化成一袋（一五・一五・一五）。チッソ成分で一〇㌃当たり三㌔。

実肥は、葉の色がさめるようならいつ

でもやる。極論すればイネ刈りまでやる。年によって、田によって、尿素が半袋ですむこともあれば一袋使うこともある。イネがほしがるだけ与える。

イネの一生を通じ、コシヒカリのように倒伏に弱い品種であっても葉の色をぎくしゃくさせない。穂首分化期でも、極端に肥効を制限しない。いつもチッソがある状態で平らにもっていく。そういう状態をイネ刈りまで維持するわけだ。

登熟期のイネの姿はみごとになる。穂は噴水のように四方に垂れ、受光態勢はきわめてよい。茎はシャンとしていて、よろめこうともしない。

このイネつくりの最大の問題点は登熟歩合が低いことである。第一図の収量構成を見てもらえばわかるように、浅野さんのイネの登熟歩合は七五%。モミ数は一㌧分あるのだが、登熟歩合が七五%だから収量も七五〇㌔でとまっている。

ここをなんとかできないか。登熟をわるくしている原因ではっきりしている問題が一つある。それは登熟期の水不足。水路（両総用水）の水が七月下旬にはこなくなる。だから、排水のよい田で、有機質を入れないところでは、登熟期に土が乾いて大きな地割れができる。そういうところほど下葉の枯れも早く、死米が多くなり、収量があがらない。

高温の条件で登熟するのだから、登熟速度が早く、水分の吸収量も大きい。水分の供給がまにあわなくて、枝梗の老化を早め登熟をわるくしているのではないか。浅野さんたちはそう考えている。登熟歩合の向上が当面の最大の課題で、ここが突破できればさらに増収の可能性が開ける。

＊

（荒けずりな紹介になりました。疑問点はどんどんお知らせください。みなさんの質問をもとにして、きめこまく掘り下げていきたいと考えております。編集部）

【「読者のへや」から・一九九〇年四月号】

永遠なれ疎植栽培

秋田県　小林誠之助

この世での生の証しとして稲の疎植栽培を試みたが、時の流れと老衰のため挫折したことは、省みて忸怩たる思いである。

昭和四十年代、未だ疎植栽培の喧伝されていない頃、稲の生理上、また省費・省力・安定増収のための唯一の技術と信じて熱中した。

農機の発明発展、減反による農民の意欲低下、良質米志向は密植機械植え一辺倒となって手植疎植の道は閉ざされた。私とて、いつまでも時代に逆行、手植えに恋々たるものではないが、どうせ機械植えをするのなら、疎植田植機の出現をと待ち望んでいた。

しかし試験場は疎植試験を行なうこともなく、農機メーカーも開発をみず、日本稲作の未来と確信した疎植栽培も、限界の三〇株に挑戦、成果をみたのを最後に私も田植機に転向した。が、疎植のよさは忘れずに、五〇株植えができる機械を入手した。

精一杯やった研究自体の喜びが最大の満足である。悔いはないけれど、疎植のすたれることが残念であるが故に、この一文をしたためた次第である。

前半を淋しく育て、穂肥、実肥の後期重点イナ作に燃えた長野県伊那の母ちゃんたち

新連載・田植機稲作安定技術を追う（1）

母ちゃんたちが鼻歌まじりに反収七五〇キロとる理由《わけ》は

編集部

手植え時代、父ちゃんのイネつくりで八俵しかとれなかった

➡

機械田植えになって、母ちゃんは反収安定一三俵どりを達成！

➡

今、父ちゃんは母ちゃんの指揮下に入った。さて、そのイネつくりの仕組みとは！

母ちゃんパワー一三俵どり達成

「オイ、つなぎ肥はやったかえ？　そろそろつなぎ肥の時期だぞい」

「穂肥は何貫目ふったんかい？」

「農協は実肥はふるなというけんど、かくれてやろうかい」

「いま、いく度めをふるんかねぇ？」

「露で二回目をふれんかったから、少し多めにふっとる」

減反のさなか、こんなやりとりが、挨拶がわりに交わされる村がある。しかも、母ちゃんたちである。

長野県伊那市西春近区城部落の母ちゃんたちがそれ。父ちゃんたちがどうしても破れなかった「畝どり（一〇アール当たり）一〇俵」の壁をいとも簡単に突き破り、中苗田植機を駆使して安定一三俵ラインへ到達。

ちょっと前までは、父ちゃんの言うとおりに、お手伝いしかできなかった母ちゃんたちが、いまや父ちゃんを指揮している。

休みの日、父ちゃんはこんなふうに母ちゃんに問いかける。

「どの肥料をどれくらいふったらいいんかい」

何せ、城部落の母ちゃんは、全員がわが家の農林大臣。こと農政（家政）の根幹であるイナ作については、父ちゃんは指一本触れることができない。

ある父ちゃんはこう語る。

「畝どり一〇俵がなかなかとれなかったのに、二〇代の若い母ちゃんから、七〇代のばあちゃんまで、鼻歌まじりに軽く一三俵とってしまうずら」

だから、ことイネについては、父ちゃんは母ちゃんには頭が上がらない。母ちゃんは母ちゃん同士でガッチリ手を結んで、増収に意欲を燃やしているといったありさま。

「百姓は、米をとらにゃ困るずら」

「お土産《みやげ》にもっていっても喜ばれるがに」

城部落の母ちゃんたちの共通の思いがこれだ。「減反したって、残った田んぼは増収しなくては」と。

第1表　収量構成の目標

坪当たり穂数	1200～1400本
1穂粒数	100～120粒
登熟歩合	92％以上
千粒重	22～23 g

＊ 計算法

坪当たりの粒数（1200本×100粒）＝12万粒

完全登熟の粒数（12万粒×0.92）＝11万400粒

坪当たり収量（11万400粒×$\frac{22}{1000}$g）＝2429 g ≒2.43kg

10 a 当たり収量（2.43kg×300坪）＝729kg

■イネの見方に二つの転換が

母ちゃんたちがイネつくりの主導権をにぎる前、いまから五年も前は平均の収量といえば八～九俵どまり。一〇俵どりは一つの目標だった。標高七〇〇メートル、気温低く、しかも山からの水は冷たい。土は火山灰で地力は低い。「ここいらでは九俵どまりだに」と父ちゃんたちは思いこんでいた。それが常識だったのである。その常識をひっくり返したのが、母

この実例は標高七〇〇メートル・水が冷たいところ・北海道の人もどうぞお読みください。

第２表　坪当たり1200本の穂の立て方

●穂数目標／坪　1200～1400本
●坪当たり株数×植付本数×１本当たり茎数
　＝80（株）×５（本）×３（本）
　＝1200（本）
＊１株15～18本の穂がつけばよいから，１本の苗が２～３本の分けつ茎を出して，それが穂になってくれればよいことになる

ちゃんたち。「フーフーいって九俵」から「鼻歌まじりで一三俵」への飛躍的増収の裏には、父ちゃんたちがガンとしてうけつけなかった、イネの見方の二つの大転換があった。

一つは「イネというのは、前半が淋しくとも米はとれる」ということ、もう一つは「後期の追肥（穂肥、実肥）が米を太らせていく土台になる」ということ。

この二つのことは、わかっているようでいながら、そうしたイネを育てるには勇気がいる。

「断固やりぬくには、父ちゃんとの夫婦ゲンカも辞さない覚悟がいる」と、ある母ちゃんは笑いながら話してくれた。父ちゃんのナマクラ経験主義を、母ちゃんの科学的な実践で打ち破らないといけなかったからだ。

茎数確保に欲は出さない

では、母ちゃんが鼻歌まじりで反収一三俵とれるという技術とは？

「前半を淋しく」「穂肥以降にドカッと肥料のやれるイネ」の最終目標はどこにあるのだろうか。目標の定め方にムリがあると、手間と苦労ばかりがかさんで、稔り少ない秋となりかねない。

母ちゃんたちのイネの目標を数字にあらわしてみると次のようになる。

坪当たり穂数	一二〇〇～一四〇〇本
一穂粒数	一〇〇～一二〇粒
登熟歩合	九二％以上
千粒重	二二～二三グラム

これが、母ちゃんたちのたてた、一〇アール当たり一三～一四俵をとろうと計画したときの最終的な青写真である（品種はトドロキワセ）。

八〇〇キロを目標としたイネつくりにしては、坪当たりの穂数が少ないことに驚かれたのではないだろうか。ふつうは、機械植えのばあい、密植でき、しかも分けつ力の強い苗を植えるという特性を生かして「短い穂をたくさん立てて一気に登熟させる」という考え方なのだが、その目標が逆転しているからだ。

母ちゃんたちによると、坪当たり一四〇〇本以上も穂を立てようと欲を出すと、結局は株張りばかりよくて、実際にモミすりしてみると米が入っていないそうだ。しかも葉が垂れてきたり、いろい

ろと面倒なことがふえてくる。坪当たり一二〇〇本の穂が立てば一二俵は堅いから、何もそんなにムリすることはないというのである。

■穂数坪当たり一二〇〇本で充分

試みに、栽植密度との関係を見よう。機械の目盛りのセットは九〇株。実際に植わっている株数は坪当たり八〇株ていど。一株の植込本数は、平均四～五本見当（一箱当たり乾モミで八〇～一〇〇グラまきで、一〇アール当たり育苗箱三五箱）。

だから、目標の坪当たり一二〇〇本の穂を立てるには一本の苗が三本の分けつ茎を出せばいいのだから、楽勝である。

つまり、母ちゃんたちの中苗田植機利用の安定一三俵どりの技術目標の組立ては、「穂数にたよるイナ作」から「穂重・登熟をめざすイナ作」への出発である。このことは、穂数の確保は何の心配もないのだから、いかに後半になってモミの中にデンプンを送り込める体制をつくるかである。それが「前半淋しいイネ」つくり。出穂三〇日前でも、ウネ間がスッキリと見えるようなイネだ。

茎数を坪当たり一四〇〇本以上も立てて、出穂三〇日前にウネ間がスッキリ見える状態にするというのは、これは名人でないとむずかしい。

きのゑさんは今のイネを見て「昔のイネの株の太さに比べると、半分しかないように見える」という。

反収一三俵どりの骨組み

そうした技術課題に応える栽培の仕組みを第一図にまとめてみた。城部落の母

第1図　安定13俵どりの仕組み

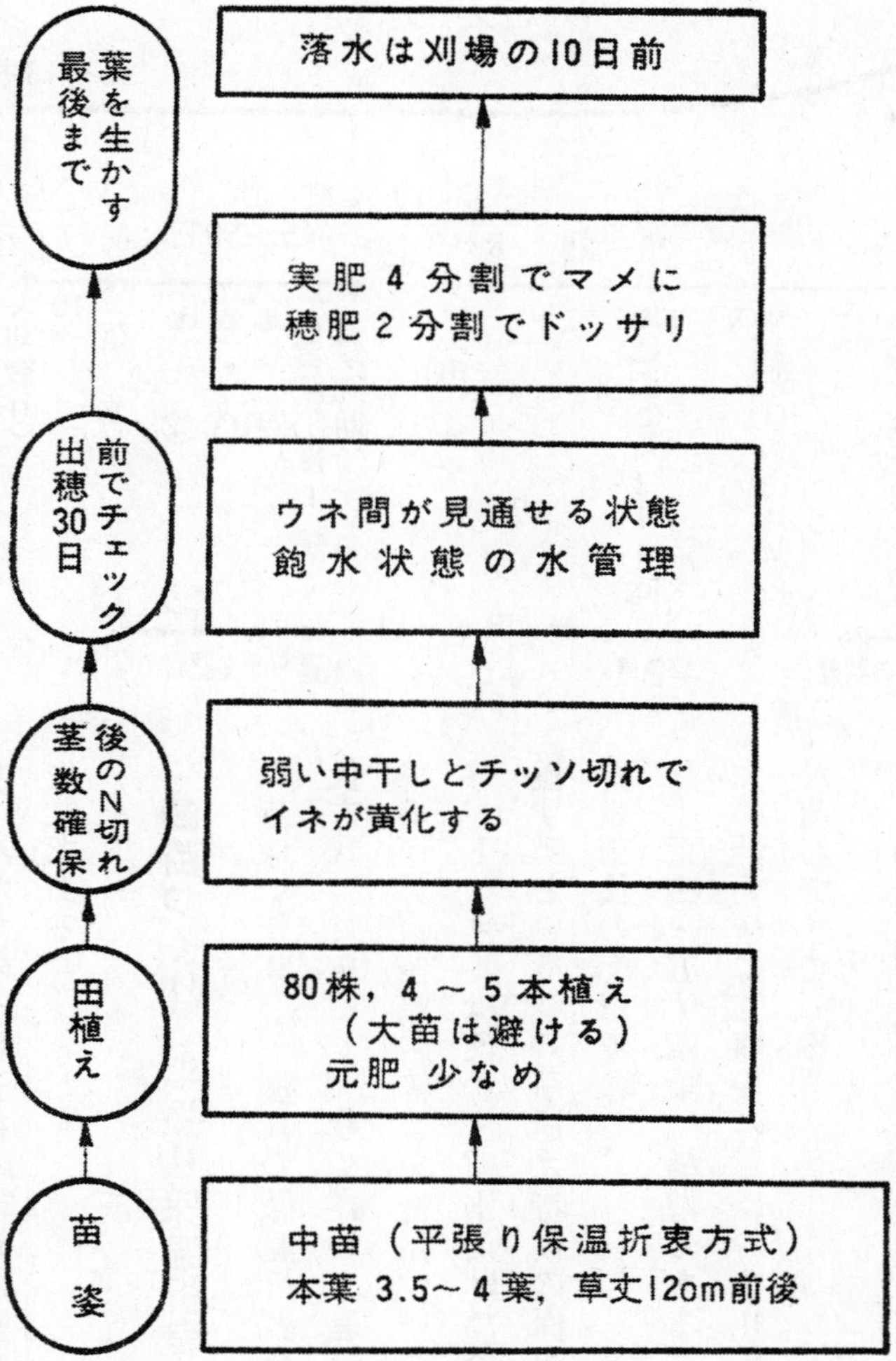

第２図　後期重点の施肥体系

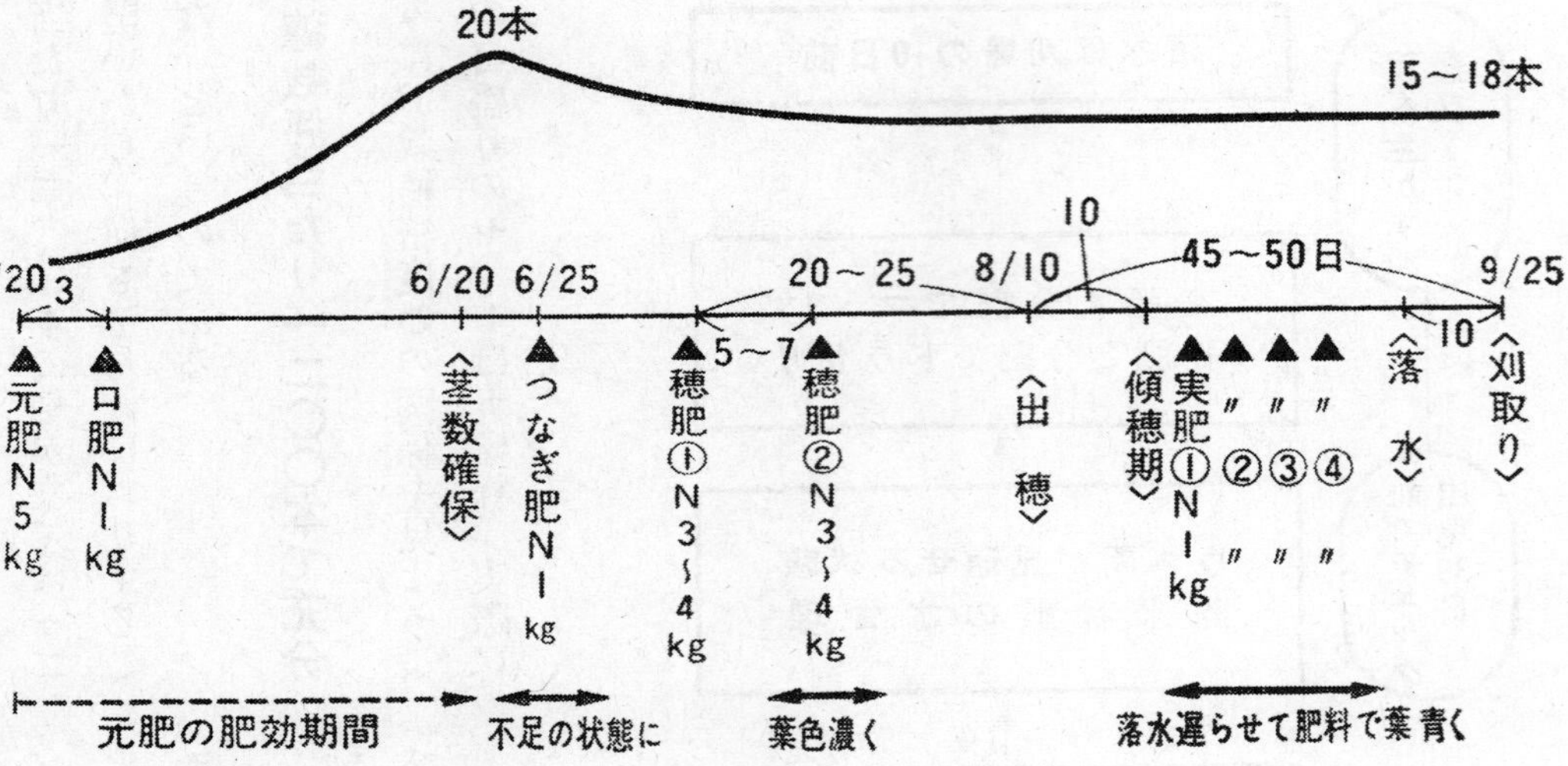

ちゃんたちのそれぞれの時期の重点作業である。

■苗つくり…平張り保温折衷

苗つくりは「平張りの保温折衷苗代方式」である。次号で詳しく追求するが、育苗箱（枠）を苗代に並べ、トンネルは使わず、水だけで保温するという昔の手植え時代の保温折衷苗代の応用である。

本葉三・五〜四葉、横幅のある草丈の低い一二セン前後の、ガッチリした苗ができている。

■施肥…徹底した後期重点

手植え時代は「元肥をはりこんで、いかに株張りをよくするかが目標だった」という。坪当たり六〇〜七二株、一株二〜三本植えで、元肥はチッソ成分で八キロていどを全層に入れて吸収させていくというもの。

しかし、元肥のチッソが長効きして、これからという穂肥の時期に肥料がやれず、わずかにチッソ成分で一〜二キロどまりであった。これでは米はとれない。

第二図を見ていただければわかるが、生育全体での施肥チッソ量が一九キロ、そのうち、穂肥・実肥で一二キロをやるのだから、それこそ徹底した後期重点施肥法である。

【元肥】必要な茎数がとれた時点で、うまいぐあいに肥効が切れてくれる量を元肥とする。

ここは、母ちゃんらしい芸の細かい心づかいを見せている。元肥チッソの量も以前の八キロから六キロへと減って、その施し方も以前とは大きく変わった。

昔はチッソ八キロを全量土全体に入れる全層施肥方式。元肥をふってから耕うんし、何度も土をかきまわしていた。

現在は、上層施肥とでも呼べばいいのだろうか、代かきして水が濁っている段階で肥料をふっていく方式。当然のことながら、脱チツもあるだろうから、昔に比べると肥効は半分くらいかもしれない。

母ちゃんたちの観察によると、元肥チッソ六キロの上層施肥だと、ちょうど必要茎数がとれたころに肥切れして、無効分けつが出るのを抑える働きもしているとのこと。

その量や施し方については、各地の条件によってちがうだろうが、要は必要最低量にとどめて、茎数がとれたころから肥効が切れて、イネが黄色くなるような量を見つけ出すことだ。

【穂肥】あとは、茎数確保後の色切れをつないで、いかに穂肥を効かせるかにある。出穂二五～二〇日前に一回目の穂肥としてチッソで三～四キロ、黄ばんでいた色が一気に出てくる。そこで、一回目の五日ほどあとに追い打ちをかける二回目の穂肥三～四キロ。何ともすさまじい追い込みだが、これが一穂の粒数の減りを防ぐ。

「一回目の穂肥で、葉の色なんかはものすごく濃くなって、とても二回目の穂肥なんかやれないと思ってしまうがね。そこが大切なところ。みんな『父ちゃんに焼酎を飲ませてから肥料ふらせる』と言ってるずら」

それほど大胆な施し方だ。

【実肥】あとは実肥をいかにこまめにふっていくかである。穂数が少ないかわりに、一穂粒数はタップリついている。その分、最後まで葉を生かしておくことが大切。一週間長く葉を生かしておけば、その間に一俵分の実がモミの中に送り込まれるのである。

やはり傾穂期から五～七日おきに、チッソ成分で一キロずつの追肥で追っていく。そのため、刈取り一〇日前まで水を落とさずにガンバリたい。

（次号へつづく）

【「読者のへや」から・一九八五年五月号】

スライドで稲の勉強をしています

秋田県　中村富雄

数年前からの夢だった、農文協のスライドがやっと買えました。稲作中心の農業仲間でスライドを使い、初心に帰って稲作の勉強を始めました。映写機は町役場で買ってくれました。そこで、私達でフィルムを買いました。〝安定イネつくりシリーズ〟のストーリー編です。

夜、公民館で夫婦で早速試写会。苗作りの巻では、いろいろと思い当たる事ばかりで、声一つ出さずジックリ勉強。終わってからの話し合いでは、写真もよいし、とくにテープでの解説がとても分かりやすいと好評でした。

『現代農業』でも、諸先輩の文にふれる事で大いに役立つ事ばかりですが、解説テープ付きのフィルムは、今のニューメディア時代でも決して時代遅れではない内容でした。

来年は〝資料編〟をと今から話しています。今後も良い企画・編集をお願い致します。

初期深水で太い分けつがゾクっと揃い、ほとんど有効茎に。各地で広がっていった深水栽培の先駆的取り組み

コシヒカリ

倒さず増収を約束する単肥深水イナ作

編集部

（その1）

「コシヒカリをつくりたいのだが、湿田なのでとてもムリだ」「地力があるので、倒れるんじゃないかと、毎年収穫が終わるまで心配だ」

あなたのそんな悩みにお答えします。

「地力がありすぎる」「排水が悪い」といったコシヒカリつくりの悪条件を、コロッと有利な条件に変えるイネつくりがあるのです。

コシヒカリの本場、新潟県でメキメキと成果をあげている「深水栽培」がその方法です。

中越イナ研式
「深水栽培」の成果報告
ラクして金かけずにコシヒカリ
安定一〇俵突破の秘密

深水栽培といっても、昔のように湛水しっぱなし、しかも肥料をドカッと入れてほったらかしというイネつくりではありません。

用水が自由にならず、湿田で排水もままならない、おまけに地力があっていつチッソが効き出すかわからないといった新潟県中越地方にあって、ここで紹介す

田植機イナ作の新しい段階へ踏み出す画期的な技術が、農家の力によって確立された！

る「深水栽培」をうみ出した中越イナ作研究会のやり方は、昔の常時湛水栽培とはひと味もふた味もちがいます。

第1図　深水栽培はどこがちがうか？

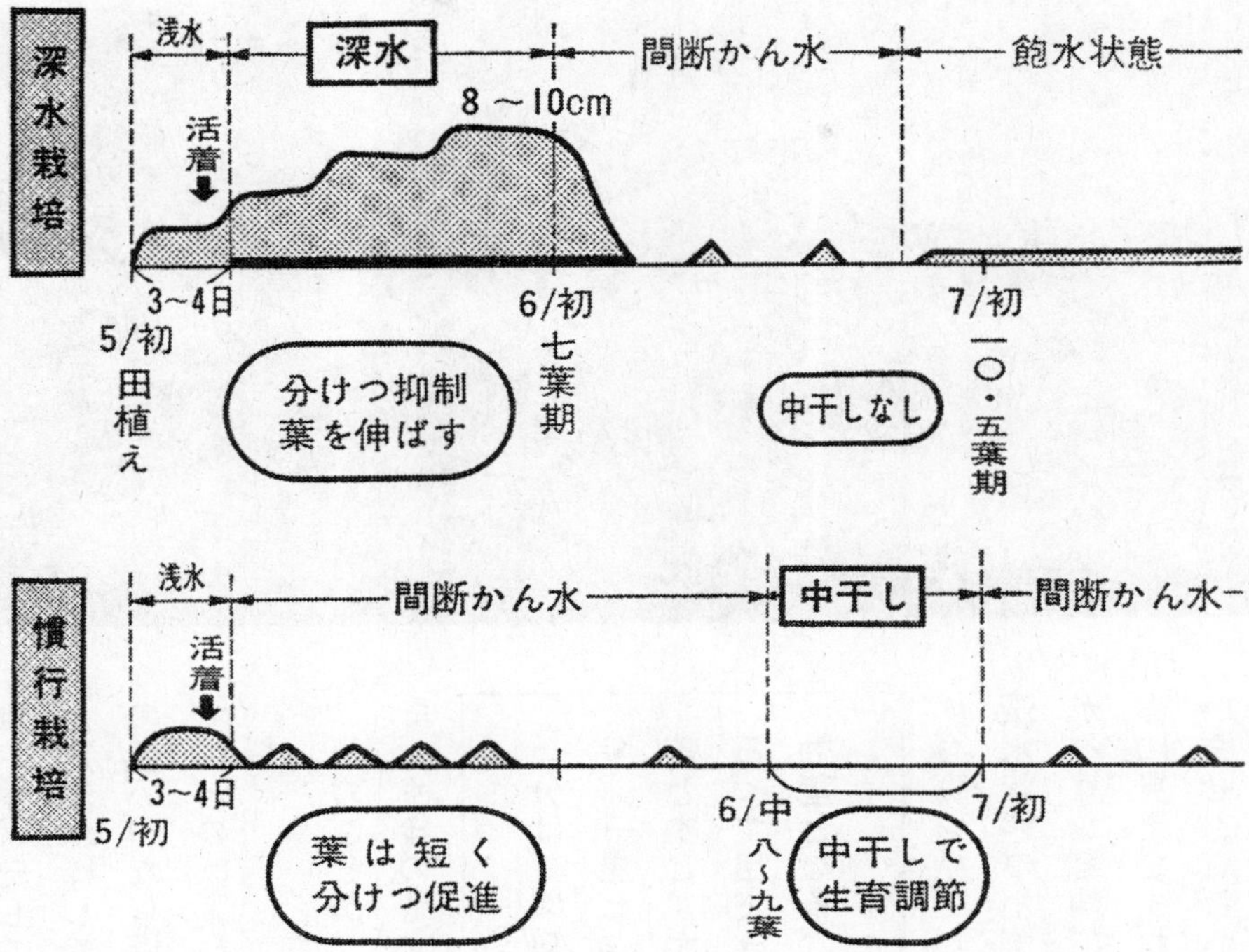

その管理法を水だけにしぼってまとめると、「活着までは浅水⇩活着後は葉耳の位置までの深水で七葉まで保つ（中苗の場合）⇩その後、間断かん水から飽水状態を保つ」というもの。

ふつうは「活着後はできるだけ浅水にして分けつを助け、必要茎数確保後は中干しで過剰分けつを抑える」という指導ですから、中越イナ作研究会の水管理とは正反対。

「それホント？」と、中越イナ作研究会のやり方に首をひねる方も多いと思います。しかし、このグループ員一〇〇名近い農家の人たちが「このやり方に変えて、毎年ビクビクしていたコシヒカリつくりが、ラクになった」と口をそろえて言うのです。

アキヒカリなどの耐肥性品種では反収一二俵以上の実績をもつ人たちが、みな苦しんでいた地力の高い用排水不良田でのコシヒカリつくりが、今やっとできあがりつつあるのです。

昨年は、グループ員全員が、コシヒカリの平均収量一〇俵を突破。大いに意気があがっています。

指導されるイネつくりで、苦労してもなかなか突破できなかった平均一〇俵の壁を、ラクして、金をかけないで越えたのが、この「深水栽培」だったのです。

これまでは、コシヒカリつくりで邪魔物扱いされていた「地力」「生ワラ還元」「水」を、積極的に味方にひき入れたのが、この方法なのです。

七葉までヒョロヒョロ ペロンの姿を保つ

最上葉の葉耳までドップリと深水を保つのがポイント

中苗であれば、活着後に、本葉四葉の

けつが出てきた

深水によって葉だけが異様に伸びている

葉耳まで、次は五葉の葉耳まで、その次は六葉、そして七葉の葉耳までと、だんだん深水にしていく「深水栽培」。アゼの低い田なら最後のほうは水があふれだすほどの深水（八〜一〇㌢）になります。

そのことが、イネの姿をガラリと変えてしまうのです。

分けつは抑えられて、葉は長くなり、一見ヒョロヒョロ。しかし水を落とすと、太い分けつがゾクッとそろって出てきて、そのほとんどが有効茎となる。

写真を見てください。一番右の写真が深水状態のときのイネの姿です。葉だけがペロンと伸びた感じで、みすぼらしい姿に見えますね。分けつもほとんど出ていません。しかし、この時期にはこれで充分なのです。

このイネを指導者の先生がたがご覧になると、「こんなに葉が垂れて、分けつの発生も遅いイネは、反収は望めないし、伸びやすい性質をもつ」と批判されることでしょう。「早期茎数確保」とはまったく正反対ですが、ここが重要なポイントです。

まん中の写真が、水を落として間断かん水に入った時期。ヒョロヒョロに見えたイネから、太い分けつ茎が扇形に出ているのがわかります。

この時期になると、「分けつが太いな」といってイネをほめる人も出てくるといいます。

深水を保っていたときには不恰好に伸びていた葉が、落水後にはピンと立ち、茎数が八〜九割とれた六月下旬には開張直立型、むしろ指導される慣行栽培より小型のイネに変化する。

一番左の写真が六月下旬のコシヒカリ

6月末，垂れた葉は立ち，みごとな開張型に

落水後，太い分

の姿です。あれほど不恰好だったイネが変わってしまいました。手植え時代の多収穫のイネを思わせる姿ですね。

カラー口絵のイネは、穂ぞろい期のコシヒカリの姿です。慣行栽培のイネよりも背丈は低く、茎は太く、葉はこぢんまりとして、穂が大きいことがわかると思います。

コシヒカリつくりにとっては悪条件とされる「地力がありすぎる」「排水不良田」が、みごとに克服されています。このイネの姿は、中越イナ作研究会の「深水栽培」の合理性を、何よりも明らかに説明してくれているのではないでしょうか。

深水は、未熟苗を一人前にするための手段だ

分けつよりも、まず葉と根を伸ばして体をつくる

初期深水管理によって、イネの姿がガラリと変わることはおわかりいただけたと思います。その姿のちがいは、イネつくりの目標も大きく変化させます。

一七七ページの図を見てください。上は中越イナ作研究会「初期深水栽培」の目標、下は早期茎数確保をねらう慣行栽培の目標です。

中越イナ作研究会の場合は——

苗（深水管理に耐えるズングリ苗）⇩**三・五～七葉**（深水管理。分けつを出すより葉を伸ばす）⇩**七～一〇・五葉**（六月上旬から七月上旬。いっせいに充実した分けつを出させる）⇩穂づくり（出穂三〇日前、七月上旬から）⇩稔り

それに対して、早期茎数確保型の慣行栽培の場合は——

苗（早く分けつを発生させるためのズングリ苗）⇩**三・五～八・五葉**（浅水から間断かん水によって早期茎数確保。六月中旬目標）⇩**八・五～一〇・五葉**（過剰分けつ抑制期。中干し管理）⇩穂づくり⇩稔り

コシヒカリの育て方に明らかなちがいがあることがわかると思います。

慣行栽培が「早く早くと小さな苗の尻をひっぱたいて分けつを出させ、出させたところで強制的に休ませる」という栽培に対して、中越イナ作研究会のほうは「苗が大きくなるまで待って一気に分けつを出させて、休みなしで穂づくりへ入る」という栽培です。

慣行栽培で過剰分けつの発生、そして倒伏に悩まされていた方は、中越イナ作研究会「初期深水栽培」の合理性に気づかれたことと思います。

過剰分けつ抑制期間（調節期間）に地力チッソが効き出したり、干せなくて上手に抑制できなかったりという心配は必要なくなるのです。

大人の体でこそ充実した分けつが発生

中越イナ作研究会のリーダーの一人である三本正雄さん（48歳）は、「初期深水栽培」のよさを次のように話しています。

「田植え後に深水にすることで、イネの体質が変わるのではないでしょうか。どんどん分けつを出していく若苗の性質を昔の成苗に近づけるのです。だからこそ、まずは葉を伸ばすことなんです。小さな苗に分けつを出させるより、葉齢をすめて早く一人前にしてやることです。

葉が伸びれば、根が下へ伸びていきます。しかも、深水で分けつの発生が抑えられていますから、根の数は少ないけれども充分な栄養をもらって、太くて強い根が張るのだと思います。大きな葉で同化されたデンプンと強く深く張った根が、落水後にゾクッと出る分けつの準備をしているのではないでしょうか。

そりゃ、分けつの発生が遅れますからイネは淋しく見えますよ。しかし、分けつの芽は生きているんです。心配ありません。それよりも、葉数は確実にすすんでいます。それだけ順調に育っているわけです。そこが重要なんです」

茎数不足で収量があがらないというコシヒカリは、少なくとも新潟県ではないという三本さん。大部分は過剰分けつが出すぎて穂が小さくなり、減収したり、倒伏したりしているというのです。

安定多収はムダ省きから一番の近道は初期深水

茎太イネで倒伏を防ぎ、大きな穂で勝負する

三本正雄さんは「深水栽培」に至る事情を次のように語ってくれました。

「みんなでイネを勉強しようじゃないかとグループをつくったときに、見に行ったイネが山形県の寒河江欣一さんのイネでした。秋まさりのすばらしいイネだったのですが、その初期の水管理にはビックリしました。田のアゼを越えるほどの深水なんですね。あれで秋まさりのイネになるのなら、自分たちにだってできないことはないと思いました。それが深水管理のはじまりですね。

その後、片倉権次郎さんのイネの姿を見て、『これだ』と思いましたね。ゆっ

第２図　本田初期の育て方で目標がガラリと変わる

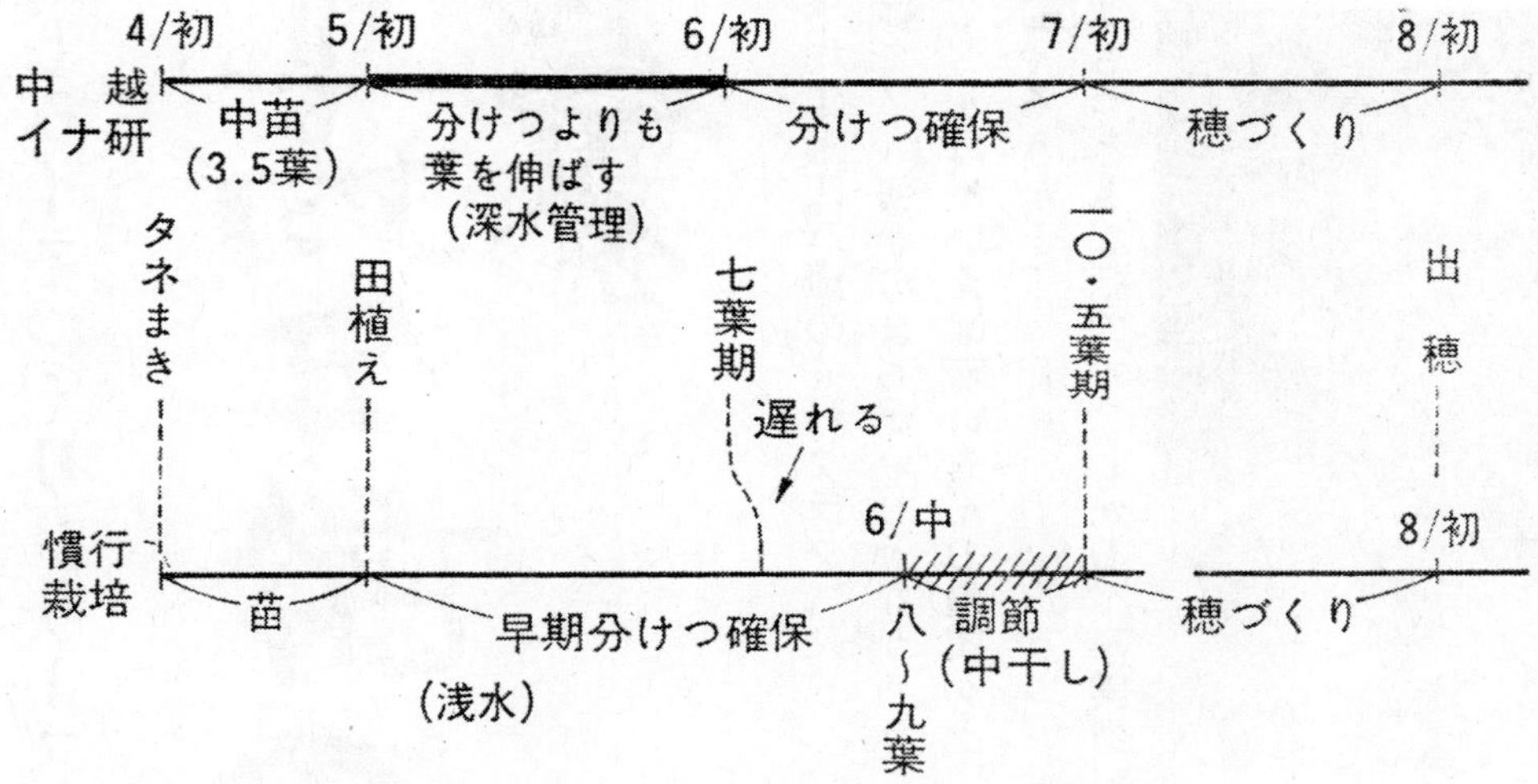

くりと分けつをとって、イネのムダをなくしたつくり方です。元肥のチッソを減らして、初期深水にすれば、私たちの地域だって、ムダのないイネにすることができると思ったのです」

■過繁茂イネ追放が安定の道

三本さんが話してくれたことは、倒れやすいコシヒカリのような品種にはとくにあてはまることです。

コシヒカリが倒れる原因は、過繁茂にあるといってさしつかえありません。過剰分けつをたくさん出したイネは、必ず茎が細くなります。株元まで光が入らないために下位節間は伸びやすくなるし、下のほうの葉も枯れやすくなる。当然、根っこも弱ってくることになります。

茎の細いイネが大きい穂をつけないことは、何度も経験しておられることでしょう。これでは、収量もあがりません。

「過繁茂のイネは倒れやすい」ことは疑う余地のない事実です。

問題は、どうやって過繁茂にならないようにするかです。

普及所や農協などの指導では、「早く茎数を確保して」「溝切りを励行し」「茎数確保後は早く中干しを徹底する」とされていますね。中干しによって、チッソの効きを制限して、葉の乱れや過剰分けつを抑えようというわけです。

ところが、それがむずかしい。地力の高い田や排水の悪い田では、中干しによって分けつを止めることができません。だからこそ、農家の悩みも深いのだと思います。

おそらく、元肥を減らしたり、溝切りしたり、中干しを早くから行なったり、いろいろと工夫しておられるとは思いますが、一番確実に過繁茂を防ぐ方法は、中越イナ作研究会が実践する「初期深水栽培」なのです。

＊次号では、深水栽培の持ち味を最大に生かす植込み株数と植込み本数について追究する予定。

『健全豪快イネつくり 安全・良食味・多収の疎植水中栽培』（薄井勝利著 一、八〇〇円）超深水で話題を呼び、本誌に何度も登場いただいた福島県の薄井勝利さんの本。成苗・疎植・超深水・中期重点施肥で良食味・多収を実現。

おなじみ井原豊さん初登場の記事。「農協の指導は金ばかりかかり収量はサッパリや」と当初から鼻息荒かった

楽しみイネつくりシリーズ⑥

平均年齢四八歳の〝4Hクラブ〟

編集部

〝平均年齢四八歳の4Hクラブ〟。はて？　何かのまちがいじゃなかろうか？　4Hといえば若いもんの農業クラブじゃろうが……

ごもっともな話です。しかし、事実あるのだからしかたありません。

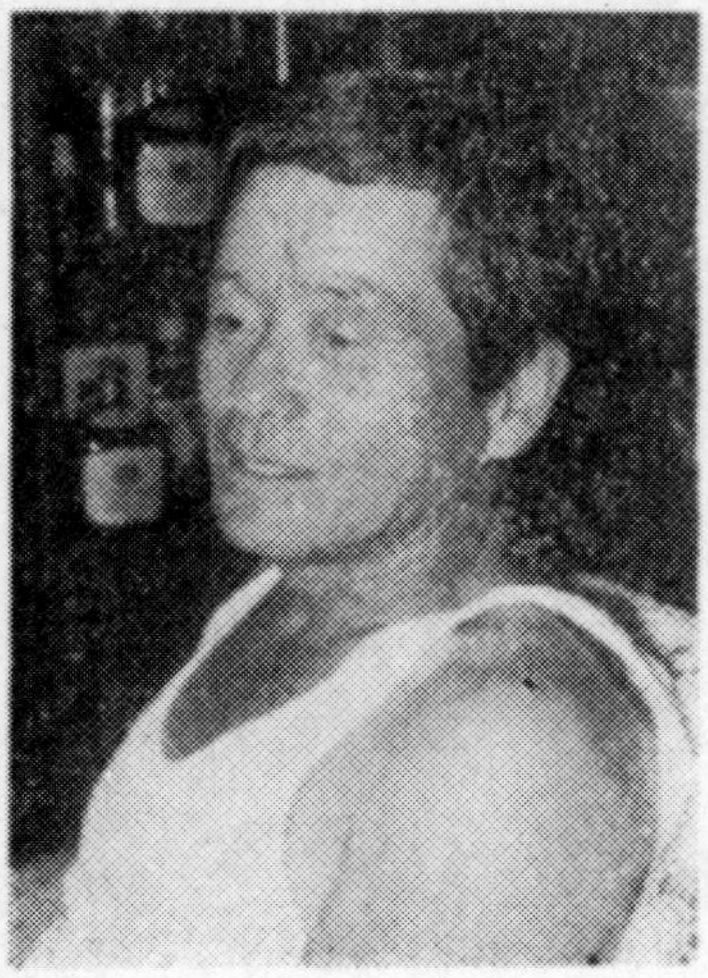

会長の井原豊さん（51歳）

兵庫県揖保郡太子町佐用岡——姫路から約一四キロほど西へ行った柳地区にその〝竜田4Hクラブ〟があるのです。

風変わりな4Hクラブ

まずは、竜田4Hクラブの顔ぶれをご紹介しましょう。

五十代が四人、四十代が五人、三十代が一人の計一〇人。それで平均年齢が四八歳というしだいです。

柳地区の農家戸数が二〇戸。いわゆる五反百姓が大部分で、竜田4Hクラブの一〇人も全員が兼業農家。会長を務める井原豊さん（50歳）は企業の経営相談、副会長の蔵屋繁さん（46歳）は農機具会社の技術員といったしだいで、多士済々。

会員は〝竜田四Hクラブ〟とマークの入った赤のゴルフ帽をかぶり、町の催し物があるときは、赤のゴルフ帽をかぶった中年の集団が颯爽と登場して話題をふりまきます。

ふつう4Hクラブといえば、二十代の若き専業農家が参加してワイワイやるというのが通り相場ですが、こと竜田4H

クラブにかぎっては、相当に色あいがちがうのです。

目標がまたユニーク。

「銭をかけずに、いかにして米をたくさんとるか」という、きわめて堅実な目標。このへんにも、夢にふりまわされない、人生四八年の重みがあると申せましょうか。何せ、肥料代三〇〇〇円で一二俵の米をとろうというのです。

プロ中のプロの誕生秘話

こう書くと、いかにもイネつくりの大ベテランか、と錯覚する方もおられましょうが、これがまったく正反対。

4Hクラブの一〇人の仲間も、つい四年ほど前までは「田んぼがあるから仕方なくつくる」といった、いわゆる手抜き農業の典型。小さな部落であっても、たまに田んぼや道で会っても「アッ、オッ」と声をかわすていどで、「米なんか八～九俵とれれば充分、今さら勉強なんて」という雰囲気。

いってみれば、典型的な都市近郊水田地帯だったのです。

四年前、この竜田4Hクラブができて、部落の雰囲気がガラリと変わってしまったといいます。会長を務める井原さん自身が、七年前までは「小作料はいらんさかいに誰か米つくってくれんやろか」と、知り合いに声をかけるほどだったのですから……

それがどうでしょう。今では朝五時半、勤めに出る前のイネの観察。自転車にまたがってキーコキーコと田んぼを見て回るのです。狭い部落のことです、途中で仲間に会うと、お互いの田の比べあい。それが多いときには五人も六人もいっしょになります。そして部落中をひと回りして朝飯。「メシがうまい」、そして出勤。

仕事で疲れた体で家へ帰っても、田んぼを見ると、どういうわけか力が湧いてくるのです。ビール一本、キューッと飲んで、農家へ変身。

これこそプロと言わずして何と言えばいいのでしょう。

●葬式の陰うつさは何だ？

竜田4Hクラブができる発端となったのは、部落の葬式のときだというから、何やら因縁めいた話になります。

会長の井原さんは、部落で葬式があるたびに、こんなことを感じたんだそうです。

「都市近郊で、みんな毎日の仕事はバラバラ。たまに顔あわせるのが葬式のときなんですねェ。仕事はバラバラやからお通夜いうても、何も話すことがあらしません。黙ってしもうて、せっかく部落の連中が顔あわせたいうのに、そんなもんですわ。何やら淋しいんです。最後のころになってでてくるのは、やっぱり農業のことですのや。イネのこと。そんなんがつづきましてな。それやったら、いっぺんイネの研究グループつくってみようやないか、いうて声かけてみたんです。みんな同じ思いもっとったんですな。『オレもやる、オレもやる』で、すぐ一〇人集まりよったんです」

タイミングがいいことに、ちょうどそ

の年に、町のゴミ焼却場のために部落有林を売って、そのみかえりとして鉄筋コンクリート二階建ての立派な柳公民館が部落に建ったのです。

「せっかくできたんやから、そこ使わせてもらおうやないか」というので、話はトントン拍子。こうして、三〇年前の青年たちの〝竜田4Hクラブ〟が誕生したのです。

催しのときの4Hクラブの展示発表

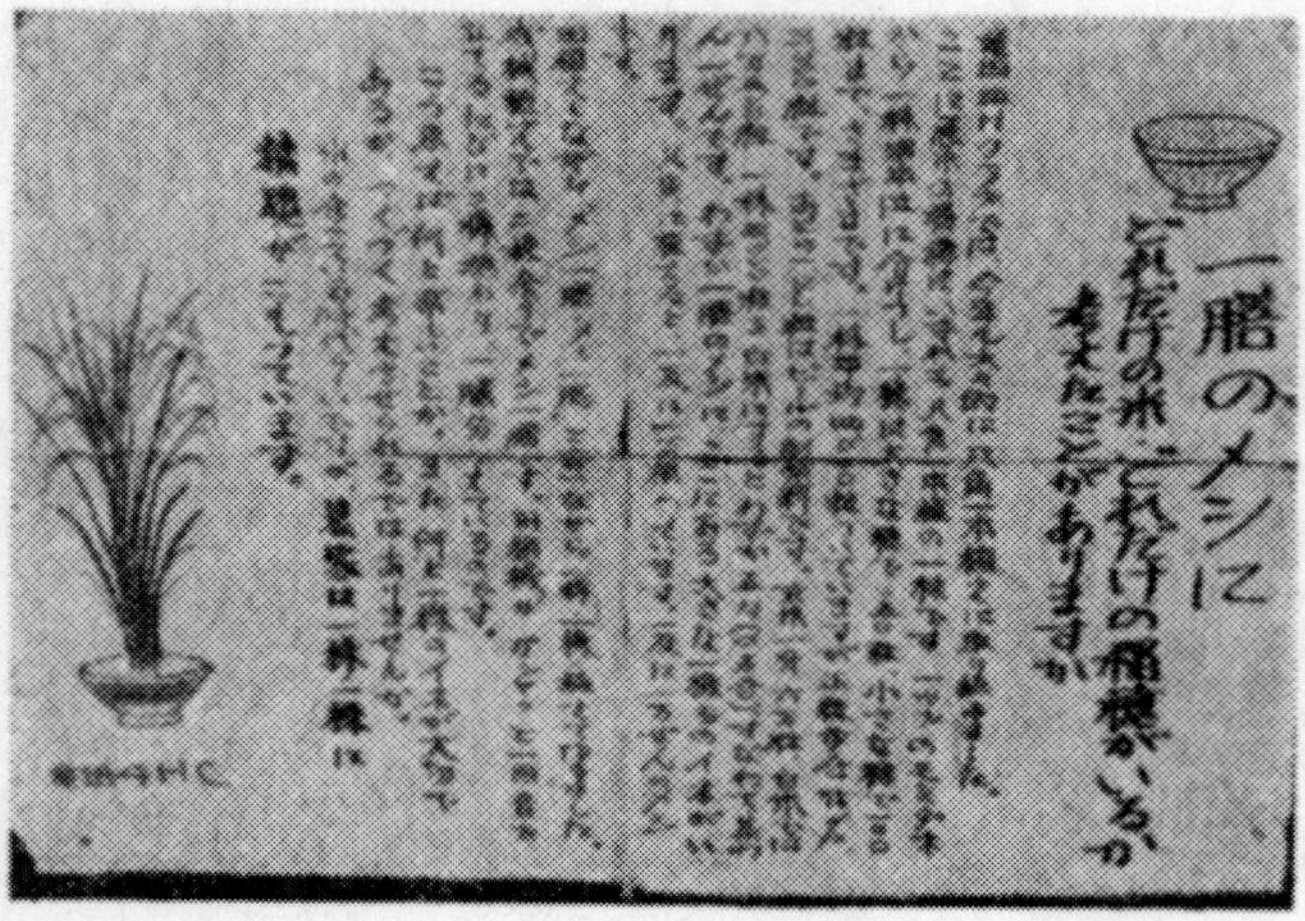

昭和五十一年九月のことでした。

大胆な発想　硫安・過石・尿素で米をとれ！

それから四年、クラブ員の結束はますます強まってきました。これは「金をかけずに米をとる」という目標にむかって、着実に一歩一歩前進してきたからでもあります。

「農協のイネつくりの指導書なんか、通り一遍のことしか書いてあらしません。あのとおりにやっとったら、金ばかりかかって、収量のほうはサッパリや」と自信をもって言えるほどに成長してきたのです。

そのイナ作技術がこれまた独創的。疎植（株内の疎植を含む）と組み合わせて「硫安と過石と尿素だけで米をとろう」という方法です。ケイカルやらヨウリンやら高度化成は一切使わないのです。

元肥（全層施肥）　硫安一五キロ
追肥（分けつ肥）　硫安　五キロ
リンサン（中期）　過石二〇キロ
穂肥①（出穂二〇日前）　尿素　四キロ
穂肥②（出穂一三日前）　尿素　四キロ

これが竜田4Hクラブの仲間の施肥設計。これなら、二〇〇〇〜三〇〇〇円の肥料代ですむはずです。高価な高度化成を使ってやっと八〜九俵という人たちを尻目に、会員は軒なみ一〇俵突破。

いささか常識はずれの施肥設計ではあるが、とにかく安い肥料代で多収しているのは事実なのです。

会長の井原さんはますます自信を深めています。高度化成で育てたイネにくらべると葉がガサガサしなくて、葉色もスッキリした熟色のきれいなイネにしあがっているからです。

農協のご指導どおりケイカルやヨウリンをふって頑張る純情な人たちを見て、「皆さん、ようあんな重いものをもってふっておられますな。それで私らより穫れてないんですからご苦労なことですなア」と変に感心。

そんな指導では、誰もついてこないのは当然ですね。それでいて、〝惰農〟というレッテルをはられる農家こそ迷惑な

朝5時半，クラブ員のイネの観察が始まる

話です。

試験場にモノ申す！

いま、4Hクラブの仲間の最大の関心事は、コシヒカリをつくれないだろうかということです。柳部落の気象では、コシヒカリは早生品種だから、ふつうに植えれば、八月のお盆ころに穂を出してしまいます。中生の品種が大部分で八月末にいっせいに出穂するこの地帯では、八月半ばの出穂では雀の大空襲をうけて、防ぐ術がないのです。

米が余ったといわれる時代でも、コシヒカリなら引く手あまただというので、何としてもコシヒカリをつくりたいのが本音。

そこで4Hクラブの面々が考えたのが、稚苗をつかって遅植えしてみたら出穂が遅れるのではないかというもの。

昨年の結果は上々。六月二十九日にコシヒカリの稚苗を一～二本植え（四〇株疎植）することで、出穂が半月も遅れて九月一日。雀の被害を受けることもなく反収一〇俵達成。過繁茂になる心配もなかったし、昨年の三回の台風でも、倒れやすいコシヒカリが登熟後期の湾曲倒伏だけですんだのです。

「こりゃあ、いける！」

クラブの面々は、少しずつ今年もコシヒカリを作付けしました。周りの田んぼがそろそろ茎数確保したという七月上旬、会員のコシヒカリは、まだ三～四本の茎数しかとれていません。とくに井原さんのコシヒカリは七月五日植え。何とも見るに耐えない姿。

「こんなやり方だって米はとれるんだということを見せてビックリさせて、ショック与えてやる」と意欲満々。

これまで、コシヒカリは〝いつ植えても出穂日は決まっている、早く茎数を確保して、それを最後まで保つのがコツ〟と言われてきました。その常識にチャレンジしようというのです。

平均年齢四八歳の4Hクラブ、とにかく、やることと言うことが大胆そのもの。

われら中年の意地とド根性

イネの記録を持ち寄って話しあう例会もますます快調。

月曜から金曜までは仕事があるため、例会は毎月第一週の土曜日の夜。もちろん公民館を利用します。結成以来約四年。毎月欠かさず開かれています。

子供さんももう一人前になった人が大部分だから、夜の集まりは夫婦同伴で、

井原さんのイネつくりの本『ここまで知らなきゃ損する 痛快イネつくり』（井原豊著 一、五三〇円）『ここまで知らなきゃ損する 痛快コシヒカリつくり』（井原豊著 一、四三〇円）『井原豊のへの字型イネつくり』（井原豊著 一、四三〇円）

深夜二時、三時までワイワイガヤガヤの言いたい放題。母ちゃんたちが畑からとりたての野菜でお酒の肴つくり。4Hクラブができるまでは、バラバラだった部落の中がまるっきりちがってきました。

減反に対しても、初年度（五十三年）は全員拒否。「4Hがやらんのなら、オレたちも」というので部落中で減反しなかったのです。「オレは疎植やっとるんだから、五割減反しとるのと同じやないか」と突っぱねた人もありました。ところが翌五十四年はペナルティがかかって倍の割当てがきてビックリ。

そこで「これはいかん！」と方針変更。「田んぼを荒らすわけにはいかん。額縁減反がダメやいうんならH型減反はどや」と働きかけ、田んぼの両端と真ん中を減反して、その分を減反と認めさせたりしました。

「これは、あんまりフェアーではないですがな」と会長の井原さんは苦笑い。今年（五十五年）は、堂々と減反田に〝採種試験圃〟の看板を立てて、品種の比較試験を行なっています。

「私ら中年のレジスタンスですわ。米をたくさん穫るのは非国民だ、なんて言うのはパン食商工業民族であって、われわれと同じ民族ではないですわ」

クラブ員の共通意見です。

最後に、竜田4Hクラブの年頭の挨拶から、全国の農家の方への連帯のアピールを紹介させていただきます。

「百姓は元来楽しいものです。土に親しむということは、都会人のあこがれです。ベランダに花を植えるのも、庭つき住宅に住みたがるのも土がほしいから。人間は土なくしては生きられない。太陽なくして万物は存在しない。土と太陽がわれわれのすべてです。

土に親しみ、百姓を楽しむ。これがわれわれ4Hクラブの是（ぜ）です」

【「読者のへや」から・一九八八年十一月号】

井原様、稲の神様、家庭円満の神様です

高知県 貞広信子

今まで、稲作がこんなにおもしろいとは知りませんでした。稲のようすなど、気にかけたこともありませんでした。

それが「への字型稲作」を教わって、注意深く興味深く観察するようになって、毎日何度も田へ通うようになりました。これも、井原豊様の親切なご指導のおかげです。

もしこのような親切なご指導がなかったら、〝農民の仲間入りしたのだワ〟と農に対する喜びも苦しみも知らず、くの字型農業で毎日ウンザリ過ごしていたことでしょう。心のスイッチを左から右へポンと押して下さったのが井原先生です。私には農業の神様みたいに思えます。

最初、稲の神様と思ってましたが、主人がやる気を出してハウスはピカピカに修理されるし、外へは飲み歩かなくなるしで、農家の神様、家庭円満の神様になっております。

井原様のタンゴのリズムのような文も、読みやすくて理解しやすくて楽しいです。明るい農村でがんばる気持になれます。日本の農業は大丈夫だと思えてきます

1989(平成1)年5月号

代かきなしでその後の作業もラクに。自然農法五年目の清水さんの「レンゲ農法」連載記事が、特に小規模の高齢農家に喜ばれた

これで除草剤はいらなくなる！「レンゲ＋代かきなし」のゴロ土田植えで自然除草

埼玉県岩槻市の清水幸次郎さんは、〝レンゲ＋代かきなしのゴロ土田植え〟を長年実践してきた。この方法は雑草を抑える効果もあり、これまで清水さんは雑草で悩まされたことはない。

そのうえ、代かき後のゴミ拾いをしなくてすむ、中干し後の水管理がラクになる、秋の刈取り作業がラクになる、翌年の荒起こしが一気にできる、などの利点があるということのやり方、レンゲのかわりに春の雑草をつかっても効果はあるというから、一度試していただきたい。

▼**自然除草のやり方**

清水さんの自然除草の方法は次の通り

レンゲ播種…九月の彼岸前後（イネ刈り前）に土とまぜてレンゲを播種。レンゲ刈り…四月下旬、レンゲがヒザぐらいの高さになったころ、イナ株をくだくようなつもりでロータリーで地際から刈り、枯らす。荒起こし…五月下旬、田植え一〇日前にロータリーで、枯れ草となったレンゲを一気にすき込む。握りこぶしよりひとまわり小さいくらいのゴロ土になるようにする（大人の手のひらに二～四個くらいにのる大きさ）。田植え…田植え一週間前にはじめて水を入れて、代はかかない。ゴロ土のまま田植えをする（五月中旬）。

▼**ゴロ土とレンゲのアクで抑草**

ポイントは、ゴロ土のままで田植えをすること。ゴロ土の中を畑状態に近づけて水草を抑えようということのようだ。もうひとつ、田植え後二週間くらいして気温が上がってくると出てくるレンゲ田のアク。どうも田んぼに発生する藻類のようなのだが、これが田んぼの表面に発生して黒マルチのような役目を果たしているようなのだ。

▼**レンゲのかわりに雑草でもよい**

この方法、レンゲを栽培しなくても応用がきくと清水さんはいう。

レンゲのかわりに利用するのは、春に生えてくる雑草である。レンゲのときと同じように、雑草をロータリーで刈って枯らし、それを深く起こしてゴロ土の状態にする。そして代をかかずに水入れして田植えをすればよい。

この〝雑草＋代かきなしのゴロ土田植え〟だと、雑草の量が少ないせいか抑草の効果は少々劣るとのこと。レンゲよりはアクも少なくなる。

▼**代かきなしでも苗は植わる**

このゴロ土田植え、心配なことがある。まず、代かきなしで苗がちゃんと植わるのか。これについては、まず心配は不要。田植機のフロートが、代をかいていないゴロ土の上を適度に押えながら滑っていって、苗が植わるところをならしてくれるからだ。ゴロ土の間のへこんだところに苗が植わらないかという心配も無用。

ただ、田植え前の水の入れ加減は注意が必要だ。田土が全部沈むほど水を入れる必要はない。ゴロ土の間に水が入っているので、フロートの通ったあとに水がのるようになるからだ。

▼**水持ちの改善にはアゼ際代かきを**

代かきなしで水持ちがわるくならないか。この水持ちの問題はちょっと厄介だ。代をかかないと田んぼの水持ちは明らかにわるくなる。それまでの二～三倍は水まわりの回数がふえる。タテに抜ける水と、アゼ際から抜ける水があるからだ。

アゼ際から抜ける水に対しては、アゼ際だけグルリと一～二回代をかいてやるとよい。もちろんアゼぬりはしておく。これで水持ちはだいぶよくなる。問題は、タテに抜けるばあいだ。とくに山田で、砂質田だったりすると、水持ちがひどくわるくなる。このような田では、ゴロ土田植えはちょっとムリといえる。ゴロ土田植えで成果を上げるためには粘土を客土するとかの田んぼの改良が必要といえる。

（まとめ編集部）

痛快 への字型低コスト稲作の真髄⑫

初登場から一〇年、井原さんの「への字」稲作は各地に飛び火し、イネつくりをおもしろくしていった

への字だからできる低コスト・高品質のコメづくり

井原 豊

への字型という言葉がかなり定着してきた。V字型稲作に対する反逆である。

いまのV字型理論のすべてを正反対に育てるへの字型は、低コスト・増収・高品質で倒れないのである。こんなに楽な、こんなにボロイ稲作がほかにあろうか。

六十三年の天候は、東や北では気の毒であった。その中でも、への字に育ったイネは出穂が遅れて被害が軽かった。

西では大豊作。V字型のイネでもそれなりにコメはとれた。コストのことはタナ上げして、穫れめだけ一〇俵半だの、一一俵あっただの、と満足する風潮が目立つ。「去年は皆、ようけコメとったから、便乗して大きなこというとかんとカッコわるい」という人もあるらしい。

兵庫県南部の作況はたしかによい。一二〇ぐらいになろう。だがほんとに一一俵とった人のイネは例外なく、出穂四〇日前には手がつけられんほどマッ黒なイネだった。このころに葉色を落としてはコメはとれない、という事実は、『への字型育ちが多収の基本』ということを立派に証明した。

への字ならばこそできる低コスト

なぜ、への字型に育てるとコストが安くなるか。これが最大のポイント。

これからのイナ作は二極分化である。その一つは、反当一〇〇〇〇円の肥料代で防除一回、反収は八俵でよいから大規模経営で一万円米価に堪えるタイプ。

もう一つは、有機栽培で一俵三万円以上のキメ細かなコメづくり。

このどちらのタイプを選ぶにしても、低コストがこれからの至上命令である。

への字型でコストはどのくらい下げられるか(10a当たり)

	農協指導V字型稲作	への字型稲作
冬期	わら腐熟石灰窒素 20kg 2,350円 ケイカル 200kg 5,300 アヅミン・ヨウリン 8,000	秋耕しないか、秋耕しても 0円 何も入れない。
田植え	なるべく早い時期に なるべく密植(坪70株)	なるべく田植えを遅らせ なるべく疎植(坪40株)
元肥	リンスター・重焼燐 40kg 3,000 高度化成 40kg 3,500	何も入れない (ヤセ田は鶏ふん150kg) 0
追肥	活着肥 ツナギ肥 } 高度化成 20kg 1,750 ケイサンカリ 20kg 2,000	出穂前50～40日 高度化成 20kg 1,750 (または硫安15～20kg)
穂肥 実肥	2回にわけ高度化成 40kg 3,300 傾穂期NK化成 10kg 800	過石 20kg 750 尿素 5kg 250 (コシヒカリはチッソをやらない)
肥料代計	30,000円	2,750円
除草剤・防除 肥料・農薬賃金	平均8回 20,000 反当1,000円、18回 18,000	除草剤・殺虫剤各1回 2,800 反当1,000円、4回 4,000
合計	68,000円	9,550円

▼への字型だとなぜ、どのくらい低コストになるか

への字型にするとなぜ、どのくらいコストが下げられるかを表にした。ふつうの地力の田を基準に。

この表をみて感じられることは、への字型でどうしてこんなに少ない肥料でイネが育つのか、ということだろう。「井原はんの田は堆肥を入れ、裏作の小麦わらをすき込んで地力があるからだろう」と思われるにちがいない。

ところがそうじゃないのだ。それが不思議なのだ。これを解明してみると、

①尺角に近い疎植にすることで、ヤセ地でも肥切れしないこと。密植すればすぐ肥切れする。植込みのダブった所は目立って肥切れが早いのをみてもわかる。

②元肥をやらないことで根が深層に入るから、地力の吸収がちがう。

③出穂五〇日前〜四〇日前に化成二〇キロか、硫安二〇キロ。ドカンとやると、元肥をやるよりも分けつは多くとれる。そして肥効が長もちし、穂肥ごろまで充分にもつ。表層施肥は脱チツで損失が多いといわれるが、やってみるとほとんど損失はないみたい。穂肥が入れられなくなるぐらいだから、損失はない証拠だ。

V字イネは全施肥チッソ一〇キロ以上、への字イネは六キロ未満、これで収量は変わらないか、多収になる。信じられないのが当然かナ。

▼少ない肥料で多収したら土がヤセル?

への字型の極限は、四五日前に硫安二〇キロの施肥ですませてしまうことにある。四五日前のチッソ成分四キロで、分けつ肥と穂肥まで兼ねる、という超省力。これで人並み以上にコメとったら地力

シャンと立つ収量570キロの春田コシヒカリ

の消耗はすごいだろう。三～四年もつづけたら水のきれいな所ではとれなくなることは確かだ。だから多収しようと思えば地力をつけることと、鶏ふんを使ってみたら、マグネシウムの補給のために過リンサンをマグホスにかえてみたり、と工夫するのである。

▼まだまだ改善の余地ある
私の施肥

私の場合、地力が充分にあるから皆さんの参考にはならない。私の圃場には施肥の立看板があるが、克明にメモして帰っても役に立たない。私の去年の施肥は

――

春田・遅植えコシヒカリ

冬に堆肥五㌧。完全無肥料出発。六月末田植え。四葉苗二～三本、坪三九株植え。四五日前硫安一〇㌔、過石一〇㌔混合して表層施肥。三〇日前と二〇日前に各二〇㌔ずつマグホス施肥。（シャンと立って収量五七〇㌔）

小麦跡・遅植えコシヒカリ

小麦作付け前に堆肥五㌧。小麦六三〇㌔収穫。小麦わら全量すき込み。坪四五株で田植え。元肥尿素一〇㌔と過石二〇㌔。四五日前硫安一五㌔。三〇日前マグホス二〇㌔。（シャンと立って、収量四八〇㌔）

小麦跡、普通イネ旭富士

小麦作付け前堆肥五㌧。小麦七〇〇㌔収穫。五葉ポット苗尺角植え。元肥尿素一〇㌔とカスタム（マグホスに塩化カリの加わったもの）二〇㌔。五〇日前硫安一五㌔。三〇日前硫安五㌔とカスタム二〇㌔。二三日前尿素五㌔と過石一〇㌔。（収量七二〇㌔）

天候のおかげで私も人並みにコメをとらしてもらったが、まだ施肥回数が多すぎる。まだコストが高い。それは、小麦を多収したら土地が荒れるので、思ったよりチッソを食うこと。旭富士なんか、こんなに肥えた土なのに施肥チッソ一一㌔も入れさせられた。イネとの相談はそれだけ要求し、結果はチッソ量が適量だったから七〇〇㌔をこえる収量があったのだ。旭富士は良質米で決して多収性はない。姿はいいがコメはとれぬ。七五〇㌔の夢は破れた。

防除は七月末パダンナック粉剤三㌔。八月二十日（出穂一五日前）バリダシン三㌔にアプロード水和剤一〇〇㌘混合した粉剤、と二回ですませて減農薬には成功したが、施肥回数の四回は二回に省略可能であった。

▼小麦跡は元肥をもっと多量に

小麦跡は、長年元肥尿素一〇㌔でやってきたが、この点に反省がある。少ない

のである。元肥に尿素一〇キロやっても、全部小麦わらに食われてしまい、イネは無肥料出発よりもまだヒドイ貧弱な育ちである。岡山ゆたか会の朝日は、ビール麦あとは元肥一発で中間も穂肥もなしが一番省力増収であった。このヒントは大切にしたい。

来年はもっと勉強する。小麦多収跡の小麦わら全量すき込み田は、元肥に尿素二〇キロとマグホス二〇キロにしたい。この尿素は、いったんわらが食ってしまい、ガスわきの始まる出穂四五日前ごろからきいてくる。四五日前や五〇日前の本格追肥が省略できることになる。そして穂肥もやらない。やらないほうが枝梗が長生きする。

への字だからできる高品質多収　穂肥をやらないことが多収のヒケツ

岡山の朝日は、への字型育ちで無倒伏、平均一〇俵どりであった。

穂肥に化学チッソは一グラムもやらない！これが多収のヒケツ。出穂二〇日前の穂肥時期に葉色がさめてくる。イネの生理でさめるのである。シメタ、とばかり穂肥をやってはならない。ここをジッとがまんしてほっておく。出穂がそろうとまた色が戻るのだ。こんなイネは枝梗が霜が降りても枯れない。先まで枝梗が生きてて、モミは完熟している。コンバイン刈りして生モミは水分二六%もある。乳の青米は一粒もない。完熟モミはまだ太る余地がある。

穂肥をやった田はそうはいかない。モミが黄熟すると同時に枝梗が枯れる。穂首にはまだ乳の青米がたくさんあり、いつまで待ってもコメにならない。生モミ水分は二〇%ぐらいに乾いている。立毛胴割れもおこる。米質悪い。食味悪い。クズ米が多い。

穂肥をやって一文のトクにもならないってこと、岡山ゆたか会の連中は身にしみてわかった六十三年のイナ作であった。

皮肉にも、周辺で目立って全面倒伏の朝日がある。その田には農協の『施肥改善実証田』の大型の立看板が立っている。農協のいうとおりに施肥すると、このようにムシロを敷いたように倒れますゾ、といった展示圃が数枚あった。倒れたイネを持ち上げると、下になったイネは堆肥のように腐っていた。まるでマンガである。

穂肥を大量にやることが倒す原因になっている。穂肥では下位節間は伸びないとされているが、上位節間が伸び、そして茎全体がやわらかくなって倒している。

への字だからこそできる減農薬

▼初期に黄色いへの字イネは虫が敬遠する

への字型とは、育ちのカーブがへの字型になるつくり方である。元肥を入れたとか入れんとかじゃない。小麦あとのイネなんか、元肥に尿素二〇キロも入れよう、というのだから。それでも育ちが初めに抑制されて、中期四五日前からググングン出てくればへの字型だ。一時期はこわいほどマッ黒なイネになって心配するぐらい出てこんと茎数はとれない。

ここが減農薬につながるのである。

麦あとは田植えは遅い。ヒメトビも、ツマグロも、夏ウンカも、決してこわくない。麦わらすき込み田はいくら元肥を多量にぶち込んでも、イネは黄色くて虫は敬遠する。

裏作のなかった春田は、完全無チッソにしないとへの字にならぬ。苗の葉色の濃いものを植えても活着がよすぎて虫がくる。黄色い苗を無肥料で植え、出穂四五日前まではあわれな淋しい育ちになるようにする。これで虫の防除は不用になる。

春田はチッソは入れなかったが過石を入れた、という人がある。完全無チッソなのにイネは黒い色をしていた。どうやら、元肥にリンサンがきくと初期過繁茂を招くことがあるようだ。

過石だけで初期によく出来た田は、来年は過石も元肥にはやめることだ。減農薬のためには肥料と名のつくものはやらないで、初期の生育を抑制することだ。

▼への字イネは中期に虫がつく

初期生育をいろいろな手立てで抑制するへの字型。出穂四五日前ごろからマッ黒にする。ドカンと肥料を入れるか、元肥にやったものがガンガンきいてくるか。

このときにコブノメイガとツトムシが集まってくる。周辺の田は黄化しているから、への字イネのマッ黒なイネが好目標になるのだ。防除は有無をいわず必ずこのときにやることだ。これを怠ると出穂後にあわてることになる。

この時期（出穂三〇日前ごろ）は、まだイネは短いから粉剤の三キロでこと足りる。そして防除はたぶんこれ一回ですませられる。ウンカもメイチュウもコブもツトにもきく薬剤でなければならぬ。バッサやスミチオン、バイジットの単剤では決してどの虫にもきかぬ。これがくふうのしどころだ。

私は昨年六月号の『現代農業』記事でヒントを得て助かっている。出穂三〇日前ごろにパダン粉剤（三キロ六〇〇円ぐらいの最も安い殺蛆剤）三キロに、アプロードやトレボンの水和剤を各一〇〇グラまぜる。これで虫にはマルチできく。

だが、少し心配がある。安くついて一回ですごくきくが、人間にもきくとこわい。天敵も皆殺しだ、と宇根豊さんにしかられそう。トレボンは眼に刺激がつよいとのことで私は使っていないが、水和剤の混合は人間の装備を慎重にしなければなるまい。

この時期に無農薬をめざすなら、四五日前施肥を少なめにして収量を犠牲にすることである。多収をねらうなら、この時期の無農薬はあり得ない。

ま、このようにへの字型は防除は一回でOK。立派な減農薬であり、決して出穂後にはクスリと名のつくものはやらないことである。

もし、イモチなど悪天候で心配があれば、動噴で酢と焼酎の各二〇〇倍をかけることだろう。

本格追肥は出穂何日前がよいか

への字につくるための本格的追肥は、五〇日前とか四五日前とか、いろいろ表現している。これが正確には出穂何日前がよいのか、との質問をよくうける。これは品種と田植時期により異なるが、次のように差がある。

○五五日～五〇日前の本格追肥

このばあいは軽いV字型となり、ツナギ肥や穂肥がいることがある。寒地や早期栽培のコシヒカリは五五日前にやる。たとえば、五月連休田植えのコシは無肥料出発で、田植え一ヵ月後の六月五日～十日ごろにチッソ三キロぐらいの本格追肥をする。ツユに入る六月下旬は肥効がピークをすぎているから長雨にも安心。二〇日前の七月十日ごろに色ざめするが、その後の高温で地力がでてくるので穂肥不用となる。

また、暖地麦跡も五五日前から五〇日前にチッソ成分三～四キロ本格的施肥をするほうが茎数がとれやすい。

○四五日前の本格追肥

私の著書にも、本誌連載にも、いつも四五日前と書いている。これは平均をとったまでで、厳密に四五日前でなければ、ということではない。読みやすく統一した平均日。四～五日のズレはかまわない。四五日前だとツナギ肥は不用となるが、品種によって、田んぼによって、穂肥がほしくなる。コシの六月植えは四五日前一発施肥がいちばんよい。また、中生イネ、日本晴など八月末に出穂する品種も四五日前がいちばんよい。

○四〇日前本格追肥

暖地での晩生品種は四五日前より四〇日前のほうがよい。暖地での六月下旬植えの晩生種は、高温の七月中下旬、無肥料状態でもかん水の富栄養化でどんどん育つ。だから四〇日前の七月二十五日ごろにチッソ成分三～四キロドンとやると、ツナギ肥も穂肥もいっさい不用となる。暖地での晩生種は四〇日前施肥のほうが最も増収する。

また、五〇日前に施肥したが足りなかったばあい、四〇日前にもう一回やることができる。

○三〇日前本格追肥

これはコシヒカリなど倒れやすい良質米には通用しない。また、尺角以上の疎植にも三〇日前にやってはならない。必ず二段穂になり遅れ穂をふやすことになるからだ。三〇日前にチッソを多量にやれるイネは、密植した短稈品種で、やせ出来で茎数のとれた場合に限られる。三〇日前施肥では分けつは数本しか期待できないので、穂肥としての役割となる。三〇日前穂肥は深層追肥と同じイネになり、巨大な穂と止葉が出るが、上位葉過繁茂となるイネには禁物である。

（つづく）

（兵庫県揖保郡太子町）

井原さんのビデオ『井原さんの良質米つくり』（全二巻 一五、七五〇円）日本一面白く楽しいイネつくりをやっている井原さん。愉快な講演と現地視察がお茶の間で。

減農薬イナ作に踏み切る三カ条

農家と普及員の宇根豊さんが中心になって福岡から始まった減農薬運動。虫見板が大きな武器になった

一に「試し田」二に「虫見板」そして三に「堂々のハッタリ」

八《や》尋《ひろ》幸隆

良質堆肥に深耕、こんな理想イナ作をしなくても、もとのままで始められる減農薬。それが今話題の〝減農薬イナ作〟だ。

必要なのはたったの三つ。

わずかばかりの「試し田」と、グラビアで紹介した武器「虫見板」、それに堂々とハッタリをかます度胸だけ。

減農薬イナ作に取り組んで九年、福岡県八尋幸隆さんの田んぼで起こったできごとは……　（編集部）

◆百姓の素朴な疑問から出発

病害虫「農薬かけても出るときゃ出る」「暦どおりにやらんでも結構コメは穫れとる」

私が本誌でもおなじみの宇根豊さんと減農薬イナ作に取り組んだのは、昭和五十三年のことである。そのときの私のイナ作に対する疑問、とりわけ病害虫防除についての疑問は二つの点にあった。

そのひとつは、私を含め多くの百姓は決してイナ作暦のとおりには農薬をかけていないにもかかわらず、結構コメは穫れていた、という点である。（当時、イナ

作暦には毎年一〇回近い農薬散布が〝指導〟されていた）

暦どおりにやっていたら、経費も労力もかなりの負担となる。しかも、熱心な百姓が夏にあれだけ農薬を使っていても、秋にはちゃんと坪枯れ（秋ウンカの被害）を出すということも珍しくなかった。何かおかしいのでは、という百姓の直感のようなものがあった。

もうひとつは、農薬は百姓自身がわが身を犠牲にして使うものなのに、それについて何も知らないという点である。それは農薬の毒性の問題もあるが、それ以上に「この農薬をこの時期になぜ使うのか」という基本的な知識を何も持ちあわせていないという点にある。

化学肥料であれば、たとえイナ作暦に指導されていても、百姓は田んぼの状態にあわせて一枚一枚手加減をして使ってきたと思う。その点農薬のほうは、「田んぼの病害虫の出方にあわせて手加減する」など思いもよらず、訳もわからず使ってきたように思う。かりに百姓の主体的判断が働くとしても、それは「量をよけいにすれば、より効果的では」といった程度のものだった。

こうした点に何らの疑問も抱かずにきた百姓が悪いのか、そのようにし向けた〝指導機関〟が悪いのか、いずれにせよイナ作というものがまったく味けないものになってしまったその根源がこれまでの病害虫防除のあり方にあったのでは、と私は考えた。

「農薬やらんとイネはどうなるやろか？」

◆素朴な疑問を「試し田」に

当時すでに無農薬有機農法、自然農法など、農薬に依存しないイナ作を実践されている方があったのはよく知っていたし、多いに参考にもさせていただいた。だがここではグーっとレベルを落として、とりあえずこのままでもやれる、という現実的な道を選ぶことにした。つまり良質の堆肥を入れるとか、深耕をするとかいったことは、ひとまずわきに置くことにした。

♥「試し田」ではギリギリまで散布をガマン

昭和五十三年、私たちは八アールの試験田をもうけ、病害虫がどのように増減するのか観察することにした。その際、途中で一回でも農薬を使えば、使わないばあいにどのように病害虫が変化するのかわからないので、試験田ではギリギリのところまで農薬を使わずに様子を見ていくことにした。

もちろんただ様子を見るというのではなく、その間、注意深く虫や病気、水田に生息するいろいろの生き物（クモ、オタマジャクシ、ハチ、トンボなど）の発生、消長などを観察した。加えて隣接する田を比較田として、その違いをみた（単行本『減農薬のイネつくり』一一二〜一一四ページ参照）。

これから減農薬イナ作に取り組もうとする人にとって試験田をもうけることは絶対不可欠である。とかく百姓は、何か

『減農薬のイネつくり 農薬をかけて虫を増やしていないか』（宇根豊著 一、六八〇円）。イネの減農薬運動のバイブルとなった本。

【一口メモ】虫見板

田んぼにいる「虫（生きもの）」を見るための板（プラスチック製の下敷きのようなもの）。七八年に福岡県の農家が考案したもので、その後、当時普及員だった宇根豊さんを中心に全国的に広まった。

田んぼに入り、イネの株元に「虫見板」を添えて、葉を軽く揺すって、そこに落ちてきた虫をのぞき込む。ウンカなどの「害虫」、それを食べる「天敵」、そして悪さをしない「ただの虫」など、どんな虫がいるのかがわかる。そして害虫の発生状況から、田一枚ごとの「防除適期」が推測でき、むやみに防除することもなくなる。こうして多くの農家が農薬の散布回数を減らすことに成功、イネの減農薬運動の大きな武器（農具）として全国で活用されてきた。

株元に虫見板を当て、反対側から３～４回、手のひらでたたく（撮影　赤松富仁）

良い方法があると聞けば、すべてそれに切り換えてしまうことが多いが、あせらずに、とりあえず一年目はきちんと試験田を設けて比較、観察すべきである。一年目の新鮮な驚き、感動が後々の貴重な糧となる。先入観に毒されて中途半端なことをすると、得るものは少ないと思う。

◆周囲の声には「ハッタリ」をかます
コブノメイガで真白の田「あれはああいう品種だ!!」

さて五十三年という年は福岡ではたいへん暑い夏で、七、八月はもちろんのこと、残暑も厳しい年であった。案の定、虫が多く、コブノメイガで葉は真っ白に食害された。

試験田はなるべく人目につかない田を選んでいたのだが、品種が葉色のとりわけ濃い南海六五号（のちのニシホマレ）だったのでよく目立ち、「あそこの田はチョットおかしいどじゃないか」という周囲の声にひるむこともないではなかった。「大丈夫、コブノメイガの被害は見かけのように大きくはない」という宇根さんの言葉を信ずるより他になかった。

昔から「アホの青田ほめ」と言われるほど、見映えを気にしたがるのが百姓の常。コブノメイガの食害は結果的にはそれほど大した被害は生じない（前掲書一三六㌻図七一）にせよ、衆目の中で平然としているのはなかなか骨が折れることだ。私などは「ああいうふうになる品種だから」とか「やっぱり計算どおり」とか言って動揺を隠していたが、堂々としていると、人はそんな言葉を結構信じてくれる。ここでおじけづいて農薬でもふろうものなら、すべて無に帰してしまう。ここは何としても堂々と「ハッタリ」をきかせて見過ごさねばならない。

なぜなら、これは後でわかったことだが、コブノメイガを殺そうとすれば当然ウンカ類やクモなども殺さざるをえない。これを完璧に抑えようとすると、農薬の散布回数がどうしても多くなってしまう。そうなると水田の生態系が狂ってしまい、後で秋ウンカの大発生を誘発することにもなる。

♥ガマンの成果が後半に出る

コブノメイガは不思議な害虫で、農薬を何度もふって八月前半まできれいな葉を維持していても、登熟に大切な上位三葉が出るころになると、それまでの「努力」に関係なく、イネの葉を食べにやってくることがある。だから前半はじっと我慢して、「ハッタリ」に磨きをかける。気が小さくその自信のない人は仲間を作って、できれば試験田に看板など立てて堂々とやれば人目を気にすることもない。

前半の危機を突破すれば、試験田と対照田との差がはっきりとわかってくる。これまでの防除の常識は、西洋医学のガン対策のように、「早期発見早期防除」であった。つまり、梅雨前線にのってくるウンカ類を早期にたたいて密度を下げておけば、秋になっての大発生を未然に防ぐことができる、という考え方に立っている。一見もっともらしい。しかし、この考え方は、ガンには通用するかもしれないが、水田の生態系の中では、決してそんなに単純なものでないことはすぐにわかる（前掲書一三～一四ページ、表一、図二、三）。

◆堂々とやれば失敗しても「さすがに立派な研究をしよる」……となるのだ

五十四年以降、私は仲間（筑紫野市減農薬稲作研究会）をつくり、それぞれの試験田回りをし、夜には勉強会をすることにした。おかげで一年で数人分、数年分の経験を積むことができるようになった。

この活動のなかで、同志篠原正昭君の発案による「元祖虫見板」（白黒グラビア参照）も誕生した。

五十四年は虫の飛来、増殖も少なく、除草剤以外の農薬は使うことなくすんだ。農薬は必ずふるものだ、と年中行事のようにやっていたのが嘘のようだった。続く五十五年は冷夏長雨の年で、イモチ病の大発生を心配したが、これも何とかクリアしてさらに自信を深めた。

その後いろいろの体験をしたが、虫を見ることを通じて、しだいにイネそのものを見るようになっていった。

最近思うことは、イネは元来強い植物であり、人間の都合で細かく管理するために、かえってその生命力を弱めているのではないか、もっとイネの潜在能力を引き出す方法があるのではないか、ということである。とすれば、虫の数にそれほどこだわることもないし、実際、同じ数の虫がいても被害が出たり、出なかったりすることがあるのも体験している。原点にかえり、再度これまでのやり方を点検するときがきたと思っている。

最後に減農薬イナ作を成功させる秘訣をまとめると、①試験田（体）②虫見板（技）、これはもはや常識だが、これから取り組もうとする百姓には③ハッタリ（心）が欠かせない。堂々とやればたとえ失敗して坪枯れを出しても、「さすがに立派な研究をしよるなあ」となるのだ。心技体が万全ならば、あとは案ずるより産むがやすし、と言えよう。

（福岡県筑紫野市）

『減農薬のための田の虫図鑑』（宇根豊／赤松富仁／日鷹一雅著 二、〇四〇円）田んぼの中で繰り広げられる害虫・益虫・ただの虫たちの生態を三〇〇枚余のカラー写真で紹介。

昭和二十年代に小麦二〇俵どりを実現した「木田式麦作」に学んだ井原豊さんの挑戦

麦つくりのなんと楽しきことよ チャレンジ小麦6石どり

井原　豊

麦つくりのなんと楽しきことよ。コメで一〇俵、小麦で一五俵とれれば、一年に一反で二五俵どり。こりゃ日本一。いや世界一だろう！　てなことを夢見たしだいである。

以下、小麦六石どりにチャレンジした今年の麦作の体験報告である。

三年前一〇俵どり成功 反七万円のボーナスだ！

元来、麦作は冬に田を遊ばせておくのはもったいないからと、イナ作の肥料代だけでももうければよい、ぐらいの発想であって、麦で多収穫をねらう人はいない。

ところが偶然に九俵、一〇俵ととれてみると（私は五十六年に一〇俵どりに成功した）麦作もバカにできんナ、結構もうかるナ、という気になる。

当地では農協が収穫・調製・出荷を一手に引き受けてくれるので、収穫時の重労働から解放される。一〇俵とれれば一〇万円（収穫賃反二万七〇〇〇円を差し引かれて七万三〇〇〇円）が自動的に通帳に振り込まれるので、麦作はちょっとしたボーナスのようなありがた味がある。イネとちがって水管理も農薬散布もいらないし、タネまきして肥料さえパッパとふっとけば、六月には反七万円がころがり込む、というわけである。

ところが粗放栽培で補助金かせぎの麦作では、反収一〇俵の麦がとれるはずがなく、雑草に負けてしまったか細い麦では反四〜五俵。収穫賃は同じ反二万七〇〇〇円、差引き手どり二万円そこそこになることも多い。これでは麦のタネ代・肥料代、田んぼの耕起賃を考えれば完全に赤字である。そして麦をつくった後遺症は必ずイネに現われ、地力の消耗によってコメは確実に一俵は減収するから、麦をつくった赤字はさらに二万円上乗せになることになる。

私は五十三年から数年、超省力の粗放栽培に徹して七俵の反収をあげてきた。しかし麦ワラは燃やさずに全量田にすき込んだおかげで、地力は以前にも増して肥え、イネは全く減収しなかった。

みごとな生育（1月29日）

2回目の麦ふみ（12月30日）

■小麦の可能性発見！
五月の太陽に過繁茂はない

しかし「いくら粗放栽培でも穂さえ大きくすれば一〇俵どりはできる」と見たのは、五月の小麦を見るといくら過繁茂になっていても日光は土の表面にまで届き、麦で受光態勢が悪いということはあり得ないことに気がついたからだ。

それは五月の太陽は真上から長時間照りつけるからであり、坪三〇〇〇本の茎が立っていても下葉まで充分日光が差し込むことに気づいたのである。小麦の葉はペロンと垂れ下がるので、過繁茂では受光態勢が悪くなる、とばかり思い込んでいたのは大きな誤りであった。イネを中心に考えると、坪三〇〇〇本の茎数なんて受光態勢がゼロだと思うのに、麦はそうではなかった。秋と春とでは太陽の通りみちがちがうのである。

この発見により、五十六年からは反二〇キロのタネをバラまきし、硫安オンリーでチッソ成分反一〇キロをふって、とくに穂肥時期の二月上旬と三月中旬に思い切

木田式麦作／私の実践

①耕起　半年堆積のオガクズ牛ふん反五トンをマニアスプレッダーで全面散布。バクテリアと硫安二〇キロを共に全層すき込み、深耕二回、浅耕二回。

②播種　十月二十九日（十月二十五日までにまきたかったが雨多く、作業が遅れた）。

③品種　アサカゼコムギ、シロガネコムギ。

④タネまき法　図のように、テーラーけん引四条まき。ウネ幅一三五センチ、まき幅は三条刈りコンバインに合わせて八〇センチとした。覆土は一〜二センチの深さになった。

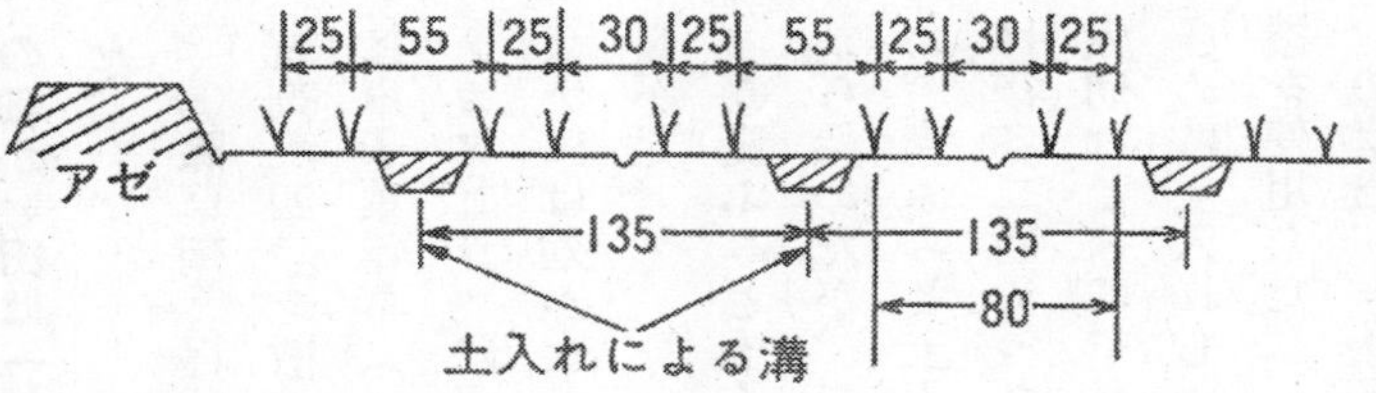

タネは反当六キロ、発芽は十一月五日。土の荒いコシヒカリ跡は三センチに一本、減反跡の土

った施肥で大きな穂をつけ、一〇～一一俵どりに成功した。むろん、播種は早まきで、徒長を抑える麦ふみは四～五回行なってのことである。

わが小麦元年　アサカゼコムギで一五俵ねらう

周囲をだんぜん圧倒（4月8日）

五十七年二月に北海道深川市の農業青年・南宣之君がイネの話を聞きに私の家を訪れたとき、はからずも私の麦つくりの大転換が始まる。得意になって私の一一俵どり粗放栽培の小麦づくりの話をしたら、あとで述べる「木田式麦作」を教えられ、私の鼻柱はペコッと折られたことになった。

彼からもらったコピー資料は、まぎれもなく『現代農業』誌五十年八～十月号なのである。本誌のイネの常連執筆者である渡辺正信先生による「木田式ムギづくり応用」の記事であった。

私も昭和二十年代には、木田式のまねごとで麦ふみ・土かけによる多肥栽培を何年か試みたことはある。しかし、作付けが裸麦であり、またまき幅率が五〇%以下であり、また多肥のためにいつも倒伏させて失敗していた苦い経験を思い出した。

「ヨシ！　小麦なら倒伏の心配はなかろう」、『現代農業』も最近「アサカゼコムギ」の優秀性をキャンペーンしていることもあるし。いっちょう、アサカゼのタ

の細かい田は一センチに一本の割で生えそろった。

⑤除草剤　播種直後にトレファノサイド粒剤反四キロを散粒機でまいた。トレファノは単子葉雑草（スズメノテッポウ、スズメノカタビラ）に卓効あるが、広葉雑草のナズナには効かなかった。また反四キロでは薬量不足。

⑥麦ふみと土入れ　年内に二回、四葉期から始めたが、二葉から麦ふみは始めたい。麦ふみと土入れは交互にやった。年明け後各二回やったが、二月中の雪で一ばん大切なときにやれなかった。三月初旬には多めに土入れした。この作業には専用管理機を使用した。

⑦追肥　一月三十日硫安二〇キロ、過石二〇キロを条間に入れ、翌日大雪二一センチ。

四月三日　節間は相当伸びたが、やや色が淡く見えたので雨前に細粒硫安一〇キロ、過石二〇キロ。これで施肥チッソは硫安五〇キロ、チッソの正味量一〇キロとなった。

オガクズ牛ふんのチッソのききめは、いろいろのテストの結果、一トンでチッソ一キロぐらい。五トンやっているので五キロとみた。

少なくとも13俵はあると見た（5月6日）

これでも15俵どりにはまだ穂が小さい（7月1日）

ネを手に入れて木田式をやってみよう！ということで、私の「小麦元年」が始まった次第である。

反五俵や七俵の収量ではつくる気のしない麦も、一〇俵とれれば四〜五反つくってもいいボーナスになる。それが、木田式の小麦二〇俵どりまでゆかなくとも、内輪に見て一五俵とれれば大変なことだ。それだけとれればコメなんて一〇俵どりで充分だ。何も辛苦して五石どりイナ作に苦労しなくともすむ。コメで一〇俵、小麦で一五俵とれれば一年に一反で二五俵どり、こりゃ日本一、いや世界一だろう！　てなことを夢見た次第である。

木田式実践のために、木田式に準じた麦作をしている佐賀県の先進地に視察も試みた。専用管理機一台を発注、麦作直前に反五トンの乾燥牛ふんもすき込んで、万全の態勢で五十八年十月、木田式麦作をアサカゼコムギで三反敢行したのであった。比較のため、ほかに一反慣行バラマキ（シロガネコムギ）もやり、意気ケンコーの小麦元年ではあった。

これを合わせてチッソ正味一五キロとなったようである。これで倒伏しなかったのだから、まだチッソ不足の感がある。牛ふんの効きが見当がつかないので、硫安量を遠慮したのが結果的に穂肥不足のようだった。

⑧出穂　四月二十九日、開花五月五日。いずれも平年より一〇日遅れ。二月の積雪四回が大きく響いた。

⑨防除　硫黄粉剤を用意したがウドンコの気配なく、使用せず。病害いっさいなし。

⑩茎数と穂長・収量

木田式A田（減反跡）坪二六〇〇本、穂の平均段数七段、収量一二俵。

木田式B田（コシヒカリ跡）坪二〇〇〇本、穂平均段数八段、収量一一俵強。

バラまき慣行田(イネ跡)坪三〇〇〇本、穂平均段数六段、収量一〇俵半。

合計四反で九〇袋（四五俵）出荷、オール一等。刈取り六月十一日〜十六日。

⑪小麦ワラ処理　跡にイネを植えるので、小麦ワラはヘイベーラーで梱包して運び出し、ヘイキューブにして堆肥に積む。反当梱包数はバラまき田で五〇個、木田式で九〇個であった。

■このムギが倒れたら村じゅう逆立ちで歩いてヤル

私は周囲の連中に「オレは小麦一五俵どりをねらう！」と、ことあるごとにいった。これを聞いた人は目を丸くしてたまげた。

「一〇俵ならわかるが、一五俵も！？」と嘲笑めいた返事が返ってきた。「あくまでもねらうのだ。とるんじゃない」

といって彼らを納得させたが、生育が進むにつれて、

「ほんとだ、これはとれそうだ。こんなすごい麦は見たことがない」

という評価に変わっていった。村の農研グループ（オールド四Hクラブ）の連中は、

「こんなにできたら倒れるゾ」

と脅しをかける。

「この小麦が倒れたら、オレは村じゅう逆立ちして歩いてヤル」

と私もなかなかの強気。結果は、逆立ちはしなくてすみ、初年度のこととて反省や失敗点が多くあって目標には及ばなかったが、当地では前人未到の一二俵どりは達成して八〇点の成績。超多収六石へのメドは立ち、また来年への楽しみと課題をもつことができた。

木田式麦作の特徴 多穂・穂重で勝負

麦の多収穫の世界記録ともいうべき、大麦三二俵、小麦二〇俵どりは、昭和二十年代に福島県の木田好次氏によって達成された。その確立された技術は現在佐賀県の麦作指導の主流となっている。

木田式麦作の特徴は、

①タネまき時期を慣行より一〇日早める。

②まき幅率六〇％、四条まき、反六キロ。

③肥料は慣行の一・五〜二倍、とくに有機物を重視して土つくりをする。

④麦ふみと土入れを四〜五回して太い茎をとり、弱小分けつを抑制して大穂にする。

これをみても木田式はいかにワラが多かったかがわかる。七俵どりの周囲の小麦にくらべて実に三倍のワラ量であり、ワラづくりに終わったといえる（これは大いにアサカゼコムギの特性であり、アサカゼは生育中にすごく太い茎、幅広の葉、そして茎に粘りなく折れやすい欠点あり、見かけにだまされる）。

⑫収支決算　左のとおり反当九万円の純益を得たが、これはコンバイン刈りと乾燥出荷までを委託して反当三万円を支払ったからである。

肥料代	硫安一〇袋	七、五〇〇円
（四反分）	M過石八袋	一二、〇〇〇円
	バクテリア一袋	五、〇〇〇円
	計	二四、五〇〇円
除草剤（四反分）		九、五〇〇円
収穫調製出荷賃（四反分）		一二〇、〇〇〇円
費用計		一五四、〇〇〇円
小麦供出代金五、六四四円×九〇袋		五〇七、九六〇円
差引純益（四反）		三五三、九六〇円

⑤病気防除と倒伏防止に石灰硫黄合剤を二〜三回出穂前後に散布する。

などとなっているが、木田式では穂の段数が慣行の二倍近くあり、穂数も多いが穂重型で勝負するところが多収のヒケツであるという。

穂が大きくならず超多収は失敗　それでも一二俵

ことしの私の麦作は、はっきりいってワラづくりに終わった。とくにアサカゼは茎が太い。そして葉の幅がシロガネコムギの二倍はある。一体どんな大きな穂が出るのか、と毎日が楽しみであったが、だまされた。

ワラはすごいが穂が小さかったのだ。小さいといっても七〜八段平均で、シロガネの六段平均よりは大きい。シロガネは小粒、アサカゼは大粒で、段数以上にアサカゼは一穂当たりの重量は多いが、見かけほどの収量はない。

やはり木田式のように、二倍の穂長にならなければいけなかったのである。

五十九年の冬は百年に一度あるかないかの大雪に見舞われた。二月中の一番肝心な手入れ時期に、一カ月間積雪の下にあり、追肥も土入れもできなかったことが小穂になった原因であった。

それと、直前に乾燥牛ふんを反五㌧も入れてあるので、これの肥効の計算ができなかったこと、もっとチッソがきくと思ったのに、案外とチッソ肥効がなかったことが、結果的には穂肥不足となって穂が短小になったことである。

さらに、ワラづくりになったことが、コンバインの能力をこえてしまい、一〇〇㍍ゆく間に二〜三回もツマルなど作業は難渋。刈刃は一反に一回は折損。搬送チェーンのピンは飛ぶ。三条刈りの大型コンバインもカタなしの難儀ぶりであった。何しろ、ワラの量は慣行世間なみの三倍、バラまき一〇俵どりの二倍の量。

コンバインの作業ロスは大きく、相当量の子実を田にバラまいたから、収量に大幅にロスが出た、だから実収はもっとあった、と自分を慰めている。

（兵庫県揖保郡太子町佐用岡一六八）

【「読者のへや」から・一九八五年十二月号】

小麦の育つ姿が老いを忘れさせた

山口県　徳永吉一（七四歳）

去年は、アサカゼ小麦の種子を心配していただきありがとうございました。感謝の意をこめてご報告いたします。

まず驚いたのは、麦の体のスマートな細っそりとした姿でした。こんなあでやかなものもあるのか、私の地方で育つかと疑いをもったほどでした。

十一月八日、水を引いて軟らかくなった土を熊手で打ち起こし、九日にロータリーで耕耘、砕土。五寸幅にタネ蒔き。蒔いて七日目に発芽しましたので安心しました。

十一月二〇日、まだ小さい麦を踏みました。それから年末まで、一日おきか毎日。小雨が降っても麦踏みが欠かせぬおもしろさ。年末までに二〇回くらいやりました。

元肥は硫安と過石、追肥一回目は焼きモミガラを土が見えなくなるほど入れ、二回目は、外に積んでいた草やその他の自然堆肥を。三回目は山土を根元株元にさしこむように。

茎の太いこと　分けつの多いこと　穂の長いこと。毎日毎日麦を見る楽しさは　七四歳を忘れさせてくれました。

さまざまな議論があったヤロビ処理だが、種子の温度処理技術としてヒントに富み、農家の工夫も生まれた

野菜のヤロビ処理（温度処理）はなぜ多収になるか？

―岩手県・千葉さんの経験を検討―

志賀　浩

ヤロビ処理をした野菜は、びっくりするほど多収になる。本誌一月号で紹介した千葉みち子さんの例が、みごとに立証している。

いったいヤロビ処理とはなにか？

ヤロビ処理で、なぜ、野菜は多収になるのだろうか？

そんな疑問に答えてみよう。

はっきりしたヤロビの効果

本誌一月号で紹介してある千葉さんの例は、ヤロビ＝温度処理を行なった効果の一端である。千葉さんの例で、温度処理の効果は、きわめてはっきりとでている。

とくに特徴的なことはヤロビした野菜は、どの作物でも一週間ぐらいは早く成熟し、収穫を早めることができたことである。

なかでもカボチャは、なりづるの節間がちぢまり、節なりに二つずつ両側になり、一本の苗から三〇個近くもとれている。

スイカ　四十六年はとくに気候不順で、他の家ではほとんどダメになったが、千葉さんだけはたくさんなったばかりか、早く収穫でき、はじめて八月のお盆に食べることができたという。

ヤロビしたナス苗は、生長が緩慢で、発育の程度は進んでも生長の度合が表面にはでない。そのためよその苗は非常によくのびて立派な苗に見えたので、それを買って植えた人が多いが、あとから植

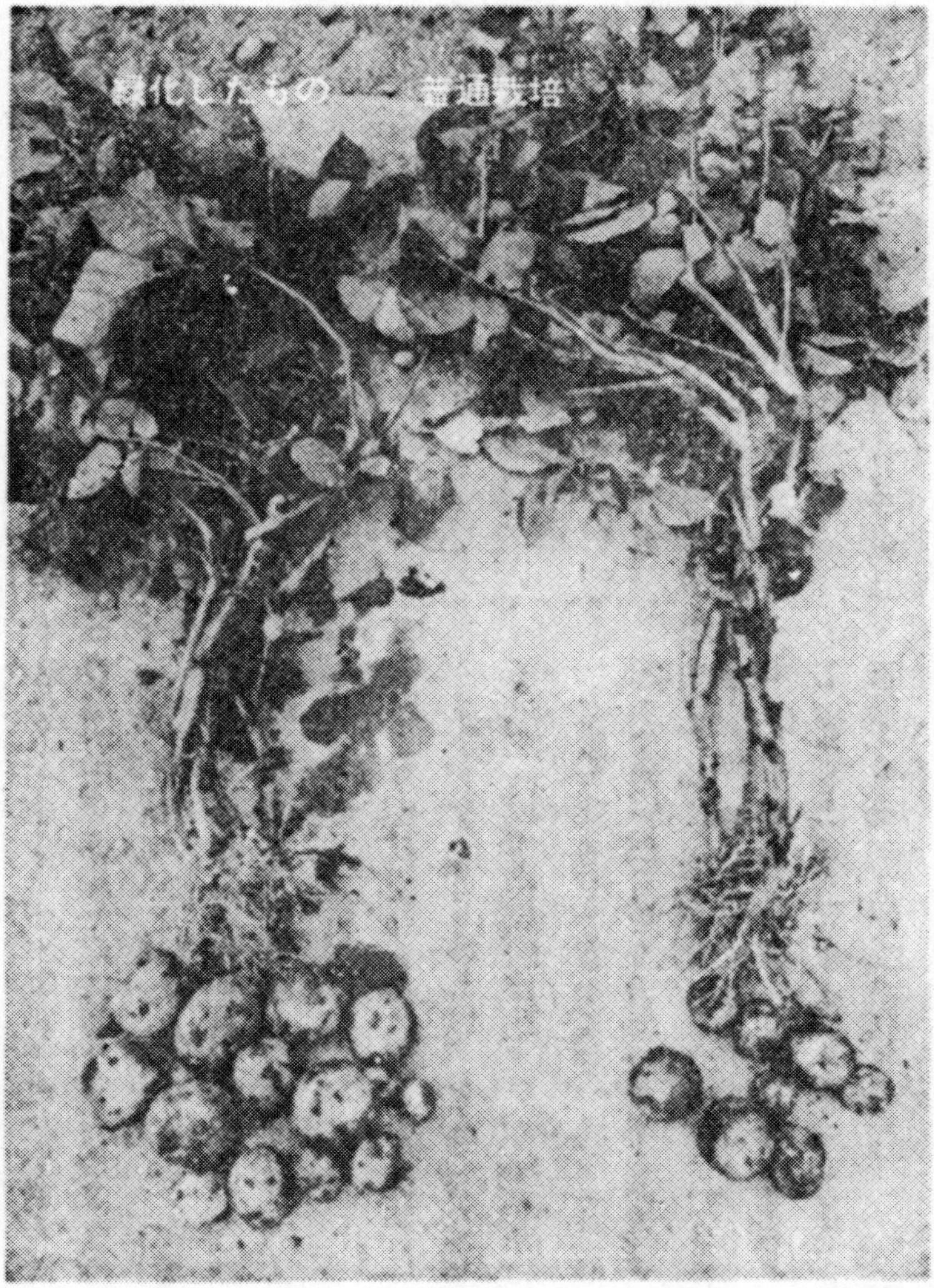

付けたヤロビの小さな苗の方があとになって盛んに生育し、収量もたいへん多かった。

千葉さんは、また、ジャガイモ、スイートコーン、エダマメなど、つくる野菜のすべてに、ヤロビ処理をして、たいへんな成果を上げている。

たとえば、ジャガイモだが、ヤロビ処理の株は、無処理のものの倍近い収量をあげている。

四十五年のばあい、対照区をつくって試験してみたが、ヤロビした方のジャガイモの草丈が小さく、しない方が三〇センチも大きく、葉の繁茂もヤロビしないほうがよかった。

これで比較したら笑われると思って、人の起きないうちに掘ってみたら、案外と根張りがよく、イモも粒がそろって、小さいものがほとんどなかったので、安心して掘り起こしたという。

比較的平均に育ったものを掘り起こしてみたら左のとおりだった。

三株当たりの収量	
ヤロビ区	四一五〇g
半分ヤロビ区	三八〇〇
無処理区	二九五〇
一〇アール当たり	
ヤロビ区	五九七四kg
半ヤロビ区	五四六九
無処理区	四二四八

無処理区の収量自体もこの地方としてはそうわるいものではないが、比較すると二〇〇〇キロ近い増収をとっている。こんなぐあいに、ヤロビ処理はきわめて効

果が高い。この効果をまとめてみると次のとおりである。

(1)根数が増え、根ばりがよい。
(2)茎が太く、短く、節間がちぢまる
(3)花芽の分化が多く、早い
(4)葉幅が広く、厚い
(5)栄養分の吸収力が強い
(6)耐寒性、耐病性が強い
(7)イモ類では粒が大きく、小粒が少ない
(8)成熟が早く、収穫が早い

ヤロビによってなぜ多収できるのか

ところでヤロビ処理は、なにも野菜にかぎらず、多くの作物に大きな効果を実現することができる。

ここで、ヤロビ処理について、改めて説明を加える必要があろう。

まず、ヤロビの語源だが、これはロシア語のヤロビザーチァを略したもので、日本では一般的に春化処理（英語ではバーナリゼーション）といわれている。この意味は、かんたんにいうと秋まき性（秋にまかないと穂がでない性質）の作物のタネを一定期間温度処理をし、春まき性（春にまいても穂がでる性質）にするということである。

秋まき性の作物、たとえばムギなどはタネから芽生えたのちに、自分の要求する温度（冬季の寒い温度）を一定期間すごさないと花芽が分化せず、したがって穂がでない性質をもっている。この本来要求する温度を、催芽したばかりのタネのうちに経過させることにより、穂を出し、実を結ばせることができることをソ連のルイセンコ博士が発見した。

ムギのばあい催芽をしたタネにその要求する温度である〇〜五度を保つように冷蔵庫や冬の雪の中で貯蔵させると、春にまいても立派に穂ができ、秋まきと同じような収量をとることができる。この処理でできたムギは良質で寒冷地帯のソ連ではヤロビは非常に大切な増収技術の一つになっている。

日本でも、昭和二十六年八月に長野県下で秋まきムギのヤロビをして、タネを秋にまいて予想外の成績をあげた。これがキッカケで、ムギがよいならイネもやろう、ダイズやアズキはどうかというぐあいに、ハクサイ、ジャガイモ、ホウレンソウにいたるまでほとんどの野菜や花類まで、農民たちが創意性を発揮して実施した。もちろん失敗もあったが、大半が増収したことから全国にひろがり、一時的ヤロビブームも生じたくらいひろがった。

つまり、本来のヤロビはムギ、ジャガイモにだけ行なわれていたのだが、日本では、温度処理として、きわめて多品目の作物に対して行なわれた。このようにヤロビ処理は、独特の増収技術なのである。

千葉さんのヤロビ処理法は、こうして積み重ねられた方法を千葉さんの家の環境にあわせて確立したものである。

さきにも述べたとおり、ヤロビ処理には、大きくわけてふたつのポイントがある。

①タネを催芽する操作

②目覚めたタネの温度処理

タネを目覚めさせる

野菜に対する温度処理方法は、まず、タネの芽を目覚めさせることからはじまる。つまり、催芽をすることである。

催芽といっても、タネの表面にまで芽を出すのではない。タネのなかで眠っていた芽をさましてやり、動かしてやることである。

芽に低温を当てる

ついで、低温処理を行なう。

温度は、その作物の最低発芽温度よりもやや低い温度である。つまり、処理をする作物の最初の生育段階＝タネのうちに、要求する温度を与えることにより、花芽の分化が多くなり、早くなるのである。

幼作物に、いままで育ってきた条件よりさらにきびしい条件を与えると、そのわるい条件にも耐える能力を獲得する。ヤロビは作物のもっとも幼い段階にあるタネに対して、いままでの発芽条件よりわるい条件を与えるので、一般に、わるいきびしい条件に対する作物の生活力が強まる。

普通のヤロビ、あるいは育種のためにもっときびしい条件でヤロビをして生育した作物の中から目的にかなったものを選び出し、これをさらにヤロビすることにより、新しい品種を作り出すことができる。

野菜別の処理方法

では、どんな処理をするのか？　千葉さんの経験に即して示してみよう。

ウリ類では

スイカ、カボチャ、キュウリなど、ウリ類なら、なんでもやれる。やり方も同じだ。

これらのタネを二月下旬から三月上中旬にかけて、一昼夜水に浸して催芽をする。そのあと水からとり出して半日ぐらい日陰干しして水をある程度切る。それを布につつんで、直射日光のささない、風通しもよく、一定の温度（ここでは、一一〜一八度）を保てるような部屋（飼料を発酵する部屋を使っている）に一五日間おいている。

ナス類では

昨年までは、ウリ類と同じようなやり方でやってきたが、ことしは、やり方を変えて土の中に埋めてヤロビをした。

まずナスのタネを布でくるんで、日当たりのよい土の中に埋めて、その上に土を三センチほどかけ、その上にモミガラクンタンをふりかけて、その上にビニールをかけておく。

期間は一カ月。一〇日に一度は土をかき分けて湿った布をとりかえる。これは土の中ではあまりに湿りが多くなりすぎるし、また、ヤロビ期間中（一カ月間）にタネが水に浸しきりにならないようにするための方法である。

スイートメロンでは

タネを一昼夜水に浸して、布につつみ、二〇〜二五度のところに五日間ぐらいおく。播種期が比較的おそいので、南向きの窓辺におけば所要の温度もそう無理なく得られる。

春まきハクサイでは

昨年は三月中旬から一夜水浸ししたものを半日ぐらい日陰干しをして布につつんで、家の裏側、北側の非常に寒いところ、雪が残っているその雪の上に二週間おき、その後一週間ぐらい、室内の窓辺においた。乾燥しすぎないようにと思ったが、まくときは乾燥していたので、ふたたび浸水して四月五日に温床にまきつけた。温床といってもワラがこいの粗末なもの（一五度前後）。その後一回の移植。一カ月後に畑に定植した。

ジャガイモでは

三月一四日に土に埋めておいたイモを掘り起こして一五日からヤロビをはじめる。このときに出ている芽はとりきる。直射日光の当たらない場所に箱に入れ（あまり厚く重ねないこと）夜はむしろをかけて一カ月間おく。その間に一〇日に一回ぐらいイモ返しをやり、上下のとり換えをやる。温度は一〇〜一五度。播種は四月一五日、収穫は七月一九日。

以上が千葉さんが、おもな野菜にやっている温度処理のやり方である。

ヤロビ処理はどこでもやれる

ここでぜひことわっておきたいことがある。ここに示した千葉さんのやり方は、あくまでも千葉さんの地域に合ったやり方であり、そっくりそのままどの地域にでもあてはまるものではないことである。

千葉さんのところの条件をつぎに示そう。千葉さんの地域は岩手県の最南端、宮城県境に接する東磐井郡の南部に位置していて、距離的にみても黒潮のくる気仙沼市に近く、気候は、岩手県一般よりも宮城県に近い気候のもとにある山村である。雪も割合少なく、寒さも盛岡以北ほどひどくない。

二つには、そういう地帯であるにもかかわらず、千葉さんの畑のほとんどが、南面の日当たりのわるい、雪どけも他の畑より一〇日ほどもおそくなるというひどくわるい条件にあること。

三つには、千葉さんは主として自家用の野菜のヤロビをやっており、作付け面積も少なく、ヤロビするタネの量も少量である。つまり、雪国という条件を活用したヤロビ処理を行なっていることである。

しかし、基本は、どの地域でも変わら

ない。つぎの点をおさえれば、どこでも取り組める技術なのである。

①催芽処理の条件

まず、催芽処理の条件だが、やり方は普通の水にタネを五〜一〇時間、種類によっては一夜ぐらいやる。

それをとりだして三〜四時間陰干しにして、そのタネが湿りすぎず乾きすぎないような状態にして、それを木箱その他の箱に入れて直射日光の当たらない、風通しがよく、必要な湿度が平均的に得られる場所におく。

その期間は一〇〜二〇時間である。とくに日陰干しのさいの湿度に注意する。湿りすぎ、乾きすぎで発芽がわるくなるからだ。

②処理温度の条件

温度はその作物の最低発芽温度よりやや低い温度。たとえば、一〇度前後の温度の必要な作物のばあいは冬なら雪中か土の中に、催芽したタネを布につつんで入れておく。五度以下を必要とする作物のばあいや、夏にヤロビするときには、冷蔵庫か井戸の中などを利用すればよい。

処理期間中は三日に一度ぐらい見まわり、湿りすぎ、乾燥気味にならないようにする。タネを大量に処理するばあいは厚くつんだときには下と上を反転させて、カビが出たりしないようにする。

（日本ミチューリン会）

【「読者のへや」から・一九七二年五月号】

かわいい和牛で悲しい失敗

島根県　林百合枝

私の家の経営は、水田七〇アール、野菜畑一三アール、和牛一頭の零細経営です。数年前から葉タバコをやめて、スイカ、キュウリ、ハクサイなどの野菜をつくるようになりました。

和牛はたいせつな副業ですが、悲しい失敗をつづけてきました。

昭和四十四年十二月二日、私はニンジンの出荷の準備をしながら、牛のお産を待っていました。

産気づいたのですが、逆子でお産が長引きました。獣医さんが来てくれたときには空しくも子牛は死んでいました。親牛も腰の近くの骨折で助かりませんでした。このときの悲しみは筆舌につくせません。今でも思いだすと目頭があつくなります。

新しい親子を求めました。一緒にきた子牛を売り、つぎの子牛もぶじに生まれて育ち、市場へ出しました。

つぎの子牛でまた失敗。昨年の十二月二十九日の夜明けに子牛が生まれたのですが、喜びもつかの間、乳の飲みこみがわるく、わずか六日の短い生涯で、跳ぶことも見せずに悲しくも死んでいきました。

今まで、何十年も牛を飼ってきて、子牛は本能的に乳を飲み育ってくれたので、はずかしいことながら、子牛の手つだいもできなかったのです。乳を飲むのを手つだってやったらこんな悲しいことはおこらなかったのにと、かえすがえすも残念でなりません。

親牛の頭をなでてやりながら、あとの発情を待ちました。おかげで一ヵ月後には受胎させることができました。

こちらにも和牛生産グループが誕生しました。夫はかせぎに出ており、留守をまもる主婦グループです。みな一生けんめいです。

私の牛に授精したときも、グループの人が近くに来た獣医さんに知らせてくれたものでした。悲しかった失敗のあとだったので、とてもうれしく感じました。

鶏糞多用による土つくりと野菜の組合せで、小さい面積で大きく稼いだ都市近郊農家の工夫

●超集約栽培でかせぐ関屋さんの経営⑤

立体栽培で畑を三倍に使う

編集部

野菜には、種類が多いので、それぞれの性質を利用すると、とてもおもしろい工夫が考えだせるものである。関屋武士さん（千葉県長生郡長柄町上野）の考えだした立体栽培もそのひとつだ。

キュウリやインゲンは上にのびる性質があり、白ウリやメロンは地面をはう性質がある。軟弱野菜は短期間で収穫できる性質をもっている。それぞれの性質を合理的に組み合わす。これがその立体栽培である。

あなたも野菜の性質をよくみて、うまい組み合わせをやってみたらどうだろうか。

◇◇――◇ 空間をムダなく使う組み合わせ ◇――◇◇

・支柱を合理的に使う

関屋さんの取り組んでいる立体栽培の組み立てを紹介しよう。この方式については、いままでも本誌で紹介しているので読者の方はおおよそのことは察しがつくのではないだろうか。

この立体栽培の特徴は、たしかに立体的に栽培する野菜のつくり方には複雑な方法がとられるが、できあがった姿は、つぎのように実に合理的である。

支柱には、キュウリ、インゲンをはわせてやり、夏から晩秋まで収穫しつづける。キュウリの収穫は六月上旬から七月下旬までである。ひきつづきインゲンをはわせて、収穫に切れめをつくらず、支柱には茎葉を茂らせておく。

キュウリの収穫最盛期に入るまでに

は、うねにはわせておいた白ウリを収穫する。

　白ウリのツルがのびはじめるころまでと、白ウリを収穫したあとには、短期間に収穫できる軟弱野菜をつくる。栽培する軟弱野菜はさまざまである。タネをまいてから二〇〜三〇日で収穫できるコマツナ、山東菜、四〇〜五〇日で収穫できるホウレンソウ、小カブなどをとり入れる。

　立体栽培とは支柱にはわせるキュウリや、インゲンを縦軸にし、白ウリや軟弱野菜を横軸に組み立てた畑の立体利用である。写真と図のように、立体栽培とは、この支柱を合理的に活用した集約栽培だといえる。

　わずかな栽培面積でも、この方式なら同じ畑で単一な野菜をつくるよりは三倍は活用できるということで、きわめて集約的である。

支柱を利用した関屋さんの立体栽培

第１図　立体栽培の組み合わせ

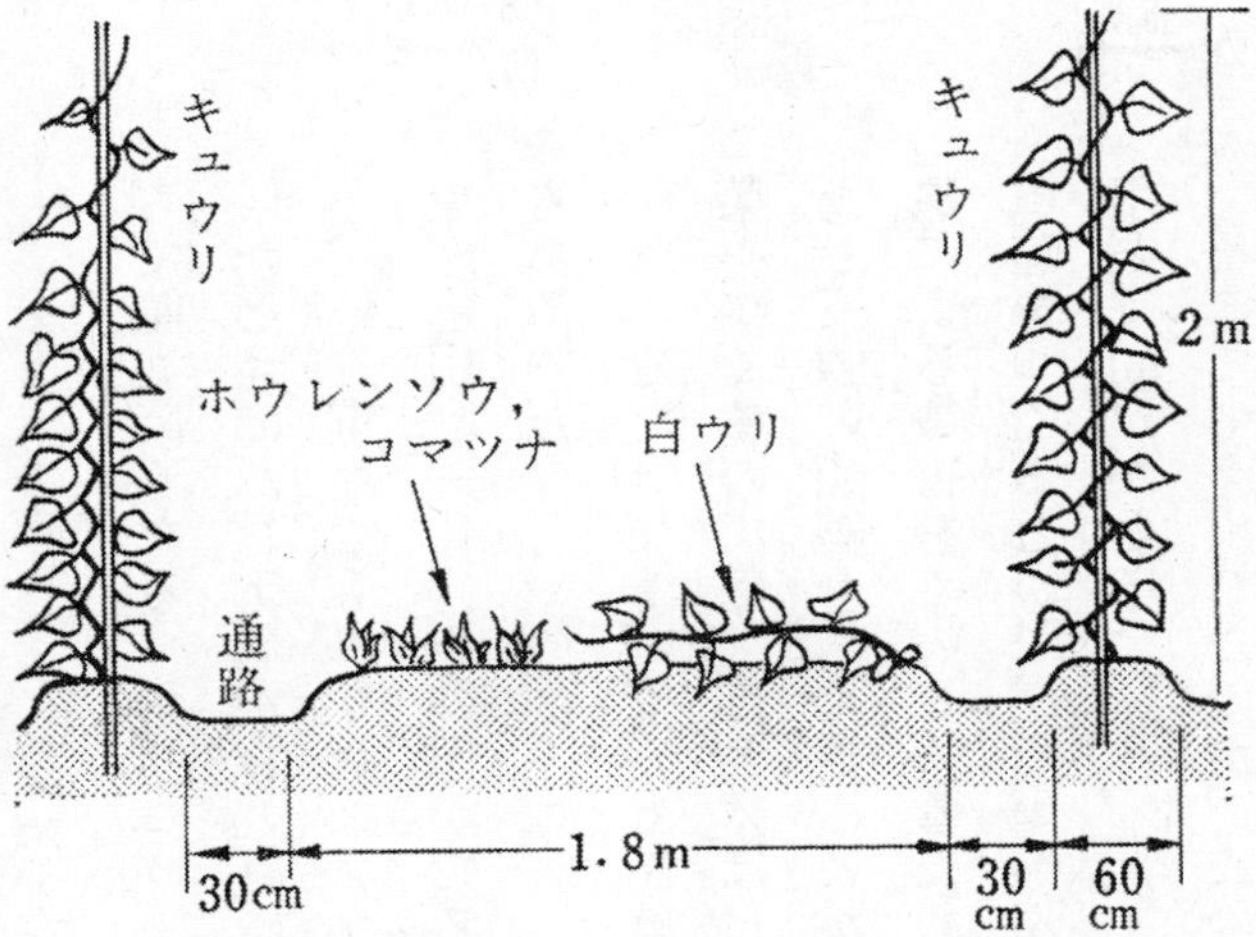

①キュウリが支柱のうえまでのびたときに白ウリを収穫する。
②白ウリのツルがうねの半分まできたときに軟弱野菜を収穫する。
③キュウリの収量が落ちたらインゲンをまきつける

　第二図は、この栽培方式の作付け表である。

　高度な組み合わせだけに、栽培面積は多くはやれない。とくにこの栽培方法は、つぎにみるように軟弱野菜を主体にしたものなので、収穫に手間がかかるので、やってもせいぜい一〇㌃くらいなものだと関屋さんはいう。一〇㌃程度なら図でみるとおり、それほど作業の競合はないということである。

・支柱に茂らせて軟弱野菜をいかす

　たしかに、この組み立て方は複雑なようにみえるが、ねらうことはそれほどむずかしいことではない。

　かんたんに説明するとこうである。

　関屋さんの経営の重点は軟弱野菜である。とくにホウレンソウが

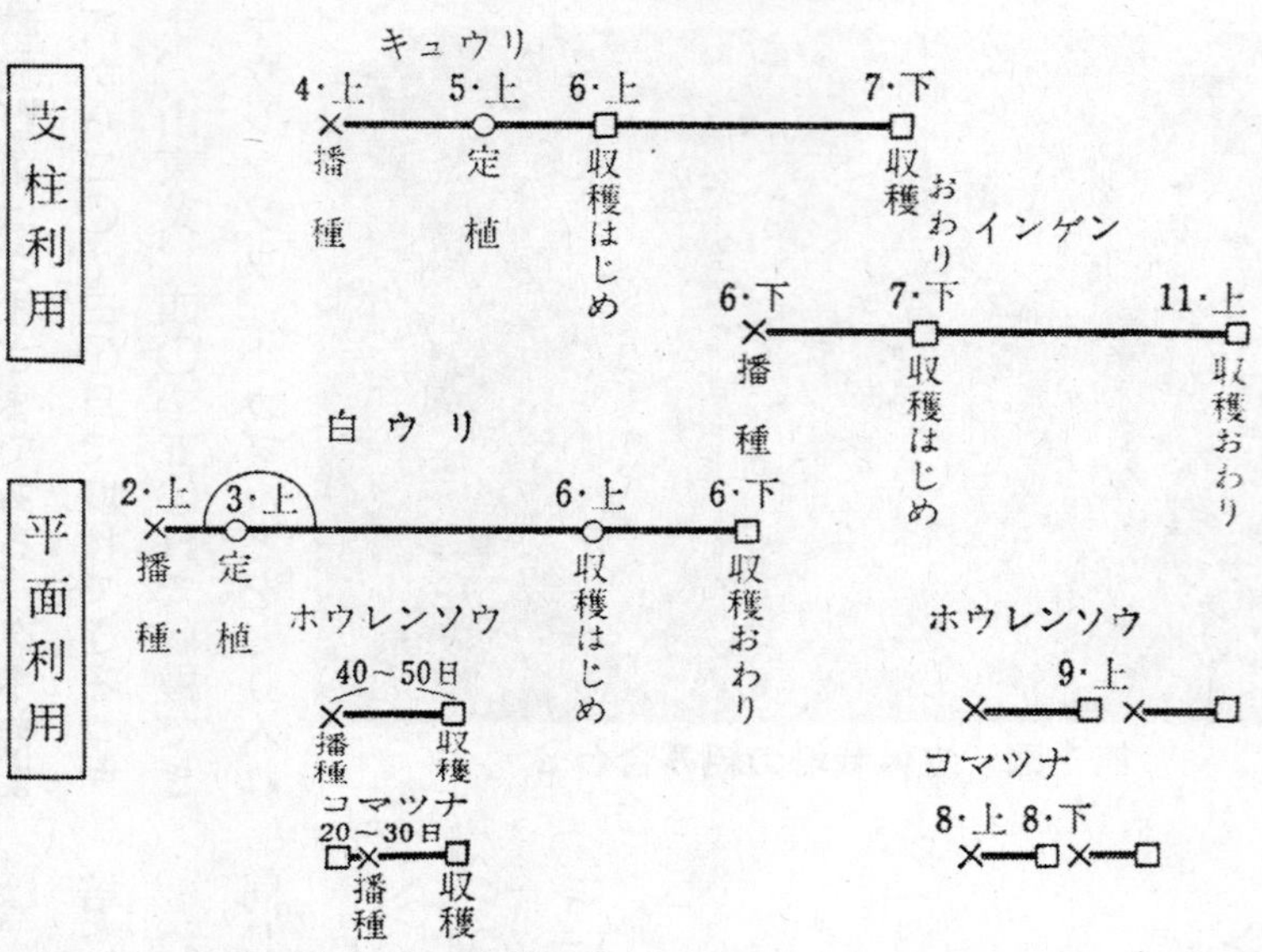

第２図　立体栽培の作付け表

主体になる。ホウレンソウのような軟弱野菜の弱点は夏の暑さや秋の台風などに弱いということ。日照りが強いので生育がのびどまり、葉がかたくて小さい。台風で葉がいたみやすい。また、そんなときにかぎって、軟弱野菜が不足しがちで値も高くなる。

たとえば八月下旬から九月になると、地方市場でもホウレンソウが一束八〇円、一〇〇円の値がでることもあるのだ。

そんなときでも、安定して軟弱野菜をつくるのには、たとえば日おいをして強い光線をさえぎるとか、台風による被害をくいとめるための防風垣をつくるとかで、たいへんな費用と手間がかかる。

そこで考え出したのが、この立体栽培というわけである。支柱には、キュウリやインゲンを常時はわせておいて、軟弱野菜をつくるうね面に日かげをつくってやる。その支柱が防風垣にもなってくれる。台風がきても、支柱にはわせた野菜には被害はでるが、軟弱野菜にはなんの被害もでない。とびきり高値を獲得できることになる。

つまり、重点は、夏から秋にかけての軟弱野菜づくりにある。ただそれだけではうねは夏までは空白になる。合理的な使い方として、関屋さんは栽培にあまり手間のかからない白ウリつくっているのである。

もちろん、手間があれば、白ウリに変わって露地メロンをつくることも充分にできる、と関屋さんは考えている。

・支柱の高さは二㍍

この支柱の高さは、第一図に示したとおり二㍍である。関屋さんは持ち山から取ってきた竹を支柱に使っている。

この高さの決め方は、支柱にはわせるキュウリやインゲンの収穫や、摘心などの作業のやりやすい高さとしている。この支柱は、垂直に立てて、倒れないように、支柱と支柱とに鉄線を張り渡して押え込む。

うね幅は一・八㍍。うねの両側には図に見たように通路をとっているので、実質的には一・二㍍幅くらいになる。うね面にはなにも白ウリでなくとも、たとえば手間があれば露地メロンを作ってもよい。が、そのばあいにはこのうね幅ではせますぎる。通路に六〇センチとるとして、最底二・四メートルのうね幅が必要ではないかと関屋さんはみている。

◇◇――◇キュウリは過繁茂に育てる◇――◇◇

・過繁茂でも収量は落ちない

キュウリやインゲンは、防風垣と地面の遮光のためにつくる。これが関屋さんの考え方である。これで多収穫をねらうということは考えていない。

とくに関屋さんのところの土地柄は、いわゆる火山灰土壌であるため、保水性がなくて、とくにキュウリは、どうしても長持ちしない。八月に入ると収量がガタ落ちになる。土壌の性質でさけられないことなのだ。

しかし、関屋さんのばあい栽培期間は短期間ながら、キュウリの収量は、決して少なくはない。一〇アールで、四トン強の収量は毎年とっている。

キュウリは地面を遮光させるために意図的に過繁茂につくってある。鶏糞を一〇アール当たりで二〇トンという膨大な量を施している。土を肥沃にしているため、葉は特別に大きく育つ。それでも収量が少なくないのは、うね面が広く、茎葉によく光線が入るからである。

鶏糞は、十〜十一月中に施しておく。近くの養鶏場からもらってきたものである。一年間野積みしたものを施す。野積みしないものだと、必ず肥焼けをおこすから、いったんは風雨にさらしたものを使っている。一〇アールに二〇トンもの鶏糞を施すと、畑は、鶏糞によって色が変わって、フカフカと膨軟になる。

また、この鶏糞には石灰が混ざっている。養鶏場では鶏糞を乾かすために石灰を混ぜているので鶏糞自体が中性になっている。わざわざ畑に石灰を使わなくてもよいというわけだ。

しかし、鶏糞を施しても、土壌センチュウの被害が心配されるので、春先、苗を定植する一ヵ月前くらいに土壌消毒をしておく。

・摘心のいらない品種を使う

取り入れる品種は、「新光A号」。この品種は、立体栽培にピタリの品種だと関屋さんはいう。

摘心をしなくとも、側枝がよくつく品種だからである。立体栽培のばあいには、キュウリの摘心時期には他の野菜の収穫がはじまっているので、好むと好まざるとにかかわらず、摘心をしているひまがない。そんなことから、関屋さんは摘心をせずとも、キュウリがなりつづける品種を選んでいる。

・播種は白ウリの収穫を基準にする

播種時期は、早いほうが早く収穫できるということになるが、関屋さんのばあいには、そんな必要がない。

目標は、白ウリの収穫時期までに、支柱の上までツルがのびる。それをひとつの目安にタネをまき、苗を定植する。なぜなら、白ウリの肥大時期に、キュウリの茎葉が茂りすぎて光線が入らないと、果実の肥大がわるくなるからである。

したがって、キュウリの播種期は、白ウリの収穫時期を見こして決めることになるが、播種期が遅い分には白ウリの収穫にはひびかないわけで、晩霜時期を目安にしてタネをまきつける。

晩霜の心配があるのは、五月上旬ころまでである。そのころをメドに苗を定植するため、播種時期は四月上旬としている。定植は、本葉が二枚程度のときである。

◇◇――◇インゲンは防風垣の役目◇――◇◇

・キュウリ収穫中にまきつける

キュウリのあと作として支柱にはわせるインゲンは、防風垣のためにつくる。インゲンをつくる要領はこうだ。

播種期の目安は、キュウリの収量が落ちて、下葉の枯れ上がりがめだつころには、インゲンのツルが、その部分をおおうことができる。つまり、キュウリに変わって、インゲンがただちにバトンタッチができるような目安でタネをまきつけるわけである。

キュウリの収量が落ちてくるのは、七月下旬ころである。そのころにはインゲンは収穫できるくらいに六月下旬にはまきつけておく。

・無肥料でもよく育つ

タネは、キュウリの株元に直まきしておくだけである。改めて肥料は施さない。前年の秋に施した鶏糞が充分に効いているからである。

それに、キュウリの株元は日陰で適湿になっているので、発芽がよい。播種一ヵ月もしたら収穫できるようになる。

まず、インゲンをまきつけるときには、キュウリの下葉を三～四枚かきとって、タネをまきやすいようにしておく。そこにタネを置いておくだけでよい。

インゲンをまいて二〇日くらいたったときに、インゲンのサヤ着きを見込んで、キュウリの根元をバッサリと切断してしまう。キュウリを枯らして、インゲンによく光線を当てるようにする。こうすると、キュウリの収穫にとってかわってインゲンが引きつづき収穫できるわけだ。

◇◇――◇白ウリの植付けは早いがよい◇――◇◇

では、白ウリをうね面にはわせるのにはどうしたらよいか。いずれにしても、つぎの軟弱野菜をつくらなければならないので、白ウリはできるだけ早く収穫しなければならない。

また、収穫するまでは、充分に光線が入らないと、ウリの肥大もわるいので、できるだけ早く収穫したい。

キュウリが支柱にのび切るのは、六月上旬ごろである。したがって、このころには白ウリの収穫をはじめ、六月いっぱいにはとりつくす。六月上旬に収穫するのには、三月上旬には植えつけを終える。苗つくりは、その一ヵ月前からはじめる。播種は二月上旬である。

うね面にはトンネルをかけて保温し、三、四月の低温期をのり切る。ビニールトンネルは、うねの中央部くらいまでは保温できるようにしておく。白ウリをつくるばあいも、鶏糞だけである。

◇◇――◇軟弱野菜はこまめにつくる◇――◇◇

・ふたつの時期でかせぐ

この立体栽培では、軟弱野菜をつくる時期は、大きくわけて二回ある。

第一に、白ウリを収穫する前

第二に、白ウリを収穫してから

重点は白ウリを収穫したあとの作付けである。また、そのための作付け方式として関屋さんはこの立体栽培に取り組んだといってもよい。しかし、白ウリが生育初期のうちは、うね面に空白があるわけで、この空白部分をうめるために軟弱野菜をつくると有利である。

・白ウリの生育中にかせぐ

軟弱野菜を春にまくばあいには、関屋さんはとくに深起こしにしている。春先の乾燥によってとかく発育がわるいため、畑を深くおこし、土を膨軟にして保水力をもたせる。

三月上旬に定植した白ウリがうね面全体にツルをはわせるのは、五月下旬に入ってからである。五月上旬くらいなら、うね面半分くらいにツルがのびている程度。したがって、五月上旬をひとつのメドに軟弱野菜の収穫をもっていくようにする。

コマツナ、山東菜をつくるばあいには四月上旬まき、ホウレンソウなどの生育期間の比較的かかるものは三月上旬を目安にタネをまくというぐあいだ。

・夏まきはだんぜん有利

いっぽう、白ウリのあと作につくる軟弱野菜はどうか？　軟弱野菜の生育適温は一五〜二五度で、本来、夏まきにはむかない野菜であるが、立体栽培によってうね面が遮光されるから、平地の栽培よりはいくぶん早めにタネがまきつけられるという有利性がある。関屋さんは、ここに目をつけたのである。

夏まきは、白ウリのツルをかたづけたあと、八月上・中旬にかけてタネをまく。このときにまけば、コマツナならば八月下旬にはとれるし、ホウレンソウでも九月上旬の品うすい時期に収穫できるから、とびきり高値がねらえる。

しかし、夏まきのばあい、キュウリやインゲンの葉かげにまきつけるとはいっても、やはり乾燥しやすい。まきつけるうね面は、雑草をとる程度の浅耕としてタネをまきつける。

春どりや、この夏どりのばあいには、収穫適期になったら一日と畑にはおけない。すぐに売りものにならないくらいに大きくなるからムヤミにはつくれない。栽培面積は一日に収穫できる能力で決める。関屋さんのばあいには二人で一畝程度を基準にして決めている。

三〇年以上も前の無農薬の野菜つくり。混植・輪作と田畑輪換、この組合せの妙にはヒントがいっぱい

野菜の害虫は野菜で防ぐ

実際家　窪　吉永

輪栽こそ安全な防虫対策

☆〜〜〜〜☆

害虫の被害を軽減するのにはいろいろな方法があるが、大きく分ければ二つある。

①駆除的処置（薬剤散布など）

②予防的処置（発生抑制、被害回避など）

最近では、優秀な殺虫剤ができて、害虫の防除もやりやすくなった。しかし、その半面、農薬公害がやかましくいわれる今日、害虫が出てから農薬をかける駆除的処置が真の良策とはいえなくなっている。近ごろは、ややもすれば薬剤にたよりすぎ、害虫の発生を未然に防ぐことはあまり関心を持たない傾向であるが、やはりこうした点に注意をはらってほしいものである。

これを一口にいえば、害虫の生息環境の改変、すなわち、畑の環境を害虫の発生しにくいような状態にもっていくことである。この具体的な方法としてつぎのやり方がある。

輪栽を行なうこと

栽培密度を調節すること

混作すること

畑の中の気象を適当に改善すること

なかでも、高度な輪栽はこれらの条件を満たし、虫害対策としても効果的である。

もちろん、このほかにも有効な策はある。たとえば栽培時期を変更したり、耐虫性の野菜を利用したりする方法だ。

この自然界には、虫のつかない野菜が多い。シュンギク、ワケギ、ネギ、ニラ、カラシナ、ミツバ、チシャ、レタス、ホウレンソウ、ニンジンなど。

虫の発生する時期には虫のつかないものを、虫の比較的発生しないころには虫のつきやすいものを組み入れる。

こんなぐあいに、つくり方にいろいろと創造を加えるところに、農業者の楽しみがあり、消費者にも喜ばれる。ひいては国民の健康増進に役立つということであろう。

つぎに、薬剤防除なしの輪栽様式の例を具体的に示してみよう。

第1図　ダイコンを中心にした輪栽

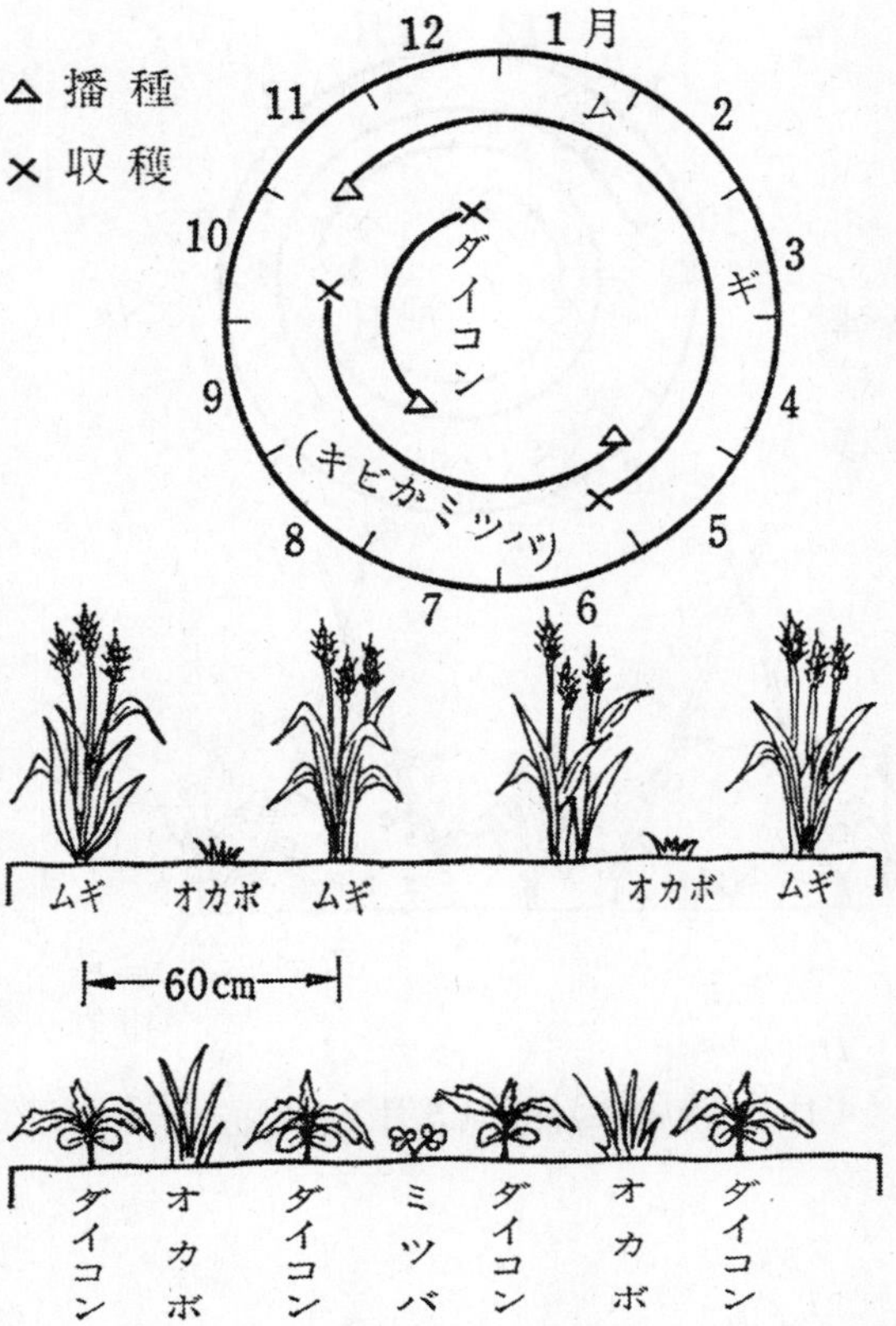

野菜の防虫垣をつくる

☆〜〜〜〜〜☆

根菜中心の輪栽様式

ダイコンは一般に洪積地帯にひろく栽培されているが、ウイルス病の発生がはげしく、とくに早まき栽培では栽培不可能な状態にまでになることが多い。この対策として効果的なのが、第一図のような間作方法である。ダイコンの間作にオカボ、キビ、ミツバをつくる。これらがダイコンウイルス病伝染の原因とみられる有翅アブラムシの活動を防ぎ、防除に一役買っている。

この方法でも、ダイコンの品種には、ウイルス病に強い美濃早生ダイコンを使うのがよい。

ムギの間隔は六〇㌢。したがって、その後作につくるダイコンのうね幅も六〇㌢である。ミツバは、ムギのうね間に間作していくが、ムギの二うねおきぐらいにまきつける。

トマト中心の輪栽様式

第二図をごらんください。前作にはムギを栽培する。ムギのうね幅が一㍍のときは、晩霜の去った五月中旬に若刈りして、トマトの乾燥防止や土のはねあがり、雑草防止のために敷く。またムギのうね幅が一・八㍍のばあいは、ムギを実取りにする。どのばあいでも、定植当時のトマトに対して、ムギは風害と晩霜よけに役立つわけである。

このトマトの間作にミツバをまき、トマトの後作にダイコンをまきつけると効果的だ。

第２図　トマトを中心にした輪栽

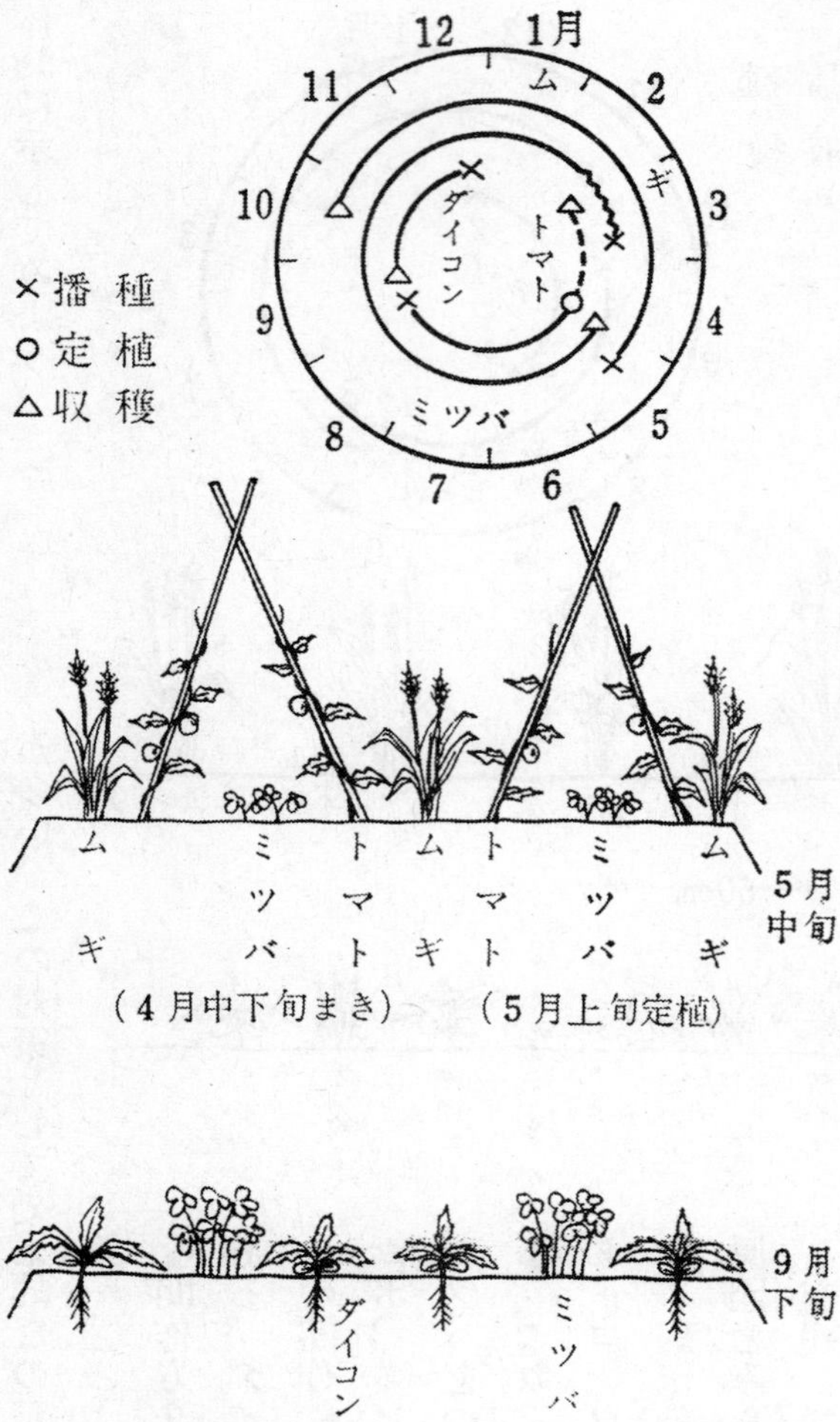

ミツバを間作につくっておくと、高温で乾燥しやすい夏に、ミツバがトマトのうね面をおおい、地温を下げ、乾燥を防ぐ役割をはたしてくれる。トマトは収穫後期まで盛んに生育するために害虫に対する抵抗力をもつことになる。果実の品質もよくなる。

このトマトのあと作にダイコンをまきつけるのである。ダイコンを九月上旬にまくと、そのころにはミツバの丈も高く、ダイコンの発芽を助ける。ミツバが防虫垣になるわけである。

このばあいの組み合わせ方は、トマトのうね幅を九〇チセン、ミツバ、ムギに一・四メートルのうね幅をとり、ダイコンのうね幅を九〇チセンにするとよい。

虫のきらいな野菜を組み合わす

☆〜〜〜〜☆

ネギを柱にした輪栽様式

ネギのあと作には害虫の発生が少ないものである。ネギとナスの組み合わせはとくによい。

わたしは早生イネの後作にホウレンソウをつくり、九月上旬にあらかじめ苗床に九条ネギをまいて、十一月にホウレンソウを収穫、そのあとにネギを定植している。第三図のとおりである。

ネギは四月中旬から五月にかけて収穫し、その後作にナスを植えると、品質のよい果実がとれる。

第３図　ネギを柱にした組合せ

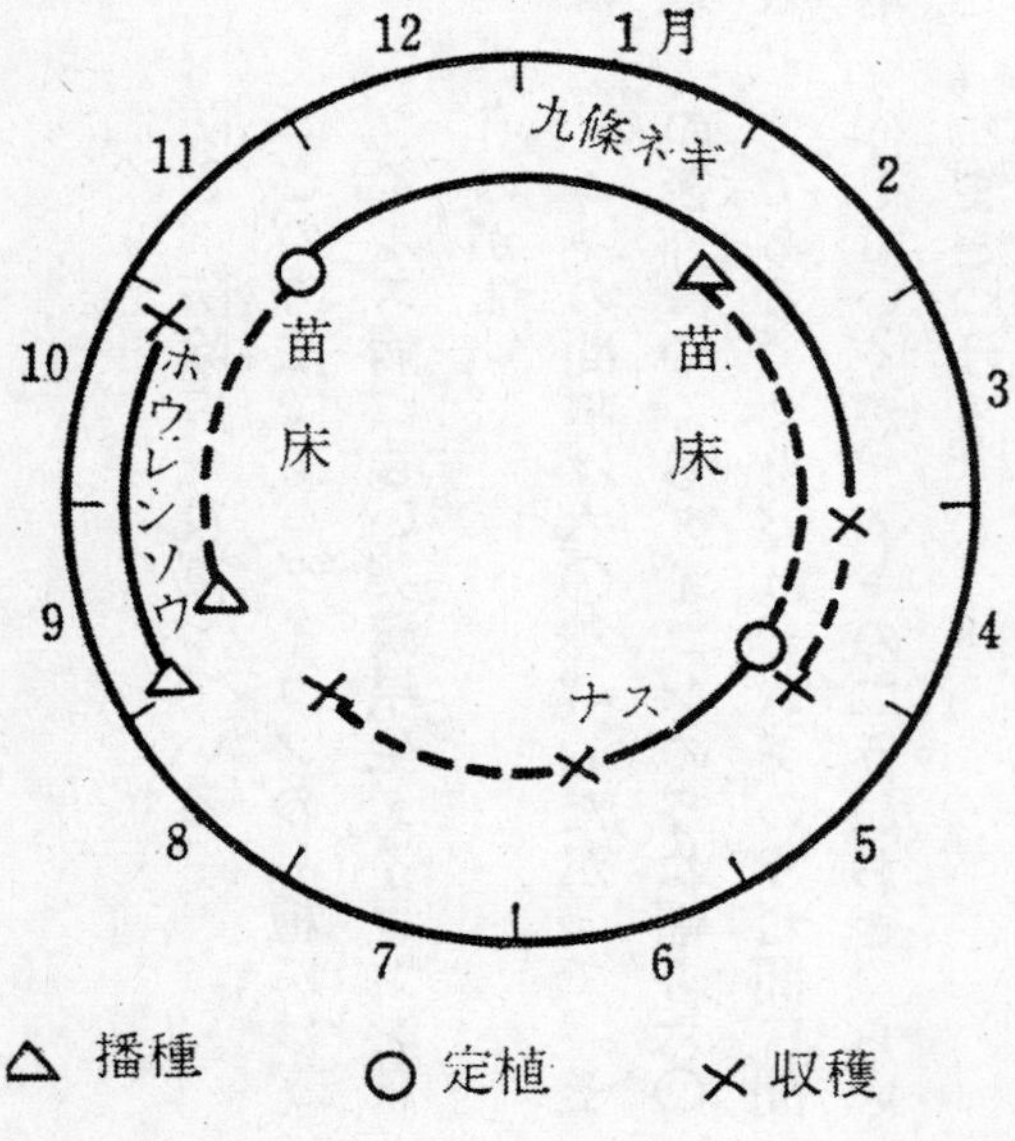

第4図　ダイズとアズキの組合せ

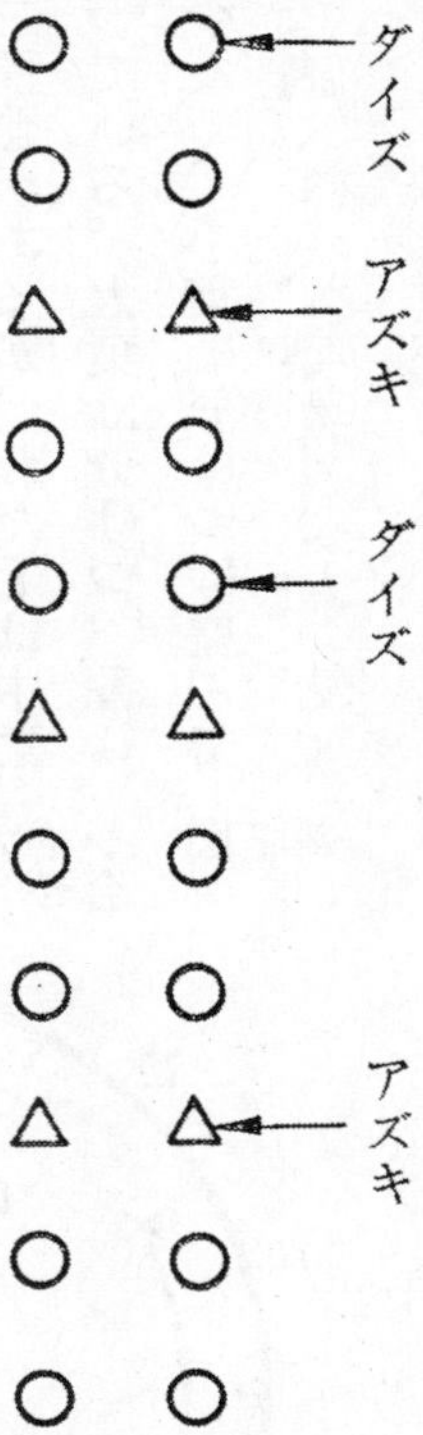

ダイズとアズキの組み合せ

アズキばかりをつくっていると、オガ（害虫の名）などがよくついて、ついには収穫できないことが多い。

しかし、わたしたちの大和地方では、古くからダイズと混作することによってこの害虫を防いでいる。具体的には、第四図のとおりです。

要するに、ダイズとアズキとを交互にまきつけるやり方でよい。この効果がどんな科学的根拠によるものかはわからない。が、昔から体験をとおして行なわれていた生活の知恵というものであろう。

ヤマトイモとショウガの混作

ヤマトイモにショウガの混作は、干ばつを防ぐ効果と、肥料吸収の調和がとれるという効果とが結びつき、どちらの生育もよく、品質のよいものがとれる。これも自然界の不思議のひとつだろう。

混作方法は、第五図に示した。うね幅は一・八m程度とする。ここにヤマトイモとショウガを植えつけるわけである。

この組み合わせによると、害虫の発生も少なくなる。とくにヤマトイモだけの栽培だと赤ダニの発生が多いものだが、ショウガとの混作によって防ぐことができるようである。

赤ダニは肥切れと乾燥によって発生しやすいともいわれる。ショウガを混作すれば、この問題が解決される。そのために赤ダニが発生しにくくなるのではないか。

第5図　ショウガとヤマトイモの混作

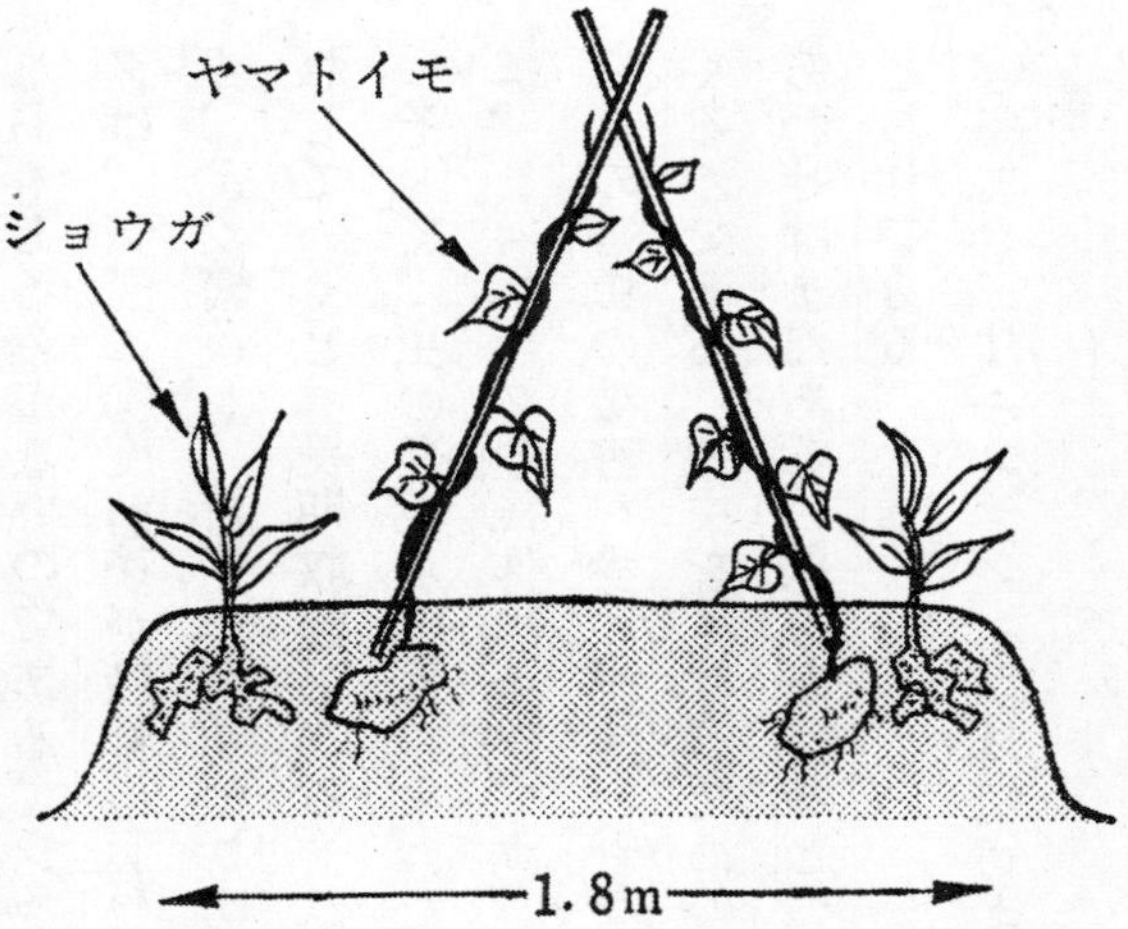

第6図　キュウリと葉菜類の組合せ

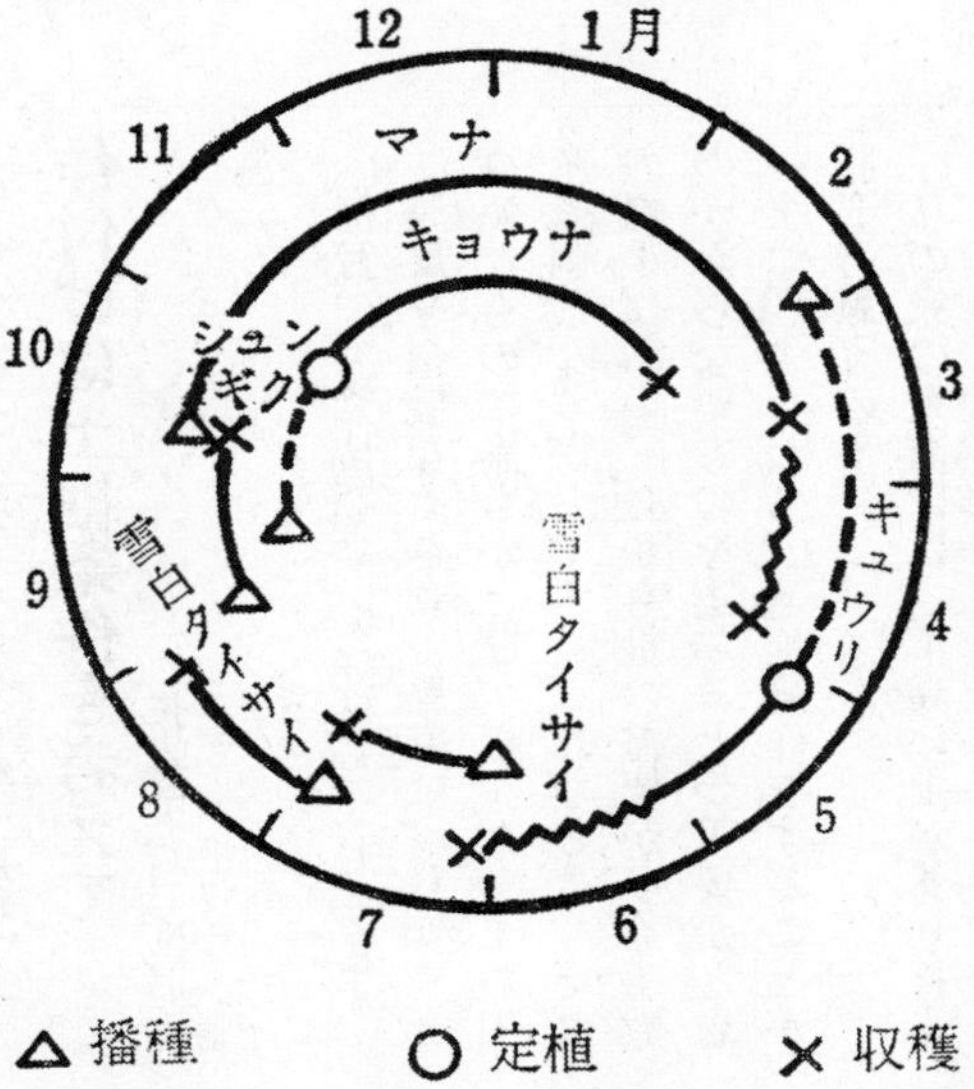

虫をさけて野菜をつくる

第六図の輪栽様式は、害虫の被害をさける野菜の組み合わせ方である。

キュウリは早期収穫を重点として、耐病性の品種を使う。品質、味、耐病性のすぐれたものとして「近成山東」を使う。

雪白タイサイは、アブラナ科のもののなかでは、とくにつくりやすい野菜で、短期間に収穫できる。キュウリの後作にはもってこいの野菜である。

この雪白タイサイの後作にシュンギクをつくる。シュンギクは害虫がつかないので、虫の最も発生する九月ころにはいちばんつくりやすい。

シュンギクには、大葉、中葉、小葉の三種類があるが、わたしは中葉を使っている。大葉は分けつ、香りとも少なく、小葉は分けつは盛んで香りは高くても、葉が小さい。どれもおもしろみがないのである。シュンギクは、気温二〇度前後が最も生育がよく、よく繁茂し、新芽を切りとり切りとりしていくと、長期収穫できる。

そして、虫の発生が下火になったころに、シュンギクの後作にキョウナ、マナなどの害虫の被害を受けやすい野菜をつくるのである。害虫をさけるための組みあわせはまだある。例をあげるとつぎのとおりである。

◎冬まき三寸ニンジン（二月中旬まき五

第７図　ジャガイモ・イネ・タマネギの組合せ

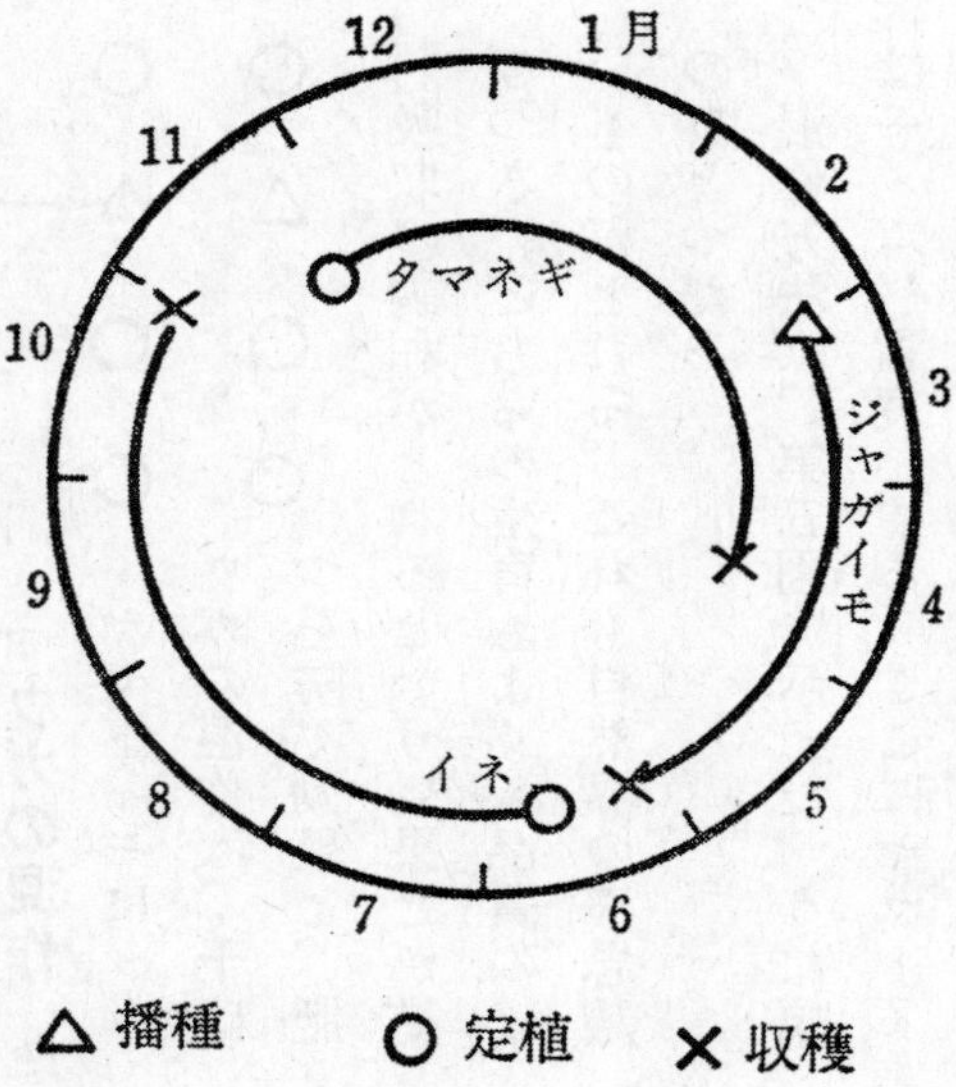

【「読者のへや」から・一九七一年十月号】

作付けは土地条件を考えて

長野県　石井信治

毎月、『現代農業』を拝見しております。減反を余儀なくされた農家は、ちょっと高値なものに誰もがとびつき、たちまち生産過剰となりがちです。こんなとき、そこの風土にあい、しかも世の需要が多く手数のかからないものを選ぶことが重要かと思います。すなわち、適地適作をすることが肝要と思うのです。

私の家の東南には、小高い山があり日当たりの時間がおそくて困ったと思っておりました。何がどのように幸いするかわからないものです。かえってそれがよかったのです。

この山に植えた私の家の梅は、毎年霜にあわずたくさん収穫できます。

開花が日当たりのよいところよりも遅れ、しかも霜のおりた日も急には日が当たらず九時から一〇時頃ようやく日が当たる状態。これで、梅は被害をうけないのです。おかげで梅の収入もかなりあります。

やはり、土地の条件を考えて植えることにこしたことはないと思います。

月下旬どり)↓美濃早生ダイコン(六月上旬まき九月上旬どり)↓ホウレンソウ(九月中・下旬まき十二月どり)。

◎時無ダイコン(三月上旬まき五月下旬どり)↓ミツバ(六月中・下旬まき十月中旬どり)↓カラシナ(十月中旬まき二月上・中旬どり)。

どれも、有機質肥料の多用が前提となる。

田畑転換で虫をたやす

第七図は、ジャガイモと、イネ、タマネギの組み合わせである。この組み合わせは、まず土壌構造を膨軟にするのに効果的である。

イネの代かき、田植え、除草がやりやすくなる。また、畑雑草を水田転作でたやすことができる。

水田が肥沃になることもみのがせない。イネのできがよくなるからである。

畑を水田にすると畑のときに発生していた害虫が土壌の還元状態に変わるときに死滅する。イネの後作につくるタマネギやナ類にも害虫は出にくくなるということだ。この組み合わせの効果はまだある。

水田を畑状態にもどすことは、除草剤でも枯らすことのできなかったウリカワ、ソノエなど球根をもった雑草を容易にたやすことができることである。

(奈良県五条市)

[「読者のへや」から・一九七二年十月号]

もう一度、農業にとびこみたい

横浜市 細貝芳二

久しぶりに田舎の兄が、土のにおいのするおみやげを持ってやってきました。ちょっとのひまをみつけて、わたしの住むコンクリートの団地生活を見学がてら、きたのです。

水田が五反、しかも山間地では土地を父と二人の兄弟で分割するなど、とても考えられないことでした。

兄は、山あいの水田五反も今は四反に減らし、あとは自分と妻で近くの建設会社に勤めているとのことです。

山の水田では、平地のそれとは条件が違うからです。

兄は酒のせいもあったのか、いろいろと言いわけみたいなことをいっていました。

世の中は目まぐるしく変わり、農政も変わってきました。わたしは、年もとり、田舎を大切にしたいという気持を強くしております。

自然を相手に農業してみたい、もう一度農業にとびこんでみたい、そんな気持を抱くことすらあります。

兄は帰りぎわに、「でもサ、出かせぎだけはしたくないね」といいました。賛成です。

今日の、あるいはこれからの農業問題を二人で論じた三日間でした。

化学肥料全盛の中で新たな光を当てられた民間農法。長い歴史をもつ島本微生物農法の実践

特集・注目の微生物農法

ナス一本で一〇〇〇個どり

〈地力増強のこの効果〉

（ナスの生育ぶり）

「去年のナスは本当にすごかったですよ。一本のナスから実を一〇〇〇個以上収穫しました」

こう語るのは、高知県香美郡野市町の猪原義衛《いはらよしもり》さん＝写真＝（27歳）

ビニールハウスの促成で、十月すぎから収穫を始めて翌年の七月上旬まで。次の作付けのために倒したが、一部を自家用に残したものは、七尺以上の高さになったという。

常識破りの地力づくり

猪原さんの家を訪ねて、まず目につくのは、コンクリート製の大きな堆肥おき場。背よりも高いやつがズラリと五つほどならんでいる。

この堆肥は、すべてプレナクズやチップクズ、木の皮などを発酵させたもの。ハウス栽培のナスの土づくりには、なんとこの発酵堆肥を一〇㌃二〇㌧ぶちこんでいる。猪原さんは、この発酵堆肥にほれこんでいる。作物の見方も土の見方も昔とすっかり変わったともいう。この堆肥に限らず、チッソ分も、リン酸肥料もすべていったん発酵させてから与えており、以前の常識からみると、まるでちがった栽培である。何が、猪原さんをして、この異色の栽培にとりつかせたのか。

■親父さんもシャッポを脱ぐ

ワラなどを使った発酵堆肥は、すでに一〇年も前からお父さんがやっていた。だが年々その使う量も減って、ワラも少ないせいもあるが、化学肥料をどっさり使うようになった。田んぼの転作で三年ほど野菜をつくったが、どうも年々収量がおちる。病気も出る。

これではいかん、地力がおちているせいだと猪原さんは考えた。高校を終えた猪原さんは、滋賀県の島本農場に講習をうけにいった。そこでみっちり発酵堆肥など「微生物農法」を教わった。「学校

の授業じゃ、化学肥料中心で堆肥などちょこっとでしょう。いま思えば考え方甘かったな」と笑う。それ以降は、トントン拍子。何をつくってもうまくいく。お父さんもすっかりシャッポを脱いだ。

ガラリと変わった
土・作物・管理

土の変化　「なにしろ土が膨軟になって、ハウスのクイがグラグラして、ゆれるんです。ハウスの柱も地下部がすごく腐れやすくて」それが欠点だという。

土壌のpHが年中ほとんど変わらず五・五～六。だからガス害の心配がない。

雑草もいきおいよく伸びる。地中一二センチの深いところの雑草のタネまで上に芽を出す。いかに土が膨軟で空気量が多いかがわかる。雑草は害虫の巣になるから抜きとるが、根もほとんど切れずにスポッと抜ける。

夜はミミズがジンジン大合唱。年中わけのわからないキノコが土からはえてくる。マッシュルームのオバケみたいな、食べられそうなキノコだ。

土に手をつっこむと手首までゴボッと入る。かん水するとそのぶんブワッと上に盛りあがる。

ナスの連作は六年目だが、障害がでない。土壌中にセンチュウを殺す糸状菌の活力が強いから、センチュウがいないせいだと考えている。

作物の変化　ナスで説明すると、まず樹勢が弱らないこと。収穫は減りもせず毎日上昇。ふつうは二日に一回の収穫だが、猪原さんのばあいは毎日収穫しないと玉が大きくなりすぎる。しかも色つや玉ぞろいよく、全部秀品。

葉の厚みがバツグン。葉がたれずにピンとつっ立っている。

とくにきわだっているのは、根の発達だ。根が深い。表面から一五センチ以下でないと根がみえない。いまのナス畑の土地は耕土が浅くて二〇センチ下には石がゴロゴロしているのだが、その下にすごい勢い

大きな堆肥おき場

高級有機質発酵肥料
（山土と油カス）

で根が入りこんでいる。

それにまた根が太い。インチのパイプくらいのゴツイやつ。両手でうんしょとひっぱっても（他の家では片手でチョイだが）なかなか抜けない。

管理の変化　収穫量が長く平らに続くこと。これにはもちろん猪原さん独特のせん定技術も偉力を発揮している。ナスは主枝をなんと九～一二本とる。

ナスの植えつけ本数は一坪に一本。かなりの疎植だ。それでも一本当たり平均一〇〇〇個の収穫量だから、ふつうの倍だ。ナス一個の値段が平均で一〇円として一〇アールの粗収益が三〇〇万円になる。

病気が少ない。灰色カビ病などいっぺんもなし。だから消毒もしない。

なんだか、いいことずくめの話で恐縮だが、堆肥や有機質本位の土づくりで、栽培内容はガラリと変わったのだ。

カボチャ・天をつく葉の勢い

肥料はすべて発酵させて

ここで、猪原さんの独特な施肥法をナスの例でご紹介しよう。

施すものは大きく五つにわけられる。

①チップクズの発酵堆肥

チップクズ七五％、鶏ふん二〇％、コメヌカ五％、これに酵素剤（バイムフード）〇・二％。

これを混合し、水をかけて水分六〇％（豆腐のオカラ程度）に調節し、積みこんでおく。春は二日で、夏なら一昼夜で五〇～六〇度に発熱。熱が出たら、三回ぐらいタタッと切り返す。五回ぐらいの切り返しで色はまっ黒になる。一〇〇日で見事な堆肥になる。

これを前にも述べたように、ハウス内全面に一五センチの厚さにびっしりすきこむ（一〇アールで二〇トン）。これでもすきこんで一日たつと、どこに堆肥があるのかわからないようになるという。

この堆肥の材料は、ナスのばあい他にプレナクズ、木の皮（バーク）など、できるだけ空気量のある荒いものを使う。オガクズは使わない。

②土コウジ（麹）　これは山土を発酵させたもの。山から肥料分のない赤土をとってきて、コメヌカとお湯でといたデンプン（片栗粉）だけで発酵させる。

山土三七五キロ（一〇〇貫）にコメヌカ一〇キロ、酵素剤（バイムフード）七五〇グラム、それにお湯でクリーム状にといた片栗粉をふりかけて、水分を調整。その後は①の要領と同じ。「土がパンみたいにホカホカになって、酒かミリンのようなよいにおいがして、いいもんです」食べられやせんかと思うくらいだという。土の上に糸状菌が繁殖してワタがふいたようにまっ白になる。まさしく微生物のかたまり。これをナスのばあい一坪に三・七五キロ（一貫）入れる。これを入れると、前作の根がすぐ分解して腐ってなくなる。これで連作障害が防げる。

③高級有機質発酵肥料　②の土コウジに、油カスや魚粉、骨粉が入ったものと思えばよい。これはチッソとリン酸の給源。昨年のばあい猪原さんはこれを使わず、羊毛クズを発酵させて一〇アールに三〇袋分投入した。

④リン酸発酵肥料　山土六〇％にようりん四〇％（骨粉がいいが高いので）をまぜて山コウジの要領で発酵させたもの。コウジくざくなり、赤土がリン酸の緑色をおび、食パンみたいな土になる。これをナスには一〇アール二トン入れる。ようりんが約一トン入っている勘定になる。

⑤草木灰　カリ分としては木灰だけ。これが約七〇〇キロ。

この①から⑤まですべて元肥で施す。「ほとんどリン酸とカリだけでつくっているようなもの」だという。リン酸が強烈に効かせてある。

他に、猪原さんは、二日に一回の葉面散布をつづける。内訳は、トウゲン一〇〇グラム、尿素八〇～一〇〇グラム、硫加四〇グラム、モリブデン二グラム。これを水にといて一〇アールに三～四斗。あとは全くかん水なし。

とう立ちしらずのホウレンソウ

ハウスでも露地でも多品目栽培

どの作物も、いま述べた①～⑤と、葉面散布の組み合わせでつくる。作物によってチッソの量は加減するが、何をつくっても、見事なできばえだ。

いまハウスでつくっているのが、ナス、ピーマン、インゲン、カボチャ、早掘りサツマイモ（合計二〇アール）。

「土はいっさいの生命の土台」だとおシャカ様はいったそうだが、まさしくそうだと猪原さんは考える。

ハウスだけでなく、露地でもすごい生育ぶり。露地には鶏ふん量を四割くらいにして、一〇アール一五トンの発酵堆肥が入っている。露地野菜はお父さんの担当だが、抑制キュウリのあとになにもやらずにまいたホウレンソウが、雑草と競争して旺盛な生育ぶりをみせている。

施肥改善にむけ昭和五十二年「土・肥料特集」号開始。五十六年版では農文協支部による産地レポートを特集

動きだした施肥改善

全国有名野菜産地より

★農文協全国の支部が全力取材しておくる施肥改善レポート

目　次

動き出した施肥改善・全国有名野菜産地より

北海道
富良野タマネギ

肥料減らして腐れ解消・収量アップ

=リンサン多肥で老けた畑の改善法=

年々低下する収量，激発する乾腐病。タマネギではメシを食えなくなるのではないか……そんな不安をつのらせていた学田タマネギ生産組合のリーダー，野村昌己さんは，昭和54年から大幅な肥料減らしにふみ切った。その結果，肥料代節約分と収量向上分で，なんと800万円の収入増。

老けた畑ではまず減肥を。

濃度障害で生育が途中で止まってしまう

=減肥にふみ切るまで=

学田のタマネギは初期生育がすばらしい。だが、六〜七月になり気温が上がってくると、ピタッと生育が止まってしまう。温度が低く肥料があまり分解しない間は順調にのびるのだが、地温が上がり肥料の分解が進むと、肥料濃度が高まり、土の表層で濃縮された肥料分は根を傷め、生育が止まってしまうのである。そのときの根を見ると、赤くなって半分くらい死んでいる。

野村さんは、年々深刻になる収量、品質の低下、そして乾腐病の激発を目のあたりにして、〝タマネギは連作すればするほどよい〟といった従来の常識、技術指導が通用しなくなってきたことを感じていた。

表土が浅いことも原因であるが、基本

的には多肥そのものが障害になっているのではないか、と考えてみる。

＊　＊

野村さんにとって昭和五十三年は画期的な年であった。タマネギの施肥改善のきっかけをつかんだ年だ。

〃タマネギのことはタマネギに聞け〃……収量も高く品質のよいタマネギをつくっている農家を訪ねてみると、やはり〃百聞は一見にしかず〃であった。

「タマネギではメシを食えなくなるのではないか」、そんな不安と悩みを持ちながら、「どんな肥料をやっているのか、腹をわって本当のことを教えてくれ」と五軒くらいの農家を訪ねた。その人たちは全然乾腐病を出していない農家だ。

彼らの施肥量がいずれも少肥であることにびっくりした。こんな量でとれるのかと思うほど少ないのだ。この人たちも、かつては乾腐病と収量低下に苦しんだ人たちだった。

「その人たちのタマネギは『こんなオゾイネギで、どうするんだろう』と思うような初期生育をしている。だけど秋に行ってみると七〜八㌧はあった」。こうして野村さんは「やっぱりオレは肥料をはり過ぎていた」と思ったのである。

＊　＊

もうひとつうれしいことは、これらの農家の経験と勘を科学的に裏づける研究者に出会ったことである。

そのころ、相馬暁先生(道立中央農試)の、道内タマネギ畑での多肥とリンサン過剰についての調査、研究報告書が手に入った。その報告書を教えてくれたのは野村さんの仲間であった。「おい、おまえがいっていることを早くから研究している先生がいる」、これはまさに〃渡りに舟〃。さっそく会いに行った。

青空大学のベテラン農家の知恵と勘が、研究者の科学的裏づけと一致したのである。このことによって野村さんの施肥改善への手口と足がかりはいっそう確固たるものになる。その実践にあたってのポイントは、多肥の実態とリンサン過剰に注目しながら、まずは畑の自己診断にとりかかることだった。

リンサンの蓄積とともに老け込むタマネギ畑

＝われらの畑の年齢は？＝

本誌の八月号、九月号で相馬先生は、畑の年齢をリンサンの蓄積量ではかって次の三段階に区分している。有効態リンサンが八〇〜一三〇㍉(乾土一〇〇㌘当たり)の畑は壮年期の畑、八〇㍉以下は青年期の畑、一三〇㍉以上が老年期の畑ということになる。

富良野地区の畑の年齢はどの段階にあるか？　図は富良野地区普及所管内(一市四町村)のタマネギ栽培農家五五九戸、面積一〇七五㌶を対象に、四〇㌃に一点の割合で有効態リンサンを分析した結果である。これを見ると、青年期の畑(有効態リンサン八〇㍉以下)が五三・四%

で約半数、働き盛りの壮年期の畑は三分の一、残りが老い先短い老年期の畑である。栽培年数の長い圃場ほどリンサン肥沃度が高くなっており、老《ふ》けた畑になっているのである。

そこで自分の畑の年齢を知り、それに合わせた施肥をすることによって常に畑を壮年期の状態に保つことが産地維持の要になってくる。それにグループとして取り組んだのが学田タマネギ生産組合であった。それでは、七〇年のタマネギ栽培の歴史をもつ学田地区の畑の状態はどうであったか、施肥と収量の側面からふり返ってみると……。

有効態リンサン量によるタマネギ畑の分布割合（富良野地区）

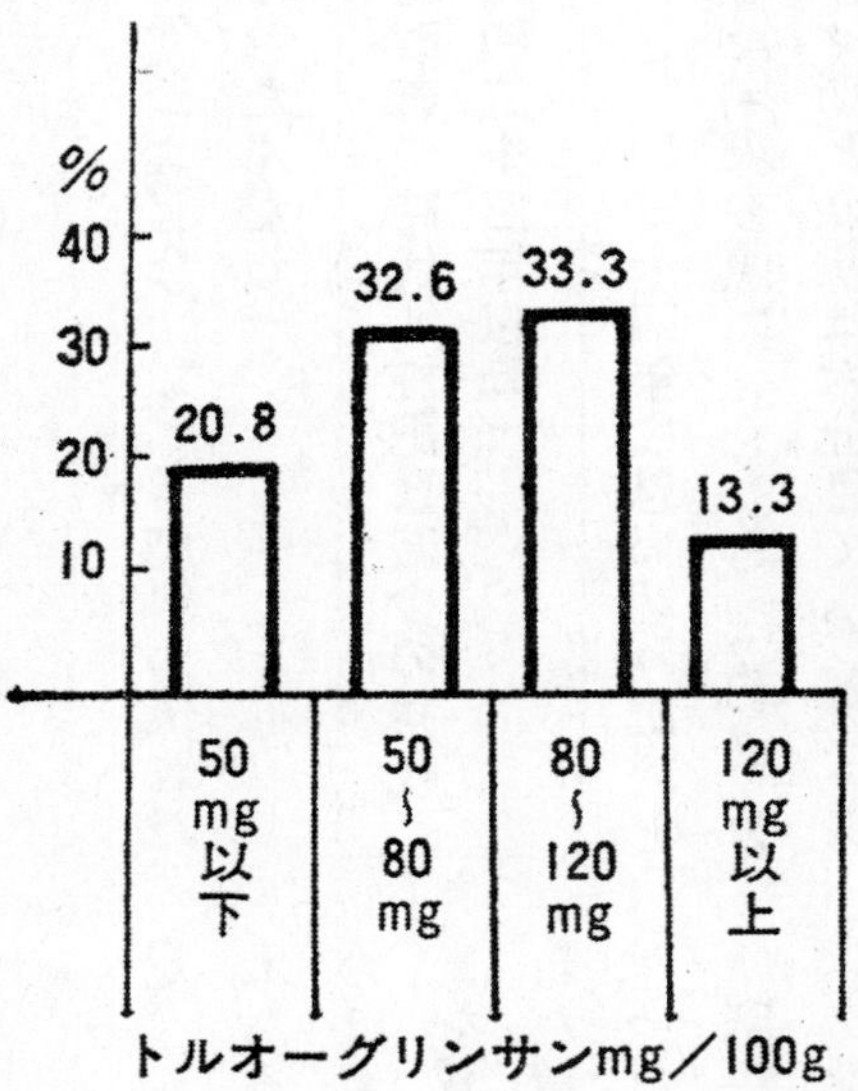

リンサンをやればやるほどとれた時代（昭和四十五年まで）

タマネギが多くなってきたのは三十年ころからである。当時はタマネギの肥料設計はなく、ただリンサンが効くということでリンサンをどんどんふやした。四十年ころまではリンサンをやればやるほど収量が上がってくる。最高のときはリンサン成分で五〇キロくらい、チッソもそれに並行して二七～二八キロくらい、ややもすると三〇キロくらいまでいった。

その当時、指導機関もタマネギにはリンサンをいくらやってもいいんだと、全道的にそういう指導だった。収量的には四十五年くらいまで増収が続いた。

収量が下がり乾腐病が多発する時代（昭和四十五～五十三年）

四十年代に入るとポツポツと乾腐病がでてきた。乾腐病がでても、まあ収量だけあればいい、といっているうちに、四十五～四十六年ころから急激に乾腐病が広がっていった。腐敗球が半分くらいでた。

生育途中に腐った球を手いっぱい抜いた。やっと抜き終わってタマネギが倒伏したあと腐敗球がないのかといえば、まだずーっと並んでいる。

そして収量もだんだん下降線をたどってくる。三十年から四十五年くらいまではたえず六トンはとっていたのに、それが四トンになり、三トン、二トン台がしばらく続いて、最低のときが四十八年。タマネギの価格が皮肉にもすばらしく高かった年であった。収量が上がらず病気が多いというのは誰でも皆同じである。

それも同じ年代に下降線をたどっている。収量はいっしょにぐーっと上がっていっしょに下がる。五十年はたまたま水害で水がついて、五トンくらいとれた。

「今になって考えてみると肥料が流れたからとれたんだね」

施肥改善の時代＝施肥量減少の時代（昭和五十四年以降）

野村さんは五十四年に思い切り肥料を減らした（表参照）。リンサンは約半分に、チッソとカリは六分目ていどである。その結果はどうでたか？　五十四年の収量が五・六トンと以前の収量にもどった。しかも悩みの乾腐病も一割を切った。ふつう坪当たりの有効株数が一二〇本あるとして、無病株を九〇本で止めるのは至難の技であるが、野村さんは施肥量を減らすことによって、五十三年に訪ねた精農家と同等の収量・品質レベルになったのである。

肥料を減らした畑では、タマネギが「ノンビリ育つ」と野村さんはいう。

「肥料を減らさない畑は初期生育が真黒になっている。そして高温になると生育がピタッと止まる。真黒になるのはチッソの吸いすぎだ。涼しくて水分が適当にある間はグーッと伸びるが、高温になると肥料が濃縮されて一発でまいっちゃう。生育が止まれば嫌が応でも球になるから収量がおちる。乾いてくると乾腐病が出るし、むしむしすれば軟腐がくる。そして品質低下の悪循環……」

肥料を減らすと収量も上がるし腐敗球も少なくなる。収量が下がったのは肥料が足りないからではなく多すぎたからだ……と。そのことがわかったのが五十三年で、五十四年にはリーダーの野村さんが減肥の実証的実践を行なった。かくして五十五年には生産組合の仲間五人ほどが肥料を減らした。

肥料減らしには度胸がいる
＝学習会での真剣なやりとり＝

今までふやし続けてきた肥料を個人で減らすには度胸がいる。

「意外とタマネギ屋というのはエゴな人

（20kg＝1袋）肥料単価	10a当たり肥料代	5.5ha分の肥料代
1,760円	8,800円	
780	3,120	
1,445	2,890	
1,805	1,128	
	15,938	87万6590円
		↑ 31万8340円の差 ↓
2,030	10,150	
	10,150	55万8250円
		↑ 17万4295円の差 ↓
780.	1,755	
855	3,420	
1,445	1,806	
	6,981	38万3955円

算し，リンサンは100%で計算している。

野村さんの施肥設計の変化

		種類	投入量	N成分量	P成分量	K成分量
53年までの施肥設計	秋肥	鶏糞	300kg	9.00	9.30	3.90
		有効率	(N・Kは60%)	5.40	9.30	2.34
	春肥	重過石	100kg		40	
		硫安	80kg	16.8		
		硫加	40kg			20
		硝安(追肥)	12.5kg	4.25		
	合計		232.5kg	**26.45**	**49.3**	**22.34**
54年以降(高度化成と単肥のばあい)	秋肥	鶏糞	285kg	8.55	8.835	3.705
		有効率	(N・Kは60%)	5.13	8.835	2.223
	春肥	硝加燐安 S 082	100kg	10	18	12
	合計		100kg	**15.13**	**26.835**	**14.223**
	秋肥	鶏糞	300kg	9.00	9.30	3.90
		有効率	(N・Kは60%)	5.40	9.30	2.34
	春肥	硫安	45kg	9.45		
		粉過石	80kg		16	
		硫加	25kg			12.5
	合計		150kg	**14.85**	**25.30**	**14.84**

※肥料単価は富良野農協の「昭和56年用春肥料概算価格」から引用
※秋肥に入れる鶏糞などの有機物については，チッソ・カリはその成分の60%で計
※上記の有機物のほかに堆肥を秋に5t前後投入。これは成分計算に入れない。

がいるものですが、仲間の場合、よい人の技術を公開しそれをひとつの目標に施肥設計や技術設計を行なっている。しかし最終的には個々の条件が違うんだから単純にマネするだけではダメだ」

それで今年の一月の農事講習会には、メンバーだけでなくて、母ちゃんたちにも集まってもらった。講習会では、五十六年度の肥料設計だけではなくて、過去一〇年間の施肥量と収量のデータを持ち寄りながら、相馬先生を囲んで検討した。夫婦同伴の施肥改善講習会は、今までになく真剣そのものであった。

《ある日の会話》

野村　佐々木さんのリンサンを計ったら一四〇くらいあったね。かなり蓄積した畑だ。相馬先生に言わせると「老化」した畑ということになる。

佐々木　確かにリンサンが多いんだ。ふつう七〇〜八〇でいいでしょ。それが多いところだと一八〇も二〇〇もあるん

だからね。今年は高度化成と低度化成を組み合わせた。そうやって全体の肥料成分をおとしてみた。

野村　古島さんのところの畑ね、去年、ニンジンも抜群にとって、さらにダイコンもすばらしいのをとって、かなりいじめているし、肥料は吸うだけ吸っちゃったんだから、今年のタマネギはだめだろうと思っていた。

でも、すばらしいタマネギになっている。古島さんの畑の中でそこが一番よくできている。そうするとやっぱり、学田三区はかなり肥料が多いんだなあ。

佐々木　ふつうダイコン、ハクサイを植えた翌年のタマネギは減収するというんだよ。オレもニンジンのあとにハクサイ植えたところとエンバクをまいたところがある。やはりエンバクまいてスキ込んだところのほうが、今のタマネギの状態がいいね。草丈もはっきりちがう。

野村　エンバクの緑肥というより、イネ科というのは肥料をガイにたくさん吸うんだから、アク抜きになったんではないか。エンバクまいたときは肥料をやってないわけさ。ハクサイのときは、またハクサイなりに肥料をドンとやるわけさ。ハクサイはそれだけ肥料を消化していなかったんだと思う。

逆にいうと、土の中に残った肥料が多かったんだ。エンバクは何も肥料をやってないから、逆にアク抜きしてくれたんだ。オレはそんな感じがするなあ。

＊　　＊

このような会話を始終とりかわしているのが学田タマネギ生産組合のメンバーである。今年はメンバーのほとんどがタマネギの施肥量を減らした。リンサンの成分量で反当五〇キロから二五キロへと半減。その結果、どのメンバーも今年は作柄がいい。ムラなくできている。

単肥配合で肥料代が半減

＝一日仕事で一七万円の収入増＝

もう一度、表を見ていただきたい。五十四年以前の収量・品質低下時代の反当化成肥料代は一万五九三八円である。五十四年以降の化成肥料代は高度化成を使ったばあい一万一五〇円で、三分の一安くなる。これは肥料節減のメリットである。一方、同じ成分を単肥で配合すれば六九八一円とさらに安くなる。これは手間のメリットである。高度化成と単肥配合の差額は、五町五反では一七万四二九五円になる。

【「読者のへや」から・一九八〇年十一月号】

田畑をゴミ棄て場にするなんて

愛知県　野田富美子

十月号（肥料・土つくり特集号）本当に参考になりました。ハウス栽培九年目を迎えようとしている私たちも、肥料は販売店まかせ、でも十月号を読んだ今、反省ばかりです。

土壌改良剤と称する肥料について、その内容を知ると何か不安と憤慨を感ぜずにはおられません。知らないうちに、どれだけの土改剤をまいたことか…「よく効く」といわれれば値段も気にせず施す。本当に効力があったのかわからぬうちに一年が過ぎてしまう始末です。

タマネギの生産費は直接経費で反当一八万～二三万円くらいである。かりに、反収が四トンで、一ケース（二〇キロ）が一〇〇〇円とすれば、反収は二〇万円である。去年のように一ケース二〇〇〇円もする高値はめったにない。

そうすると、従来どおり、たっぷり肥料代をかけていたのでは所得がでないこともあり得る。だからこそ、反当一万円の肥料代の差を軽視することができない。野村さんは今ではほとんど単肥配合である。スコップで一日かけて五町五反分配合する。それだけで一七万円のもうけである。

タマネギ畑のまん中にある野村さんの堆肥場

化学肥料はサッカリン

＝草も肥のうち＝

野村さんも、その仲間も、堆肥の投入を前提にして減肥を実践している。タマネギ生産組合の仲間全員が八〇～八六坪の堆肥場をもっている。野村さんは、酪農家から買った堆肥を一年寝かせ、一夏に三回くらい切り返す。

「もし有機物が投入されていなければ、化成肥料を減らしても、結果的に収量も落ちると思う」と語り、さらに「土の構造が変わってきている。土が固くなるから大型機械を入れて、また土をしめつける。その結果、照れば水もちが悪く、雨が降れば水の抜けない畑になってしまう。化学肥料というのはサッカリンみたいなものだ。甘みはあるが栄養にはならない。だから本当の栄養分――道端の草でも捨てることはないんだ。積んでおけば立派な有機質資源だ。とくに河川用地にはイネ科の雑草が多いから、それを積めば、すばらしい有機質肥料だ」。そのためにも堆肥場は必要である。

〝草も肥のうち〟。このような細かな技術の積み上げによって、良品多収にはね返ってくる。

〝肥料をやってとれないのとやらんでとれんのとどちらがよいだろうか？〟学田タマネギの施肥改善の結果はやらんでとれたということになり、このことは従来からの施肥指導のあり方を根本的に問い直す時期にきていることを示しているといえよう。これが、経営全体でもうけるという不老長寿の安定畑作の今後の方向だと思う。

（農文協北海道支所）

苗八分作、そしていい苗はいい床土から。かつてはみんな、身近な素材を活かし気合を入れて床土を作っていた

病気ゼロの健全スタート

私の自慢床土

編集部

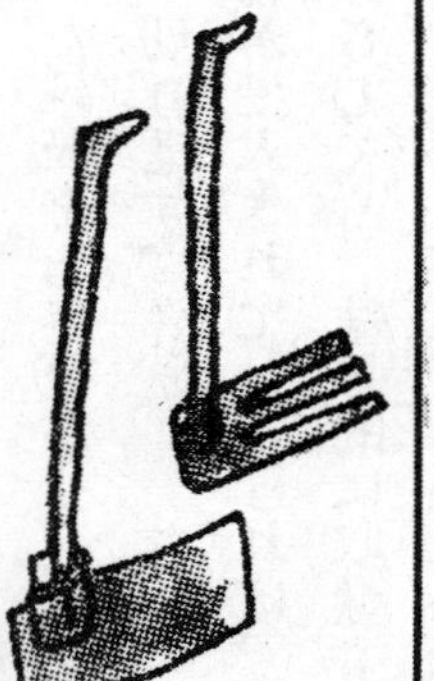

越冬トマト クリ落葉の腐葉土を七割使用

神奈川県藤沢市　井上文雄さん

井上さんは十月上旬四寸鉢にタネを直まきし、十二月上旬定植で、翌年の六月いっぱいまで一一～一二段をとる。その出発の苗つくりにとって床土の意味は大きい。

●クリ落葉は水のぐあいがよい

以前はタタミとイナワラを腐らせたものの七割に水田の土か赤土を三割の割合で混ぜて使っていた。

ここ数年試験してきたが、今年からは、タタミ、ワラのかわりにクリの落葉の腐葉土を使う。水田の土などとの配合割合は同じである。以前のものとくらべると、水切れがよいのに水もちがよいと判断している。

クリにするのは、住宅地で四反のクリをやっている友人が落葉の処理にこまっていたので、それをもらうことにした。クリでなくても、山がある人ならクヌギやササなど広い葉のものならなんでもよいだろうと、井上さんはいう。

●腐葉土のつくり方

十二月にクリ林に行き、落葉をはいて山にしておく。このまま二月までおくと、雨を吸ったり雪があたりで落葉は中まで湿って体積もぐっと減るから運びやすい。

これをムギカラなどと混ぜて一年以上寝かしておく。肥料も米ヌカも何も混ぜないで、露天につんでおく。ミミズが入ったり自然風化もあって二～三回切り返すと、ボロボロになる。固いクリのイガもボロボロである。

使用時には、手こぎの脱穀機を少し改良したものに通すと、完全にこまかくなる。これを普及所にもっていって肥料分とか、pH・ECなどを調べてもらい床土配合を入れる。

●苗の育ちにあわせた水の調整と相性のよい床土

■播種後一週間　つきっきりとまではいかないが、鉢が乾けば水をやる。発芽を一〇〇%そろえるのが最大の目的。

■二五日ぐらいまで　この時期は子葉を大きく育てる。しめないで、こじらせないで育てる。水は多いということではないが充分やる。苗はのび気味ぐらいに育つ。

■四五日ぐらいまで　二五～三〇日で

クリ落葉はシートもかけず露天に1年以上おく

1年近くたったクリ落葉

葉が交差するので鉢を広げる。水は前と同じぐらい与える。鉢を広げると蒸散も激しいが同じにやるので苗がかたくできだす。根のふんばりがつく。床土が悪いとこれがピタリといかない。

四五日くらいでまた鉢を広げる。

■五〇～五五日ころ　花房が下がってくる。このころから、日中温度を自然の状態にまで下げる。水はあまりやらない。しなびない程度にする。

しめるのではないが、苗は水があまりなくてもいいように自分をかえる。床土の乾湿が激しかったりすればこれはできない。

■定植一日前　水をたっぷりやる。こうして、のびのびとして、しまった、充実のよい苗にする。定植後の管理は二四二ページでみる通りであるが、ベッドに水のない状態で発根力のある苗にする。

こういう苗つくりをするうえでは、かけた水がさっと通り、しかも、保水も適当にある床土が不可欠である。肥料分はそんなに多くない床土材料が不可欠である。

床土が悪くて思うような生育をさせられなければ、越冬トマトは成立しない。

キュウリ・トマト
水分状態抜群、三年ごしの松葉床土

千葉県成東町　石田光伸さん

●省エネ省資材の支え

石田さんは、ハウスで一～六月初め出荷の半促成キュウリ、九～十一月出荷の抑制トマトをつくっている。半促成キュウリは、暖房用の油代がふつうの人の半分くらいで済み、収量は一〇アール一七トン、秀品率九〇%以上の好成績をあげている。抑制トマトの場合、キュウリのあと作ではほとんど無肥料に近い（低度化成四袋、過石二袋、ケイカル四袋）栽培で七段の収穫、一〇アールでおよそ八トンの収量をあげている。

こうした省エネ、省資材で秀品を多収し、病気も少ない栽培を支えているのが、育苗床土だ。

半促成キュウリの場合、踏込温床と石田さんの手作り床土の組合わせが、重要な役割を果たしている。床土は、山の松葉を三年がかりで腐熟させたもので、水分管理がきわめて理想的に行なえる。播種時に鉢にかん水するとき、多くかかっても、余分な水はサーッと下のワラ床にしみ、どの鉢も、すぐに適度な水分状態となり、あとあと、ずっと苗にとって多すぎも少なすぎもしない状態が続くからだ。接木まではいっさいかん水しなくてすむ。

また、肥料分は、切り返しのさいに混ぜ、米ヌカと過石、苦土石灰だけであり、ムラはなく、かつ土とよくなじんでいて、決して急激に吸われて苗が暴走したり濃度障害をおこしたりすることがない。苗が自力で必要な養分を吸い、健全な生長をスタートできるわけである。理想の水分状態と、濃度がうすく土によくなじんだ養分。これに、踏み込み床による自然な保温が加わって、苗の自力生長、自然なムリない生長の環境がととのうわけである。

●切り返しが決め手

松葉は、家の持ち山から集める。キュウリの収穫が始まる前の一月中ごろ、家族総出で松葉かきにいく。キュウリ一五アール、トマト二六アール用の三年分として、トレーラーで山もり一八台分だ。

運んだ松葉は一年くらい野積みしておき、翌春から切り返しを始める。翌々年の六月まで一年くらいの間に、折をみて五、六回切り返す。松葉は水がとおりにくいから、この切り返しがとくに重要だ。切り返しのさい三回ほど米ヌカを入れる。一回につき二〇〇リットルのドラム缶に一杯分だ。チッソ分は米ヌカ以外のものは入れない、最後の切り返し（二年目の梅雨明け）のとき過りん酸石灰をふる。

床土積みは稲刈りが終わる九月下旬

キュウリ用は松葉6，砂土4の割合

松葉床土つくりの手順

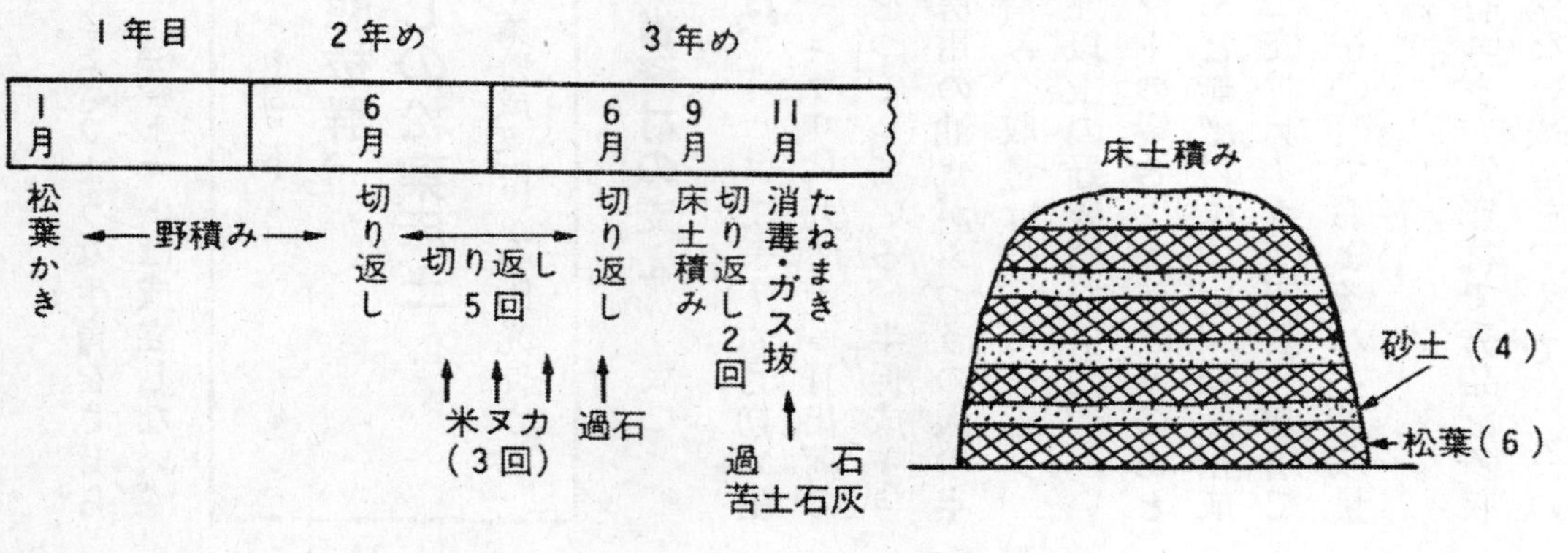

で、キュウリ用には、松葉と砂土が六対四の割合になるように、交互にサンドイッチ状に積んでいく。タネまき前の十一月初めに、サンヒュームで消毒するが、その前にサンドイッチ状に積んだものを二回切り返す。一回目は大ざっぱに、二回目はきめ細かく、かたまりがあれば手でほぐしながら、松葉の腐葉土と砂をよくまぜておく。ロータリーなど機械は使わず、マンノウぐわによる作業だ。

タネまきの一週間前、消毒後のガス抜きのさいに、苦土石灰と過石を加えてよく切り返す。

●魅力の無移植育苗

キュウリの場合、台木のカボチャと同時に一つの鉢にまいて接木までもっていく無移植育苗だ。水分状態が安定し、肥料はうまく土になじんでいるため、キュウリとカボチャの発芽と伸長が実によくそろう（キュウリは芽出しまき、カボチャはすまき）。安心して同時まきができるのがこの床土のよさである。無移植育苗だと、接木のさい断根することがないから、しおれる心配がなく充分陽にあてられ、しゃ光の必要がない。苗はきわめて自然に充実した生長をする。これが、低温下で多収するための大きなポイントになっている。

●トマトは松葉と砂土を四対六に

トマトは、キュウリ収穫後六月のタネまきとなる。キュウリ用に積んだものに砂土を加え、おおよそ松葉腐葉土と砂土が四対六になるようにする。トマトは夏場にかけての育苗でかわきやすいため、砂土の量を多くするわけだ。

タネまき床は、ふつうトロ箱を使うが、石田さんは、ハウスの土の上にワラを敷き、その上に床土を一〇㌢くらいの厚さに敷いてまく。この方法だと、タネまき前に充分かん水しても、余分な水はワラにしみ込んで、床土の水分状態がよくなる。また、ワラがあるから、下の土のチッソを吸うこともない。トマトの発芽まで水はいっさいかけず、発芽後種皮が落ちやすくするために、サーッとかん水する。（三一八ページも御覧ください）

【「読者のへや」から・一九八三年七月号】

農業はかけがえのない　私の生きがい

宮城県　鈴木はなよ（五二歳）

私たちの力強い農業誌として、いつも愛読させていただいています。

土から産まれ土に育てられたような私にとっては、農業はかけがえのない私の生きがいなのです。今は三人家族となり、一部の野菜を除いては人数に合わせ、一品種零コンマ何アールの作付けでとてもさびしい限りです。

私が嫁いだころは十四人の大家族でつくりがいもあったのですが、三十年後の今は兼業化の道をたどっています。主人も長男も勤めに出て残るは私一人、育苗から収穫まで稲の母ちゃんになる日々を送っています。

しかし百姓はむずかしいとつくづく思います。昨年の稲作にしても、大変大きな課題が残りました。自分の生活の年輪がまたひとつふえていくのですが、確かな見きわめもなく素人百姓の道を突っ走る思いです。

昨年からは蚕もやめ、年々後退してゆく私の守備範囲にさびしさを感じています。しかし私は、まだまだわが家の現役です。自分の手でやれる限り、一所懸命農業を守ってゆきたいのです。

土の微生物のバランスと季節のなかでの回転を重視。伝統農法に学んだ有機物の土中発酵法

意外!!　連作障害を防ぐ民間技術

収穫後の元肥施《せ》用でダイコン連作三〇年

編集部

堆肥も使わなければ土壌消毒もやらない、それでダイコン連作三〇年、土壌病害もセンチュウ害もなく、良品多収を続けている――こんなにラクな野菜つくりがあってよいかと思うが本当である。

その工夫は肥料のやり方ひとつ。それは「元肥はダイコンの収穫終了後に施す」というもの。

堆肥や輪作ばかりが土つくりではない。こんな土つくりもあったのだ。

有機質肥料を収穫終了後に施す

――連作障害に悩まずだんだんつくりよくなる畑

その肥料のやり方を実行しているのは、千葉県市川市北国分の田島敏明さん(47歳)。

北国分はいまではすっかり宅地化しているが、もともとは江戸時代から続くダイコンの産地。田島さんの肥料のやり方は、地域に伝えられてきた昔ながらの肥料のやり方に、少しだけ工夫をくわえたものだという。

そのやり方とは――作付け前にはほんの少しの化成肥料を施すだけで、収穫した後に菜種粕や骨粉、米ヌカなどの有機質肥料を施すというもの。

田島さんは一枚の畑で、一月まきと七月まき、春秋二回のダイコンをつくるので、それぞれの収穫直後、五月と十月に「元肥」を施すことになる。それ以外には、堆肥はもちろん追肥もまったく施していない。

田島さんのダイコン作付体系と施肥

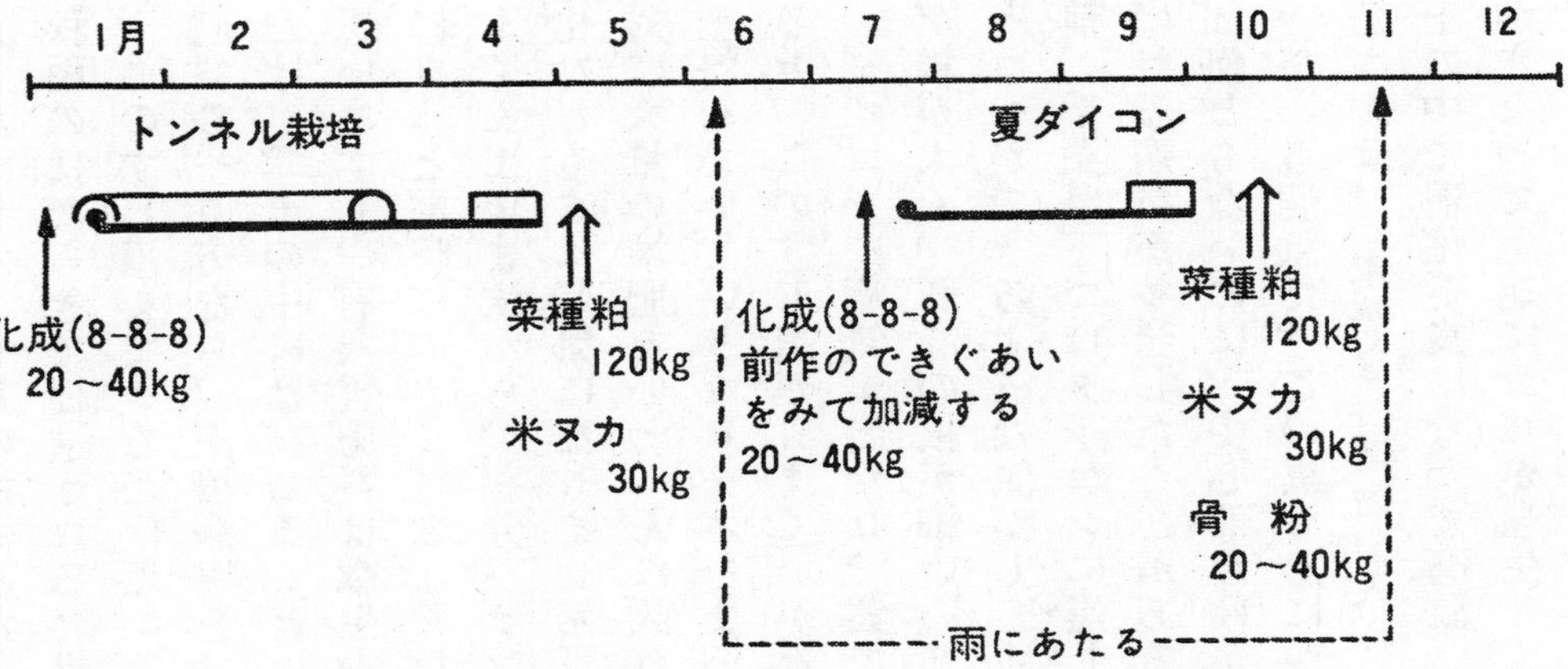

それをあらわしたのが左上の図。実際には、作付けの前二カ月以上も間を空けて元肥を施すということなのだが、まるで元肥を収穫直後に施しているようにみえる。

　このやり方で田島さんは、三〇年間ダイコンを同じ畑に連作してきた。その間、土壌病害や生理障害、センチュウ害がまったく出なかったとはいえないが、畑は毎年だんだんつくりやすくなっているような感じがし、今年春の青首ダイコンも、反当五〇〇箱（五㌧）の収穫を残らず出荷することができた。

（田島さんは、夏は今年の夏まで〝みの早生〟をつくった。白首ダイコンであるみの早生は、いまの消費者には好まれず、いくらよいものをつくっても、三割も出荷残りが出ることがあるが、長年つくり続けてきた品種への愛着が捨てきれないという）

収穫後施用→雨が微生物の回転をととのえる

田島さんのように同じ野菜の連作を三〇年も続ければ、誰でも気になるのは、土壌病害などの連作障害、pH、EC、養分バランスの悪化などによる品質、収量の悪化ではないだろうか。

　しかし田島さんは土壌消毒もおこなわず、土壌診断で施肥設計をたてるということもしない。

　というのも、つぎのような土に対する考えがあるからだ。

「連作障害や養分バランスの悪化に対する対策もだいじだと思うんですが、私がそれよりだいじだと考えているのは、土の中の微生物のバランスです。

　土の中の微生物の世界には、節度というかすじ道のようなものがあって、それをこわさないことのほうがだいじだと思うんです。

　ごく大ざっぱなとらえ方ですが、畑の有機質肥料や残されたダイコンの葉、根は、まずカビによって分解されます。そのカビによる分解が終わってから細菌による分解がすすみ、有機質肥料や残葉、残根の養分がダイコンに吸収されるかたちになります。

そしてその微生物の回転は、年二回のまとまった雨、六〜七月の梅雨と九〜十月の秋雨のはたらきで促進されると思います。このすじ道をできるだけだいじにする肥料のやり方なら、土壌病害をおこす菌だけが、土の中にはびこることはないと思いますし、有機質肥料は微生物のエサになると同時に、さまざまな微量要素もふくんでいますから、養分バランスの悪化などもさほど気になりません。

反対に大量の堆肥をいっぺんに入れたり、肥料をまいていきなりタネをまいたりすると、このすじ道がうまくいかなくなり、ダイコンに病気が出たり、葉できでヒゲ根が太く、肝心の根が細いいじけたダイコンができるような気がします」

以前、千葉県下ではダイコンに黒しんと呼ばれる病気が多発したことがある。外見は何ともないのに、中心部だけが黒く腐っている病気だ。この黒しんについて田島さんは、「未熟な有機物を入れすぎ、土の中で消化不良になって高温と雨とがかさなって急速にカビが発生しておきる病気。堆肥の量と入れる時期のまちがいによって、わざわざカビを敵にまわすようなもの」という。

「収穫後の元肥」は
土中ボカシ

田島さんは以上のような「土の中の微生物の回転をだいじにする」という考えで、五月と十月、ダイコンの収穫終了後の畑に、菜種粕や骨粉、米ヌカなど有機質肥料を全面散布する。

そして散布した肥料を前作の残葉とともに一〇〜一五センチの深さにうない込んでおくと、二〜三日から一週間後に土の中の肥料や残葉の層にまっ白いカビが生えてくる。このカビは、本誌十、十一月号で紹介したボカシ肥に生えるカビと同じようなものだという。

そして、梅雨や秋雨によってカビが細菌へ「一回転」したあと、低度化成（八―八―八）二〇キロから四〇キロを前作のできぐあいをみながら加減して施し、もう一度ロータリー耕をかけてタネをまく。

ボカシ肥とは、有機質肥料を直接畑に入れたときに発生するガス害などを避けるため、あらかじめ土と混ぜ合わせ、土の中の微生物の力で肥料を発酵させて施すやり方である。

じつは、この田島さんのやり方も、そのボカシ肥にちかい「灰肥《はいごえ》」という肥料のやり方にヒントを得たものだった。

灰肥とは、江戸時代から戦時中まで、北国分に続いていたダイコンの肥料のやり方で、カマドの灰のような草木灰とコメヌカ、人糞尿をまぜあわせて発酵させて施す肥料のことである。

この灰肥も、発酵のはじめのころは内部に白いカビがはびこっているが、施すときにはその白いカビが消えてポロポロの粒状になっていた。田島さんのいうカビから細菌への回転を、施す前にすませておく肥料のやり方である。

この灰肥、千葉などのやせた火山灰土壌でも非常に大きな効果があったという。

いまはこの灰肥も、まわりが宅地化して草木灰や人糞尿の入手が困難になり、運搬が不便なこともあって、やる人はいなくなった。

田島さんは、その灰肥の原理を生かし、土中で有機質肥料を発酵させるやり方を工夫したのである。

ダイコンにあわない畑をダイコンむきになおす

田島さんは、この土中ボカシでダイコンがそこそこにとれる畑に対しては、特別な堆肥を入れるわけでもなく連作を続けてきた。それは、その畑がすでにダイコンにあった微生物の状態になっていて、できるだけその状態をこわしたくないと考えたからだ。

しかし、そのやり方だけではどうしてもよいダイコンがとれない畑もあった。そのような畑は、田島さんの考えでは「微生物の状態がダイコンにあっていない畑」ということになる。

そしてそのような畑を、ダイコンがとれる畑になおしたのが、つぎの経験である。

「一〇年以上も前、『この畑の微生物はダイコンにあっていない』と考え、石灰チッソを散布してエダマメをつくったことがある。その畑でエダマメはよく伸びるんだ。その後にダイコンやったらいままでできない畑がなおっちゃった。

結局いま考えてみると、石灰チッソでダイコンにあわない微生物をある程度おさえたんでしょうね。その後にエダマメをやったから、エダマメにつく根粒菌などの微生物がふえた。それがダイコンにもあっていたということでしょう。その後はそれをこわさないように、『土中ボカシ』のやり方を続けてきた」（石灰チッソのかわりにEDBをためしてみたこともあるが、殺菌効果が強すぎるのか不成功だったという）。

田島さんの考え方ややり方はかなり独特だが、堆肥や土壌消毒にたよったいまの土つくり、連作障害対策に、別のすじ道があることを示しているのではないだろうか。

【「読者のへや」から・一九八六年二月号】

園芸科一年です　農業に就きたいと思って農業高校を選びました

高知県　山田由佳

私は『現代農業』を読み始め、はじめて農業での苦しさ悲しさがすごく心に思い知らされた気持ちです。現在、私は農業高校の園芸科の一年生です。草花、果樹を主としている専業農家に就きたいと思っています。

世界の約半分以上が農家であると、何かの本で読んだことがあります。その中には、私の家もその一員として苦しい事に堪えつづけてきたと思います。

私が農業に就きたいと思ったのは、苦しい事、悲しい事に堪え続け、さらに私たちのこと、家を守っていくことを思い頑張ってきた両親の優しい心、朝から晩まで汗や土にまみれ懸命に働く二人の姿を一六年間見続けてきたからです。その両親の優しい心、懸命な姿にあこがれるようになり、自分も両親たちに負けないほど立派な農業を育てていきたいと思っております。

農業の仕事は苦しいけど、すごく仕事をしていると実感がわくことを、世界の女性に知ってもらったら嬉しいです。

販売野菜も試してみよう

薬・自然流防除

自然と生きる野菜教室・防除特別講座

実際家　古賀綱行

自然や作物の変化を読み、天候の変化を読み込み、身近な植物の秘められた力を生かす

●「自然防除」のための観察と生かし方

葉露・梅の咲き方・萩の咲く時期
病虫害とどんな関係が？

病虫害を出したければ葉露を落とし続けてみよう

あなたがもし作物にわざと病虫害を発生させてみたければ、葉につく露を落とし続けてみることです。

ダイコンでもキャベツでも、野菜の葉っぱの露を、朝太陽の出るまでに払い落とし続けてみてください。四日も続けていると、見た目には何とも感じないかもしれませんが、いつの間にかアブラムシがよってきています。

「弱り目にたたり目」というように、葉露を落とすことによって目に見えないかたちで野菜の体力が弱り、そこへアブラムシがよってくるのです。

このことはイネではさらによくわかります。太陽の出始めにイネの葉露を落としてみてください。どうなりますか？

四日目ころには白葉枯れが発生し、目に見えて白くなってきます。

「さあ大変、白葉枯れ病の予防をしなければ」と騒ぐときにはすでに遅く、外葉から白く波うって枯死した姿も見え始め、そのままにしておくと急激にまんえんしてゆきます。

台風、大雨後の白葉枯れ病発生は皆様よくごぞんじでしょう。

ちなみに昭和二十年代、イネをロープや竹ボウキでなでて背丈を抑制する「黒沢式」という民間技術がありましたが、私の知る限りでは、イネの葉露が乾いてからなでていたように思います。

朝な夕な、葉につく露はただの水ではありません。露は、植物が自分をコントロールする大切な水分なのです。植物

自家用野菜ならこれでOK！

自然農

古賀綱行さん（63歳）

▶図解ページはごらんいただけましたか？

▶古賀さんは梅の花を見てキュウリのまきどき、ツルの仕立て方、ウネの高さを変え、草木灰やアセビの煮汁、田んぼのタニシのようなものまで農薬にしてしまう。

▶そんな自然のしくみを生かす「自然防除」、身のまわりに普通にあるものを生かす「自然農薬」でも、古賀さんは化学農薬の80％の防除効果があるといいます。

▶今年はおたくでも「自然防除」「自然農薬」をためしてみませんか？

は、葉っぱの細胞で活力をつくるため、不必要なものは捨て、また必要なものは細胞に吸い取って、養分やエネルギーに変えるのです。その大事な出入りの場が葉露だと思います。

こうした葉露が葉から落ちるのを防ぐためにも、朝露が深いときには田畑に入らない、ウネ間を歩くとき体が葉にふれないようにウネ間を広くとるなどの対策が必要です。

こんなことに気をつけるのが「自然防除」です。新農薬を使うばかりが防除ではありません。

草木で知る その町その村の天気予報

作物のまきどきやウネ立て、肥料のやり方などが、そのときそのときの天候の変化にあわなければ、病虫害の発生が多くなることはどなたもごぞんじでしょう。

これを防ぐには、天候の変化を読み込んだ作物のつくり方をすることです。その土地の草木は、それなりに自分で天候の変化にあわせて生きています。全国の天気予報も必要だけれど、自分たちの草や木や花で自分流の天気占いができるように、よく草木を観察してみましょう。その土地でつくる作物だけに合う天気予報です。

　これを利用して、無理のない自然防除＝自然農業とゆきましょう。

　たとえばこの清和村では、梅でその年の天候を占ってみると、花が一面下向きに咲いた年は、平均して雨量が多く、曇り空が多い。となれば、日照不足はさけられず、不作の年と心を引きしめます。一度に上向きに咲けば、日照が多い年。

　また、開花のすすみ方がモタモタ、ダラダラ咲く年は、不安定な年で、長梅雨、秋台風の大きいのがくる年のようです。

　一番よい咲き方は、横向きに一度に咲いて、一度に終わるときで、こういう年は平年作の安全な年と思ってまちがいありません。

　今年の梅の咲き方は下向き、モタモタ、ダラダラでした。ですから日照不足、長梅雨、秋台風の大きいのがくる年と思います。

天気予測で変える、まきどき・ウネ立て・仕立て方

　こんな年にできるだけ病虫害の発生を少なくするにはどうしたらよいのでしょうか？

▼長梅雨で病気を出さない

　長梅雨に弱い葉菜類の作付けは減らし、思いきった高ウネ栽培にし、果菜類も梅雨明けころから収穫が始まるよう、タネまき、定植どきを遅らせます。なぜなら果菜類は第一果を肥大させる時期が一番病虫害に弱く、それが梅雨のさなかならばその危険性が倍増するからです。

　たとえばキュウリの場合、タネまきから収穫開始までは約二カ月かかりますので、梅雨明けを七月上旬とみたら、タネまきを五月上旬くらいまで遅らせます（通常は三月下旬）。

　トマト、ナス、スイカなどはタネまきから収穫開始まで一〇〇日くらいかかりますので、それから逆算してタネまき日を決めます。

▼台風の害を避ける

　それから秋台風に負けないで秋キュウリを長くとる方法をご紹介します。

　栽培面積がごく少ない場合には、「**ツルの埋め込み再生法**」という方法があります（図解ページ参照）。これは春キュウリのツルをそのまま生かす方法で、親ヅル、子ヅルを収穫し終わり、「もうそろそろ枯れそうだな」というころに、親ヅルを支柱から外して本葉五、六枚目から寝かせ、本葉四、五枚ぶんのツルを深さ五～六㌢のところに埋め込んでとなりの支柱に誘引しなおすのです。

　ツルをおさえるドロは少し固めに踏んづけ、油カス液肥の五〇倍液をヒシャク一杯くらいかけてやると、二週間かそこらで埋めたツルから新根が発生しますので、その根の力でさらに二カ月は収穫を続けることができます。

　面積が多くてそんな手間はかけられないという人には、「**立ち作り、這い作りの交互植え**」をおすすめします（図解ページ参照）。

　これは、春キュウリは普通の立ち作り

で株間を広くとっておき、春キュウリの間に直まきで這い作りの秋キュウリをつくる方法です。この方法でも秋台風で春キュウリがやられた後、地這いの秋キュウリの収穫を続けることができます。

▼天気に負けない根張りをつくる

普通、直まきのキュウリは移植のキュウリにくらべて根の力が弱く、寿命が短いのですが、直まきでもタネまき二四～二七時間後の「**土中緑化**」（覆土をかきよけて、燻炭と入れ替える。ほんの五ミリほどでよい。そうすると日光が入り込み、根も茎も皆緑化して強くなり、ツルもちがずっとよくなる）、本葉二枚ころの「**断根**」（株を根ごとフワーッと鍬でこき上げ、まわりを手でギュッとおさえてそのくぼみに油カス液肥をやる）で、移植のキュウリに負けない力を根につけるのです。

以上のように、天候の変化を読み込んだキュリのつくり方をすれば、長梅雨の後、秋台風の後でも病虫害の発生は少なく、収穫を続けることができます。これも「自然防除」の一つと思います。

またこうしたことを知っていれば思わぬところでトクをすることもあります。**秋から冬の天候の変化**は萩の花の咲き方で予想しています。清和村では、この萩の花は旧暦のお盆過ぎに咲くのが普通ですが、たまにお盆前に咲くことがあり、その年は暖冬異変になる、と私はみています。

暖冬の年は、年内に秋野菜の生育がすすむので、年内価格は安く、年明けはダイコン、ハクサイは抽台し、キャベツは割れたりして出荷するものがなくなりま

梅の咲き方で春から夏の天気を占う

花が下向きに咲く年は雨量が多い

花が上向きに咲く年は日照が多い

す。こんな年は、秋野菜のタネまきを遅らせ、生育をすすめるチッソ・リンサンの施肥量を減らし、耐寒性を高めるカリをふやせば出荷を年明けに延ばすことができ、高値時に出荷できるというわけです。

●「自然農薬」はこうつくり、こう使う

効果は農薬の八〇%
副作用・後遺症ともになし

「自然農薬」の代表選手
何にでも使える草木灰

自然のものを生かす「自然農薬」は、いまの新農薬とくらべて一〇〇%の防除効果とまではいきませんが、先手先手にやっていけば八〇%までの効果はあげることができます。

たしかに新農薬は効果が大きい。しかしそれだけに動植物や土壌への副作用や後遺症が大きいでしょう。自然農薬は効果は八〇%でも、副作用、後遺症がまったくないのが強みです。

その自然農薬の代表選手が草木灰。ただの灰に何でこんな効果が？　と思えるほど効き目があり、いろんな作物の害虫・病気退治に使えます。

葉に草木灰をかけると、虫が嫌ってよりつかないから卵を産みつけることができない、葉のpHを病原菌が繁殖しにくいpHにまで上げる、葉露を通して草木灰の養分が作物の体内に吸収されて元気になる、などの効果があるようです（草木灰のつくり方はいく通りかあります。図解ページをごらんください）。

それでは野菜別に草木灰での防除のやり方をご紹介しましょう。

▼ダイコン

アブラムシなどの害虫対策として、まだ露があるころ草木灰を葉にふりかけてやる。害虫がいようといまいと予防のためにやっておくとよい。本葉二枚の時期には、必ずかけることだ、そうでないと虫で全滅することもある。

この草木灰はウリ類やハクサイの害虫にも効果がある。野菜が若いころ、朝露があるうちに何度かまいてやるとよい。

それから、昔から使われているゲラン粉と灰を半々に混合したものをかけてやればなお効果がある。

子どものころ、ダイコンの害虫を防ぐのに人糞尿にナタネ油を少し入れて散布するというやり方を手伝っていましたが、いま私は油カス液肥の五〇倍液にナタネ油を少し入れて土壌に全面散布しています。こんな方法でも害虫がよりつかなくなります。

▼ハクサイ

本葉が二枚から五枚に生長する間に、草木灰を早めに三回ほど散布して、虫の防除をしておく。灰での防除は、結球が始まるころ、つまり本葉が立ち始め、心が巻き形をつけたころまでで終わりにすること。

天候しだいで、少しの差はあるが、早生系で五〇日目ころまで、中早生系なら六〇日目ころまで。

▼ゴボウ

ゴボウにもアブラムシがよくつくが、まず、間引きのころに二回ほど草木灰でアブラムシの自然防除をする。また、朝露の深いころ、畑に入って露を落とさないことも、アブラムシの自然防除だから忘れないように。

▼ニンジン

ニンジンは、害虫より病気のほうが困る。夏の高温時期に、黒褐色の黒グサレ病がでて、葉がポロポロと落ちていく。この場合は、四～五日ごとに三回ほど、草木灰を根元にやっておくと、立ち直ることが多い。

それから、ナンプ病も高温多湿時に発生する。これは、根がドロドロになる病気で、日当たりをよくして、排水をはかり、雨あがりに草木灰を必ずかけてやること。この病気は、連作しすぎたり、排水が悪かったりすると、よくでる。

▼ウド

三月中旬に、掘り上げておいた株を、一株一株さだめることも、ウド栽培のコツの一つ。黒くぬれた箇所があれば、病気だ。いたんだ箇所は切り取って草木灰か石灰をぬりつけて植え付けてもよいが、その株はよいものとは別にすること。

▼ジャガイモ

ジャガイモは春、五月に入ったころからエキ病が発生しやすい。それで草木灰と排水がとくに大切になる。萎《しな》びて縮《ちぢ》むイシュク病はアブラムシによって伝染するので、早めに草木灰を三回ほど散布すると案外効果がある。エキ病は葉にゆでたような病斑が出、葉の裏に白いカビが発生する。イモがやられると褐色の病斑が出て腐敗するので、開花前の排水に充分注意し、草木灰の散布をする。

難防除の虫や病気もこの自然農薬で防ぐ

▼ネキリムシ・ヨトウムシ
――アセビのダンゴで誘殺する

野菜畑でいちばんやっかいなのがネキ

3～4月に咲くアセビの吊り鐘形の花

ネキリムシ，ヨトウムシを誘殺するアセビと米ヌカのダンゴ

リムシ、ヨトウムシです。ネキリムシはカブラヤガの幼虫、ヨトウムシはハスモンヨトウガの幼虫です。

カブラヤガは体長一八㍉の小型褐色の蛾。冬は赤褐色のサナギの姿で土中ですごし、春先に成虫となって葉の裏に白色の十円玉ほどのまんじゅう型の卵を産みつけます。

そして幼虫となってからは葉脈だけを残して葉を食ってしまい、葉を動かすと糸を出してぶら下がるくせがあります。二㌢ぐらいまでは青虫に似ていますが、動きはシャクトリムシにそっくりです。二回も脱皮すると本来の夜行性となり、褐色の虫となって土中にもぐり夜だけ地上に出てきて葉などを食害しますので、電灯をもって夜、虫取りに行きます。

ハスモンの成虫はカブラヤガに似ていますが、羽に白い斑点があるのが特徴です。冬はサナギで春を待ち、三月下旬から成虫となり、葉の裏に白色まんじゅう型の卵を産みつけますが、外側が黄色の毛に包まれているのですぐに見分けがつきます。五月から十一月ころまでの被害がとくに大きく、カブラヤガと違って夜も昼も葉っぱを食うのが仕事で、モリモリ太り、にくらしいほど元気旺盛になります。

さあ、その、ネキリムシ、ヨトウムシ退治といきましょう。

まず、米ヌカの甘さと匂いを利用して、ネキリムシ、ヨトウムシを誘い込む方法です。畑のところどころに深さ一〇㌢の穴を掘り、一握りの米ヌカを入れて、土をかぶせて目印をしておきます。これは、後でその場を見つけやすくするためです。そして五日目ころに土ごとそのヌカをいっしょに掘り上げて焼きます。

また、ドクダミを粉にして小麦粉で練り、米ヌカを入れてダンゴにして根元におくか、またはアセビを水で煮て冷やし、米ヌカと小麦粉でダンゴをつくって根元においてもよく、前者より後者のほうが効果があると私は思います。

▼チョウやアリ
――トウガラシとニンニクの煮汁

つぎはチョウやアリが来なくなる方法です。トウガラシとニンニクを半々の量にして、煮汁をつくり冷して石けん水を少し加え、葉面散布します。散布後七日くらいは収穫しません。

またモグラには石油を一〇㌢角の布にしみこませて通路の穴に入れると当分の間は近所にきません。

▼アブラムシ
――草木灰や牛乳

一番困るのはアブラムシです。野菜を間引きするころ、アブラムシがいなくとも、二回ほど草木灰の全面散布をやって先手を打ちます。ウリバエなども草木灰が一番です。

アブラムシ防除でおもしろいのは牛乳(腐ったものも可)を晴天の午前中にスプレーすると、牛乳が乾燥するときの縮む力でアブラムシが圧縮死または窒息死してしまうことです。これはアブラムシの腹部に呼吸器があるからです。

アブラムシはキンレン花の抽出液をつくってスプレーしても効果があります。

▼土壌センチュウ

――ハブ草・エビス草が捕獲植物

土中にいるセンチュウは変装が上手で見つけにくいので、畑にチシャつまり、菊科植物のタネをまいて一五～二〇日してから根をていねいに掘り上げてみると、白いコブになって集まっているのがわかります。このコブが多いほどセンチュウが多いということです。

このセンチュウ退治法は、薬草でありセンチュウの捕獲植物であるハブ草、エビス草を、土壌消毒と薬草作りをかねてつくれば一石二鳥です。五年に一回輪作に取り入れてみてください。薬用植物で、便秘はもちろん、胃弱、腎臓、肝臓、血圧などにも効くものです。つくりやすく、四月中旬にまいて秋に収穫しますが、病虫害はほとんどみかけないので無農薬栽培でできます。どちらもマメ科の一年草ですが、ハブ草よりも、エビス草のほうが反収にして二～三割は多収です。

▼キュウリ・トマトのリンモン病

――ニンニクマシンオイル

ニンニク二個を細かく切りきざんでおきます。そして小さじ一杯のマシンオイルにそれを一日漬けます。そしてコップ一杯の水に石けん二グラムをとかして、それに先のニンニク漬を入れてつきまぜます。そしてガーゼでうらごしし、水でうすめて五〇～一〇〇倍液にし、スプレーします。ただし金属製の噴霧器などは使用しないでください。腐食してしまうからです。

▼ベト病・サビ病

――ツクシの頭の煮汁

果菜類などのベト病やサビ病は、春の人気者のツクシの頭を乾燥したもの約六グラムを水一リットルに入れてふっとうさせ、そしてその水を冷やして、石けん水を若干入れ、よくかきまぜてスプレーします。五日おきに二回散布するだけで効果があるはずです。

▼ナスの連作障害

――なんと田んぼのタニシが効く

いつごろからつたわっているのかわが家では庭の畑の菜園でナスの連作を可能

アブラムシに効果のあるニコチン石けん水をつくる

ニコチン石けん水をスプレーする

にする方法があり、まことにおもしろく感心しています。定植時の穴に元肥は普通に入れますが、苗の根元に、水田のタニシを三〇個ほどつぶし、豆腐カス約一升と風呂場のエントツの煤《すす》五合ほど混合したものを一株に一握り入れると連作が可能になるのです。畑が狭く連作せざるをえないときは試すとよいでしょう。

▼ナスのしおれ
――草木灰と消石灰

ナスの木がしおれたとき、すぐに根を掘ってみると外皮が黒くなり、朽ちた木の皮のようにみえるのは肥料過多です。そんなときは根元を掘って、草木灰と消石灰の混合したものを散布すると、枯死をまぬがれます。

もし根に白色のちいさな虫らしきものがついているとか、または何かかじったような跡があれば害虫ですから、消石灰二〇〇㌘と樟脳《しょうのう》二〇㌘に草木灰約一升をよく混合しますと効果大で、立ち枯れはなくなります。

土壌消毒より「自然酵素堆肥」を

●市販微生物資材に勝るとも劣らぬ効果

天然自然の微生物や酵素を利用

病虫害に強い健康な作物づくりはまず堆肥づくりから、とは昔も今もよくいわれることですが、その堆肥もつくり方によってはまったく効果が異なります。

よく、ナマに近い牛糞や豚糞を畑に大量に施して、「オレは堆肥を何㌧入れた」とうれしがっている人がいますが、これはまったく危険なことです。なぜなら、大部分の病原菌や雑草のタネは家畜の体内ていどの温度では死滅しないため、そんな「堆肥」ではかえって病気や雑草を畑にぶちまけることになるからです。

かといって、雨ざらし日ざらしの堆肥では堆肥の肥料的効果も失われてしまうので、もったいないことです。堆肥を六時間雨ざらしにしただけで、チッソの二四%、リンサン一〇%、カリはなんと八〇%も流亡したというデータがあり、堆肥のミイラができあがります。

こうしたことを防ぐために、私は堆肥を雨ざらしにせず、天然自然の微生物や酵素を利用した安上がりで、簡単にできる堆肥づくりを行なっており、それが図解ページでご紹介した「自然酵素堆肥」です。

「ニンジン酵素土コウジ」

良質堆肥をつくるのに、いろいろな微生物や酵素も売られているようですが、私はそうしたものは使いません。自然の微生物や酵素でこと足りるからです。

イナワラや雑草には、すぐれた天然のナットウ菌のようなものがウヨウヨしているので、それをそのまま堆肥化します。

またイナワラ、雑草には、作物を病虫害に強くするケイ酸が多量に含まれています。

イネ科の多年草、チガヤの根は、子どものころお菓子がわりの甘味としてかんでいたほど糖分が多いので、堆肥中にバクテリアがよく繁殖します。

またニンジンの頭の部分には酵素がたくさん含まれているので、これを元ダネにして酵素いっぱいの土コウジができます。

この自然堆肥、ニンジン酵素土コウジで、微生物や酵素を生きたまま畑に増殖、増産し、土の中の微生物のバランスをよくしていこうというのが私の考えです。

糖分の多いチガヤの根を堆肥に入れるとバクテリアがよく繁殖する

自然酵素堆肥は、ハブ草、エビス草などの前作と組み合わせればクロルピクリンに勝るとも劣らない効果があると思っています。

ニンジン酵素土コウジはそれより効果が高く、果菜のネグサレ、タチガレ病がなくなり、接木栽培の必要がほとんどなくなるうえ、土コウジを使った野菜と使っていない野菜とでははっきり食いわけできるほど味のちがいがあり、貯蔵性もよくなります。

誰にもできる自然酵素堆肥

この自然酵素堆肥はつくりやすく、誰にもできることがとりえです。

畑五アールに使う量の堆肥はつぎのようにつくります。

イナワラ二〇〇キロを一束の半分か三等分に切り、切ったワラを手で握って少し力を入れると水が指の間から充分ににじむほど水を吸収させます。それから米ヌカ

【一口メモ】自然農薬

自然素材から農家が工夫して作り出した農薬を「自然農薬」という言葉でよんできた。経験的な知恵として伝えられてきたものも多い。

トウガラシやニンニクはその代表。ヨモギ・ドクダミ・ハーブ類・ニーム・ショウガ・クマザサ・スギ・ヒノキ・マツ・シキミ・クスノキ・アセビ…、木酢液や竹酢液だってそうだし、ドブロクだって牛乳だってキムチ汁だって使える。

素材は無限にあるし、害虫の忌避効果や病気の抑制、作物の健康増進まで、効用も様々だ。成分は複雑で抵抗性がつくこともなく、残留することもない。

植物エキス利用の自然農薬は、植物が持っている身を守ろうという成分を抽出・活用する方法ともいえる。抽出方法もいろいろで、水に漬けたり、煮沸したり、焼酎や木酢・食酢、もしくは微生物による発酵抽出に凝っている人も多い。「効くもの」だけを分離・強化して効かせようという発想ではなく、植物の生命力をまるごと活用させていただくという発想に基づいた技術といえる。

かぐとナットウの香りがする自然酵素堆肥

三キロに鶏糞一〇キロを混ぜ合わせておきます。またススキ、チガヤの枯草を三〇キロ、チガヤの根は、適当に切って一キロほど準備しておきます。

まず土を平らにして（コンクリート不可）水分を含んだ切ワラを三〇センチ積み、枯草にチガヤの根を若干入れて二〇センチほど積み重ねます。そしてその上に登って足でよく踏みつけ、その上から先ほどの米ヌカをまぶした鶏糞を約一センチの厚さにばらまき、フォークの背あるいは竹でその上を軽くたたくと半分以上もぐりこみます。そのくり返しで一メートル五〇センチくらいまで積み上げます。

その途中よく踏みつけることがコツ。そして積み上げていくとき、中間で二回ほど近くの土を軽くふり入れてもよろしい。よく踏みつけないとチッソ分のない、カサカサしたただの切ワラになることがあります。

そして最後に近くの土を二センチの厚さに乗せ、その上にワラを広げ、雨除けに古いビニールをかぶせて終わりです。

二週間もすると発熱が始まり、二〇日目ころになると熱が下がり始めるので、そのときが一回目の切りかえしです。水分不足のときは切りかえしのとき水をかげんしてかけます。中は外、外は中というように切りかえし、ところどころに油粕を少々加えるとなおよろしい。

それから一五日目ころになると二回目の切りかえし。もう甘酢っぱい匂いがするころです。それから一〇日もすると熱はほとんど上がりません。できあがりに近いのです。

三回目は片方から切り取って積みなおしてできあがり。もちろん最後までの雨除けは必要です。

できあがりは赤黒みをましてシーンとしたナットウのような臭いが鼻をつきます。上の方では綿のような白い菌が外側にはみ出して目に見えます。ナットウの香りのするこの生きた菌を畑一面毎年入れてやることによって、いやが応でも、フカフカして固まりにくい土ができ上がります。

よき堆肥こそ、光や空気、湿度、温度をたもち土壌に力をつくってくれるだいじなものです（ニンジン酵素土コウジは別の機会に述べさせていただきます）。

1986(昭和61)年10月号

露地野菜

畑の土を森林土壌方式で改善

—野草の堆肥を熟度別マルチング—

上から土ができていく森林に学んだ自然農法家の土つくり。本誌で追求している「有機物マルチ」の原点

埼玉県　須賀一男さん

編集部

葉は小さく根っこがデカイ　ダイコン
（持っているのは須賀さん）

上の写真をよく見ていただきたい。お父さんが自信ありげに手に持ったダイコン。根っこに比べて葉っぱがやたら小さい。なにも葉をむしりとったわけではない。

じつはこのダイコン、主に土手草を材料にした堆肥一・五トン（一〇アール）だけでつくったもの。無農薬・無化学肥料で、連作一〇年以上の畑のダイコンなのだ。反収も四トンはいく。

ダイコンだけではない。小さな葉っぱに大きな根っこのニンジン、カブ…。立派な実をつけるメロン、ピーマン、ナス…。堆肥だけで味はピカ一、もちろん姿形も市場出しのものに何ら遜色なし。

そんなウソみたいな農業の実践者が埼玉県の須賀一男さん（53歳・写真は本人）だ。その秘密は「自然堆肥の施用と、肥料や農薬を使わないことにある」とのこと。

小ぶりの木に甘いピーマンがビッシリ

「言葉だけではわかってもらえないでしょうね」

須賀さんは、出荷最盛期を迎えているピーマンの畑へ案内してくれた。午前中に出荷したばかりだそうだが、ツヤのいいピーマンがビッシリ（左の写真）。節と節の間が三センチと短く、ゴツゴツゴツと小ぶりの葉がつき、実がついているといった感じである。「節間が短いのが特徴です」と須賀さん。どの野菜も葉が小ぶりになり、節間が短くなるのだそうである。畑の隅っこに植えられたナスもやはり節間が短く、葉が小さい。近くの畑のナスは葉が大きくて垂れ下がり、病気のために株ごと処分しているというのに、まだ枝を伸ばし、大小のツヤのいい実をぶらさげている。

「無肥料だから質のいいものがとれるのです。どうぞ遠慮せずにとって食べてみてください」

ピーマン臭さが減り味わいがなくなったとはいえ、市販のものはピリッとした辛さだけは残っている。ところが須賀さんがもいでくれたピーマンは甘い！　のである。肉が厚くて、タネの部分もまっ白。かみしめるほどに甘く、最後にピーマン臭さが残る感じだ。ナスもまた、果肉がつまっていてみずみずしい。それでいて甘い。

須賀さんは「化学肥料が野菜の本当の甘味を消した。そして病気や害虫にも弱くした」という。

無農薬・無化学肥料とはいうものの、畑を一見しただけでは、特別に変わったところは見当たらない。

ベッドには黒マルチが張られ、チューブかん水の施設が備えられている。それと、ウネ間にはたっぷり敷ワラがかけられているだけなのだ。

節間がビッチリつまった甘いピーマン

●ウネ間の敷ワラをめくってみると

「敷ワラのところを掘ってみてください。ちがいがわかると思います」

須賀さんにすすめられるままに敷ワラをかき分けてみると、その層が意外と厚い。ウネ間の表面にバラまいてあるだけではない。一番上の層は乾いた枯れ草といった状態だが、その下の層はしっとりと水分を含み、葉っぱや草やワラが腐りかけている。その層にはミミズやら名前を知らない幼虫たちがうごめいていた。その下がやっと土である。一番上のフカフカした敷ワラの層とその下の腐りかけの層をあわせると七〜八センチはある。

ウネ間の敷草をめくると
白い根っこが浮き出していた

土の部分はしっとりと水分を含んでいて、特別に固いというわけではないが、ふつうのいい土というイメージのフカフカした感じではない。ところがその土を指で掘ってみると、ベッドから伸び出してきたと思われる細くて白い根っこがビッシリと張っている。根が土を抱きこんでいる感じなのだ。

土の中には完熟したシイタケ廃木がすきこんであるという。

昨年も同じ畑にピーマンをつくったのだそうだが、このところ反収六㌧を割ったことがない。このピーマンのあと、冬作としてキャベツやタマネギをつくる。それももちろん肥料なし。

●「土がいいんじゃないの?」でもそれは見当ちがい

それは須賀さんの土がいい土だからと思ったら、それは見当ちがいである。

三〇㌢も掘れば、その下から砂利と砂が出てくる河川敷の「砂土」の畑、「砂壌土」ではあるが三〇㌢下は砂利が出てくる畑、「埴壌土」の肥えた畑は基盤整備で心土があがってきて固くしまった。

素人目にも、色の黒いフカフカとした土の肥えた畑ではないことがわかる。だからこそ須賀さんのやり方がおもしろいのである。

畑の中に森林土壌を!!
熟度のちがう有機物を二重被覆

須賀さんのやり方は、「自然農法」と呼ばれているものだ。肥《こや》しっけのない堆肥を施すだけで、あとは肥料と名のつくものは有機であろうと無機であろうと一切使わない。もちろん農薬も使わない。

そのかわり、気をつかう。土に施す有機物の質や施し方に徹底して気をつかうのである。有機物を吟味して土に施してしまえば、あとは土と作物におまかせする、といった気のつかい方なのである。

須賀さんはじつにおもしろいことを話してくれる。

「私の（自然農法の）有機物の施し方というのは、ちょうど山で木の葉や小枝が地面に落ちて腐っていく過程を、畑で再現しようとすることなのです。ピーマンの畑で見てもらったように、一番上に敷いた乾いたワラと乾草（Ⅰ層）は、山で言えば木から落ちたばかりの木の葉や小枝にあたります。その下の腐りかけた有機物の層（Ⅱ層）は前年に落ちた木の葉ということでしょうか。そして土にすきこんだ完熟のシイタケ廃木（Ⅲ層）が、完全に腐って土となった木の葉ですね。

畑の土を山の土の循環にあわせる有機物の使い方

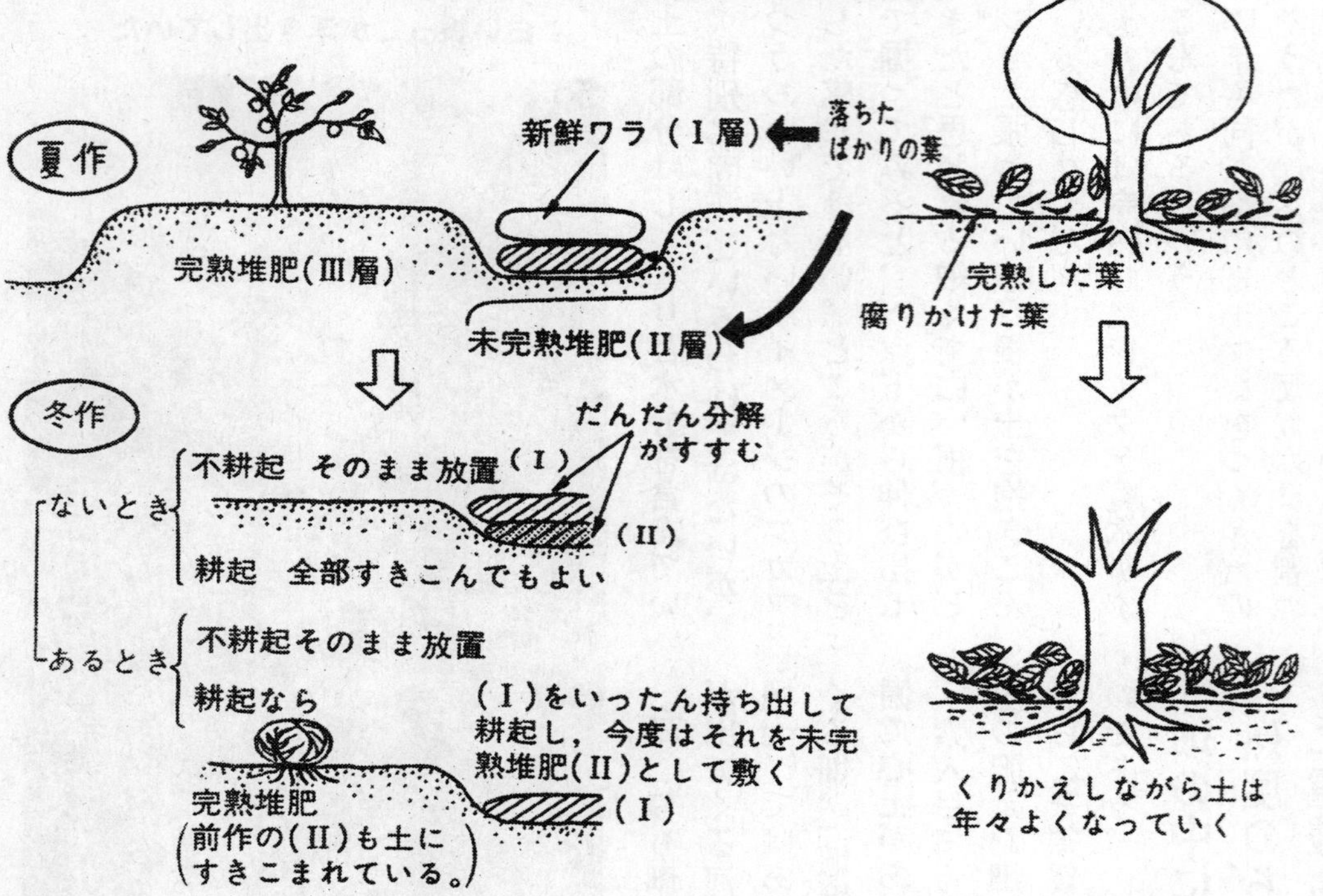

このやり方を〝二重被覆〟と呼んでいます」

土の中では完熟した有機物が土と混じりあい、地表面では土に住む微生物やミミズなどの小動物たちによって有機物の分解がすすみ、一番上を新鮮な有機物がフンワリと覆っている、というわけだ。図にすると上のようになろうか。

●有機物は分解しながら下へ下へ

須賀さんの土つくりでは、被覆した二層の有機物の状態をできるだけ保ちながら作物がつくられていくことになる。

ピーマンの畑だとこんな具合である。

①冬作のないとき……次の作までに時間があるから、Ⅰ層、Ⅱ層ともすきこんで土の中で完熟まで持っていくこともできる（Ⅰ層も一作つくる間に分解はすすんでいる）。もちろん耕起せずにそのまま放置してもかまわない。翌年の夏作のときにはもう一層新しい有機物で覆ってやる。

②冬作があるとき……たとえばキャベツとかタマネギを不耕起でつくるときは、そのままにしておく。耕起するときは、一番上にあったⅠ層を取り除いて、前作期間中に地表面で分解して完熟となったⅡ層だけをすきこむ。取り除いたⅠ層の有機物は、畑の隅に堆積して完熟させ、耕起するときにすきこむ有機物になることもあるし、冬作のウネ間のⅡ層の材料になることもある。翌年の夏作のときには新しい有機物を一番上の層に補給する。

つまり、地表に接したⅡ層の有機物が栽培期間中に徐々に分解され、完熟となって土の中へかえり、新鮮だった有機物が次の作のⅡ層の材料となっていくわけだ。健康な土は下へ下へと入りこむ。

その過程で土と有機物との間でおこっ

ていることが重要だ、と須賀さんは指摘するのだが、その点は、後でもう一度肥料分との関係で考えることにしたい。

二重被覆を可能にする 堆肥の材料とつくり方

須賀さんの畑に二重被覆として施される堆肥の量は、新鮮な有機物（Ⅰ層用）、分解途中の有機物（Ⅱ層用）、土にすきこむ完熟堆肥（Ⅲ層用）あわせて、一作ごとに一〇アール当たり一・五〜二トン。だから二毛作のところでは年に三〜四トンの有機物が施されることになる。

堆肥の特徴は、家畜フンなど肥料っけのあるものは一切使わないこと、もう一つは有機物をさまざまな分解過程によって使い分けることにある。

●材料は肥料っけのない 土手草中心

須賀さんの堆肥置場は何の変哲もない空地である。下は土、もちろん屋根もない。そんな空地にうず高く、いろいろな種類の有機物が積み上げられているだけである。

ベーラーで梱包された牧草が、ヒモを解かれてゴロゴロころがっている。これは乾草用に酪農組合が利根川土手の草を刈ったもののうち、雨にあたったりして質が落ちた分を安く買いとったものだ。

春の牧草は、イタリアン、ラジノクローバー、カラスノエンドウなど、いろいろな草が混じっている。実が入るころに刈るため、春の草としてはセンイがこわいほうだ。秋の草はチガヤ主体となる。

牧草のほかに、ウネ間に敷く草がある。これは須賀さんのお父さんがカマでコツコツと刈りとったり、仕事が一段落した秋から冬の間に須賀さんが刈った神流川土手の草である。ヨシとかカヤなど、固くてゴワゴワした草が中心である。

そのほか、シイタケの廃木や枝打ちした木、収穫した作物の稈なども堆肥置場に積み上げられている。

イナワラやムギワラなども含めると、年間に集めてくる有機物の総量は一二〇〜一六〇トンにものぼる。量もさることながら、木質、草質、それも軟らかい草と固い草などが混じり合っている。それが野菜の畑には好都合なのだ。

これらの有機物に、作業の合間をぬって水をかけ、フロントローダーで切り返して分解をすすめる。半年間に三回ほど水をかけて切り返し、あるていど熱を出させたものを畑に返していくのである。半年もすれば利用できるようになる。

堆肥をつくる際、家畜フンや発酵菌などは一切使わない。水と土と堆肥材料にいる微生物の力で分解させていくのが、須賀さんの堆肥だ。自然の循環の中に、家畜フンが大量に入ることなどなかった、それが須賀さんの考え方である。

●熟度によって果す役割がちがう

堆肥を見ると、刈り取った時期、草の質、水のかかりぐあいによって、いろいろな熟度の有機物ができあがっている。その熟度を見きわめながら須賀さんは畑に施していく。

▼完熟の堆肥は土の中へ　完熟の堆肥とはセンイがボロボロになって、黒ずんだ褐色になった状態のものをいう。そん

な完熟堆肥は、直接に土の中へすきこむ。それでもすぐに土となじんでくれる有機物だからである。

▼中熟の堆肥は地表面に　色は黒褐色に変わっているがまだセンイの姿は残っている状態である。この状態の有機物を土に入れると、作物が病気にかかりやすい育ちとなったり、アブラムシなどを呼びこむことになる。

　中熟の堆肥は地表面と接触する位置に施して、土の力で分解してもらう。

▼未熟な堆肥は表面の覆いに　未熟な堆肥は、言ってしまえば森林のなかの落ちたばかりの木の葉と同じ。分解していくのを待たねばならない。そのかわり、古い落葉が分解するのを助けるために、地面の覆いとして水分や地温安定の役割を果たしてもらう。

　そうした有機物の施し方が、土を変え、養分を変え、作物を変える燃料になるというのだ。

土は肥料の塊だ　施肥が土と作物を狂わせる

　単純計算でいけば、施した養分（肥料っけのない堆肥分）と畑から持ち出す養分とを比べると、明らかに持ち出す量のほうが多い、赤字生産である。

　なぜそんなことが何十年もつづくのだろうか？

　須賀さんの答は明快である。

「土は肥料の塊だからです。土の偉力を発揮させてやれば、土自身が養分をつくり出していくからです」

●肥料は地表面から上下五㌢でつくられる

　二重被覆のことを思い出していただきたい。完熟堆肥をすきこむといっても、たかだか地下一〇㌢までである。そして地上一〜二㌢がどんどん有機物の分解がすすんでいる層である。つまり、そんなわずかな部分で、作物と土と微生物・小動物が活動しているのである。

　須賀さんは自然農法の指導を受けた、故露木裕喜夫氏にこんな話を聞いたことがある。

『山の樹木は土の中の養分を吸うために土いっぱいに根を張っていると思ったら、実際は、どんなに大きな樹でも、養分を吸う毛細根はすべて表層二㌢くらいのところに浮き出ていて、一番多かったのは木の葉と土の間だった。そこが肥料製造工場にちがいない。そこはすごく芳香を放っていた』

須賀さんの堆肥置場

自分の目で確かめてみた。そのとおりだった。

「肥料が足りないと思って、化学肥料なんかをやるから、かえって土（微生物・小動物も含めて）の力を発揮できなくしているのではないですか」

須賀さんにとって、土の表面への有機物施用は、微生物や小動物に存分に働いて肥料をつくってもらうエサなのだ。

●作物の姿が変わった

もう一つ忘れてならないのが、作物自身の力が変化することである。

七月号で紹介したように、須賀さんの野菜は、ふつうの化学肥料で育てた野菜と明らかにちがっている。①葉（貯蔵器官に養分を送る活動葉）が小さい、②根がよく分岐して結根が多い、③収穫適期の幅、収穫後の日持ちがよい、というきわ立った特徴をもっている。

奥さんも、三〇年前にはじめて自然農法に取り組んだときの驚きを、昨年のことのように覚えている。

「確か、桑を抜いた畑に植えたダイコンでした。葉っぱがあんまり小さくて、やっぱりダメなのかな、とあきらめていたんです。収穫してみたら立派な大根じゃありませんか。うれしかったです」

それまでの野菜つくりのほうがおかしかったのだと確信した。次の年から自然農法に本格的に取り組み始めた。以来、あらゆる作物で年々節間が短く、葉が小さくなる傾向が強まってきたという。

肥料分が少ないから作物が養分を吸う力や吸った養分の配分のし方を変えたのか、微生物がつくり出す肥料だから効率よく養分を利用する作物変わったのか、今のところその理由はさだかではない。

だが、肥料っけのない堆肥を地表面を境にしてわずか上下数㌢のところに施すことで、確実に作物が変化し、何年連作しても病気の心配もなく、ますますつくりやすくなってきたことだけは事実だ。

「堆肥の準備さえ万全なら、三年で土も作物も変わってしまいます」

須賀さんはそう言い切る。

（須賀一男さんの住所＝埼玉県児玉郡上里町）

【一口メモ】有機物の表面・表層施用

有機物は土のなかにすき込むのが一般的。だが、考えてみれば、畑の全面に有機物をすき込むようになったのは機械化以降。日本の伝統的な有機物利用は、落ち葉、作物の茎葉、雑草などを、主に刈敷、敷ワラなどとして利用、つまり表面施用が中心だった。刈敷、敷ワラは株元のまわりに敷かれ、根を守る役目を果たす。この有機物はやがて土に入り土を上からよくしていく。敷ワラはまた土の流亡を防ぎ、雑草の防止にもつながっていた。

土の表面や表層はたいへん通気性がよく、こうした環境でふえる微生物が、作物の生育にとって害になることはあまりない。むしろ、有機物を分解しながら、作物の生育にとって有効な有機酸やアミノ酸、ビタミンなどを生み出してくれる。土の団粒化がすすんで土がフカフカになる。土の表面や表層では「土ごと発酵」が起こって、土の中のミネラルを作物に吸われやすい形に変えてくれる。

本誌で取り上げている、土ごと発酵、有機物マルチ、堆肥マルチなどはすべて有機物の表面・表層施用技術といえる。微生物の力を借りることで、少量で大きな効果をあげることができる、有機物活用の小力技術である。

本誌二〇〇四年十月号「土壌肥料特集号」では、「機物マルチで土ごと発酵 土は上からつくる」を特集

元普及員が農家になって見直す伝統的な技術の知恵。近代的な資材や技術では代替できない何かがある

●昭和20年代●
農法再発見の旅
捨てた技術に宝があった②

こんなに大きい木灰の価値

透水性をよくし、選択的殺菌効果あり、連作を可能にし、根コブ撲滅し……

水口　文夫

どこの農家にもあった〝灰べや〟

昔は、どこの家にも灰部屋があった。ところが、灰が使われなくなると灰部屋にはクワなどの農具が置かれるようになり、物置小屋に変身した。

それでも昔の名残りで、はいべや、はいべやと呼んでいる。だから、はいべやとは物置きと思っている人もいた。

昔は、灰は貴重な肥やしであった。だから、炊事や風呂をたいたあとで出る灰は、毎日取り出されて灰部屋に貯蔵されていた。

灰部屋は多くの場合、納屋や物置小屋の一角に設けられ、火災の心配がないように、土壁やコンクリート、あるいはレンガなどで周囲を囲って、灰の貯蔵庫として設置されていた。

トマトでも豆作でも大量の木灰が必需品

■多収トマトを支えた木灰

「灰がなければ豆まくな」といわれ、灰は多くの作物に肥料として使われていた。

たとえば、昭和二十二年にトマトで反収二〇〇〇貫（七・五トン）とよい成績を上げていた人の施肥の記録をたどってみると、元肥は反当たり、堆肥二五〇貫、下肥七〇貫、木灰一五貫、鶏糞五〇貫、油カス一〇貫で、元肥の木灰は植え穴に施用している。堆肥、鶏糞、油カスは、溝施用である。

追肥は、下肥四五〇貫を五回にわけて、三倍にうすめたものを施用、木灰一五貫を第二回追肥に施用している。

昭和22年、反収2000貫（7.5トン）のトマトの施肥

（反当たり）

元肥	堆肥	250貫	(938kg)	溝施用
	下肥	70	(263)	
	木灰	15	(56)	植え穴施用
	鶏糞	50	(188)	溝施用
	油カス	10	(38)	溝施用
追肥	下肥	450	(1688)	3倍量にうすめて5回
	木灰	15	(56)	第2回追肥時

木灰は根コブ病菌をよせつけない

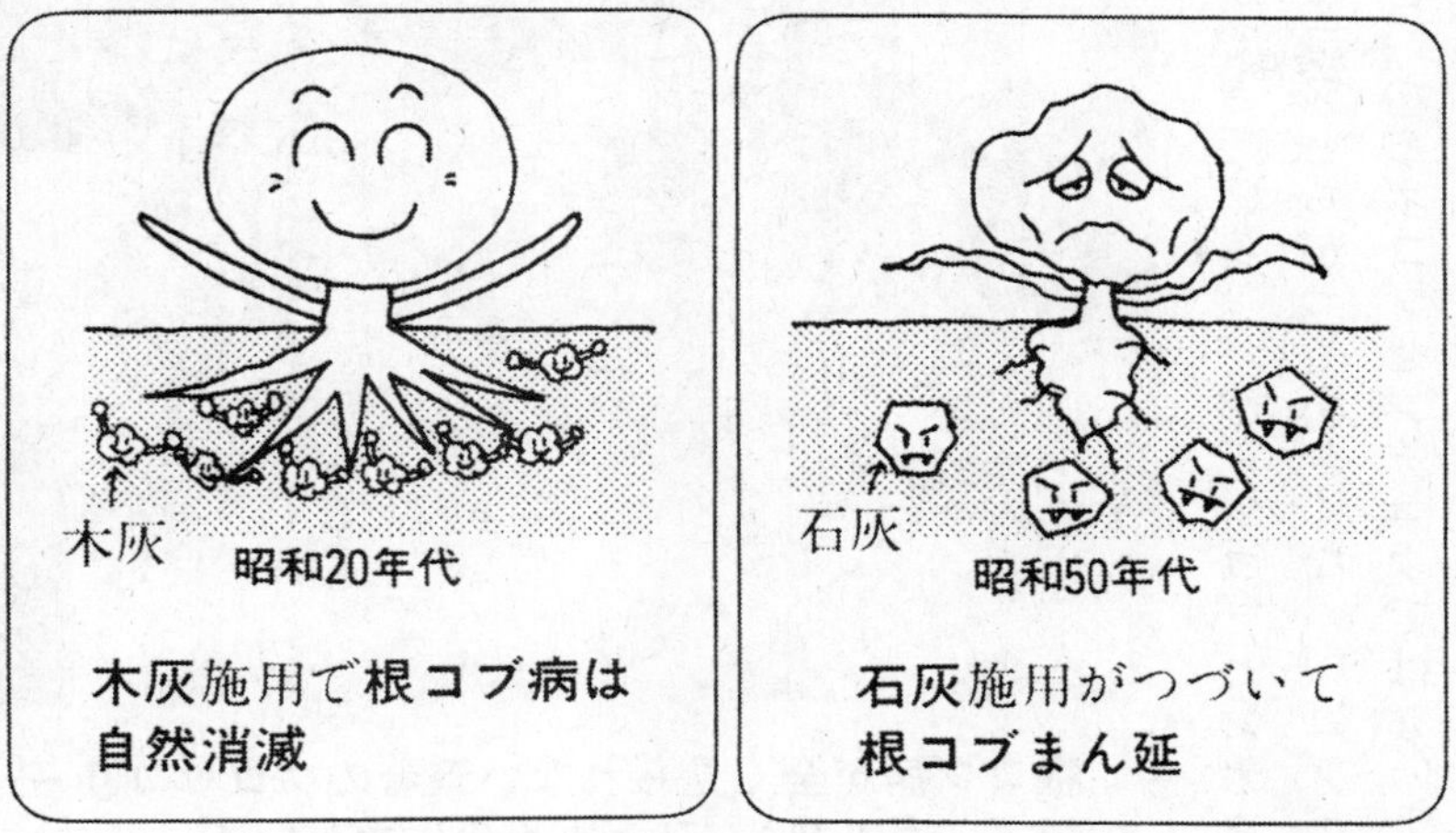
木灰
昭和20年代
木灰施用で根コブ病は
自然消滅
石灰
昭和50年代
石灰施用がつづいて
根コブまん延

■エンドウの連作は木灰の多量施用で

エンドウ豆は、反当たり元肥として、堆肥二〇〇貫、木灰一〇貫、下肥七〇貫、追肥に下肥一八貫を三回に施している。

特にエンドウ豆は連作を忌むこと甚だしいから六年以上の輪栽を行なうが、やむをえず連作するか二～三年で輪栽する場合は、木灰の元肥の施用量を三倍の三〇貫に増加するとともに、追肥として早期に株元に一〇貫施用する。

このように多量の木灰施用により、輪作年限を短縮可能にしたとの古老の話がある。

イネの苗とりを容易にした クン炭、木灰施用

昔の水稲の苗づくりは、水田の一区画を苗代用地にして、まずイネの刈株を抜きとり、幅一～二㍍、長さ一五㍍くらいの短冊形揚げ床をつくり、短冊の表面の土を砕土均平して、この上に種モミをまき、焼土などを覆土した。

田植えに先だって苗取りを行うが、この苗取りが大変な仕事で、長時間作業すると、手がはれて痛むことがしばしばあった。そこで、クン炭や木灰を苗代の表面に散布しておくことにより、苗取り作業を容易にした。クン炭や木灰施用で苗代の床面が固結することなく、また、上根の伸長をよくする効果があった。

このころ、こんな考えがあったそうだ。

〝クン炭や木灰施用は、この中に含まれるアルカリ分によって根が浮いてくるから苗取りが容易になるのだ。クン炭や木灰を使用しなくても石灰をふればよい〟と。

そこで、石灰を苗代にふってみると、苗取りが容易になるどころか、土が固結して、苗を抜こうとすると大変な力がいる。時には苗が切れたりして、大変苗取りに困難をきたしたという。

木灰は根コブ病を防ぐ

■かつて、根コブ病はクスリをやらずに自然消滅していた

昭和二十年代のメモを、ホコリを払いながらみていると、こんな記録がでてきた。それは、農家の自主的な農業技術研究会の席上での発言である。

「九月まきのハクサイに十一月のはじめにおかしな病気がでてきた。日中葉がしおれる。株を引き抜いてみると、根にコ

根コブ病が全く見られない筆者のブロッコリーの根（３月９日）。ひきぬくのに力がいる。

ブができている。だが、ネコブセンチュウのコブとちがって小さくない。コブが大きいからネコブセンチュウではないようだ。昔から木灰は消毒効果があるという言い伝えがあるので、木灰の多量施用をその畑に三年続けているうちに、この病気は発生しなくなった」

私の地方では、ハクサイやキャベツは大正末期から栽培されているが、根コブ病の被害がまん延して問題になってきたのは、昭和五十年代に入ってからである。

では、それ以前に発生しなかったかというと、そうではない。根コブ病は昔から発生していた。私も昭和二十五年に発生を確認している。

しかし、発生しても問題にならなかった。被害がまん延することもなかった。そればかりか、発生した畑を特別に薬剤で消毒しなくとも自然に消滅した。

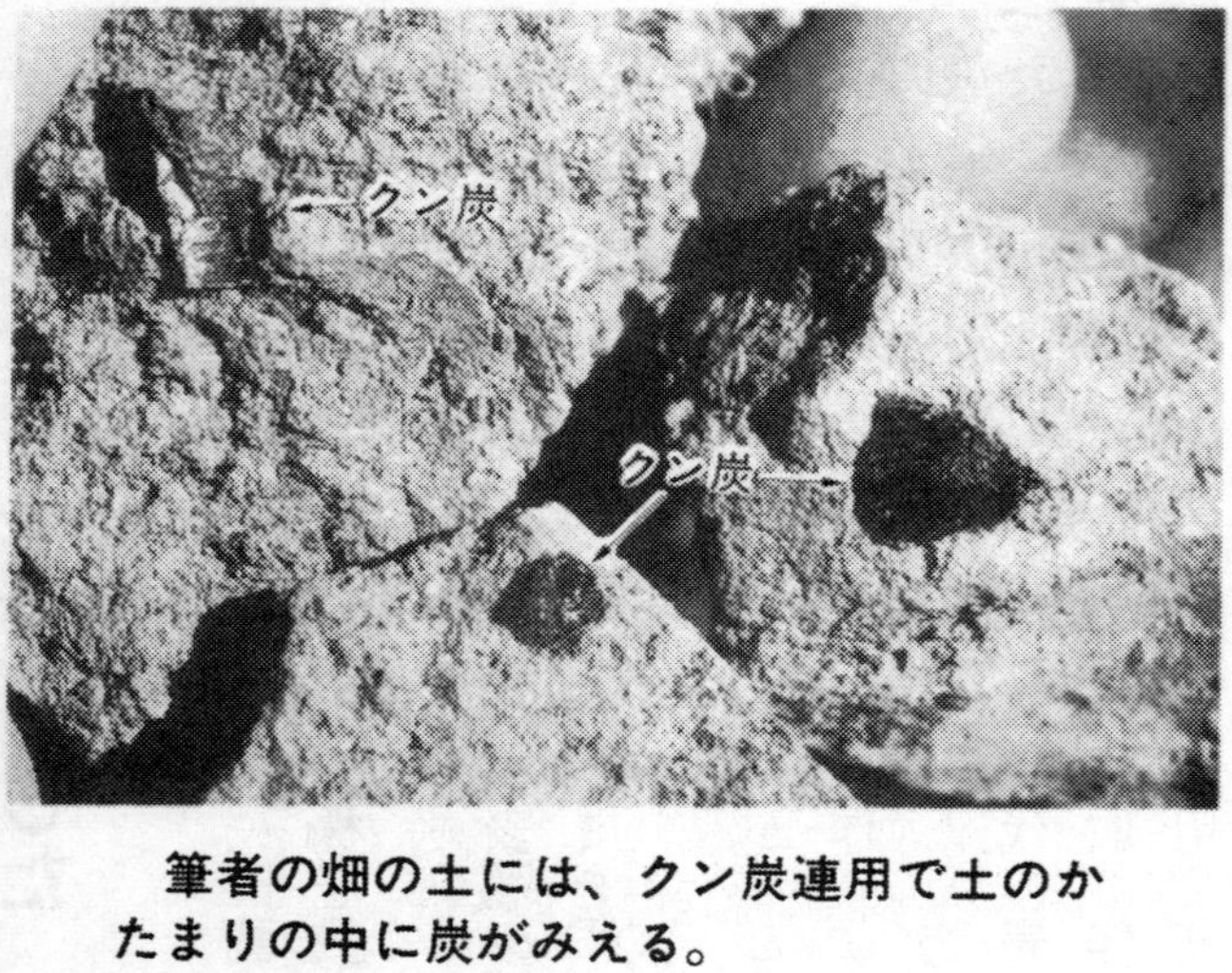

筆者の畑の土には、クン炭連用で土のかたまりの中に炭がみえる。

なぜ、昭和二十年代には、発生してもまん延するどころか、自然消滅していた根コブ病が、昭和五十年代になって急激にまん延したのだろうか。

このナゾの一つに、木灰施用がなくなったことがあるのではないだろうか？

私の畑はブロッコリーなど十字科作物を連作しているが、クン炭を連用している効果であろうか、根コブ病は見当たらない。根コブ病の発生している自分の畑があれば、木灰の効果も確認できるのだが、発生しないために私の畑では確認できない。

クン炭や木灰を連用していると、畑の土はだんだん膨軟になり、透水性がよくなる。木灰はアルカリ性であること、根コブ病は排水のよくない多湿地や酸性土壌に発生しやすいことから考えて、木灰施用で根コブ病発生の環境が悪くなることが考えられる。

■木灰の選択的殺菌力

木灰には選択的殺菌力がある。このこ

とは〝種こうじ〟づくりに木灰が使われていることからも考えられる。

良い〝こうじ〟がつくれるかどうかは、こうじ菌のよいものが選抜できるかどうかにかかっている。今日のように殺菌剤も無菌室もなく、微生物の純粋分離に使用する道具や薬品がいっさいない室町時代に、単に木灰を使用することだけで、種こうじ菌を分離したのだ。

種こうじ菌を分離できたということは、他の有害な微生物の侵入や繁殖を抑えたことになる。いわば木灰は、選択的な殺菌剤としての働きが証明されているわけである。

■木灰の有益菌増殖効果

あるいは、木灰がこうじ菌の増殖を助長したとも考えられる。つまり、木灰は有益菌の繁殖を助長し、有害菌を抑える働きがあるようにも思えるわけである。

以上述べた木灰の作用が根コブ病に働いたものと考えられる。

木灰は石灰で代用できない

昭和二十年代といえば、酸性土壌の改良が盛んに叫ばれた頃である。日本は雨が多く石灰の流亡が激しい。しかも下肥の連用、硫安、過石など酸性肥料の施用で土が酸性になる。酸性土壌ではよい作物はできないし、収量は上がらない。酸性土壌の改良に石灰を施用しようと、盛んに奨励されていた。

木灰には石灰含量は少ない。カリ成分を施したいならば化学肥料の塩加や硫加をやればよい……。

〝木灰は石灰の代用品〟くらいに考えられ、指導者も酸性土壌の改良のため石灰の投入を進めていた。

だが当時、一部の古老たちから、石灰施用は地力の消耗が甚だしく、土を固結させ病気を増やすとの反対の声がでていた。木灰の施用により土は膨軟になり耕作しやすくなり、作物は健康に育つのに、酸性土壌の改良ということで、どんどん石灰の施用を続けていると、やがて大変なことが生じる……と。

昔の古老たちが心配していたことが、昭和五十年代以降急激に目に見えてきたのではないか。ホコリをかぶった二十年代のメモの中に、現在の問題を解くカギがあることを強く感じる。

（実際家・元愛知県農業改良普及員）

【「読者のへや」から・一九八九年八月号】

「現代農業」を通じて結ばれた北と南

山形県　小山内正章

何よりの収穫は、とかく人間不信に陥りやすい昨今、〝人間万歳〟、信頼できる人間がたくさんいるのだという、人間に対する信頼の回復にいたったことである。感激！人間万歳。九州、近畿、中国、中部、関東と雪国東北に住む私とが、まんじゅしゃげを通して結ばれたのだ。

実は、この彼岸花を植えておくと、そこがネズミよけになるということを聞き、当地の名産サクランボの根（とくに冬季にネズミにかじられる）を守るための試みに植えてみようと思っている。代金無料という方もおられた。そういう方には、サクランボ漬けでもお送りしたいと考えている。誠意には誠意をもっておこたえしたい。間もなくサクランボの収穫期がくる。その樹の下に赤い花が咲く季節もくる。秋彼岸のころだ。

トマトの精農家がたどりついた、苗と土との出会わせかた。自力でベッドに根を伸ばせば無病・高品質に

促成トマト

病気知らず・A品九〇%の多収栽培への道①

"順調な活着"はJ3・空洞果の落とし穴にはまる

編集部

促成トマト最大の悩みの土壌病害。とりわけJ3。接木によってではなく、自根栽培でこれにうち勝つ道はないか。

この連載では、自根でJ3を出さず、しかも上段までA品九〇%の安定多収栽培を可能にする道を読者の皆さんといっしょにさぐっていきたい。それにあたって埼玉県のトマトのベテラン、養田昇さんの胸をお借りする。

厳寒期のむずかしいコントロール

養田昇さんは、一時、八年間ほど接木栽培を試みて、また端光一〇二の自根栽培にもどった。もう六年になる。土壌消毒も太陽熱も一回もやらないが、J3（根腐れ萎ちょう病）はでていない。

収穫の九〇%はA品ランクで、B品は一〇%ほど。糖度はまわりの水田に水が入る六月上旬までは七～八度で、ノーマルチの去年は九度までいった。

果房ごとの収穫個数は左のページの図のとおりで、早い時期から収穫が始まり、上段まで安定してとれる。中段で中休みしたり、空洞果や乱形果が出ることはない。途中、葉かきは一回もしない。最後まで下葉も働いているということは、品質ばかりでなく収量も並みではないことを意味している。

共同出荷の市場流通ではM玉がねらいどころだが、養田さんは直売なのでM玉、S玉が中心である。2Sや3Sなど小さいほどよく売れる。空洞果はご法度で、出せば売れない。

玉のねらいどころは市場流通の場合と多少異なるが、中休みさせず、品質低下させずに長期どりができている点や、図にみられるように収穫量の立ち上がりが早い点など大いに学ぶところがある。

収穫が意外と早く立ちあがるのは四段が開花する時にはもう一段が赤くなるくらい生殖生長型の樹になっているからこ

第１図　養田さんの作型と収穫
——収穫は１月下旬から７月下旬——

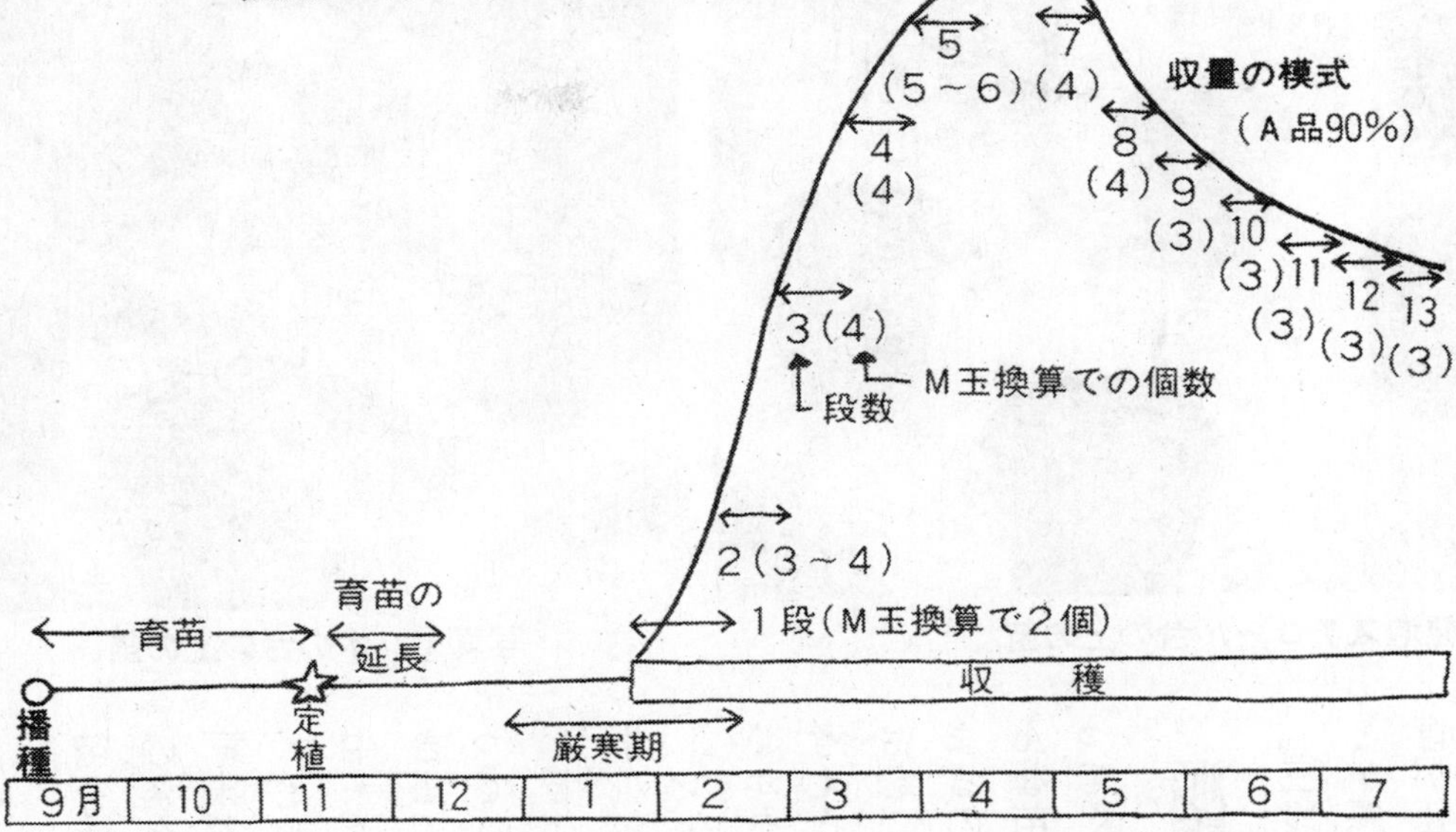

そできるわけである。栄養生長型の樹では、六段開花でやっと一段が赤らむくらいであるから、その差は大きい。温度やかん水や追肥で追いこむことはせず、低温気味に育てていて、こういう生育なのである。いやむしろ、厳寒期の光線量の不足する時期に、低温で育つことができる体勢の樹にできていることがこの収穫パターンのポイントである。

この作型の多くの人は、早く出したい気持はあっても実際には、五月になってやっと収穫のピークをむかえている。しかも、三段以降、早い人は二段から空洞果やトンガリ果がでてしまう。それは根本的には、厳寒期をのりきる樹の体勢がつくれていないからではなかろうか。

厳寒期は光線量が不足する。その条件で温度を高めれば空洞気味になる。ある産地のリーダーはこの点を「見かけの光合成」をさせてもだめなんだと強調している。しかし、では光線量に見合って低温にできるかといえば、それでは変形果が多くなる。また接木しない場合には、低温によってJ_3にやられることになる。高温でも低温でもむずかしい問題があり、絶妙のコントロールが必要になるのが、多くの産地の厳寒期の悩みである。

どうしたら厳寒期に、もっと楽に、病気や品質低下や収穫の中休みにつながる花の弱さを出さないようにもっていけるのか。ここが最大の問題である。

厳寒期の管理が大切か、苗づくりが大切か

促成長期どりの課題をめぐって大きく二つの意見がある。

「苗づくりより厳寒期の諸管理こそが大切である」

これが一つの意見。もう一つは

「厳寒期の管理はいうまでもなく大切だが、それ以前に、苗づくりこそが大切である」

というもの。後者が養田さんの意見である。養田さんが苗づくりが大切といっているのは、苗がよければあとは自動的にうまくいくという意味ではない。どんな

写真①　木の台の上の苗

写真②　発泡スチロール台の上の苗

苗を作るかで、厳寒期にむけての定植後のスタートがまるでちがってくるという意味である。

　定植後一カ月もすればすでに十二月中・下旬。厳寒期の入口である。このときまでにどのような体勢の樹ができあがっているか。それが中段以降、障害多発ととなり合わせの生育で絶妙なコントロールが必要になるか、そういうコントロールなしに楽に良品安定多収ができていくかを分けてしまっていると養田さんは考える。厳寒期までに良品安定多収の土台をつくるためのスタートが定植後に始まるのである。そしてそのスタートはどんな苗ができているかによって全くかわってくる。

順調に活着させてよいか?

「三段くらいまではよくとれるがそのあとが悪いというのは、定植からあとの生育が狂うからですね。定植でうんと水をくれて、温度も高めて順調に活着させるでしょう。本にそう書いてあるね。あれがダメなんだと思うんですよ」

　こう養田さんは思っている。とんでもない指摘だ。〝順調な活着〟は世の常識である。それがダメなんだという。では養田さんは順調に活着させないのだろうか。

■少かん水、低温下で活着する苗

九月上旬まき(今年は九月四日と九日)の苗を養田さんは十一月中旬に定植する。

　二〇日前には施肥がおわっている圃場に培土板で一〇センチくらいの溝をつけ、そこに定植四～五日前に苗を配っておく。育苗と同じような量のかん水を二回ほどしたら定植だ。そのうちの一回は定植当日で、いつもの二～三割増しの水を鉢にくれる。一部の水は鉢から落ちて溝にもかかる。これが、養田さんの行なう定植時のかん水のすべてである。かん水といっても、定植の時かける土にまで水が浸みあがることはない水の量である。その後かん水はしない。定植後だけでなく、七月末の収穫完了まで、養田さんはかん水を一回もやらない。このことは別の号

第２図　少かん水・低温下の定植（平ウネ）

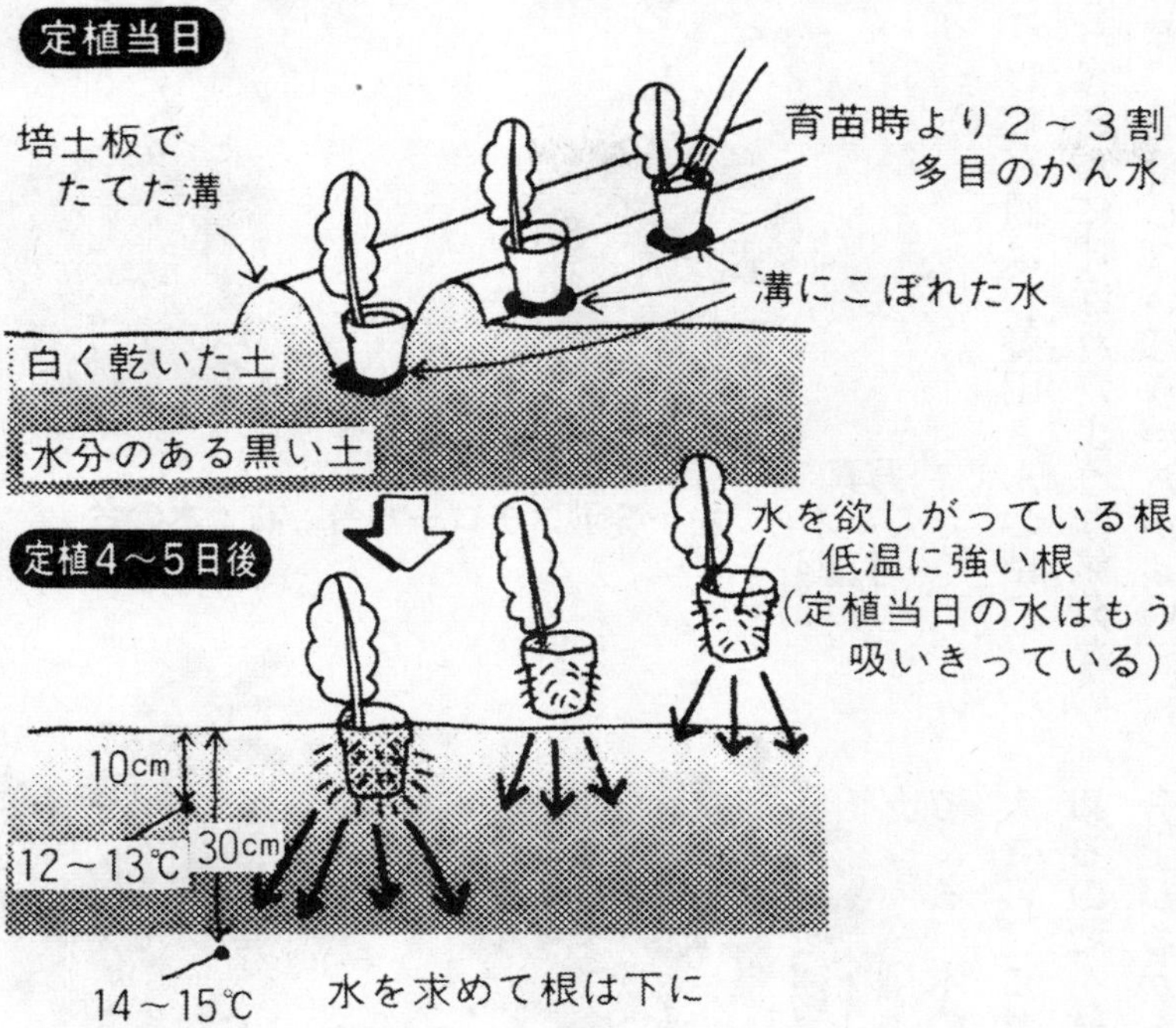

でふれる。

また、定植後に暖房をたいて温度を高めることもしない。自然のままの温度である。六度なら六度。五度でも四度でもかまわないという。

少かん水と低温のままの活着、これが養田さんのトマトの本畑との出会いである。過酷ないじめなのだろうか？　いや、ちっともいじめてない、逆なんだと養田さんは思っている。

お客さんに呼ばれる気持の活着

写真一、二でみるように、養田さんの苗ポットがおいてあるのはビニールの上ではない。発泡スチロールまたは木でつくった台の上である。

よく見ると、発泡スチロールには溝が切ってある。また、木の台は二本の木でつくってあって、間にスキマがあいている。

このスキマから、よぶんな水は皆落ちてしまっているのである。かん水は一日おきの早朝で、翌日の午後にはかわいてしおれ気味になるくらいの量である。苗は水をほしがりながら育つ。

また溝のある台の上に置かれているから、鉢穴からは寒気が入ってくる。定植ころには気温は六～七度にも下がる。その寒気が鉢穴から入ってくるわけだ。

こうして台の上という環境のもとで、苗は一生懸命に育ってくる。だから定植でベッドにおろされるということは、苗にとっては極楽にお客さんにいくようなものなのである。

水は？——苗にとって充分にある。

いくら表面が白くかわいているようでも、下は水分をふくんだ黒い土があるものだ。土に囲まれて乾くこともなく、下層に水分があるベッドにおろされた苗は、もう育苗中のように、寒くてかわいた環境ではない。水が欲しくてしようがなかった苗は、水を求めて、下層に根をのばしていく。

温度は？——これもある。

十一月中旬といえば、まだ地温は一二～一三度はあるときだ。七～八度の寒気が鉢穴から入ってくることに耐えられる低温性の根となっている苗にとって、定植はむしろ暖かい環境へのうつしかえである。

こうして定植は、養田さんの苗にとってはお客さんに呼ばれたような気分なのである。活着しないほうがおかしい。

では、なぜ養田さんは〝順調な活着〟ということに疑問を投げかけるのか。

育苗は活着のしかたをかえる

写真三、四をみていただきたい。この左右の苗は、写真一、二の苗のうちの一鉢ずつを横と真上からうつしたものだ。

写真③

左：発泡スチロール台　右：木の台

写真④

左は発泡スチロール台の上で育てた苗。右は木の台の上で育てた苗。撮影日は十月六日で、台の上に間を広げておいてから一〇日たったところである。

たった一〇日間で、どんな台の上に置かれたかがこのような生育の差となってくる。木の台の上のものは葉がいく分大きい。これは、木の台のほうが熱をためるので、鉢の地温が昼間も夜間もいく分上がるからである。その分、根がより多くの養分を吸いあげ、葉を大きくした。発泡スチロールのほうが熱があがらないために、苗は小さい葉なわけである。

木か発泡スチロールか、たったこれだけのちがいも、苗にとっての環境の一大変化であり、姿をかえるものなのだ。

しかも、養田さんは、台の下は全面マルチをしている。これは、地面からの湿度を断つためである。もしマルチをしなければ、湿度があがってきて、その分苗はのびることになる。

台の上で育てず、もしビニールの上に鉢をじかにおけば、これはたいへんな環境のちがいになるとみている。図三がそれだ。水分があり、温度が与えられつづける苗は、木の台の上どころではない大きさに育つ。葉は大きく、やわらかく育つ。定植前ころには気温も下がるから伸びられず、見た目にはがっちり苗に育つ。しかしこの苗の素質は高温と高水分になれた、やわらかくのびる素質といえるのであるという。これが中段以降の障害多発コース、絶妙なコントロールが必要な生育の始まりになってしまうという。それは〝順調に活着〟させなければならなくなるからだ。

葉が大きいから定植後の蒸散が大きい。しかも多水分に慣れている性質の苗である。どうしても、水を充分にやって順調な活着をさせなければならなくなる。

地上部は低温になれてきているが、根は高地温に慣れている。畑には地温が残っているとはいえ、育苗時に高温に慣れてきた根には、低いと感じるだろう。暖房をたいて温度を与えてやる必要がでる。

こうして大きくやわらかく高温に慣れて育ってきた苗は、水と温度によって活着させてやらなければならないわけだ。また、そういう苗にとってはそれが正しい管理というものだ。

しかし、それが空洞果、J_3への道の始まりなのではなかろうか。根は、水分のある表層にはり出す。深くに根をはるのが遅れる。どんどん光線が少なく、地温も下がっていく環境にむかうスタートとして、それでよいのかということである。

J_3、空洞果を出さないのは低温性の根

養田さんの根は低温の寒気をうけて育ってきて、定植後、水を求めて地下にもぐっていく。地下三〇チセンなら温度は一四〜一五度ぐらいに安定している。定植後、ここに根の主流がむかう。

しかし、高温に慣れた苗では、根はまず水と温度のある表面に張る。地下深くにむかうのは一、二歩遅れてのことである。表層型の体勢で厳寒期に突入だ。

そして、厳寒期。ベッドの表層一〇チセンぐらいのところは一一〜一二度になる。雪が降ったりする曇寒天が二〜三日もつづけば九度にも下がる。寒さの直撃で根が弱り、自根なら、J_3がつく。地温を得ようと気温を高めれば、もう二度と下げることは不可能になる。生育は乱れる。

「うちのトマトだって、根が温度の低いところに分布していればおかしくなると思いますね。だからなおさら一四〜一五度の高地温に慣れて育った苗だったら一一度の地温では根がいたむ。

つまり自根でJ_3を出さないためには、いかにして育苗中の根の温度を下げるかということと、定植後に根を深くはらせるかということです」

厳寒期の一一〜一二度ですら、養田さんの苗にとっては育苗末期の鉢の地温よりは高い。しかも、地下三〇チセンはもっと

第3図　育苗環境でも苗質に差がつく

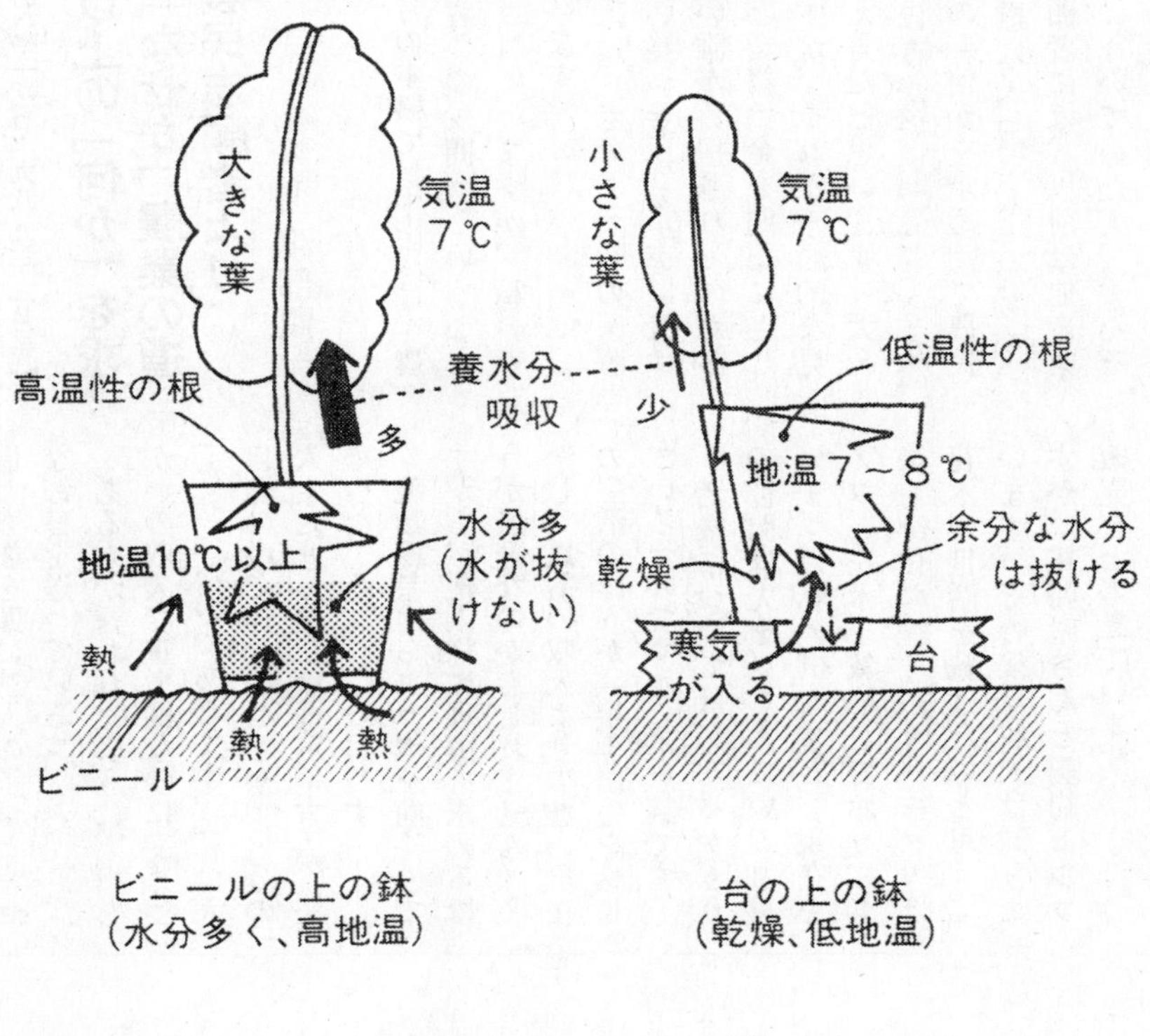

暖かい。低温に耐えられる素質の根にとっては、厳寒期の低地温は充分耐えられる温度なわけである。しかも、根の主流は暖かいところに分布して活力を失わない体勢になっている。J_3の菌がいても、J_3にやられる条件に根がないのである。

接木でJ_3抵抗性を得ている場合、水を充分にかけ温度をかけた樹はどこにむかうだろうか。表層にはった根のまわりに全面全層の肥料があれば、肥料を吸って樹ができてくる。根の体勢が表層型なのに樹ができる。ホルモンで肥大も始まってくる。しかし、光はなく根もないから養分体制が充分でない。心が弱くなり、花が多くなる。二〜三段からの玉の質が悪くなる。空洞果の発生である。

苗は育て方で敏感に性質を変える。三つ子の魂百まで。定植時に水と温度が必要な苗になるのも、自力でベッドの下に根を伸ばしていく苗になるのも、育苗をどうするかにかかっている。養田さんの栽培は〝しめづくり〟といわれてトマトをいじめているような誤解があるが、全く逆のように思える。本畑でこそ、たくましく生きていける若い力を蓄えさせることにすべての狙いがある。

〝順調な活着〟をさせざるを得ない苗か、低温性の苗か。育苗こそが、厳寒期の管理をしやすくする最大の土台をつくっているのだと、養田さんは強調する。

【「読者のへや」から・一九八九年九月号】

お金以上の「何か」を求めて「なぜか」農業の道へ──農民志願者より

愛媛県　渡部顕一

七月号の本欄で、中山氏は「農民志願者への疑問」ということで投稿されていますが、私の考えを述べます。

中山氏は「老いてからの医療費、長い長い老後の生活費は、いったい誰が負担されるのだろうか」と、終始金を問題にされていますが、それが一般的な見方・考え方だと思います。大金があるほうがいいでしょうが、金以上の「何かを求め」て農民志願の道に入った人々が多く、農民志願者には、以前は他産業で充分に稼いでいた人、またその能力がある人が多いことに気がつきます。

しかし、その「何かを」が一般の方に理解されません。農民志願が主原因で、私など妻に理解されず、妻は三人の子供を連れて帰ってしまいました（今は理解ある伴侶と五歳を頭に三人の子供と幸せな毎日を送っている）。

ある人が言われたように、桁ちがいの収入で重労働なのに「なぜ」「なぜ」なのであります。私は大自然の中で汗することが、自分の人生にとって「最高の生きがい」だった。それだけの話です。

親類縁者すらソッポを向くのですから、他人様に理解を求めるほうが無理なのかもしれません。しかし、以前の収入より少ない現在の生活のほうが「生きがいを感じている」のですから不思議です。

老後については、知るかぎりの仲間は先を見すえていると思います。私の例ですと、現在キノコと花木を栽培しており、老後も身体の続く限り、キノコと花木の世話を続けたいと思っています。その後は収入は減りますが、花問屋さんと契約セルフ販売をと考えています。

まだまだ先の話ですが、息子の金の世話にならなくてすみそうです。

一人ごと。「何か」を求め、「なぜ」「なぜ」と問い直し、「最高の生きがい」を求めて、いまその「生きがいを感じている」。

2000(平成12)年8月号

三角ベッド、平ウネと変わってきた養田さんはその後、不耕起にたどりついた(カラー口絵より)

雨不足でも
不耕起トマトはデカかった!!

埼玉県熊谷市　養田昇さん

昨年11月に定植して以来、今年1月にかけて雨がほとんどなかった。冬のかん水は根を傷めると考える養田さんは、2月下旬までかん水なし。でも養田さんの不耕起トマトはご覧のとおり大玉ぞろい！今年は深耕をした人ほど土が乾いてしまって玉太りがわるかったという。冬が雨不足だった今年はとくに、水分が安定する不耕起の力が発揮されたといえそうだ。

撮影：赤松富仁

養田さんの不耕起平ウネベッド。今年はトマトにもっと光を当てたくて、通路を120cmから150cmに広げた。株間をつめたので植わっている本数はいっしょ

この夏季せん定。その後リンゴわい化栽培で、果実を成らせながらコンパクトな樹をつくる技術として広がった

リンゴ 夏のせん定が花芽つくりのきめ手だ!

永沢鶴松

▼青森県の永沢鶴松さんのリンゴつくりはまったくすばらしい。夏せん定を土台にして枝の元までびっしり花芽をつくり、良質な果実をたくさん収穫している。

▼最近になって、「人工的スパータイプ化」などとさわがれているが、永沢さん自身三五年にわたる歳月をつぎこんだ革新技術。（編集部）

◇――――――◇

花芽をつければ葉もふえる

■理想的な樹の姿

つぎの写真をごらんください。これはわたしが理想的と考えているリンゴの樹の姿である。〝おかしな樹形〟と思われる方も多いかもしれない。なるほど、これが主枝、これが亜主枝、と呼べるものはない。だが、花芽の数がたいへん多い。枝の元からびっしりついている。夏になって、葉が開いても、どの枝にも光線がむらなく当たるようになっている。

これは一五年生のスターキングだが、毎年六〇〇キロ――三〇箱の収量をあげている。枝が手首の太さになっていれば、そこから先の部分で二〇キロ――一箱の収量があがる。品質も決して劣らない。

■すべて花芽つくりから始まる

わたしは、三六年間にわたるリンゴつくりの経験から、〝リンゴつくりは花芽つくり〟と考えている。まず樹形をつくり、枝に花芽をつけるという考え方をわたしは否定する。たとえ若木であって

も、花芽をつくりながら樹をつくっていくという考え方だ。

当然のことだが、リンゴつくりの目的は質のよい果実を毎年たくさん収穫するところにある。

その目的にそって、まず花芽をつくること。花芽をつくれば葉ができる。花芽をつくり、一つの果実をならせれば、その下にはかならず一〇枚の葉がついている。だから、花芽つくりは葉づくりでもある。今までのように新梢を伸ばして葉をつくるやり方ではなく、花芽をつけて葉をつくった方がはるかに効率的である。

枝元からビッシリと花芽が着いている
（15年生スターキング）

（約600kgの収量が期待できる）

■果実と葉を支えるのが枝

それなら、枝はどうなるのか。果実や葉を支える役割をもっている。太い枝に直接びっしり果実と葉がついていれば、いちばん支えやすい。風が吹いてもふらふらしない。ところが、現実にはそうはいかないので、太い枝のすぐ近くに果実をつけるようにもっていくのがよいわけだ。

手首の太さの枝に二〇キロもの果実をつけるのだから、それに耐えられる力をもたせなければならない。

そこで第一図をごらんください。わたしは枝に「腰入れ」をする。人間にたとえれば、腰、肩、ひじ、手首をしっかりつくっておけば、重みを支える力も強くなる。リンゴの枝も同じこと。花芽をたくさんつけるためには、こういう力の強い枝をつくっておかなければな

第１図　腰入れした成り枝

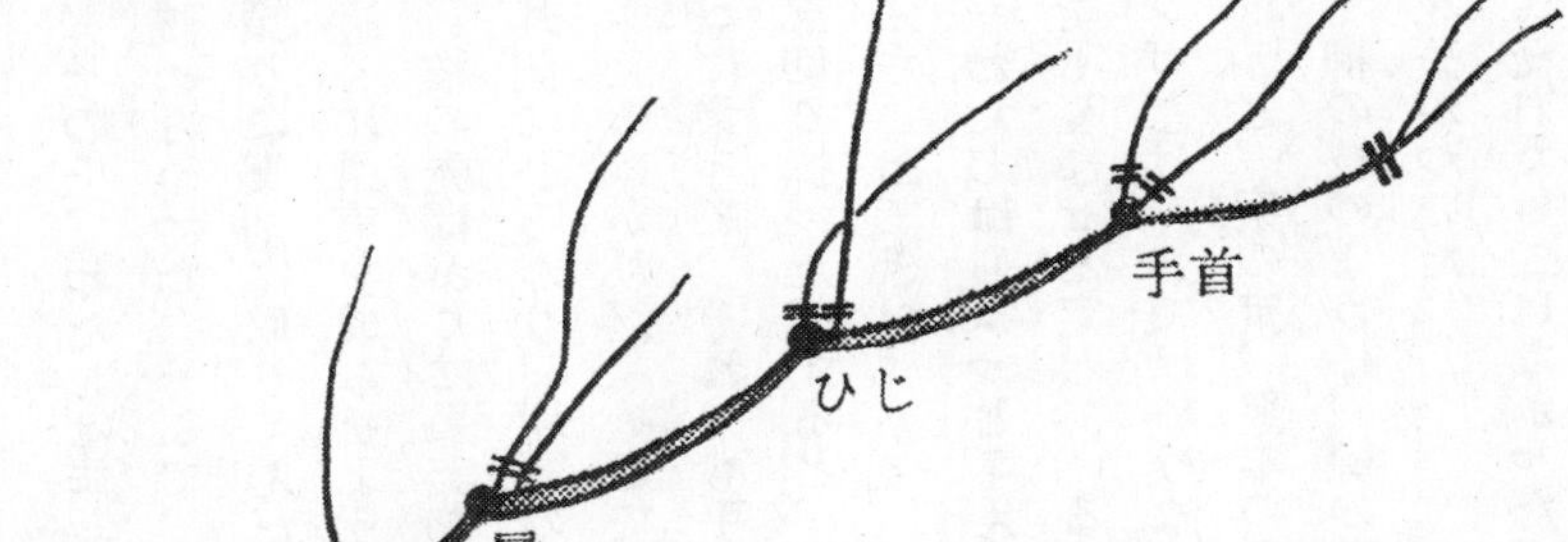
肩
※枝がかたくなって垂れない
幹
腰
（冬，夏のせん定で方向をきめる）

らない。

わたしは主枝だ、亜主枝だ、とめんどうなことはいっさいいわない。どの枝にも、枝のどの部分にも、光が当たるようにして花芽をつけ、果実をつける。だから、わたしは枝を出せば全部「成り枝」にする。その成り枝を支えるのが幹。

×

まとめておこう。まず花芽をつくる。花芽ができれば葉ができて、果実を太らす力がつく。その果実や葉の重みを支えるのが枝である。こういう考え方でいくと、樹形は結果的に決まるのであって、〝樹形をつくってから果実を成らせる〟やり方とは根本的にちがう。

では、花芽をつくるにはどうしたらよいのか。いちばんの早道は〝夏せん定〟の実行である。

花芽つくりが思いのまま
夏せん定をすると、花芽を自由自在に

■夏せん定の感激

今から三六年前——二五歳で、リンゴつくりを始めたばかりのころだ。

〝リンゴの枝がなぜこんなにはげあがっているのだろうか？　もったいないではないか。〟そんな疑問をもった。

りんご試験場へ行けば何か教えてくれるだろうと思い、何度も何度も足を運んだが、なっとくのいく答が出なかった。

その上、わたしは無学で本を思うように読めなかった。そこで、リンゴの樹だけを頼りに真剣に取りくんだ。主幹のなるべく近くに果実を成らせようと——。

枝の先ばかりに果実を着けるとますます外側にひろがり、樹冠の中はぼうずの枝がふえるばかりだ。そこで、当時の六尺バシゴに乗って、それでも手の届かない枝を全部切り払った。すると、勢いのよい枝がわんさと出てきた。

わたしはちょっと考えた「ナシでもウメでも夏にせん定しているではないか！　リンゴだけやってはいけない理由はないはずだ」と。案の定、翌年の冬になると〝まるで柳の枝のように、幹の元からびっしりと花芽がついた。

それだけではなかった。幹の肌がざらざらしていて、芽などとても出そうもないところから、新芽がいっせいにふいてきた。

わたしはリンゴの樹の生命力の強さにびっくりし、また感激した。この感激が夏せん定を始めるきっかけになったのである。

はげあがっていた部分にも枝がでてきた

第2図　夏せん定で花芽をたくさんつける

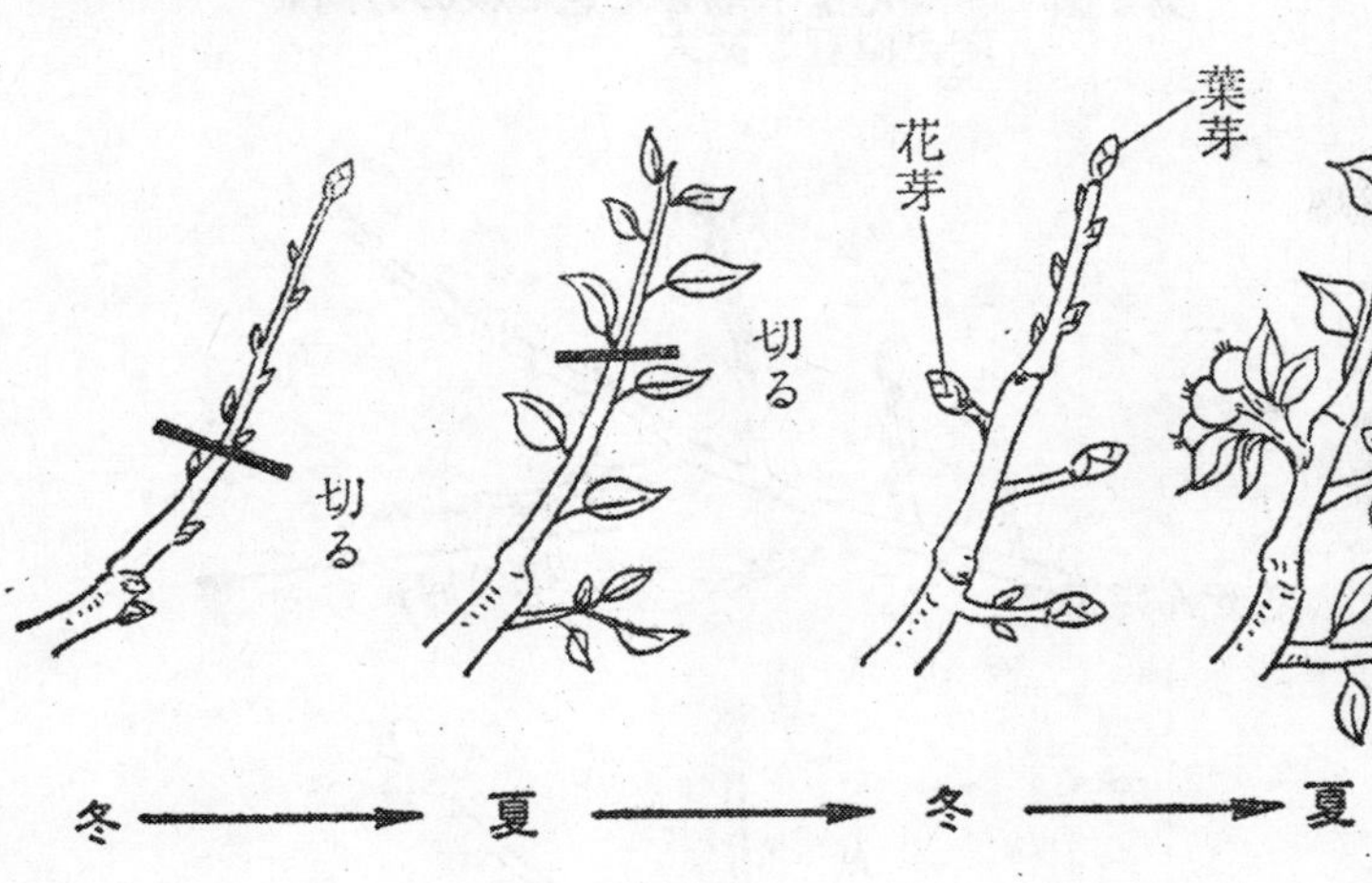

つくることができる。

第二図をごらんください。

まず冬せん定で枝を切りつめる。春先には新梢が伸びる。その新梢が一〇枚の葉をつけていたとする。新梢が伸びきったところで葉を三枚残して切る。これが夏せん定。

切られた新梢は、根から上がる一〇葉分の栄養が三葉に流れる。光線の当たりもよくなる。だから花芽ができやすくなる。第二図でみると、二つの花芽（短果枝）と短い夏枝（二次生長枝）をつけている。

冬のせん定だけなら、一つの長果枝になってしまうところだが、夏のせん定で二つの短果枝をつくる。

だから、わたしのリンゴの樹の成り枝を調べてみると、一樹に五〇～七〇の花芽をつけている。しかも短果枝や中果枝が多いから、ほかの枝への光線をさまたげるようなことはない。

夏せん定で花芽をつくる

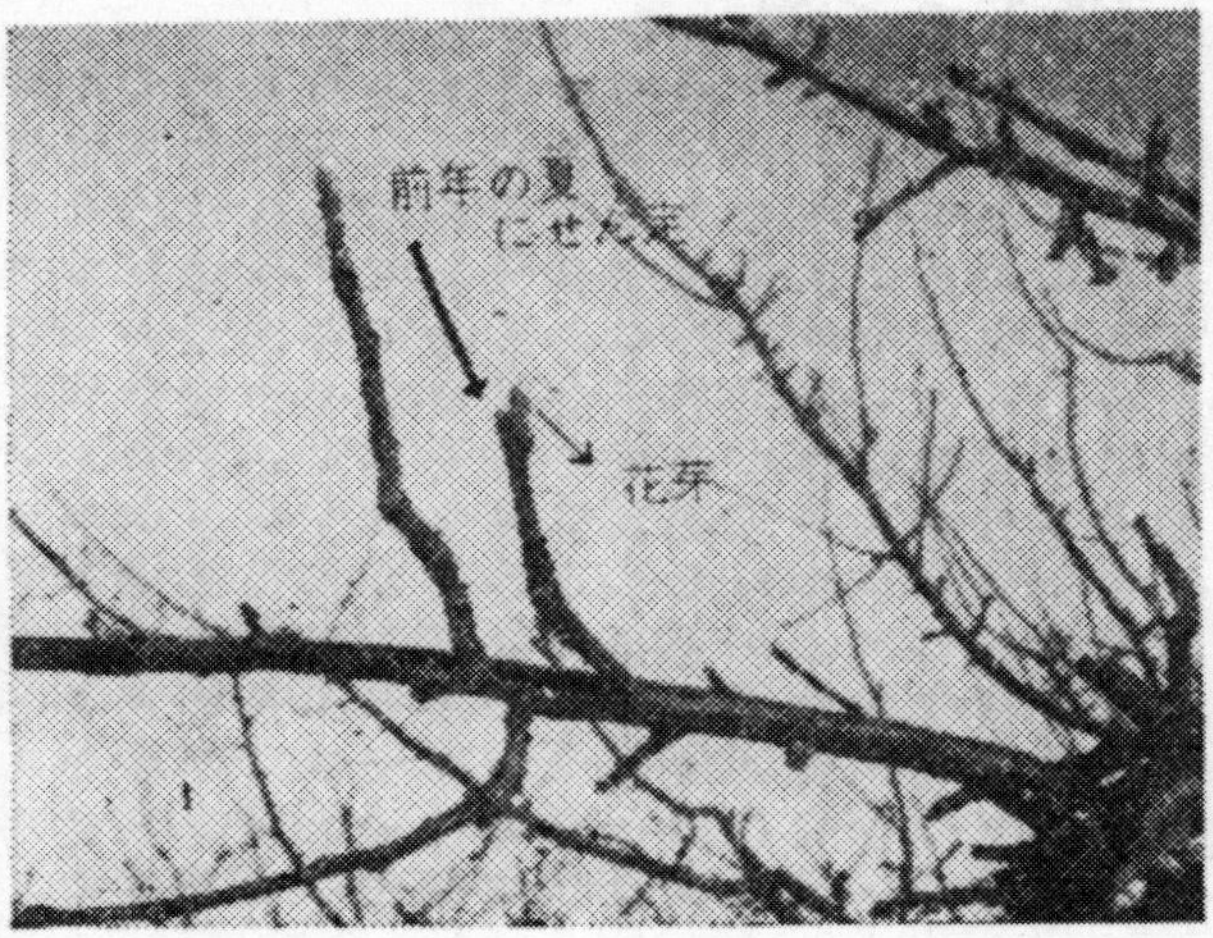

■葉の数がふえる

夏に新梢を切ってしまったら葉の数が減るのではないか？　そんな疑問もおきよう。心配ご無用。

もう一度第二図をごらんください。夏のせん定で一〇枚の葉を三枚に減らした。ところが、花芽を二つつければ、翌年の夏には二〇枚以上の葉ができる。花芽を一つつければ、その中に一〇枚の葉が含まれているからだ。夏せん定は、葉の数を減らすどころか、葉を大幅にふやすやり方である。それだけ葉の面積がふえ、果実を太らす力が大きくなる。

■樹冠の拡大も

夏せん定によって花芽の数をふやしな

がら樹冠をひろげていくこともできる。

第三図をごらんください。冬せん定で、枝の伸長方向をきめて切る。ところが、切った枝から勢力の強い新梢が伸びるとそちらに養分を奪われ、枝の向きが変わってしまう。そのとき夏せん定すれば、花芽をつくりながら、予定の方向にまちがいなく樹冠をひろげることができる。

成り枝の「腰入れ」は、実はこの冬せん定と夏せん定とを組み合わせてつくったものである。

第3図　冬せん定＋夏せん定で枝の方向を変え樹冠を拡大

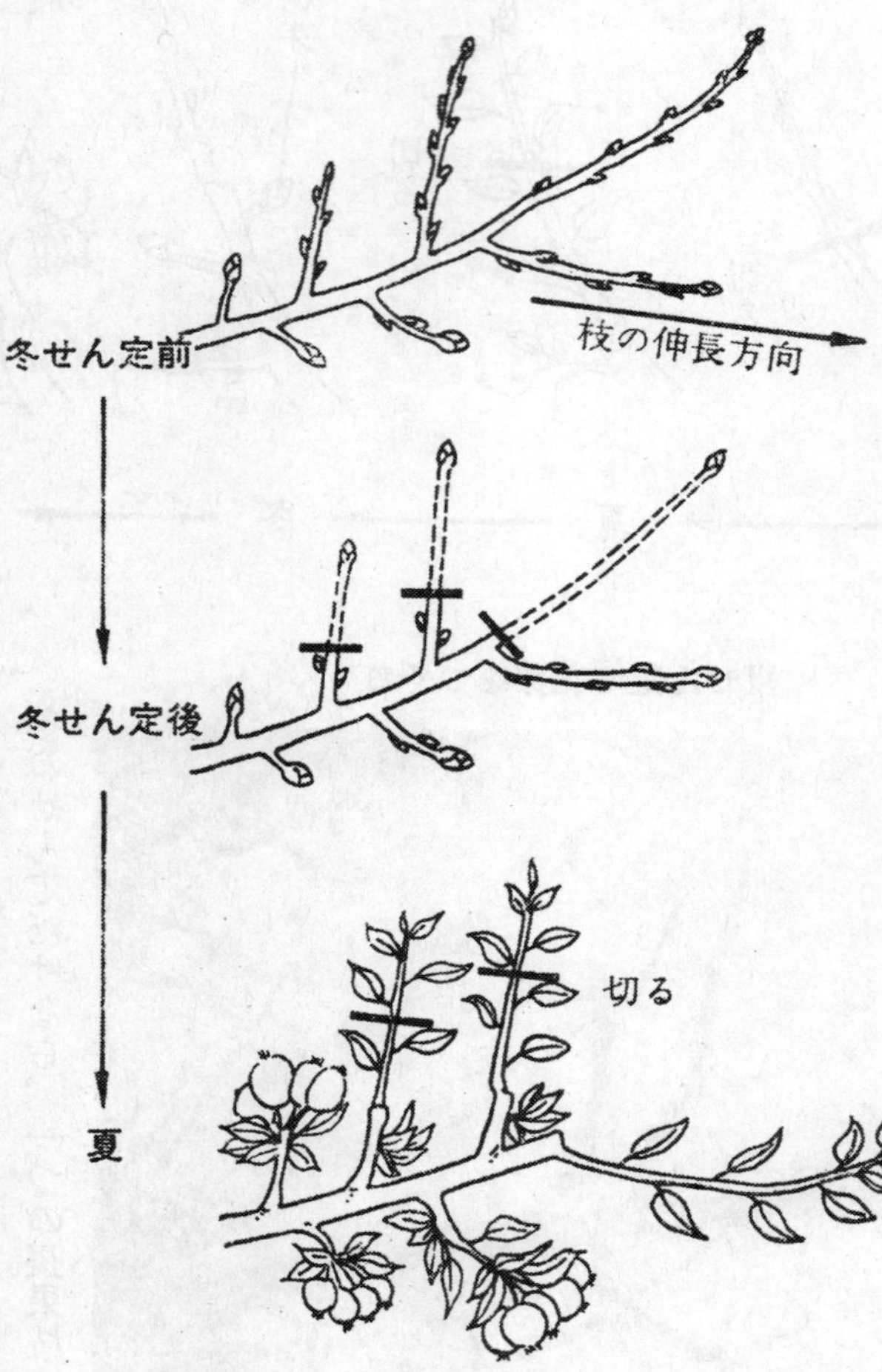

■必要なら枝抜きも

冬のせん定で手ぎわよく枝を抜いたり切りつめたりしたつもりでも、夏になってみると、予想以上に新梢が伸び、日陰をつくることがある。

そんなときは、夏せん定で手なおしする。邪魔なものは夏にも枝抜きする。要は光線を入れること。夏に葉のついた古枝を切ってはわるいという法律はどこにもない。

■チッソ施肥量を減らすこと

さて、ここでチッソ肥効が問題になる。夏せん定しても、チッソ肥効が高すぎると夏枝（二次生長枝）の伸びが旺盛になって、花芽がつきにくくなる。

だから、チッソ肥料は減らした方がよい。

二次生長の状態を見て施肥量をきめるのだが、一〇アール当たり、チッソ成分五キロ以下で充分。

夏せん定を追肥と考えればよい。たとえば、第二図でみれば、一〇枚の葉にまわす栄養を三枚にまわすのだから、チッソ施肥量を一〇分の三にすればトントンということ。チッソ施肥量が多くて夏せん定をすると、二次生長を起こし、葉芽ばかりになり、樹がオバケ状態になる。

夏せん定の時期と強さの決め方

夏せん定を実際にすすめるにあたって「強さ」と「時期」が問題になる。

勢力の強い新梢を短く切りすぎると、根からの養分がその中におさまりきらないので、強い二次生長を起こす。こうなっては、花芽ができない。

勢力がややおとろえかけている枝の新梢なら、短くしても夏枝が徒長する心配はない。

また、新梢が伸びきらないうちにハサミを入れると、強い二次生長をおこすことがある。夏せん定の適期は、新梢の伸びが止まった時期ということになる。

■新梢の勢力と切る強さ

品種によって切る強さは多少ことなるが、ここではスターキングで判断の基準をかんたんに示そう。

・強く太く出た新梢（長果枝化したもの）
……四～五葉残してきる
・ふつうの新梢（三〇センチ前後で長果枝化したもの）……三～四葉残して切る
・中・短果枝化した発育枝
……二～三葉残して切る
・果そうから出た副枝
……一～三葉残して切る

■新梢の勢力とせん定時期

青森県の例では、六月一〇日から七月一〇日が夏せん定の適期。これは地方によってちがうが、要は新梢の生育が止まった時期である。だいたいの目安は次のとおり。

・まだ果実を着けていない幼木
……七月下旬までできる
・若木…六月下旬から七月上旬に行なう
・実止まりの良い樹
……六月一〇日から始める
・実止まりの悪い樹
……六月下旬から七月上旬に行なう
・樹勢の弱った樹
……六月一〇日から始める
・樹勢の強い樹
……六月下旬から七月上旬に行なう

◇　◇　◇

夏せん定を実際にやってみるとわかるのだが、〝これで大丈夫〟と判断しても、結果は夏枝が強く伸びることがある。そんな枝は翌年の冬せん定のとき短く切ってやればたいていは結果枝になる。

〝夏せん定のりくつとやり方は見当がついたが、労力がたいへんだ〟と考える方もおられるだろう。

たしかにそうだ。摘果と同時に新梢の伸びをみながらやる作業だから、摘果もやれない労力事情の人には困難だ。

ごく一部でよいから、摘果作業にあわせて、夏せん定をやってみてはいかが。花芽のつくり方を自分でたしかめてみていただきたい。

――次号は品種別の夏せん定、着色について。

（青森県弘前市　文責編集部）

低樹高にこだわらず、樹高をあげて多収をねらう方式として、注目を集めた技術

小さければよいのか わい化栽培の本質を問う

リンゴ わい化栽培の確立をめざして④
10a10t・多収してこそ本当のわい化だ

編集部

なんと一〇アール当たり一〇トンの収量！ 長野県須坂市でついに一〇トンどりのわい化栽培が現われた。七年生のふじでこの成績をあげたのは、境沢町の永田正夫さんである。

永田さんは、この実績をもとに今のわい化栽培のあり方に疑問を投げかける。「わい化栽培は小さくつくれたらそれでいいのだろうか。今のわい化栽培は、むりに小さな枠におし込めようとしている。そのため、わい化の効果が現われにくく、収量も上がらない仕組みになっているようだ。私のつくり方なら安定八トンどりは充分可能だ」

多収できない わい化でよいか

永田さんが現在のわい化栽培にいちばん疑問を感じているのは、収量が上がらないということだ。

「今のわい化栽培のやり方だと、どんなにがんばっても一〇アール当たり四トンがいい

第１図 永田さんの仕立て方とふつうのわい化栽培の仕立て方

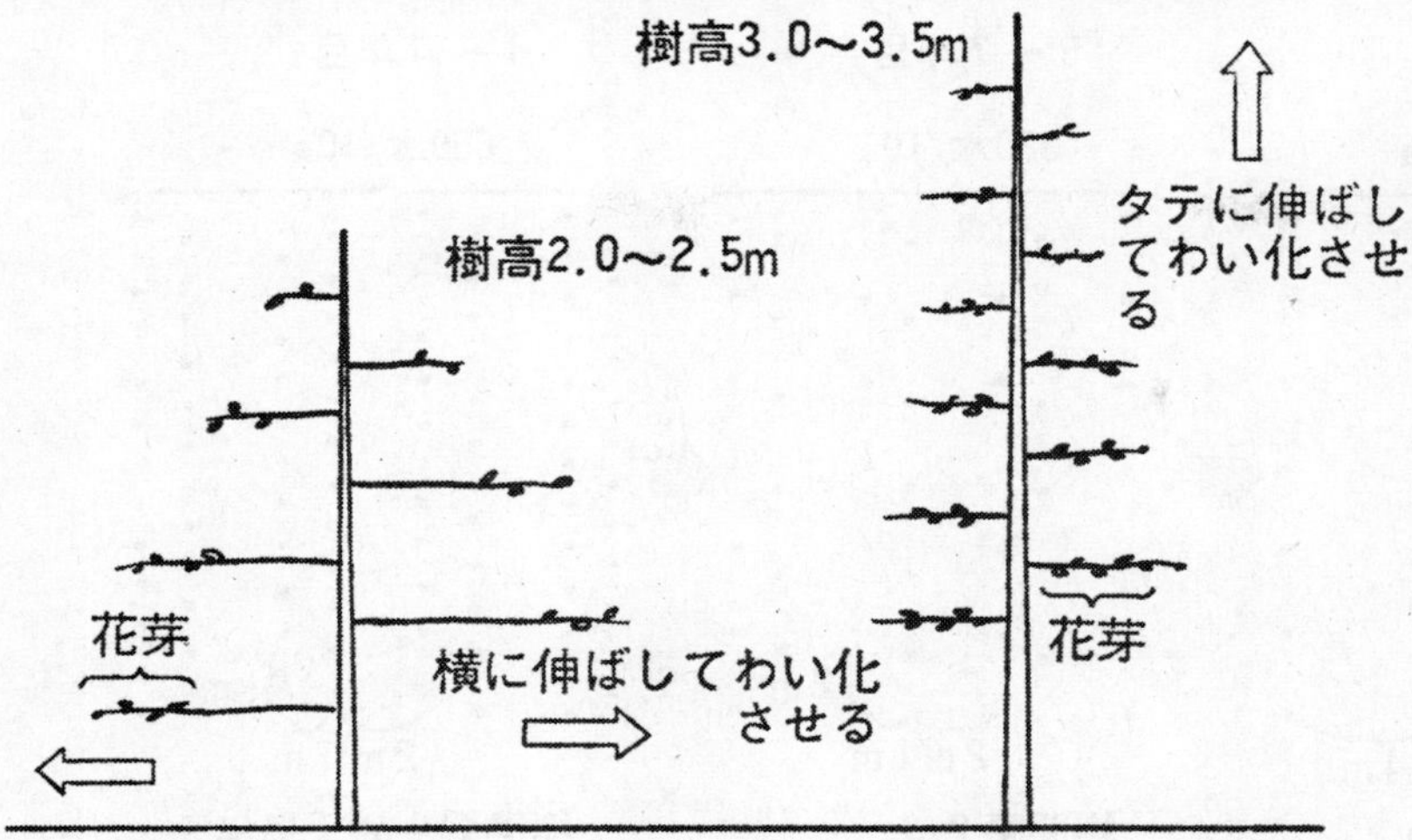

ふつうのスレンダースピンドル仕立てのわい化樹　　永田さんのスレンダーとコルドンの中間の仕立て方

ところ。普通栽培の長野県の平均が四トンくらいというから、支柱や苗木代など多くの資材費をかけて収量が減るというのではね。普通栽培で五〜六トンあげている人もけっこういるし、私の園では一〇トン以上とれる樹もある。いくら労力がかからないといっても、収量が減るのではねえ。それは省力でなくて省略だよ。金ばかりかかる今のイネつくりと同じだね。わい化栽培でも増収できなけりゃ興味がない。そんなことで、なんとか一〇トンどりのわい化栽培はできないものかと考えてきたんだ」

わい化栽培で一〇アール一〇トン。ニュージーランドなどでは、マッケンジー方式で八トンくらい上げているといわれているが、今の日本のやり方ではちょっと考えられない。

ところがである。永田さんは、ふじで去年一〇トンとってしまったのだ。正確には九・五トンで、キジなどに食われて加工用などにまわしたくず玉も含めると一一トンあった。二九一ページの写真が、そのときのリンゴの樹である。

「いくら多収できないわい化栽培はダメだといっても、実績がなくちゃね。とにかく一〇トンとってみようということで挑戦してみた」という。

樹高を上げてわい化させる

永田さんが「今のわい化栽培ではせいぜい四トンしかとれない」という理由は、むりに小樹高密植というわい化栽培のわく組みに当てはめているからだという。

「樹間隔一・五メートル、列間隔四メートル、樹高二〜二・五メートル、一〇アール当たり一六五本という今のわい化栽培にはかなりむりがあるね。県の指導では、樹を大きくしては省力がねらいのわい化栽培の意味がないという。だけど、スレンダースピンドルという仕立て方でこの大きさにわい化させるのはかなりむずかしい。いろんな人の樹をみていると、みんな樹勢にひきずられて苦労している。むりに小さくおさえようとするから、結局収量も上がらないつくり方になっているようだ」

永田さんは、一〇アール一〇トンという目標から、樹高は三〜三・五メートルぐらいがよいと考えている。

「わい化の効果は、根と地上部のバランスで現われる。樹高を二〜二・五メートルと低

第2図　永田さんの栽植距離の考え方

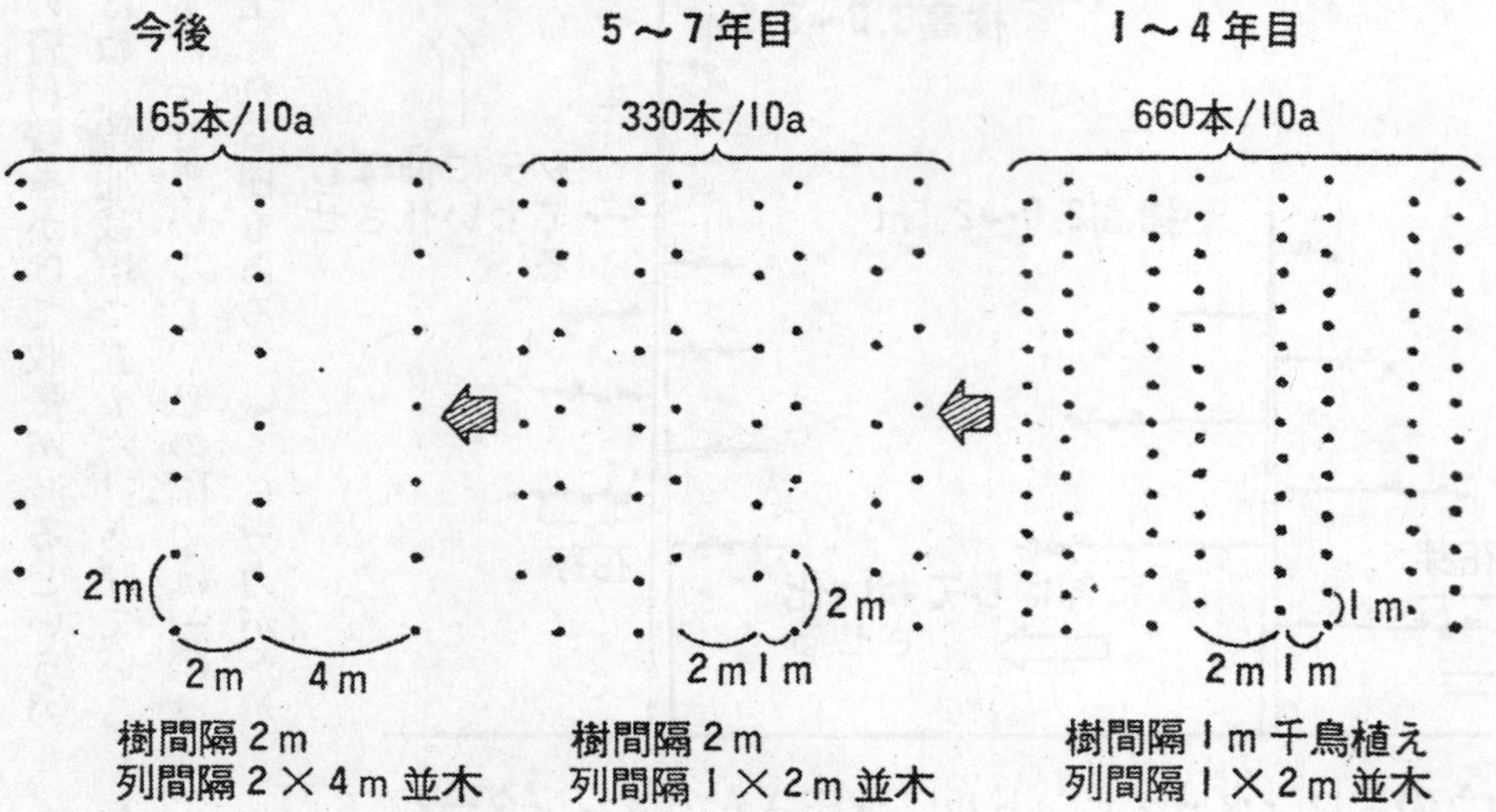

くおさえれば、枝を横に長く伸ばさないとわい化の効果が現われてこない。樹間隔一・五㍍では、その枝の収量がピークになるころにつかえてしまい、他の枝に更新しなければならない。結果部位も外へ広がる。

ところが私は、ふつうの人よりも樹高を一㍍高くして、三～三・五㍍にしている。三～三・五㍍もあっては、わい化栽培ではないという人がいるかもしれない。それなら、半わい化栽培ということでもよい。これでも充分省力になるのだから、樹高にこだわることは何もない。

樹高を高くすることによって、枝を横に伸ばさなくてもわい化の効果が出せるわけだ。せん定時の枝の長さは五〇～六〇㌢と短い。だから一〇㌃当たり三三〇本という密植が可能になる。樹高を高くもっていくから、樹勢も強く維持できる。一本当たり一〇〇個成らせても大丈夫。一八〇個成った樹もある。平均一〇〇個成れば、だいたい一〇㌧とれるわけだ。枝が短く、主幹の近くに成らせるから品質もよく、収穫作業も非常に楽になる」

つまり、第一図のようにふつうのわい化栽培は樹高を低くおさえるために、枝を横に伸ばすことでわい化をはかる。ところが、永田さんは樹高を一㍍高くすることによってわい化の効果を出し、枝を短くおさめる。横方向でわい化の効果を出すか、タテ方向で効果を出すか、という違いである。

三三〇本植えて一〇㌧を実現

永田さんがわい化栽培にとり組んだのは八年ほど前。当時、わい性台木を使ったわい化栽培はわからないことも多く、各地の試験場や農家をたずねて歩いた。だが、どうも気に入らない。どうみても収量は三～四㌧止まり。五㌧はとれそうもない。普通栽培の安定六㌧には太刀打ちできない。

なんとか多収できるわい化栽培はないものかと考えているときに、当時青森県でやられていたコルドン仕立て法を知ったのである。

これは、わい性台木をとり入れて一〇㌃当たり一〇〇〇本以上に密植する方法である。直立一本の主幹から出た横枝を極端に短く切り返して細い結果枝だけで収量を上げていこうという考え方だ。一〇㌃一〇㌧という収量は、この超高密植の樹勢ではむりとしても、この仕立て方を応用すればうまくいくのではないかと考えた。枝を短くもっていければ、かなり密植できる。枝を短く維持するには、樹高を高くしてわい化効果を出せばよい。

そんなことから、第二図のように六六〇本植えを試みた。樹間隔一㍍、列間距離一㍍の千鳥植え。それを二㍍の間隔で並木に管理する。

台木はM九の中間台方式を選んだ。その理由はM九は二六より樹勢が弱く、中間台向きであり、中間台方式は当時騒がれていたカラーロットを防げるということからであった。

ところが四年目にしてつまずくことになる。出発当初から心配していたことだったが、樹勢調節に失敗したこともあって、一㍍の樹間距離では維持できなくなった。

思っていたよりも根系台木のマルバの根の勢力が強かったことと、枝の先端の切返しが強すぎたためである。主幹が一〇㌢以上に太りすぎた。これでわい化の効果を出すには、枝を長くとらなければならない。樹間距離一㍍ではむりなのだ。夏期せん定やスコアリングなどいろいろ試みたが、太くなった樹をどうすることもできない。結局、五年目には第二

第3図　主幹の近くにビッシリ着果した永田さんのリンゴ

【「読者のへや」から・一九八七年四月号】

山を手入れしてやると楽しみが増しますよ

広島県　藤本雪江

九月号の〝山の特集〟はまさにその通りですね。燃料がガスや灯油になって、村の人達が山へ行かなくなり、山は荒れ放題です。うちでは頑固にマキとりをつづけていて、冬になると山へ行きます。

お父さんは毎年椎茸の原木を切り、ねこ車が通るくらいの道をならすようにキレイに造ります。ここはほとんど共有林ですので、松以外の雑木は切って良い事になっており、その点幸せです。

松の木の間を少しでも太陽が入るようにしご（キレイにする事）をしておけば、いつか松茸か他のキノコが生えてくれるのではないかとの胸算用。いまのところ一カ所だけコー茸が生え出しました。秋になってキレイにしたところをそっとのぞいて見るのもまた楽しいものです。

第4図　永田さんのせん定の考え方

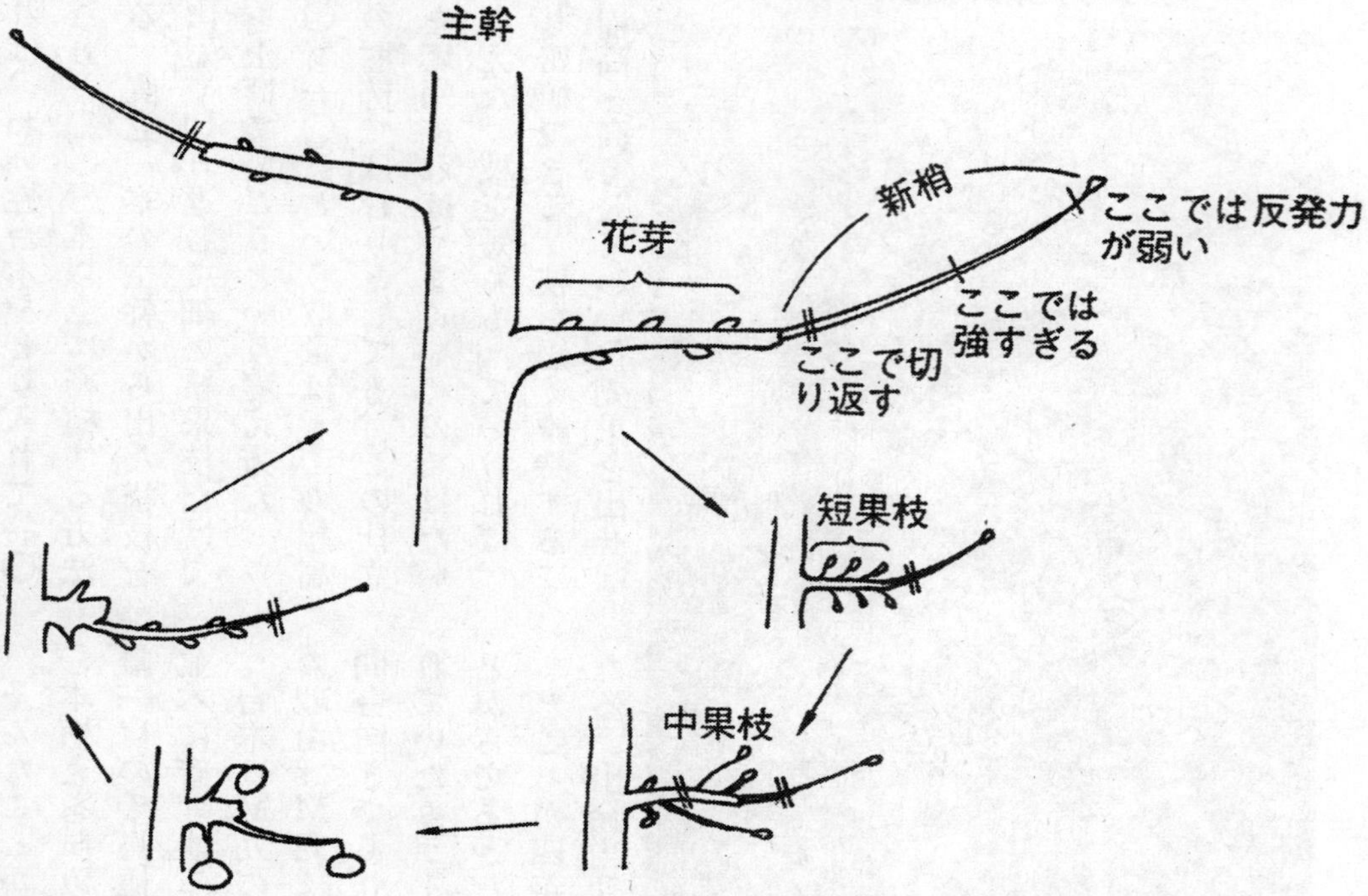

図のように一本おきに間引いて、樹間隔二㍍にした。

収量は五年目で二~三㌧、六年目で五㌧、七年目の去年は九・五㌧を達成した。

三~四年目までは樹勢調節の感覚がつかめず苦労したが、五年目くらいからわかってきた。一〇㌃当たり三三〇本くらいなら、この栽植距離のまま持っていけそうである。

しかし最近永田さんは「三三〇本でもまだムダがあるような気がする。半分の一六五本でも一〇㌧とれるのではないか」と思うようになり、今年は一列ずつ間引いて第二図のように、樹間隔二㍍、列間隔二×四㍍の並木植えにする。

一六五本で一〇㌧とるには、一本に二〇〇個成らせばよい。実際去年は二〇〇個近く成っている樹もあった。毎年一〇㌧はむずかしいかもしれないが、多少隔年結果しても一〇㌧と六㌧くらいをくり返しながらとっていけば、平均八㌧になる。この線なら一六五本で充分可能だという。

枝は五、六〇㌢で切り返し

現在のわい化栽培は、わい性台木を利用してわい化効果を出させる。それによって主幹の近くに着果させるつくり方である。ところが、スレンダースピンドル仕立てで二~二・五㍍の高さでおさえようとすれば、枝を長く伸ばさなければわい化の効果が充分現われない。そのため結果部位が先のほうに多くなりやすい。

ところが、永田さんは樹高を一㍍高くしているので、それだけわい化の効果が現われやすく、主幹の近くに花芽がつく。第三図でみればよくわかるように、主幹から五〇〜六〇センチまでのところにぎっちりと着果する。だから、手を伸ばすだけで反対側のリンゴまで届く。収穫作業は非常にはかどる。樹高がやや高い難点はあるが、それを充分おぎなってあまりある。

　永田さんの仕立て方は独特である。収穫前の姿をみて、みんなびっくりする。主幹の近くに着果させるためのせん定法が第四図である。常に新梢はその元で切り返して、枝の長さを五〇〜六〇センチに維持していく。新梢の中間から切り返すと強くなりすぎるし、先端では反発力が弱すぎる。元から切り返せば、適度の強さの新梢が出てきて樹勢が維持できる。枝はできるだけ長く使うが、古くなってくれば第四図のように更新していく。一本に一〇〇〜二〇〇個も成らせば、年数がたっても枝はそれほど太らないから長く使えるのだ。

　枝は短いから光線の当たりもよく、主幹にびっしりつける。その数は驚くほど多い（第五図）。

「私のわい化栽培は、タテ空間を利用する考え方だ。樹高を二〜二・五メートルにおさえようとすると、樹間隔を広げなければならない。一・五メートルの間隔でおさえようとすれば、樹勢をおさえるのに苦労して、そのわりに収量が上がらない。樹勢をおさえるために、自根方式でということになる。これでは四トン以上の収量を上げるには樹勢が弱すぎる。

　中間台方式で樹高三〜三・五メートルにもっていき、タテ空間にびっしり結果枝をつけて成らせる。一〇トンも多収するには、この方式がいちばん適していると思う」

（つづく）

第5図　せん定前の姿

新梢は元から切り返すので，点線のような樹形になる

玉すだれのように成り枝をぶら下げる方式。大きな反響を呼び、わい台に応用する農家も現れた

リンゴ

慣行栽培にもっとほれよ①

――下垂枝を使えばわい化樹より省力が可能――

編集部

最近はわい化栽培でなければ、リンゴつくりではないようなムードがある。慣行栽培はもう過去のリンゴつくりなのだろうか。

もし、慣行栽培でわい化栽培以上に省力できるリンゴつくりができたら、それでもわい化栽培がよいといえるだろうか。そんな慣行栽培が実際にあるのだ。もう一度慣行栽培を考え直してみたい。

わい化樹以上に省力できる慣行樹

わい化栽培に関心が持たれ、広がっている理由は、省力、早期結実、良品多収、初心者にも栽培可能など、いろいろある。しかしよく考えてみると、初めてリンゴをつくる人の場合は別にすると、主な理由は省力と早期結実である。良品多収については、慣行栽培のほうが優れていることが多いからだ。

慣行栽培は高い脚立での危険な重労働が多く、脚立作業の少ないわい化栽培には魅力がある。早期結実性にも関心が強い。老木園やフラン病などの被害の多い園では改植を迫られる。その場合は、早く成りだすわい化栽培が有利である。

しかしマルバ台の慣行樹でも、計画密植すればわい化栽培に負けないくらいの早期多収は可能である。経済寿命の短さや生産の不安定性、収量の低さ、経費がかかる点などを天びんにかけてもわい化栽培を選ぶのは、やはり省力でき、作業の質が軽い点が、いちばん魅力的なようである。

では、もし慣行栽培でわい化栽培以上に省力でき、作業の質も軽くできるとしたらどうだろうか。それでもわい化栽培が有利で、将来性があるといえるだろうか。

実際、そんなリンゴつくりをしているのが、青森県弘前市一野渡の斎藤昌美さんである。

第1図 玉スダレのように成ったリンゴ収穫は非常に楽だ

慣行栽培なら一〇キロ一〇〇〇円でやれる

第一図をごらんいただきたい。斎藤さ

第2図 この樹形だと反当7ｔはとれる

第3図　果台枝の使い方

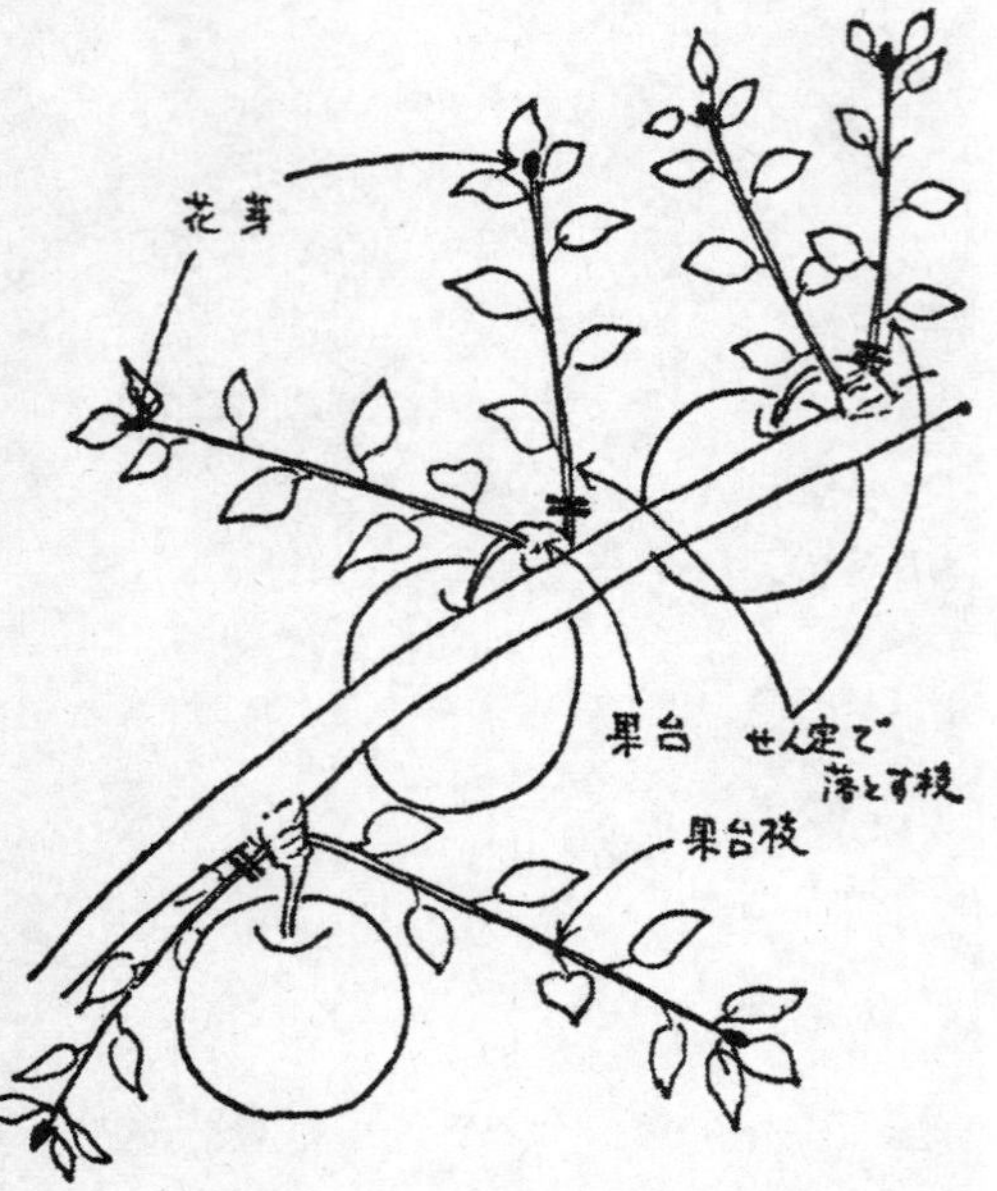

んのリンゴの結果状態である。まるでノレンか玉スダレのようにリンゴが垂れ下がっている。地上一・八〜二メートルくらいの主枝、亜主枝、側枝などから、まるでジャングルのツタのように成り枝がぶら下がっている。これならば、背の低い女性でも脚立なしで収穫できる。リンゴ箱を踏み台にすれば、七〜八割方は収穫できるのだ。

また、わい化栽培のように枝の誘引や枝つり、捻枝、芽傷入れなども必要ない。ただ着果量が多いので、玉が肥大してくると枝折れ防止のために支柱を入れる必要がある。

このような枝なら風にも強い。柳の枝のようにゆれてショックが少ないから、高いところの枝以外はほとんど落果しない。

収量は、安定して四トンはとれる。第二図のように、多少樹高を高くしてもよいなら、七トンは可能である。青森県の一般のわい化栽培は、安定二トンは超えていないから、収量の点でもはるかに優れている。

わい化栽培よりも断然有利な点として斎藤さんが強調するのは、将来リンゴが過剰になった場合のことである。

「将来は二〇キロ二〇〇〇円前後になるでしょう。現在の値段は、生産者から見ても高すぎると思いますよ。今みたいに高くては大衆化しない。もっと安くてうまいリンゴをつくる努力をすべきだと思いますね。

そうすればアメリカでも二〇キロ二〇〇〇円くらいだから、国際競争力だってつく。

値段がよいということで、現在リンゴがふえているから、やがてそれくらいにはなるでしょう。そうなった場合でも、慣行栽培なら四トンとっていけばやれる。わい化栽培はどうでしょうかね。

トレリスの番線は四〜五年で腐ってくる。支柱は一〇年くらいしかもたないという。防風ネットだって五年くらいだ。一五〜二〇年で改植となると、資材費は相当なものになる。そのうえ収量が少ないとなれば、大変じゃないですか」

斎藤さんがもう一つ強調するのは、ふじの貯蔵性である。

「現在リンゴの主体はふじでしょう。青森県の貯蔵リンゴは、二〜七月の市場では独壇場です。四〜七月に新鮮なリンゴ

第４図　果台枝を使った成り枝（矢印が果台）

を出せれば、暖かい地方の年内出荷よりずっと有利です。

ところが、わい化栽培のリンゴは貯蔵性が劣るのですね。わい化栽培のリンゴがふえればふえるほど、青森県は有利になるわけです。しかし青森県のリンゴでも、わい化栽培のリンゴは貯蔵性がない。他県と同じようにうまい果物がいっぱいある時期に、競争して売らなければならなくなるのは、非常に不利なわけですよ。

慣行樹でも枝の位置によって貯蔵性は違ってくる。高い枝のリンゴの貯蔵性は三月いっぱいまで、中くらいの位置のリンゴは四月いっぱいまで、そして私のような下垂枝のリンゴは六、七月まで貯蔵性があり、うまい鮮度のあるリンゴとして売れます。

私のような枝のつくり方をすれば、作業が楽なだけでなく、収量が多く、しかも有利に売れるわけです」

玉スダレ状成り枝は果台枝でつくる

では、どうすれば省力で多収できる斎藤さんのような樹がつくれるのだろうか。

玉スダレのような成り枝づくりのポイントとして、斎藤さんは次のようにいう。

「初めよければすべてよし、という言葉がある。果台枝（第三図）から出た枝はそんなに徒長しないですよ。すぐ花芽になる。花芽がつけばリンゴがなる。リンゴが肥大すれば、枝が垂れ下がる。枝が垂れ下がれば、また花芽がつく。このくり返しですよ。

まずリンゴを成らせること。リンゴが成らなければせん定はできない。せん定するためには、まずリンゴを成らせることなんですよ。ふつうはリンゴを成らせるために、枝をこう切るんだと説明される。逆なんですね。リンゴをとらなきゃ樹はできないんです」

要するに斎藤さんの枝つくりは、第三図のようにリンゴの果台から出てくる枝（果台枝）を使う方法である。斎藤さん

第５図　側枝上に３〜４年枝がついている

のリンゴの樹を見ると、第四図（矢印が果台）のように九〇％以上が果台から伸びた枝で構成されている。

果台があると養分の流れが変わり、充実した枝になる。果台の木質部は弾力性があって折れにくい。環状はく皮したような効果があり、糖度の高いリンゴになる。しかも貯蔵性のあるものになる。

第６図　４〜５年生の成り枝が下がり始めた

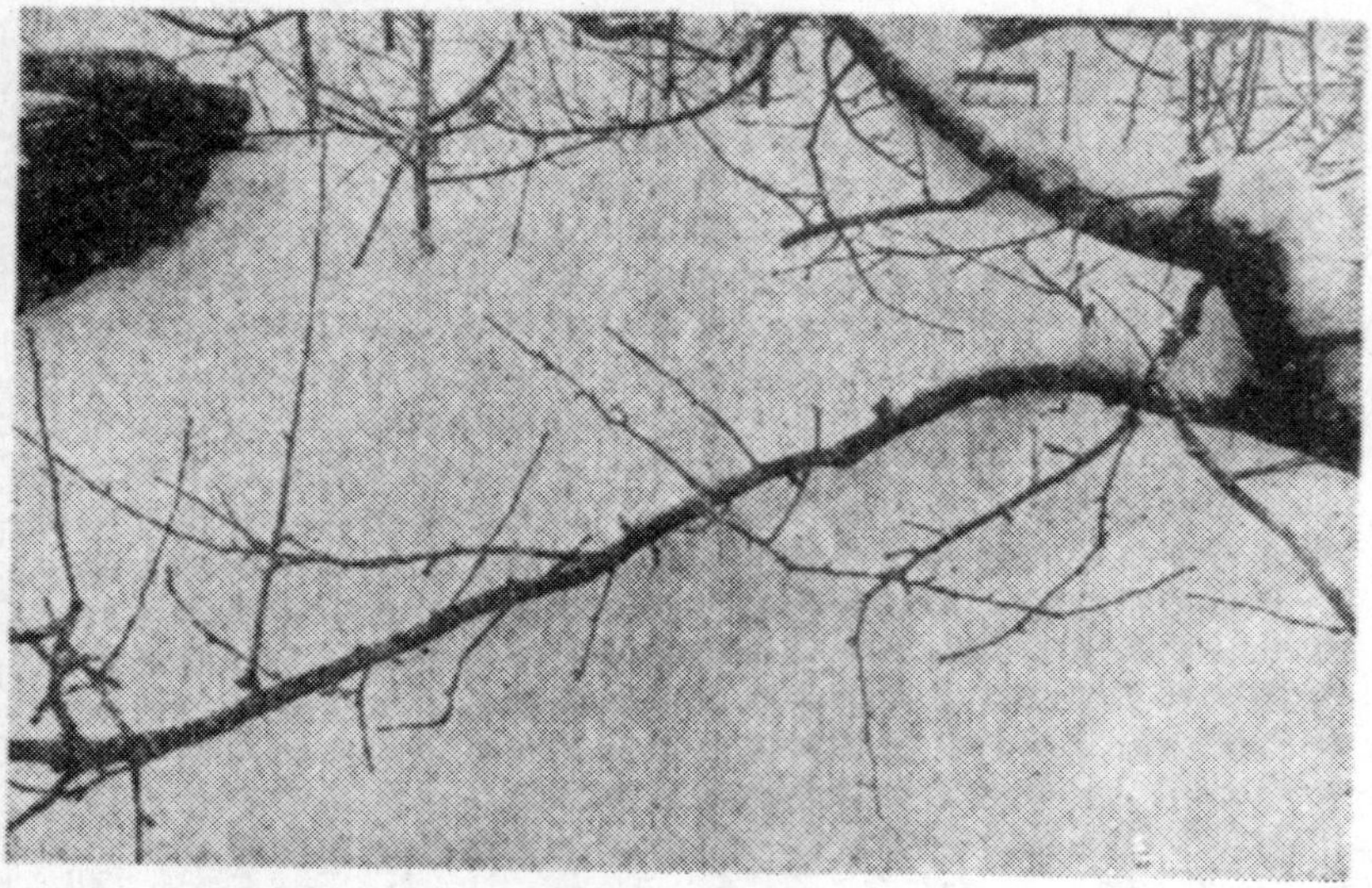

枝が下垂すると樹勢が弱り、いいリンゴがとれないというが、果台枝の下垂した枝だと枝の充実がよく、玉の太りもよいのである。

六〜七年がかりで下垂枝づくり

第五図はまだ若い枝である。側枝には三年枝、四年枝がつき、一〜二回リンゴを成らせているので、果台ができている。この果台の先端には花芽がついている。それが開花し、結実すると、先ほどの第三図のような状態になる。

この果台からは一〜二本の果台枝が出てくる。その先にはまた花芽がつく。冬のせん定で、二本の場合は上向きの枝は落とし、横向きや下向きの枝を残す。両方とも同じ角度のときは、他の枝との関係で決める。

果台枝が一〇センチくらいの長さの場合は

このように先端の花芽を成らせる。しかし一〇センチ以上の場合は、先端の花芽はハサミで落とす。次の年に成らさなければ、その枝に三個ほど花芽がつく。さ来年は三個成らせることができるので、得だからである。

このようにして果台からの枝を使って成らせ、伸ばしていったのが、第六、七図の枝である。

第六図は、側枝上に果台枝を使った四〜五年生の枝がついている。成っているときは枝が垂れ下がっているが、収穫し終わると、また水平に戻っている。

第七図は、側枝上に六〜七年生の成り枝がついている。果実の重さで枝が垂れ下がり、収穫してももう元には戻らない下垂枝になっている。

これが、斎藤さん独特の枝つくりの概略である。詳しくは回を追って紹介していきたい。

（つづく）

第７図　成り枝は６〜７年目で完全な下垂枝になる

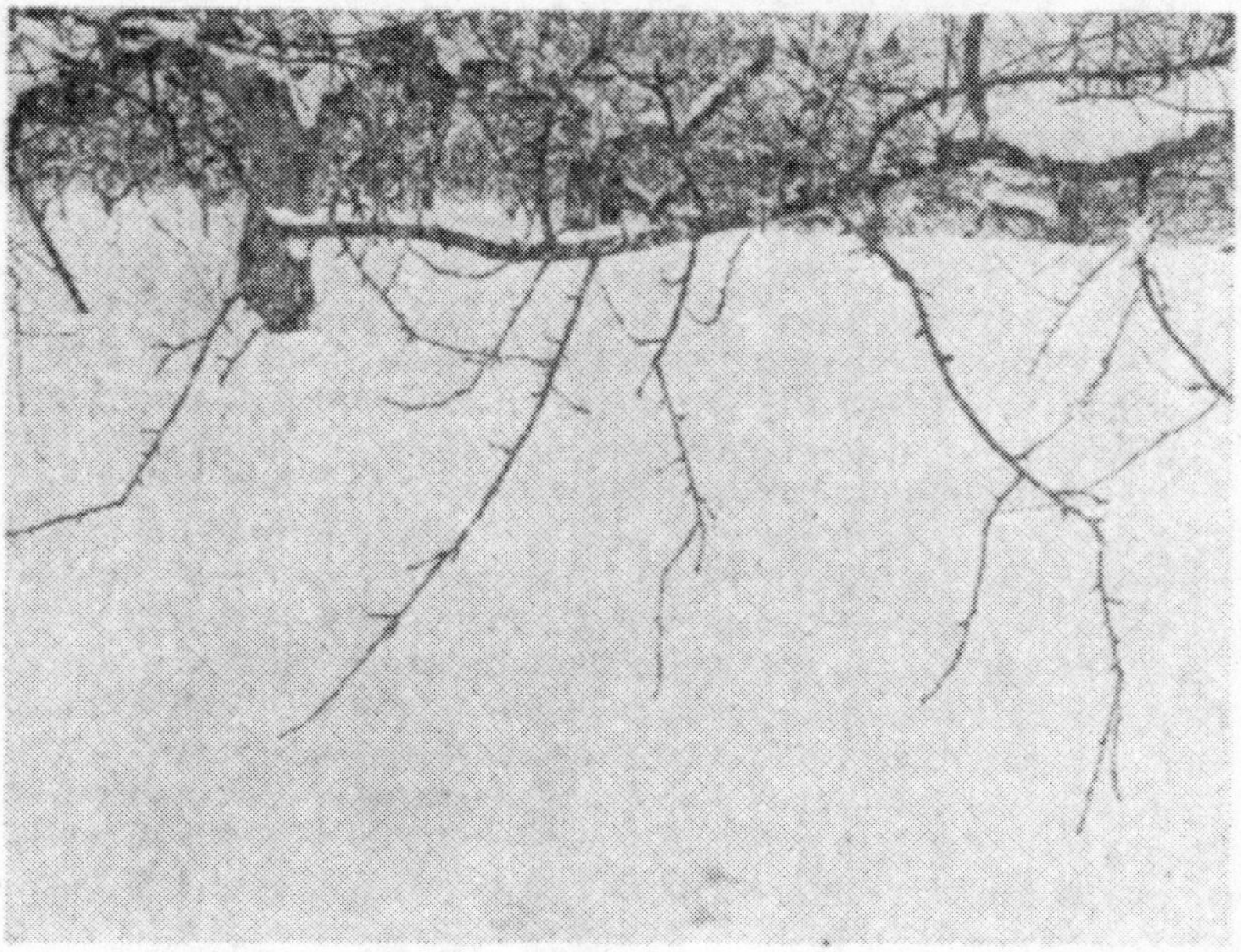

【「読者のへや」から・一九八七年五月号】

青森から大阪へ旅をしてきた指輪

青森県　猪股かる

今から二十数年も前のことです。

八月の末、リンゴ「祝」の出荷を終えて一息つき、なにげなく手をみたとたん、

「ない！　指輪が！」

あわててそのへんを探しましたが見つかりません。ちょうど暑い盛り、私もつい素手で仕事をしたのです。どうやらリンゴ箱の中に入ってしまったものと思い、すぐ駅へ行きましたが、貨車は出てしまった後でした。

さいわい、農協の職員さんの親切で市場へ電話していただき、出荷先の大阪の市場の方たちに探していただいたら、見つかったのです。あのこまかいモミガラの中から、よく見つけていただいたものだと感謝の気持ちでいっぱいでした。

この指輪は、父が生前から形見にと残してくれた大切なものなのです。その父も他界して一八年になりました。かつて大阪見物をしたその指輪は、いまでも私の左手の薬指にしかっりとおさまっています。

基部強く先端弱く受光の悪い山型になりやすいナシ棚栽培。長果枝利用、短果枝利用ともにこれを克服する技術が工夫された

干ばつにも負けなかった 長果多収の本命技術

編集部

干ばつにも負けなかったナシつくりが、今話題を呼んでいる。多くの人の長十郎が一ケース（一五キロ）九〇〇〇円前後、石ナシ果がたくさん捨てられた中で、平均二〇〇〇円以上のナシをつくり出したという長果枝栽培とは、どんな栽培法なのか。

◆長果枝せん定は干ばつにも強かった

ここは赤ナシの産地の茨城県の下館地区。長十郎を主体に幸水、豊水が栽培されている。どこのナシ産地でもそうだが、今年の夏の干ばつで収量、品質はガタ落ちだった。いい人でも昨年の六〇％、悪い人では三〇％の出来である。石ナシが多くて、近くのジャリ採り場の採取跡の穴に、ダンプで何台も捨てるという騒ぎがあった。

そんな中で、「ナシつくりはこれしかない」と自信を深めた人たちが出てきている。長果枝せん定（後出囲み欄参照）をやっている農家だ。今までの短果枝せん定（ショウガ芽利用）から長果枝せん定に切り替えて二〜三年目だが、今年の干ばつではっきりとその成果が出た。多少干ばつの影響は受けたものの、その顔は明るい。まだ途中までの結果だが、まずはともあれ、今年のその成果（表）を見ていただこう。

まず、着果数が確実にふえている。今年みたいな干ばつのときだと、短果枝せん定でこれだけ着果させれば、玉揃いが悪くなり、玉伸びも悪く、確実に石ナシ果がふえてしまう。

ところが、この長果枝せん定をした農家は、むしろ昨年よりも玉伸びがいいか、あるいはやや悪いくらいである。干ばつのため甘味が増して、味は非常によい。しかし、園全体でみれば、やはり干ばつの影響が現われており、昨年よりも一〇～二五％の減収になっている。だが、短果枝の人のように四〇～七〇％減収とは比べものにならないほど、はっきりその差が出た。

今年の干ばつの中で、長果枝せん定のナシがどのようによかったのか、四人の声を聞いてみよう。

今年の長果枝せん定の成績

	品種と栽植密度	長果枝せん定	着果数（ ）は去年	玉伸び	品質	土質と土壌管理
小幡恵一さん	幸水（12年生）2.5×2.5間 48本/反	2年目	360個/樹（240個/樹）園平均 350個/樹 15,000個/反	やや不良	非常に良	火山灰土 土壌管理良
小幡清さん	幸水（14年生）2.5×2.5間 48本/反	3年目	470個/樹（420個/樹）園平均 350個/樹 15,000個/反	良	非常に良	火山灰土 土壌管理非常に良
飯ケ谷清四郎さん	幸水（17年生）3×3間 33本/反	2年目	700個/樹（480個/樹）園平均 500個/樹 16,000個/反	非常に良	非常に良	沖積土 土壌管理不良
為我井初夫さん	長十郎（16年生）2.1×2.1間 70本/反	2年目	500個/樹（490個/樹）園平均 350個/樹 30,000個/反	やや不良	非常に良	火山灰土 土壌管理中

◆目に見えてわかる長果枝の玉伸び

●小幡恵一さん……二年目

短果枝の人と比べて、最後になってはっきり差がついていくのがわかったですね。八月三十一日の大雨の後、短果枝のナシはもうそれ以上太らず、どんどん色がついていって、これ以上おくと逆に樹に養水分を吸収されてフケてしまう状態になり、早く収穫せざるを得なかったのです。

でも私のナシは、雨の後玉がふくらんでいくのが目に見えてわかったほどです。一日一～二㍉太るのですよ。長果枝せん定は、樹勢が強く、根の活力が高いから、最後まで太らせることができたんですね。

今年は三割減収（量）の二割安で五割減収（益）という人が多いですね。中には反当五～一〇万円にしかならない人もあり、これでは赤字です。私の収量は去年と同じでしたが、着果量が少し多めだったので、玉がやや小さくなりました。

【一口メモ】ナシの摘心栽培　初夏の新梢を摘心し短果枝を維持する方法。摘心により主枝の先端にゆくにつれ長く伸びる盃状の樹相にもっていく。本誌では二〇〇四年四月号から埼玉県・長谷川茂さんの摘心栽培を連載で追求した。

でも、長果枝せん定のおかげで石ナシもほとんどなく、それほど減収にはなりませんでした。

●小幡清さん……三年目

私の園は、比較的土壌管理ができていたし、灌水を四回したので、それほど大きな被害は受けなかった。土壌管理は絶対大切だけど、管理が悪い園でも長果枝せん定をした人のナシは、石ナシが少なかったようです。灌水を一回もやらなかったという人もいますが、灌水した樹と少しも変わらなかったという例もある。長果枝せん定をすれば、枝先の強い発育枝が養水分の吸い上げポンプの役割をしてくれるので、玉伸びがよかったのでしょう。

●飯ケ谷清四郎さん……二年目

収量では約二〇%減だったけど、私の園は幸水が中心なので、収益は去年近くまでいきました。反収一〇〇万円にはまだ足りないけど、ここ数年でそれくらいは上げたいと思っています。

今年の長十郎はM、Sの人が多いけど、私はMA（Mの上）とMが中心でした。幸水はMはほとんどありません。今年の幸水の玉伸びはよかったですね。

私の園は土壌管理が悪いです。今まで化学肥料だけしか入れなかったから、土がカチカチです。円谷さん（囲み欄参照）にハサミを入れてもらわなかったら、樹が老化して今ごろだめになっていたかも知れませんね。

円谷さんに一本だけハサミを入れてもらって、それを見ながら長果枝せん定に切り替えたのですが、その樹は最初の年（去年）に四八〇個、今年は七〇〇個も着果しています。短果枝のときは三〇〇個くらいの着果量で、反当二三〇ケースだったのに、長果枝に切り替えて一年で四七〇ケースも出せるようになりました。

●為我井初夫さん……二年目

今年はやはり玉伸びは悪かった。去年よりも二～三割減収（益）したかな。玉はついたので去年と同じ四九〇ケース（反当）くらい出たけど、玉が少し小さくなって単価が下がってしまった。でも長十郎一ケース（一五キロ）の単価が、出荷組合平均が九〇〇円のところ、私は二二〇〇円だから、被害はまだ軽い。

短果枝のときは反当二五〇ケースだったのが、長果枝にしてから二年目で四九〇ケース出た。三年目の今年も四九〇ケース出たけど、一本の長果枝の中で玉伸びに差があったことからも、まだ根の管理が充分できていなかったようだ。

◆広がり始めた長果枝せん定

長果枝せん定といっても、管理のし方によってピンからキリまであるが、全般的にいって干ばつの被害は小さかった。二～三年前から茨城県下館地区でも始まったナシの長果枝せん定は、まだ一割程度の少数派である。だが、共同選果場に持ち込まれた今年のナシは、あまりにも差がありすぎた。同じ長十郎でありながら、ジャリ採り場に捨てにいかなければならないナシと、一ケース二〇〇〇円以上で売れていくナシ。〝どちらのほうがもうかる〟ナシつくりかは、誰の目にも明らかだった。

長果枝せん定の技術が広がるのを阻ん

短果枝せん定と長果枝せん定

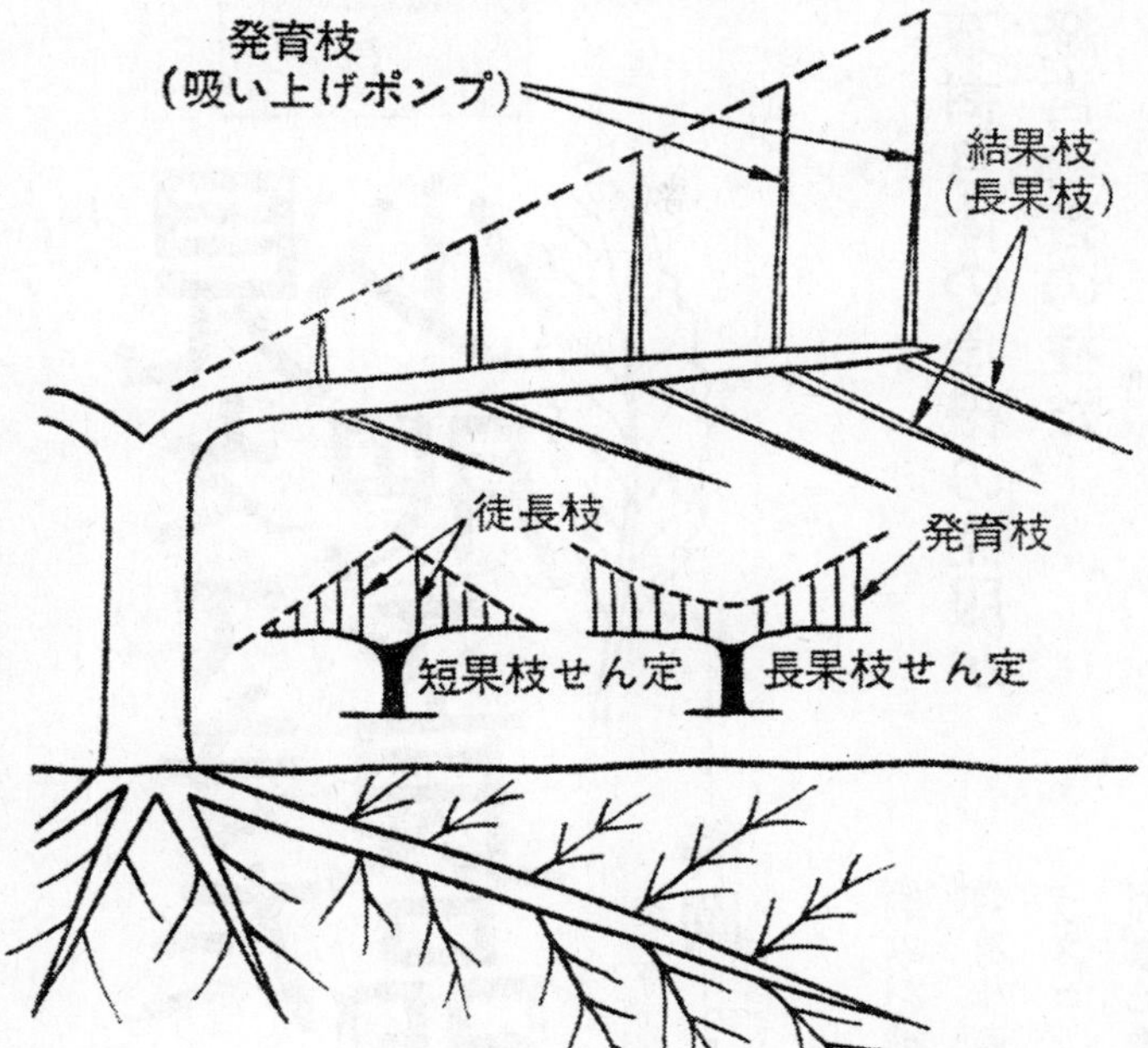

でいるのは、ショウガ芽（短果枝）でなければナシはとれないという考え方である。長果枝せん定では、その考え方を一八〇度ひっくり返し、〃大切な〃ショウガ芽（短果枝）を全部切り捨て、捨てるべき〃徒長枝〃（発育枝）を残して結果枝（長果枝）として使うのだから、心配でなかなかすぐには始められない。

小幡さんたちだって、長果枝せん定については一〇年ほど前から話で聞いたり見たりしていたのだが、実際にとり組んだのはつい二〜三年前からである。

「ショウガ芽を全部落とすのだから、とてもおっかなくてやれなかったですよ。最初に円谷さんにハサミを入れてもらった人がいたんだけど、途中で恐ろしくなって『もうそこでやめてくれ』と泣きだしたくらいですからね。でもやってみると、なぜもっと早くやらなかったかと悔やまれるくらいです」と小幡さんは笑う。

この長果枝せん定の威力を目の当たりにして、今、周りの農家は「来年はやってみるか」という気持になり始めた。

＊　＊

新年号からは、関東地方に広がりつつあるナシの長果枝栽培と、その技術課題を連載でお送りします。

長果枝せん定とは　どのような方法か

福島県須加川市のナシ農家、円谷正秋《つぶらや》さんが長年の短果枝せん定の経験の中から考え出したせん定法。それまでの短果枝（ショウガ芽）を全部捨て、徒長枝（発育枝）を残して棚に誘引し、これを次年度の結果枝（長果枝）にする。上の図のように主枝、亜主枝の先を切り返すことにより、枝の先端を強め、強い発育枝を伸ばす。これが吸い上げポンプの役割を果して、養水分の吸い上げ、流れが旺盛になる。枝数も少なくするので光線の当たりもよく、玉伸び、玉ぞろい、品質もよくなり、良質多収が可能となった。

『現代農業』の昭和四十八年九月号から四十九年七月号に「ナシの革新技術」として連載で紹介。単行本としては『ナシ＝長果枝せん定の実際』（円谷正秋著、農文協刊）がある。

特製てこグワによる深耕で吸収根を深く張らせ吸肥力を強める。減肥が求められる現在、学ぶことが多い技術

茶

見えてきた少肥で良品質多収穫の茶栽培

―静岡＝山本周司さんの深耕・根づくり実践―

茶樹自体の危機の克服が経営改善の柱だ

■生産過剰が危機の正体か

ここ二〜三年、茶の生産過剰の大合唱が聞こえる。

ひと頃の茶価の上昇は今後望みようもない。それに加えて資材の高騰は目をおおうほどだ。農家のふところ具合は一向によくならない。

今の危機を乗り越えるには、「三日早摘みを励行しよう」「七割の品種化で良質茶生産を」「三割の経費節減を」というスローガンがあちこちで聞かれる。静岡県ですすめられている「三《み》—七《なな》—三《さん》運動」がその典型だ。

三日早摘みは各地で実施されている。品種化率も一〇〇%にちかいところも多い。経費節減も、たとえば各地で肥料の自家配合の取組みが活発になりつつある。

どこでも「茶の生産過剰を乗り切るために良質茶生産を」と呼びかけているわけだ。

しかし、良質茶を多収できるような条件がどの産地にも、どの茶農家にもあるのだろうか。「生産過剰」という危機ではなくて、その前の段階に茶樹自体の危機があるのではないか。茶樹自体の危機の克服が経営改善の本命であろう。

■各地で進む茶樹の危機

茶樹の危機の原因は二つある。一つは、茶園造成時の造成方法。二つは、造成後の栽培管理。どちらも茶の根の環境条件に原因がある。

●排水不良園の造成　昭和四十年代、

不良茶園を解剖する

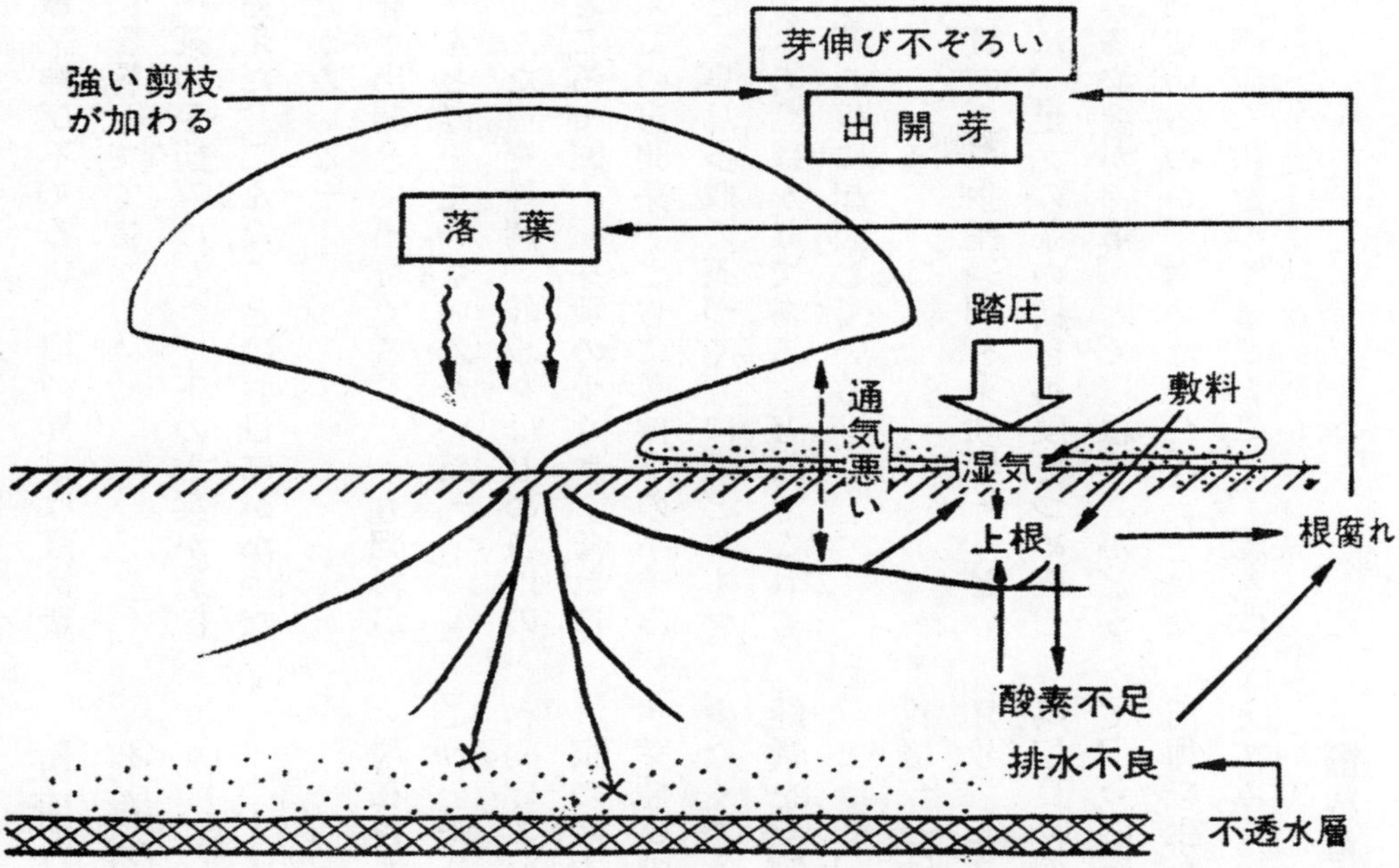

茶価の好況にともなって改植・造園がかなり急速にすすんだ。初期のパイロット事業ではブルでの造成が多く、排水不良園が多い。今のようなユンボー深耕でなく山なりに造成し、排水設備が不充分なまま新植していった。地下の不透水層を破砕していないため水がたまりやすい。

滋賀県近江茶の土山町や日野町のパイロット事業では、茶園は山なりに造成され、道よりも茶園のほうが低いところがずいぶんある。水がたまるようなところが各所にあり、園相が悪く、生育障害が激しい。根が排水不良のために腐ってしまっているわけだ。

農家はトレンチャーで深耕したり、中刈りしたときに小型のユンボーを入れ、ウネをまたいでウネ間をバケット一杯分くらい深耕する人も増えている。

奈良大和茶の産地でも、生育障害の出た造成地でウネ間をトレンチャー深耕して良くした例もある（七月号参照）。

各地でそれぞれに手直しを始めているが、それだけの費用と労力を投入しないと経営は改善されない状況が一方にあるわけだ。

根を考えた造成がなされなかったツケを今払っていることになる。

●異常落葉の多発　三重県北勢地方の茶どころは、全国的にも最も多肥栽培が定着しているところだ。そこではチッソで一五〇キロ施肥しても肥切れしているという。多肥のため根が上根でしかも根圏が小さいのである。そのため肥切れして落葉も多い。根の活力が多肥のために鈍っている。根の活力がないため肥切れを起こし、それが多肥を助長するという悪循環がある。ここでも健全な根がないのが原因だ。

●芽伸び不ぞろい　根の異常は直接新芽に影響してくる。

「一茶の手摘みのとき、下の古葉が透けて見えた。こんなことはお目にかかったことがないな」

「芽が出開きで出てくる。どうも肥料がちゃんと効いていないみたいだ」

こんな声を静岡、岐阜をはじめ各地の茶どころで聞く。芽数の少なさ、それに加えての出開芽、さらに芽伸びの不ぞろいと、良品多収の茶づくりにはどれもマイナスの話ばかりである。どれもこれも今の茶の根に起因している。

◇

品質向上で生産過剰を乗り切ろうという前に、足元の茶の樹を再度見つめ直してみる必要がある。とくに根っこがどうなっているのか、考えなければならない。健康な根をつくることこそ、経営改善の柱なのだ。

健康な根づくりで茶樹の危機を克服

——静岡・山本周司さんの深耕——根づくり

現在各地で進行している茶樹の危機。これを乗り越えるために目を地下部＝根へ向けていかなければならない。

根の活力を十二分に引き出した茶栽培が芽伸びの不ぞろいをなくし、出開きを少なくする。茶樹の経済年数を延ばし、経営を安定させることにつながる。

では、「根の活力を十二分に生かした栽培」とはいったいどういうものか。一月号、五月号で登場していただいた静岡県相良町の山本周司さんの実践を通して、今の施肥・土つくりを見直し、根の活力を生かした栽培とは何か、一緒に考えてみたい。

■根量の違いはどこから来るのか

まず巻頭のグラビアページを見ていただきたい。山本さんの茶園の根は、地下深く（一二〇㌢）までビッシリ張っている。同じグラビアにのせた「無深耕のヤブキタ」が、山本さんと同じ牧ノ原の紅林さんの根である。

紅林さんは六月号に登場していただいた農家で、昨年の異常落葉を乗り越えて今年は、三茶収量五〇〇㌔の成績を上げた熱心な農家である。

どちらの茶樹も、地表から一㍍下まで根が入っている。紅林さんの茶園は、赤土で石が多く排水条件は良い。山本さんの茶園は強粘土質の土壌だが、それが改良されてサラサラとした土になっている。

比較してみて一番驚かされるのは根量の違いである。山本さんの茶樹は、ウネ間（雨落ち部）の下の部分（地下四〇〜八〇㌢）の根量が多い。チッソ七〇㌔強という少ない肥料で、良品多収できるような根の状態といえよう。

山本さんの茶の特徴は、「いつまでもみるく、出開かない芽」にある。このような芽が良品多収のもとだが、それを支えているのが地下部の根の張りなのだ。このような根の状態をどのようにつくりだし、維持してきたのか。そのポイントは、年七～八回行なう深耕にある。

山本さん特製のてこグワ　　　市販のてこグワ

■過去にあった　停年を迎えたような茶園

山本さんは今から一五～一六年前にブルで改植し、さらに七～八年前にユンボーで深耕した。地下に「金くそ」という不透水層があるためユンボーの腕一杯に溝を切った。掘り出した岩石は、全部茶園に入れて排水を良くした。

しかしユンボーで深耕したにもかかわらず、その後も思うように収量が伸びない。チッソで一二〇～一三〇キロやっても（芽が）思うように出てくれない。

改植前の在来でも一、二茶はよく出たのにと言う。収量は上がっていいはずなのに芽が伸びてくれないのだ。

このとき山本さんの茶園にも、茶の経済年数の短命化の危機――〝停年〟がしのび寄ってきていたのだ。茶園の土が固くなり地中に空気が入らないため、根が地表に向かって浮き上がってきた。上根の多い茶になっていた。しかも、吸収根はすーっと伸びずいじけている。いわばインスタントラーメン状の根になっていた。

■深耕の開始、粗大有機物の投入

こうした根をどうするか。山本さんは五十一年九月から深耕を開始した。肥料を置くたびに、てこグワで深耕する。

はじめて一年は、土がしまっていたせいもあってなかなかはかどらない。一日一反がやっとだ。そのうちウネ間が膨軟になって一日二～三反はできるようになった。女性でも二反、男性なら三反はできる。

深耕すると石が出てくるので、それを株元に置いてゆく。石が出なくなるのに一年かかった。

しかし成園では翌年樹勢が低下し、五十二年は減収だった。それでも根圏は拡大していることがわかり、深耕を継続して五十三年以降は増収に転じた。

成園の場合、特製てこグワ（写真参

照）で二つ幅分深耕する。秋の深耕時には裾刈りをし、深耕しやすくして体重をかけて、深さ三五〜四〇㌢深耕する。他のときは足でキュッと押す程度だ。

幼木園の場合、苗を三月に定植し、その年の冬に木材クズを三〇〜三五㌧くらい敷く。以後は、推肥のようなものは入れていない。定植して一年くらいは管理機で二五㌢ほど深耕し、その後はてこグワでやる。

木材クズなど粗大有機物が入っているので、深耕で通気性をよくすることが効果的にできる。

ただ、年に七〜八回も深耕すると土の粒子が小さくなって土がねばってくる。だから、番刈りなどの粗大有機物を新たに入れる必要もある。

茶栽培の基本は根圏の拡大にある

土壌に酸素を供給し、根圏を大きくすることが栽培の基本だ、と山本さんは力説する。

「根圏の拡大」を念頭において栽培管理を体系づけることが良品多収を実現し、そのことが経営の安定に結びつく。

写真のような根になってくればおのずと樹勢はつき、芽伸びも良く、出開きも少なくなる。改植して一〇年で、また改植だということもなくなる。

「根圏の拡大」を栽培の基本におけば、現在突き当たっている様々な問題について一つの解答が見えてくる。「根圏の拡大」をじゃまする要因を一つずつ取り除くことが経営の改善につながってゆくといえる。

■深耕に三つの意味

山本さんは、深耕の意味について

①ラーメン状の根を切ること、
②酸素を下へ補給すること、
③肥料の効率化をはかること、

という三点をあげる。

①ラーメン状の根を切る……上根になって、水や空気の流通を妨げているラーメン状の根を切って、新しくいい根を下へ出させるために行なう。

②酸素を下へ補給する……ラーメン状の根を切っただけでは根は下へ行かない。下へ伸ばすために酸素が必要になる。地表面に近い部分が固まっていると毛細管作用で水分が上にあがってきてそこが湿っけてしまう。

だから深耕でその毛細管を途中で切り、表面をかわかす。つまり、地表近くに「空気の袋」をつくってやるわけだ。この袋は空気の通り道でもあるわけで、それをふさぐような敷ワラなどはしない。以前は除草のために敷いていたが、ワラが水を呼んで地表面にフタをしてしまうので、今は敷かない。

③肥料の効率化をはかる……施した肥料を土と混ぜ、充分に肥効を引き出すために深耕をする。もちろん、下へ肥料を送り込むことになる。

以上のように山本さんは、根圏の拡大を阻害していた要因がラーメン状の上根にあると考え、それを除いた。通気性をよくすることが第一と考え、実行したのだ。

根張りのよい山本さんの茶樹（ヤブキタの6年生樹）

■良品多収を約束する深層の吸収根

その結果、根張りのよい茶になった。年々根量は増えている。それにともない収量も確実に増えてきた。

それだけでなく山本さんの茶の特徴は「芽がいつまでもみるく、出開かない」ことにある。

いつでも誰が揉《も》んでも、うまく揉めることも一つの特徴だ。だからこそ、なかなか「日下がり」しない茶づくりになる。

今までの経験から、地表に近いほど吸収根は細く色は茶色っぽい。逆に下へ行くほど吸収根は太く長い。色も白い。

樹勢を維持し、肥料のよく効いている芽を伸ばすには、この下層の太い吸収根が必要だ。だからこそ深耕して、酸素を下層まですき込んでやるのである。

今までの施肥・土つくりの見直しを！

今までの施肥・土つくり技術を、栽培の基本である「根圏の拡大」というフルイにかけると、いったい何が残ってくるだろうか。

【「読者のへや」から・一九八〇年八月号】

お茶と生きた三四年

岐阜県　渡辺秀岳

満州から引き揚げて山を開拓し、最初に取り組んだのが茶園三〇アールでした。静岡から原種を導入し、ツルハシと備中で神武式にこつこつと開墾し、二mの条植えとしました。

私の茶園の特徴はオール有機（豚堆肥）、いいかえれば自然茶だから、町のお客さんが長寿茶として安心して、押しかけてきます。葉が軟らかく濃緑でトロリとした芳香と甘みが茶通の人気だと信じます。

日本人と茶ー茶は生活に不可欠です。余生終わるまで茶と取り組むこと、私の願いです。

山本さんの経験の中から、いくつか拾ってみる。

■ユンボー深耕だけでは上根になる

山本さんは、七〜八年前にユンボーで深耕した。にもかかわらず、現在のような周年深耕を始める前に収量の伸び悩みがあった点は見のがせない。

山本さんの茶園の場合、年一回の深耕では、いろいろな作業のためウネ間が固くなり上根になってきてしまった。思ったほどとれない状況の中から周年深耕に踏み切ったわけである。

つまり、ユンボー深耕をしたからといって、その後の管理次第では、また土をしめてしまうことがあるということだ。

■堆厩肥の投入ではダメ

今は上から下まで「土つくり」「土つくり」の大合唱だ。四トン入れた、一〇トン入れたという話も聞く。たしかに有機物の補給は必要なことである。

しかしその施用が、たんに水分を保持するためだけに終わっていないだろうか。

そして、ここが重要なのだが堆厩肥の投入で下層にまで土壌改良の効果は出ているだろうか。根は張っているだろうか。否である。

山本さんは粗大有機物の投入と深耕で、地下深くまで空気を充分に送り込んでいるため強粘土質の土壌がサラサラとした感じになっている。深耕によって空気を送り込む、それが土性を変えていったわけだ。

木材クズのような粗大有機物の投入、大きな土塊を起こすような深耕のしかたといったように、山本さんは通気性を考えた管理をしている。

堆厩肥をやるだけで、あとは踏み固めてしまうのでは地下深くまで空気を入れてやることはできない。もちろん根は張れない。

■「根圏の拡大」を茶栽培の基本にすえよう

各地で多発する立枯れ、異常落葉、そして芽伸びの不ぞろい、干寒害に弱いなど茶樹は、まさに危機に直面している。その原因は、すべて根にある。ラーメン状の、いじけた上根になっているのだ。

こんな根ではいくら肥料をたくさん施しても満足に吸収できない。品質のいい茶ができないばかりか収量も上がらない。高い肥料もムダになる。だからといって施肥量を減らすこともできず、多肥栽培をまっしぐら。その挙句に立枯れ、異常落葉である。

こんなときこそ何が基本なのかを、もう一度確認することが必要だ。「現在の茶園管理が、根圏を拡大していく方向にあるかどうか」問い直すことである。「根圏を拡大」する一つの方法が、山本さんが実行している周年深耕なのだ。

（農文協東海近畿支部）

1983(昭和58)年9月号

シイタケ栽培で天皇杯に輝いた飯田さん。長年の経験から生まれたアドバイスが好評だった連載の三回目

名人が語るシイタケつくり ③

原木とホダ場の選び方

飯田美好

良い原木 悪い原木

九月の声を聞くと、シイタケ生産者は原木の手当てをしなければなりません。

シイタケ生産の中で、原木代として支払われる金額は大きく、その意味でも収量性の高い原木を購入することが大切です。

シイタケは他の一般の作物とちがって、光合成（自ら栄養を合成すること）を行なうことができません。したがって、原木（シイタケの畑とでもいうべきもの）の良否が収量に大きく影響してきます。

▼気象条件と原木の良否

シイタケは、全ての木に菌糸がまん延しキノコを発生させることができます。しかし、経済性の面から見たときには、やはり現在の使用量の大半を占めているクヌギ、ナラ、シデが代表的原木といってよいでしょう。

しかしこれらの樹種でも、自生地の土地条件や気象条件によって、良い原木と悪い原木に分かれます。

なぜ、このような条件によって原木の良否が分かれるのでしょうか。それは、これらの樹種がシイタケと異なり、光合成を行ない栄養を合成して材に蓄積するからです。

たとえば、標高が高い山林に生育する原木は、低いところ、言いかえれば気温が高いところで生育する原木より、光合成を営む期間も短く（芽が出てから落葉までの期間）、その間の積算温度も低いために良い原木にはなりにくいのです。

また、このようなところで生育した原木の表皮は、比較的白っぽい色あいをしており、皮目も少ないのが特徴です（皮目は、夏の温度が上昇するときに、材中

の水分調節の役目をするものです。暖地に生育する材ほど皮目が多くなります）。反対に、暖かいところで生育した原木は、表皮が黒ずんだような色あいをしています。

昔、製炭が盛んだった時代には、炭化率の高い原木から良い炭がつくれましたが、シイタケ栽培に適した原木もこれと同じです。

樹種の点から考えれば、なんといってもクヌギが最高であり、次いで、ナラ、シデ、カシとなります。

▼新梢の色で原木の良否がわかる

これらの樹種は、春先新芽が出てくるときの新梢の色あいによって、大きく赤と白（または青）に分けられます。

飯田美好さん

農林大臣賞，天皇杯受賞。年間伏込み数３万～３万5000本。

細かく観察すると、クヌギには赤色のものは比較的少ないけれども、ナラには多くみられます。シデやカシのばあいは明確に分かれており、材の表皮の色までこのように分かれています。赤色のもののほうが優良材で、キノコの発生も多いものです。

▼コナラのばあい

次に、現在全国各地に自生しているコナラについて観察してみましょう。コナラは昔から実生で生育しているために、山桜と同じく雑種が非常に多くなっています。このため、材の肌の状態もさまざまで、ちりめん状、桜状、岩肌、鬼肌に区別できます。肌の状態からいえば、ちりめん状のものが最もよく、桜状、岩肌の順になります。

▼原木林の下刈りを

このように一口に原木といってもいろいろあります。経済性の高い原木を入手することが、限られた労働力で収益を上げる唯一のカギです。

以上のことを考慮して原木林を入手したら、なるべく早い時期に下刈りを実施したり、不用な木を取り除いておきます。こうして、後の作業（伐採、玉切り、集材）をしやすくします。また、原木の根元まで光線を入れることになり、雑菌防止のうえからも大事な作業です。

手入れのゆきとどいた原木林

ホダ場は樹高が低く明るいところを選ぶ

＊

現在古くからの産地では、原木不足の問題をかかえています。このためクヌギ造林の推進がいわれていますので、クヌギの苗木つくりについてふれておきましょう。

クヌギ造林については、苗の良否が植付け後の生育のよしあしに大きく影響するので、細根の多い充実した苗をつくることが何より大切です。それには、実生一年苗の根を切りつめて、休耕田など比較的地下水が高いところに植え付けて苗をつくることです。

良いホダ場 悪いホダ場

九月は、やがてやってくるホダ下ろし作業の前に、ホダ場の整理と良い環境づくりをする時期でもあります。

▼明るいホダ場を選ぶ

一口にホダ場といっても、広葉樹主体のところ、針葉樹主体のところ、竹林、人工のホダ場などいろいろとあります。

しかし、樹齢が進み樹高も高い林の中はあまり良いホダ場とはいえません。なぜでしょうか。

ホダ場はホダ木を造成するところではなくて、シイタケを発生させるところです。だから、シイタケの発生や生育に適した条件を備えていなければなりません。そのためには、林内の昼夜の温度差の大きいところがよいのです。このため、樹齢が短く明るいホダ場であることが何より大切です。

特に、針葉樹林をホダ場として使用するときは、枝打ちや間伐などを励行することです。これは、カサの色あいを明るくし、肉質のしまったキノコをつくるためにも大事な作業です。

▼南東向きのところを選ぶ

新しくホダ場を確保するばあいは、南東向きのところを選ぶとよいのです。これは、シイタケの発生時期に、南東風が比較的多く吹くためと、朝日が林内に早く入り気温も上がるために、一～二月の寒い時期に上ドンコをとるうえで最適だからです。

また、春子の最盛期には、西風はあまり吹かず南東風が多いために、日和子《ひよりこ》としておいしいシイタケをとるのに適しているからです。

（静岡県田方郡中伊豆町）

エサ代は半分でいく。自然卵養鶏の先人が工夫した発酵飼料のつくり方

窪木さんの養鶏 ❷

発酵飼料はムダがない

☆エサ代をふつうの半分「一羽2円50銭」に☆

編集部

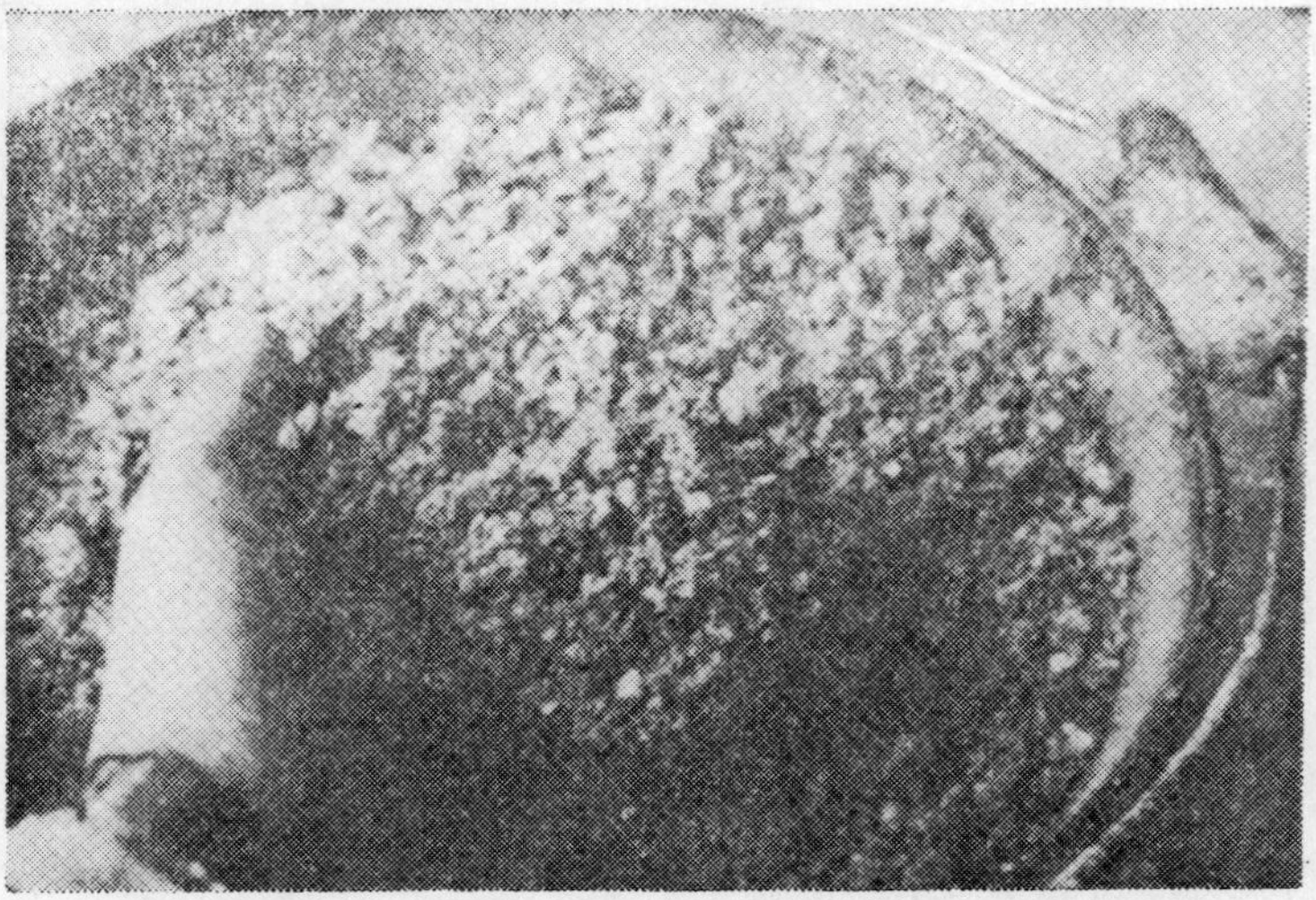

「女は、金さえもうかればピンピン健康、ふしぎな生きものだ」とは窪木さんのことば。べつにこれは女性を軽べつしているのではない。それぞれ得手不得手があるということ。

だから窪木さんはお金のことはいっさい奥さんまかせ。二人で仕事を分担して、のんびりからだをつかい、成鶏六〇〇羽でゆうゆうと生活している。

先月号ではその経営のあらましをご紹介した。成鶏六〇〇羽で一〇〇万円のもうけをあげる大きな理由のひとつは、エサ代の節約にある。今回はそこに焦点をしぼろう。

なぜ発酵させて与えるか

☆エサのムダをなくす

窪木さんのばあい、発酵飼料といって

もパサパサしたものだが、鶏は粉エサよりこちらを好む。どれを食べてもうまいエサだから、より好みしない。うまいエサならこぼさないし、残さない。

りこうな鶏はとなりのを先に食う。そして次に自分の前のエサを食べる。おもしろいものだ。

窪木さんは、エサトイのおもてに奥さんが書いた産卵記録をみながら、各鶏ごとにエサの量を変えている。エサくれのようすをみていると、手でぐっとにぎって与えるか、ふわっとにぎってやるかして、すばやくエサの量を調節している。こうしたやり方でも全部で八〇〇羽の給飼一回を二五分ですませられる。

よく産んでくれる鶏、産まない鶏に同じ量をやったのでは不公平だ。このようなこまかい配慮は少羽数飼育でなければできないことだ。

☆ムダの多い粉エサ

鶏は腸が短いから、エサの三〇%は消化されずにフンになる。これはどんなエサでも同じ。

砂レキを与えないとさらに一五%はロスが出る。さらに粉エサだとエサ箱から五%はこぼしてしまう。また粉エサを与えると、鶏は本能的によりわけて残す。トウモロコシばかり残すやつ、オオムギばかり残すやつ、いろいろある。これを合わせて一〇%はムダになる。合計すると五〇%以上のムダだ。これは大きい。

☆消化を助けるために

鶏の口からは、だ液は少量しか分泌されない。おもに食べたエサをしめらせるのに役だつ程度だ。だから、発酵させてしめったエサはつごうがよい。

エサは次にソノウに入る。これはエサをたくわえる袋で、ここでは消化吸収はほとんどしない。粘液が出て、食物をしめらせ、ふやけさせて、次の消化を容易にする。これにもしめったエサならつごうがよい。

次にエサは腺胃に入り、さらに筋胃にいく。腺胃では胃液が分泌されて消化がはじまり、筋胃の強い筋肉の収縮とその中の小石が食物をひきくだく。

十二指腸でデンプンの消化がおこなわれ、小腸でタンパクが消化される。また二〇センほどある盲腸では微生物によりセンイが分解される。こうして食べたエサは三時間でフンになる。

発酵飼料は、こうした鶏の消化を助けてくれる。消化とは体内から出る酵素による分解である。これをあらかじめ食べる前におこなえば、消化吸収はずっとよくなるはず。

しかし、こんな疑問もあるかもしれない。つまり、最初からそのようなエサを与えたら「本来の消化力がおとろえはしないか」という疑問だ。

そうではない。食べやすく、消化しやすいエサであるために、食べる量がちがってくるのだ。

窪木さんは成鶏には一日一二〇グラ与え

ている。ふつう一日当たりの摂取量は一〇〇〜一一〇グラだといわれるが、決してそうではない。

もっとも、窪木さんのばあい、粉の買いエサは一日一羽八七グラしか食わせていない。残りはタダのエサ（緑餌、魚アラ）だから、食べるだけ与えてもソンにはならないわけだ。

このエサの量の多いことが、卵の大きい理由になる。平均六四グラあり、カラも厚く、日持ちのよい卵を産んでくれる。

発酵飼料のつくり方

☆完配の半分のエサ代に

先月号にもご紹介したが、窪木さんのエサの中身は表のとおりだ。ねらいは完配の半分のエサ代。養鶏をはじめて二五年、そのあいだいつもエサ代は半分でいく主義でやってきた。一羽当たりにして二円五〇銭になっている。

この中身を混合し、発酵させて、ヒナから成鶏まで同じものを与えている。そんなバカなという人もあるかもしれないが「もともと昔はヒナ用、成鶏用などの区別はなかった。ことさらに生育にあわせてエサを変える必要はない、むしろヒナからずっと同じエサでいくことが大事だ」と窪木さんはいう。

エサの急変がいちばんいけない。同じエサの方がエサくれがらくだという利点もある。

窪木さんは、初生ビナの最初の二週間だけは魚アラを多くし、高タンパク（二一％）で育てるが、あとは全部同じエサを与えている（タンパク一七〜一八％、カロリー六〇％）。

800羽3日分のエサ（冬季）

エサの種類	配合量	金額
	kg	円
粉砕トウモロコシ	60	2400
粒トウモロコシ	10	385
圧ぺんオオムギ	20	670
粉砕オオムギ	20	620
専管フスマ	30	830
コメヌカ	15	480
トウフカス	30	130
クズ米	21	630
カイガラ	2	170（カイガラ・コロイカル計）
コロイカル	4.5	
魚の煮アラ	100	タダ
野菜クズ またはダイコン葉 サイレージ	150	〃
食塩	0.5	
合計	463kg	6315円

（1日当たり2100円、年間平均で2000円程度。育すう鶏200羽を含む）

☆つくり方の手順

発酵槽は木製のものを使っている。馬のカイバいれを大きくしたような、横に長い手製の木箱だ。中身をかきまぜるのにらくなように細長くつくってある。

①まず、粉砕トウモロコシ、フスマ、コメヌカ、カイガラ、コロイカル、食塩をいれてかきまぜる。次に、粉砕・圧ぺんオオムギ、粒トウモロコシをまぜる。こうした粉・粒状のものだけで八分どおり入る。

②次に、トウフカス、緑餌（野菜クズ

かダイコン葉サイレージ)、魚の煮アラをいれる。そしてゆっくり手で粉とまぜ合わせる。野菜クズは先にチョッパーですりつぶしておく。これは容積を小さくし、消化をよくするため。

③次に窪木さんは、栄養強化と発酵促進のために、ビタナール(添加剤、糖蜜、ミネラルなどを含む)をサジで一杯だけバケツ半分の水にうすすめ、これを、配合したエサの上からかけている。

④さらに魚のアラを煮たときでる煮汁(一〇リットル)をエサの上からかける。

⑤これが終わったら、エサを平らにならし、しっかり上から手で押しつける。

その上にフスマの布袋をすきまなく敷き、さらにエサの紙袋をのせ、木のフタをする。

まぜ終わったエサは、手でつかんでも汁は出ない。ただし、夏場はくさりやすいので水分を多くし、水分と圧力で酸素をなるべく少なくする。

以上でエサつくりは終わり。

窪木さんは発酵菌をまぜてはいない。発酵槽がカラになっても、残りがまわりにこびりついている。これをそのままにして次のエサをつくるから、前回の残りが発酵のタネになるわけだ。

発酵槽

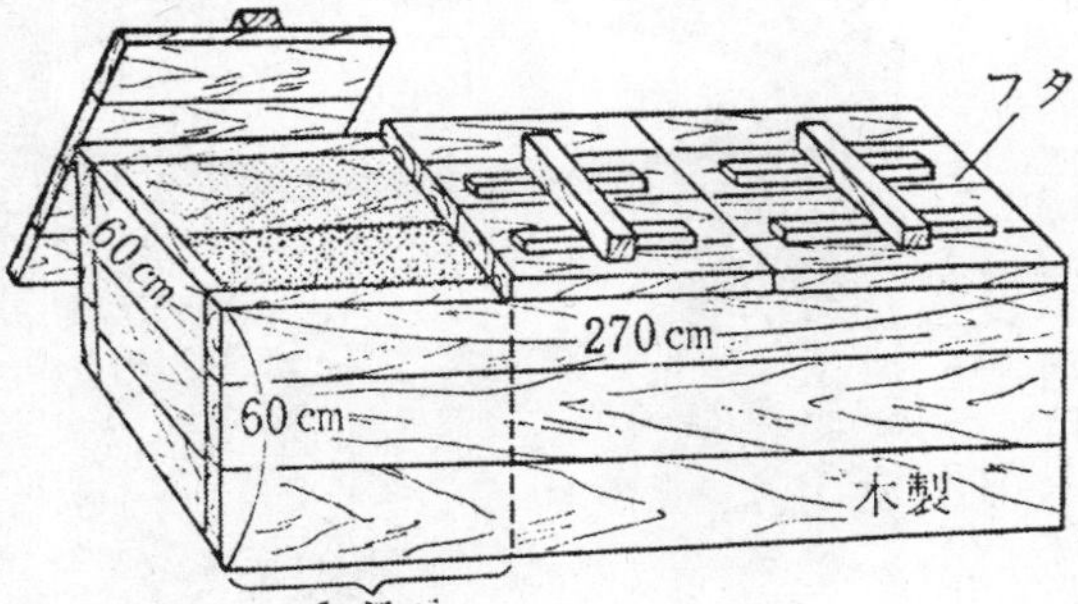

ダイコン葉サイレージ
(つめこみ時にチョッパーで細断)

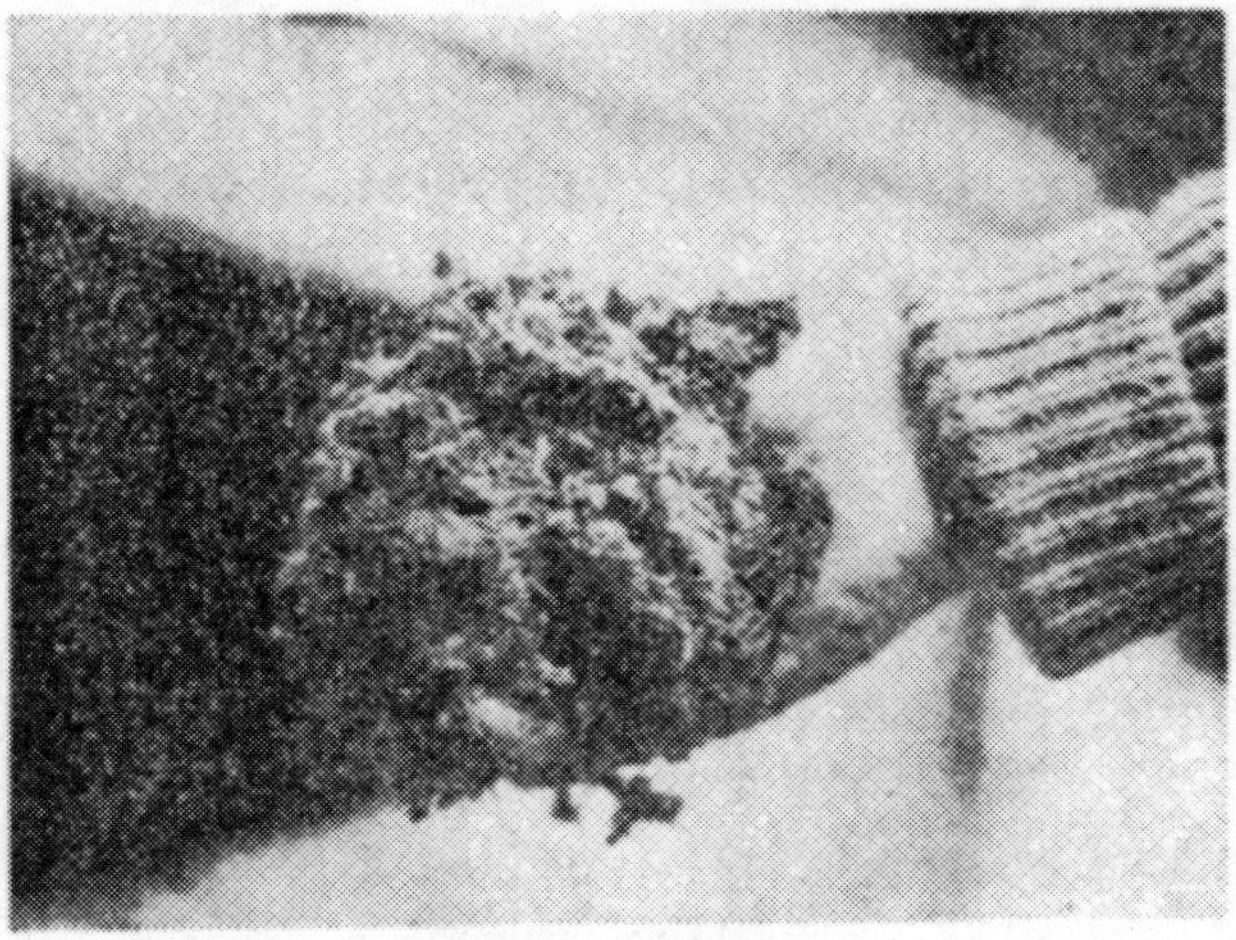

配合前の野菜クズ
(チョッパーですりつぶしてある)

手製の給餌車

窪木さんはこのエサを朝の九時ごろにつくる。十一時に一回目を食わせる。三時に二回目、このころはまだそう発酵していない。一夜おくと発酵して甘ずっぱいサイレージのにおいになる。人肌程度に温度が上がる。カロリーが消耗するから、それ以上には熱を上げない。

冬場はこうして一回で三日分のエサをつくる。夏はそのまま三日もおくとくさっていやなにおいになるから、毎日一日分をつくるようにしている。

それに夏の暑いときは、発酵して暖かいエサは鶏が喜ばない。

給与量は一回に三八キロずつ一日に四回で合計一五四キロ。窪木さんはポリのタライを利用して手製の給餌車をつくっている。上にのせたタライにエサが三〇キロ入る。

それにバケツ一杯七キロ強を下にのせてコロコロと手で押して、グルッと一まわり鶏舎の中をまわると一回のエサくれは終了という寸法だ。毎日くりかえしているから、不足せず、余らさず八〇〇羽に与えてきれいにカラになる。所要時間二五分。

完配から発酵飼料にきりかえるには

現在完配の粉エサを使っていて、いまから自家配合の発酵飼料にきりかえたいと思ったら、次のようにしたらよい。

いきなり発酵飼料を与えても、し好性はわるく、食べてくれない。二、三日はきらう。もちろん慣れたら喜んで食べるようになるが。

そこで、まず完配に緑餌を加え、エサにしめり気をもたせる。鶏はねりエの方が好きだから喜んで食べる。そして次にコメヌカ、フスマをふやし、完配の量をおとしていく。

それから、魚の煮アラを少しずつふやして与える。このようにして三〜四日で発酵飼料にきりかえることができる。

魚の生アラの煮方

魚の生アラをそのまま鶏にやることはよくない。中毒の心配があるし、へたをすると脂肪鶏でダメにしてしまう。殺菌し、脂肪をぬき、消化をよくするために煮て与えることが必要だ。

窪木さんが工夫した煮方は高価な釜は必要ない。一〇〇リットル入りのドラムカン一本、直径一〇センチほどの鉄パイプのきれはし、それに一キロW二〇〇Vの電熱器を一

魚生アラの簡単な煮方

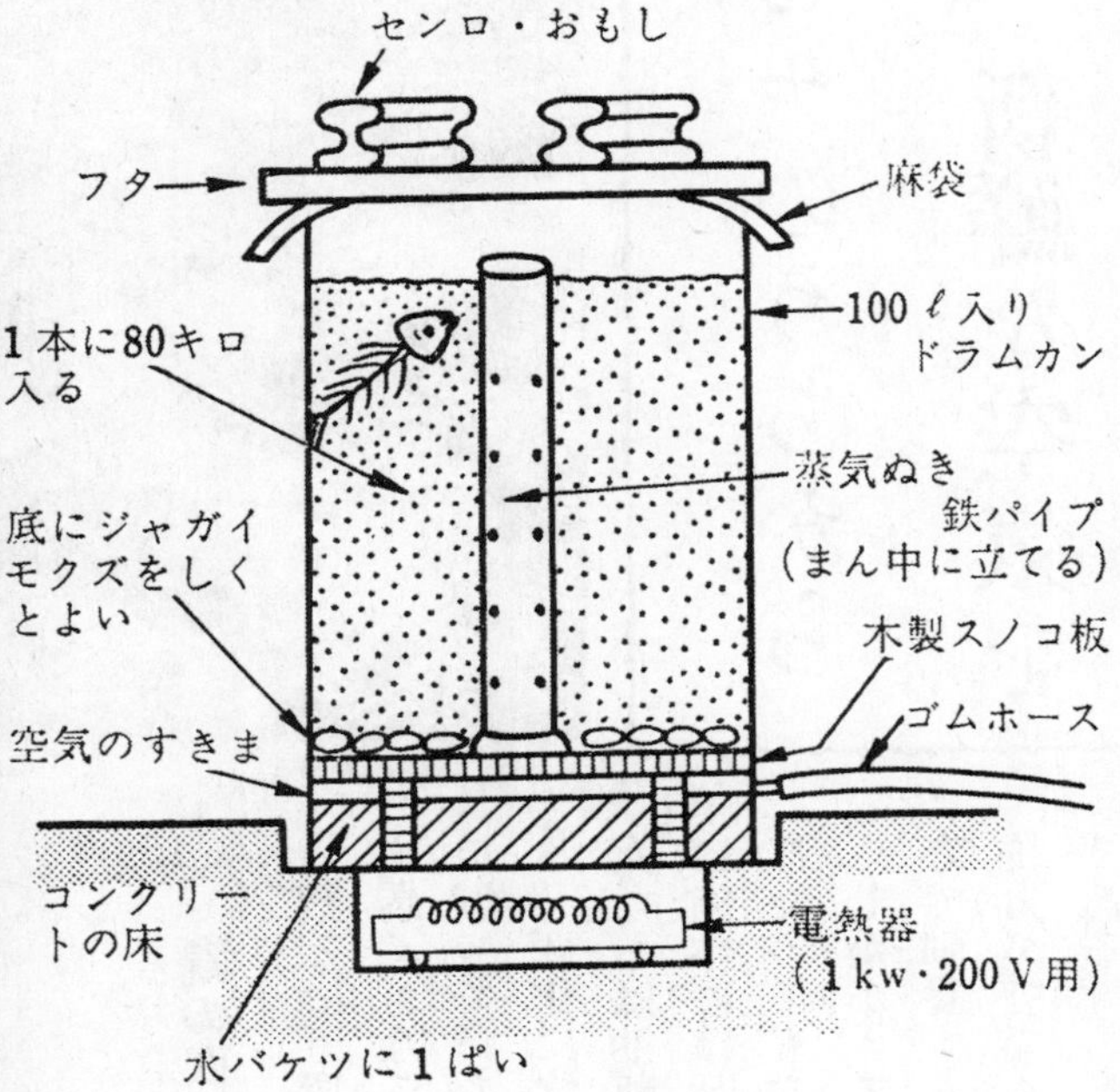

≪煮方の手順≫

①窪木さんは魚屋のもってきてくれた魚アラを1日おきに煮ている。
②まずバケツ1杯の水をドラムカンの底にいれる。
③底に木製のスノコをしき、ジャガイモクズをしいて生アラをつめる。
④ぎっしりつめると水があがるから、ホースをたおして水をぬく。スノコの下にすきまをつくるように、水をぬいたら、ホースを上にする（煮るのでなく蒸すのである）。
⑤夕方5時に電熱器のスイッチをいれる。
⑥朝4時にホースをおし煮汁をぬく。あつい煮汁が25lほど出る。スイッチを切らずにそのまま蒸す。
⑦7時にスィッチを切る。そのままひやす。完全に無臭で骨まで柔らかい。
⑧さめたらチョッパーでつぶしてミンチにする。これをエサにまぜる。
⑨底に残った煮汁はバケツにとって、配合のときエサにかける。
▶ドラムカンは1回ごとにきれいに洗うこと。
▶電熱器は200V用のものを電気屋に注文する。

つ用意すればよい。

夕方につめこんでスイッチをいれておけば、朝までには骨まで柔らかくなっている。煮えているときもくさくない。

農業用の二〇〇Vの電気をつかえば一回一〇〇円以下の電気代ですむ。魚粉を買ったら一五キロで一〇〇〇円もする。

近くに魚屋があり、生アラが手に入るなら、ぜひ鶏のエサに使いたいものだ。

「鶏に保護は不要」と断じる青空養鶏の先輩が見出した雛の鍛え方

鶏をきたえるのはいまだ!!

高橋広治/山口信雄

ヒナのうちから新鮮な空気を

鶏の保護を不要にした育雛

鶏という動物は、飼い方によって強くも弱くもなるものだ。平均した気温の中で飼っていると、その気温になれてくる。変化に富んだ気温の中で飼うと、彼女たちは油断できないので、羽根が自然に肉体にはりついて、少しくらいの風にあたっても逆立たなくなるものだ。

したがって、昼夜の気温の差のある地方で飼養すると、自然に気温に対する抵抗力がでてくる。これを順応性というのである。

順応性の応用　わたしは青空養鶏という飼い方を考え出して普及している。この方法は、この順応性という性質を応用したものである。

初生ビナのうちから大気の変化に打ちかつように、まったく保護を加えないで育てる。初生ビナを育てる場所にあたたかい所と寒い所とをこしらえ、しかも、その温度差をなだらかな坂道を下るようにゆるやかにつける。そのような室温の寝室とし、また運動場と寝室の境もどこが境なのかわからないようなごく自然に冷えていくようにする。器内は運動場の最先端が大気と同じ温度になるように装置して、この中でヒナを育てるのである。この仕かけを図で示すと次のとおりになる。

順応性を応用した三角育雛器　図をみてわかるように、三角形の床の上にロート状の箱をのせたようなかたちをしている。だから、この育雛器を三角育雛器とよんでいる。

写真といっしょにごらんいただくとよくわかるように、前面にあたる面は開放になっているが、そのほかの二面には空気が出入するところがない。

したがって、この三角室の奥のあたたかいほうが寝室となり、前面が運動場となる。エサは前面にエサ箱を取りつけて与える。

そして、寒さを感じるヒナは奥のほうで休み、寒さにたえるヒナは前面のほうで休むという仕掛けである。つまり、暑さ寒さはヒナ自身がよく知っているのだから、どんなヒナでも自分の気に入る温度のところで、休養することができるわけである。

しかし、これだけでは多数のヒナを育てることができないから、九〇センチ平方の面積を三角形に四区画して、中央の交差点を中心とする三角形の寝室をそろえたのである。

足の太く短いヒナができる

新鮮な冷たい空気は前面開放の下のほうから入ってくるから、ヒナは自然あたたかい奥のほうに腰をおろし、その空気が流入してくるほうにクチバシを向けて休むことになる。そして、不良の空気（あたたかい）は上昇して天井をつたって外に排出されるのである。

このように空気の流通がよいので、ヒナはいつでも健康で腹いっぱいエサを食べ消化吸収している。

この育雛器で育ったヒナは健康で食欲も増し、発育もよい。とくに、すばらしいのは足が太くて、かつ足の短いヒナとして発育していくところである。

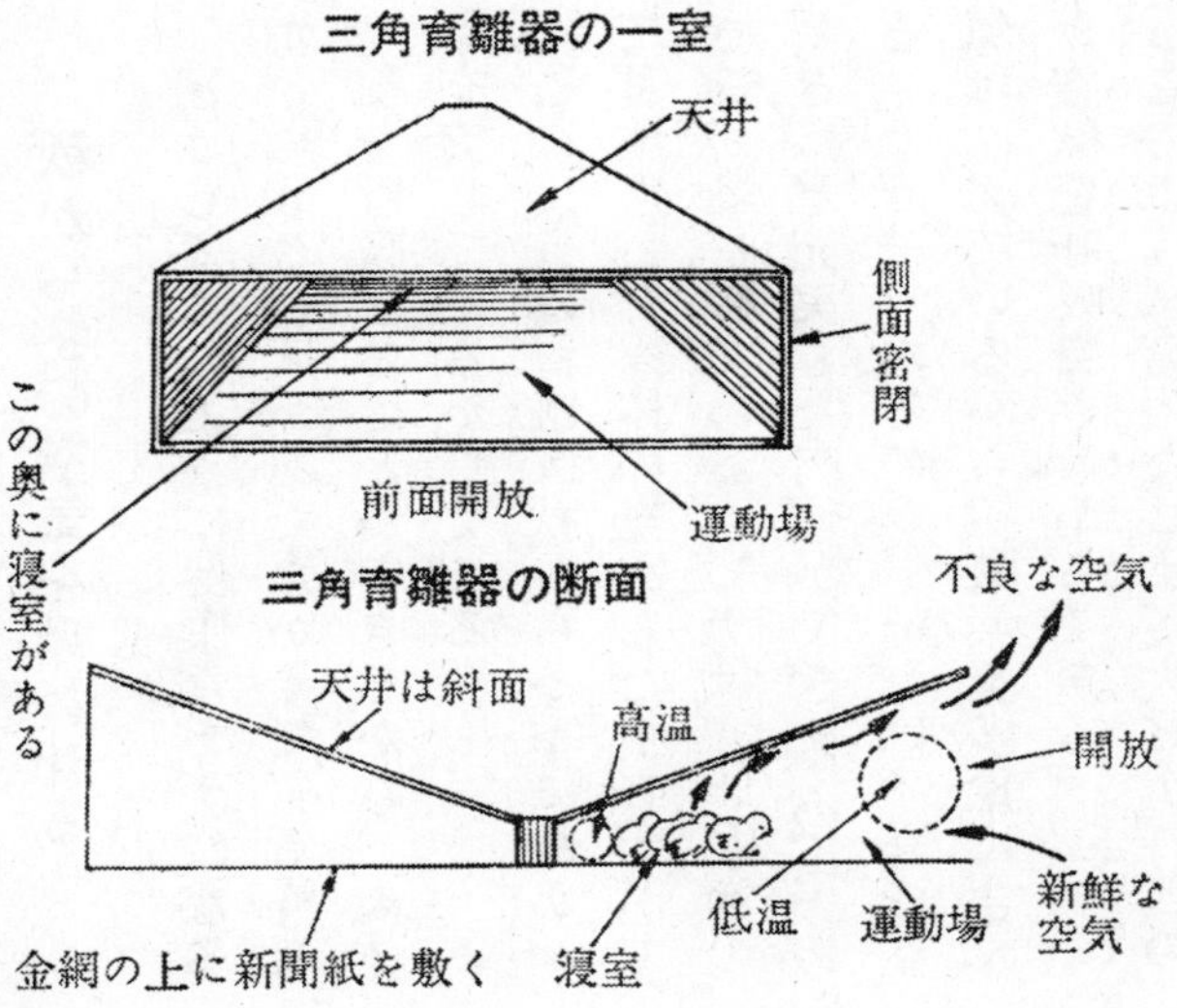

三角育雛器は前面だけ開放。エサはここで与える

秋から冬の空気を吸わせる

どうしてこのように健康なヒナになるかというと、床があたたかくて、新鮮な空気を呼吸することができるから、肉体も充実してくるからである。

このような育雛は秋から冬季にむかって養成すると肉体の充実した中ビナができあがるものである。ヒナは寒い季節のときほど充実した肉体ができるのである。なぜそうなるのか。それは冬季の空気は冷えているから、酸素を多量に含んだ空気を呼吸できるからである。

このように育ったヒナが大ビナ時代の極寒期になると、順次発生する羽毛が肉体にくいついて発生し、発生してくる羽毛をまた長く開張してくる。そのうえ二重の羽根が発生してくる。

これが盛夏のころになると羽毛は小さく狭く発育してくる。そうなると細く長い羽毛となるので、保温力の乏しい羽毛の持ち主となる。それは暑さをさけるための用意で、自然に行なわれるものとみてよい。

したがって、鶏の換羽は必ず秋冬に向って行なわれる。それは既成の羽毛はすでに春夏の気候にたえて肉体を保護してきたため、もはや肉体を守ることができないからである。それゆえ夏秋に脱落して寒さから充分保護できる羽毛が発生してくるのである。そういった羽毛だから厳寒の中でも充分肉体を保護することができるのである。

さらに、その羽毛も冬を越し、春が近づくにつれて自然に保温力を失ってくる。つまり、保温力の乏しい羽毛となってくる。ちょうどそのころは保温しなくともよい春夏の気候となる。旧羽は脱落して新羽が発生してくる。これが大自然の法則なのである。

鶏に保護は不要

こういった、換羽にみられる大自然の法則を応用していこうとするとどうすべきか。屋内養鶏では不自然の境遇のままでこの作用が行なわれるわけだから、ややもすると大自然に打ち勝つことができなくなる。そして寒気に対する抵抗力が乏しいので、これを保護して能力をあげようとして防寒の設備をこしらえ促進させる手段をとってきた。これがいままでの飼い方であった。

わたしの主張する青空養鶏は育雛時代からすでに大気の中で、保護しないで鶏の順応性を応用して育成する。つまり、三角育雛方式で養成すると、自然に大気にならされ、中雛時代に厚く広い羽毛が密生してくるので、鶏のからだは雨や風にさらされてもかまわなくなっている。それに打ち勝つ羽毛があり、肉体を保護してくれるので屋外で飼育しても彼女らは少しも苦痛を感じないわけである。むしろ、太陽光線の照射と新鮮な空気の呼吸によって健康となり、自己の能力を十二分に発揮することができるのである。

だから、わたしは常に大自然の恩恵を十二分に受けて生活させていく青空養鶏こそ、真の経済養鶏であって、いままでの保護養鶏はむしろ病菌、病毒を培養しつつ、産卵させようとする不自然の養鶏と考える。この際断じて廃止すべきである。

ると思う。なぜなら、経費をかけて飼養のむずかしい養鶏を行なって自ら死地に追いこむようなものだからである。

（愛知県高橋広治）

ヒナのうちから寒冷条件を

鶏をきたえるにはヒナの初期生育からやらなくてはならない。わたしは二〇年近く一～二月の厳寒期をえらんで寒冷育雛を実施して、よい成績をあげている。

保温はあくまでも補助の育雛

卵からヒナになるまでは親鶏の体温以下では孵化しないだろうが、ヒナになれば必ずしも三八度ないと生きられぬということはない。

寒冷な条件で育てるのは、低い温度で生きようとするヒナの体内燃焼を大にし、新陳代謝を旺盛にすること、さらに皮下血行をよくし、寒さに対応する活力が細胞構成を強大にするためである。

寒冷な条件で育てるといっても、一月～二月の外気温で保温なしに、孵化したばかりのヒナが育つことはありえない。二〇度以下の保温では育雛に高い技術をもった人でも失敗する。

したがって、ヒナをきたえるということは、ヒナの生育をさまたげるのではなく、ヒナをより強大にし、鶏の一生に起こるであろうあらゆる困難にうち勝つためのものである。

ところがある人はリズミカル低温方式などといって、高い温度から一日ごとに低い温度にしていくという。わたしはヒナをきたえるという点からすれば、初期に高い温度をあたえ、あとで低い温度にしても効果はうすいと考える。

わたしの実験では、二〇度で育てていくには最初の餌づけまでは一五度にしておかないとうまく育てられない。

生物は抵抗性の弱いときほど環境に順化しやすい。抵抗性と個性の強くなったものは環境からにげだす。いいかえれば寒冷条件での活力を失うのである。

リズミカルなどといっても従来の保温育雛と同じで過保護であり、軟弱ビナの生産にほかならない。

いままでの育雛温度が三八度より低い温度で育てると強健な鶏になることを育

厳寒期にも開放したままの成鶏採卵舎

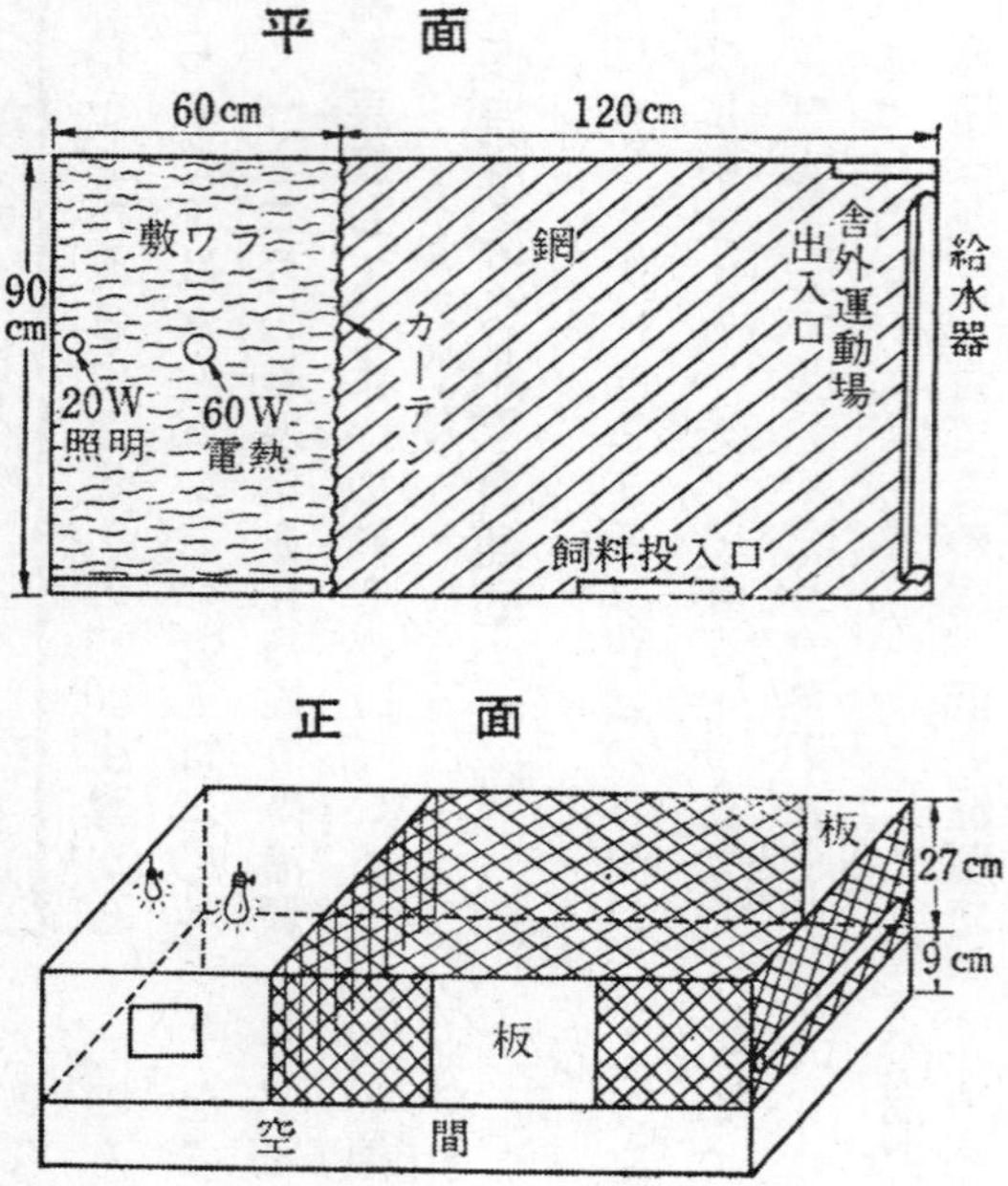

雛技術者は認めている。しかし、その方法が論理的に理解されず苦労しているのが現実である。保温はあくまでも補助と考えること。三八度を保とうとするから保温が中心になる。しかし、一五度で死ぬものでないことを理解すれば補助的なものになる。

ヒナの体内燃焼で内臓を丈夫に

寒冷な条件はヒナを入手したそのときからあたえねばならない。人間があたえた温暖な条件で抵抗力ができてしまってから寒冷条件を獲得させようとするのはすじがとおらない。

寒冷な条件で生育すると鶏の肺臓、心臓、消化器官が強大になる。つまり、体内燃焼させて強大にするのだ。だから第一週令ではなんといっても寒冷条件の獲得が第一である。そして、第一週令に視力と肺臓機能の理想的な発育を重点にすべきで、そのためのエサと環境とをくふうすべきだ。

第二週令になったら給温を停止すること。しかし、給温は育雛の補助と考えているので、その後も気温が急激に低下したときには三週令までは一時給温することもある。

第二週令で給温を停止することは、コクシジウムを投薬によらず防ぐことができる。冬の外気温と育雛器(図)の温室の二〇度ではコクシジウムは発生しにくいからだ。

寒冷育雛器

そして、いつも給温を第二週令で停止するにはやはり、幼雛初期(第一週令)の温度が高いとなかなかできるものではない。

わたしの育雛器には温室と冷室がある。わたしのいう二〇度は温室の温度で冷室は五度以下。日中でも一二度以下である。飲水、エサは冷室におく。エサと水を求めてきたヒナが二〇度の温室に入ると最初はたいへんなさわぎである。寒いところでの採食、飲水と温室に入ったばかりはたいへんな運動をしている。つまり、体内燃焼するわけである。

こうした、ヒナの運動は低い温度にすれば必然的に起こる現象であるが、これだけでは鍛錬にならない。わたしたち養鶏家の終局の目的は将来強健で産卵能力の大きな鶏にすることである。そのためにはエサもたいせつになる。

体内燃焼に必要なエサ

幼雛の初期に重要なことは、ビタミンAの多給である。ヒナは視力が第一に発育するからだ。また運動が多ければ体力消耗も大きい。この消耗におとらぬ栄養を与えなくては強大な細胞構成を望むことはできない。

わたしはクロレラを培養しないときは卵黄と青葉を添加していたが、いまではクロレラを利用して青葉はほとんど与えていない。また、鍛錬には、そのほかにタンパクを添加する必要があると思われる。

クロレラを利用するようになって育成率がたいへんよくなった。昨四五年に育雛した成績は三〇〇羽中二九七羽（産卵開始時）である。

市販の幼雛飼料はヒナを育てるにはよいがきたえるためには充分でない。また基礎飼料であるからこれを軽視してはならないが、鍛錬には添加飼料を重視しなくてはならない。

鶏のエサが低タンパクでよいということには再度否定する。

なぜなら、冬季換羽に入る鶏が相当いるが、鶏舎をかこったり、保温条件をあたえていない。それでも、タンパクの高いエサを与えることによって換羽時の産卵開始を早めることができる。

もちろん、育雛時に鍛錬されない鶏がわたしのいうようになるとはいい切れない。わたしのばあい換羽期が二ヵ月以上のものはほとんどいない。

養鶏も単に育雛、管理、飼料と切りはなしてあるものではない。しかし、なんといっても育雛は養鶏の中でもっとも大きな重点である。

寒冷育雛器

よいヒナを育てたいのなら育雛器（舎）を温室と冷室にわけて、冷室での生活を主にし、暖をとるための温室をつけるという考えになってもらいたい。

育てるヒナは温度より通気を重点にすることがたいせつである。わたしのいう温度条件は一群一〇〇羽を温室六〇センチ×九〇センチ、冷室九〇センチ×一二〇センチのところで育雛することである。五度以下の冷室でも群の集積温があるので育雛初期といえども冷室での生活が短いので無理にはならない。

図をごらんいただくとわかるように温室は板張り、冷室は金網張り。これを何段かに重ねるので、冷室の上部は板張りにして糞受けにする。三週令以後は五〇〜六〇羽にするので一〇〇羽に対して二個つくる。温室内は敷ワラを入れる。（山口信雄）

かあちゃんならではの豚への気づかいが好評だった連載の二回目

❷ フン掃除★わたしのくふう

かあちゃんからの
養豚だより

フンは運につながる

桜井鈴子

昔から、話題がフンになると「もう落ちだ」とよくいいますが、豚飼いの話題はフンから始まるのが正道だと思います。わたしは豚のフンは運につながると思っております。

フン尿処理に費される時間と労働力は、豚飼いの仕事の半分以上をしめています。そこでなんとかちぢめることを考え、くふうしてみました。

♡…もちつもたれつのフン掃除

母豚の脱フン回数は個体差はありますが、一日だいたい三、四回です。また大部分の豚は、食後一五分から二〇分以内に、前回食べた分を排出します。とくに分べんサクにいれられた母豚のばあいは、母親の本能で、子豚を踏みつぶすことを恐れ、なるべく立ち上がる回数をへらします。ですから、給餌の直後か給水の後かに、ついでに用をたします。食事後、給水のあとが、いちばん多いように思います。

そこで、わたしはエサを与えた後、すぐには水をやりません。わずかにエサをしめらす程度に水をふりかけて、そのまま豚房を出てきてしまいます。一五分ほどたったら、ほうきとちりとりを持って、水をやりに行きます(ちりとりは、石油カンを斜めに切って、持つところをつけたものが使いやすい)。

母豚はエサを食べ終わってひと休みしており、のどがかわいていますから、すぐ立ち上がり、水を飲みます。このとき手早く、腹や尻の下のワラを豚房のぬれない場所に寄せてしまい、コンクリートの面だけにしておきます。豚はおいしそうに、ゴクゴク水をたっぷり飲んだあと、すこし前方に進むと、「ではお願いします」といって(目は口ほどにものをいい)、勢いよく尿を排出します。わたしはほうきでシャーッ、シャーッと音をさせながら、排水口にはき流します。おもしろいことに、その音を聞くと豚は安心するのか、たまった尿を全部出してしまうかのように、いっそう激しく出し始めます。

やがて出し切ってしまうと、やたら腰を動かし始め、いよいよ本番の態勢に移ります。このときは、コンクリートの床面にはワラも尿もなく、わずかの部分がぬれているだけです。

やがて、ボトンとおまんじゅう大のを一つ。ボトンと二つ、三つ、四つ、それから肛門が

きゅっとしまって終わりです。

わたしはちりとりを持ち、待ちかまえて、コロリとちりとりに入れます。ポトン、コロリ、これを三、四回繰り返して掃除は完了。あとはのけておいた敷きワラを、腹と尻の下にもどすだけ。母豚はおなかもすっきり、腹の下もさらさら、気持ちよさそうに横になり、お乳をゴクゴク出します。この間の所要時間は三分くらいです。しかも脱プン量は、ワラ、尿、フンといっしょになった量にくらべて、五分の一くらいです。そのうえ、母豚の乳首にはフンや尿がすこしもつかないから、子豚の下痢防止にも効果があがります。

何よりも母豚が気持ちよいだろうと思うことが、わたしのよろこびです。豚の方もちゃんと心得て、わたしが行くまでガマンして待つようになります。哺乳中の母豚六頭ほどでしたら、この方法でぜんぶ掃除しても二〇分くらいで、気持ちよいほどすっかりきれいになります。しかもスコップだ、一輪車だとわざわざ豚舎に持ちこまなくても、チョコチョコとかんたんにできてしまいます。労力もいりません。乳首も清潔、フンの少なさ、時間の短縮、敷きワラの節約、労力の軽減、とよいことずくめです。わたしは毎回この方法を実行しております。

ただし、一回でもずぼらをしてしまいますと、豚も同じようにずぼらになります。習慣をつけさせたら絶対に裏切らないこと。お互いに信用しあってこそ、もちつもたれつの成果があがるのです。

♡…豚も腹八分目に……

主人の友だちに農業のかたわら四頭の母豚を飼っているお宅があります。そのお宅の飼育方法は愛情第一で、優秀な成績をあげておられます。わたしがいつも不思議に思っていたことを、ある日奥さんにたずねました。

「お宅の飼槽はいつもたわしで洗って、ふきとっているのですか」

「いいえ、何もしてませんよ。エサをやって水をやるだけです」

「それにしてはとてもきれいだけど」

「それはきっと、余分なエサや水をやらないためでしょう」

「もし豚がエサを余らしたときは？」

「そのときは、エサを全部ひしゃくでバケツに取って捨てます。そして次回はエサをやりません。ようすを見ながらすこしずつ元にもどしていきます。食べ残したエサをそのままにしておくことは禁物。ことに入梅時や夏は注意しないとね」

奥さんは、長年の経験で、それが健康に飼ういちばんの秘けつだとおっしゃいました。

腹八分め、これは人間とまったく同じです。バランスのとれた栄養を腹八分めに与え、適当な運動をさせれば肥満体にはなりません。哺乳中の母豚のばあいでも、濃厚飼料の極端なやりすぎは、決してよい結果を生みません。

親慕う離乳子豚や春寒し

（茨城県真壁郡真壁町）

農家から獣医師まで、大反響の記事。警戒心の強い豚ほど、子どもは夜産む

豚・昼間お産させる法を伝授!

――ここが〝ツボ〟だ――

編集部

豚を安心させれば昼間お産させられるという小林盛治さん

寒い冬の夜。

豚のお産のつきそいも大変なものです。これが昼間だったらなあ……と思わずにはいられません。

埼玉の養豚家・小林盛治さん(52歳)は何とかして日中にお産させようと奮闘をかさね、去年のお産のうち八割近くは昼の間にさせることに成功しました(母豚飼育頭数四〇頭)。

さて、その秘密は?

〝ツボ〟のマッサージで豚を安心させる

「最大のポイントは、豚に安心感を与えることだ」と小林さんは強調します。豚にかぎらず、お産が夜に多いのは敵から身を守るための本能だというのです。なにか危険を感じているから、暗闇に身を隠してお産しようとするのだと。

それなら、危険を感じさせないようにすればいい、そう考えて小林さんの始めたのが母豚のマッサージ。犬や猫でも撫《な》でてやれば喜んで、シッポを振り、のど

を鳴らす。豚にも同じことをしてやろうと思ったのです。

　では、いったどこを撫でてやれば豚は喜ぶのか。あれこれ試してみて、ようやく発見！　わき腹にツボがあったのです。場所は豚の太ももの筋肉と腹筋とが交わったところ。太ももを手でたぐっていって、太ももの筋肉が〃ここで終わっているな〃と感じるところで、後ろから三〜四番目の乳房の位置にあたります（図と左の写真をごらんください）。

　ここを揉《も》むようにして撫でてやります。と、しばらく気持ちよさそうにジッとしていた豚が、ゆっくりと寝る体勢に入ります。前足を折り、それからお腹《なか》を出して床にころがってしまいます。なんとも気分がいいと言いたげに。

　これを毎日、ボロ出しのたびにしてやります。ワラを寄せてやると、そこへ寝るようになって、そこは絶対と言っていいほど汚さなくなります。

ストレスをなくすのが第一歩

　こうして、母豚に寝かたや寝る場所を覚えさせていきます。この〃しつけ〃の積みかさねが豚に安心感をもたせ、ストレスの少ない豚をつくっていくわけです。

豚を安心させるにはツボ（指さしているところ）のマッサージから

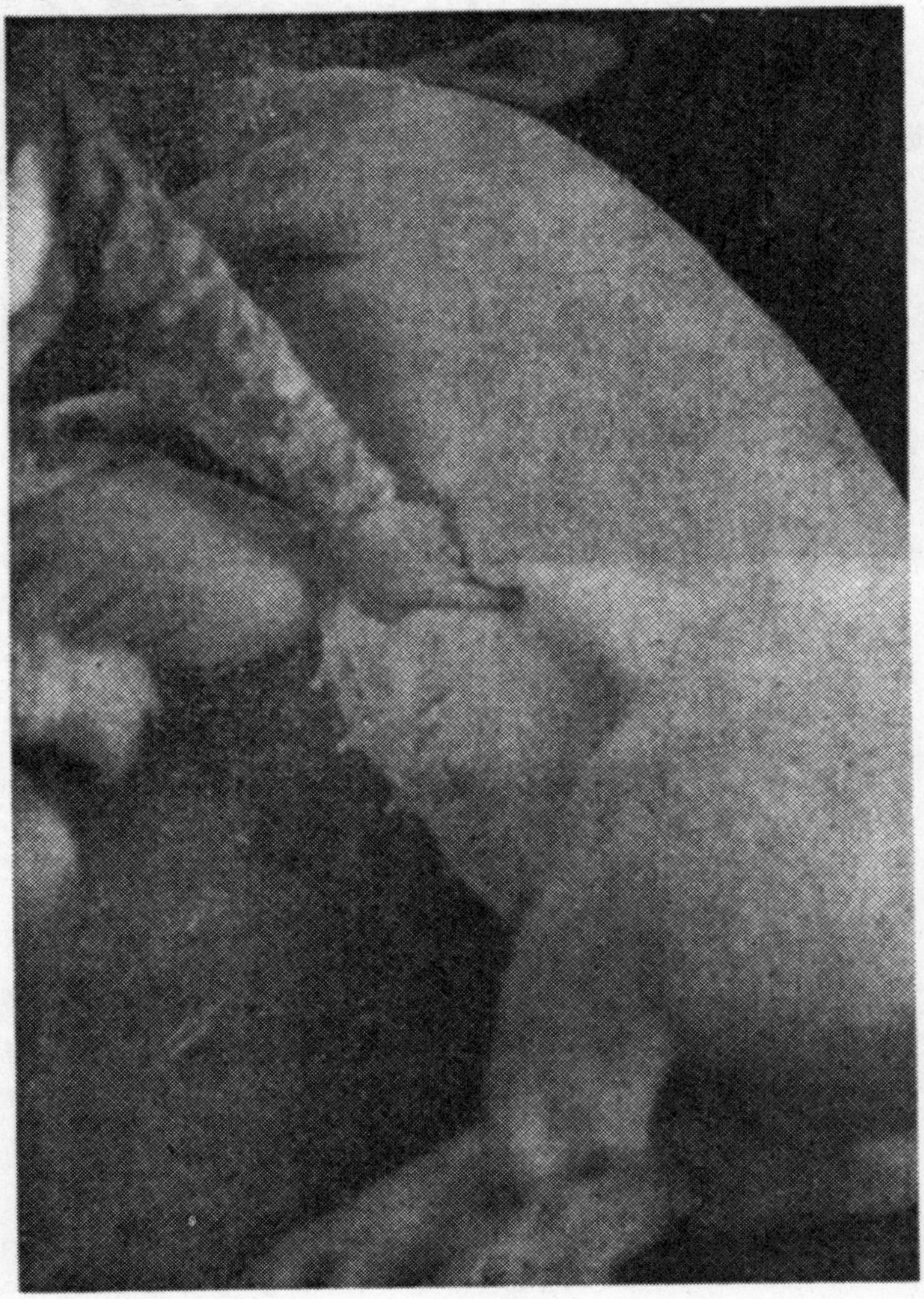

昼間にお産させるためのツボ

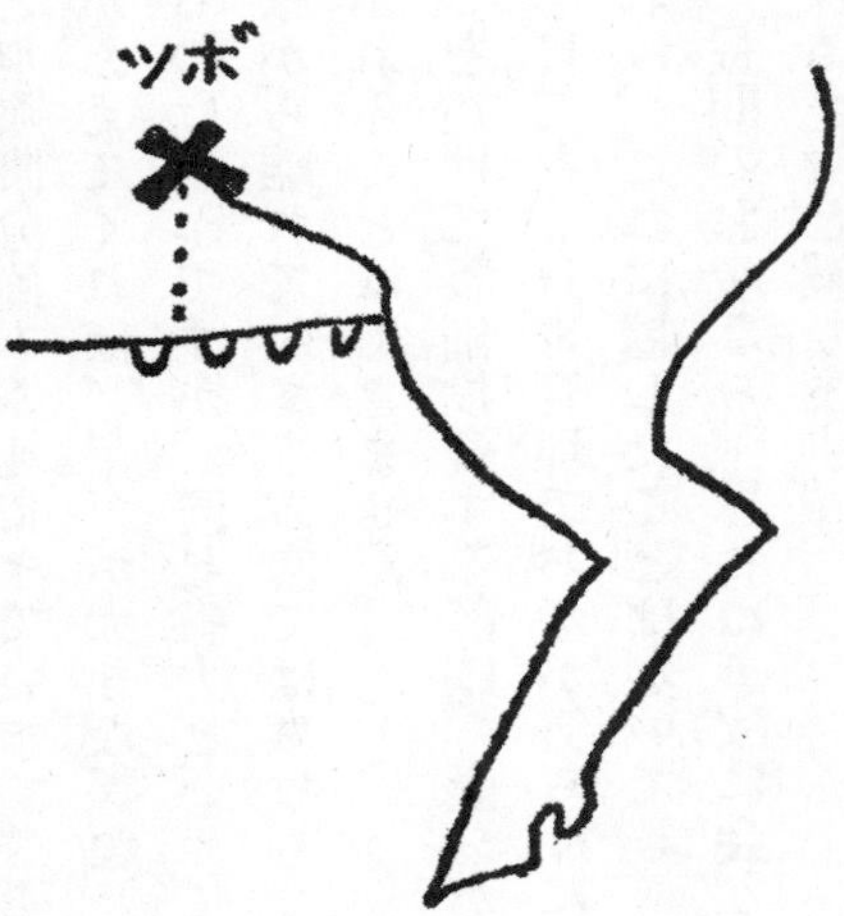

⬅太ももの筋肉と腹筋との交差点がツボだ。（豚の側面から見て、後から三〜四番目の乳房の位置）

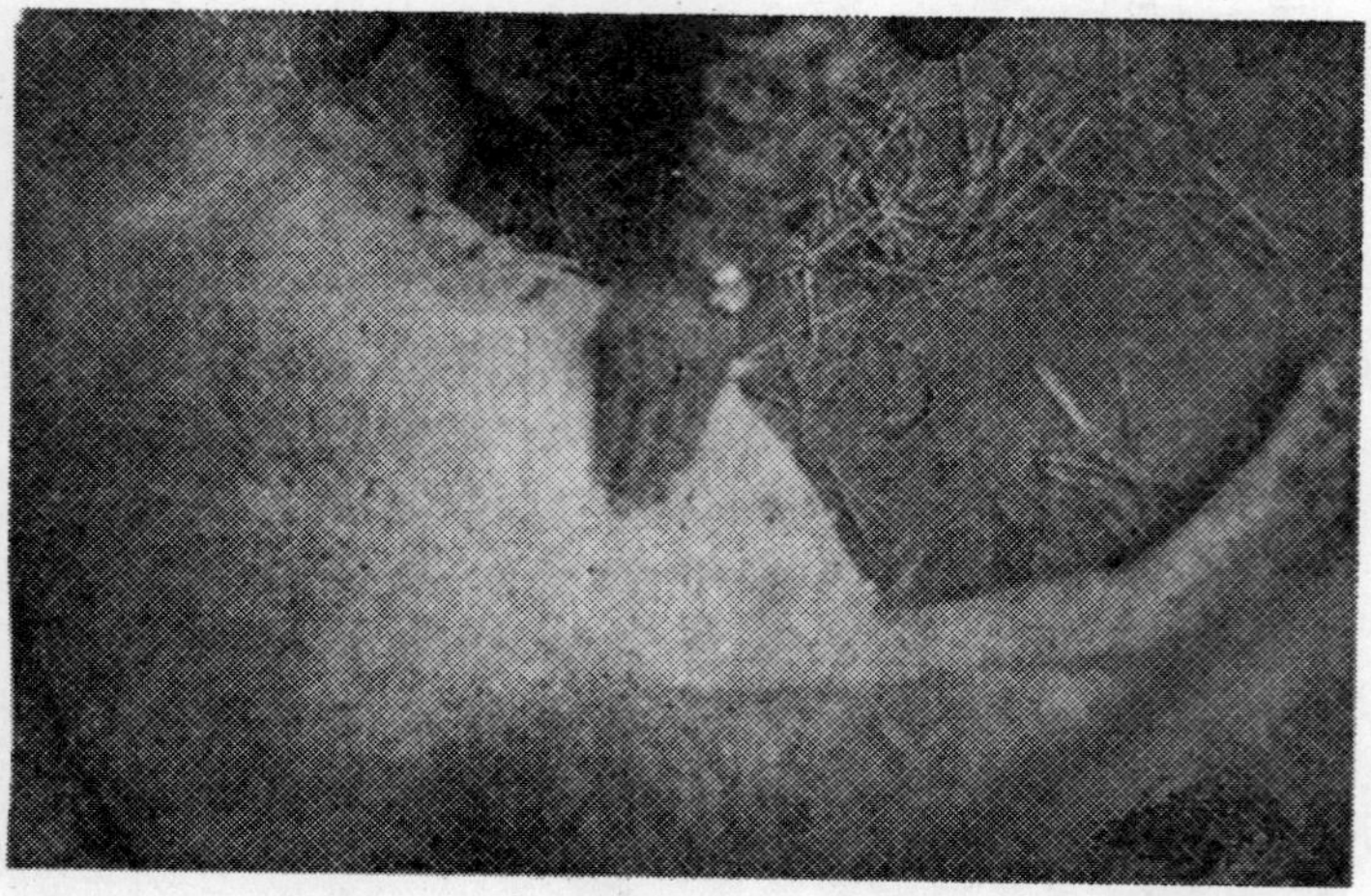

マッサージするほどに豚が足を伸ばす

「ストレスのない、人に慣れた豚は人を頼りにするようになる。お産になれば泣いて人を呼ぶ。で、夜には人がいないから明るいうちに産んでしまおうと思うんじゃないか」

　ウソのようなお話ですが、実際に母豚分娩記録を見ますと、ほとんどが日中にお産しているのです。深夜、早朝というのはごくまれです。私が伺った日にもちょうどお産がありましたが、やはりお昼すぎからお産が始まりました。

　小林さんが「ホレ、寝ろ」と声をかけながら、例のツボをマッサージしてやると母豚はおとなしく横になり、「腹を出せ」と言いながら撫でてやると足をのばします。お産が近くなった母豚には重点的に目をかけてやり、落ち着かせてやるのです。

　忙しさにまぎれて、つい豚を放っておいたときには、「どういうわけか、夜中に産んじゃう」そうです。小林さんの見るところでは、警戒心の強い母豚ほど、夜産むことが多く、品種別ではバークシャーにその傾向がつよい。ストレスなし、警戒心もなしの母豚だったら朝、エサを食べてしばらくしたあと、お産を訴えると言います。

金をかけずに お産がラクになる

　お産にかける手間はできるだけはぶこうと無看護分娩もふえてきています。頭数がふえてくれば〝省力〟が大きな課題となるのは確かですが、同じ省力といっても豚から離れてしまう方向では事故もまぬかれることはできません。

　金をかけて設備投資する前に、金をかけずにできる日常管理でお産が気らくになれば、これに越したことはないでしょう。昼間のお産なら、思わぬ事故に会う危険もグッと減ります。

　マッサージ作戦は、豚に安心感を与えて昼間お産させるために役だっているばかりではありません。ツボを揉んでやって、ドタッと床に寝るような母豚は圧死の要注意豚。こんな母豚には徹底的に寝かたから教え、子豚の圧死事故をモトから断ってやります。

　また、ストレスなしでお産も軽くすんでいる母豚はみな長寿。よく働いてくれ、一四産のLWを筆頭に、七産以上の母豚が半数を占めています。

　分娩促進剤などに頼らなくても、人間と豚の息が合えば、お産は順調にいき、かなり高い確率で昼間に産ませることができるというわけです。

作業手順は絶対変えない

とくに、豚にストレスを与えないために小林さんが力説するのは、毎日の作業手順を絶対に変えないことです。

「オレの所は制限給餌、制限給水だから豚と接する機会が多い。これもいい結果につながっていると思うが、自分で決めた、フン出し―水―エサという順序はどんなことがあっても狂わせないことがいちばん大きい。豚は敏感だから、変わったことをやるとすぐに影響する。できるだけ同じ条件をつくってやり、母豚には必ず例のマッサージをして、人間を〝敵〟だと思わせないことが、なによりもだいじだ」

小林さんの母豚のなかでも自家育成の母豚（肉豚と同じに飼って一カ月飼いならして母豚に供用）ほど成績がよく、導入豚は悪い。このことも、豚は環境の変化に敏感だということとつながっているようです。いかに豚から〝警戒心〟をとり除くかが勝負どころです。

お産一回一回ごとに、分娩にかかった時間や事故豚の有無を記録し、お産が短く済み、一頭も事故のなかった母豚の子を、次代の母豚候補としています。さらに、よく訓練（しつけ）した母豚だったのかどうか、なども記してあります。

去年のお産のうち、なんと七五％までは昼間に産ませた小林さんですが、これを単なる偶然の結果に終わらせたくないと言い、因果関係の追究に情熱をそそいでおられます。

安心しきって母豚は身をまかす

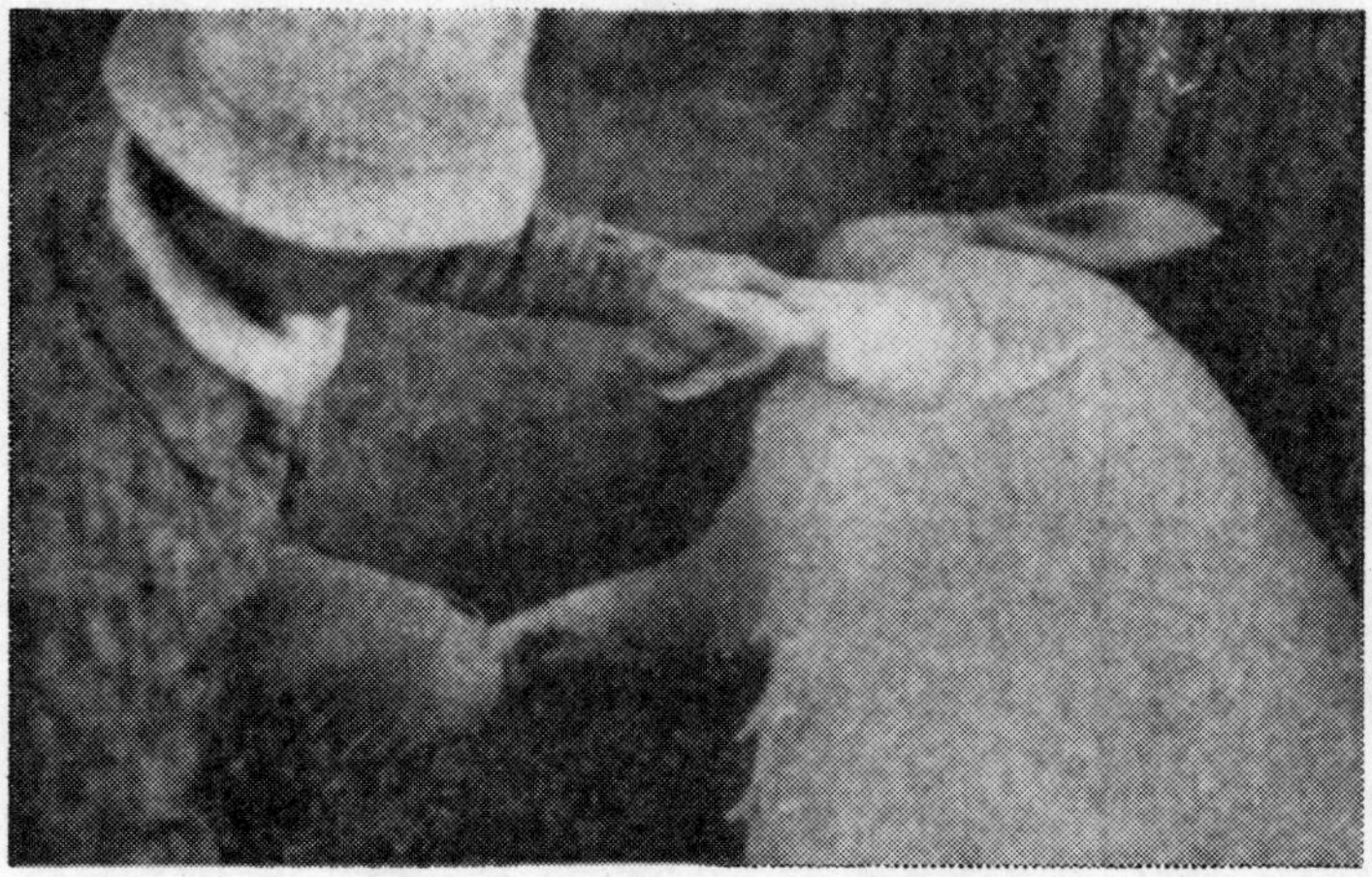

【「読者のへや」から・一九八八年四月号】

農家に嫁いで二〇余年　うたをつくってみました

愛媛県中山町　武田幸子

『現代農業』に出逢って今年で八年。山菜の漬物、おいしい西瓜のつくり方、どぶろく宝典と、いつも楽しい記事をどうもありがとうございます。それに、豚のお産を昼間させる法という記事、とても役に立ちました。恥ずかしながら、うたをつくりました。

夢
子供の頃 白衣の天使に憧れて大きくなったら 助産婦さんになろう
嫁いだ所 専業農家
米、野菜、ミカン、栗、椎茸
夢破れたし二十余年
減反政策、輸入拡大のあおりをうけて 豚にお逢いできました
白衣こそ無いけれど
いまではチビに囲まれて
場長夫人兼、大望の
豚の産婆様である

二本立て給与で安定酪農への自信を深めた小沢禎一郎さんの、本誌初登場の記事

エサ二本立て給与の実践 平均乳量6300キロ 病気なし!

(その一)

編集部

▼長野県松本市島内の小沢禎一郎さん(三三歳)はいま最高に気分がよい。

「いうにいわれん気楽だ。気分的に以前とずいぶんちがう」という。

▼なにしろ獣医さんに用がない。以前さんざん悩まされた繁殖障害、産後の腰ぬけ、ケトージス、後産停滞などがきれいさっぱりなくなった。

▼乳量が安定している。昨年二七頭の搾乳で、年間総乳量が一七万キロ。一頭平均六三〇〇キロ。これだけの頭数で平均乳量が六〇〇〇キロをこえているのは、立派というほかない。

▼小沢さんにいわせると、〝健康第一のオーソドックス酪農〟である。本誌に連載中の渡辺高俊先生とは四年以上のつきあい。渡辺先生の指導をうけて、安定酪農への自信を深めている。

ラク農でなく苦農だった昔

小沢さんは、三三歳の若さながら、牛飼い歴は一五年。はじめに、以前のようすを語ってもらおう。

……以前、六〜七頭飼っていたころ、乳量的には四年連続七〇〇〇キロしぼったことがある。病気もしたけどよくしぼったというところかな。

産む前に、腰ぬけ予防の注射したり、ケトージスのクスリをどんどん飲ませたり、黒砂糖を使ったり、あらゆる薬事的

なやり方で、なんとかもたせようとしたがギセイ者（牛）がゴロゴロでた。

どの牛もタネがつかん。本人も半分は承知のうえだ。後産停滞もしょっちゅうで、前は同時に三つも四つも後産をぶらさげて、処置なしだった。

なんせかんせ、精神的な苦痛はひどいもんだったね。毎日ケトン体の検査だ。獣医さんが注射してくれるが、何回注射してもなおらん。共済はいつも満額使っていた。

■カス酪農にまよいこむ

▼では、以前のエサは？

……当時のエサは、濃厚飼料としては乳配一七号を八キロにムギを二キロ。

給与量は三〇キロ搾乳で八〜一〇キロ程度だった。だから牛はガリガリやせる。産んだあと、やせさせちゃいかんのはわかっている。なんとかだまして乳をしぼったが、病気は解決しない。

分べん前には、げっそりやせる。配合をそう食わせられれんから、ムギで肉つけるというわけで七キロもくれる。すると、みるみる肉がつく。さあもう分べんしてもいいだろう。ところが産んだあと、たいてい腰ぬけだ。

▼粗飼料のほうは？

……牧草二〇アール。これはサイロづめ。夏場はアゼ草。草がたらんことはわかっていた。ワラも寝ワラ食べてりゃいいやという程度。古いワラ屋根をもらってきたりしてね。

だから、いきおいカス類にたよる。トマトカスとかトウフカス。養豚農家と競争して毎朝もらいにいっていた。

ジャム会社が、ただでカスをくれるという。さっそく飛びついた。夏場は、生カスと草中心で、濃飼は一割でいい。これはもうかるというわけで、五月から年の暮れまで牛に与えた。十二月にお産がつづいて、産む牛全部がケトージス。乳も出ない。

そんなこんなで、いまから六年前、カス酪農にみきりをつけた。いま思えば、高い授業料だった。

■ふりだしにもどった

……要するに、一五年かかって、学校で教わった基本——「ふりだし」にもどったということだね。

牛にのまれちゃいかんということだ。頭数ふえたらカス使わないといかんと、そう本人も思っちゃう。

三〇頭も飼っていると、訪ねてくる人は、最初に必ず「どんなカスを使ってますか」ときく。それがいまの常識なんだな。全然使っていないと答えると不思議そうな顔をする。家の中でも、カスをやめたとき、「なんでカスを使わんの」と女房とケンカだったものね。

もうけを勘定すると　タネつけがわるくなる

「どんな牛でも、六〇〇〇キロ、いや七〇〇〇キロしぼれる」と小沢さんは、自信をもっていう。ただし「牛が健康でありさえすれば」の話。

小沢さんが一五年の牛飼い歴でつかんだ哲学は、なにより「健康第一」の酪農ということだ。

濃飼をケチらないこと。粗飼料をたっぷり与えることだ。

バランスのとれた栄養をたっぷり与えて、牛に働いてもらおう。お金のほうがすこし多くなってもいい。相撲とりだって、あれだけ栄養つけるから、力が出るのだ。

健康とは、牛の能力が最高に発揮できる状態だ。健康だから乳もよく出る。エサ代払っておつりが大きくなる。

「牛を飼ってもうけることと、牛を健康にすることが、昔はいっしょにならなかった。もうけを勘定すると、必ずタネつけがわるくなる。うちは、エサ代がよそよりは多くかかるが、最終的なもうけはうちのほうがいいと思う。乳量がおちないし、タネつけもいいから」

現在二七頭の搾乳で、一日の総乳量が六〇〇キロ。一頭平均二二キロ出ている。

小沢さんは、いまどんなエサをどのように与えているのか。

健康本位の牛飼いへ エサの二本立て給与

小沢さんは、渡辺高俊先生が提唱しているエサの二本立て給与の実践者だ。本格的に始めたのは、昨年の十一月から。ことしの冬は、病気が全然なかった。すでに四カ月以上も全頭平均二二キロしぼっている。こんなことは、はじめてだ。

第一表をごらんいただこう。小沢さんの給与飼料を示したものだ。与えるエサを、基礎飼料と変数飼料の二つにわける。

基礎飼料とは、粗飼料を組み合わせたもの。小沢さんのばあい、春から秋までと、冬の間と、二つのちがった組み合わせがある。

変数飼料のほうは、濃厚飼料を自家配合してつくるもの。

第1表　小沢さんの給与飼料（牛体重600kg）

(1)　基礎飼料（粗飼料）

（春～秋）

	給与	乾物重	DCP	TDN
生牧草（混播）	30kg	6.900kg	0.600kg	3.360kg
ビートパルプ	3	2.589	0.123	2.016
ワラ	2	1.758	0.006	0.742
		11.247	0.729	6.118
			（体重比1.7%）	（体重比1%）

（冬）

	給与	乾物重	DCP	TDN
牧草サイレージ	15kg	3.460kg	0.240kg	2.055kg
ヘイキューブ	3	2.697	0.381	1.617
ビートパルプ	4	3.452	0.164	2.688
ワラ	2	1.758	0.006	0.742
		11.367	0.791	7.102
		（体重比1.9%）		（体重比1.2%）

(2)　変数飼料（濃飼自家配）

	給与	乾物重	DCP	TDN
乳配14ペレット	6kg	5.250kg	0.660kg	4.080kg
粉砕ムギ	3	2.568	0.249	2.067
マメカス	1	0.870	0.421	0.753
		8.688	1.330	6.900

(3)　飼料診断（春～秋のばあい）

乳生産ＴＤＮ量＝6118＋6900－4530＝8488（g）
乳生産ＤＣＰ量＝729＋1330－330＝1729（g）
標準乳量＝8488÷305＝28（kg）
ＤＣＰ給与率＝1729÷45×100＝130（%）
適熱・適タンパク（Bb）範囲乳量
適熱（B）範囲乳量　35～（28）～20kg
適タンパク（b）範囲乳量　38.4～25.6
Bb 範囲乳量　35～（28）～25.6

このそれぞれに、条件がある。その条件を第二表に示した。

■基礎飼料とその条件

まず、基礎飼料のほうから説明していこう。基礎飼料のポイントは、まず乾物重だ。粗飼料から水分をぬきとった、正味の重量のことである。

これが体重の一・六%必要。体重六〇〇キロの牛では、九・六キロの乾物重が必要だということ。この数字は、渡辺先生が繁殖障害の調査のなかで、受胎をよくするのに必要な量として確認したものだ。

この乾物重は、最低でも体重の一%は必要だ。青草だけだと六〇キロ必要だということ。ひとくちに青草六〇キロというが、ふつうの牛ならまず食べきれない。だいいち、「うちでは、六〇キロたっぷり与えているよ」と自慢する人でも、実際に計ってみると、四〇キロどまりだったりする。青草六〇キロというのは大変な量なのだ。

ところで、小沢さんのばあい、頭数も多いし、労力的にも大変なので、給与する生牧草は三〇キロどまりになっている。

不足する乾物重はビートパルプとワラでおぎなう。冬期には、牧草サイレージ一五キロ給与だから、その不足する乾物重の代替としてヘイキューブを追加する。

第2表　二本立ての飼料給与の条件（渡辺）

●基礎飼料（粗飼料）	どの牛にも一定量を年間給与する ①乾物重……体重の1.6%（下限1%） ②可消化養分総量（TDN）…体重の1〜1.1% ③栄養比（NR）………………8〜9 （タンパク質1に対して他養分が8〜9あること） ※センイ質の必要量，体重維持に必要な栄養を満足させ，若干（5〜6kg）の乳生産にふりむける栄養分をもつように設計する
●変数飼料（濃厚飼料）	泌乳量に応じて牛ごとに給与量を変える ①可消化粗タンパク質（DCP）……13.3%（上下0.5%以内） ②可消化養分総量（TDN）……65〜70% 栄養比3.5〜4.5（なるべく3.8〜4.2） ※濃厚飼料で組み立て，基礎飼料の上のせとして用いる

第一表の(1)でおわかりのように、小沢さんの牛は、夏でも冬でも、体重の一・七〜一・九%の乾物重をもつ粗飼料が与えられている。

▼粗飼料本位に体質改善

それにしても、粗飼料の乾物重はものすごい。飼槽に山のように積まれる。

途中で他から導入した牛は、まずたいてい残す。小沢さんは、牛が残しても量は減らさない（最初のうち残した分は、育成牛や子牛におすそわけする）。こりずに翌日も同じ量を与える。なんとか食べてもらいたい。一カ月もつづけると、全部を食べるようになる（途中一回胃腸障害をおこして）。こうなったらしめたもの。牛はみちがえるように毛ヅヤがよくなる。体質が健康になる（小沢さんの粗飼料確保のやり方、なぜヘイキューブを使うのか、などの点については、次号でくわしくご紹介したい）。

■変数飼料とその条件

さて、次は変数飼料。もう一度、第一表をごらんねがいたい。

変数飼料（濃厚飼料）の中心は、乳配14ペレット。粗タンパク（DCP）が一一%、養分総量（TDN）六八%の、どちらかというと低タンパク高カロリーのエサを使っている。なぜかというと、いま高タンパクだと称する配合飼料には、よいタンパクが入ってなさそうだと思うからだ。

そのかわりに、小沢さんは、値段の高いマメカスを使っている。マメカスは高いエサだが、ぬきがたい魅力があると小沢さんはいう。一時使うのをやめていたが、また昨年の十一月から使いだした。

採算はともかく、牛が健康でさえあれば、という方針で、いまの組み合わせにしたのだが、これまで四カ月以上も平均乳量が二二キロでている。牛は正直に乳量でこたえてくれた。

▼給与量の早見表ができる

この変数飼料一〇キロが、乳量二八キロの牛に与える量である。

第三表をみていただきたい。乳量に応じたエサ給与量の早見表である。この表を参考にして、牛ごとにエサの量をかげんすればよい。乳量三〇キロの牛には、一一キロ与えると可消化養分がちょうど一〇〇%給与になる。

では乳量が四〇キロならどうするか。そのときはエサの量を一二キロ、多くて一三キロにおさえる。

第三表で説明すると、乳量四〇キロのとき一二キロの給与量だと、エサの養分総量（TDN）は、標準の八〇%の量になる。四〇キロも出す能力牛では、養分が標準の八〇%の給与でも、繁殖にわるい影響がない。

第3表　乳量別の変数飼料の給与量

必要量変数飼料	泌乳量の適熱・適タンパク範囲		
	TDN80% 給与乳量	（標準）TDN100% 給与乳量	DCP150% 給与乳量
13kg	43kg	34kg	31kg
12	40	32	29
11	37	30	27
10	35	28	25
9	32	26	23
8	30	24	21
7	27	22	19
6		20	17
5		18	15

このようにエサの養分を八〇%給与におとすと、牛がしまってくる。やせるでなく、ふとるでなく、からだがしまってくる。

エサの給与が八〇%を割ると、こんどは毛にツヤがなく、バサバサとトリ肌になる。これはおもしろいようにわかるという。

ここで、粗飼料がワラとビートパルプそれにわずかのサイレージだと、毛のツヤがいっそうわるくなり、じきにガタガタと乳量がおちる。そんなとき、粗飼料にヘイキューブが入っていると、牛のスタミナがちがうと小沢さんはいう。

逆に、他からの導入牛で、毛ヅヤのわるいものは、こちらにきて粗飼料に慣れ、バランスのとれた栄養が与えられると、頭のほうから毛が次第にツヤツヤときれいになってくる。

◇　◇

この飼料給与の早見表ができてからは気分的にすっかりらくになった。これまで、あてにもならない「カン」にたよっていたエサの給与に、ひとつの方程式ができたわけだ。この方程式（早見表・相関表）のつくり方は、今月号の渡辺先生の記事で紹介しているから、参考にしていただきたい。

牛のようすがまるで変わった

こうした、エサの二本立て給与が軌道にのってからは、牛のようすがすっかり変わった。もちろんエサの与え方そのものにも体系的なくふうをこらしている。

乳量がおちてもエサをおとさず、中腹どきに体力をつけること。乾乳期には増し飼いしないこと。分べん前後の各一週間は粗飼料だけにすることなど。この点については、本誌六月号に紹介した、千葉県の平野さんとまったく同じである。

●タネつけ順調　以前は、分べん間隔が一四〜一五カ月だった。いまは平均一二・五カ月に縮まっている。

●後産停滞なし　「どうして、計算してエサをくれると後産停滞がなくなるのかな」と小沢さんも不思議がる。最初、小沢さんは、原因をカルシウムやビタミンの不足だと思っていた。どうもそうではない。エサのバランスがわるいせいだ。小沢さんは、ことしの正月から、前みたいにカルシウム剤をよけいには与えていない。

●乳量がおちない　牛がどんどんお産しても、以前は全体の乳量がさほどふえなかった。ことしは、一頭産めば、それだけ確実にふえる。ふえたものがなかなかおちない。おちたときは、エサ不足か粗飼料の乾物重不足かを考える。

●エサ食いがよい　小沢さんの牛をみて、誰でも「エサをパッパとよく食べるね。食いつきがいいね」とおどろく。以前はビールカスなど与えていると、牛はペッタラペッタラなめるように食べていたのに、とは奥さんの弁。

●乳飼率が下がった　乳飼率とは、乳代に対するエサ代の割合のこと。

小沢さんの一頭当たり一日の買いエサは冬場で約六〇〇円。「うちじゃとってもそんなにはくれられん、エサ代が七割にもなってしまう」とお思いのかたもあるだろう。「それだけエサくれたら、乳のほうも出るんだ」と小沢さんは強調する。乳飼率の魔術にふりまわされるな、ともいう。簡単な算数をしてみよう。

乳価六〇円。年間乳量六〇〇〇キロでは乳代が三六万円。乳飼率四五％とすればさしひき一九万八〇〇〇円。

同じ乳価で、年間乳量四〇〇〇キロでは乳代が二四万円。乳飼率二〇％として、さしひき手どりは一九万二〇〇〇円。

つまり、年間乳飼率四五％で六〇〇〇キロ搾乳は、北海道の草酪農で乳飼率二〇％の四〇〇〇キロ搾乳と同じことなのだ。

小沢さんのばあい、いま二七頭で一日の総乳量が六〇〇キロ、一頭平均二二キロ。エサ代を六〇〇円かけても乳飼率は四五％ぴたりいっている。

◇　◇

エサを二本立てで給与するばあい、やはりなによりの基本は、基礎飼料つまり粗飼料にある。いかにして、年間安定して粗飼料を確保するか、粗飼料をどれだけ自給するかがカギになる。

次号では、そこを深めてみたい。

二本立て給与法を築いた渡辺高俊さんの本――『乳牛の能力診断と飼養』（渡辺高俊著　一、二六〇円）

片岡式子牛学習法で、生まれてすぐに牛との友好条約を結ぼう

牛と人との対話（最終回）

豊かな母ちゃん牛飼いは子牛との対話から

上田孝道

一月号から紹介した「片岡式子牛学習法」と「母ちゃん牛飼い」の技術を取りまとめてこの連載を終わりにしたい。

＊

母ちゃんは何頭の牛を飼うのがよいだろうか？　草の量と労力と畜舎などが頭に浮かぶが、もっともっと大切なことは、あなたが家庭の平和の鍵を握る主婦として、牛と言葉を交わしながら楽しく牛を飼う心の豊かさを持てるかどうかであり、またその技術を覚えることができるかどうかである。これが、牛で儲かるかどうかの決め手となる。頭数は複合経営のバランスがとれるように考えるとよい。

＊

はじめて牛を飼う人でも同じこと。生まれたばかりの子牛がかわいいと感じる人ならば、だれでも子牛を学習させることができる。

第一図が子牛学習法の要約だが、考案者である高知県高岡郡東洋野村の片岡さんの弁を借りれば、子牛を学習させるとき、あまり教えようとする意識が強すぎるとだめだ。やさしい動物愛の心と、あなた自身が牛の体に触れて牛に学ぼうとするひかえめの心が大切だ。

＊

あなたと牛の心の絆はどうなっていますか？　第二図と第三図を見ながら家族で話し合って、こんど生まれる子牛から学習を実行することをぜひおすすめしたい。

子牛学習法の効果は次のようであり、家庭に心と物の豊かさを呼ぶ。

①あなた自身が牛の心の中にはいりこむことができるようになり、上手な牛飼いになれる。またおとなしい牛を飼うと、あなたの心が豊かになって家庭の平和に結びつく。

上田孝道さんの本――『子とり和牛 上手な飼い方育て方』（上田孝道著 一、六八〇円）、『和牛のノシバ放牧 在来草・牛力活用で日本的生産』（上田孝道著 一、八〇〇）

第１図　片岡式子牛学習法の手順の要約

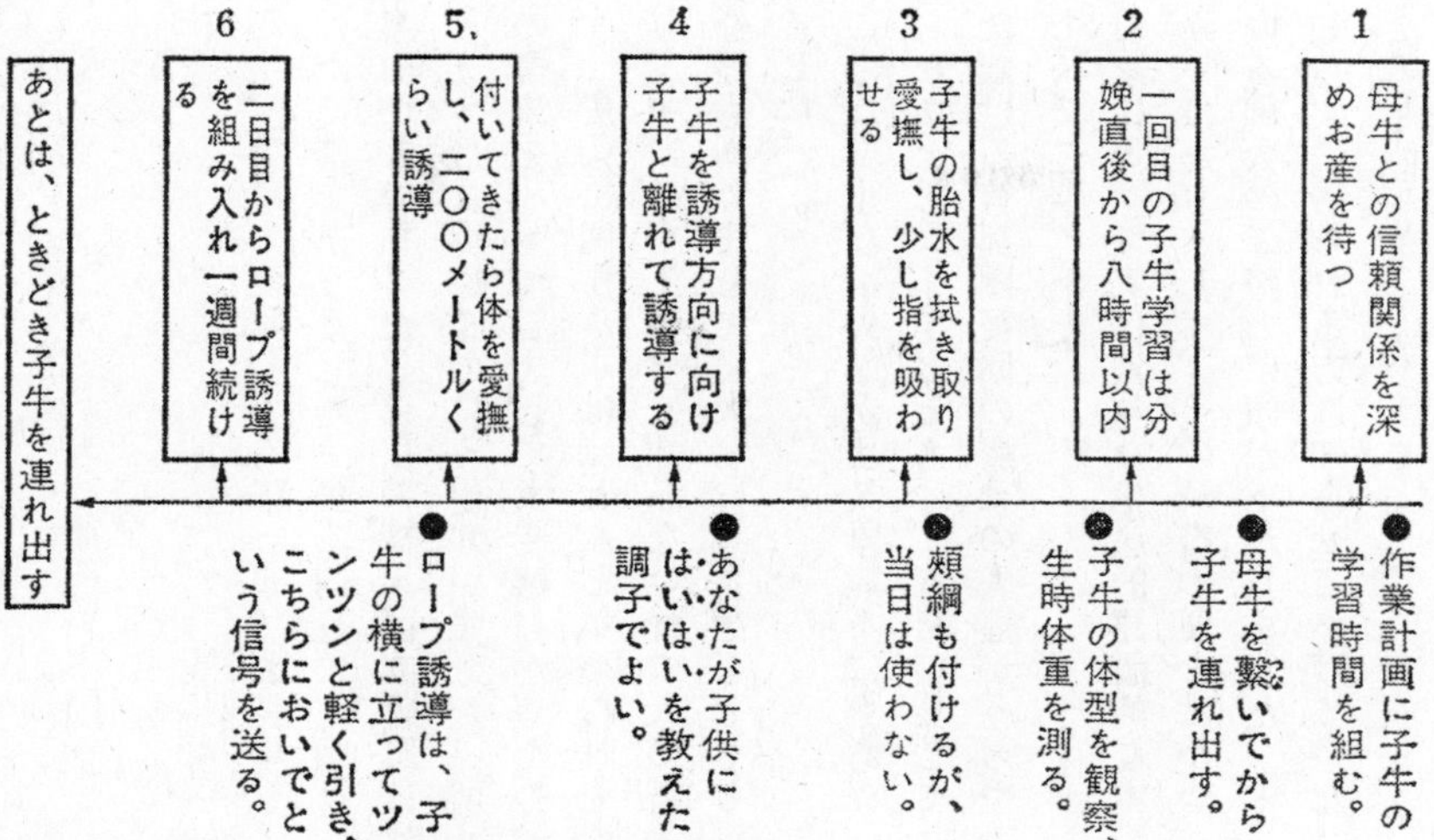
1
母牛との信頼関係を深めお産を待つ
2
一回目の子牛学習は分娩直後から八時間以内
3
子牛の胎水を拭き取り愛撫し、少し指を吸わせる
4
子牛を誘導方向に向け子牛と離れて誘導する
5、
付いてきたら体を愛撫し、二〇〇メートルくらい誘導
6
二日目からロープ誘導を組み入れ一週間続ける
あとは、ときどき子牛を連れ出す
●作業計画に子牛の学習時間を組む。
●母牛を繋いでから子牛を連れ出す。
●子牛の体型を観察、生時体重を測る。
●頬綱も付けるが、当日は使わない。
●あなたが子供にはいはいを教えた調子でよい。
●ロープ誘導は、子牛の横に立ってツンツンと軽く引き、こちらにおいでという信号を送る。

第２図　片岡さんと牛の友好条約の理論

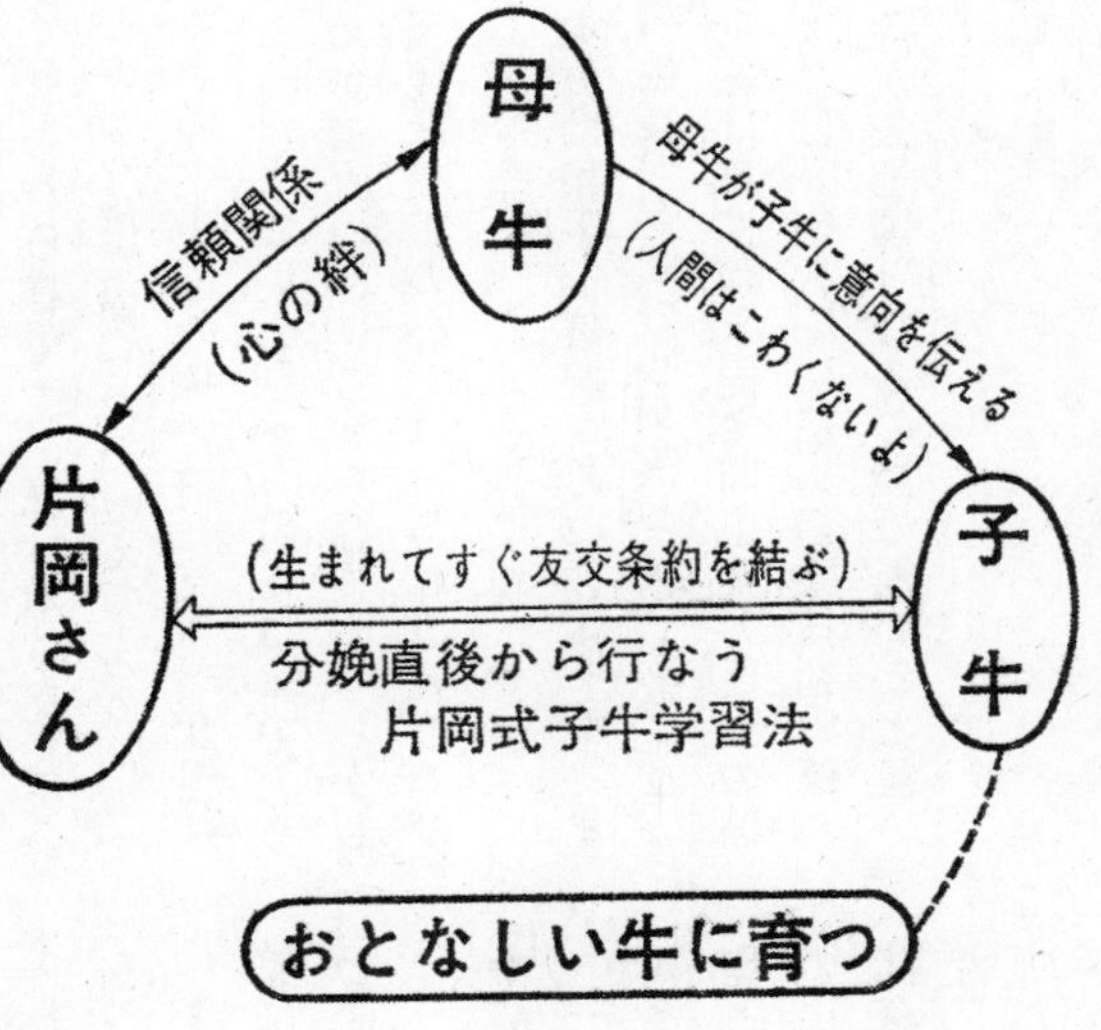
母牛
信頼関係
（心の絆）
母牛が子牛に意向を伝える
（人間はこわくないよ）
片岡さん
子牛
（生まれてすぐ友交条約を結ぶ）
分娩直後から行なう
片岡式子牛学習法
おとなしい牛に育つ

第３図　飼い方の下手な畜主と牛の関係

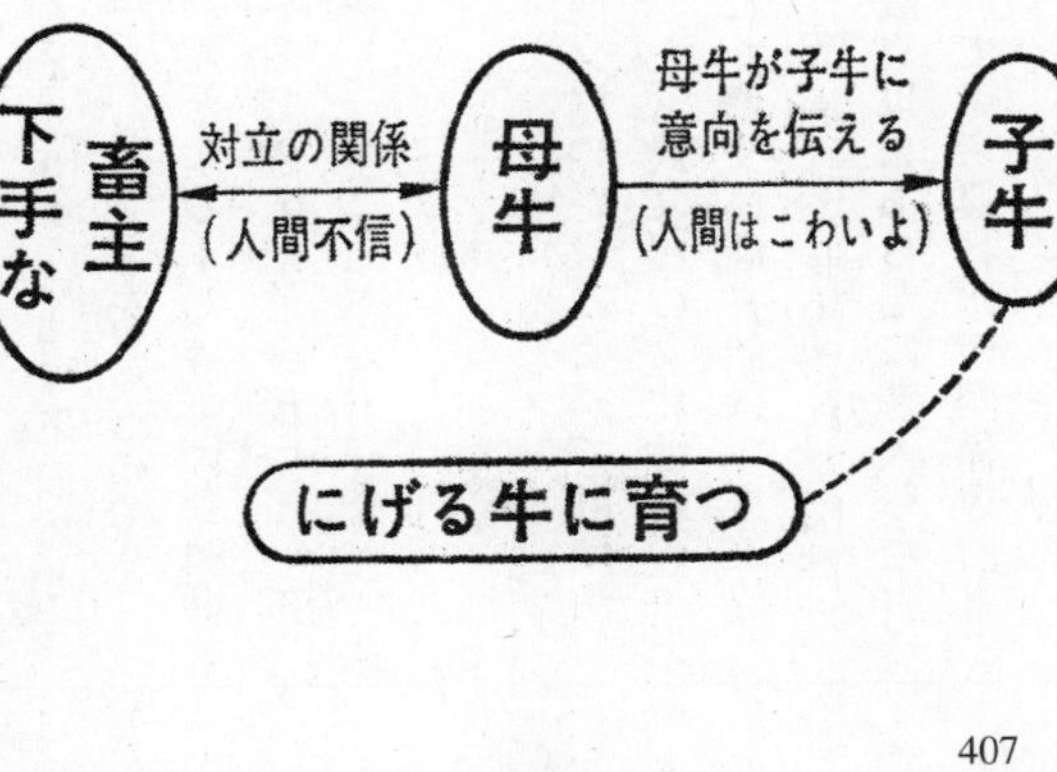
下手な畜主
対立の関係
（人間不信）
母牛
母牛が子牛に
意向を伝える
（人間はこわいよ）
子牛
にげる牛に育つ

②子牛は早くエサに付き、発育がよくなる。

③子牛登記の鼻紋を取るとき、市場出荷でトラックに積むときと降ろすときの作業などが楽にできる。

④おとなしい牛を求める人は多いので、思ったより子牛が高く売れる。

⑤成牛になってからも、飼いやすい牛となるので種付作業などが気楽にできる。

⑥生まれてすぐから体に触れて、性質と体型を知っているので、あなたの家に合った本物のよい牛が選抜・保留できる。

⑦子牛との動物愛の物語は、都会の母ちゃんの真似のできない情操教育の教材となる。

（おわり）

（高知県畜産試験場）

【「読者のへや」から・一九八六年七月号】

農文協図書館、ありがとう

熊本県　本田謙二

小生、実は大変嬉しく有難い事でお礼申しあげたく筆をとりました。去る四月に、図書館案内などで知った、東京の練馬区立野町にあります農文協図書館にうかがいました。所蔵の書籍を一べつしまして大変嬉しかったのです。農業に関する本はほとんど集められてあり、中には小生の全く知らない野の人の著書などもありまして、大いに読書欲をそそられました。

こんな貴重な図書館が農業県熊本にもあったらなあと思いますとともに、無料で貸していただける首都圏範囲の農家の人達がうらやましくさえ思いました。

農家にとって実に貴重な生産的建設的な本ばかりでありまして、その読書の便をはかっている御会のご努力に頭が下がりました。未だ知らずに居られる方に知らせてあげていただきたいと思いました。

＊

土の叫びといいましょうか、農の心の発露といいましょうか、日本の農村にはまだまだ健全な農の心を有し、農業に励んで居られる方が多く居られる様です。私は本を通じて、その様な方と今後文通したい考えです。

今は全く商工中心の世の中となり、食糧は商工でもうけて安い外国から買えばよいくらいの考えが主流の様に考えられます。しかしもはや現代は商工の心では救われないのではないでしょうか。

農の本質は相手を破壊するに非ず。あくまで相手の生長、育成の心が基となるものです。二十一世紀は軍備強き国や商工業力優先の国であるよりは、宗教心に基く農業技術の優れた国こそが先進国となるのではないかと思います。

＊

小生はずっと熊本の田舎で百姓をやって居ります。ただいまは事情があって、出稼ぎの形で都会暮らしをしては居りますが、いつも気持は、自然の中からちょっと都会に出張して居るのだという気持です。

百姓として百姓の持つ物差し、鏡で都会の現状を見ますと、勉強になる事もある反面、大いに注意してあげたい事もいっぱいあります。

現在は所得格差のひずみが農山村をおおい、過疎という淋しい哀しい現象を引き起こして長くなります。願わくば、農村文化、生産文化の再活性化をはかり、余りにも物や金にとらわれ過ぎて真の心を失わんとする日本が、もっと和やかな国と在れかしと祈るものです。

まあ、私の言わんとする本題は、御会図書館に納められている野の人達と今後いろいろと語り合ってみたいということであります。

●農文協図書館

一九八一年、農文協の寄付によって財団法人として設立された。農文協の文化活動の一環として設立された農文協図書館は、農文協の出版、映像制作の過程で収集された図書・諸資料のほか、設立以来あらたに購入した古書、現在発行されている農林水産関係専門書のほとんどを所蔵し、公開している。

また農林水産関係の研究者から依託された蔵書（個人文庫）は閉架式書庫に保管し、研究者に閲覧されている。

現在、農文協は農業の分野だけでなく、食べ物、健康、教育、思想の分野にわたる総合出版社となり、年間百数十点を刊行。農文協図書館にはその出版物、映像作品のほとんどが寄贈されている。

▽財団法人・農文協図書館
東京都練馬区立野町十五—四五
ＴＥＬ〇三—三九二八—七四四〇
ＦＡＸ〇三—三九二八—七四四一

正月に一時帰郷した出稼ぎ農民（昭和52年　新潟県松之山町）

冷たい風が吹き荒れた
新しい風が吹き始めた

撮影　橋本紘二

集団離村で消えていった山間の集落。離村の前日、風呂を沸かして最後の湯に浸かるおじいさん。（昭和46年　秋田県阿仁町櫃畑）

離村した家に「日支事変出征軍人の家」の表札が残っていた。（昭和50年　新潟県松之山町）

昭和46年の秋、阿仁町で５集落が挙家離村した。

墓石が積まれて残っていた。（昭和60年　高知県）

高度経済成長期に増え続けた農村からの出稼ぎは、減反政策施行後、ピークを迎えた。東北地方では、冬の農閑期にほとんどの男たちが出稼ぎに行き、年寄りと女、子どもしかいないところもあった。（昭和44年　神奈川県真鶴のトンネル工事場の飯場で）

女性たちは農村にできた電子工業などの工場に勤めに出たが、給料は低く、労働条件も悪い下請け工場が多かった。（昭和64年　新潟県松代町）

昭和44年4月、東京荒川の架橋工事現場で、青森県大鰐町の出稼ぎ農民7人が事故で亡くなった。（上野駅で）

農業用水路の共同清掃。住宅の生活雑排水が流されていた。（平成10年　山形市）

昔の運河はヘドロの川になっていた。（昭和63年　大阪府堺市）

平成五年の大冷害

不稔で籾の中は透きとおって見えた。（山形県白鷹町）

東北地方は被害がひどく、自家飯米すら穫れない皆無作となった田んぼも多かった。（宮城県鳴子町鬼首）

稲杭に干す稲はなく、スズメではなく、なぜかカラスが集まっていた。（岩手県軽米町）

実らぬ稲を草刈り機で刈り倒していた。（岩手県軽米町）

被害を少しでも避けようとイモチ病の防除をする農民。（岩手県遠野市）

政府は、大冷害を逆手にとって米の輸入（ミニマムアクセス米）の道をひらいた。（平成6年　農林水産省前で）

冷害で作況が68の大被害を受けた秋田県鷹巣町の農協青年部は「雪中田植え」をして今年の大豊作を祈願した。（平成6年）

冷害でタイからタイ米が緊急輸入された。（平成6年　タイ・バンコクの港倉庫で）

米は国の宝なり
第6幕
誰が流した毒の水
便利さとひきかえに

熊本県の菊池養療所の養療所まつり。百姓一揆の路上劇を催し、環境と農業の大切さを訴えた。（昭和63年）

千葉県の「房総食糧センター」。産直の他に農産加工にも取り組んでいる。（平成6年）

料理人だった越山正博さんは実家に帰り、農業を継いだ。軽トラックの荷台に野菜を載せ、畑の前で直売していた。（平成4年　東京都調布市）

集落の前を通る国道に直売所を建てて、キノコや野菜を売り出した。（平成17年　福島県川内村）

都会から過疎の学校に転校して、農業や生活体験をする山村留学の子供たち。（昭和62年　長野県浪合村）

Part V

地域とともに、都市民も巻き込んで

平成元年〜（1990年代〜）

直売所が各地に続々生まれ、農業体験、オーナー制、農家民宿、農村レストラン、地場産給食など、地域住民や都市民を巻き込む、元気な取り組みが多彩に生まれた。一方、資材依存から抜け出す「農家の技術」は、作物や自然を生かし、身体に無理がなく、年をとってもやれる「小力技術」の多様な工夫をもたらした。

むらの「危機」が騒がれて久しい。しかし、農家はむらを伝承していく。地域住民や都市民を巻きこんだ新たなむらづくりが広がるなかで、勤めにでていた団塊世代がむらにもどり、農山村にむかう若者も増え始めている。

ヒマなんかないョ つくった6軒のむらの暖かい集会所

——岩手県山形村木藤古集落——

編集部

バッタリー村には毎年多くの人々が訪れ、自分のふるさとのように、思い思いに田舎暮らしを満喫していく

　岩手県九戸郡山形村大字荷軽部字木藤古。山に囲まれた、人口二三人、戸数わずかに六戸の集落、木藤古。通称「バッタリー村」。バッタリーとは、水力を利用した粉挽き機のことで、この集落に何カ所かあることから、村の人が誇りをもってそう名付けた。

　炭焼きと日本短角牛が主な収入源で、六〇歳以上が五割をこえる。この木藤古集落に、待ちに待った集会所が出来上がったのは、昨年一月のことである。

　萱ぶきの屋根、清冽な沢水が流れこむ調理場、そして寄り合いの場にはイロリがきられ、村特産の炭が赤々と燃えている。自分たちで萱を集め、村のお年寄りの腕を生かして屋根をふいた。

　村長の木藤古清一さん(四五歳)、広報係の木藤古徳一郎さん(六二歳)を中心に、ここで暮らす人みんなで「ああしたい、こうしたい」と話し合っての着工であった。

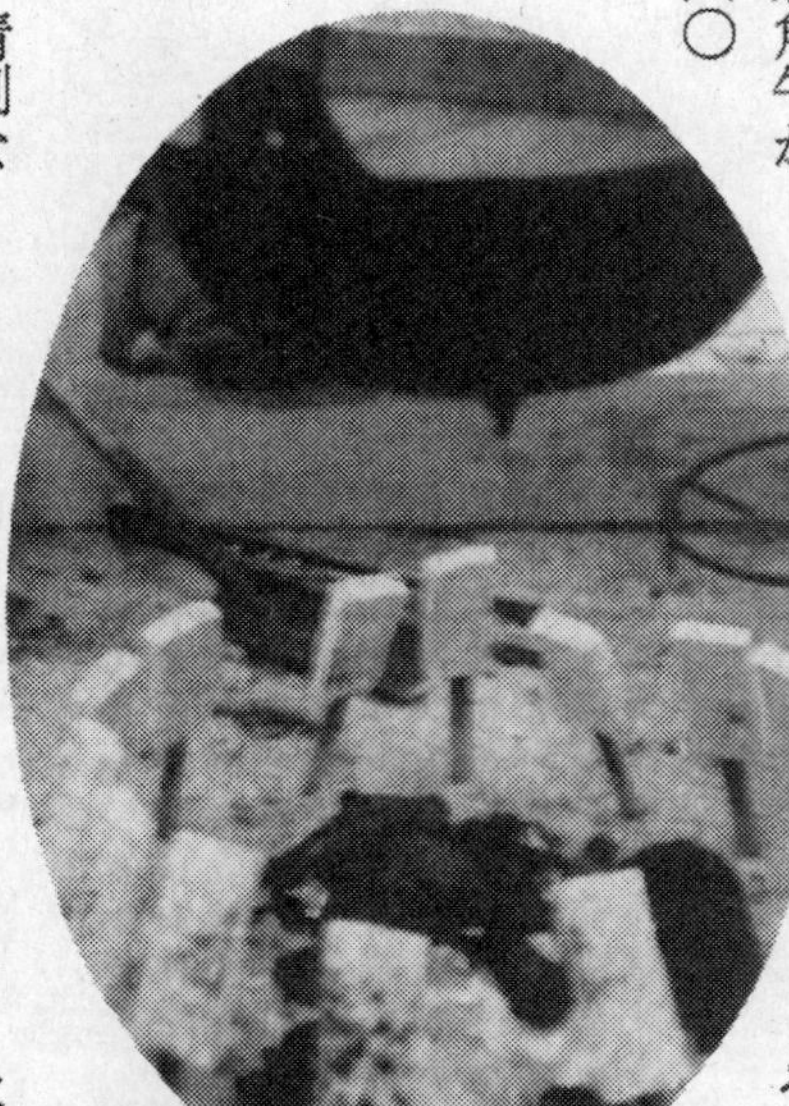

「今風のもいいが、手間かかるけどオラほのがいいな。あそこで寄るんです。うれしかった……」

　村の人が寄る。子供たちがやってくる。そのことを伝え聞いて、地域の人が寄る。さらに話は広がって、遠くからも人がやってくる。

　この集会所を、むらの人は「生き生き創作館」と名付けた。

どうしても集会所がほしかった

「この部落には寄り集まるところがなかったんです。だからどうしても集会所がほしかった。いいのができて、みんなであそこで寄るですよ」

　夫婦二人で炭を焼いて生計をたててい

年とってる6軒で

る木藤古末太郎さん（六九歳）は、「体験用炭窯第五号・所有者木藤古末太郎」と書かれた自慢の炭焼き窯の前で、嬉しそうに話してくれた。

木藤古集落は、山形村の一番奥に位置する。熊にバッタリ出会ったから、通称「バッタリー村」なのかと真顔で尋ねる人がいるほど。盛岡市から久慈方面に向かって急行バスで二時間強、陸中山形の停留所で下車し、そこからさらに十数キロ山に入る。同じ山形村に住んでいても、行ったことがないという人も多い。

いい集会場ができて……
木藤古末太郎、スミさんご夫婦

ここには集会所がなかった。班（三集落ある）の寄り合いがあるというと、木藤古に暮らす人はよその集落の集会所まで出掛けなければならなかった。わずか六戸の集落だから仕方がないと諦めてはいたものの、みんな末太郎さんと同じように、心のどこかに「ここに寄り合う場所があったら」と思い続けてきた。

そんな長年の思いが作り上げた集会所「生き生き創作館」、まずはとまれじっくりとご覧いただきたい。

萱ぶき屋根にイロリ「生き生き創作館」

「生き生き創作館」は次ページの写真のように、背後に山を従え、県道に向かって開けた場所にある。中央は、廃屋を改装した館。木藤古徳太郎じいちゃん（八三歳）が、集落の集会所を造るというので、快く提供してくれたものだ。

一〇畳の研修室、八畳のイロリのある部屋、イロリに続く四畳の小部屋、それに清冽な沢の水が流れこむ広〜い台所、総桧造りのお風呂つきだ。床の間には一抱え以上もある太い炭がデ〜ンと据えられている。四畳の小部屋には、じいちゃんたちの魂をこめた藁細工などの作品が並んでいる。

■村の暮らしそのままに

館の裏は、岩手県の誇る和牛「日本短角種」の放牧場、すぐ脇には、沢の水を引き込んだ小さな池、その下には池から流れ落ちる水の力を利用した「バッタリー」の小屋がある。さらにその下方には大きめの二つの池。池にはイワナが泳いでいる。

県道から見て右手、松の林のすぐ脇には二基の炭窯があり、左手には木藤古の集落の旗を揚げる掲揚塔（この日、激しい雨に見舞われて、「バッタリー村」の村旗は下ろしてあった）。材料はすべてここでとれた間伐材が利用されている。

萱ぶきの集会所の屋根は、徳太郎じいちゃんが少しずつ少しずつふいていったものだ。この集落のまわりの景観としっくりと溶け合っている。

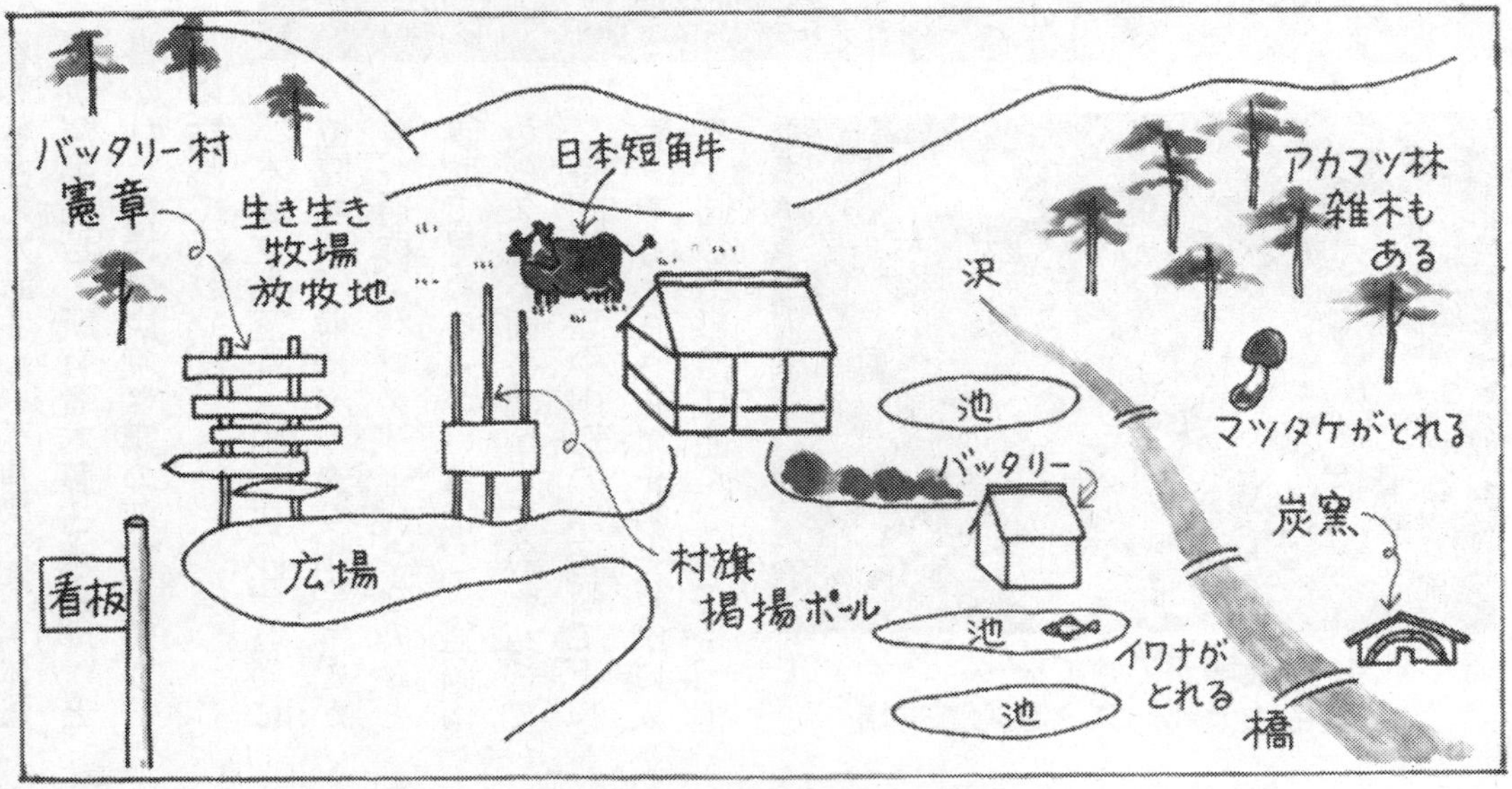

■さ、火にあたって

「さ、さ、もっと前に来て、あたってください。寒かったでしょう」

創作館の赤々とおこった炭火のイロリの前で、木藤古徳一郎さんは言った。八人は座れよう板張りのイロリ周りには、やはり徳太郎じいちゃんがガマの茎で編んだ敷物が敷かれている。床下からの寒さを見事にシャットアウトしてくれている。それに、目の前には、奥さんがつくってくれたニンニク味噌とサンショ味噌がぬられた豆腐の田楽が串に刺されて、イロリの炭火にあぶられ、ピリピリと音をたて、香ばしい匂いを漂わせている。

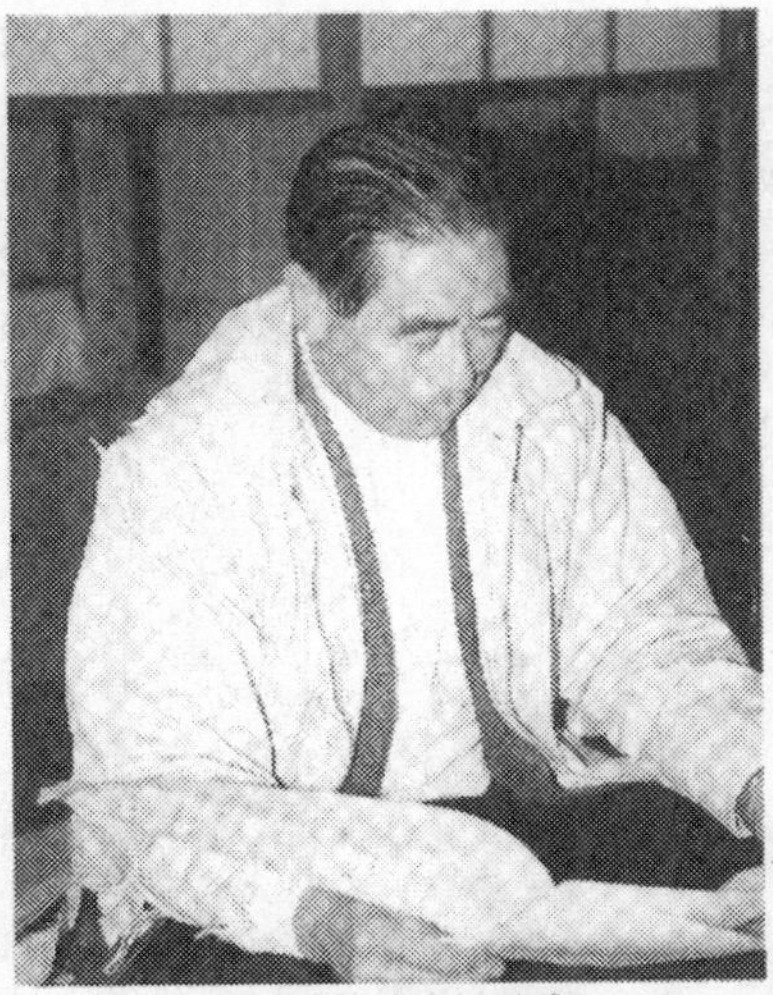

訪れた子供たちが書いてくれた作文に目を細める木藤古徳一郎さん

「私はねえ、イロリが好きなんですよ。いや、好きになったんです。もうこれがなくてはこのむらに暮らす意味がない、とまで思っています」

徳一郎さんは語り始めた。

「おやじたちが年をとったので、ここに帰ってきたんです。それまでですか？　農協に勤めていて、子供たちが小さいときは、ここを離れて、役場の近くに住んでいました。その頃は、『今さら炭じゃないよ』と、農協にあった木炭部をなくす先鋒になって動いたんです。イロリも同じですよ。でも、ここに帰ってきて、人生観が一八〇度ひっくりかえりました。帰ってきたのに、イロリがないと田楽も魚も焼けない。久慈で住むのもここで住むのも同じ。年寄りたちも、炭を焼いてここに住んでいるのにイロリで豆腐や魚を焼くこともなくなっていました。なんかおかしい、なんかおかしい。ここに帰ってきて、いたく感じたんです」

徳一郎さんは、ここに帰る前、昭和五十四年に今の自宅の家の納屋を

改造して、イロリを造った。一四年ぶりに木藤古さんの家にイロリが復活である。

「でも、だめなんですね。たまにしか帰らないところにイロリを造っても。死んでるんです。イロリの灰が湿っていて。そこに人がいないとイロリに魂が入らないんでやんす。農協を退職したとき、『山の中ですが、ぜひ遊びにきてください』とハガキに書いたものの、来られると恥ずかしくて……。まず、私のところから環境美化しなくてはと思ったのです」

屋敷の傍にある池にアヤメが咲き乱れる昭和六十年七月十四日、徳一郎さんはむらの若手、木藤古清一さんと語って、「バッタリー村」宣言し、「バッタリー村憲章」を起草する。自宅の池にはアヤメを植え、イワナを放つ。アヒルを飼い、鶏を飼い、水の流れ落ちる場所にはバッタリーを建設し、そこで粉を挽く。くん製小屋を作る。徳一郎さんは暮らしを変え始めたのである。イロリが命をふきかえした。イロリの火が、家のなかに、かつてこのむらにあったものをひとつひとつ呼び戻していった。

■荒れた廃屋への想い

この集会所、もとはと言えば、このむらを去っていった家族の家を、徳太郎じいちゃんがあずかったものだった。人の住んでいない家は荒れてくる。「ああ、ここもいなくなってしまった」と、通る人の心を淋しくさせる。

「やりきれない気分にさせられるんです。私たちもそうですが、よその人も、この部落をそういう目で見るようになってしまうと思うのです。この家をなんとかしなければと思いました。それでオヤジ（徳太郎さん）に頼んだのです」

徳太郎さんも、同じ思いであったのだろう。家屋・土地一切を提供するだけでなく、屋根ふき、バッタリー作りと、このむらで生きぬいてきた腕をふるっての大活躍だった。炭窯は、このむらの人ならお手のものだ。こうして、「生き生き創作館」は木藤古六戸の人たちの手でできあがっていったのである。

自前でもやる、という木藤古の人たちの想いが通じたのか、改装に要した費用八〇〇万円の三分の二を県と村で助成してくれることになった。

徳太郎じいちゃんの手になる創作館のバッタリー

イロリの火の前で

「イロリの火の前だと、その人の本心がでてくるんです。そんな気がします。立派な公民館じゃむりです。イロリの火を見ていると、なにか感じるんじゃないでしょうか。酒を飲みながら話をしていて、ついついケンカみたいになることもあるでしょう。でも、このイロリの火の前だと落ち着いてくるんですよ。『イロリが怒ってるよ』って」

こんなこともあった。

盛岡の付属中学の生徒たちが訪れたときのことだ。豆腐の味噌田楽を一人一本ずつ出したのに、みんなあまり食べてくれない。先生も「今の子はこんなものです」。ところが自由時間になって、一人二人とイロリの傍に集まり始めた。そして、灰に刺してある田楽をもりもり食べ始めた。

「食べ残しがたくさんあったときには、じいちゃん、ばあちゃんが元気がなかったのに、イロリの端で争うように食べ始めた子供たちを見て明るくなってきてね。子供たち、オレ、四本食べた。オレは五本なんて自慢しあって、沢からひいた水をガブガブ飲むんだ。『ヘラかついだナス（なくなってしまった）』ってじいちゃん、ばあちゃんたちが喜んでね。子供たちを連れてきた先生もニコッと笑ってくれた。帰ってからその時の子供たちから記念文集が送られてきたんだが、みんな『いまの子供ら、すごいもんだ』って感心してしまって。イロリの火がなかったら、こうはいかなかったと思う」

イロリの火は、人の心の深いところにあるものを引っ張りだしてくれる——徳一郎さんは会うひとごとに熱っぽくそう語りかける。

炭焼き窯の前で、木藤古徳太郎じいちゃん（右）と息子の徳一郎さん

年寄りいるからこそできる

「老人クラブみたいなむらだけど、だから何もできないじゃないんです。〝だからいろんな知恵があるはず〟なんです。力を出せる場所がないだけ」

徳一郎さんは、むらの年寄りのなかにフツフツと燃えるものがあることを感じる。「みんな芸術家だ」とも言う。

木藤古徳太郎じいちゃん（八三歳）は

【「読者のへや」から・一九九四年三月号】

「小さい農業」に快哉を叫ぶ

福岡県　農家

一月号の「主張」「二十一世紀は小さい農業の時代」に快哉を叫ばざるをえません。

農業構造改善以来、政府の方針にしたがってミカン専業農家として規模拡大（四町歩）、機械化、施設等努力を続けて三十有余年。いま行きづまって後継者を作る自信もありませんが、規模縮小し産直が軌道に乗りつつあり、仲間を糾合、ようやく希望を見出しつつあります。今後、今回の「主張」を農政の一つの方向として論戦を広げていくよう期待します。

藁細工の名人だし、本地定吉じいちゃん(七八歳)は竹細工の名人だし、道夫さん(定吉じいちゃんの息子さん・三六歳)はアカマツの瘤をつかった寿ダルマの名人だし、木藤古末太郎じいちゃん(六九歳)は牛の一刀彫の名人だ、木藤古喜蔵じいちゃん(八六歳)はカンジキ作りの名人だ。炭焼きについてはみんなが名人だ。

バッタリー村を訪れた人は、この名人たちにまいってしまう。どんなに偉い先生が来ても、むらの年寄りたちはみんな先生だ。都会で暮らすどんな偉い先生でも、このむらで生きぬいていく自然とのつき合い方はわからない。イロリの端でとつとつと語るむらのお年寄りたちの話は、そんな都会の人たちの心を打つ。

■いい集会所だナス

「いいのができました。よそではこんな集会所は見んですなあ」

末太郎じいちゃん、スミばあちゃんは、炭焼き窯のそばの小屋で、焼き上がった炭を頃合の大きさに切って、袋につめる作業の最中だった。

炭窯は三年前にすべて自分で造った。一五二俵(一俵六キロ)が一度に焼ける窯だ。六キロ一袋が二八〇〇円。木酢を回収する装置も取り付けた。

牛の一刀彫りで県知事賞まで受けた末太郎じいちゃんの腕前は、炭焼きにも如何なく発揮されている。

「ひと月に三回焼くんです。日に四〇〇〇円になりゃぁええですから」

木藤古ミツさん

■やっとこのむらの母ちゃんに

「山のなかに帰ると言われてナス。結婚するときそんな約束してなかったのに、父ちゃんたら急に言いだして。ここには近くにお店はないし、みんな車で一〇キロ以上離れた町場まで買いにいくしかないんだもの。いくら私が農家の生まれといったって、こっちは面積が大きくて、植え方も肥料のやり方も全然違うの。『母ちゃんみてぇにやってたら、ここじゃ三年たっても植え終わらねぇぞ』なんて。人が来ても恥ずかしくて、声がしたら、奥に隠れてたんです」

徳一郎さんの妻、ミツさんは「山に帰る」と聞かされたとき、あんなところに行くくらいなら離婚しても行くのはいやだ、とまで言った。説得されてばあちゃんに豆腐の作り方を教わり、おいしい田楽の味噌の作り方も教わった。もちろん、畑の手入れの仕方も教わった。

「自分が変わろうとしないと、本当のことは見えてこないんですね」と話してくれる。最近、ミツさんには、このむらがとてつもなくいいむらに思えてきた。

「学校には一番遠いし、一番奥だし、木藤古って部落、見たこともなかったけれど、今は一番いい部落になったみてぇだな」

よその部落のおばあちゃんからそんなことを聞かされたとき、一〇年前にここ

に戻ってきたミツさんは嬉しくて仕方がなかった。「このむらの母ちゃんになったんだな」と、おかしかったという。

＊

今、生き生き創作館を中心に、「バッタリー村第二次構想」は着々と進んでいる。今度は、炭焼き窯のそばに、くん製を作る小屋をたてる計画だ。設計施工責任者は徳太郎じいちゃんだ。創作館を訪れた子供たちが残していってくれたベニヤの寄せ書きを壁に使った新しい小屋も造ろう……。

「山を離れていった若い人たちにも、『オラのむら、やってんなー』と思ってもらえるようなむらになればいい。年とってる暇なんかないですよ」

イロリの火は閉ざされてはいない。このむらにこだわって造ったイロリのある集会所は、心も体も、そして自然をも暖かくしてくれる炎を贈り続けている。

【「読者のへや」から・一九九三年五月号】

炭焼きは私にとっても天下の楽しみ

岡山県　神本登

拝啓、寒い冬もいつしか遠ざかり、花の季節もすぐそこまできているような気がします。

高齢化が進み、さびしさ増す山間地に暮らす者として、毎月届く『現代農業』ありがたく拝読しております。進歩発展した大型農業の紹介も必要でしょうが、山あいの昔ながらの農業も時々取材してください。私たちのような、山奥の年老いた百姓にも購読者が増えると思います。

私は、定年後に家におりながらできるものはないかと、昨年十一月に炭窯を作りました。「炭焼きは天下の楽しみ」を毎回見ていて、なんとかやってみようと始めた炭焼きです。自分の山があるので、月に三回は焼くことができます。朝ゆっくり起きても窯は仕事をしていて、家の中から窯の煙が見え、炭化するよい香りが匂ってくるのです。一俵一五kgとして、一回に約四〇俵。やはり炭焼きはやめられません。

私は六三歳、妻六二歳の二人暮らし。現在は、田畑六反の他にシキビ、植林、マツタケとのんびりやっております。子供や孫も時々は帰ってきて、正月には一五～二〇人の大家族になります。

窯の天井にヒビ割れが入ってきたので現在は修理中。しかし、なにぶん炭窯の煙が出ないと近所の老人たちがさびしがります。

四月には炭焼きを再開して、近所の人を集め、花見をしながら焼き肉をしたいと思っております。

「平成米騒動」のニュースを見ながら思いついた、JAのユニークな米の産直

創造・元気のでる 米流通⑤

利息で米を届ける お米&定期貯金

地元産のコシヒカリ、ヤマホウシを毎月一回宅配。スーパーなどでの販売でも人気

山口県・JAくほくの取り組み

池田良幸

全国で大きな反響

山口県岩国市にある名橋「錦帯橋」の清流「錦川」の上流、玖《く》珂郡北《ほく》部地方の三町村(美川町・錦町・本郷村)。これら三町村の四JAが合併したのが、上から読んでも下から読んでもくほくの「JAくほく」です。

昨年六月「お米&定期貯金」を新発売し、全国に大きな反響を呼びました。

それは、昨年三月、スーパーの店頭から米が消えた「平成米騒動」のテレビニュースを見ながら、ふと思いついたアイディア。

農家は、いやいやながらに減反してのこの米不足……。なんともやりきれない。よーし、米は作れるだけ作ろう――

しかし、豊作なら再び米はだぶつく……、しかも、ミニマム・アクセスで外国から米が入ってくる。作った米を安定して販売するには、消費者との契約栽培しかない。

消費者に「定期貯金」をしてもらい、その見返りとして不作の時でも安定的に、一番おいしいお米を送る契約をしよう、利息で宅配しようと考えたのでした。

①農家は、安心して米が作れる。

②消費者は、凶作豊作にかかわらず安定的においしい米が確保できる。

③JAは、定期貯金が増え経営が安定し、サービス向上に努める。

まさに、生産者・消費者・JAの三者信頼の新企画です。

アイディア貯金も苦難の出発

全国の金融機関のトップをきって、昨年六月、金利自由化に伴う「アイディア貯金」として「お米&定期貯金」を発売いたしました。

最近は、信用金庫の「懸賞金付定期貯金」や漁協の「おさかな定期」などの発売が続いており、にぎやかになりました。

この「お米&定期貯金」は、全国的ニュースとなり、NHKのテレビ・ラジオでの全国放送をはじめ、北は北海道の札幌テレビ（STV）から、南は沖縄の琉球放送（RBC）まで、全国の各放送局より放映されました。

また、新聞では日本経済新聞、朝日・毎日・読売・産経新聞から日刊スポーツ、さらに週刊サンデーをはじめとして、全国紙、地方紙の全国版、地方版、コラムなどで報道され、全国の注目を集めて、億の貯金をしていただき、利息として、お米を昨年十一月から毎月宅配しています。

報道でご承知のとおり、何でも最初にやることは大変で、城南信用金庫の懸賞金付定期は各方面からクレームが付きましたが、ご多分にもれず、わが「お米定期」の場合も同じでした。

昨年五月上旬新発売を予定していましたが、関係方面からクレームや指導があり、一方、お米は流通面でいろいろ規制があり、とうとう一カ月あまり発売が遅れてしまいました。それも、当初予定の「お米定期貯金」はだめということになり、苦肉の策で「&《アンド》」を中に入れ「お米&定期貯金」として、ようやく新発売の運びとなったのでした。

「お米＆定期貯金」のしくみ

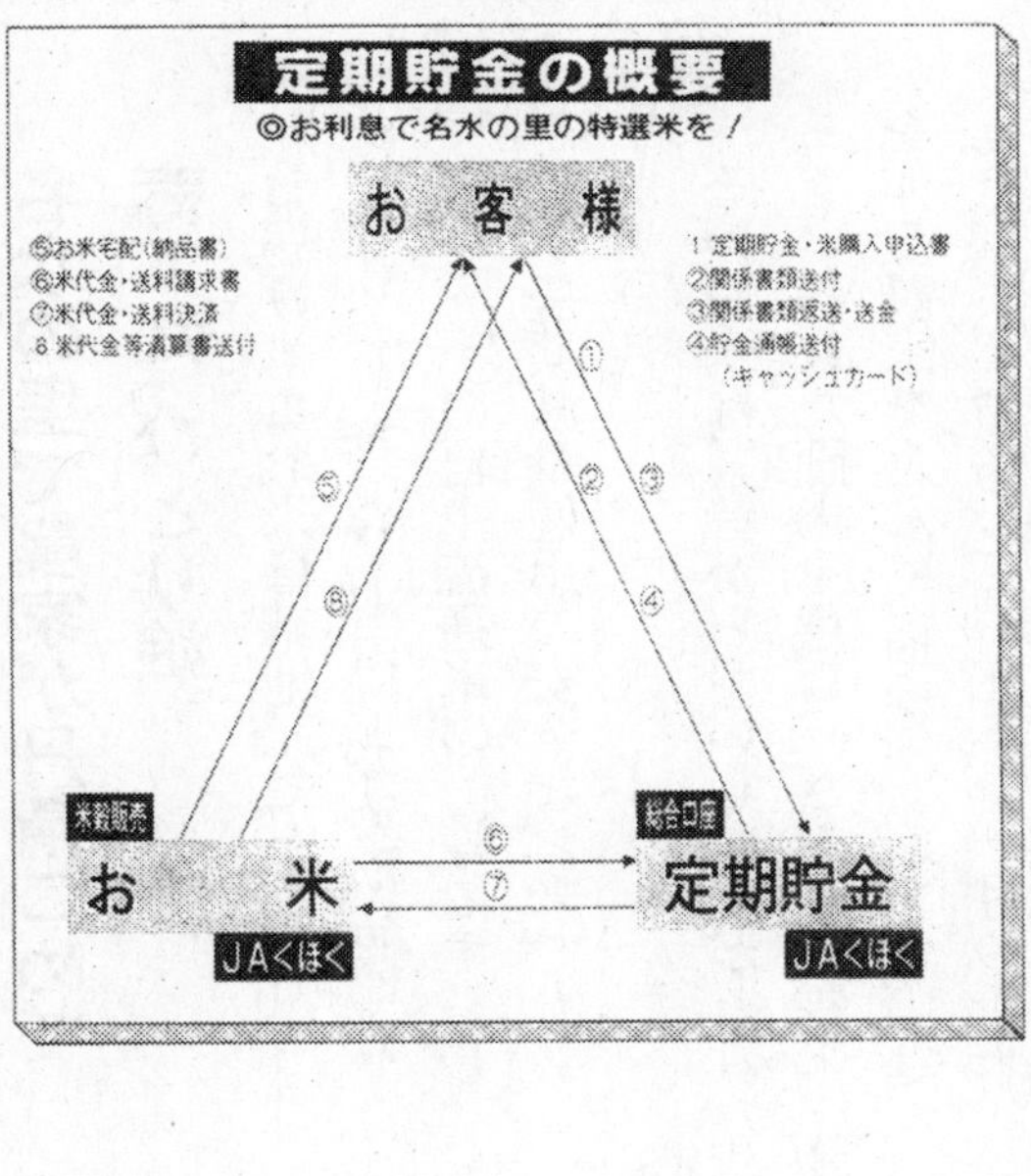

「お米&定期貯金」のしくみ

（左の図参照）

①契約とお米の配達

イ、まず定期貯金の契約をしていた

だきます。
ロ、定期貯金の利息で、毎月一回、地元産のお米を宅配します。
ハ、玖北三町村で農家が丹精込めて育てたお米（ヤマホウシ、コシヒカリ）です。

②定期貯金

イ、総合口座を開設、自動継続一カ年定期（五年契約）をしていただきます。契約金額ごとに三つのコースを設けました。
ロ、一〇〇万円コース
　五年間、毎月お米を五キロ宅配
ハ、二〇〇万円コース
　五年間、毎月お米を一〇キロ宅配

（本郷村、平成6年8月末）

ニ、三〇〇万円コース
　五年間、毎月お米を一五キロ宅配
※二年目以降、お米の「増量」契約ができます。

③米代金の決済

イ、利息支払日に一括して精算します。
ロ、利息より米代金が多い場合、総合口座の普通貯金より引き落とします。
ハ、米代金より利息が多い場合、貯金口座に入金します。

『ひとり娘』はスーパーなどでも販売

名水の里で農家が丹精こめて育てた『ひとり娘』

お届けするお米は、地元でとれた「コシヒカリ」、および山口県の奨励品種「ヤマホウシ」の自主流通米の一等です。しかも、農薬減量使用の安全なお米でもあります。

そのお米は、昔からおいしい米がとれるといわれた圃場を選び、さらに良質米を作る農家を選んで、地域ブランド米『ひとり娘』と命名して、昨年十一月の新米から新発売しました。

当JA管内には、その中央を流れる日本の清流「錦川」、その支流で〝日本名水百選〟に選ばれた「宇佐川」があり、『ひとり娘』は、この名水で育てたとのキャッチフレーズで発売しています。

「水稲の名にふさわしく、おいしい、きれいな日本の名水を〝たっぷり〟吸って育ったお米」

「昼夜の温度差が大きく、米粒が〝シャキッ〟としまっておいしい」

などと、広告などでキャンペーンをし

名水の里で丹精こめて育てられる米

ています。

なお、『ひとり娘』のネーミングは、一人娘を育てるように大切に育てていることから付けたもの。ほかにはない、〝ひとつだけ〟との意味も込めて、私が命名しました。

特許庁の商標出願を調査したところ、幸い〝こめむすめ〟や〝稲娘〟の出願はありましたが『ひとり娘』はなく、さっそく出願手続をして、新発売いたしました。

量販店スーパーでも販売

この『ひとり娘』は、

①お米定期の利息として毎月宅配中。

②山口県・広島県内に店舗をもつ、中堅量販店スーパーで店頭販売中。

③化粧箱を作り、おみやげや贈答用として販売中。

昨年末は、お歳暮用として、よく売れました。新発売以来、『ひとり娘』は予定を上回る売れゆきです。

消費者からは、おいしいお米との評価を得て、お礼のお手紙やお電話をいただき、追加注文もあり、こんなうれしいことはありません。

今後、さらに創意工夫して、当ＪＡ管内でとれた米は、自ら全量販売し、減反しなくてもよい体制がとれたらすばらしいなあーと考えている今日この頃です。

（ＪＡくほく・組合長）

【「読者のへや」から・一九九四年五月号（平成の大凶作の翌年）】

日本の田んぼ、農業を支える方法を話しあいましょう

秋田県　工藤智

「日本の米が食いたい！」の大合唱。薬漬けの外国米に不安、おいしくないから、と米の値段は急上昇。一方、輸入先の米の産地タイ。多くの家族は二〇〇円が一日の食費。しかも二〇〇〇円稼げる仕事が毎日あるとは限らない。子どもたちはごはんをちゃんと食べられるのか心配だ。タイから安い米を買っていたお金の無い国の子供たちも大丈夫か。

ほかの国に迷惑をかけてまでかき集めた米を嫌だというのはわがままというもの。

日本の米を食べたいと思うなら、札束と情報で利口にかき集めるのではなく、田んぼや農業をどれだけ支えてゆくのかが大切だ。

今年の秋に収穫する米のため、春の今、食べる人と作る人が今から支えあうための方法を話しあうことを切望します。

我が家でも七割は輸入米を食べることにします。たくさんではありませんが、家族のために用意していたお米の七割を、これから日本の農業を支えてくださる方にお分けします。

「せまち直し」＝小規模基盤整備から始まった村づくり、後継者も戻ってきた

「せまち直し」のすんだ庵谷集落の棚田。田んぼのまわりに青く見えるのはアイガモ水稲同時作をするための網。左奥には未整備の小さな田が見える（倉持正実撮影、以下も）

荒れた田んぼはもう増やさない！ 働きやすい棚田、思いっきり野菜をつくれるしくみで村を守る、人を呼ぶ

高知県大豊町・㈱大豊ゆとりファーム

編集部

心を動かされた集落アンケート

いまも目に焼きついて離れない文面——。それが始まりだった。

九年前の一九九〇年の九月、当時、大豊《おおとよ》町庵谷《いのおたに》集落の区長を任されたばかりの吉村優一《よしむらゆういち》さん（現在六六歳）は、集落全戸・四九戸にアンケート調査を実施した。四国山地の山中の、そのまた山あいにある庵谷では、農家の高齢化が進み、放棄される耕地が年々増えていた。

好んで田畑を荒れ放題にする農家はいない。集落四九戸のうち四二戸から寄せられた回答には、農家それぞれ

の、しかし根底ではつながる思いが浮かんで見えた。農業機械の共同利用や作業受託を行なう「庵谷水稲生産組合」を設立したいという吉村さんの提案に、三六戸が賛成、四戸が反対。賛成の回答には「こんな提案を待っていた」「諸手をあげて賛成!」といった、圧倒的な支持の言葉があふれていた。いっぽう反対する農家も、「今さら、こんなこと始めても……」というあきらめの気持ちがにじみ出た文面で、現状を嘆く思いには変わりない。

吉村さんが鮮明に覚えているのは、残り二戸からの回答だ。

「来年からは耕作をやめます。力尽きました。他のみんなは頑張ってほしい」

二戸がどの家かは見当がついた。しかし、無記名にした手前、声をかけるわけにはいかない。胸がねじれるような思いを抑えつけた。

当時、吉村さんは、大豊町から三〇km余り離れた高知市内にある建設会社の取締役。すぐにでも仕事を辞めて集落を守る農業に専念したいと思ったが、家族や会社のことも考えて思いとどまった。

でも、あきらめたわけではない。トラクタ・コンバイン・バインダなど自分の農業機械一式を寄付して、勤めながら「庵谷水稲生産組合」を設立した。寄付した機械の使用料を組合の活動資金に充てた。

また、その年のうちに二三〇万円する中古のバックホーと三〇万円余りする測量器具一式を購入。吉村さんは、自ら図面を引き、バックホーを操って、アンケートでも要望が多かった集落内の小規模基盤整備を自分たちの手で始めた。

吉村優一さん。㈱大豊ゆとりファーム専務

村に後継者が帰るためにも「せまち直し」

なにしろ平地が少ない。林野率は八八%、典型的な中山間地、いや、山間地である。集落と耕地は、標高二〇〇~七〇〇mの範囲に、傾斜地を刻むように散在する。

一枚が一aに満たない田んぼが珍しくない。庵谷水稲生産組合が行なった小規模な基盤整備ではそれを、たとえば二八枚で三〇aだった田んぼを五枚二六aに区画し直す。こうした小規模基盤整備を土佐の方言で

「せまち直し」と呼ぶ。

「田植えが忙しい時期、年をとった父親は、町から離れている息子に日曜日の手伝いを頼む。人手があるときにできるだけ作業を進めたいから、父親はぎゅうぎゅうに仕事を詰め込んだ段取りを組んで待つ。これでは息子はせっかくの休日に疲れ切ってしまうから、しだいに農業を敬遠するようになる」と吉村さん。

棚田の小さな田んぼというのは、単に区画が小さいことだけでなく、耕盤が不安定であることもトラクタなどの大型機械を入れるネックになる。深いところでもぐって動けなくなってしまうからだ。だから耕耘機に頼るしかない。

八〇歳を超えた年寄りが、斜面に刻まれた小さな田んぼで耕耘機に引きずられるように作業する――。このままでは、庵谷の集落はいずれ消えてしまうと吉村さんは思った。実際、「せまち直し」した田んぼでは、耕耘や畦塗りに三日かかっていたのが一日ですんだり、一〇日かかっていた田植えが一日ですむようになっている。

「せまち直し」は県単独の事業「あすの山村振興創造事業」（補助率七五％、内訳は県五〇％・町二五％）などの適用を受けることができた。業者に頼めば一〇a当たり一〇〇万円かかる工事費が約五〇万円。農家の負担は二五％なので一二万円前後だ。国営事業の圃場整備と比べると四分の一から五分の一という安さである。

当然、希望する農家が後を絶たない。組合では他の集

上村謙三さん・美子さんご夫婦。
「年をとるほど野菜づくりが忙しくなった」と美子さん（61ページ）

上村美子さんの野菜づくり仲間、上村美津江さん。除草剤の効きが悪かったので、前日、後ろの田に米ヌカ除草を試してみた

落からも「せまち直し」を頼まれるようになった。

ある農家では、兵庫県で会社勤めをする息子が、五年後、定年になったら帰るからと「せまち直し」の負担金一二〇万円を送ってきた。それから三年。父親は、息子が戻るのを指折り数えて待っているという。「せまち直し」することで、こんな例がポツポツとだが出始めた。高知市内に構えていた居を大豊に戻して、実家から勤めに通うようになった兼業農家もある。

町でも、県の事業だけでは農家の要望に応えられないことから、町単独の「小規模圃場整備事業」（補助率七五％）などを創設した。町内の水田は現在二二〇ha。人口はかつての二万人から六七〇〇人に減ったが、それでも町民の米を自給しようと思えば一五〇haの水田がいる。どんなことがあってもこの自給面積だけは守るという吉村さんたちの強い意志に、議会も同意している。

また、「庵谷水稲生産組合」の活動を応援するために、町とJA土佐れいほく、庵谷水稲生産組合などが出資する形の第三セクター「㈱大豊ゆとりファーム」（パート三名を含め従業員九名。以下、ゆとりファーム）が九六年に設立された。建設会社を退職した吉村さんは現在、この会社の専務を務める。

一五aを半日がかりのイネ刈りも引き受ける

設立以来、ゆとりファームは毎年三ha前後の「せまち直し」を引き受けている。「せまち直し」に加えて、農作業の受託、米や野菜の販売事業が、この会社の仕事の三本柱である。

作業受託は、実際には赤字部門だ。面積が広いうえに山あいの大豊町では、一五aのイネ刈りに四五分かけて出かけるようなことが少なくない。コンバインを運ぶうえに、帰りにはモミを積んだトラックがあるから、オペレーターは二人いる。行って、刈って、帰ってくると半日がかり。引き受けなければ耕作放棄になるから、やらないわけにはいかない。かといって、受託料金を上げるわけにもいかない。やはり耕作放棄を助長するからだ。ゆとりファームの経営全体でも利益が出るまでにはまだ至っていないが、作業受託の赤字を「せまち直し」の収益で補っているのが実情だ。

ただ町でも、作業受託を進めて耕作放棄を減らすための応援はしてくれている。九六年から「ゆとり農業推進交付金制度」によって、六五歳以上の高齢農家が作業を委託する場合、耕耘・整地作業に六〇〇〇円、イネ刈り作業に五〇〇〇円（ともに一〇a当たり）が農家に支払われるようになった。平地との生産コストの差から算出された金額で、高齢の農家がイネをつくり続けることを少しでも援助しようという趣旨だ。

この制度は、その後、イネ刈り作業の金額が一〇〇〇円上積みされ、県も半額を助成する制度に発展している。

町内全集落から減農薬野菜を集めて販売

ゆとりファームの事業のもう一つの柱、農産物の販売事業はこれから期待がもてる部門だ。昨年ようやく販売額が、採算ラインと思われる六〇〇〇万円を突破した。今年は七〇〇〇万円を超えるだろうという。一億円がとりあえずの目標だ。

町内全集落にわたる「ふるさと生産部会」の会員一二三人から、減農薬野菜を集めて、高知市内に設けた直営の直売所などで販売している。家庭菜園を余計につくってもらい、各集落ごとの運転免許を持っている世話役にゆとりファームの事務所まで運んでもらう。あるいは、ゆとりファームの従業員が曜日を決めて、直接集荷に出向く。

昨年から、県内の企業と提携しての通信販売も始めた。他の市町村の農産物も合わせて、北海道と九州以南を除く各地の消費者に毎月宅配で届ける。たとえば、六月は大豊町の野菜セットだ。大豊の野菜は毎月のようにさまざま入る。

この通信販売が好評で、これまでの生産量では足りなくなった。この春から、庵谷など町内三集落にお母さんグループを組織して、生産量を増やそうと呼びかけているところだ。

町内には、種類や量はたくさんつくれなくても、手間がかからない野菜ならやれるという高齢者もいる。たとえばカボチャ。農協の育苗センターで苗を仕立ててもらって希望者を募ったら、七〇～八〇代のおじいさん・お

5年前に東京から戻った藤原朗さん・香代子さんご夫婦。もうすぐ息子さんも、お嫁さんとお孫さんといっしょにやって来る（62ページ）

ばあさんが新たに一〇人くらい手をあげた。

「『介護保険』が話題になっているが、その保険料を稼ぐためにも何かつくりたいという年寄りは多い。早くから、ベッドの算段をするよりも、動けるうちは畑に出たほうがリハビリにもなる」と吉村さん。野菜づくりは、高齢農家の健康づくりにも役立つ。

軽トラに野菜を満載して売りに出る夢が実現

三津子《みつご》野《の》集落の上村美子《かみむらよしこ》さん（六七歳）は、通信販売が始まって、「年をとるほど野菜づくりが忙しくなる」という一人だ。宅配セットに入れるダイコンやニンジンを、これからさっそく増やさなければならない。

旦那さんの謙三《けんぞう》さん（七三歳）と二人で、田んぼと畑三〇aずつをつくる。美子さんは「ふるさと生産部会」ができる前から、農協支所の前にある「良心市」（無人販売所）や、学校給食、近くの病院に野菜を出してきた。

農協で販売しているボカシ肥料や牛糞堆肥を入れて土づくり。米ヌカもよく使う。減農薬・無農薬で野菜をつくってきた。トマトやキャベツやハクサイなどは、小さいうちは葉っぱをかじられないように農薬を使うが、実が穫れるようになったり結球してからは全然使わない。ニンジンやジャガイモはまったくの無農薬。

無農薬・減農薬でつくった野菜を軽トラいっぱいに積んで、町に売りに出たい――。じつは美子さんには、良心市に野菜を出す頃からこんな夢があった。それが、ゆとりファームのおかげで実現した。運転免許を持っている美子さんは、隣の上村美津江《かみむらみつえ》さん（六九歳）はじめ、三津子野集落の六七～七六歳までのおかあさんたち六人と自分がつくる野菜を、ゆとりファームの事務所まで運ぶ世話役になったからだ。

良心市だけでは売り上げはせいぜい月に一万円。それが、七～十月の最盛期には月に一〇万円を超えるようになった仲間が何人もいる。

「とにかくいろんな野菜をつくって、自分でもたくさん食べる。それが健康にもいい。冬でも青ものを切らさない」と美子さん。南国・高知県でも大豊の冬はけっこう雪が積もる。冬の野菜づくりは、県の事業で七五％の補助を受けられる「レンタルハウス」で可能になった。農家の負担分二五％は、五年くらいで返せばいい。美子さんは、このハウスでトマトやミニトマトも雨よけ栽培する。トマトは農協や市場にも出荷するほどできる。

アイガモの放鳥のときとイネ刈りのときは、アイガモ米オーナーなど200人前後の家族連れが、庵谷までやって来る

（㈱大豊ゆとりファーム提供）

東京から帰って野菜づくり、息子もやって来る

庵谷には、五年前に東京から帰って農業を始めた農家もいる。藤原朗《ふじわらあきら》さん（六〇歳）、香代子《かよこ》さん（五九歳）ご夫婦である。一人暮らしだった朗さんのお母さんが入院したのがきっかけだった。

香代子さんも庵谷の出身だが、二人とも東京へ出る前はまともに家の農業をやった経験はない。やはりレンタルハウス事業を利用して、菌床シイタケ二aと、「ハニーティム」というピーマンとトウガラシを掛けた野菜（JTの品種）を八aつくる。それに田んぼが五〇a。

夫婦二人で東京で働いていた頃と比べたら収入は半分だ。その代わり、暮らすのにお金はかからない。

庵谷でも奥のほうの藤原さんのところは、昔は林業や炭焼きをして暮らしてきた。はたして自分たちはこれからどんなふうに暮らしていけばいいのか……。まだはっきりつかめないけれど、標高六〇〇mの条件は、作物をつくるには向いているのではないかと思えてきた。昼夜の温度差が大きいので、ハニーティムをつくっても色がきれいだし甘い。ミニトマトをつくってもそう思った。米だって美味しいはずだ。

じつは、東京生まれ東京育ちの三四歳になる息子さんが、いっしょに農業をやりたいと近く庵谷にやってくる。お嫁さんもお孫さんもいっしょだ。「真面目にやるつもりなら、もう少しハウスも増やさないと……」朗さんの照れたような笑顔に、とても楽しみにしている様子がうかがえる。今年、九枚で五〇aの田んぼを三枚にせまち直しする工事を頼んだのも、息子さんを迎えるためだ。

都会から二〇〇人が山の上までやって来た

吉村さんが「庵谷水稲生産組合」の設立を思い立って以来、後継者が戻ってきた家が庵谷では七～八戸ある。集落を出た家もあるので人口が増えるまではいかないけれど、人口の減少率も耕作放棄面積も、大豊町全体の中ではとくに少ないという。

庵谷には、吉村さんほか六人が耕地を出し合った農業公園も生まれている。合わせて二haの面積で、棚田ではアイガモ水稲同時作を実践し、クリ・カキ・ウメを二〇〇本ずつ植えた。ワサビ田やキュウリのハウス、四〇〇〇匹のアメゴが泳ぐ池、休憩施設もある。

アイガモ水稲同時作には、庵谷全体で二〇戸が六町歩の田んぼで取り組む。一〇a当たり一五羽で合計約一〇〇〇羽。吉村さん自身一二〇aにアイガモを放している。

吉村さんたちは、アイガモ米三〇kgに加え、放鳥・イネ刈りのイベントに無料参加できるアイガモ米のオーナーを一口三万円で募集中だ。六月四日、今年の放鳥のときには二〇〇人近い家族連れが、遠くは愛媛や香川からも庵谷の山の上までやってきた。農業公園はそのイベント会場にもなる。

庵谷ではアイガモ米のオーナー制度を始めている（岩下守撮影）

管理は、地権者七戸でつくった「ふれあいファーム」という任意組織であたる。共同でつくるキュウリハウスの売り上げは、地権者のお母さんたちが公平になるよう配分。吉村さんは、庵谷をモデルに、町内各地に集落営農を広げていきたいという夢も持っている。

ある会合でのこと。どこかの大学教授から、「吉村さん、そんなに頑張らないで、放っておいて山に戻したらどうですか」といわれて悔しい思いをした。下から見上げるだけでは、棚田の本当の価値はわからないのかもしれない。棚田は美しいだけではない。水を守り、いのちを育む。日々、上から見下ろして暮らす農家にはそれが実感として染みついているのかもしれない。

吉村さんは棚田を守りたい、農家を守りたい、村を守りたい。だから都会の消費者にも、もっと山の上まで来てもらいたい。

全国のJAに大きな刺激を与えたJA甘楽富岡。国がいう「担い手」とはずいぶんちがう「担い手」が続々誕生

■群馬県・JA甘楽富岡の挑戦

2000年時代の後継者

直売部会はもうすぐ一〇〇〇人!! 生産部会は四年で四五〇人増!!

農協が掘り起こす地域の農業の後継者

文●編集部

朝7時、インショップ用の荷物を持って母ちゃん達が農協の集荷場に次々やってくる。「今日はサトイモとトウノイモを持ってきたよ」と大沢礼子さん

東京のスーパーに直売所が出店

「売れてますか?」

「はい、もうお客さんがついてますからね。毎日完売です」

東京のスーパー「リヴィン光が丘店」(西友系列)の青果マネージャー・武中さんは、まったく躊躇なく答えた。毎朝午前十時過ぎに、群馬県から朝どり野菜が届くようになって一年。送り主は、JA甘楽《かんら》富岡《とみおか》の定年帰農組やお母さん方だ。

店の中にはJA甘楽富岡コーナーができていて、みずみずしい野菜やキノコ、花まで、常時三〇品目以上がならぶ。ようするに、地元の直売所がそのまま東京のスーパーに引っ越してきたような形で、バーコードにはもちろん、生産者の名前が入っている。値段だって、つくった人が自分で決めて、荷姿や量目

鶴田チョウ子さんは、モチなどの加工品を毎日、山ほどインショップに出す。「お父さんのイチゴ栽培よりこっちのほうがずっと儲るのよ」

東京の「リヴィン光が丘店」内のJA甘楽富岡コーナー。看板の反対側もコーナーが続くので結構広い

も、売れ筋の線を自分で考えて出したものだ。新鮮そのものの朝どり野菜は、市場経由でならぶ他の野菜に比べて、いきいきと圧倒的な光を放って、東京の消費者を魅了している。

こういうスーパー内直売所のことを、JA甘楽富岡では「インショップ販売」と呼んでいるが、一年前の「リヴィン光が丘店」への出店を先駆けとして、その後、東京都内にさらに三店、群馬県内の前橋と高崎の地方スーパーに五店、そしてこの十一月には長野県佐久市のほうにも一店、と、短期間にものすごい勢いで出店している。平成八年、九年にかけて地元にできた「食彩館」という二店の直売店も、相変わらずの盛況なので、今まで通りの農業では対応できない。一日五万～一二万円くらいの売り上げで毎日営業の店がどんどんできていくのだ。生産者の側も、頑張らずにはいられない。

JAでは、現在の直売部会員約六五〇名を、次の半年で一〇〇〇人にする計画を立てている。

養蚕とコンニャクの挫折から、右肩上がりの成長へ

群馬県JA甘楽富岡は、五市町村（富岡市・甘楽町・下仁田町・妙義町・南牧村）から成り、正組合員約七四〇〇人の大型農協だ。合併は平成六年だったが、当時の売り上げは総額八三億円。その後、右肩上がりに成長を遂げ、今年度はおそらく念願の一〇〇億を突破する。いまどきこんなに気を吐いている地域も珍しい。しかも、まったくの中山間地。

「ここは、一度完全に挫折して、そこから這い上がった地域だから強い

んです」。ＪＡ甘楽富岡の営農事業本部長・黒澤賢治さんが、ここ数年の動きの仕掛け人だ。挫折とは、かつて日本一を誇った養蚕とコンニャクのことだ。

地域の屋台骨で、一〇年前に五〇億円あった養蚕は、今や一億を切って九七〇〇万円。もう一つの柱であったコンニャクも、三〇億から八億に激減している。二つの作目の崩壊で、地域から七〇億円がふっとんだ。どんどん増える遊休地。五年間で、約二五〇〇人が農業を捨てて他産業へ行ってしまった。

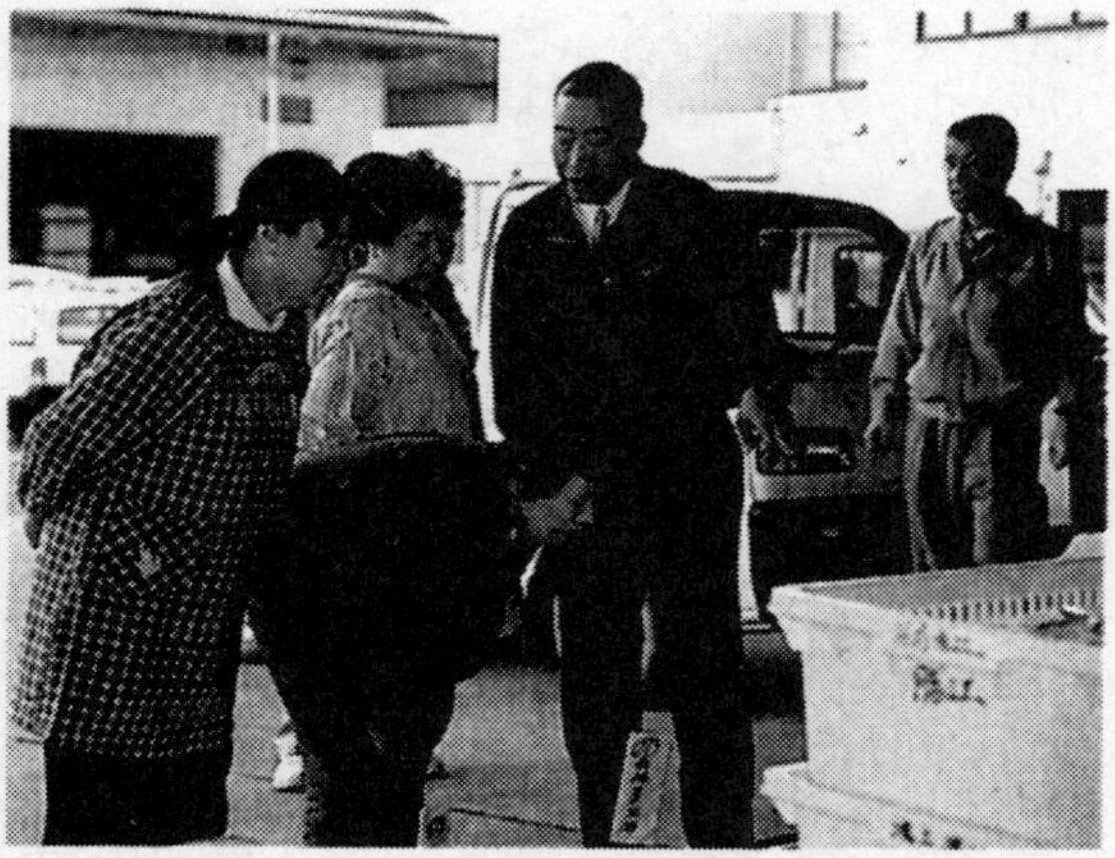

「ヘェー、インショップってこういう野菜が出るの？」
今まで勤めてたけど、定年になったので野菜つくりを農協の人に勧められたお母さん達が、集荷場に見学にきた。一生懸命説明するのが黒澤賢治営農事業本部長

だが、その穴を少しずつ埋めてきたのが、キノコや野菜だった。桑園跡地での野菜や原木シイタケ、タラノメ栽培が伸び、中山間地帯での中核農家も育った。しかし、それとて専業農家は組合員全体の一五％くらい。兼業農家を含めたって、販売型農家といえるのは、全部で二〇〇〇人くらいなものだ。

そこで黒澤さんが考えたのが、残りの組合員四〇〇〇～五〇〇〇人を、地域の後継者に仕立て上げることだった。――名付けて「チャレンジ21構想」。

見渡せば、潜在後継者はいっぱい

黒澤さんが考えるに、農家というものは、どこでもそうだろうが、次の三類型に分けられる。

①土地所有型農家
②自給型農家
③販売型農家

地域の農業の後継者ということを考えると、なんとしても③を増やすことだ。①と②の人に働きかけて、一人でも多く③へ移行してもらうことだ。

もともと③の人だけに地域の農業を任せておくと、いずれみんな年をとって卒業してしまう。後継者ということを考えると、入る人より卒業する人のほうが圧倒的に多くなる。若い新規就農者はもちろん大事だが、

地域とともに、都市民も巻き込んで

JA甘楽富岡のファミリー食彩館本店（特定農山村事業利用で平成8年建設）
県は、この地域を「ベジタブルランドかんらの里」として振興する計画をたてた。現場では、農協を中心に役場・普及センターも一体となって動いている。食彩館建設もその一環

2000年時代の後継者

新卒就農者など、管内ではせいぜい毎年一二人くらいだ。それとてすぐに戦力になるわけではない。彼等を一人前にしていくのも大事な農協の仕事だが、もっと大事なのは、①②に潜在している女性や定年退職者などを積極的に掘り起こし、育てることなのではないか。

①②の人は、管内には無限にいると考えてよい。常に働きかけをして、常時③へ移行していくシステムができあがれば、後継者不足などといっているヒマはない。もともと少しは畑の経験があるような人達が多いから、新規学卒者よりよっぽど即戦力になる。六〇歳になってからの健康維持にもとてもよい。農業は、年をとってもゲートボールする人がいない社会をつくればいいのだ。

直売所が、需要に合った生産のできる農家を育てる

そのための「チャレンジ21構想」の最初の仕組みが、地元の直売所「食彩館」だった。ここはとにかくよく売れる。辺りには他にも直売所は散見されるが、品揃えがいいせいか食彩館の集客力は飛び抜けていて、富岡市内にある二店舗で、年間四億円以上の売り上げだ。

JA甘楽富岡の詳しい報告 農村文化運動一六一号「JA甘楽富岡に学ぶIT時代の農協改革」（農文協編 四〇〇円）

農協の営農指導員や支所の職員が、日夜、女性や定年退職者を説得し、出荷者を増やしている。出し始めた人は、どんどん売れるのが気持ちよくて、またどんどんつくる。それを見ていた周りの人も、自然と出してみたくなる。

「新しく出荷し始めた人は、まずここでトレーニングを積んでもらうようにできてるんですよ」。黒澤さんは、食彩館を登竜門と位置づける。――初めて自分で値段をつける。高くつけると売れない。でも安くつけると儲からない。この狭間で生産者は経営感覚を身につけていく。「売れないのは市場が悪い。農協が悪い」などという依存型ではなくて、自分の品物に責任を持つようになる。――売れ筋のものは何か？　量目はこのくらいが好まれるみたいだ。包装は袋とテープ結束とどっちがいいか？　何もかも研究する。売れ残ったら返品。とても厳しい世界だ。

そうやって、少量多品目生産の小さい農家が育つ。しかも需要に合った生産のできる経営感覚のある農家が育つ。と同時に、食彩館で地場の流通が拓ける。これまでは県外出荷ばかりを考えていた農家・農協ともに、地場向けの少量多品目流通という形があることに気づいたのだった。

流通はロットじゃない　小さい流通が大きい流通になぐり込み

次々展開しているインショップは、そういう食彩館の延長だ。

地場向けにもっとたくさんの直売店を、食彩館三号店、四号店……と次々出していってもいいのだが、あまりやりすぎると農協が地域の店をつぶしてしまう。自然発生的にあちこちで活気づいている小さな直売所との関係もある。

それよりもっと欲しい人のいるところへ持っていこう。地元でウケる新鮮・安全・安価なものは、他でも求められているものに違いない。

そうしてできた都会のインショップは、だから食彩館と同じ「需要に合った少量多品目流通」だ。小さい農家がそれぞれに生産した小さな量の荷物を、農協がまとめてまるごと都会へ産直する。今までの流通では、一つの品目のロットを大きくすることばかりが求められ、そのための産地形成ということしか考えられてこなかった。もちろんそれはそれで、販売上重要なことだろうが、その過程で小さい農家は農業を離れ、地域から農の火が消えつつあったのだ。

いよいよ専業農家です　農業っておもしれえやねえ

池田ゆき江さん（60）

二月まで、ずっと電子部品の内職の仕事をしていました。お父さんも九月まで勤めて定年退職。今までもずっと畑はやってはきたけれど、いよいよ専業農家です。年金がもらえるのは来年からでお金もないから、本気で頑張らなくちゃいけないの。

私が食彩館に出し始めたのは九八年の十月。最初はビオラの花苗やニラを持っていきました。食彩館は何でも売れるんです。「こんなふうにお金がとれるところがあったんだー」とすごく勉強になりました。他の人がどんなもの出してるのかと見ると、アケビのツルなんかも出てる。ああなるほどと、私も荒れた畑の樹にからみついてるフジツルをとって、ぐるぐる巻いたものや、カラスウリなんかも出しました。どんな人が買ってくれるんだろう？って、お客さんみたいな顔してドキドキしながら陰で見てたら、その場でホントに売れたんです!!　思わず「ありがとうございます」って声をかけてしまいました。

インゲンもコマツナもホウレンソウも出しました。今はナスがよく出てるけど、ナスが終わったら何を出そうかなーって考えるのが楽しいんです。「金のなる樹」もカランコエもアロエも挿木してあるから、それを出してみようかな？

今は食彩館にナスを出す人が多くて、ナスでいっぱいになってるみたいなんで、返品がいやなので、インショップのほうにも出すようになりました。あっちもこっちもで、とても楽しい。農業はダメだダメだってみんないうけど、ダメじゃないよね。おもしれえやね。どういうふうにするんかなーって自分で考えて、自分でタネ播いて……。農協は、こんなおばさんでも大事に扱って親切にいろいろ教えてくれるし。

嫁が「おばあさん、あまりおおごとしないで」っていうけど、孫が「クックがきつくて足がいてぇ」といえば、靴の一つも買ってやりたいしね。

ところが、このインショップ販売は、小さい農家が思い思いにつくったものを、そのままの形で運んでそのまま提供することこそ、消費者が今一番求めていることだ、ということを証明した。これは、従来の流通の考え方に根本的な変革を迫るものなのではなかろうか。

JA甘楽富岡では、食彩館とインショップを中心とした直販部門の売り上げを、農協全体の販売額の三割くらいにまで持っていこうと計画中だ。その中には、ふるさと便などの通販とともに、地域の学校給食や病院食への野菜の提供も入っている。

四年間で四五〇人が生産者番号取得

黒澤さんの試算では、食彩館なら二〇〇万円、インショップで徹底的に頑張れば、年間四五〇万円は稼げそうだ。パートをやめるには十分すぎる。

だが、それで満足して終わってしまっては、チャレンジ21構想は志半ばだ。せっかく経営感覚を磨いた女性や退職者は、次に農協の生産部会に入って四桁の生産者番号を取得することが期待されている。

JA甘楽富岡の現在の販売を支える重点品目は、夏秋ナス・オクラ・タマネギ・タラノメ・ニラ・菌床キノコ・やわらかネギ・ブロッコリーの八つ。これらは皆、軽くて、中山間地でつくりやすく、収益性の高い品目として選定してきたものだ。管内三五カ所、あらゆる地域性に対応できるようつくった実証圃で試験して、一〇a二〇〇万円をねらえる作物として選んできたものだ。それぞれ二億～一〇億円くらいの品目に育っている。

農協で新しく女性や退職者を栽培に勧誘するときには、リスク回避のために四品目以上組み合わせるようにいっているが、その中に、この重点野菜を必ず一つは入れて営農設計するようにしている。技術面では、品目ごとに栽培講習会が年にのべ五〇回も行なわれるので、熱意のある人はどんどん技術を習得できる。このときの先生は、普及センターや農協の指導員の他に、ベテラン農家が「アドバイザリースタッフ」として任命されていて、儲け方の勘どころまで教えてくれる。

こうして、食彩館→インショップ→生産部会というふうにステップアップして、土地を持っているだけだった農家が、年間一〇〇〇万円とか二〇〇〇万円とかをねらう販売型農家となっていく……というのが、黒澤さんの構想だ。実際は、誘われて最初から生産部会に入る人も多いし、定年より前に仕事をやめて農業を

死ぬのを忘れてやってます　定年帰農で花つくり

新井袈裟雄さん（69）

一一年前、五九歳の時にバスの運転手を定年退職しました。うちはたまたま農家で、親父が農地を守っていたので、少しずつ花をつくり始めました。女房がバラ屋さんにパートに行った経験があったので、軽くて年寄り向きの花にしました。

やっぱり宮仕えと農業は全然違いますねぇ。事故の心配しながらヒヤヒヤしてバスの運転してた頃より、やり甲斐はあるし、自分なりの楽しみを持ちながらできるんで最高。

花の種類は多いですよ。三〇～三五種類くらいつくってるかな？　種類を少なくつくって市場にドーンと出す経営の人とは違って、直売が中心ですから、ミックスして花束にできるようにいろんな花をつくるんです。アルストロメリヤもトルコギキョウも五種類くらいあるし、ナデシコやストック、キンギョソウ、チドリソウ……何でもあります。花束にするのは女房の仕事です。

食彩館ができた最初からメンバーだったんで、ずっと食彩館一本できましたが、インショップが始まって今はインショップばかりになりました。毎日五店舗分出すとしたって、一〇束ずつ出すとすれば、五〇束必要ですから、毎日やるとなると結構なもんです。インショップはスーパーの取り分もあるので、手取りは食彩館より落ちるけれど、買い取りで返品がないのがいいですね。

市場にも出すことはあります。ドカッと咲いてしまったときや、新しい花をつくったとき。一般の評価と今の流通の動きを知るのも大事ですから。

ハウスは最初一つだったんだけど、年々増えて、今は小さいのが七つになりました。年金や退職金があるからできたっていう見方もできるけど、自分でもここまでできるとは思ってなかったです。花つくりを始めてから視野も広がった気がするし、何だか死ぬのを忘れてやってる感じです。

定年帰農の相川真一さんと下仁田ネギ
国民年金中心の会社勤めが長かったので、親子3人の生活費をちゃんと稼がなきゃいけない。下仁田ネギは生産組合のほうに出して、いろいろつくった野菜は食彩館やインショップにも出す

始めたような人は、最初から本腰を入れてお金をとる経営を目指すので、食彩館やインショップにこまごま出したりしない場合もあるが、何にしても、平成八、九、十年度の三年間で二九六人の人が新しく生産者番号を取得した。十一年度まで含めると、おそらく四五〇人くらいになりそうだ。

この案を考えた人って素晴らしい!!

小板橋直代さん（54）

いくらでもお金とれるよ

私は食彩館には出さないで、最初からインショップに出したんですよ。この前から始めて、ちょうど一カ月くらいたったところだけど、おもしろいですねー。負けてはいられないって感じでどんどん出してます。

少し前までゴルフ場に勤めてたんです。時給八〇〇円で六時間。家はシイタケをつくっていて、昔はいい値段で売れたんだけど、中国産が入ってくるようになって、子供の教育にもお金かかるしで、私は勤めに出たりしてたわけ。

近所の人に誘われたのが最初だけど、予定してなかったから畑の持ち物があまりなくて、慌てて葉物を播きました。今は、摘み菜・かき菜・コマツナ・カリフラワー・ダイコン・ニンジン・ハクサイ・イモガラ・ヤツガシラ・下仁田ネギなんかを出してます。

ゴルフ場行ってるだけのお金になればいいなーと思って始めたんだけど、極端な話、これは出せばいくらでもお金になる。「明日は七〇〇〇円出したいな」と思ったら、朝早く起きていっぱい収穫して、自分でバーコード貼って持っていけばそのくらい稼げちゃうし、「明日はシイタケのほうが忙しそうだからお父さんを手伝ってやろう。インショップは三〇〇〇円でいいや」と思えば、それなり。とにかく自分で考えて、自分の都合で出せるのがすご

規格はルーズ 大きさいろいろブランド

この生産部会のほうの品目――つまり直売部門以外の普通の出荷部門は、ほとんどが生協やスーパーとの相対取引だ。販売側の意向を十分に取り込んで販売戦略を立てているので、お互いに無駄がない。

規格は三段階くらいと、思いっきりルーズにした。たとえば、名付けて「大きさいろいろブランド」。売るほうは、細かい規格に分ける必要をほとんど感じていないどころか、これで特徴のある商品がつくれたと喜んでいる。農家は、大小と格外くらいに分けて、コンテナ出荷するだけで、あとはJAのパッケージセンターの機械とパートさんが袋詰めしてくれる。

農家は、煩わしいことはほとんどしなくていいようにできている。こんなことも、新しい人材が農業に参加しやすい要因になっているし、農家がつくった「そのまま」こそが消費者に受け入れられるというあたり、食彩館やインショップが先鞭を付けた「小さい流通」の精神が生

くいい。勤めだと、時間が拘束されてるから都合じゃ動けないけど、これなら洗濯も料理も好きなようにやれる。それに、ゴルフ場はキャディやってると、お客さんの接待費も結構かかっちゃうんだけど、インショップは経費もかからない。身なりに気を遣わないから、外見はみすぼらしくなっちゃったけど、精神的に余裕ができたかなー。

ハンパを出さないように

インショップ用に小さな耕耘機を一つ買ったんです。畑が少しでも空いたら、すぐにそこだけ入れるようにね。私は堆肥が大好きだから、大きな箕に二つ分くらい軽トラに積んでいってまく。前から自家用には野菜をたくさんつくってて、親戚や、東京に出てる息子に年間通じて送ってた。親バカの見本みたいなもんで、「野菜買ってたらお金なくなっちゃうだろーな」ってね。もちろん今でも送ってますよ。インショップ用に出すからって、送る野菜ケチるようなことはないわ。

それから、畑とは別に、家の庭にもいろんな野菜を少しずつ植えてる。だって畑からコンテナに入れて朝どりしてくるでしょ？ 袋詰めしたらハンパができて、「あと二、三個あれば

2000年時代の後継者

田中才一さん（45）は去年まで勤めていたが、退職して専業農家に
夏江さんが守ってきた農業を拡大してハウスを増設。ナスもインゲンもニラもタマネギも、量があるので主に生産部会のほうへ出す。「毎月給料が入ってこないのは怖いわー。だから1年中何かが収穫できるように、作付けを組んでるの。インショップみたいにいろんなものが直売できるのはいいわよねー。食べていけるくらいに全部をインショップに出せれば理想的だけどね」と夏江さん

きている、と見ることもできる。

農協の仕事は、農業での地域つくり

合併すると営農指導員が減って、指導事業が手薄になる農協が多いのが普通だが、ここは、合併当時より

一袋になるのに―」ってことが、結構あるのよ。だからといって、他を少なめに詰めて全体を調整するってことは私はしたくないの。目方だけは十分ないと、買ってくれる人に申し訳ないでしょ？　かといって、朝どり野菜だから次の日まで置いとくことはできないの。そういうときに、庭に少し、調整用の野菜がなってると便利なのよね。毎日一袋ずつでもハンパになれば、何カ月もたつと大きいもの。それに、庭の野菜の育ちを見とけば、「畑の野菜もそろそろ収穫だな―」とかもわかるしね。

出荷は朝八時までには持っていくの。お父さんのシイタケを、もいだまんまネット詰めもしないで集荷場に出すので、それと一緒に持っていく。お父さんに行ってもらってもいいんだけど、私自身が、他の人がどんなものをインショップに出してるのか、今何が高いのか、人気があるのかとかが見たくて、自然に行きたくなっちゃう。昔、コンニャクなんか出荷してた頃は、ただ大きくして出せばよかったけど、今はそうじゃなくて、どんなふうに売れるのかも見ないとね。

まわりのお友達にも、インショップやらないか？ってたくさん声をかけちゃった。あまり多くならないほうが暴落しなくていいのかなって思ったりもするけど、友達の顔見ると、つい誘っちゃうのよね。みんな、勤めてたってどうせパートなんだから、何かつくって売ったほうがいい。それに、この前の会議で、今の直売出荷者は約七〇〇人だけど、まだ三〇〇人くらい足りないんだって黒澤部長が

一〇人くらい指導員が増えて、現在五三名だ。

黒澤さんは、「農業を除くと、他に〝農協にしかできないこと〟というのはない」と感じている。保険も貯金も購買も、他の民間の機関でもできることだ。だが、営農だけは他のところはやってくれない。農協がやるしかない仕事なのだ。だったらちゃんとやろうじゃないか。農家の中に生産のブームを起こすことだ。養蚕とコンニャクが崩壊したとき、ちょうどバブルで企業がたくさん入ってきて、ここの地区の農家は農業を捨てた。みんな勤めに出て、集落社会が壊れた。だが、人は出て行きはしなかった。だとすれば、そこに望みがある。集落の中に生産を通じてのネットワークをもう一度構築することだ。生産のブームはやがて、習慣になり、風土になっていくはずだ。農協のやるべき仕事は、農業で地域を活性化させること。これ以外にない、と黒澤さんは思う。

「大きさいろいろブランド」のシイタケ

挨拶してたから、まだまだ増やしても大丈夫みたい。

農家にお金をとらせる農協って素晴らしい

それにしても、この案を考えた人って素晴らしいなーって思うの。新鮮で安全で安いものだったら、東京の人は絶対喜ぶと思うし、そういうものって都会じゃなかなか買えないじゃない？　それでいて、農家にもお金が入る。パート代くらいとるのはわけないもの。

農協は、今まで利益のことしか考えてなかったように思うのね。保険とか電気製品とか車とか新聞とか「推進」でまわってきて、農家からとることばっかり。まわってくる人も知り合いだから、割り当てがあるといわれればみんな付き合いたいとは思うけど、昔ならまだしも、こんな時代、貯金しろっていってもなかなかお金もない。お互い様だから悪くばかりはいえないけど、今までは農家にお金とらせるって発想がなかった。

だから、インショップとか食彩館とか、こういうの考えたのは本当に素晴らしい。農協の人達が毎日本当に一生懸命やってくれて、感激してるの。黒澤部長も、背広着て事務所に座ってればいい給料もらえる人なのに、毎朝寒空にジャンパー着て野菜の荷受けして、私達に愛想いってくれて……。若い担当の人も、すごく勉強していろんなこと教えてくれる。もうホント素晴らしいなーって、それだけは私いいたくて。

2000年時代の後継者

全国に広がっていった「アイガモ・水稲同時作」の連載第一回

アイガモ水稲同時作①

除草・駆虫はアイガモに任せて 1.4町無農薬

百姓 古野 隆雄

筆者：経営は水田1.4ha、野菜80a、ニワトリ150羽、蜜蜂3群、農産加工（ミソ、モロミ、漬物、小麦粉）。140世帯の消費者へすべて配達している。

秋風に揺れるイナ穂と競いあうように彼岸花が際立っています。わが家の無農薬のイネも無事収穫の秋を迎えることができました。九月下旬現在、わが家の水田にはわずかのヒエ株を除いて、雑草も秋ウンカもほとんど見当たりません。イネは濃緑の止葉が天を突き、ビワ色のイナ穂をしなやかにたわませています。

これは、私がこの三年間試みてきたア

アイガモ—水稲同時作の暦

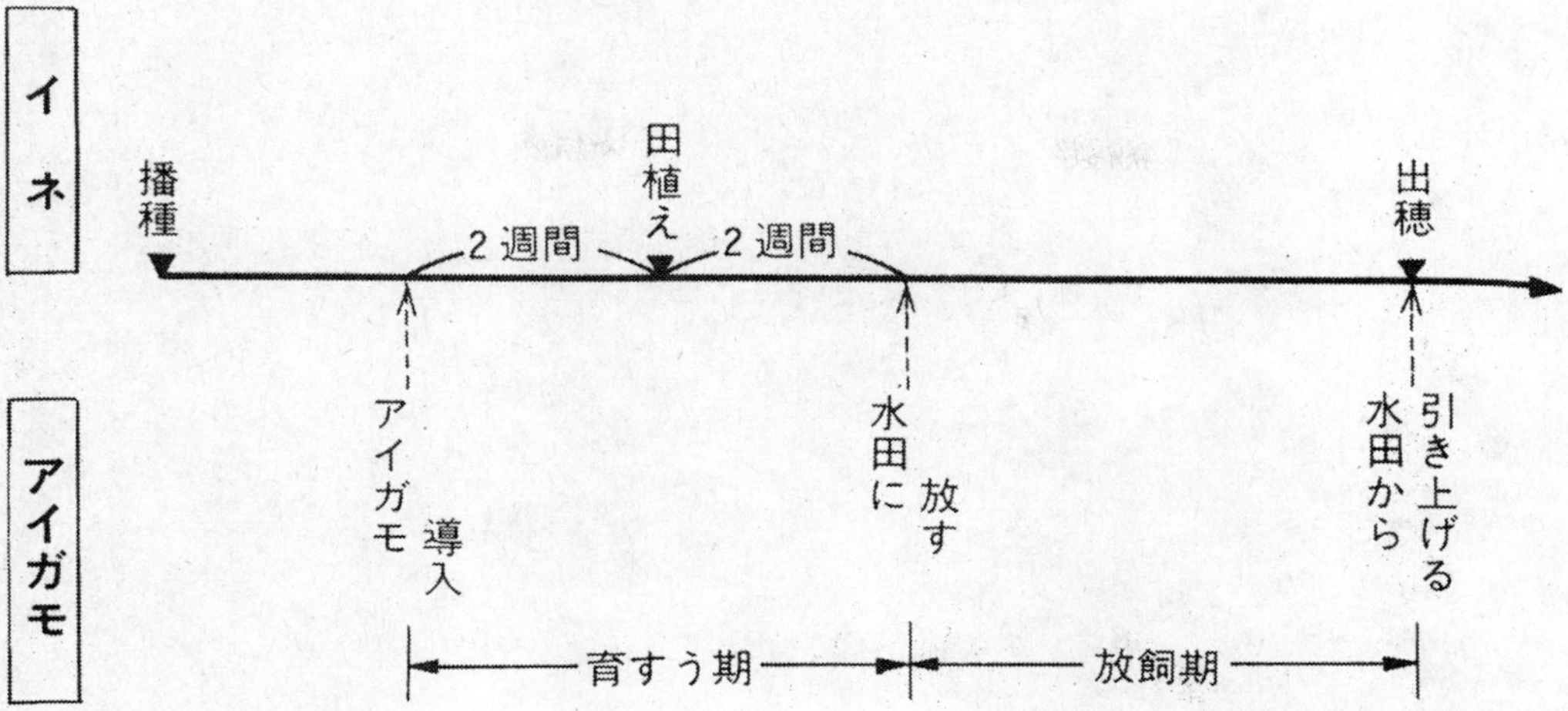

イガモ（アヒル×野鴨）の水田放飼の成果であります。私は一・四㌶の水田すべてを、反当たり約三〇羽のアイガモに任せて、化学肥料、農薬、除草剤はもちろん、有機質の元肥も穂肥も施用していません。私はこのアイガモの水田放飼を、アイガモ—水稲同時作と称しています。

アイガモ—水稲同時作の特徴

㈠実に愉快に取り組めます。

㈡未利用の資源と空間の循環的有効利用ができます。

㈢従来の、化学肥料、農薬、除草剤の三点セットに象徴される分断的技術——それは病気とか害虫とか除草とか一つの側面に対しては有効だが、自然の生態系とか生命とかの全体性に対しては対立的——と異なり総合的技術といえます。

㈣従来の有機農業の技術と異なり割と広い面積（数㌶）でも実行可能です。

今月から、アイガモ—水稲同時作について、私の一三年間の有機農業の実践を踏まえて紹介いたします。

水田はイネだけをつくるところではない

♥アイガモを放したとたんに雑草・害虫が資源に変わる

さて試みに、田植えのすんだ水田にアイガモのヒナを放してみましょう。するとアイガモは、水田を縦横無尽に泳ぎまわり、田の草や虫やカエルやオタマジャクシや泥を食べまくります。そしてグングン大きくなります。同時にイネも次々に分けつして、力強く開張し、旺盛に生育します。アイガモは、イネが出穂すれば穂を食べますが、それ以前は雑草は食べても、イネの葉はほとんど食べません。本当にありがたい自然界の仕組みです。

役畜アイガモを水田に放したとたんに、厄介者であったはずの雑草や害虫が、アイガモの餌、つまり資源に変わります。

さらにアイガモのふんも最終的にはイネ

その後進化したアイガモ農法の本『無限に拡がるアイガモ水稲同時作　アゾラ・魚・アイガモ・水稲同時作の実際』（古野隆雄著　一、九五〇円）

雑草や虫をむさぼり食う役畜アイガモ

の養分＝資源になります。つまりこの方法では、草の多い田んぼほどよい田んぼということになるわけです。アイガモの餌は、人間とアイガモのコミュニケーションのためにごく少量与えるだけです。

結局、水田内の資源だけでアイガモとイネが共栄的に育ちます。アイガモは、麦やタマネギのように裏作ではありません。私はこの同時的共栄関係を、アイガモ－水稲同時作と呼んでいるわけです。

♥アイガモは夜も集団で活動

昼夜問わず完全放飼で

さて、アイガモの水田放飼には二つの方法があります。

①夜間収容型…アイガモを昼間は水田に放飼するが、夜間は小屋などに収容する方法

②完全放飼型…アイガモを昼夜の別なく水田に放飼する方法

私の調べたところでは、ほとんどのばあいが、夜間収容型であったようです。

私の提唱するアイガモ―水稲同時作では昼夜を問わない完全放飼を原則とします。なぜならアイガモは夜目が利くらしく、夜間も集団で活動するからです。私はアイガモが月の光を浴びながら仲良く草を食べている姿を何度も見ました。夜間収容すれば、除草能率だけでも三分の一位に低下します。それから夜間収容する方法では、収容、放飼に手間がかかりすぎて、実施面積に自ずと限界がでてきます。

アイガモの効用は実に多様です。雑草防除、害虫防除、養分供給、中耕、イネに対する刺激……。もちろん、除草は最大の効用ですが、すべてではありません。

♥最大の課題＝外敵防止策は海苔網と電気柵で

完全放飼型では、犬や狐やイタチなどの外敵から夜間、アイガモを守ることが、アイガモ―水稲同時作の最大の課題となってきます。私は、昨年、一昨年そして本年の早期コシヒカリにおいて野犬にアイガモを襲われて、切歯扼腕した苦い経験があります。失敗と工夫を積み重ねた末に、本年やっと海苔網または電気柵による方法で、外敵を防ぐことに成功しました。

仇敵野犬に一泡吹かせることができました。とりわけ、電気柵の効果は絶大で、これにより、外敵侵入防止と実施面積の拡大が一気に可能になりました。電気柵は六ボルトの電池で、周囲二キロを裸電線で囲い込むことが可能です。

除草こそ無農薬イナ作の大前提

私は農薬を減らすことと除草剤――除草剤も立派な農薬――を使用しないこととは本質的に異なると思います。農薬を減らしたり、使用しなくても、それはそれですむばあいは多いでしょう。しかし、除草剤を使用しなければ、病害虫と違い、雑草は毎年確実に生えてきます。炎天下の除草作業は避けて通れません。つまり労働の重みがまったく異なるわけです。

良質の堆肥を長年投入しても、立派な健苗を疎植しても、コナギやウリカワなどの雑草が生えてくれれば、苗の分けつは極端に抑えられます。そして雑草が株元をおおって、モンガレやウンカなどの病害虫の被害を確実に被ることとなります。

とりわけ雑草の勢いの強い西南暖地においてはその感を強くします。除草こそ

【「読者のへや」から・一九九五年六月号】

人間は命をいただいている

長野県　望月明子

「読者のへや」に、アイガモのグラビア（三月号）感想を寄せられたA子さんへ。私はあの写真を見て、「悲しい」というよりは、「お役目ご苦労さま」というカモを調理している方の思いと、それを見守る子供たちの畏怖、複雑な表情を感じました。

A子さん、カモが動物という生き物だから悲しいのですか？　でも作物だって生きています。私達は生きていくために様々な生き物から命をいただいているのです。だから、「悲しい」と一面的なとらえ方をして目を反らすより、じっと見つめて、メンバーの皆さんで現実を認識されたほうがよいと思いました。

アイガモ農法のビデオと絵本　ビデオ『アイガモ水稲同時作の実際（全二巻）』（農文協・企画制作　二一、〇〇〇円）『そだててあそぼう　アイガモの絵本』（古田隆雄編　竹内通雅絵　一、八九〇〇円）

わが家の収穫の秋――草はほとんど見当たらない

無農薬イナ作の大前提であります。

同時に、除草こそ、有機農業の隘路《あいろ》といえます。ここ九州において、五〇㌃以上を化学肥料、農薬、除草剤を一切使用しないで、家族労働力で立派にイネをつくっている例はきわめて稀です。これは、多分に除草剤を使わない決定的な除草法がいまだ確立されていないことに起因していると思います。

炎天下での除草作業から解放
驚くべきアイガモの除草能力

私はこの一三年間、農薬や化学肥料や除草剤を使わないで、イネや野菜をつくることに打込んできました。

有機農業の仕事の大半は、土づくりと除草です。

土づくりのほうは比較的機械化が容易です。私も堆肥の生産と散布を、ショベルローダーとマニュアスプレッダーでしています。

ところが除草のほうは機械化がかなり困難です。それでも畑作においては、マルチ、中耕、土寄せといった省力化がかなり可能です。

しかし水田では事情が異なります。田畑輪換、二度代かき、深水栽培、錦鯉の放流、カブトエビ、動力除草機……。私はこの十有余年、除草剤を使用しないありとあらゆる除草法を試みました。

結局たどりついたのは、イネの苗を坪四五株に疎植して、条間を私が動力除草機を押し、株間を援農の消費者に手押し除草機を押してもらい、最後に、株元の草を手取りする方法でした。この方法は堅実な方法ですが、炎天下の辛い手仕事は避けられません。

それに加えて、夏野菜の手入れ、収穫・配達が重なり、土用干しまでに除草作業が終わらないのが私の有機農業の現実でした。

現実を何とかしたいと、ここ数年間は株元の機械による除草ばかりを考え続けてきました。

四年前に、ある人から「アイガモが水田雑草を食べる」という話を聞いた時、「アイガモなら株元の草も食べるはずだ」とひらめきました。

そこで、北陸の自然農法家の置田敏雄氏の教示を受けて即座に実践してみました。結果は上々。集団行動するアイガモは瞠目すべき除草能力をもっていたのです。おかげで本年も草のない土用干しを迎えることができました。

合鴨《あいがも》に両手合せて土用干

一九九〇年　雲騰《のぼ》る夏

（福岡県嘉穂郡桂川町寿命八二四）

1991（平成3）年3月号

新海さんはその後、冬季湛水（冬水田んぼ）で不耕起に。冬にはカモも白鳥も人もたくさんやってくる

いま話題の不耕起イナ作

作業がラクで土が肥え田んぼに自然が帰ってくる

不耕起田植えの様子（写真は茨城県桜川村　昨年五月）

注目のイネ　不耕起栽培②

編集部

香川県丸亀市の永井重一さんの、連続30年にもなろうかという不耕起直播（穴まき）のイネを見て、常識がひっくり返った新海秀次さん（千葉県栄町四ツ谷31、昭和17年生まれ、全面積コシヒカリ）は、平成元年から不耕起稲作に挑戦した。

一年目は不耕起を断念

この年、新海さんが不耕起栽培に取り組んだ面積は八反三畝。それまで補植対策ということで二合もまいていたタネモミを一合に半減しての取り組みだった。苗がよくなければ固い田んぼでは十分生育してくれないと考えたからだ。

三菱の不耕起田植機（試作機）をとにかく間に合わせてもらい、四月二十日に田植えした。試作機は、植え付け爪の前のディスク（円盤）で溝を切って、そこへ苗を植える方式。しかし、田植機が曲がると切った溝に苗が植わらない。植わったように見えても、田面が固いせいか苗が根元で切れているものが多く、欠株がかなりでてしまった。

田植機の不調ばかりではなかった。地域で一番早い田植えだったせいか、ハモグリバエ、イネミズゾウムシの集中攻撃を受けてしまったのだ。特にハモグリバエの影響は大きく、株がなくなってしまったかと思えるほどの被害だった。

ダブルパンチを受けた格好になって、この年の完全不耕起は断念。表面五㌢にドライブハローをかけて、いわゆる「半不耕起」にして、五月五日に植え直した。

一年目はこうしてうまくいかなかったものの、「三〇年近く連続不耕起の永井さんの事実の重みが支えになってくれた」と新海さんは振り返る（◯永井さんの記事は五八ページからの特集参照）。

二年目、不耕起、半不耕起を全田で実践

平成二年、前年より改良された不耕起田植機で、一町二反で完全不耕起を実践

不耕起栽培に取り組んでいる新海秀次さん

した。前年の経験から、家族の眼の届きにくい田んぼで実践した。家族は全員反対。不耕起の話を聞いて、口あんぐり、口もきいてくれなかったほどだった。

残りの田はすべて、ドライブハロー一回がけの半不耕起。前年の経験から、もうそんなに耕耘する必要がないと分かったからだ。これまでは草を抑えるために秋起こし、十二月にもう一回耕耘、二月には寒起こし、四月になれば荒起こし、そして田植え前に代をかく。トラクターに乗って何回も何回も田んぼに通わなければならなかった。それが不耕起と半不耕起だけにしてしまったのだから、これだけで、ざっと軽油四〇〇〜五〇〇リットルは節約できたという。

では、実際の不耕起栽培のやり方を見ていこう。

＊春雑草を枯らす

まず、水を入れる前に、田んぼに繁茂した春雑草を枯らす。除草剤としてラウンドアップの二〇〇〇倍液を動噴で散布する。ラウンドアップは移行性の除草剤だから根まで枯らしてくれるのでつごうがよい。

草の枯れた田んぼに四月二十二日に入水。二十五日に改良された不耕起田植機で苗を移植。前年と同じ一〇〇グラム苗を、坪五五株の二、三本植え。前年の苦い経験もあって五日遅く田植えした。

＊水もれ防止にアゼマルチ

田植え後、水もれ防止のためにスプレッダーでアゼに黒マルチ（厚さ〇・〇三ミリ）を施した。黒だと草も生えないし、深水管理も安心してできる。スプレッダーの効果は大きく、これまで三年ほど全面積で実施しているが、おかげで水管理が非常に楽になった。一五町歩もある新海さんは三日に一度くらいしか水回りができない。これまでは水がなくなっているような田があったが、スプレッダーを使い始めてからは、そんな田もなくなった。

＊施肥チッソ合計六キロ

新海さんは元肥ゼロで出発、田植え後一五日頃に硫安チッソ二キロを流し込み施肥。これは水口から肥料を溶かした水を流し込んで施肥する方法で、省力で均一に施肥できる。二回目の追肥は六月半ば、大粒ケイフンをチッソで二キロ。三回目は七月十日過ぎに大粒ケイフンをチッソで二キロ追肥した。合計チッソ六キロ、少ない肥料ですんでしまった。

＊個人防除なしですんだ

除草剤は田植え後二〇日にザーク粒剤を三キロ。これ一発で十分な効果があった。防除は、六月末にイモチ・モンガレ、七月半ばにウンカ・ヨコバイの二回、ヘリ防除を行なった。もっとも、天候のせいでイネが硬く育っていたせいか、比較的多かったイモチもモンガレも出なかった。それなのに何でやるのか、新海さん

不耕起をリードしてきた岩澤さんの本『新しい不耕起イネつくり　土が変わる田んぼが変わる』（岩澤信夫著　一、五三〇円）

不耕起田にタニシが大発生した
（昨年12月に撮影）

は疑問に思っているが。

＊収穫一〇日前まで深水管理

活着後はイネの最上位葉の葉耳を目安に、徐々に水位を上げていく深水管理を行なった。だいたい、六月二十日頃で水深一五センチ、その後はこの水位を維持、出穂後一〇日過ぎ頃から水深一〇センチに。落水は収穫一〇日前。不耕起で田んぼが固いから、コンバインはスムースに作業できた。

秋まさりのイネが出現

坪五五株。二、三本植え。それまでの二合まきの苗を七〇株植えしていたことから考えると、随分思い切った疎植にしたものだ。しかも初期からの深水管理だから、前半はずいぶんとさみしい田んぼだった。

しかし、聞いていたとおりに株は開張し、しかもイネが硬く生育してくれた。七月二十八日頃走り穂、八月三日穂ぞろい。イネは刈り場まで生き生きしており、周囲のイネより明らかに葉っぱ一枚多いイネになってくれた。イネ株を抜いて根っこを見ると根が白く生きている。中干しなしで、刈り取り一週間前まで行なった深水によって根腐れしないことが分かった。秋まさり的なイネになってくれたのである。

収量は八～八・五俵でまあまあ。半不耕起より半俵、周囲のイネよりは一俵は多収だった。この結果は新海さんを大いに満足させるものだった。

田んぼに昔の自然が帰ってくる

完全不耕起栽培だと田んぼの生き物が大きく変わる。似ているようでも、半不耕起にはこのようなことは起きてこないから面白い。新海さんはこのことに驚いた。そして、昔の田んぼが帰ってきたようで本当にうれしかった。

まず六月初め、カエルの多さにびっくりした。オタマジャクシは確かに多かったようだが、それが親になってアゼにビッシリ、足の踏み場もないほどだった。

つづいて、タニシに肝を潰した。六月二十日頃、ちょうど分けつ最盛期で水深は一五㌢の頃だった。イナ株の水面より上の部分になにか黒いものがついている。よく見るとタニシが這い上がってきているのだった。目を落とすと田面にもビッシリ。しかも、耳を澄ますとシーシーとタニシが鳴いているのだ。とにかく急に増えた感じで、周りの田んぼから居心地のよい不耕起の田んぼに集まってきたのではないかと新海さんは見ている。

七月半ばにはトンボが大発生している。

仲間の田んぼでも似たような現象が現われており、中にはホタルやドジョウが戻ってきた田んぼもあるという。

イネ刈り後の田んぼは、丸亀の永井さんのような弾力はなかったものの、耕起した田んぼをコンクリートに例えるなら、不耕起のそれはアスファルトのようで温かみを感じた。本田期間中に発生した緑藻などの藻類が、土を肥やしているのではないかと考えている。

不耕起にぞっこんなわけ

こうして新海さんの完全不耕起はまだ経験一年だが、今や不耕起にぞっこんである。その理由は三つある。

一つは、自分のやる作業（耕耘、防除、肥料ふりなど）が少なくなること。

二つには土が肥えてくるということ。

三つには環境がよくなってくること。

この三つである。

ビデオ『イネの不耕起移植栽培（全二巻）』（農文協・企画・制作 二一、〇〇〇円）

「読者のへや」から・一九九三年四月号

懐かしさを感じるにおい、音

滋賀県　西沢利江

私の家は二反の飯米農家。二人の息子はもちろん、私も田んぼに行くことが少ない。実家も兼業農家で、私の小さい頃は小学生の子供もれっきとした働き手。春にはしゅろなわをはったり、田んぼに入って田植えをしたり、秋には、脱穀・籾すりと朝から晩まで手伝った。一家総出の農作業はしんどく、早く終わらないかなと思いながら。

それでも、一日の終わりにワラを燃やしながら、その中でクリを焼いたり、落ち穂がはじけるのを拾ったりという楽しみもあった。こういう小さな頃の感覚は確かに残っているようで、いまも秋の刈り入れが終わって煙のにおいをかぐと、なにかしら懐かしく、ホッと心の安らぎを感じる。

息子たちが大きくなった時には、どんなにおいや音に懐かしさを感じるのだろう。ファミコンやテレビの音だとしたらさみしい。

田植え機やコンバインが入り、ラクができてうれしいと思う心の隅で、体を動かすこと、家族そろって農作業をすることを、もっと見直さなければと思っている。

田んぼの米ヌカ除草のはしりの記事。この時すでに、単なる除草法ではなかった

偶然に発見 米ヌカ農法

微生物を殖やす、雑草を抑える、肥効も長効き

佐々木　義明

佐々木義明さん。試験的に、水を入れる前の田に米ヌカをふっているところ

水が真っ黒、土はトロトロ

米ヌカ農法を始めたのは、思わぬ失敗がきっかけでした。

一一年ほど前、それまで毎年つくっていたボカシ肥料をその年は忙しくて作れず、しかたなく米ヌカだけを代わりにすき込むことにしたのです。ところが田んぼに行ってみると、水口からもう水が入ってきてしまっているではありませんか。どうするか迷った末、田植えが終わって一週間後に、反当一五〇kgを追肥のようにしてふってみたのです。

除草剤は使わないでつくりたいと思っていましたから、その後しばらくたってから、除草機を押しに行きました。ところが、田んぼを見てビックリ。水が真っ黒になっているのです。しかも除草機を押そうとすると、刺さってしまって押せない。土がトロトロになっていました。

しかたないので手で取ろうと田んぼの中を歩いてみると、なんと草がありません。きっと、誰かが間違って私の田んぼに除草剤をふったに違いないと、そ

のときは思いました。でも、その後まわりの人にきいても、誰も除草剤なんかふっていなかったのです。

不思議なこともあるものだなと友人たちと話しながら秋を迎えました。コンバインで刈ってみると収量は八俵半ありました。

表面施用だから雑草が抑えられ水温上昇

米ヌカをすき込まないで施用するやり方は偶然に発見したものですが、じつはこの表面施用することにたいへんな妙味があるのです。

米ヌカを大量にすき込むと、ガスがわき根を傷めます。水が黒く濁ることはありません。どうやら、米ヌカが地表で急激に分解することで真っ黒い水になるようです。すると、雑草の発芽が抑制される。また、水温を高めて苗の活着・生育を早める効果も発揮されます。米ヌカが田んぼの全面で温水堆肥化するようなものです。

雑草の発芽を抑制するのは、このほかに、米ヌカ自体に発芽抑制物質が含まれていることも関係しているのではないかとみています。

植物の体の中には、種が発芽生長する過程において、競争する相手の生長を妨げようとする物質があります。この物質が、イネの場合は玄米のヌカの部分に多く含まれていると思うのです。ただ、この物質は同属の種には効きません。つまり、米ヌカの場合はヒエには効果がないようなのです。したがってヒエが多い田んぼでは、間隔をあけて二回代かきして、発芽したヒエをすき込むなどの工夫が別に必要です。

半不耕起なら微生物がいっそう繁殖

米ヌカが地表面で分解するのは微生物の働きです。逆にいえば、米ヌカがエサとなって微生物が繁殖するのです。水が真っ黒く濁るのは、繁殖した微生物が酸素を奪うために、表層が強い還元状態になっているためでしょう。土がトロトロになったのも、微生物の働きのためだと思います。

微生物が繁殖すると、それを食べるミジンコやユリミミズなども繁殖します。こうした小動物も土を耕すのに働いてくれます。

微生物の繁殖をいっそうよくするために、私は現在では半不耕起栽培にしています。土の表層にすんでいて、米ヌカを分解するのに働いてくれる微生物と、土の深いところにいる微生物とは種類が違う。それを深く耕してしまっては、土が本来持っている力が弱められてしまうと思うからです。

私が使っているのは一八馬力のトラクタですが、耕すのは春だけ、それも三〜五cmの耕深になるように、ロータリでできるだけ浅く耕します。まず

米ヌカ利用の本『米ヌカ とことん活用読本』（農文協編　一、二〇〇円）『米ヌカを使いこなす 雑草防除・食味向上のしくみと実際』（農文協編　一、七〇〇円）

ロータリを低速回転させて一回、続けて高速回転させてもう一回、これを一度にやってしまいます。水を入れてからの代かきはやりません。ただし、こちらのやり方だと田植え後の補植がたいへん（ポット苗なら大丈夫かもしれません）なので、もう少し工夫が必要と思っています。できればハローを使って、

左が米ヌカ農法田、右は慣行田。初めはさびしいが、6月中旬から急激に分けつが増える（7月6日）

深くならないように代かきもやったほうがいいのでしょう。

もっともハローがあれば、私なら、春起こしもやらず代かき一回ですませようと思いますが。二週間くらい前から、耕耘していない田に水を張って、土が軟らかくなった状態で浅く代をかくというやりかたです。

10年間の平均反収は9俵。地域の平均より多収（左の田）

施肥一回なのに硬いイネ、うまい米

米ヌカの肥効は「への字」型になります。

私の場合は、化学肥料はもちろん有機肥料も何もやらないで無肥料で出発。田植えは五月十日前後です（坪七〇株くらい）。その一週間後くらいに米ヌカをふります。量は、ササニシキなら反当二〇〇kg。ひとめぼれの場合はもう少し必要なので、二〇〇kgふった一カ月後に一〇〇kg追肥します。

なお、どんな品種であっても一度に散布する量は二〇〇kgを超えないほうがいいと思います。多くなりすぎるとイネの生育に悪影響が出るからです。したがって、一カ所に米ヌカがドサッと大量に入るのもよくない。最初の二〇〇kgの米ヌカが分解し

て効き始めるのは約二週間後です。ゆっくりと淡く効いてきます。生育初期は、色が薄く分けつも慣行のやり方の田んぼに比べるとかなり少なく、心細いイネです。しかし六月中頃から急激に生長が早くなります。色はそれほど濃くなりませんが、分けつはまわりの田んぼとほとんど変わらないくらいに増えます（穂数は一株二三本くらい）。

米ヌカには、チッソ（二％）以外にリン酸（三・八％）やカリ（一・五％）、その他のミネラルがバランスよく含まれているので、葉や茎はふつうのイネよりかなり硬く丈夫です。イモチなどの病気にもかかりにくい。農薬も化学肥料も要りません。

それに米ヌカは、ミネラルバランスがいいことやアミノ酸も含まれているために、穫れる米のうまみを増すことにもつながります。

なお七月上旬には、これまでは穂肥として反当五〇～一〇〇kgの米ヌカをふってきました。ただ、天候によってはイネが倒れたり青米が多くなることもあるので、これはやらないほうがいいかもしれません。

また水管理は、微生物が働く環境を安定させるためにも、草を抑えるためにも、私はイネの生育にあわせて水深を上げ、一〇～一五cmの深水を続けます。中干しはしません。むしろ漏水するような田んぼだと、米ヌカの効果は半減してしまいます。

大冷害でも六俵穫れた

田植えを終えた田んぼに入って米ヌカをふるのはたいへんですが、半不耕起にするとこの労力はずいぶん軽減されます。

ヒエが多く生える田んぼ以外は、手取りなどで除草する必要はありません。最初はさまざまな水草が生えたとしても、自然に消えてしまいます。

トラクタの燃料代をはじめ、肥料・農薬代などのコストが減るのも米ヌカ農法の利点です。ササニシキであれば、その後の追肥はやらなくても八～九俵の反収は十分穫れると思います。

一昨年から私は、基盤整備のために他人の水田をあてがわれることになりました。工事で表土をはいだりしたため、古代のヒエの種が一面芝生を敷いたようにたくさん芽を出しました。一枚の田の中に肥えたところとやせたところができて、それが分けつのとれ方の違いとなって現われたりもしました。秋には倒伏したところも出ました。

今までの自分の田ならこんなことにはならないのに、と悔しい思いをしました。それでも収量は、九五年は一〇俵、九六年は九俵と、地域の平均以上穫れたのです。

この一〇年間の平均でも九俵。九三年の大冷害の年、まわりが二俵しか穫れないときでも六俵穫れました。

（宮城県石巻市）

ビデオ『水田の米ヌカ除草法』（農文協企画　一〇、五〇〇円）

藤田忠内さん。土着菌を採る竹ヤブにて（倉持正実撮影、以下も）

私の選択はボカシ元肥一発、半不耕起、太陽シート育苗

土着菌を活かせば、楽しく安く うまい米を多収

●藤田忠内

土着菌ボカシ＋半不耕起で燃料代四分の一

これからのイネつくりは、機械代や資材代を少しでも軽減して、またイネの生命力を活かして、よりおいしくて安全な米を穫る、そのうえ楽しく仕事をする。欲張りなようですが、私はこんなイネつくりをしたいし、またそれが実現できるという自信が強まってきています。

生産費を下げるというと即、「大規模化」「機械化」といわれますが、この時代にあえてその道は選びたくありません。それでは解決できないと考えます。

それよりも第一にすべきことは田に力をつけることです。地力は化学肥料ではつきません。トラクタで深く耕すことでつくとも思いません。経費をかけずに地力を上げる——。それにはいま私がやっている、土着菌ボカシ肥＋浅耕起（半不耕起）がいいと考えています。

　秋または春先に乾いた田に土着菌ボカシを散布し、稲株を削る程度にごく浅く、ワラに土をまぶす程度に一回耕します。乾田を耕すのはこれだけで、もう一度ボカシをまいて、すぐに荒代・植え代と、これまた浅く代かき二回。そして田植えというやり方です。この耕耘・代かきだけでも、深く耕すより相当燃料費が節約できます。

　深く耕すほど、力がいるので燃料を食います。とくに秋のイネ刈り後は土がしまっている。それを深耕するためにトラクタの馬力もアップしてきました。秋にも春にもふつうに深く耕すやり方に比べれば、燃料代はだいたい四分の一ですむのではないでしょうか。最近は、年間でドラム缶三～四本使う農家がふつうでしょうが、わが家では、田んぼ三町余りとナシ畑八反に一本で足ります。トラクタの馬力だって、半不耕起なら二〇馬力で十分に能率が上がります。

　それだけではありません。耕深が浅いと田植えの作業も、生育途中の管理で田に入るのもラク。秋の収穫時には田の乾きがよいので、コンバインを入れるのにも難儀しません。

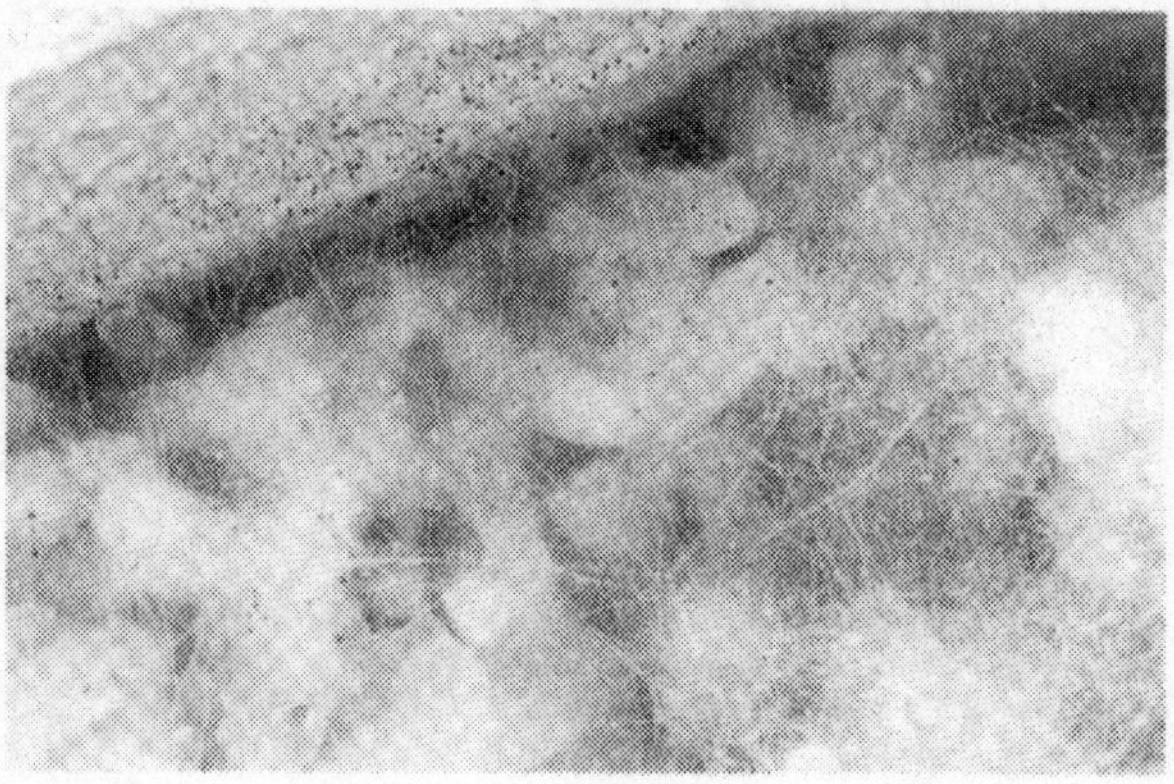

竹ヤブからご飯で採取した土着菌。色だけ見たって数十種はいそう

いろんな菌にいっしょに働いてもらう

　ボカシ肥でつくるというと肥料代がかかる印象があるかもしれません。でも、土着菌ボカシなら、かえって安くすむほどです。

　いまいろいろな微生物資材が販売されています。効果はありそうですがいずれも値段が高い。私も以前使ったことがありますが、確かにそれなりの効き方はします。しかし一回入れれば田んぼで増殖してしばらく効果が持続するといったものではなく、毎年買って入れなければならないものばかりでした。自分でつくるわけにもいきません。化学肥料と同じです。

　それに市販の微生物資材は、それぞれ好気性か嫌気性の特定の微生物だけを資材化したものがほとんどだと思い

藤田忠内さんが登場するビデオ『自然を活かす農法シリーズ2　土着菌でボカシ肥づくり』（農文協企画・制作　六、三〇〇円）

代かき直前の土着菌ボカシの散布。反当わずか2分ですむ

荒代かき。ドライブハローを浮かせて浅く

ます。しかし私は、多種類の微生物を同時に培養したいと考えています。好気性も嫌気性もいっしょにです。

学者ではありませんから、自分の方法で本当に可能なのかどうか科学的なことはわかりません。しかし米ヌカなどのエサにする材料の温度が三〇～三五度の状態から土着菌によって発酵を始め、一日一回の切返しをしてつくったボカシ（九七年十月号二二五頁、十一月号カラー口絵参照）は、これまで使ったボカシの中では少量で一番効き目が高かった。これは確かです。

竹ヤブの白いハンペンを調べたら一塊に一五〇種の菌がいたというし、弁当箱に詰めたご飯で採取しても、色だけ見たって数十種はいそう。ボカシの主原料にする米ヌカには乳酸菌などが、あるいはやはりボカシに入れる田んぼの土には、一gに一〇の五乗もの光合成細菌が、そしてワラには納豆菌……。材料に含まれるこのような多種の微生物が、前述のようなボカシのつくり方をすれば同時に増殖するからこそ、強力なボカシができるのではないか。私はそう思うのです。

肥料代三分の一、肥料つくりは農家の楽しみ

材料の油カス・魚カスはアミノ酸化されるので味噌の香りがします。アミノ酸は直接イネに吸われるだろうし、米に甘みやコクが加わるように感じています。

それにしても、自分でボカシをつくるなんてたいへんじゃないかと思われるかもしれません。しかしやってみればわかりますが、つくる過程も楽しいのです。

温度が上がった。おおいのムシロの表が菌糸で真っ白。今度はにおいが変わった――という具合にどんどん変化していきます。それも、工業製品をつくる過程と違って、毎回同じじゃない。温度の上がり方、水分、気候によって、出来上がりの味噌の香りになる工程が毎回のように

違うのもおもしろい。作物によって、あるいは元肥用か追肥用かで成分を変えたりするのも自由自在。農家には、肥料をつくる楽しみもあったのかと今さらながら驚いています。

このボカシ肥を田に入れることで、地力がどんどん上がってきています。これはやはり、いろんな微生物の働きのおかげだと思います。タニシはもちろんシジミらしき二枚貝やミミズまでが田んぼにわいてきたり、トロトロ層ができました。肥料代は、昔私が最大に入れたときと比べると三分の一。数千円ですみます。

また、これは今年試そうと思っているのですが、トロトロ層ができれば除草剤を使わなくても草を抑えられるのではないかとも期待しています。熊本の後藤清人さんの方式（一六二頁）を試すつもりです。

健苗＋土着菌ボカシで「への字」型

イネの生命力を引き出すには苗も大切です。健苗も、手間と経費をかけないでつくることが可能です。「三つ子の魂百まで」のことわざのごとく、根の充実した苗をつくることで本田に植えてからも根張りが良くなり、したがってボカシの効果も現われて収量アップに結びつくのだと思います。

一般の指導では一箱二〇〇g播きにして育苗器で出芽。それからハウスに並べて予備緑化・緑化という手

土着菌ボカシ肥を元肥に入れただけのコシヒカリの出穂25日前。「への字」型に育って太い茎が開張。昨年の反収は地域の平均より2俵以上多収。食味もよい

順で進みます。しかし苗が弱いために薬剤が必要になるほか、育苗器の電気代、苗箱を育苗器に入れたり出したりする手間もかかります。

その点、太陽シートを使った平置き発芽（九七年四月号一八八頁参照）なら、簡単に根優先の病害に強い苗ができます。根張りがよいので、播種量を減らしていても欠株が出ません。種子代は半分。電気代はなし。薬剤もいらないので、育苗の経費は慣行の半分以下でしょう。単に低コストでできるだけでなく、そうやって手間もお金もかけないほうがかえってよい苗ができるというのがおもしろい点です。これに、プール育苗を組み合わせればまだまだ経費が減るのではと試験を始めています。

土着菌ボカシを施用して浅耕したところに、こうしてつくった苗を坪五〇株で植えると、イネは自然に「への字」型に育ちます。後半は化学肥料なしで地力で登熟しますから、ムリなく登熟が進み、収穫量も増えますし安定してきます。米の味も良くなります。

もっと安い極上ボカシをつくるぞ

イネつくりの原点は経費をかけないこと、そして経費も手間もできるだけかけないほうがイネの力を十分引き出せるのではないかと思っています。

今年の冬は、昨年までの油カス・魚カス・骨粉に代わる、近くで安価に手に入る材料に目を付けてボカシをつくっています。今のところは鶏糞とオカラです。米ヌカ・モミガラ・ミネラル土を材料につくった種ボカシ（九七年十一月号カラー口絵参照）を元に、さらに米ヌカ・ミネラル土・田の稲株と土を混合。一次発酵して熱が出たあとの二回目の切返しのときに鶏糞とオカラを加えて発酵させました。

その結果、三〜四回目の切返しまでは鶏糞のにおいがかなりしていましたが、その後は、油カスと魚カスを材料にしたときと同じく味噌のにおいになりました。土着微生物を上手に使えば、どんな有機物でもアミノ酸化してくれるのではないかと思いました。ほかにも使える材料がないかと探しています。もっと安い材料で効果の高いボカシができるのではないか、有機物の種類が多いほうがいろいろなアミノ酸が取り込まれて、もっと甘みやコクのある米ができるのではないかと考えてのことです。土着菌ボカシなら、低コストで消費者に喜ばれる米をつくれると思います。

（福島県須賀川市）

【「読者のへや」から】

以下は、一九九一年五月号の三浦さんからの投稿と、これを読んだ読者からの投稿です

農業はやりたいが「農家の嫁」にはなりたくない

愛知県　三浦由美子

私は、都市から車で二時間の農村に住む農業青年と婚約していました。過去形なのは、婚約破棄したからです。

具体的には、自分の意見を言うと、みんな帰ってから「女のでしゃばりは、この辺では嫌われる」と彼から言われたり、彼の伯父さんが「この村では、知らん人でも誰かにあったら、とにかくおじぎをするように」とかいうことに、何がなんでも村の人々の「型」に私をはめこもうとする圧力を感じたのです。

私の個人としての考え方や行動よりも、その家の「嫁」としての立ち居振舞いのほうが気になるといった彼の考え方に絶望を感じ、「別れ」を切り出しました。

男にとっては、あるいは農業青年にとってはそんなことは全然気にならないでしょうが、私たち女にとっては、家のかこい物になるより、個人として自由であるほうが苦しくても価値のあるものなのです。

今どき「家のかこいもの」なんて思っている農家の嫁はいない

隣山きじ子

「女のでしゃばりは……」という元許婚者のお言葉には私も絶望を感じますが、「農村の人たちが型にはめようとする」というのは、一寸違うように思いますよ。

実際そうであったとしても、そんなのは恐るに足りませんよ。女は強し！　ことに今の農村の嫁は強いのです。何をやったって(?)追い出されはしませんよ。じゃんじゃんギャンギャン、マイペースでおやんなさいよ。「家のかこいもの」なんて考え方、今の農村のお婆にもありませんよ。

ただね、農業をやるということは、「みんなと一緒に生きる」ということなんですねえ。強いられたと思えば「型にはめようとされた」ということになりましょうけど、誰に強いられなくても「誰にでも挨拶する」ようになるのです。そういう地域社会で、よそから来た人が前のめりに歩いていると目立っておかしく見えるのを、かばいたくて言うのです。

「家のかこいものになる」などと思って、今時農家の嫁になる人がありますか！　みんな自分の最善の巣を作るためになるんですよ。

「ヒロイン物語」というのがありましたけどね。ヒロインとしての頭脳を技能と技術とを磨きあげるのですよ。〝苦節十年〟はありますけどね。それは対人関係の奥義を学びとるのに不可欠なもので、それを経て、本当の個人の自由を大切にできる人柄が仕上がるのではないでしょうか。しっかとヒロインになって下さい。（元ヒロイン・今、隠居婆さん）

二〇年前は私もそうでした

岡山県　前田セツ子

五月号の三浦由美子さん、二〇年以上前の私にそっくりなのです。「封建的だ」「家と結婚したのではない」「個人がない」等々、村や農家を否定的な目でしか見ることができず、当然ながら、その頃は自分の考え方を進んでいると思っておりました。自分の正当化と相手の非難なのですから、相手に聞いてもらえるような意見にはならず、争いしか起こりようがありませんでした。そのような村の欠点と見えるものが、また逆に村のよさでもあり、自分に欠けている部分であると気付くのに、二〇年近くもかかってしまいました。

私も三浦さんと同じことを考え続けていましたから、その気持ちがよくわかるのです。が、先祖代々どんどん変わりながらもつながってきた縦つながり、そして今ある者や物たちと横ひろがり、すべてがあってそこに現われてくる「個」。どこかで何かがちょっと違っても、今の自分は今のようでないはずの「個」。「個」がちょっと変わると、全体もぐわーっと変わる「個」。そういう認識の上にあればこそ「個」が大切であり、また執着するものでもないと思えます。

「家と結婚するのではない」といっても、もともと親、兄弟、友達、仕事、あらゆるものがくっついている「あなた」であり「私」ですから、全部ひっくるめてダイナミックに結婚するのは、なかなかエネルギッシュでおもしろいではないかと思います。そうして「個人」は変型し、なくなるわけではなく新しい「個人」ができあがっていきます。かつて、村のしきたりや何やかやから守ろうとして、しがみついた自分というものは、幻のように頼りなく、今の自分のほうが、明確に本当の自分のように思えます。表面的には、無農薬農業をやりたかった私が減農薬のコメを作っており、抽象的な詩を書いていた私が具体的な俳句を作っているだけですが。

ミントでカメムシ防除

「香りの畦みち」のつくり方

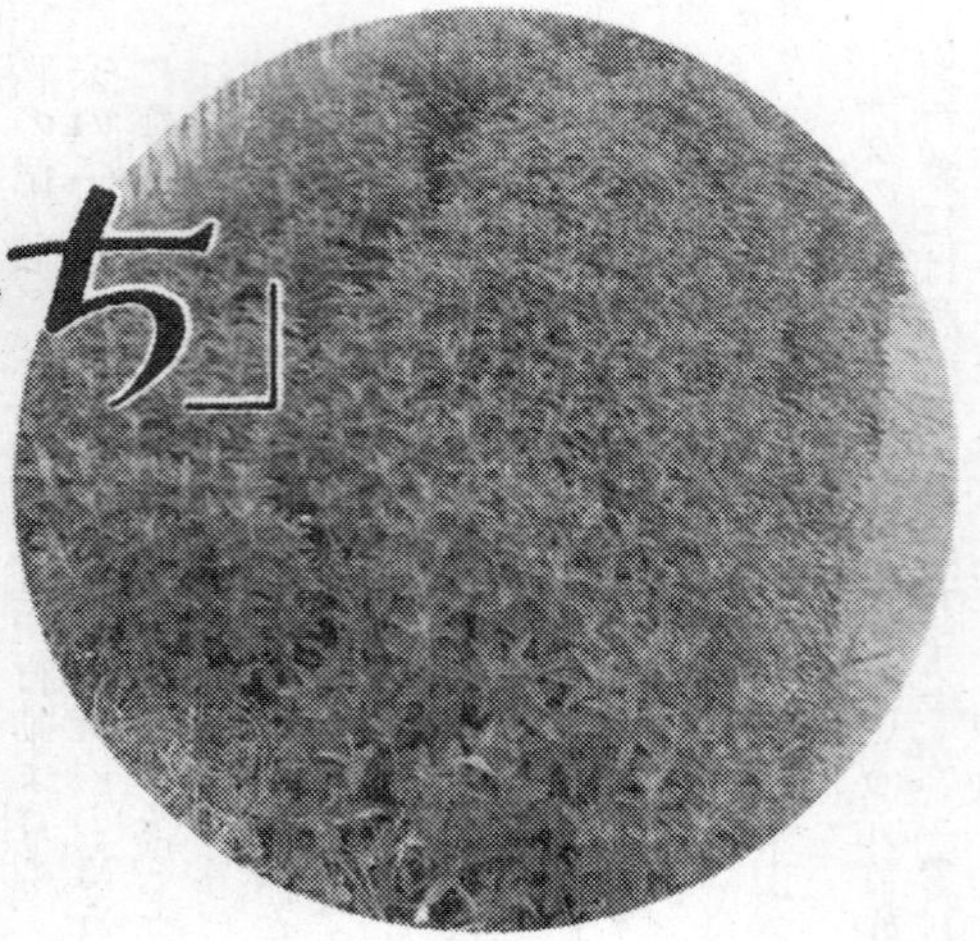

水田を人が集まる場に変えるハーブ。JAみねのぶでは「香りの畦みちハーブ米」の販売も開始した

今橋　道夫

ハーブの一種、ミントを水田のアゼに栽植してつくったのが、名付けて「香りの畦みち」――。カメムシに対するその防虫効果を、本誌昨年六月号などで発表したところ、全国各地の方々から多くの問い合わせをいただいた。今回は、いろいろあるハーブの中でもなぜミントなのか、あるいはまた、昨年さらに確認されたことなども含めて、「香りの畦みち」についてもう少し詳しく紹介してみたい。

家族でミント植えに参加してくれた消費者もあった

ミントがいちばん速く広がった

じつをいえば、ミントを選んだのは偶然だった。最初に出会ったハーブがたまたまミントだったのである。平成元年、水田の畦に初めて植えてみると面白いほど広がっていく。ただ、他にもっと良いものがあるのではと、その後、別種のハーブを植えたりもしてみた。

他のハーブに興味をもった理由は、アゼ刈り作業を完全になくすことができないかと思ったからだった。北海道の他地区で取り組まれているカモミール、本州でアゼ刈りの省力化のために見いだされたアジュガなども試してみた。しかし当地では、それらはいずれもミントに比べ生育が良くなく、雑草に負けてしまうことが多かった。それで結局、最初のミントに戻ったのである。

ミントのアゼでは、従来のイネ科雑

草のアゼに比べてアゼ刈り作業が少なくてすむ。当地では、多くても年間三回、品種の選択しだいで二回ですむと考えている。それに「香りの畦みち」をアゼ刈りすると爽やかなミントの香りが漂うので、楽しみながら刈れる。これを完全にやめてしまうのはもったいない（連作障害を防ぐには、花を咲かさないで刈ったほうがいい）。また、後述するとおり、ミントの畦畔は造成と管理が容易で、しかも低コストである。

肥料は不要、一ｍおきに定植

私も会員の一人であるお米の産直グループ「元氣招会」では、三年計画で二〇haの水田をミント主体の畦畔にすることにした。初年度の昨年四月二十九日、会の一〇周年企画ということで、大勢のパートナー（消費者）の皆さんのお手伝いをいただき、総延長四三〇〇ｍ、ミント四五〇〇株の「香りの畔みち」の造成を終えた。採用した品種はスペアミント、ペパーミント、アップルミントなど八種類である。

栽植方法は、昨年六月号でも紹介したとおり一ｍ間隔・一列植えで、七・五cmポット苗を使用した。定植にあたっては、もちろん除草剤は使用せず、直径三〇cmくらいの植穴をスコップなどで掘り、土を膨軟にしてから行なった。肥料はいっさい入れていない。

直立型のミントがよさそう

昨年は、ミントの品種によるその後の生育の違いも調べてみた。結果からいえば、春に栽植した各種ミントの地下茎が約二〇〇日後（一九九八年十一月二十六日）に、アゼの方向にどれだけ伸びたかを調べると、八〇cmから一〇〇cm近くまで品種によって差があった。

ほとんどミントで覆われたアゼ。こうなるとカメムシの心配はまずない（安場修撮影）

調査地はイネ科雑草が優占している東西方向の既存のアゼである。地下茎は、品種を問わずほぼ直線的に、地表面すれすれに伸びている。一ｍ間隔で植えているので、地下茎が五〇cm伸長すれば隣の株の地下茎と接する。したがって八〇cmでも合格である。

ここで、品種ごとのランナーの伸び方の特徴を明らかにできればよかったのだが、昨年は苗の質にばらつきがあり、正確な比較はできなかった。ただ、一ついえることは、ペパーミントについてである。ペパーミントは他のミン

定植200日後の様子。1mおきに定植すると、3年でほぼアゼの80%を覆う

トと違って匍匐型タイプであることを知らず、田植え後の六月十日頃に行なった一回目のアゼ刈りで、株元がわからずに刈り取ってしまった所があった。草丈がやや低く、二年目からの管理がラクだろうと考えて導入したのだが、直立型のミント（ペパーミント以外）のほうが草刈りはやりやすいと思う。

定植後二カ月までは丁寧に草刈り

ミント定植後の一回目の草刈りだけは、手間がかかるが、ミントの周囲だけ鎌で刈ったほうがいい。ミントまで刈り取ってしまう失敗が少ないし、ミントの生育も順調になる。

問題は、いつまでこの管理を続けねばならないかだが、少なくとも二カ月間は大事にしたい。その後、ミントの根が完全に活着して勢いがつけば、雑草と同じように刈り取ってしまってもかまわないようだ。また、上部の生育が旺盛なアップルミントなどは、やや早目の草刈りが必要かもしれない。

昨年は、この草刈りとの関係で、ミントを定植する位置について少々失敗したこともあった。おかげで、アゼ刈りに使っている自走式草刈り機を効率的に活用できなかった。

この草刈り機はアゼの左側を刈る形式になっているので、ミント苗をアゼの右肩側に植えれば、中央部と左肩は機械で刈り取ることが可能だ。たとえば、このときミントを植えたアゼの右肩を南側としよう。このアゼの草刈りを終えて、隣のアゼを戻るように刈るには、次のアゼには逆に北側にミントを植えなければならない。ところが昨年は、うっかりすべて南側の肩に植えてしまった。おかげで機械を毎回空戻りさせなくてはならず、時間と労力の無駄使いをしてしまった。

ミントのアゼをいくつも造成し自走式草刈り機を使用する場合は、アゼごとに交互に、定植する位置を反対の肩にすることをお勧めしたい。

ミントが九〇％覆えばカメムシはゼロ

図は、昨年と過去一〇年くらいのカメムシ調査結果とアゼのミント被覆率を組み合わせたグラフである。調査場所は今橋圃場でいずれも現在、産直米の栽培に当てている水田だ。

一九九四年と一九九八年のハーブ被覆率が九〇％以上の調査では、カメムシはまったく見られなかった（定植後、三年くらいで八〇％被覆）。被覆率三〇％台ではわずかに見られたが、これでも一等米の限界発生量より少ない。

しかし、ミントの欠株があってそこにイネ科雑草が多いとカメムシが見られるので、ミントに強力な忌避効果は期待できないようである。欠株のないように最初の管理を大切にして、被覆率を七〇％以上にすることで効果が期待できると考えている。

カメムシに対する「香りの畦みち」効果
——ミントによる被覆率を70％以上にしたい

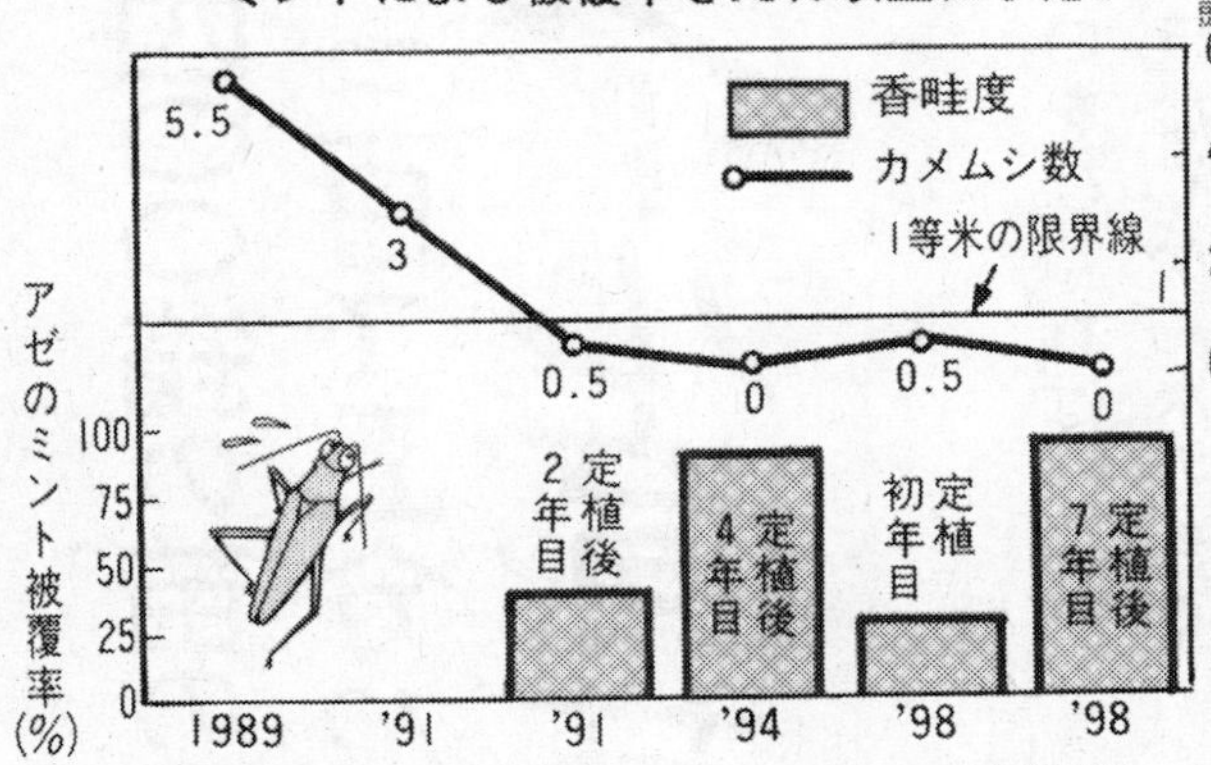

※調査は7月中旬〜8月上旬、カメムシの捕獲数は捕虫網20回振りで捕えた数（2反復しての平均）

また昨年は、北海道中央農業試験場の害虫専門家が私の圃場の詳しい調査に入っており、貴重なデータをいただいた。予備調査であるが、私の調査と完全に一致したのは、ミント被覆率九〇％以上だとカメムシ捕獲数はゼロという点であった。

一方、私の圃場にはアイガモ水稲同時作を行なっている区があるが、そこで意外なことがわかった。アイガモ放飼区ではカメムシが駆除されているだろうと考えて調査してこなかったのだが、試験場の調査でカメムシが想像以上にいることがわかった。アイガモの強力なドロオイムシ駆除効果を見てカメムシも……と思い込んでいたのが反省点である。

ミントの畦畔で田んぼがにぎやかになる

ミント利用のハーブ畦畔に取り組んで一〇年、生態系利用型農業の奥深さを知るところとなった。「香りの畦みち」の主役・ミントはけっして農薬の代用品ではない。

水田畦畔の植物相は新来のイネ科雑草に特化している所が多く、結果的に水田地帯全体がイネ科の植物に覆われている。そこにミントを取り入れる。ミントのアゼでは害虫であるカメムシが減る一方、天敵として働くクモやハチやカエルが明らかに増えた。農薬とは逆に、ミントは水田の生物相を豊かにする。作業も快適になる。それに「香りの畦みち」は、水田を人の集まる場に変えていく力ももっている。

最近うれしいニュースが飛び込んできた。当地の峰延《みねのぶ》農協が、ハーブ畦畔造成に取り組む方針を打ち出したのである。今後は、地域全体で環境保全型農業の仲間の輪を広げ、「蛍が飛び交う里」の復活を目指していきたい。

（元氣招会代表・北海道美唄市）

プール育苗をいち早く取り入れた農家の実感

一四〇〇箱の苗のかん水時間は三日で五分!? プール育苗で大助かり

森　良二

蛇口をひねれば ムラなくかん水できる

わが家の朝は、牛の世話から始まる。これにかかる時間が約三〇分。この後、一四〇〇枚の苗箱に手作業でかん水を行なっていたころは、二時間ぐらいの時間がかかっていた。かん水チューブなどを利用したこともあった。しかしこれだと、均一に散水することがむずかしい。午後になると乾いてしまうような箱も出てきて、昼過ぎにもう一回かん水しなくてはいけないときもあった。

プール育苗を始めて今年で二年目。手作業で水をまいていたころに比べれば、格段に時間の節約ができたし、散水ムラもできない。なにしろ蛇口をひねりさえすればいいのである。母にまかせることもある。牛の世話にも余裕ができた。春の育苗時期には、牛の飼料用のデントコーンの播種作業も重なるし、本田の準備（耕耘・代かきなど）もしなければならない。苗の水やりにとられる時間が減って、たいへん助かっている。

水が保温してくれるから 換気の手間も減る

プールに水を入れ始めるのは、慣行育苗の第一回目のかん水と同じ時期。育苗器から出してプールに並べ、緑化もすんだ苗箱の床土の高さまで水を入れた。その後のかん水は三日に一回くらいでよい。水面から若干葉が出ているくらいまで水を張る。三日後にはほとんど水がなくなるから、前と同じくらいまでまた水を張る。

かん水作業は蛇口をひねるだけ

夜間は水が保温してくれるので、よほどの低温（降霜）のとき以外は、ハウスの側面のビニールは開放したままである。逆にいえば、低温注意報が出るよう

「プール育苗」中の苗

なときのみハウスを密閉することになる。プール育苗では、換気の手間も省くことができる。

根の張りもよい

根の張りはすこぶるよい。片方を手で持ち上げても、マットがくずれるようなことはほとんどない。移植後の植え傷みもなく即活着するので、苗の立ち上がりが早い。

〔作目構成〕
・水田　七町一反
・畑　露地キュウリ五畝、
　飼料用デントコーン
　五反五畝他
・和牛肥育一八頭
・集団転作麦　四八町歩
（一〇人共同）

〔仕事の分担〕
私…イネ・肥育牛　妻…イネ・キュウリ　母…自家野菜

〔プール作り〕
三月初旬、耕起後に均平作業。次に、鉄の棒などを支柱に木枠を固定して、長さ一八メートル×幅二・三メートルのプールを一棟のハウスに二つ作る。

ビニールを敷くとき、箱を並べるときに絶対に穴をあけないようにする。虫などにちぎられないように殺虫剤を散布しておくとよい。

高低差は三センチぐらいあってもさしつかえない。

（➡プール作りの詳細は四月号一五八ページ）

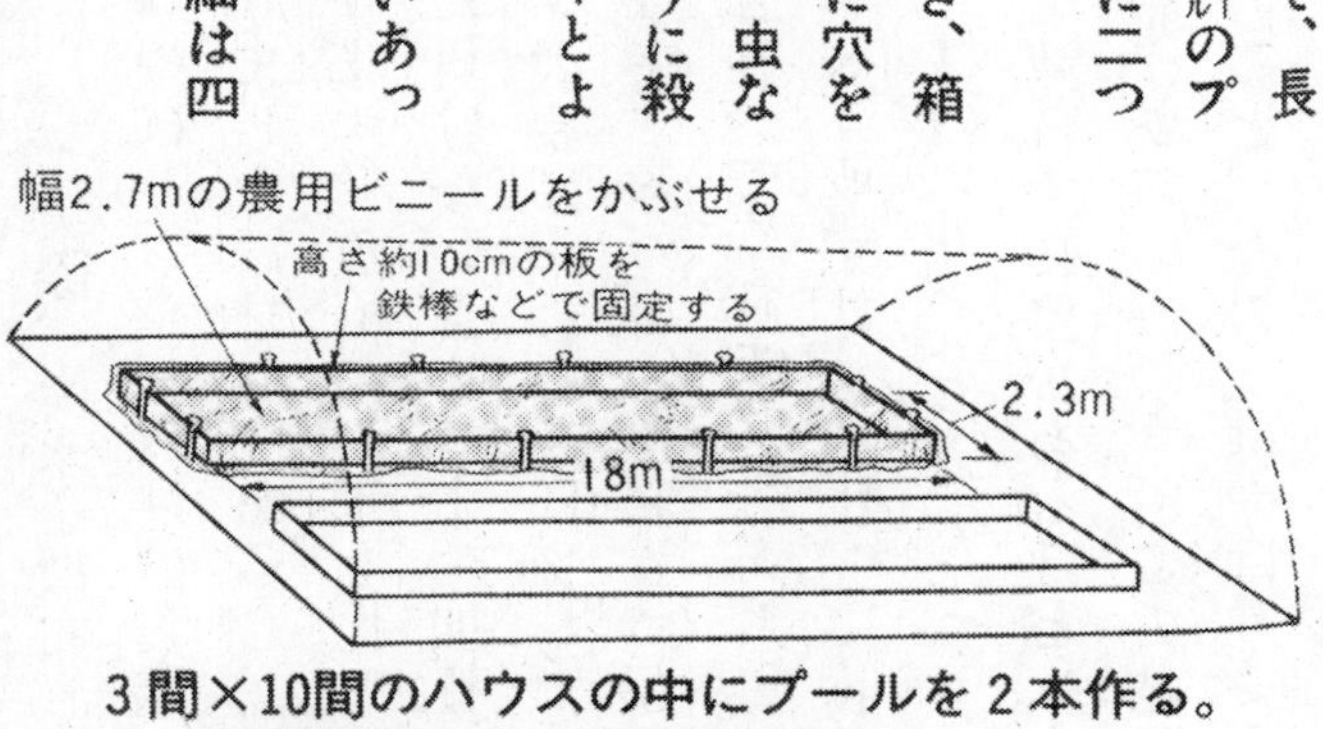

3間×10間のハウスの中にプールを２本作る。
わが家の育苗ハウスは４棟ある

ハウスを有効利用

なお、苗箱とハウス内の土とはビニールで完全にしゃ断されているので、土に残った肥料分が苗に影響することはない。育苗に使うハウスを利用して野菜が栽培できる。わが家ではホウレンソウやハウスキュウリ、菜の花などを作るのに、三月初めまで利用している。

以上が今年で二年目のプール育苗の感想である。わが家のように、家族労働力の少ない農家や朝の仕事がほかにあって育苗作業の省力を目ざす農家にとって、たいへん有効な方法と思っている。

海水、自然塩、にがり…「海のミネラル」への注目はこのころから急速に広がっていった

海水散布でおいしい米

西出利弘

筆者（69歳）

なぜ海水？

私は、消費者の気持ちになって、おいしく安心して食べられるお米をつくれば、輸入米があってもきっと日本のお米を食べてもらえると思い、健康食としての農産物の栽培に取り組み始めました。

そんなとき、金沢市近郊にある医王山から産出される鉱石に、ミネラルがたいへん多く含まれることを知り、これを粉砕して土に入れることを思い立ちました。おいしいことで知られる新潟県魚沼地方のお米も、山々の岩間から染み出たミネラルが育てたもののはずです。この鉱石を土に入れてみると、米の食味がたいへんよくなりました。

食味に限界はありません。もっとおいしくできないかと考えているなか、海水を散布してもミネラルは補給できるのではないかと考えたのです。私の住む日本海でとれる魚や海藻がたいへんおいしいのも、このミネラルと深い関係があるにちがいありません。食味のよいダイコンやミカンの産地に海岸沿いのところが多いのも、常に潮風に当たっているからだと思います。しかも、海水なら手近で、なんぼくんでもタダです。

高橋尚子も食べてる魚沼に絶対負けないおいしさ

実際、海水を散布してみると、やはりコシヒカリの食味がよくなりました。甘みがあるし、粘りもあります。魚沼のお米と比べても絶対に負けない食味です。加賀のマラソン大会に来たときにプレゼントして以来、あの高橋尚子さんもこのお米を食べてくれました。

キャベツやブロッコリーに散布すると、株の太りがたいへんよくなり、肥料を減らす必要があるほど生育促進効果があるようです。この結果をみていると、今の土はやはりミネラルが欠乏しており、人工的に補う必要があるのだと思わざるを得ません。

食味を上げるため、8月に海水を葉面散布しているところ

濃度に注意

ただし、私は、海水を有効利用できるまでに約三年の年月がかかりました。三年間の体験から、私のやり方を紹介すると次のようです。

前年、土壌改良のため、イネ刈り取り後すぐに米ヌカと海水を散布します。米ヌカは反当たり一〇〇kg散布、その二～三日後、海水を反当たり三〇〇l散布し、すぐに浅くトラクタで耕します。するとバクテリアの繁殖が促進され、土の表面が黒くベタベタになり、冬草が発生しません。

田植えは五月初旬。そして今度は食味向上のため、海水を六月中旬と八月上旬の二回、葉面散布します。六月の散布はイネを硬くし、八月の散布は稲穂から海水のミネラルが浸透し、食味がよくなるのではと思われます。葉面散布のとき、あわせて山の鉱石ミネラル（商品名・医王元素 ㈱サンロック科学研究所）抽出液も水と一対一で混ぜて散布します。ちなみに元肥、追肥は油カスや有機入り化成を使っています。

海水は原液や濃い濃度でかけると、イネの葉が傷みます。私は一〇～一〇〇倍までかなり濃度を薄くしてかけますが、一、二度、ほんの一坪にでも試してから使うとよいと思います。昔からクスリと毒は表裏一体といわれるように、一人一人が自分の知恵と経験を生かすことが要求されます。

ちなみに海水は、車で二〇分の橋立海岸から、ポンプでくんできます。吸水管におもりを付け、五～六mの深さからくみあげています。

また私は海水と鉱石ミネラルを組み合わせて栽培していますが、海水を使わず、鉱石ミネラルを主体に栽培する方法もあります。鉱石ミネラルは、とりたてて濃度に注意をはらう必要はないと思います。

現在、お米は平成五年から商標名「医王の華」と命名し、大半を直販でさばき、残りは米販売店を通じて販売しております。十二年度の食味は消費者からも評価が高く、年々食味は向上しているようです。おかげで、私の耕作面積（約二町歩）では足りない状況です。

（石川県加賀市）

本誌二〇〇三年八月号では「追究！海のミネラル力 海水、海藻、塩、にがり、貝殻…」を特集した

韓国の自然農法の指導者、趙さんとの出会いから始まった土着菌利用

強力パワーの
土着菌・天恵緑汁

山の中、竹林の中から ハンペンとってきて土つくり

——茨城県総和町・松沼憲治さん(62)

編集部

落ち葉が生み出した ハンペン

左上の写真は竹林から取ったハンペンである。表面の乾いた竹の葉をどけてその下の、湿りのある葉が出てくるあたり、土と接するくらいのところから産出する。

葉に埋もれていたので竹の葉がついているが、厚さは数ミリ、大きさは数センチから二〇センチ、あるいはそれ以上の白いものである。まだ食用にした人はいないと思うが、天然のハンペンなのである(もちろん本当のハンペンではない)。

このハンペンを実際に取って見せてくれた茨城県総和町の松沼憲治さん(六二歳)は、ハウスキュウリが主作目。昭和二十七年に就農して以来、露地のときも入れればもう三〇年以上キュウリを連作している。

経営は年二作のハウスキュウリが七〇〇坪、畑七反、水田七反、観光農園三〇〇坪(四一世帯)。労力は憲治さんと息子の忠夫さん(三二歳)夫婦の三人。

そしてその松沼さん自身も、実は家の裏の竹林のハンペンが、食用にこそならないが、あとで見るように強力な発酵力を持つ土着菌として使えることを知らなかった。

しかしこのハンペンとは、親父さんの代から今まで欠かしたことがない山の落ち葉かきのときに、すでに出くわしていた。落ち葉と土が接するあたりには菌糸が張りめぐらされていたり、ハンペンがあった。松沼さんの家では、「土つくりは土から取ったものを殖やすのが一番だ」と考えてきたから、落ち葉も土ごと(ハンペンごと)取ってきたのである。

この土入り、菌入り落ち葉をワラと一緒に踏み込み温床に使ったり、定植ベッドに使ったり、育苗培土に使ったりしてきて、病気の出ないおいしいキュウリをつくってきた。

しかし、落ち葉を取る山は、工場ができたり、ゴルフ場ができたりで少なくなり、もうかなり前からモミ殻主体の土つくりに移ってきた。ところがモミ殻だけでは発酵力が弱い。どうしても山から取った菌を増殖しなければ土つくりの力が足りないからと、昔よ

竹の葉がからみついているハンペン。白くて5mmくらいの厚さ

↑→
家の裏の竹林の林床をまさぐると、地面との境のような湿ったところにハンペンがある

← 昨年9月に取ったものも、発泡スチロール箱にフタをしてコモをかけてハウスのわきにおいているが、ハンペンは生きている

強力な元菌つくり

米ヌカで培養中のハンペン

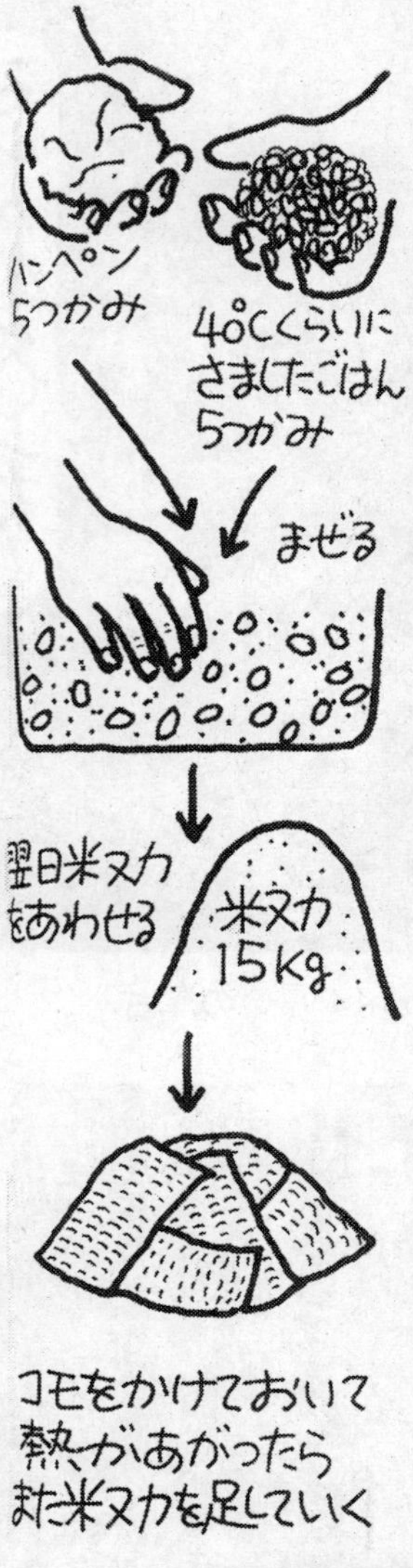

ハンペン
5つかみ
40℃くらいに
さましたごはん
5つかみ
まぜる
翌日米ヌカ
をあわせる
米ヌカ
15kg
コモをかけておいて
熱があがったら
また米ヌカを足していく

出来上がりは袋につめておいたり、コンテナに入れて重ねておく。ボカシ肥をつくるときの元菌である。この１袋で100〜500kgのボカシ肥がつくれる。松沼さんはハンペンの他、水田の土１つかみからも同じように元菌をつくった

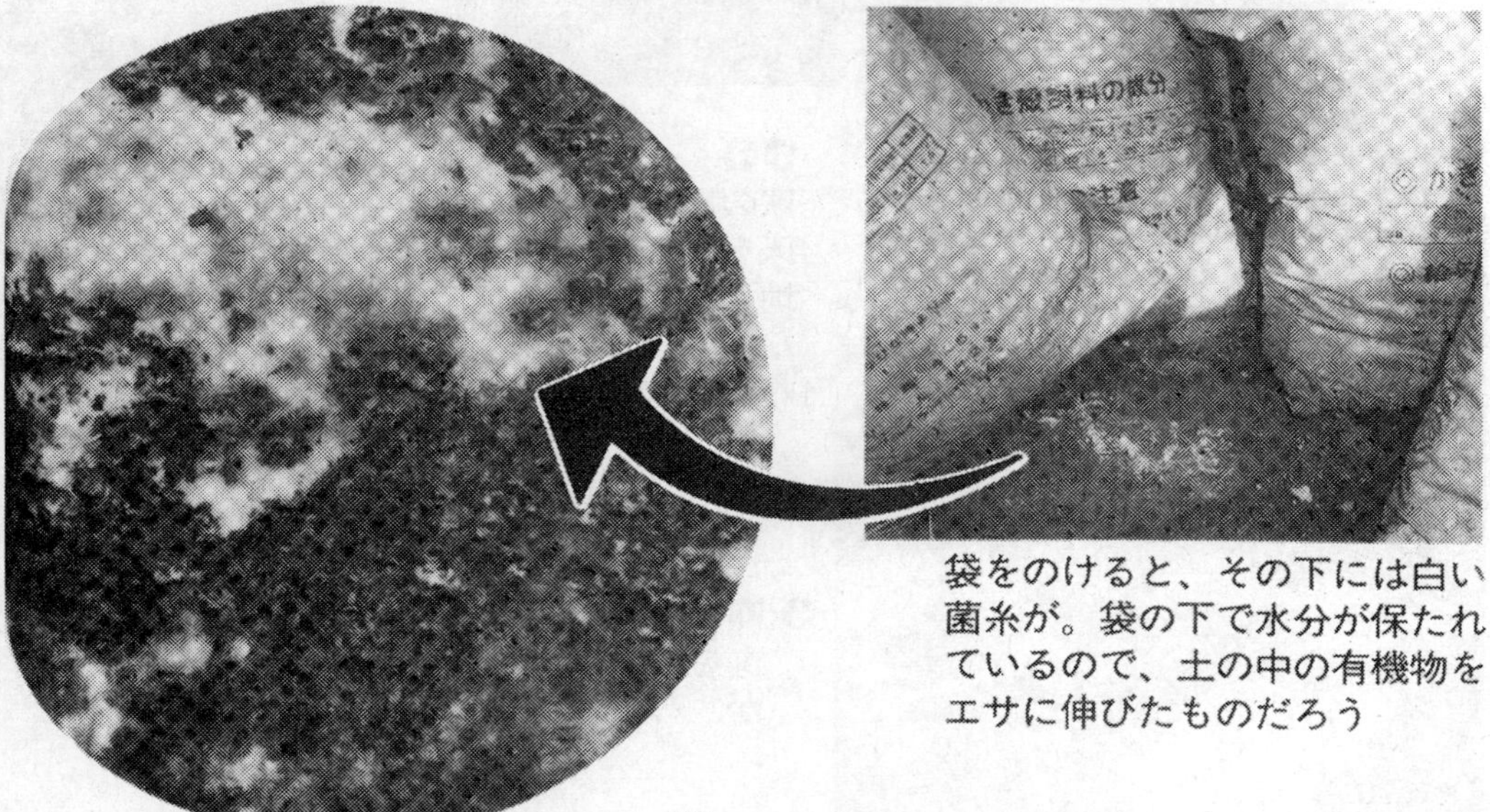

袋をのけると、その下には白い菌糸が。袋の下で水分が保たれているので、土の中の有機物をエサに伸びたものだろう

強力パワーの 土着菌・天恵緑汁

り少ないとはいえ、山から取る落ち葉をいっそう大切に考えてきた。

ちょうどそんなとき、韓国の自然農業の指導者の趙さんと出会ったのである。そして、竹林などから直接、強力な土着菌が取れて増殖できることを教わった。そして、松沼さん自身、竹林のハンペンを米ヌカで増殖すると、強力な元菌ができることを発見したのである。

なんと土に食い込む菌だろう

竹林からとってきたハンペンを五つかみ、ごはんを五つかみ。これをナベの中でかき混ぜて一晩置き、菌をごはんに食い込ませる（ごはんの温度は四〇度くらいにさましてから使う）。

次の日、これを一五キロほどの米ヌカとあわせる。水の量は米ヌカの重さの三分の一。五五％の水分ということになる。使う水はもちろん天恵緑汁を薄めたものでもいい。

コモをかけて三日も置いておくと四〇度くらいに温度が上がるから、そこで米ヌカを新たに一袋足し、水も加えて切り返す。この切り返しのときにはすでにハンペンの白い菌が米ヌカの表面にポツポツ出ている。二日ほどするとまた温度が上がってくるから、また一袋加える。次からは毎日一袋ずつ加えていける。量が多くなってきたら二、三袋ずつ足していっていい。水は、前の分が乾燥してくるから、だんだんと多めの分量になる見当だ。

右ページ上の写真は、もう相当の分量だ。表面に白い菌が出ているのがわかる。右中はもう出来上がりのもの（においは米カのにおい）。この一袋一袋が、何百キロというボカシ肥が取れる元菌なのである。松沼さんが驚いたのはこの元菌でボカシ肥をつくったときだ。

「切り返しのとき驚いた。ビニールは敷かず、直接、ハウスの土の上でボカシをつくるんだが、菌が土に食い込んでいるんだ。買った菌もいろいろ試してきたが、買った菌の場合、材料と土の境がなにか単調、分離しているまま。

【「読者のへや」から・一九九二年七月号】

「現代農業」に乾杯！

京都府　三浦暎代

拝啓、友人の書棚に壮大に勢揃いしている貴誌のバックナンバーに、「へぇ、どれどれ」と出会ったのは去年のこと。

二〇年来手さぐりで無農薬有機農法の野菜作りを続けています。一〇年前にようやく自給率百パーセントにこぎつけるまでもその後も、数限りない悪戦苦闘。それでも、三年前にボカシ肥農法を教えてもらってからは、グッと収穫向上です。

それがまあ、『現代農業』では何年も前から、シャアシャアとあたり前の顔で「ボカシ」ですからねえ。あきれ返って今年から私も亭主の名前で年間講読者です。

落ち目の三度笠みたいな日本の農業界に、こんない雑誌ががんばってたなんて「乾杯、乾杯」です。

がんばってください。これからも。

松沼さんのモットーは、たくさん使うものこそ自分でつくるということ。一〇町分のモミ殻をくん炭にして「木酢」もとる

↑→モミを焼くとき入れるカキ殻（ニワトリのエサ）と青竹（木づちでたたいてひびを入れて、釜に入れる）

たくさん使うものは自分でつくる

↑1回で500ℓのモミが燻炭化できる釜。煙突の下のバケツに木酢がたまる

ところが土着菌を入れてつくると、切り返しのとき土を一緒につかんでくる。微生物が土に入っていくんだ。地域の土着菌だから、親和性があるんだ。これが本当だなー」

こうしてつくったボカシは、たとえばキュウリを定植するベッドの下に踏み込みをつくるときに使う。トレンチャーで溝を掘り、一五㌢の厚さにワラを踏み込み、上にモミ殻をかけ、その上にボカシをふる。通路にはモミ殻を敷くが、二〇日に一度ほど、その上からボカシをまく。露地の野菜のウネ間にもボカシを追肥する。菌は土に入り、養分を効かせやすくする。作が終わる頃には踏み込み土となり、菌は土深く入っていく。ちなみに松沼さんのハウスは、二㍍近くの棒が難なく入るくらいに軟らかい。

たくさん使う資材だからこそ自分でつくる

土着菌の利用だけではなく、松沼さんの経営はたくさんの資材を自前でつくっている。たとえば燻炭や木酢。

右の写真の大きなタンクは五〇〇㍑のモミ殻を燻炭にできる釜である（香蘭産業製）。松沼さんはこれで一〇町歩分のモミ殻を燻炭に焼く。このとき一㍍ほどの青竹と鶏のエサのカキ殻（二〇㌔五五〇円くらい）一㍑ほどを入れる。竹を入れるのは、味噌をつくるときのフタにクマ笹の葉を使うし、竹炭が土に入ると水をきれいにするというし、この竹・笹の良さを一緒に取り込んでしまおうと思うからだ。カキ殻を入れるのは、焼くといっそう水溶性の

強力パワーの 土着菌・天恵緑汁

カルシウムに変わるだろうからだ。一反に大袋で二五〜三〇袋も使う燻炭は、なかなか中味の深い燻炭である。

燻炭を取るだけではなく、煙突から滴り落ちる木酢を取る。量は四〇〇リットルも取れる。木酢もいろいろに使う。たとえば除草剤がわり。キャベツなど畑のものをつくるとき、ウネ間の草は生え始めなら木酢の原液を三回もかけるとたいてい死んでしまうという。

また、木酢にカキ殻を入れると泡が出て、カキ殻が木酢の酸に溶けて、水溶性のカルシウムができる。これの葉面散布はキュウリの色・ツヤ・活気をすばらしく蘇らせるそうだ。鶏がカキ殻を胃の酸で溶かしてカルシウムを吸収して卵の殻をつくるのだから、木酢に溶かすのもいいだろうという発想から作ったものだ。

元肥もつくる。大量の生鶏フン（年にトラック二〇〜四〇台）とモミ殻（量で三分の一）、カキ殻を主体に積んでつくる。

「私は、経営でたくさん使うものだからこそ元肥も木酢もボカシも自分でつくるんです。ちょっとしか使わないんだったら買えばいい」

自前の資材、土着の菌を活かした松沼さんのキュウリ（アンコール８）は色があざやかな緑で元気がいい。子ヅル、孫ヅルもどんどん出て大きな花が咲いている。大小に関係なくコンテナに詰めたキュウリは、毎朝、東京のスーパーが取りに来る。

松沼憲治さんの本『発酵利用の減農薬・有機栽培　土着菌ボカシ・土中発酵・モミガラクン炭・モミ酢・各種活性剤』（松沼憲治著　一、七五〇円）

【「読者のへや」から・一九九三年六月号】

高齢化問題、私の場合はなんとか切りぬけたけれど

母が心筋こうそくで入院したのは突然のことでした。

その時は、ただただうろたえるばかり。家には、脳梗塞をわずらい痴呆も進んだ父と、小学校五年生、三年生と保育園に通う三人の子供たち。

次の日からは、体がいくつあっても足りないほどでした。子供たちを送り出した後、下のほうが赤ん坊になっている父の世話。そして近所の人に父をお願いし、母の所へ。主人は、養豚と田畑の仕事に朝早くから夜遅くまで一生けんめいです。

畑には、昨年初めて作付けした一反五畝の秋冬ネギが出荷を待つばかりとなっていました。水稲と養豚は主人、野菜は私の担当、と始まったわが家の複合経営です。

思うように仕事ができずイライラしている私に、主人は「金取りも大事だけど、体も大事だから無理しないで家のことだけやってくれ」と言います。でも、暑いさなかの除草、中耕、消毒と、いくつもいくつも手をかけ、やっと出荷までこぎつけたネギをあきらめることはできませんでした。

この土壇場を乗り切れたのは、若妻会の友達や、近所の人、実家の母・姉のおかげでした。幸い、今では母もだいぶ元気になり、自分のことはもちろん、父の世話も少しはできるようになりました。

私の場合は多くの仲間に支えられて、なんとか切りぬけられましたが、高齢化問題は深刻です。年老いた父母が最後まで人間らしく幸せに暮らせ、私たちが安心して農業に打ち込めるよう、行政はもちろん農協も、早急に取り組んでほしいと思います。

（東北の農村女性より）

生きるがために深く広く張る根。これで後半までスタミナを維持

おれ活着

――どうする定植後の水管理

アナタは、トマトを定植したら、水をタップリやるほうですか？環境が変わった作物に、なるべくストレスを与えないように、水をたくさんやらなきゃ……と、思いがちな気がします。しかし最近、根っこを深く張らせるためには、土の表層に水がないほうがいいのだという人も多くなってきました。定植直後は、かん水しないほうがいいというのです。

千葉県の若梅健司さん（農文協刊『桃太郎をつくりこなす』の著者）は、定植後一カ月は水をやらず、ビックリするほど苗をしおれさせて、抑制桃太郎の良品多収をしています。長野県の伊藤孝一さんは、トマトに定植後の水をかけるのを、昨年思い切ってやめてみました。

暑くない時期の定植なら、水をやらなくてもしおれないかもしれませんが、根を深く張らせるための〝しおれ活着〟の論理は、どんな作型のトマトにも共通してあてはまることかもしれません。

（編集部）

浅根性の桃太郎に、しおれ活着で広く深く根を張らせる

若梅健司

写真をご覧ください。

定植後（八月）の私の圃場である。これを見た皆さんが、花芽に影響がないか、チャック奇型果は出ないか、それよりも枯れないかと心配してくれる。かなりのしおれである。しかし高温乾燥期のしおれは、見た目ほど作物には影響していない。葉はほとんど垂れ下がってみすぼら

若梅さんの８月植えトマト、定植後のしおれ。ひどいしおれだが、生長点はちゃんと生きている。

しい。しかし生長点は生きているのだ。障害は出てこない。そしてその間、トマトの根は下へ下へと水と肥料を求めて、深く広くじっくり伸びてゆく。じっくり育ったこの根が、後半までのスタミナを維持する。

「しおれ活着」とは何か？

「しおれ活着」とは、作物の苗を畑に植えた時の状況を表現した言葉である。

抑制トマトの定植は、夏の高温乾燥時期にあたる。水分管理次第でその姿はかなり異なってくる。大きくわけると、かん水などをこまめに行ない、まったくしおれさせない者と、根を深く張らせせようとして節水し、しおれさせる者とがある。私は後者の節水タイプに属する。しかし単に節水しても根は深く張ってくれない。いかにしたら深く広く根が伸びてくれるか、その方法がしおれ活着である。

桃太郎を異常茎とスタミナ切れから救うカギ

他の作物と比較して、トマトの根は、もともと深く広く張る性質を持っている。何年か前に、一つのハウスにキュウリ、トマト、メロンを作付けしたことがある。台風による大雨で、ハウス内ベッドの上まで浸水した。その時一番障害を受けたのはトマト。次にキュウリ。軽かったのはメロンである。これは、それぞれの根の分布の深さを物語っている。

トマトの根は深く広く分布することによって、初めてその特性を発揮できるのである。しかし、品種によって浅根性のものと深根性のものとがある。桃太郎は浅根性で細根が多く、吸肥性が強い。そのため、初期に表層の養水分を吸収して暴走し、異常茎が発生しやすくなっている。その反面長続きはできず、四、五段にスタミナ切れを起こし、着果不良となりやすい。

桃太郎にも他の品種のように、太い大きい根を深く張らせることが大切である。その先端に養水分を吸収する細根を分布させるのである。そうすることにより、ようやく桃太郎を異常茎にもスタミナ切れにもさせずにつくりこなせる。そのための一つの方法が、「しおれ活着」なのである。

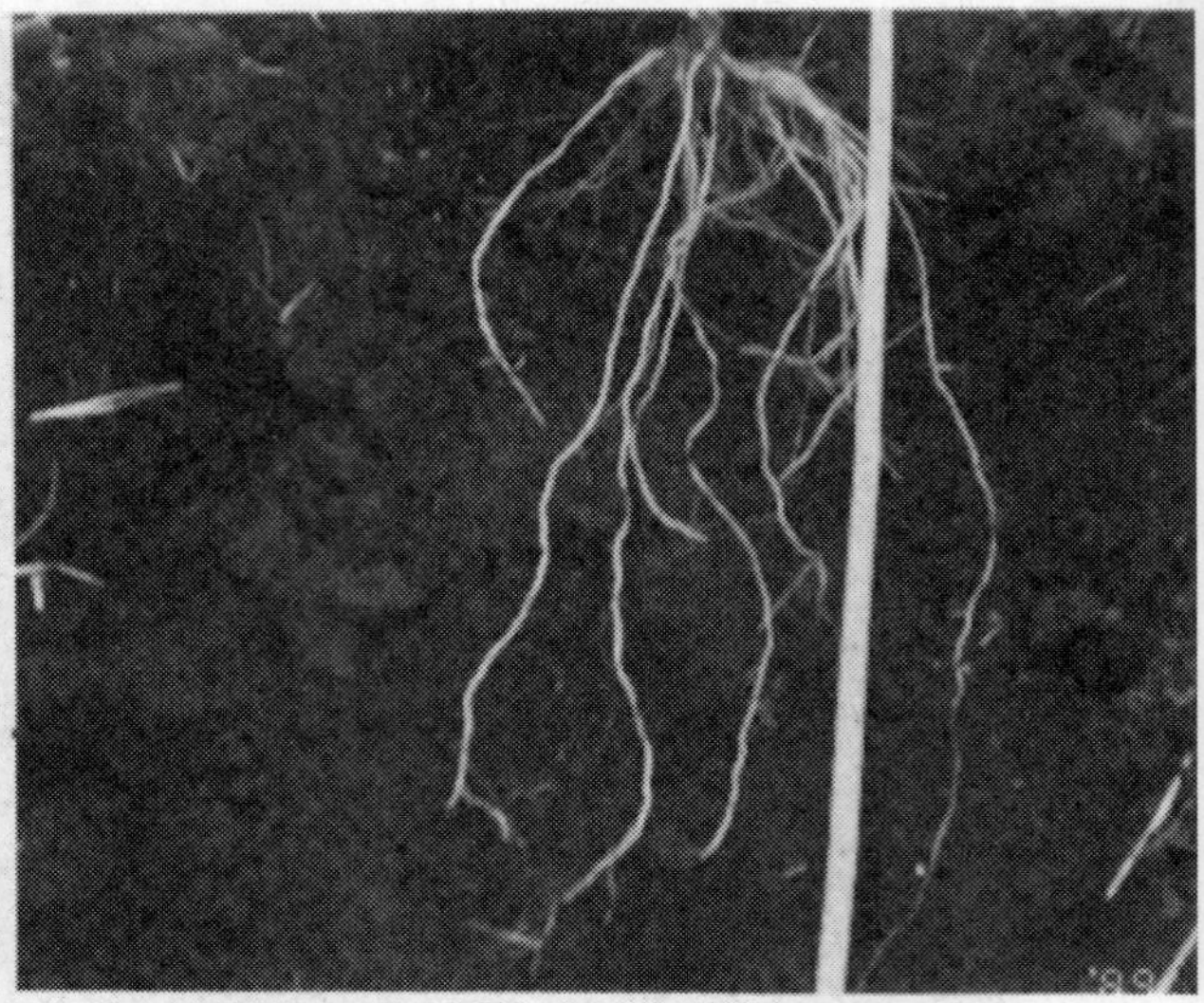

浅根性のはずの桃太郎だが、「しおれ活着」のおかげで深く広い根をはった。

私のしおれ活着の手法

一般には、定植後かん水などをして、一日も早く活着させようとする。しかし桃太郎など吸肥性の強い品種では、スムーズに活着させるとその後惰性がつき暴走しやすく、いろいろと弊害が出やすい。私はしおれ活着でいく。

図①　抑制「桃太郎」の土つくりは春にはじまる

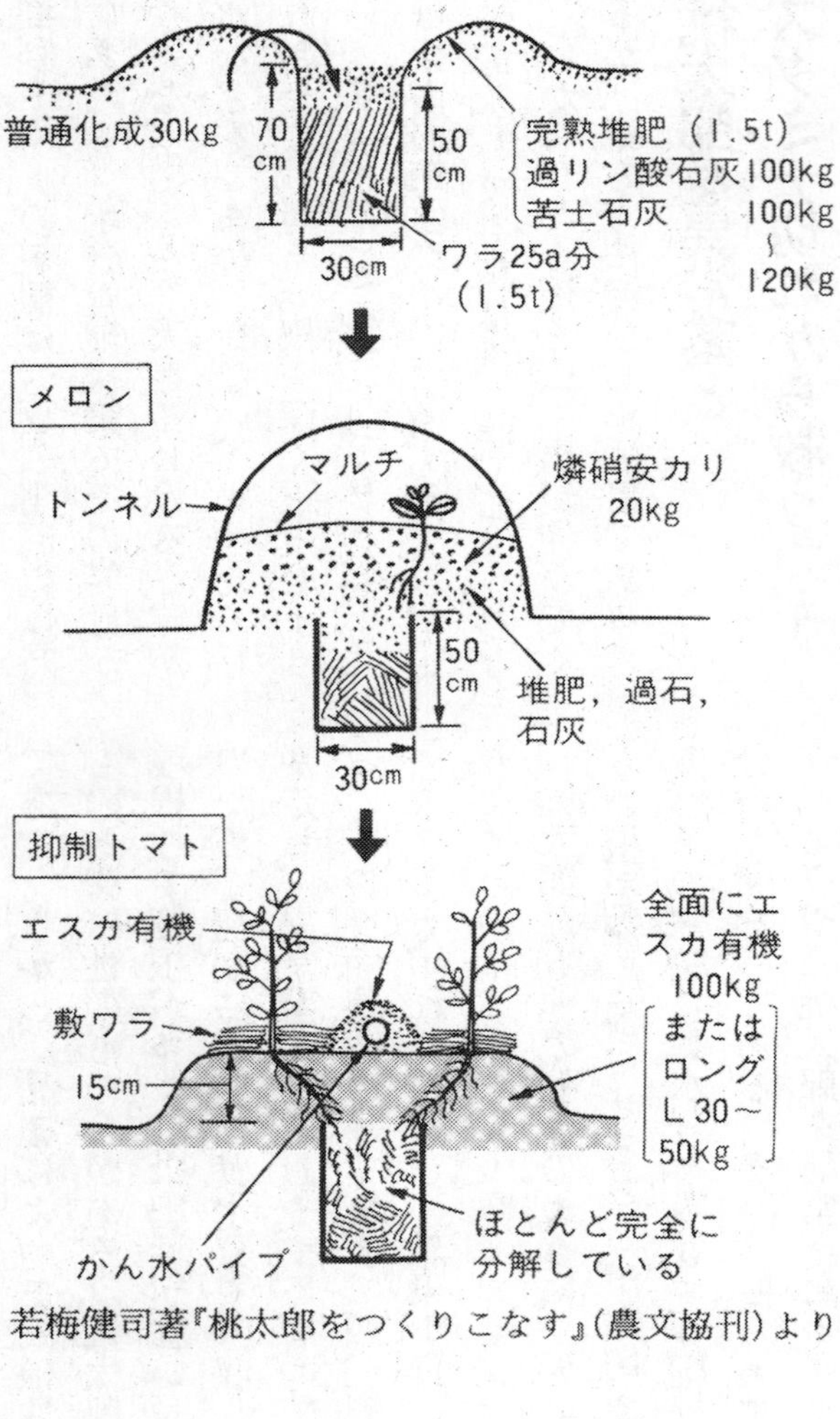

若梅健司著『桃太郎をつくりこなす』（農文協刊）より

●春メロンの前、ベット下にワラを溝施用

私はメロン＋トマトの作型である。春のメロンの前に、ベットの中央にあたる部分にトレンチャーで幅三〇㌢深さ五〇㌢の溝を掘る。この溝にはハウス一〇㌃当たり水田二〇㌃分のワラを入れ（水田に放置しておいたもの）、チッソ飢餓を起こさぬように米ヌカ一〇〇㌔か化成肥料でチッソ成分三㌔を余分にワラの部分に施して、分解を早める。メロンの時は地温を上げ、生育を早めるので、これが後作のトマトにちょうど喰べ頃となり、養水分の貯蔵庫ともなる。

●定植前にはタップリ圃場にかん水――養水分は地下に貯金

定植前に頭上かん水などで十分にかん水する（三〜五時間）。かん水することによりECはかなり下がる（二・〇が〇・三くらいまで下がる）。土壌条件もかなりよくなる。そして下層、とくに溝施用の部分に養水分が貯蔵されることになる。表層に多いと濃度障害となるECも、水と一緒に下層に下がれば、障害とならず緩効性肥料となる。まさに金のかからぬロング肥料である。

圃場により異なるが、私のような砂壌土であれば、その一両日後、肥料設計に基づき元肥を施し（通常チッソゼロ、またはロング140か、有機肥料（エスカ有機でチッソ成分三〜四㌔）耕耘、ベット作りをする。夏場なので、ベットを作っているうちにも表層はかなり乾く。私は若干高ウネにするのでとくに乾く。そこに定植するので苗は当然しおれる。しかし下層には水分がある。根は、水を求めて深く入っていく。

●極端なしおれは葉水で回復

翌日極端にしおれる場合は葉水をかける。約五分くらい。それ以上かけると葉水ではなく「かん水」になってしまう。葉水とはあくまで葉にかける程度。株元にかん水して作物のしおれを直そうとすると、かなり水分がいる。それがたび重なると多湿となる。いっぽう葉に水をかけた場合は、一瞬にして生き返ってくる。葉面散布は効果が早い。

当地の普及所は近年私の主張を入れ、動噴での葉水処理を勧めている。葉水はあまり多くかけると「かん水」となってしまうが、動噴なら労力の関係であまりかけられないのだ。

晴天続きであっても、定植の翌日と翌々日の二回くらいかければ十分である。条件次第では一度もかける必要がない。

●定植後一カ月は じっと我慢の無かん水

抑制栽培では、定植後約一カ月で第三花房開花となる。この時期まで絶対にかん水追肥はしない。表面は乾いていても深層は定植前に十分かん水してあるので、水分は貯えられている。トマトの根は水と養分を求めて、生きるがために必死で深

【「読者のへや」から・一九九二年十二月号】

「こうろん」を見て思い出す祖母の姿

静岡県　黒田廣

近所の公民館の図書室には、農文協の本がたくさん並んでいます。『現代農業』も無論、毎月並べられます。先日、『静岡の食事』（日本の食生活全集二二）を開いていると、こうろん（ガラス製のハヤとり用漁具）のことが出ていて懐しく読みました。祖母のことを思い出したのです。

「川魚はタンパク質やカルシウムが多く、子供の成長に欠かせない食品だ」。近所のお医者さんのこんな話を聞いた祖母は、こうろんで小鮒やハヤなどの小魚をとり、串焼きにしたり煮たりしてよく食べさせてくれたものです。ハヤの甘露煮などはとくにおいしくて、今でも忘れられません。「すず花雑魚《ざっこ》《ざっこ》」と呼ばれた川魚は、昔は貴重な食料でした。

公民館の郷土資料室には、こうろんの実物も展示されています。これをながめていると、孫たちの健やかな成長を願ってくれた祖母の姿が目に浮かぶのです。

小川辺にこうろん伏せて小鮒漁《と》る
祖母の姿を思いおこせる

若梅健司さんの本『トマト　ダイレクトセル苗でつくりこなす　根系を活かして安定生育』（若梅健司著　一、八五〇円）『トマト　桃太郎をつくりこなす』（若梅健司著　一、六四〇円）

く広く分布する。これがしおれ活着のネライである。まさに守りの体勢である。

●「ためしかん水」で、かん水始めの適期をつかむ

元肥チッソゼロでスタートした場合は、第二花房最盛期から第三花房開花始め、またロングなどを待肥的に施してある場合は、第三花房最盛期から追肥かん水の時期に入る。しかしこの追肥かん水、早すぎると異常茎、遅すぎるとスタミナ切れで着果不良となる。このタイミングをつかむのがむずかしいのだ。

「夕べに異常茎、朝にスタミナ切れ」。まずこの時期かと思ったら、私は「ためしかん水」をする（通常の時間の三分の一の一五分くらい）。翌朝、トマトの生長点が今までより素直に伸びてきたら適期である。逆に今までより太く、節間が詰まってきたら、まだ早い。三〜四日模様をみてから、かん水追肥に入る。

●追肥は有機の緩効性で

適期と思ったら、すかさず元肥を控えた分上乗せして、攻めの体勢で追肥かん水に入る。この時期が一番のポイント。

追肥とは追う肥と書くため、より早く効くことが要求され、速効性の硝酸態チッソがよいと言われていた。しかし私はこの原則を破り、緩効性、それもできれば有機でと主張し続け、今では試験場など研究機関、種苗会社などもだんだん「CDUで何キロ」と書くようになった。これなら、深く広く張った根に、じわじわとバランスよく長く効いてくれる。一回の追肥量も多めにできるので、追肥回数も少なく省力的である。有機であれば、追肥で土作りにもなるのである。

【「読者のへや」から・一九九五年三月号】

有機農業以外の米は信用できないのか

秋田県　小林誠之助

一月号の「読者のへや」には感銘するところが多かった。

これから述べる私の意見は、独断と偏見によるものかもしれないが、決して反論ではないことをことわっておきたい。

最近、有機米が時代の寵児のように話題にのぼっているが、それでは大多数の農民がつくっている米は、農薬に汚染された信用できない米なのか。

私は農政には失望不信の極限に達しているが、国の保健衛生行政は絶対信頼している。

米の農薬残留は基準を超えることなく、人畜無害なことを信じている。過去の重労働から解放してくれた農薬を、農機具の発明・発達とともに農業の進歩と喜んでいる。生産した米は己れ自ら食料として心配なく食べて数十年、健康を害することなく元気に働き続けている。私どもも、有害物質を含んだ米を国民に供給するほど愚か者でもない。

昔の暗い難儀な重労働農業に帰ることは、あまりにも文明社会に逆行するではないか。もしも私どもの生産した米に不安をいだき、科学農法を否定し、原始の昔に返そうとするなら、それには賛成できず、一考をお願いしたい。

有機農業は正しい。しかし大農のあの広大な田んぼに施す堆肥づくりが可能なはずがなく、老齢化した兼業農家にいま以上の勤労の余地ありや。それよりも、コンバイン刈りのイナワラすき込みが大事であり、堆肥づくり以外の地力低下防止を考えるべきであると思う。

私どもの農薬使用は、除草剤一回、空中防除二回の少農薬である。これでも有害であり農薬汚染と言われると、もう私どもの問題ではない。国の問題である。

作物どうし、うまく働いてもらって

その1

混植・混作の威力

作物に生育を助けてもらおう
作物に虫よけを頼もう

わしはコンパニオン・プランツにほれこんどる

井原　豊

あの「への字」の井原さんの畑が、コンパニオンプランツの大宝庫だったとは!!　ネギ・ニラはもちろん、使える作物ってこんなにあるんですねー。

直売中心農業だから、いろんな作目がやれる。組み合わせ次第で、人はラクラク。管理も防除も、手間がいらない。　（編集部）

自分で探すしかない

有機栽培の基本は混植である。

大産地というのは、単一の作物が、同じ品種で、見渡す限り広がっている。だから、同じ虫や病気が大発生する。農水省指定産地はこの典型。野菜技術を知らない官僚が決めた農政が、農薬漬け野菜を出荷させる仕組みを作っている。

井原豊さん

一つの産地に、種々な作物、種々な品種があれば、大発生が防げるのだ。有機栽培で小面積の場合はさらに区割

人間はラクをしちゃうのだ

キュウリの株元にも無造作にニラを植えておく

りが細分化するから、効果を示す。

これをもっと積極的に考えたものが、コンパニオンプランツだ。これは共栄作物という意味の言葉。お互い同士助け合う相性のいい作物のこと。虫の嫌う性質を利用したり、アレロパシーと呼ばれる他感作用を利用して、混植・間作する。

そのかわり逆もある。相性の悪い組み合わせもある。こういうものは、誰もあまり教えてくれない。農家が自分で体験して、見つけていくしかない。

相性のいいものはなかなか気付かず、悪いものはすぐに気付くから、覚えておくようにしなくてはならない。

ネギ・ニラ・ニンニクは、やっぱりスゴイ

コンパニオンプランツは、絶対的な効果は期待できないが、かなり害を減らせる。今までの体験からおおまかにいうと、図のようになる。

ネギ・ニラ混植は有名だし、やっている人も多いと思うが、やはり、**ネギ・ニラ・ニンニク**類の力はたいしたものだ。ほとんどの作物と相性がいいが、とくに、**スイカ**、**メロン**、**カボチャ**、**キュウリ**、**イチゴ**、**トマト**、**ナス**、**ホウレンソウ**では顕著な効果がある。ネギ族のあの匂いと臭さが虫除けになる。根に共生するバクテリアが土壌病害を防ぐ。だから一ウネの中に混ぜこぜに植わっていると、いっそう効果的。

スイカやカボチャを植えるとき、ネギの古株を一緒に植えて、ネギの根とカボチャの根を絡ませる。生育好調。

【「読者のへや」から・一九九六年二月号】

読み続けますよ　広島県　藤本雪江

近頃「現代農業」が届く度に、お父さんがいうんです。「わしらも年をとったし、この本はもういらんのじゃないかの―」と。

「何をいうんですか。技術面から健康に至るまで、教えてくれたのは誰なんですか。穏やかな楽しい三〇年余りをありがとうといいたいくらいなんですよ。だから私の息が切れるまでは送ってもらいますからね」。――お父さんは何もいわなくなりました。

土壌病害も出ないし、スイカやカボチャを売った後、ネギでまたゼニが取れるかもしれない。秋には結構一人前のネギになるものだ。ネギは、早春に条に種播きしてもいい。近くに植わっているだけでも、それなりの効果はある。

混植もいいが、それだけで終わりにするのはもったいない。働けるだけ働いてもらう。**玉ネギの葉**や**ニンニクの茎**は、絶対に捨ててはいけない。この上ない防虫材だ。ナス、キュウリ、スイカ、カボチャの通路や、株元に並べておく。臭いので、ウリバエや他の害虫が近付きにくいらしい。

ニンニクなどは、中国からの洪水輸入で安値になってしまったので、これ

本誌二〇〇四年五月号では「農薬が減る！混植・混作」を特集

作物どうし、うまく働いてもらって

相性のよい作物（混植・間作）

ネギ・ニラ・ニンニク類	❤	各種野菜から花まで	連作障害・土壌病害防虫効果
セロリー	❤	トマト・ハクサイ・キャベツ	独得の匂いでモンシロチョウがこない
マリーゴールド	❤	ナス・ウリ・菜っぱ	センチュウ害に卓効 強い匂いが虫よけにも
インゲン	❤	トウモロコシ・ジャガイモ	虫がつかなくなる
トマト・トウガラシ	❤	キャベツ・ハクサイ	モンシロチョウ予防
レタス	❤	キャベツ	モンシロチョウ予防
ゴボウ	❤	ホウレンソウ	どちらも生育よくなる
二十日大根	❤	ウリ類（根元に植える）	ダイコンの匂いでウリハムシが来にくい
ショウガ・ミツバ	❤	キュウリ（根元に植える）	半日陰で育ちがよい
レタス	❤	ニンジン	どちらも生育よい
ムギ類	❤	ウリ類・ナス類・サツマイモ	ムギ類はほとんどの野菜と相性がよい
アスパラガス	❤	各種野菜	防虫・センチュウ予防効果

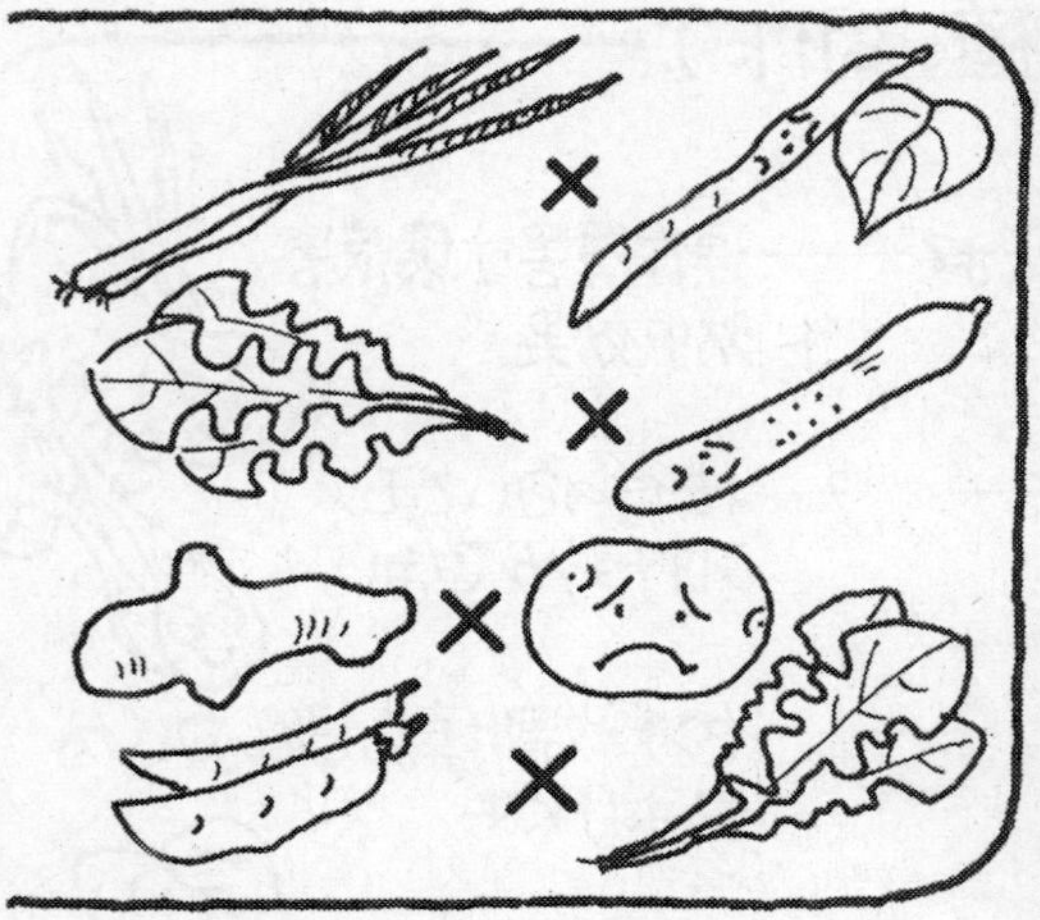

ネギの間で、水菜も調子がよい

ニンニクの茎葉は大事、ナスの株元に置いて虫よけ

からはほとんど、混作・コンパニオンプランツ用に作ればよい。茎葉は周辺に撒き散らして虫よけ。球はミキサーでジュースにして、二〇〇倍くらいに薄め、ストチュウに混ぜて葉面散布すればいい。虫の撃退と、作物のスタミナアップに役立って、大変よい。人間の健康もだけど、作物の健康増進に、ニンニク作りは生かされる。

マルチムギのカボチャは極上

もう一つ、大変注目しているコンパニオンに、敷ワラ代わりのマルチムギがある。『現代農業』ではしつこいくらい載せているから読者はみんな知っていると思うが、昨年カボチャにやってみた。カボチャの生育は、劇的に変化する。これもやはり、アレロパシー（他感作用）によるものだと思われる。

①ツルが過繁茂しないのに、よく成る。
②ムギの上になった果実が、雨でも腐らない。
③味が技群に向上し、完熟日数が短い
④樹勢は穏やかだが、長もちする
⑤ウドンコ病やタンソ病がでない

などということがわかった。ただし欠点もある。

①ムギに肥料を食われる。

作物どうし、うまく働いてもらって

相性のわるいもの

- ネギはマメ類の生育を阻害する
- ホウレンソウあとのキュウリは不調、トマトは暴れる
- ジャガイモあとのエンドウはダメ
- ショウガとジャガイモもダメ、生育不良（ジャガイモの茎葉をショウガの敷ワラ代わりに敷いただけで、ショウガは種代もでなくなる）
- エンドウあとのホウレンソウは病気がでる

②肌にブツブツができて、見た目が汚い。（土中の甲虫類が果皮をかじったため）

③梅雨時に登熟したので、果実が泥だらけになり、ムギの葉がこびりついて、出荷前に洗う必要があった。

これらのことを頭に入れて、今年は栽培の計画を立てている。

カボチャの這ってゆくところにマルチムギ

ムギのヒコバエとカボチャ

そこでもう一つ紹介したいのが、マルチムギ専用品種を使わないやり方である。専用品種は、秋播き性の高いものを選抜して作ったもので、寒さに遭わないと穂が出ないようになっている。だから、春、カボチャの定植一週間後くらいに播種すれば、三〇〜四〇センチ伸びた後、盛夏に枯死する。

ところが専用品種を使わなくても、普通の小麦を、普通の播きどきの秋に

【「読者のへや」から・一九九二年七月号】

カマキリ四匹でコナガ退治

島根県　伊藤朝衛

水田四反と畑が少々。一・五aのハウスで、メロンとストックを作っています。

ストックのコナガには、ほとほと困り果てていました。でも、そんな時です。昨年の夏、庭のサツキに虫がついているのをカマキリがしきりに食べているのを見たのです。これだ！　と思い、カマキリをつかまえて、ハウスの中に四匹ほど放してみました。すると果たして、コナガの害はすっかりなくなったのです。これは良いことをしたと喜んでおります。もっともっと研究すればおもしろいことになるのではないかと思いつつ、投書してみたくなりました。

播いてもよい。カボチャのツルが伸びるべきところに、条播きでも散播でもいいから播いておく。カボチャ定植の頃、小麦は出穂期を迎える。その頃ムギの上から反一トンの米ヌカか、七〇〇キロの乾燥鶏糞（これはカボチャのための肥料）を撒き、出穂揃い後、小麦が実る前に、レシプロ刈払い機などで刈り倒すのである。これでいわば、青い敷ワラができる。

やがて枯れて、敷ワラは黄色くなり、刈り株からはヒコバエが一面に生えて、やがて小さな穂をつける。ちょうどその頃、そのうえ一面に、カボチャのツルが生い茂るのだ。

この方法だと、カボチャの実は泥だらけにならないし、肌も綺麗である。

私の場合、今年は二月に播いてみたが、これだとおそらくヒコバエがたくさん出て、生きているムギとの混作のアレロパシーは生かすことができる。

が、一つ欠点は、カボチャの後作の野菜に、雑草化した小麦がいっぱい生えて、除草作業が一工程増えること。

マルチムギは、カボチャに限らず、スイカ、メロン、キュウリなどのウリ類などすべてに活用できる。

（最新刊「図解・家庭菜園ビックリ教室」（井原豊著・一五〇〇円）より・抜粋まとめは編集部）

マルチムギは自然に枯れてくれるから ラクさせてもらってます

——群馬県コンニャク産地より　久保田幸男

日本一のコンニャク産地、群馬県ではコンニャクの保護作物として、エン麦が主として利用されてきましたが、最近マルチムギを敷ワラがわりに使い、効果を上げています。県内で栽培面積が第三位（五七八㌶）で「はるなくろ」の若齢栽培を主力とする子持村での栽培例を紹介します。

●刈取ったり、敷いたりしなくてもいい

マルチムギを導入して四年目の石倉力《つとむ》さんは、従来エン麦の間作敷草利用をしていました。エン麦は異常開葉の抑制や連作による腐敗病の抑制などに有効でした。

しかしエン麦では刈取り、敷設の労力がきつくたいへんでしたが、マルチムギの場合、出穂せず座止現象となり、自然に枯れていくのが最大の魅力で「何よりも刈取り不要で省力的だよ」といいます。また畦間被覆度が良好なため「雑草発生が少ないし、夏の干ばつ時は乾燥防止にも役立つ」とご満悦の様子。大麦（万力）を使用したこともありましたが、早く枯れるものの敷草量が物足りなく、年によっては部分出穂や白サビが発生したりと不満でした。

その点マルチムギは、分けつ多く根が深く入り、土壌が自然と柔らかくなりました。枯れる時期は遅いけれど、敷草乾物量が明らかに断然多い。枯れる時期が遅いと、玉の肥大に影響するのではと心配する向きもありますが、ほとんど関係なく安定収量を維持できています。

●余分な肥料も吸ってくれるし…

石倉さんの近くで五《ヘクタール》栽培している生方喬美《もとよし》さんも、「面積が面積だけに、エン麦だと刈ったり敷いたり大変だけど、マルチムギは播くだけであとは自然に枯れていくのが一番だよ」。

それに、今の畑はどちらかというと肥料やり過ぎの感もあるから、根張りの良いマルチムギで過剰な養分を吸収し、土壌バランスを保つことも必要だともいいます。そのうえ、雨の多い年には、傾斜畑での、土壌流亡防止効果がはっきり表われるそうです。

以前、イナワラを使っていたこともありましたが、その場合、三〇万円以上の出費ですが、マルチムギならその五分の一ですみ、労力経営上からも大きな節減となります。

生方さんは六年前より生産・加工・販売と一貫経営に移行。消費者の生の声が聞こえる喜びをかみしめ、マルチムギによる土づくりを基本に、安全な農産物の供給に専念しています。

〔栽培ポイント〕

播種期　種いもの植え付け期に準じて五月上旬～下旬。

播種量　一〇《アール》当たり三《キロ》

立枯期　年にもよるが八月中旬以降

※一年生（生子）に対しては開葉時の遮へい害が出やすく、また標高の高い地帯では地温上昇のさまたげとなりやすいので、さし控えてください。

（カネコ種苗㈱緑飼部　〒371　前橋市古市町一丁目五〇―一二　☎〇二七二―五三―〇五六一）

二条植えのウネの真ん中にマルチムギを播種、マルチムギは左右にひろがって、ウネをカバーしている（6月下旬）

自然に枯れたマルチムギが、きれいにウネを覆っている

【「読者のへや」から・一九九五年四月号】

夢は一〇年後の「お百姓さん」

北海道　高木ゆき子

念願の故郷へUターンすることができました。まだ農業の仕事は手伝っていませんが、ボチボチ身体を慣らしてと思っています。

二〇代の頃は、農業はいわゆる「3K」でつまらないものと思っていました。「後継げば家は建ててもらえるしトラクタは新品に乗れる。車だって買ってもらえる」なんて考えていた男の子たちも多かったけれど、そんな姿を見てるだけでゾッとして、将来はますます暗そうな感じ。組合長さんが年頭のアイサツで「今年も農業情勢はますます厳しく…」なんて、去年と変わらぬことをいうのを聞くと、JAグループは何を考えているのだろうかとますます不安になりました。

それでたまらず家を飛び出したけれど、いま本当に価値あるものを見つけました。

結婚して一〇年目、「故郷の土を思うぞんぶん耕しなさい。そして身体にとって良いものとなる食べ物を収穫し、みんなで元気に暮らせるように」と主人が決意してくれたのです。

一〇年後は「お百姓さん」、私の夢です。

その後、農薬飛散防止の働きも注目されて、今大人気のソルゴー囲い

笠岡地区で土着天敵の威力に最初に気付いた岡田忠さん一家

ソルゴー・雑草で土着天敵を豊かに

ソルゴーで囲ったら、農薬ほとんどなしで露地ナスができちゃった！

岡山県笠岡市・岡田 忠さん

編集部

露地ナスは薬剤散布が多いから、いやだなあ

岡田忠《ただし》さん（48）と天敵との衝撃の出会いは、三年前にさかのぼる。

岡山県笠岡市の笠岡干拓で五・四町の大面積をつくる岡田さんの主力は、三反の施設ナス。だが六月いっぱいで収穫が終わるハウスナスのあと、夏場はわりにつくるものがない。ここへ露地ナスを入れてみるのはどうだろう、と試してみたのが三年前だ。同じナスなら雇用の人も、作業に慣れていて働きやすい。五月初めに定植しておけば、ちょうど七月くらいから収穫できる。

だが問題は、露地ナスは農薬散布が大変だということだった。一週間に一回、下手すると三日とあけずに薬をま

岡田忠さんの露地ナス畑

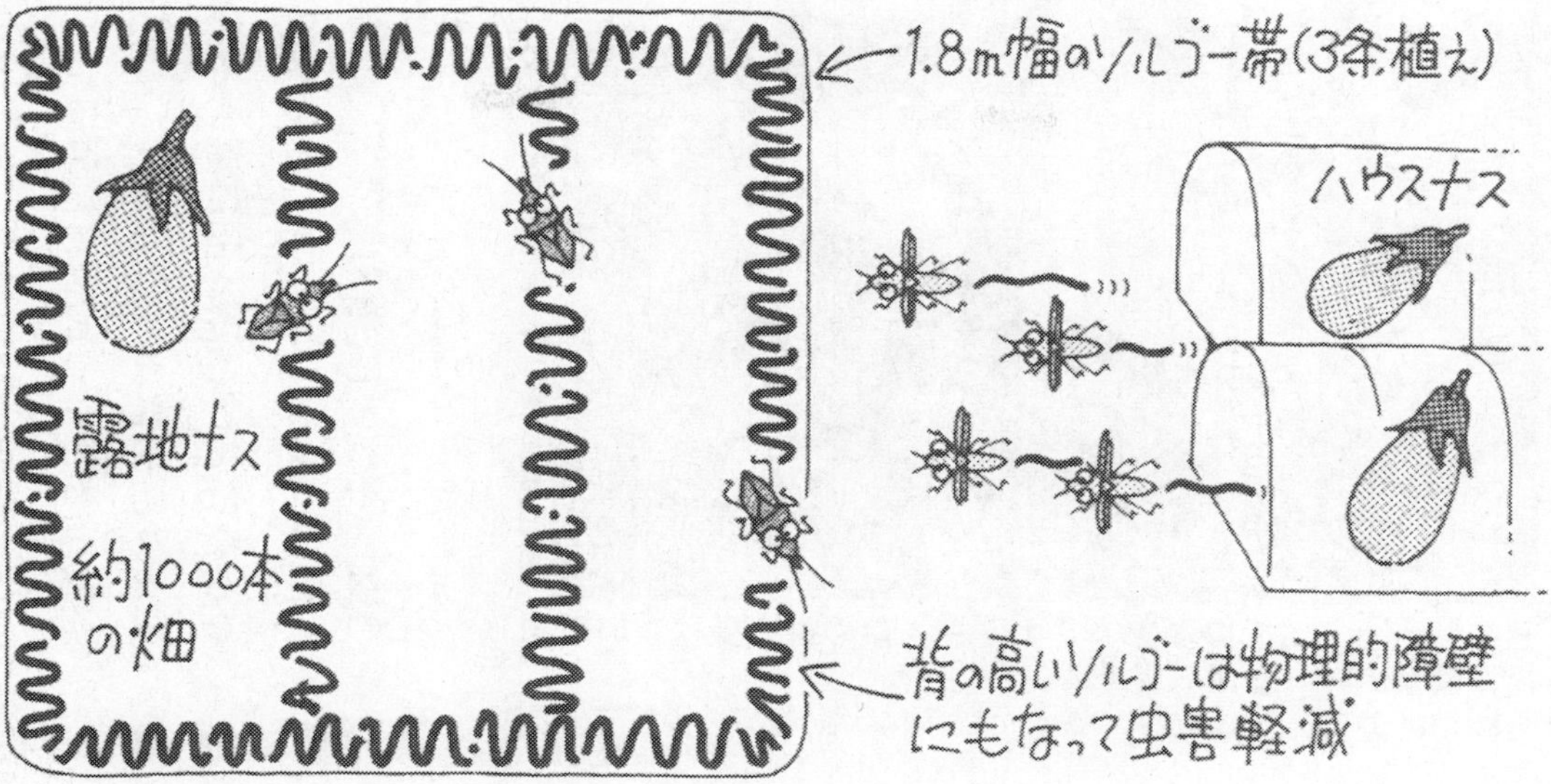

かなくては、商品になるナスがとれないと聞く。ハウスのナスをつくってきたから、夏のミナミキイロアザミウマがどれほど厄介な虫かは想像がつく。ただでさえここは虫が多い地域だし……。えらいことだ。

もう一つ問題になるのは風だ。海に近い干拓地だから風が強い。今までは露地の畑にはバレイショやニンジン、ブロッコリーやタマネギなどを植えてきたから、風よけが必要なものなんてつくったことがなかった。だけどナスは、風ですれたら傷だらけになって、売り物にならない。何とかして防風対策をとらねば……。

しかしネットは金がかかる。支柱も結構太くしないと飛ばされそうだし、張ったりはがしたりするのも手間だ。普及センターに相談すると、ソルゴーの防風垣を勧められた。なるほどソルゴーなら播くだけだから簡単。作が終わったら、そのまま畑にすきこめば土にもいい。一石二鳥だ。

岡田さんは、図のような感じで、ナス畑を三条播きのソルゴーで囲んだ。畑の中にも二本ソルゴー帯をつくって、万全の態勢だ。畑はいくらでも余裕があるから、ソルゴーに面積をとられることは痛くもかゆくもない。四月二十日頃、播種機でソルゴーを播くと、五月連休頃の定植のときは三〇cmくらいに育つ。——こうして、岡田さんは露地ナス栽培を開始。農薬散布にある程度追われるようになるのは、覚悟のうえでのことだった。

なんだ、露地ナスはラクじゃないか

ところが——。虫が出ないのである。

岡田さんは、ハウスのナスと同じように、定植時にモスピランの粒剤施用はしておいたものの、それが切れる頃になっても別に困ったことにはならない。「あれえ、話が違うなあ」と思ったものの、たいして気にとめず、他の仕事が忙しくてそのままにしてしまった。そのうちホコリダニが少し出たので、モレスタンを二回ちょこっとまいて、気がついたらもう終盤。「なんだ、露地ナスはラクだなあ」

ヒメハナカメムシの働きでミナミキイロの害を受けないですんだ露地ナス（永井一哉提供）
笠岡地区では、夏は筑陽、冬のハウスは千両をつくる

ソルゴーに土着天敵!?

その頃、岡山農試の永井一哉先生の耳にも、この話が届いた。「仕事が忙しくて農薬をかけなかったら、きれいな露地ナスができたという人がおるらしい」

「ああ、それは土着天敵が働いたんだな」。永井先生は、ナスのミナミキイロアザミウマとそれを食べるヒメハナカメムシの研究の第一人者だ。もう一〇年以上前に、土着のヒメハナカメムシにうまく働いてもらえれば、猛威を振るうミナミキイロの防除はほとんどいらなくなるということを試験している。だが当時は、「天敵」などといっても絵空事のように見られて、誰も本気で相手にしてくれなかった。そんなことよりも、より効く強力な農薬や、害虫を一匹も残さずに徹底防除する方法などの研究のほうが花形だった時代だ。だが時を経て、時代はようやく天敵に向いてきた。農家が現場で、土着天敵の役割に気づくような時代になってきているのだ。

永井先生は、さっそく岡田さんのナス畑を見に行ってみた。すると予想通り、ナスの葉の上にはヒメハナカメムシ、そして周囲のソルゴーとその付近のナスにはクサカゲロウやアブラバチなど、アブラムシの土着天敵がたくさんいた。そしてソルゴーの穂を叩くと、ヒメハナカメムシがわらわらと落ちてきた。なるほど。これなら農薬なしでもできるわけだ。風よけのために植えたソルゴー帯が、土着天敵のすみかになっている。ここから次々と、ナスに向かって天敵が供給される仕組みになっているみたいだ。

何となく「ソルゴーがえがったんかなあ」と感じていた岡田さんだったが、永井先生に「天敵」について教えてもらって、びっくり。これが「天敵」で、これが「害虫」と、実際に見せてもらって、「世の中ようできとるなー」と心から感心した。

ラクしてきれいなナスがとれて、露地ナスはええなーと思っていたが、その理由が土着天敵だとわかって、岡田さんは「また意欲が出たんだよなー」。

虫が出たら、まずは待つ

二年目からは、だから岡田さんは変わった。やることは去年と同じで、まわりにソルゴー帯をつくって、定植時には粒剤施用（二年目はアドマイヤーにしてみた）して、あとはそのまま農薬をやらないようにするだけだが、前年と違って、一つ一つの行動にはっきりと理由がある。目的がある。すると意欲が全然違ってくる。

ソルゴー帯は土着天敵のすみかつくり。そして定植時の粒剤施用は、土着天敵が働くようになるまでの、アブラムシなどの害虫抑制。ここで害虫が出て、早いうちから農薬を散布してしまうと、もう土着天敵を定着させることはできなくなってしまうから、初期は特に慎重に、害虫だけに効いて天敵には効かない粒剤を使うのだ。

そしてよく見ていると、六月上旬、定植後一カ月してアドマイヤーが切れる頃だろうか、ウマが少し出る。これは、永井先生の話によると、ミナミキイロアザミウマではなくて、他の土着のアザミウマ（スリップス）らしい。まわりにタマネギが多いので、ネギアザミウマかもしれないが、これはナスには何の害もしない「ただの虫」なので、農薬をかけてはいけない。

しばらくすると、六月中下旬にはハナカメムシがやってきて、この「ただのウマ」を食べてしまうようだ。ナスの葉からはウマは消え、ハナカメムシがこの時期、一株に一頭くらい観察さ

6月末にハウスナスを片づけると、ハウスからミナミキイロアザミウマがいっせいに露地ナスをめがけて飛んでくる。ソルゴーは天敵を養生してそれを待ち構えるとともに、物理的に障壁となってくれる力も大きい（永井一哉提供）
ソルゴーの密度は30cmに1本くらいでいい、と岡田さんは見る。あまり密播きにすると、細くなって風で倒れる

ヒメハナカメムシが食べるのはアザミウマ類だけではない
（永井一哉提供）

ハダニを食べているヒメハナカメムシの幼虫

アブラムシを食べているヒメハナカメムシの成虫

れる。

そして六月終わり、ハウスのナスが片づけられ、そこからミナミキイロやマメハモグリバエがどっと露地ナスに押し寄せることになるのだが、この時期には、もうハナカメが葉上で待ち構えていてくれるので何の心配もない。マメハモグリバエも、一時被害が出るが、放っておくとひとりでに消えていく。やはり土着の寄生蜂が働いてくれているらしい。

岡田さんは、「虫が出たら、まずは待つ」ということを覚えた。これまでは、「初発を見つけてすぐ叩け」だったから、えらい違いだ。まずは待つ。そして果実に被害が出そうな状況だったら、次に「天敵に影響のない薬剤」を選んで防除するのだ。

チャノホコリダニにはアプロード

だが、「待つ」作戦だけではどうしても対処できないのは、チャノホコリダニだ。これだけは今のところ、放っておくと、生長点が止められたり、ガクが白くなったりしてしまう。ルーペでも見えないような小さなダニだが、七月末～八月にかけて発生してくるので、脱皮阻害剤のアプロードを散布することにしている。

アプロードは、ヒメハナカメムシには影響が少ないが、チャノホコリダニにはわりと効くし、ニジュウヤホシテントウにも効果があるのでちょうどいい薬なのだ。

ちなみに笠岡干拓ではハダニはあまり問題にならないので、ダニ剤はやら

スプリンクラーかん水
これでハダニの密度は結構下がる（永井一哉提供）

なくてもすんでしまう。ハダニはヒメハナがある程度食べてくれるみたいだし、スプリンクラーかん水のおかげで、雨の嫌いなハダニの密度が下がるようなのだ。

DDVPは二列おき散布で天敵温存

そしてもう一つ、厄介な虫はメクラガメだ。岡田さんのところでは二年目は出なかったのだが、三年目は干拓全体に多くて、みんな悩まされた。ホコリダニよりは早く、七月頃に出るようだ。これも放っておくと芯をとめられてしまう。

薬をかけるとすぐ死んでしまうので、普通に何回も防除をする栽培なら、別に問題になる虫ではないようだが、土着天敵を生かそうと薬をまかないでいると、急に幅を利かせてくる。

だが、いざこれに効く薬をと考えてみると、天敵に影響してしまうものしか今のところないようだ。普及センターや永井先生の話では、DDVPが残効が短いから一番いいだろうということだ。しかし……、岡田さんは非常に気が進まなかった。有機リン剤のDDVPなんかまいたら、せっかくの天敵が死んでしまう。「ハナカメはナスの茎の中などに卵を産むから、残効が短ければ生き残ってまた繁殖できる」とは聞くものの、心配だ。かといってこのまま放置しては、メクラガメにナスをすっかりやられてしまう。

――岡田さんの苦肉の策は、DDVPの二列おき散布だった。一度に全面散布してしまうと、ハナカメは逃げ場もないし、全滅するしかなくなる。だが、二列おきに一度まいて、また四、五日後に、まかなかった列を散布すれば、少なくとも、薬のかからない列にいたハナカメは生き残れる。全滅はさせないですむはずだ。

岡田さんのこの予想は当たったようで、DDVP散布後、ハナカメの密度が極端に下がるようなことはなかった。

秋になり、ハナカメの密度も下がってくると、少しいろんな虫の被害が気になることもある。そういうときは岡田さんは最後に一回、コテツを使うことにしている。コテツは意外と天敵にやさしい薬だそうで、害虫だけに効いてくれる。

コテツはやったりやらなかったりだが、それでも岡田さんの場合、露地ナスの防除は多くてせいぜい三回だ。それで、冬場のハウスナスと同じような、ピカピカのきれいなナスがとれる。

「ラクなもんだ。天敵様々だよ」

じつは雑草こそ、有力なバンカープランツ

さて、岡田さんの畑に土着天敵が多い理由はソルゴーにあるのかと思っていたが、二年目の畑を永井先生や専技の先生が調査すると、天敵をナスに供給してくれているのは、どうもソルゴーだけではないようだ。ヒメハナカメムシはソルゴーよりもむしろ、周辺の雑草に多い。

ソルゴーを生やせば、その株元には結構草が生える。ソルゴーの外にはセイタカアワダチソウの群落もできる。見栄えが悪いからときれいにしてしまう人もいるが、岡田さんは手がまわらなくてそのままにしてあった。勝因は、どうもその辺りにあったのかもしれない。

ソルゴーの下草
枯れているのはニジュウヤホシテントウに食われたイヌホオズキ
（永井一哉提供）

　エノコログサやメヒシバなどのイネ科雑草が青くて若いうちには、葉や茎にハナカメムシがついている。シロツメクサの花にもいる。ヨモギなどにもいる。きっとそういう草に、エサになる「ただのアザミウマ」が多いに違いない。

　ソルゴーには、どちらかといえば、ヒメハナカメムシよりもアブラムシの天敵が多いようだ。ソルゴーにはアブラムシがびっしりつく。これがナスに移るのでは?と誰でも心配になるところだが、そういうことはない。ソルゴーにつくアブラムシは「ムギクビレアブラムシ」で、ナスにつく「ワタアブラムシ」とは違う種類だからだ。ところが、このソルゴーのムギクビレアブラムシを目指して、天敵はたくさんやって来る。クサカゲロウ、ヒメカメノコテントウ、ショクガタマバエ、アブラバチ、アシナガバチ……。これらがナスのアブラムシをも食べてくれるというわけで、アブラムシの薬は、ソルゴーある限り絶対に必要なさそうだ。

　さらに最近、イヌホオズキもすごい力を持っていることがわかってきた。ニジュウヤホシテントウは、イヌホオズキがことのほか好きなようなのだ。イヌホオズキがそこらに十分ある限り、彼らはナスには来ない。これが刈り倒されたり、もしくは食べ尽くしてなくなってしまったりしたときに、ニジュウヤホシはナスに向かってくるようなのだ。「これは大発見だったなー」。だから、イヌホオズキは絶対に絶やしてはいけない。

「草があれば、防除はいらんのよ」。岡田さんは、虫とのつきあい方だけでなく、草とのつきあい方も変えた。「ええものは退治せんことにした」。畑の中の草は草刈り機である程度刈るが、外の草まで枯らす必要はない。畑は「そこそこきれい」であれば、十分。「まったくきれい」にすると、防除が大変になる。

ヒメハナカメムシがたくさんいたエノコログサ（永井一哉提供）

これぞ、本誌が追求してきた「小力技術」の代表作

壊さないほうがいい!? ないほうがいい!?

六もだっていける!広がる イチゴ・ウネ立てっぱなし栽培

愛知県幸田町・藤江 充さん

編集部

写真1　藤江充さん(73歳)
「野イチゴが自生しているのは、日あたりがよくて落ち葉も少ないところ。肥料っ気が少ないほうがイチゴにいいと思います」

愛知県の西三河地区で、イチゴの「ウネ立てっぱなし栽培」が広がっている。ウネを崩さず何年もつくり続ける不耕起栽培だ。紹介していただいた西三河農業改良普及センターの斎藤弥生子先生によると、その利点は、

▼ウネ崩しから、ウネ立てまでの作業が大幅に軽減される

▼ウネが締まっているので、定植時に雨に叩かれてもウネが崩れず、手直ししなくてよい

▼ウネを毎年立てないからラクなのに、収量は落ちない

▼肥料が従来の三分の一～四分の一ですむ

などをあげている。

ウネは立てっぱなしでも、前作の根がつくった根穴のおかげで内部は固くならないのが大きなポイントだ。普及セ

ウネは立て

写真2　元肥うない込みはウネの上に乗る！

ンターは、このイチゴの「ウネ立てっぱなし栽培」を高設育苗や委託育苗などと組み合わせて普及させることで、高齢化が進むイチゴ産地をより永く維持したいと考えている。斎藤先生といっしょに、この栽培法の考案者である藤江充さんのハウスを訪ねた。

ウネ立てっぱなしで安定五〜六ｔ！

藤江充さんは今年七三歳。これまでずっと産地を引っ張ってきた技術リーダーの一人であり、その収量は「ウネ立てっぱなし栽培」を始める前も後も安定して五〜六ｔ（！）を維持している（幸田町の昨年の平均反収は三・九ｔ）。藤江さんの住む幸田町には「六ｔどり」で全国に知られる貝吹満さんもいるので、地元では「山のほうの藤江充、田んぼのほうの貝吹満」といわれるくらいのイチゴ名人なのだ。その藤江さんが昭和六十三年からこの栽培方法に取り組み始めたのである。

「イチゴの生産者は老齢化してきてます。後継ぎもなかなかいない。それで私たちのような年寄りが三年でも五年でも永くイチゴづくりが続けられればと思って考えてみたんです」

泥んこになる手直し作業がなくなる

ウネを立てっぱなしにすると、今まで当たり前にやっていた、ウネ崩しやウネ立てなどの作業をスッポリ抜くことができるので本当にラクだ。

それからイチゴづくりで最も大変で、やりたくない作業のひとつ、立てたウネの手直しをやらなくてすむ。ウネ立てから定植を終えるまでの間に、秋の長雨や台風がちょうど重なる。せっかく立てたウネが崩れてしまったら、泥んこになって修復しないといけない。定植直後にやられたら、手直ししてもイチゴの活着が遅れることは目に見えているので、余計に辛い。それがこのやり方にすれば、ウネが締まっているので長雨や台風が来ても崩れなくなるのだ。昨年は特に雨が多く、四回もウネを手直しした人もいた。そんな人にとって藤江さんのイチゴづくりは、もううらやましくてしょうがない方法なのだ。

四年連続ウネ立てっぱなしのほうが元気がいい

ハウスの中を実際に見せていただいた。これまでで最も長い四年連続立てっぱなしのウネのハウスから始まって、三年目、二年目、一年目（慣行）と、ハウスを分けてつくられていた（写真3、4）。

見ると、明らかに四年目のウネのイチゴのほうが株の元気がいい！　さぞかしカチンカチンに固まっていそうな四年目のウネのほうが生育がいいのである。四年目のウネのイチゴは新葉が大きく、色も若く、樹も立っている。古葉もいつまでも若く黄化していない。この樹なら稼ぎそうだ。それに対し、慣行のイチゴは緑の濃い小さな葉が多く、古葉はダラーッと大きくなってしまっている。

写真3、4　4年目のウネのイチゴのほうが若々しい！
上が4年目のウネ。下が去年ウネを壊した慣行ウネ。根穴と微生物の働きがカギを握っている

肉質がみっちりと詰まってくる とちおとめの果皮が固くなる

「このやり方にすると、イチゴが固く

なって目方が出るんです」

イチゴをもいでみた。確かに手にとると何だかイチゴが重いような気がする。食べてみてそれはハッキリした。みっちりと肉質が詰まっているのだ。藤江さんによると、果形も丸くふくらみが出るし、表面のツヤだってよくなる。なにより果皮が弱いという弱点を持つとちおとめの果皮が、このやり方にすると固くなるというのだ。そのせいか、藤江さんのイチゴは「イチゴ大福」をつくる和菓子屋に評判で、和菓子屋がわざわざご指名で農協まで取りに来るそうだ。

写真5　4年目のウネのイチゴ（右）は果形が丸く、大きいようだ。なにより果皮が固くなるという。左は慣行ウネ

根穴のおかげで　ウネ内部はすき間だらけ

ウネ立てっぱなし栽培の実際は図のとおり。ポイントはいくつかある。

まずは、収穫を終えた株は引き抜かず、根だけを残してクラウンから上をカマで刈り取ることだ。これで地中には根が残り、その根が次第に分解されると「根穴」ができる。この根穴がウネの中に無数にでき、翌年の新根はこの根穴に沿って伸びていくことになる。つまり、ウネの表面は固く締まっているが、中は逆にすき間だらけなの

■上根型から直根型になって、収量もかえっていいよ■

幸田町・辻本初男さん

辻本初男さんは、ウネ立てっぱなし栽培を始めて二年目だ。藤江さんのイチゴを農協の選果場で見ているうちにやってみたくなったのだという。

これがいいのは、やっぱりクラ（ウネ）を手直ししなくてもよくなったことだ。それから今年、まわりはみんな、雨が多かったせいでクラが崩れて苗の活着がよくなかったため、いいイチゴが穫れた人ばかりではなかった。だが辻本さんのイチゴは固くて、肉質がよく、腐りが少ないし、いまだに大きいものが穫れている。

今年たまたまかん水チューブが壊れて水が噴き出し、イチゴの根がむき出しになってしまったところがあった。見ると根がスーッと下まで伸びていた。今までは上根だったのに、ウネを壊さず肥料をチッソで一五kgぐらいに減らすと、こんなに根の張り方が変わるものかと驚いた。「この方法は体験してみないとわからんよ」。辻本さんは今年も三反すべてをこの方法でやることにしている。

である。しかも、この根穴は耕さない限り、年々増えていくのである。

除塩がすすみ連作障害が起きにくい

次に、むき出しのウネを半月ほど雨ざらしにすること。これにより、非常に効率よく除塩ができる。ウネの中に無数にできた根穴が排水性をよくしてくれるのである。しかも、ウネが立ったままだと、ちょうど山に雨が降ったようになり、ウネの表面に流れ出た肥料分を含んだ雨水が流れやすくなり、排水パイプを通じてハウスの外に運び出される。結局ECも下がって、いわゆる連作障害とかいや地現象とかいわれるものが起きにくくなるのである。ウネを崩して雨にあてても除塩はされるが、暗渠排水でもしてない限りウネ立てするとまた塩類が上がってきてしまう。

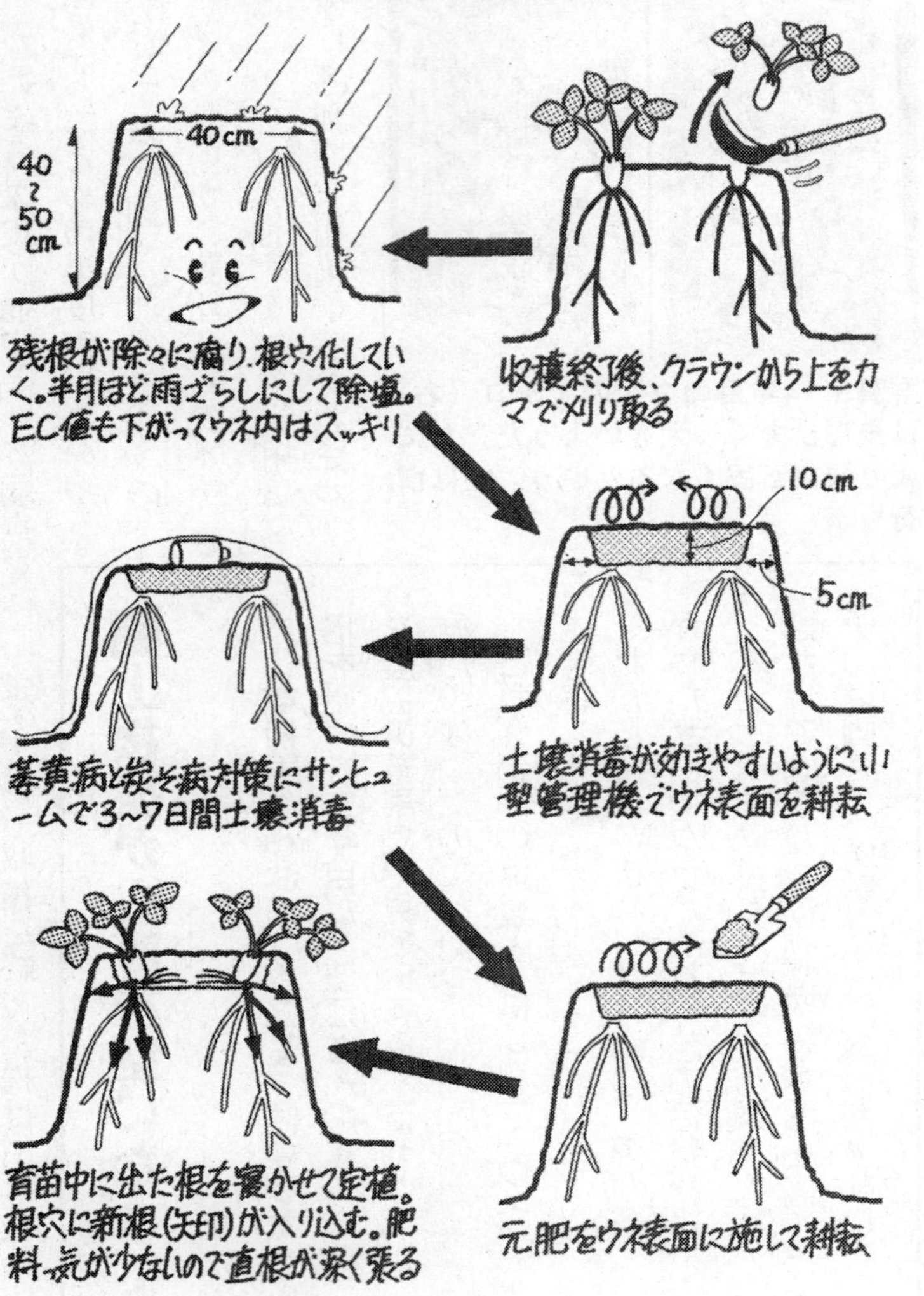

収穫終了後、クラウンから上をカマで刈り取る
40cm
40〜50cm
残根が除々に腐り、根穴化していく。半月ほど雨ざらしにして除塩。EC値も下がってウネ内はスッキリ
10cm
5cm
土壌消毒が効きやすいように小型管理機でウネ表面を耕耘
萎黄病と炭そ病対策にサンヒュームで3〜7日間土壌消毒
元肥をウネ表面に施して耕耘
育苗中に出た根を寝かせて定植。根穴に新根（矢印）が入り込む。肥料っ気が少ないので直根が深く張る

図　ウネ立てっぱなし栽培の実際

肥料濃度が薄いほうが根がよく張る

さらに、元肥は四〇cm幅のウネの真ん中（三〇cmくらい）に表面施用し、小型管理機で一〇cmほど耕耘するだけであること。だから、肥料はウネのほぼ表面にあって、根が伸び出していくところにはない。わずかな施肥スペースしかないので、肥あたりしないように二週間前にはふってよく土と混ぜておく。量もたくさんやれないので、昔は反当チッソで三〇kgくらいやっていたのが今は九kgくらいのものだ。ところが、根は土に肥料っ気がないほ

うがよく伸びて、結果的に樹ボケせず、根張り優先型の生育コースをたどるのである。

「根は初期に肥料分が十分にあると、あぐらをかいて根を伸ばそうとしないんです。いわゆる上根型になって、そこで細かな毛根を出して肥料を吸い始めてしまう。だから上背ばかり元気のいい生育になってしまうんです」

先ほどの写真で見た慣行ウネの古葉がダラーッと大きくなってしまっていたのは、そういうことだったのだ。

結局、追肥で追うことになるのだが、「イチゴがいつも腹を減らしている状態なので、肥料の食い込みがいい」ため、生育期間全体の施肥量としても従来の三分の一～四分の一でよく、藤江さんの場合、チッソで反当たり一〇～一五kgですんでいる。それでも収量は落ちないのである。

根穴に集まる微生物が殖えて、年々よくなる

ウネを立てっぱなしにしてもウネの中は固くならない。根穴のおかげで除塩がすすみ連作障害が起きにくい。表層集中施肥のおかげで直根が深く張る。ウネ立てっぱなしにするとこんなにいいことづくめ。それにしても、である。ウネ立てっぱなし栽培にすると、なぜイチゴの生育が年々よくなるのか。藤江さんに聞いてみた。

藤江さんは、根穴とそこに集まる微生物の働きのおかげだと考える。

「微生物のすみかとしてよく炭がいい

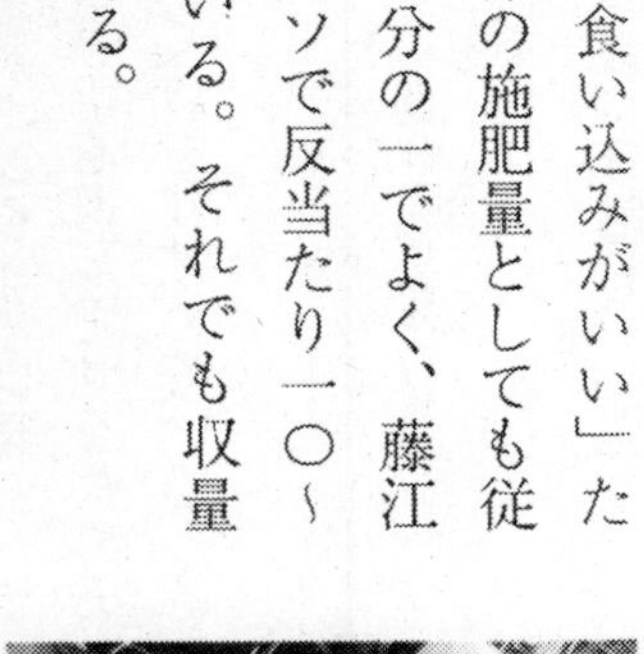

写真6　4年目のウネはまるで山肌のよう

【「読者のへや」から・一九九七年四月号】

アイデア農機具のネットワークをつくったら

福岡県　末次賢治

本誌連載の「ユニーク、便利おもしろ農機カタログ」には、時折農家自身がつくったアイデア品が見られて興味深い。とくに九六年十二月号にあった、刈払い機の「雑草巻き付き防止具」は、ちょっとしたアイデアで感心している。

農家の発明やアイデアはたいへん価値がある。日頃の農作業から生み出されただけに実用性も高い。しかし残念なことに、大手企業と違って十分な販売ルートがない。たとえ企業と提携して販売体制をとったとしても、必ずしも成功するわけでもないだろう。

そこで農家どうしのネットワークを活かして、農機具の改良や開発のアイデアを交換したり、販売の段取りをつけたりすることはできないだろうか。仲間どうしの協力強化が必要ではないか。

あるいは各地には、すでにこうした取り組みは見られるのかもしれないが、もっと充実させて、便利な器具の普及に役立てたい。農産業のいっそうの発展につながるはずだ。

■来年以降は、ウネ立てっぱなし栽培が雨後の竹の子のように出てくる■西三河農業改良普及センター・斎藤弥生子先生

現在、幸田町のイチゴ農家には高設（ナイアガラ）育苗が全体の六割普及し、本圃でも高設栽培が三〜四割普及してきている。普及センター管内で今年、二〇代の後継者が五人できたのも、いわゆる「高設栽培効果」であり、これからも高設育苗・栽培は欠かせないと斎藤先生は思っている。

しかし、反当四〇〇万円もするその費用を高齢者が投資するだろうか？ 大規模をこなす農家が一度に何反分も高設栽培をこなせるだろうか？ だったら、このウネ立てっぱなし栽培を複合的に取り入れれば、老いも若きもスムーズにイチゴ栽培が続けられるのではないかと斎藤先生は考えたのである。

例えば、育苗はナイアガラにしてもいい。苗は委託して購入してもいい。本圃をウネ立てっぱなしにすれば、身体はラクで、収量だって心配するほど落ちない。

ただし、斎藤先生は何度も雨で崩されて手直しし、ウネが固くなったような状態の年から始めないほうが無難とアドバイスする。また、元肥を多く入れすぎないこと。土壌消毒を行なうこと。ウネが少しずつ細るので、四〜五年たったら一度ウネを立て直してみることを注意点としてあげている。

「来年、再来年は雨後の竹の子のように、この方法があっちこっちから出てくると思いますよ」。普及センターでは現在、ウネ立てっぱなし栽培を普及させるためのパンフレットづくりをすすめているところだ。

といわれるけど、あれは炭にたくさんの穴があいているからです。ベッドを壊さないで不耕起にすると、根穴がたくさんできるので、微生物がすみやすくなると思うんです」

「微生物は肥料をよく分解して作物に害がなく吸収しやすいようにしてくれる役目をしています。特にチッソばかり吸っていたのが、リン酸やミネラルも吸いやすくしてくれる。カリがよく効けばイチゴが固くなると思うし、ミネラルが吸われればイチゴがうまくなると思います。根穴に沿って伸びた新しい根の毛根のまわりには、こうした微生物がたくさんすみ着くのです。年を追うごとに根穴は増えていくので、微生物もどんどん殖えていきます。だから一年目より二年目、二年目より三年目のほうが土がよくなって、イチゴもよくなっていくんだと思います」

葉つゆを持たない生育こそ健全

ところで、こうしてチッソが抑えられた生育をするようになると、作物は葉つゆを持たなくなると藤江さんは考

えている。葉つゆを持つ作物は元気な証拠だとよくいわれるが、藤江さんはまったく反対の考えなのだ。葉つゆを持つようでは土壌中のチッソが多すぎると見るのである。

「チッソの多い追肥をやると、途端にその晩に葉つゆを持つようになります。かん水だけなら葉つゆは持たない。水をやって葉つゆを持つようなら、それは土壌中のチッソが多い証拠です」

さらに、葉つゆを持たない作物は病気や害虫が寄りつきにくい。チッソばかり吸ってブヨブヨとイチゴの体が太らなくなるし、苦土（マグネシウム）が効いてリン酸が吸われるようになるのがいいのかもしれない。事実、藤江さんのハウスではこの栽培方法にしてから、ウドンコ病やハダニの防除はほとんどしなくてすむようになっている。

写真7　イチゴに負けないくらい可愛いでしょ！　左から後継者である娘さんのかおりさん。やよいさんとひろみさんは嫁ぎ先から手伝いにくる。一番右は奥さんの雪子さん

【「読者のへや」から・一九九四年六月号】

先輩農家の主婦パワーには負けていられません

青森県　杉野森由美子

私どもは、青森県の津軽平野で兼業農家（米作）をしております。『現代農業』は初め主人のほうが読んでおりました。しかし毎月忙しくて読めない月が多くなってきました。せっかく毎月届くのだからもったいない。そこで私のほうも読み出したというわけです。

結婚前は東京の病院で栄養士として働いておりました。実家では父母が体を痛めつつ米づくりしているのを見ていたこともあって、米農家にはあまり良い印象を持っていませんでした。ところが縁あって主人と結婚し、主人の手がけております有機農法と特栽米に少しずつ興味も沸いてきました。

『現代農業』には、米づくりのみならず野菜・果樹・酪農などなど、また農家を取り巻く政治の動きなどもわかりやすく書かれていて、私のように経験のないものでもおもしろく読めます。それにしても全国の大先輩農家の方々の主婦パワーを知るにつけ、「私も何かやらねば！」という気分になります。特栽米の消費者の皆様からいろいろな励ましをいただきながら、よりおいしく、より安全な米を安定して収穫したいと考えております。

夜、子供が眠ってから、主人といろいろ相談するのも楽しくなりました。「〇月号にお米づくりの△△が載っていたよ」とか、私達の暮らしに取り入れられそうな内容について話題にのぼることたびたびです。

主人も私に感化されてか、また暇を見つけては『現代農業』を読み出しております。一時期、忙しくて読めなかったとき、「もうやめたら？」と言ったこともありましたが、続けていて本当に良かったと思います。

最近では、私達のまわりでも同年代の女性がお勤めを持ち、農業にたずさわる人も少なくなりました。そんな時代だからこそ、自分の家族がすこやかに暮らせるよう、食べ物を作っていきたいと考えています。

1999(平成11)年3月号

果樹は冬のせん定で…そんな概念をひっくり返してしまったモモの革新技術

びっくり
低樹高、超多収!!

とんでもなく小力の樹になった 大草流のモモ仕立て

山梨県韮崎市　矢崎保朗さん・辰也さんの技術

編集部

写真1（上）　これぞ低樹高、超多収のモモ仕立て
大草流の樹（5年生、浅間白桃）

上の写真の畑はもとは桑園だった。荒れて、アメリカシロヒトリの巣のようになっていたところだ。それがご覧のように、いま、桑の木は跡形もなく整地され、替わって植えられているのがモモの樹なのだ。

作るのは、もとの畑の耕作者ばかりでない。農地銀行を通じて一〇年の賃貸契約を結んで新たに借り受け、増反に踏み切ったひともいる。

なぜなら、そこで取り組まれるモモ作りがとても小力だから。小力で、しかもかなり多収穫であるからだ。

何よりその樹の低さだ。成木でも五

写真2（左）　左が矢崎保朗さん・右が辰也さん

尺脚立で間に合うほどだ。また、一〇a七〜八本という超疎植の畑だ。おかげでそこでは軽トラが自在に走りまわれる。まずその働きやすさがあり、さらにそうした小力の樹、畑だと果実の品質だって自然よくなって、たとえば、抜群の着色の良さを誇るモモができたりするのだ。

だが、きわめつきは、約三t半というその超多収だろうか。

……

とまぁ、そんなあれこれ常識外の魅力をひっくるめての、モモ園地の造成であり、さらに栽培面積を広げようという勢いだ。

ところは、山梨県韮崎市大草地区。そのモモの仕立ての手法は地域の名から〝大草流〟という。開発したのは、矢崎保朗さん（昭和七年生まれ。六六歳）という実際家だ。

写真3　成木（12年生）でも樹は低い。主枝先端も5尺脚立で十分届く

低い！広い！働きやすさ抜群のその畑

●五尺脚立で十分届く樹

低い位置から主枝が二本、しばらく地を這うようにぐいっと伸びだし、先端が立つ。それぞれから取り出した亜主枝は二本ずつ。あわせてそれらが骨になる。真ん中に、枝先端を吊る針金をひっぱる支柱があり、これを〃柄〃と見たてれば、

「傘を開いてひっくり返したかたちでしょ」

後継者の辰也さん（三四歳）がいうとおり、その広やかな樹の姿はいかにも傘で、大草流のモモの樹形は裏返した傘の恰好をイメージしてみるとわかりやすい。

そしてその低さだ。もう一度、写真1をご覧いただきたい。はじめに触れたように脚立は五尺。その四段目に一六三cmの辰也さんが立って、主枝の先端にゆうゆう届くのだ。だが見るとおり、まだこれは若木。五年生だそうだ。そこで、樹形が完成したならまだもう少し高いのだろう、と思ったら、実は成木になっても大して高さは変わらなかった。辰也さんが同じ五尺の脚立のあともう一段、つまり一番上に乗ればやはり手が届くという超低樹高なのである（写真3）。

開心自然形の場合、ふつう五mにはなるモモの樹を、せいぜい三・五mにおさえる。まずそれが大草流だ。

●一〇a七〜八本の超疎植

そのぶん、樹冠は広大だ。横幅で軽く一五mを超える。だから一〇aに七〜八本しか樹はない。

保朗さんの話だと、低樹高に仕立て替えていく間に二〇本から一〇本、そして七本に、と減らしてきた。いままでは植付けの当初から広く作り（一五m四方の真ん中に一本という〃碁点《ごてん》植え〃）、はじめからかなり疎植だ。

だが、おかげでその畑の働きやすさこそ群を抜くものになったのだ。

●車で横付け、収穫即荷台へ

摘蕾・摘果に袋掛け・除袋、収穫、せん定、……モモの基本管理のあらかたが低い脚立で、場合によってはそれさえなしでやれてしまう。この楽がまず一つと、もう一つが、その超広いスペースが生かせる楽だ。この二つが合わさった二重の働きやすさが、大草流の畑にはある。

とくに後者は、車やほかの作業車が樹のまぎわまで横付けできるから、格別だ。何だかんだものを運ぶ手間がうんと省ける。モモを収穫して即、軽トラ荷台に、というようなことだって何なくできてしまうのだ。

ある調べによると、保朗さんのところは一般の開心自然形の樹にくらべ、作業時間が約三〇％少ないらしいが、実感としてはもっと楽。そのいい証拠に、以前は一町四～五反だったモモの畑がいま約三町歩、およそ倍になっても平ちゃらだ。ということは、「仕事が二倍、楽だからかもしれない……」

じっさい、雇用は、袋かけを中心に年にのべ八〇人だけ（地域の六〇～七〇歳の人たち）。あとは家族労力三人でほとんどまわしている矢崎さんの経営だ（ほかにブドウやカキ、イネも作っている）。

びっくり超多収、三・五t以上

だが、これだけ主枝を寝かしたら、徒長枝の処理とか枝管理とかそっちのほうでけっこう手間が大変なのでは、と思う人がいるかもしれない。

つまり、収穫やその他はいいけど、肝心の成り枝作りで手間喰うんじゃないか、というわけだ。

矢崎さんはせん定バサミは夏も秋も持ち歩く。果実管理や着色管理しながら、枝を作っていくためだ。言いかえれば、ひと手間をそれだけに限定しない。歩きながら、気がついたなら、そこでほかの管理の手間の続きで切っていく。ようするに、そうした一度に二手間、三手間ができる低樹高であるわけだ。わざわざ脚立に登って、と考えるから大変なので、そうじゃない矢崎流では思うほど大変ではないらしい。低い樹、伸びやかな空間をもっと勘定に入れてみれば、……ということだろう。

そして、実はそうしたこまめな新梢管理ができることが、いっぽうでその多収穫を生んでいる。矢崎さんのモモ

【「読者のへや」から・一九九五年九月号】

これはと思った記事は日記帳に

島根県　佐貫みどり

花の苗を出荷する私は「花壇苗のここがポイント」がたいへん役に立っています。「あっちの話、こっちの話」も読んで試したことはたくさんあり、人にも教えてあげて喜ばれました。

これは、と思う記事はすぐに日記帳に書き込みます。たとえば八月号の「干ばつに負けずにハクサイ豊作」の尿素の追肥は九月中旬にと思えば、日記帳のその時期の欄に「現農八月号三九頁、白菜追肥」と書いておく。こうしておけば、九月中旬になったらすぐに再読できるわけです。

写真4　保朗さんの腰の高さに伸び出した亜主枝の１本。地上60cm付近に、いい感じの中果枝、短果枝がごそっと揃う

の収量はふつうの約二倍だ！

●地上五〇㎝、六〇㎝にある充実成り枝群

条件のいいところなら一〇aで四t近く。ふつうでも、だいたい三・五tはいく。品種は加納岩、白鳳、浅間、長沢が主力で、このうちのどれがということなく皆よく穫れる。

中には、一本で二七〇〇個の袋を掛け、五〇〇kgほど採れた〝豪のもの〟（一二年生）もあったという。

ではどうしてそんなに多収穫かというと、矢崎さんは「成り枝が多いからだ」と話す。

「ふつうの開心自然形の場合、目通りより下には枝を置くなといいます。置いても上が繁れば枯れて、結局いい成り枝はできないからです。それがこの仕立てだと、もう、本当に地際まで光が入ってそこに枝が置けます。またよくそれが充実します」

矢崎さんが示してくれた亜主枝の一カ所がまさに圧巻だった（写真４）。実にいい感じの短果枝、中果枝がごそっとあるのだ。地上五〇㎝、六〇㎝のところの、まさしくそれは地際の充実成り枝だった。

「こうした樹冠下部の着果量だけで、もしかしたら、一tぶんくらいあるかも……」

ふつうではあまり考えられないような低いところも生かせる。それが大草流で多収がかなう一番の理由だ。

●低樹高だからこそ

だがもっといえば、そんな低い場所に着いた果実までちゃんと製品に仕上げる管理ができることが大きい。矢崎さんによれば、それもやっぱり低樹高だ。樹が低いからよく新梢管理でき、その手間が効くのだ。それで生まれる細かな管理である。じじつ、大草流の成り枝作りこそユニークである。

辰也さんはそれを称して技術的にはブドウの短梢せん定だ、といった。

写真5　わずかにある長果枝を除けば、成り枝は中短果枝中心（成木で８割。写真はまだ養成中の若木なので５割くらい）。側枝も短く小さい。短梢のブドウの太枝に似てくる

どうもそれは、徒長枝の扱いをどうするか試行錯誤する中で生まれた技術のようだ。

夏季管理と秋せん定で枝を元へ元へ返す

先ほどの亜主枝ではないけれど、ついた側枝はいずれも小さく、また結果枝も中短果枝が主体で、そのために成り位置が非常に近い大草流の枝の構成だ。そのコンパクトなイメージから、たしかに短梢栽培のブドウ樹のような太枝である（写真５）。

この作りが、保朗さんにうかがうと、

【「読者のへや」から・一九九七年十月号】

カラー化した「現代農業」は元気や活気が溢れている

岩手県　市嶋豊

写真カラー化の予告を見て「オールカラーにしなくてもよいのでは？」という手紙を書いたものです。

カラーになった六月号、そして七月、八月号も読ませていただきました。カラー化に少しでも「売る」ための要素が入るのではないかと心配したわけですが、そんなことはありませんでした。見栄えをよくするための飾りではなく、むしろ土台となっている感じでした。そしてこのオールカラーという土台をフルに生かして、良い意味で今までとおりの「現代農業」が作られていると思い、ひたすら感心しております。

また、初めに六月号を見た時、「あれ、これはおしゃれな作業着と同じだな」とも思いました。他人に見せるのが目的のおしゃれではなく、自分が元気に楽しく作業するためのおしゃれです。

今までだってそうでしたが、カラーになってからいよいよページを開くごとに〝元気〟や〝活気〟が溢れている感じがします。

徒長枝処理に取り組む中で生まれたもののようなのである。

「徒長枝というのは、切らずにおけば大きく伸びて養分をとるし、日陰を作る。下にかぶる枝を枯らして、ハゲ上がらせる。日焼けも入る。じゃあ、というので、冬のせん定で切れば、あまりに長大化した枝の場合、切断面が大きくなってダメージが強い。モモでは不定芽が立たないから、そこにまたハゲ上がりが入って、日焼けもくる……」

切っても面倒、だが切らずにはおれないのが徒長枝で、果樹栽培ではとかく目の上のたんこぶ的な存在の枝だ。まして矢崎さんのその樹である。主枝を低く、あれだけ樹形を寝かすのだから、ふつう以上に、どぉーっと徒長枝が立ってもおかしくなかった。じっさい、矢崎さんはこの徒長枝処理の課題にまともにぶつかった。

だがその結果、一つの技術がひねり出されもした。

それが、冬に徒長枝を切るのではなく、生育期間中の夏に、徒長枝になる前に処理してしまう夏季管理といういきかただった。「新梢が伸びてきてまず六月ころ、木の下に日がパラパラとまばらに射すぐらいに三芽から四芽、だいたい五cmくらい残して切ってやるのです」——つまり摘芯だが、矢崎さんはこれを徹底した。

さらに秋せん定も組み合わせた。元へ元へ、という枝の扱いを、新梢が伸びる生育期間中にくり返し行なうようにしたわけだ。

せん定とは、矢崎さんの場合、モモの収穫後、一度摘芯処理した新梢の先端がさらに動いたり、あるいは別にまた長く伸びだしそうな枝について再度短く切り戻してやる秋せん定のこととなり、従来の冬のせん定などは、もうほとんど微調整程度。それくらいの転換を行なった。

その結果が、徒長枝を抑えられるようになったばかりでない。その新梢がよく充実もしてくる。徒長枝変じて成り枝に、それもモモで一番欲しい中果

写真6　反射マルチを敷くのは実質3日ほど。それでも、上下差なくよく着色するのが、大草流のモモだ。しかも、よくとれる。超多収だ!!

枝、短果枝に変えることができるようになったのだ。成り枝が多くなれば強い枝そのものもあまり立たなくなり、樹形の維持も容易になった。

それは、まさに新梢管理の充実で大房をぶら下げるブドウの短梢栽培に似た、モモの新しい新梢充実の手法となった。画期的な転換だった。

ふたたび小力、高品質

矢崎さんのところでは収穫の四日前に反射マルチを敷く。だが直前にはとってしまう。除袋は収穫の七日前。マルチがあるのは、実質三日程度だ。それでもばっちり着色するという。それだけ樹が低いからだ。

風もまた樹冠内をよく対流する。温度差が小さくなり、おかげでモモの熟期が揃う。ふつう一五日くらいかかる収穫が、矢崎さんの樹では一〇日だそうだ。小力のほどはこんなところにも現れる。

そうした働きやすさ、また品質のよさが、地域でさらに注目され、新規増反の動きをつくっている。

本誌では今後も継続して追いかけていきたいと思う。

写真7　熟期がよく揃うので、収穫に回る回数も減る。小力の収穫作業ができる

モモに大草流については『モモの作業便利長』（阿部薫他著　二、三〇〇円）でも紹介しています

「読者のへや」から・一九九七年四月号

井原豊さんのご逝去を追悼するお手紙

福島県　高山幸作

日本農業の鬼才といわれた井原豊さんが亡くなった。私が彼に直接会ったのは、「成苗二本植え稲作研究会」に講師として来られたときである。話はたいへん印象的で、いまもハッキリ覚えている。一見、百姓とは思えないようなスタイルの人だった。えらく、土臭くない農民だった。その話しぶりには、ちょっと人を小馬鹿にしたような、人を食ったようなところがあった。

しかし氏の著書には、実際に農業をやられているからこそわかる、現実的な農法が明瞭に書かれていた。六九歳といえば、まだ他界する年ではない。平成四年の研究会でお目にかかったときは、黒々した豊かな髪をして、しゃれた背広姿。今も目に浮かぶ。

多くの農民が氏の実践する営農に一種の憧憬を抱いていたのは確かである。亡くなるのが少し早すぎた。

井原氏を悼む気持ちは、日本農業の今後を思うとなおさら募る。今年もまもなく成苗二本植え稲作の研修会があるが、あの、人を食ったような話ぶりはもう聞けない。

当初、多大な反発も呼んだが成果が上がるにつれ認知された夏肥。他の果樹の施肥にも一石を投じた

自慢のミカンは夏肥で完着完熟」

葉柄の色の変化で知れる木の栄養生理

——和歌山県・中山和信さん

編集部

写真1　中山さんは予備枝をきっちりとり、今年成らせる枝、来年成らせる枝を分業させる。この予備枝で力のある根と葉をつくり、夏に肥料をきっちり食い込める木にしている

写真2
中山和信さん

早生でも夏肥 高品質多収

「うちのミカンは旨いぞー」。和歌山県田辺市上秋津の中山和信さんの第一声だ。

中山さんは宮川早生三〇アールとウメ、スモモが約二〇アールずつの経営。そのほかにお孫さんに食べさせたくて作っている少しの中晩柑がある。

「一〇八つの元素が皆揃っている。いっぺん食べたら忘れられない。一個口にしたらもう一個、思わず頬張ってしまう。…フフ」

自分が言うンだから間違いないさ、と中山さんは微笑む。

今から一一年前、昭和五十八年の本誌十月号に「早出し多収を実現する施肥法」という記事があった。中見出しに、「夏肥八割で早出し実現　しかも連年六トン」「夏肥を三カ月で食い切れる樹」「予備枝で力のある根と葉を作る」とある記事。内容は青切りミカン（早生）で「常識はずれ」の夏主体の施肥を行ない、それで一般よりミカンの熟期を早め、なおかつ収量、品質ともにあげていくという画期的なものだった。この実践者こそ、冒頭の「旨いよー」の中山さんである。

中山さんは今も変わらず夏肥主体でミカンを作る。「六、七、八月頃に養分、水分を吸わせることが木の生理にとって勝負だから」、変える理由はないのだ。

養分を欲しがる時期

一〇八つの元素すべて、と言う。チッソだけじゃない。微量要素も含め何もかもきちんと吸わせたいというのが中山さんの施肥の考えだ。そのためには木のほうで養水分を最大に欲しがる時期を逃がしてはいけない。それが、六～八月なのである。

「よく木を見て話をするとか、できるとか言う方がいますが、私の場合、葉柄を見て木と話をするんです。これは私、二七年間言ってきたことですが」

葉ではなくて葉柄のほう。その色の変化で、中山さんは木の生理展開が知れると言う。色は年に三度変わる。「二月と五月と十月。この時期に葉柄が青から黄変する」

二月は中心の花芽が分化する時期、五月は開花、十月は葉と花が一緒に分化する時期だ。しかしこのとき木は、すでに吸った養水分（貯蔵養分）をもとに働く。生理的なお産とでも言ったらいいか。いずれにせよ、この変化が基本にある。そこで中山さんはこの葉柄の黄変をくっきりとだすことが何より大事と考える。

逆に言えば、その時期以外はきっちり青にする。青がいい。葉柄が青のとき、葉では炭酸同化作用が行なわれるからだ。

中山さんの施肥

肥料	時期	内容
夏　肥	5／上	特製の魚粕肥料 約220kg（10－4－0） 蒸製骨粉 約110kg
秋　肥（礼肥）	10／中～下	「ひまわり有機」約250kg（人糞肥料，Nは0.5%くらい）

年間成分量はチッソで35kgくらい。夏肥で6～7割，秋肥で3～4割の施肥。なお，カリ肥料は様子を見て秋肥でやる。堆肥はなし，雑草草生。

写真3　これが中山さんの使う夏肥用の魚粕（特殊な魚から作る）

つまり三回の生理転換を、中山さんはそれまで木の潜在力をうんと高め、たっぷりと養分を蓄えた形で迎えさせてやりたいと思っている。とりわけ新梢が伸び止まって開花結実し、果実がさーこれからと、肥大していく時期の夏がそうだ。生理的なお産以外に、当年の果実の成熟がある。木としたら有り余るくらいの糖があっていい。

夏に効く肥料が必要だ、と中山さんは言い切る。

六、七、八月に食い切る

逆算して五月の上旬、中山さんは、木が自己摘心をすませるのを見たら肥料をふる。一一年前の八割までいかないが、年間のチッソ量の六割から七割はここで入れる。残りは十月の中～下旬に三―四割。

「草生の上からただ放るだけ。そのあと草を刈り、その草でもって肥料をくるんでやるんです」

肥料は上の表のとおり、全量有機。有機の肥料をさらに青草のサンドイッチにする。

「これが分解して効きはじめるのが五

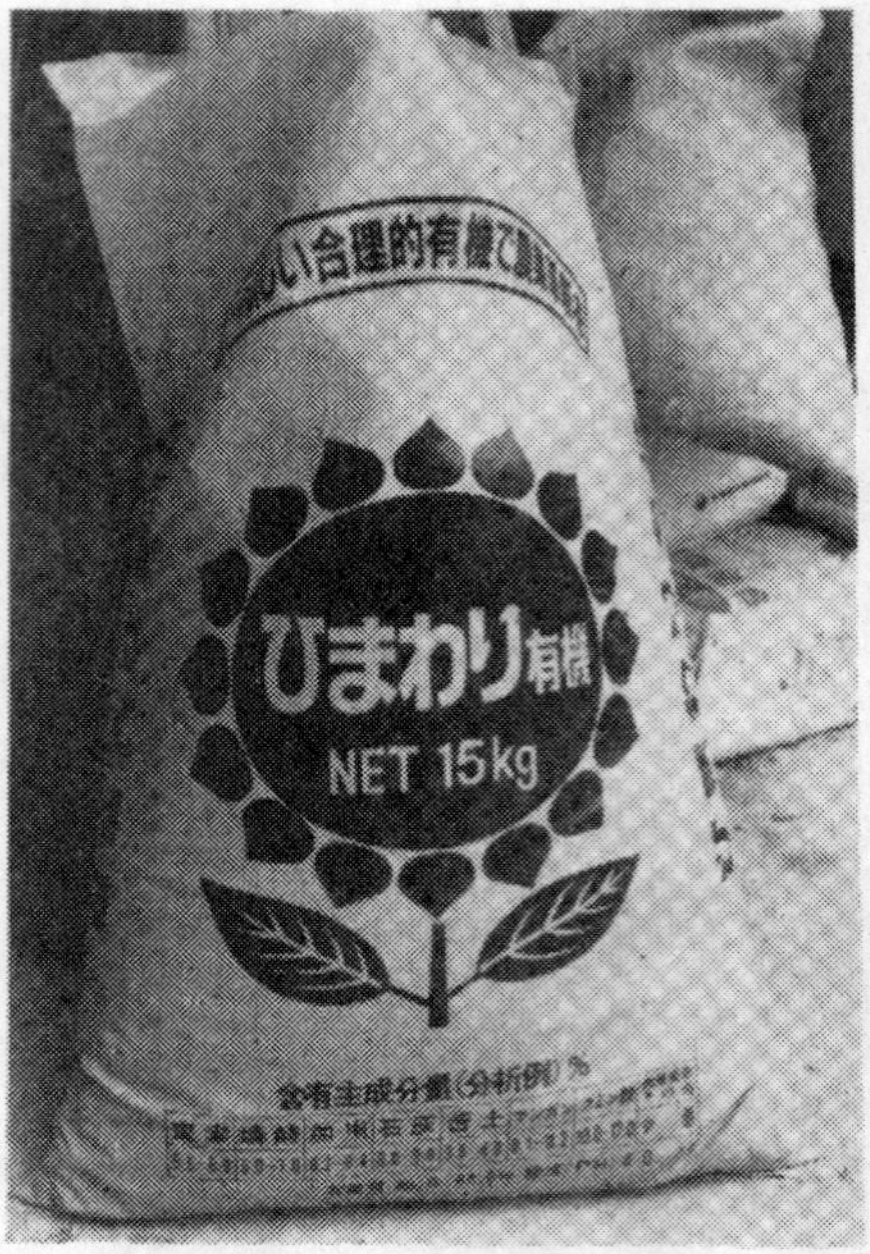

写真4　こちらは礼肥用の肥料で原料は人糞。フミン酸も含有する土作り資材でもある

月の末から六月初め。地温も上がり、新根もかなり増えてきている。梅雨明け以降は水もある」

夏に向けてがんがん肥料が効く条件で、実際「ここで腹一杯食ってもらわんと木は仕事できん」と、中山さんは思う。木の生理としてこの時期の葉柄の青は、どんどん肥料を吸収し、最高に炭酸同化し、糖を稼いでいる証拠と見るからだ。

事実そうして中山さんの木は、六、七、八月と肥料を食い切って十月を迎え、きちんと葉柄の黄変をみる。

そうなれば、果実にチッソの後効きもない。色はきて、味がのって、完着完熟。それこそ自分で思わず胸張ってみたくなるような、「旨いよ」のミカンができる。毎年そうだ。

＊

木の生理からすれば、なぜ夏に必要な肥料を、あえて減らしたり遠ざけたりしなければいけないか。チッソが遅効きするというならどうして、食い切れる木を作らないか。生理をでなく、皆は果実を見すぎているからではないか…と、中山さんは思う。

「私は葉柄を見るんです」

葉柄を見て、木の生理展開を押さえて、それをよりくっきりしたものにしていくのが中山流だ。

もちろん施肥だけでない。それこそ夏に肥料を食い切れる木を作るには、新しい根をどれだけ稼げるか。そのためのせん定もとても重要だ。しかしそれも基本はミカンの生理である。何を見るか。見てどう手を打つか…。施肥についても夏肥がそれなのだ。

【「読者のへや」から・一九九一年九月号】

「リンゴにも夏肥」がいけるかも！

秋田県　佐々木厳一

今日、リンゴの春作業を終わり、家中で乾杯したところです。あまりの多忙さから、八月号をようやく今、開いたところです。「ミカンは夏こそ元肥適期」の記事に驚かされました。どうもあの記事は、そっくり「リンゴ」にもあてはまるような気がしてならないのです。

何年も前から施肥時期、量についてはさんざん勉強してきたつもりですが、これまでの、春、または秋肥という常識とされていたワクからはみだすことはできませんでした。

これまでどんなに廻り道してきたのだろうか。いっぺんに目の前が明るくなったような気がしているところです。

ミカンもリンゴも、私には同じ植物にしか見えません。今はまだ七月初め。明日すぐに、実験を始めます。幸い私の方は梅雨の真最中。まだ遅くはないと思われます。

ただ、量は少なめから実験しよう、と腹を決めたところです。私の今やっている剪定法に、最も合う方法を教えられたような気がして、飛びあがるような気持ちでいるところです。

1997(平成9)年10月号

今ではミカン以外の果樹や茶幼木園でも取り入れられ、東北地方のリンゴ・オウトウでの事例も

表面の堆肥マルチが水分調節

夏には枯れるナギナタガヤ草生で表層には味を生み出す細根ビッシリ

道法《どうほう》　正徳

枯れて倒れたナギナタガヤの堆肥の層（2〜3m）にはミカンの細根がビッシリと張っている

島の急傾斜畑　堆肥投入などとても無理！

平成六年の一月に母が亡くなり、島のミカン畑を管理する人がいなくなった。

当時、わが家の柑橘園の面積は一・七haであったが、専業でやるには少なく、兼業では多すぎる広さである。一人っ子の長男である私は、どちらかを選択しなければならない。

幸い、少しずつ園地改造に取り組んでいたので、兼業の道を私は選んだ。

平成六年産から、母の応援なく、本当に自分の力でミカンをつくるようになり、機械導入によって徹底して省力化にこだわった。

島の急傾斜地に園内道を設置して、スピードスプレーヤ（以下S・S）や運搬車の導入で防除や運搬は大きく省力化できた。しかし、土壌管理までは手が回らない。当然、堆肥の投入なんて無理である。自然の力を借りた、もっと楽な土作りしかなかった。

そのためのキーワードは、果樹園の草をどう生かすか、がポイントであった。初めは、年間二回程度除草剤を使えば、草は抑えられる、と思っていた。しかし、ふたを開けてみれば、とんでもないことになった。

春草はラウンドアップでうまく抑えられたが、七月の草をうっかりしていたら、ヒメムカシヨモギ、オニノゲシ、ヤブジラミ、アメリカセンダングサ、イヌムギなどの雑草がはびこって、ほとほとこまった。

そのほかの園地では接触型の除草剤を使ったが、それでも秋にはもう一度除草剤を散布しなければならなかった。

翌年は夏に接触型の除草剤に、土壌処理型の除草剤を混用して散布した。これは翌春までよく効いたが、除草剤代がたまったもんじゃない。

金を掛けての省力なら誰でもできるし、今後の商品を考えると、できるだけ除草剤は少なくしたい。

「ならば、自然に枯れる草はないだろうか」と、雑草の探索に明け暮れる。

ナギナタガヤは穂が出ると倒れるため、ミカンに傷はつかない（6月1日）

草を抑え土と根を育てる
ナギナタガヤ発見！

六～七月頃に枯れる草には、ハコベ、ウマヤヨシ、カラスノエンドウ、ヤエムグラ、などいろいろあったが、わが家の一号園で、五月頃になると穂が出て倒れる草に出会った。

風が吹くと、そよそよ揺れて、とても綺麗なので写真にも撮った。この草が六月から七月にかけて、きれいに枯れるのであった。しかも、種を多く落とすので、除草剤を使ってもなかなか絶やすことができにくい。悪条件に強そうなので、これは使えそうだと思った。

この、名前のわからない草を調べていくうちに、雑草の研究者、榎本敬先生（岡山大学）から、この草の名前はナギナタガヤであり、一部の人が昔から草生栽培の草種として実績を残していたことがわかってきた。

広島県内では、向島町で栗原一光さんが二〇年くらい前から実施。今でも二haの園地で続けている。

豊浜町では同じ頃より北東幹之助さんが広めていたが、息子さんの代になって途絶えた（ただし今年から、法面に植える、とのこと）。

しかし、そのときに草を譲り受けていた重盛正樹さんの園地で、ナギナタガヤは息づいていた。縁あり、現在私がその園地を耕作している。私が借りたときには少しだったナギナタガヤも、除草剤が掛からないようにすると、二年間で三五aの園地一杯にはびこった。平成七～八年の二年間での出来事である。

枯れた草が堆肥となり
細根がビッシリ

なお、その園地で、一五年たった所を掘ってみると、厚さ二cmの堆肥層ができ、ミカンの根が堆肥の中に入り込んでいる。堆肥に換算して、一〇a当たり二〇t施用したことになり、金額では四〇万円にものぼる。しかも、これだけの堆肥を散布するとなると大変な労力がかかる。自然の力はすごい。

その他には、福山市のカキ生産者が一haの園地を全部ナギナタガヤにしている。

県外では、愛媛県中島町上怒和の岡野勲さんが五年前から取り組み始めた。これは岡野さんの友人が二〇年前から取り組み、好成績をあげているのを見てから、思い立ったとのことだった。視察させてもらったが、見事な伊予柑園であった。

欠点といえば、夏場になると傾斜地で、ナギナタガヤの上を歩くと靴が滑ることである。

しかし、さすが岡野さんである。滑りやすい時期だけは、地下足袋のゴム底にスパイクが着いたのをはいている。

わたしは、S・Sを導入するために二mの園内道をつけたので、歩く所は平坦地が多いので問題ない。もともとが、平坦地であればもちろん問題ない。

春先の草は開花を遅らせる…の誤解

「春先に草があると、地温が上がらず開花が遅れる」との説が一般的である。

しかし、わたしが一五年間観察したと

表1　春草の有無と地温（深さ10cm）（℃）

		4月		5月					
	半旬	5	6	1	2	3	4	5	6
最高地温	ナギナタガヤ	12.2	14.3	14.6	16.3	18.6	17.8	18.0	22.7
	裸地	14.3	16.4	17.3	18.4	20.6	19.2	19.8	21.6
最低地温	ナギナタガヤ	10.9	13.0	14.6	14.9	16.9	15.8	15.8	17.5
	裸地	9.9	13.8	15.8	15.3	17.9	16.5	16.6	19.6

表2　春草の有無と樹冠内温度（℃）　（昭和57年）

	地上	半旬	4月 5	4月 6	5月 1	5月 2	5月 3	5月 4	5月 5	5月 6
最高温度（℃）	25（cm）	草生	22.1	24.4	22.9	25.9	28.8	27.7	29.0	27.7
		裸地	25.7	27.4	24.5	29.1	30.0	31.1	34.8	32.8
	50（cm）	草生	23.3	25.7	23.3	27.0	27.7	27.7	28.4	28.8
		裸地	25.1	26.2	24.4	27.2	27.7	30.5	34.4	31.5
	100（cm）	草生	23.4	25.4	23.8	27.7	27.3	28.8	33.4	31.7
		裸地	23.2	25.8	23.7	26.4	29.4	28.7	31.6	30.1
最低温度（℃）	25（cm）	草生	6.6	11.6	12.5	10.0	12.8	10.6	9.4	15.2
		裸地	7.1	12.5	12.8	13.3	13.4	10.8	9.8	15.5
	50（cm）	草生	6.9	12.3	13.0	10.3	13.4	10.9	10.1	15.6
		裸地	7.0	12.6	13.3	11.3	14.1	11.4	9.8	15.6
	100（cm）	草生	7.1	12.9	12.9	11.1	13.5	11.3	9.5	15.5
		裸地	7.0	12.4	12.6	11.2	13.9	11.2	9.4	15.5

表3　土壌管理とミカンの発育

区名 ＼ 調査項目	萌芽期（月・日）	開花始花（月・日）	開花盛期（月・日）	2分着色期（月・日）	8分着色期（月・日）	果実中 糖（%）	果実中 クエン酸	果実中 甘味比
ナギナタガヤ草生区	4.11	5.13	5.17	10.12	10.27	11.7	1.05	11.1
裸地区	4.11	5.12	5.17	10.11	10.26	11.6	1.03	11.3

（「広島の果樹」より抜粋）

ころ、草があっても、なくても開花の時期は変わらなかった。ただし、達観調査なので、裏付けデータがない。

しかし、世の中にはすごい人がいる。昭和五十七年に、広島県果樹試験場（現・果樹研究所）の渡辺登志彦先生の試験により、開花の早晩は、地温よりも気温の影響のほうが大きく、裸地栽培と草生栽培の違いはないことが証明された（表1〜3）。

こうなれば、もっと草との共存・共栄を考えるべきだ。世界の視点はまさにそこにある。

雑草をうまく生かして菌と堆肥と高品質同時実現

山の土は何もしないのに肥えている。中耕しないのに肥えている。

落ち葉が堆積し、それに微生物の力が加わり、土が肥えるのだろう。

最近発表された愛媛大学農学部の門屋先生グループの説によると、「腐熟堆肥を施用するとVAM菌根菌（以下VAM）が活性を高め、カラタチの根への感染が高まる。この菌がカラタチと共生し、樹の生育促進、水分ストレスや病害に対する抵抗性の増大、果実品質の向上につながる」とのことだ。

ただし、未熟の堆肥を施用するとエチレン濃度が一ppm以上になり、VAMの活性阻害が起こり、カラタチの根は、発根しなくなる。

園内道を整備し、ナギナタガヤ草生と組み合わせたミカン園

ちなみにエチレン濃度は〇・〇五ppm前後で発根促進する。

このVAMは特定の雑草によく共生し、春草では、スイバ、カモジグサ、ハコベ、クサフジ、ウマゴヤシ、ホトケノザなどの根に感染率が高い。

逆に、スズメノカタビラ、ヨモギ、ヤブカラシ、ヒルガオなどは感染率が低い（夏草でも調査済み）。

この説が正しいとなると、未熟堆肥を一生懸命施用するより、草の利用をもっと真剣に検討しなければならない。

現在、愛媛大学教育学部の石井先生により、ナギナタガヤのVAMの感染状況を調べてもらっている。

自然の堆肥マルチで高糖度安定

わが家の、ナギナタガヤが生えそろっている園地では、平成六年度では糖度・ブリックスで一六％、七年度一五％、八年度の、糖度が低かった年でも楽に一三％になった。

西日があたる、陽あたりのよい園地な

ので、糖度が上がるものと信じていたが、それだけではなかった。

大雨が降った日に、その園地にいってナギナタガヤの堆肥の下を掘ってみると濡れていない。

つまり、堆肥の層がショックアブソーバーの役目をしている（これはわたしの仮説）。

温室ミカンでは、節水型栽培と呼ばれ、収穫前は通常乾かすが、樹が弱るため、一回に一〇 a当たり一〇 mm程度の少量かん水をする。

ミカンの糖度は、秋、雨が降らないと一〇日で一%くらいはすぐに上がるが、二〇～三〇 mmの雨が降ると、すぐに下がってしまう。せっかく貯めた、糖度の貯金はすぐになくなってしまう。このため最近では、多孔質フィルム（商品名タイベック）を八月下旬～九月上旬頃より、被覆するようになった。

もちろん、この方法は糖度を上げる確率の高いもので、わたしは、今年も取り組んでいる。しかし、全園となると経費と手間がかかるので、全部タイベックというわけにはいかない。

ならば、ある所はナギナタガヤマルチがあってもいいではないか。

もちろん、ナギナタガヤの上にタイベックを敷けばそれにこしたことはない。なぜならばタイベックマルチの場合、堆肥の施用は必要条件であるからだ。

これも今年、園内道をつけるため、段切りをしたおかげで、堆肥の層がわかったからだ。

（広島県果実農業組合連合）

【「読者のへや」から・一九九四年八月号】

いつかは有機農業、不耕起栽培もやりたい

愛知県　杉江雅代

家庭菜園というにはちょっと広すぎる一五〇坪の畑を借りて三年目になります。

そして、書店で見て、気に入った記事があると買っていた『現代農業』も、三ヵ月ほど前からは、毎月発売日が待ち遠しくなりました。以前は、サラリーマンの妻の専業主婦が買う本じゃないかと片身のせまい思いをしておりましたが、今は違います。これまでの心の中でおぼろげに感じていたことが明確になりました。

私は〝百姓のおっかあ〟になりたい！

それも、完全無農薬で有機農業、できれば不耕起栽培で。また生活費は「自然卵」を売って賄えればと考えています。

庭のすみに鶏小屋を作り、ヒヨコを買ってきました。わずか三羽ですが、四方を隣家に囲まれている我家ではたくさんは飼うことができません。鶏の声もうるさいかと思ってメスだけにしました。

プロのお百姓さんから見れば、今の私のやっていることはママゴトみたいなものでしょう。将来の夢も「甘い」としかられそうですが、『現代農業』も含めて農業関係誌に度々登場される佐藤幸子さんのように生きていきたいと思っています。

お金では買えないものがいっぱい欲しくて、子供たち（高二・中三・中一）にも、お金より大切なものがこんなにあるんだと肌で感じて欲しくて。

ただ最大の難関は、主人が畑仕事を自分の仕事の息抜き程度にしか考えていないことです。

しかし私が畑を借りたばかりの頃は「絶対に畑なんかやらない」と言ったのですから、ずいぶんと変わったものです。今では、毎日野菜の顔を見ないと心配だと言うまでになったのです。私はあきらめません。

四〇歳の遅い出発ですが、必ず夢を実現させたいと思います。

低コストな自給資材で管理もラク。家畜へのストレスが減り、繁殖成績も肉質もアップする

養豚

孫をおぶって作業ができる豚舎には赤土、天然塩、土着菌が入っている

熊本県五和町・山下守さん　西村　良平

農家の朝はだれもが忙しい。熊本県天草の五和町でミカンと和牛繁殖と一貫養豚などを営む農家の山下守さんは、一歳四カ月の孫、友美加ちゃんをおぶいひもで背負って家を出て豚舎へと向かう。

びっくりしたのは、赤ちゃんをおぶったまま豚房の中に入って、ふん尿の処理を始めたことだ。

ふん尿のにおいや刺激、それにホコリなどがあれば、大人だって作業を早くすませて空気のきれいなところで一息いれたくなる。小さな子どもなら、いやがってむずかったりするに決まっている。

ところが、フォークやスコップを使って床を切り返す動作に合わせて揺れる山下さんの背中で、友美加ちゃんはあやされているかのようにおとなしくしている……。

つくろうとしていた オガコ豚舎に失敗例

母豚三〇頭の一貫経営に取り組む山下さんは、趙漢珪さんが提唱する土着菌を生かした自然養豚（趙漢珪著『土着微生物を活かす』（農文協刊）に詳しい）に昨年七月末から取り組んでいる。新豚舎まで建てて取り組んでいるのは、豚舎から出てくるにおいをなくし、堆肥の処理も円滑にしたいとの強い思いがあったからだ。

山下さんの家と豚舎、牛舎はミカン山にある。いくら家並みからは離れていても、「あそこに行くとにおう」なんていわれたくない。三〇頭の繁殖牛経営から出る牛ふんのほうは、さほどにおわないし堆肥もイナワラと交換で近所の農家の田んぼに運び込んでいる。コンクリート床の豚舎の豚ぷんのほうはそれよりにおうし、豚舎から下の堆肥舎に落とし込む形なので発酵もよいとはいえない。これをミカン畑や飼料畑などに入れ、尿もミカン畑や山に持っていくのだが、すでに処理しきれないほどの量になり、間違っても川

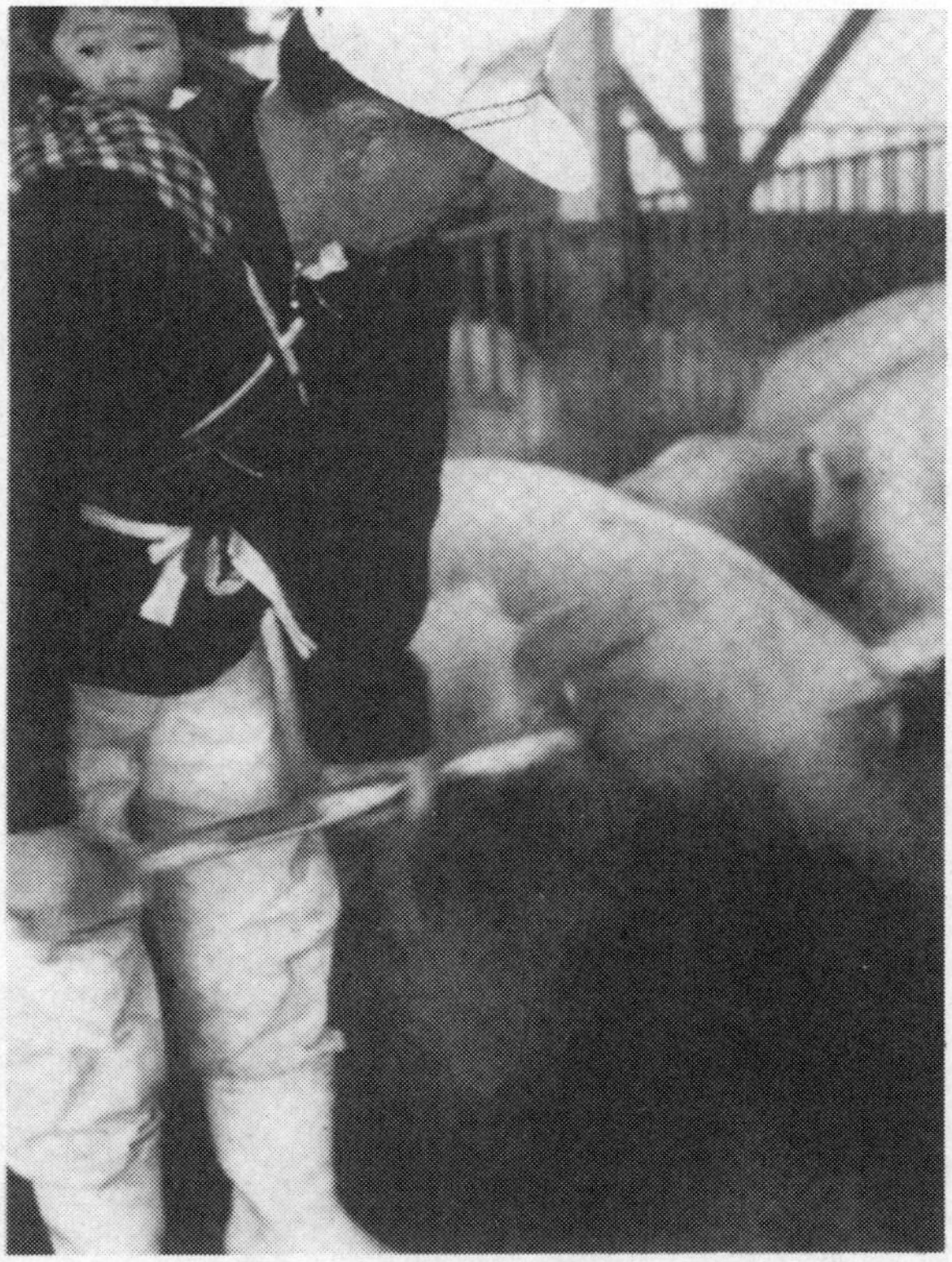

孫をおぶいながら床の調整をする山下守さん

に流れ込んではいけないなどと心配のタネはつきなかった。

研究を重ねた結果、経費も安くすみ、床の掃除もしなくてすむ「オガコ豚舎」をつくろうと考えた。

その矢先、「オガコ豚舎で失敗したところがある」という話を出入りのエサやクスリの営業マンが教えてくれたのである。床がうまく発酵しなければ、においもひどくなるし、ふんや尿でぬかった中で豚を飼うことになる。寄生虫もふえて豚に大きな健康被害が出てくるというのだ。

土着菌を使う自然養豚との出会い

発想の転換が必要になった山下さんの目に飛び込んできたのが、自然養豚の記事だった。土着菌を使って床の良好な発酵を促し、豚も健康に育ち、駆虫の必要もないというものだった。

ちょうど大分で自然農業の基本講習会があることがわかり参加した。

その四カ月後の平成七年三月には、韓国で開かれた養豚と養鶏の専門講習会にも出かけて、この考え方を採用した養豚農家にも行き、ふん尿処理と悪臭除去の実際を自分の目と鼻で確かめてきた。

これまでも菌を使っての養豚を試みてきた。しかし買ってきた菌を使う場合、その菌が持続してくれればよいけれど、高額なものを買い足すことになれば、使い続けたものかどうか考え込んでしまう。

土着菌なら自分のところにいくらでもいるし、その環境に適しているからよく育ち無理なく発酵するはずだ。こ

ちょっと変わった構造の自然養豚豚舎

うして土着菌を使う自然養豚に踏み出すことにした。

ミカン山を切土造成し、自然養豚の考え方にそった構造の肥育豚舎を平成八年七月に完成させた。横三m×縦八mで二〇頭収容のマスを七つ造り、合計一四〇頭規模とした。

豚舎の敷料はオガコに赤土、天然塩まで混ぜる

床は土を一m掘り下げ、床土には、オガコ（ノコクズ、オガクズ）、赤土、天然塩を入れる。その割合は、オガコ一〇〇に対して、赤土一〇、天然塩が〇・三となる。豚舎の外でパワー・ショベルで攪拌して豚房に入れ、ならしていった。

オガコは町にある森林組合の製材所から買った。二トン車五m³で一万円、これが二七台入った。赤土はデコポンのハウスを建てるために切土造成して積んであったものを利用した。天然塩は「日韓自然農業交流協会」に世話してもらって一五〇kgを一kg八〇〇円で購入した。いつも漬物に使っている塩と比べると破格の値段だった。

配合飼料3tに対してこの土着菌ボカシが30kg混ぜられている。ふんのにおいも少なくなった

豚房にボカシをまいて土着菌をすみつかせる

さて、土着菌エキスつくりである。

硬めに炊いたご飯一升を杉板で作った大きな弁当箱に入れ、和紙をかぶせてゴムでとめたものを家の近くの竹やぶに三日間置くと、土着菌がついてコウジが生えたように白くなった。これをカメに入れ、黒砂糖八〇〇gを加え土着菌のエキスをつくる。

ヨモギとハコベを摘んで、それぞれ別のカメに入れ黒砂糖をその半量ほど加え、液状となったものをこして「天恵緑汁」をつくりビンに詰めておく。

ここでボカシをつくる。米ヌカ一五〇kgとフスマ一五〇kgを用意し、一人がスコップでかき混ぜているところに、もう一人が土着菌エキスと天恵緑汁がともに五〇〇倍になるように水の中に溶かし、ジョウロで振りかける。約一五〇lほどの液をかけることになる。握るとダンゴになるけれど、手を開くとパラッと落ちるくらいの水分がよい。これを毎日切り返す。夏だったので一週間でボカシができた。それをコンテナに入れて保存しておく。

このボカシを豚房一マスごとにコンテナ一杯分（一五kg）ずつまく。豚房

に土着菌をすみつかせるのだ。

七月二十七日、まず四マスに二カ月齢の子豚を入れた。豚は床土をほじくり返して土着菌のボカシをすき込んでくれる。床土にふん尿の水分が加わると発酵が始まった。

さっそく趙さんがやって来て研修会が持たれた。趙さんから「床が乾燥し過ぎている」と指摘があり、海水を汲んできて二〇倍に薄めたものにエキスと天恵緑汁を添加し、動力噴霧器で床土に注入して水分を六五%に近づけていった。

一豚房のメンテナンスは朝夕四～五分

床はそのままにしても発酵するが、山下さんは朝夕三〇分ずつ床土を切り返したり、乾いた部分を掘って、ふん尿でぬれた部分に埋めたりしている。七豚房あるから、一豚房当たりだとわずか四～五分だ。これで発酵が早まり床土の調整が進む。

床土を掘ったところは温度が五〇度ほどになっている。豚を出荷した後に豚房全体の床土を深く切り返すと、七〇度くらいになる。この高温のためにウジ（ハエ）も発生しないのだろうと、山下さんは考えている。駆虫も必要ないとされているが、オガコ豚舎での寄生虫による失敗例を聞いていたので、豚舎に移動する一〇日前の子豚には駆虫をしている。

自然養豚をはじめて半年になるが、床の全面交換はしていない。とくに汚れて湿った部分があれば、その部分は取り出して新たな床土を補充してやるほうが早く床の状態が回復する。そこで初出荷の後に床土の一部を取り出して補充した。

これまで合わせて二トン車二台分の床土を出し、同量を補充している。床土の増減はなしという計算になる。

豚はエサを食べ、水を飲んでいるので、そのふん尿の分が増えてくるはずだ。それが、床土の増減がないのは、エサの消化吸収がよくなり、また土着菌がふん尿をどんどん分解し、発酵熱も出しているからだろうと、山下さんは考えている。

豚はのんびり成育は一〇日早まる

豚房の境界は鉄の柵となっている。

「隣り合ったマスの豚はよくケンカするから、境はコンパネで仕切ろうと思っていたんです。でも、その必要がないというのが自然養豚の考え方なので、柵だけにしてみました」という山

『土着微生物を活かす　韓国自然農業の考え方と実際』（趙漢珪著　一、六三〇円）

【「読者のへや」から・一九九七年一月号】

ウス情報に感謝

北海道　吉次茂昭

十月号の「なんでも相談室」のウスの件、おかげさまで、各地の方から親切に教えていただきました。なにしろ、わが家に十月号が届いた翌日から、電話が鳴りだしたのですから感激です。主人いわく、「みなさんから一台ずつ買いたいなあ」ですって。私もそう思わずにいられませんでした。

結局、二台揃えることができました。小学校の収穫祭では、ぜひみなさんの思いなどを伝えながら使いたいと思っています。

床のメンテナンス。発酵しているので湯気がもうもうと立つ

下さんは、どうなることかと豚を観察した。

「豚がケンカしないんですな。みんなのんびりしとります。公害がないというのは、豚にとってもとてもだいじなことなんです」

　こうしてストレスなく育った豚なので群のそろいもよく、どんどん大きくなっていく。十一月六日に出荷が始まり、毎回、一七頭の肉豚が出荷されていく。一八〇日出荷でそれぞれの回の平均枝重量は七四〜七九・九kgほどで、従来よりも五kgは増えている。

　上物率は従来同様の七〇%台をキープしている。ただし、重量オーバーによる格落ちが出ているので、もし、それが基準内の重量だとしたら、上物率は八〇%は超えたことになる。一三一頭出荷したうち、肝臓廃棄は三頭のみ。健康状態は全般に良好だ。

「一〇日は出荷日齢が早まっとると見とります。早く大きくなると、脂肪が厚かったり、ロース芯が小さかったりすることが多いけれど、そういうこともなかったですな。あくまでも公害をどうするかでこの養豚を選んだだけれど、生産のほうにもよか影響を及ぼしています」と山下さんは喜んでいる。

【「読者のへや」から・一九九五年四月号】

猛暑に負けなかったニワトリの秘密は土着菌パワー

愛媛県　泉精一

　昨年は、記録的な高温干ばつの年。一〇〇〇羽の自然養鶏に取り組んでいますが、鶏は暑さに対して弱く、三〇度以上にもなれば、羽を広げて苦しそうに呼吸し、産卵率も下がるし、カラも薄くなってしまうのがふつうです。ましてわが家の鶏舎はトタン屋根。熱帯夜が続く異常な暑さに耐えられるかどうか……。

　ところがやはり土着菌のパワーのスゴサ。ニワトリたちは、いつものとおり元気に卵を産み続けてくれたのです。

　鶏舎に三cmに細断したイナワラを七cmの厚さに敷いています。鶏糞とワラはとても相性が良く微生物のすみかとなります。昨年の夏は床がとても乾きやすかったので、一週間おきに、土着菌・天恵緑汁・アミノ酸・乳酸菌をそれぞれ五〇〇倍にして混用散布しました。これらの液をまいてやると、鶏たちは大喜び、気持ち良さそうに土浴びをします。

　鶏舎はニオイもなくハエもおらず、床は最高級のジュータンのように軟らかです。この床は柑橘や野菜の最高の肥料になります。

永年草地で粗放型、配合飼料は少。乳量は年間五〇〇〇kg台、無理・無駄なくゆとりの「マイペース酪農」

風土に生かされた酪農の実践―私の農業 ②

高泌乳追求に未来はあるのか？

三友盛行

農民の心の有り様の変化

私は昭和四十年に東京を発って、北海道に渡りました。ちょうど二〇歳の時でした。今思えば、脱都会、農民志願の先駆けだったかもしれません。

入植以来、二十数年を経て、このごろようやく自分も農民らしくなったと、実感できるようになりました。自然に支配されることを、受け入れられるようになったこと。風土に生かされていることを理屈でなく、身体全体で感じられるようになったことなどです。大事な乾草が大雨に当たっても、オタオタすることなく、オロオロするようになりました。

一方、周囲の農家を見渡してみると、この地に生まれ、育った農民が、段々と農民でなくなってきたような気がしています。外観では、農民であるということには変わりがありませんが、日々の作業、心の有り様が確実に変わりつつあります。作業の内容は工業就労的であり、念頭にあるのはより多くの生産と、より多くの利益をあげることのようです。前号に書きましたように、今、農民は経済追求の中で、農業経験を捨て去り、工業的技術修得のため指導され、日々実りの少ない、多くの労働を強いられています。

次に根釧における主な技術的項目について書いてみます。

高泌乳路線では酪農危機を乗り切れない

五十年代後半から六十年代前半にかけて、生産調整があり、規模拡大は停滞したかのように見えましたが、一頭当たりの乳量増という高泌乳化への傾向があらわれはじめました。高泌乳化の要因として次の事柄が考えられます。

●草地面積を増やさないで拡大できる
●牛舎施設などは現状のままでよい
●円高により購入飼料価格が下がった
●米国の配合多給方式の影響を受けた

以上の事柄は所得確保のため、いちばん効率よく取り組みやすい営農技術だと思われました。平成になってから国際化の中で、乳価は下落の一方で酪農家は所得確保のため、一層の乳量増の拡大経営を強いられました。

三友盛行・由美子ご夫妻

高泌乳による拡大路線は定着して、根釧酪農は一頭当たり七五〇〇キロ、一戸当たり四〇〇〇トンに迫る勢いです。しかしながらその成果は一向に上がらず、地力の低下、牛の疾病の増加、労働の過重、負債の増加など、外見の華やかさとは裏腹に内部崩壊が着々と進んでいます。

高泌乳はコスト低減に大きく寄与するものと指導機関や多くの酪農家に支持されて今日に至っていますが、実はこの路線は今の酪農危機を乗り切るための有効な技術ではありません。

乗り切るどころか、その経営が均整を保って稼働できないほどに脆弱な体質になってしまったのです。

乳牛の単胃動物化、アメリカ借地農業化

高泌乳は購入飼料の多給によって支えられています。

配合を多給すると牛乳も増えて利益を生じますが、それと同じか、それ以上の経費と損失をかかえてしまうのです。なぜなら乳牛は反芻動物であって単胃動物ではないからです。

日本の畜産は養鶏、養豚、肉牛と配合多給の歴史を経て、乳牛にもその波が押し寄せて来ました。これは決して農民の要求ではなく、農政とそれをうまく操る外国穀物会社の戦略です。彼らはあたかも農民の利益であるがごとく、消費者ニーズであるがごとくふるまいますが、健全な生産者、消費者を蚕食するものなのです。

明日の酪農を思うとき背すじの寒くなる思いがします。

乳牛の世界にも彼らの戦略の手が伸びてきており、多くの酪農民が踊らされ、あたかも高泌乳が時代の最先端の技術だと思い込んでいます。その技術は乳牛のためではなく、穀物の単なる大消費であります。つまり反芻動物である乳牛を単

（写真提供：酪農学園大・荒木和秋氏）

胃動物化することです。単胃化をして経済的効率を高めるというのが現在の高泌乳技術なのです。

一方、単胃化の弊害による疾病の増加をいかに防ぐかというのもまた技術だと錯覚しているようです。

高泌乳とセットのように指導されているコンプリートフィードは、単胃化の弊害を防ぐための技術です。しかしそれは彌縫《びほう》でしかありません。反芻動物としての乳牛が傷ついたことに、そのほころびをとりつくろいながら前へ前へと向わせる技術です。

それらはあたかも農民のための技術に見えますが、実は農民をとりまく資本のための技術なのです。そしてその技術を近代化のためだと信じ込んで進むうちに農民は、気が付かないままに、農業的貧困にはまってしまいます。

むしろ配合多給をやめて、素直にあるがままの乳牛に戻してやるほうがはるかに効率のよい経営になります。

また配合を多給すると思いもかけぬ方向に経営が向いてしまうようです。それは粗飼料が余るという現象が生じて、結果として、より一層の多頭化になってしまうのです。二トンの配合は単純に計算すると四反の借地をしたことになるからです。それも太平洋を隔てたアメリカにです。ですから今の根釧酪農は〝アメリカ借地農業〟というべきものなのです。

借地によって多頭化が進むと、牛舎の増築、育成舎の新築など、新たな再投資が必要となり、高泌乳でもうけるはずの夢がいとも簡単に吹き飛んでしまいます。

大切な生産物＝ふん尿が経営悪化をもたらしている

牛の不健康、飼育の拡散、労働の過重を呼ぶばかりか、もっと大きく、深刻な問題を抱え込んでしまいます。

それはふん尿処理の大問題です。

今根釧の大規模酪農家の最大の懸案はふん尿の処理です。従来のように一町で一頭の成牛を飼っているときは、乾草の食べ残しを敷ワラに利用して、ふんと尿を割合よく混ぜることができました。しかし今では、通年サイレージにより、乾草が一本もない農家も珍らしくありません。そして、生のままのふん尿によって所かまわず埋めつくされ、近代酪農施設の牧場を追いつめています。多頭化の切り札のようにいわれるフリーストール方式では巨大な穴を掘って、ふん尿をローダーで押し込んでいるだけです。今や酪農家にとって草地は膨大な量のふん尿を廃棄する場所にすぎません。

酪農には二つの生産物があります。一つは牛乳・個体です。もう一つはふん尿の生産です。牛乳・個体は農場外へ流出してしまいます。これは販売生産物という形の農場資源の流出なのです。一方フン・尿は農場に残り、農場の富の蓄積になります。生産のもち出しと蓄積がバランスよくとれた農業が大事です。

多頭数・高泌乳牛群をもつ典型的な牧場の経営構造と三友農場との比較（単位：万円）

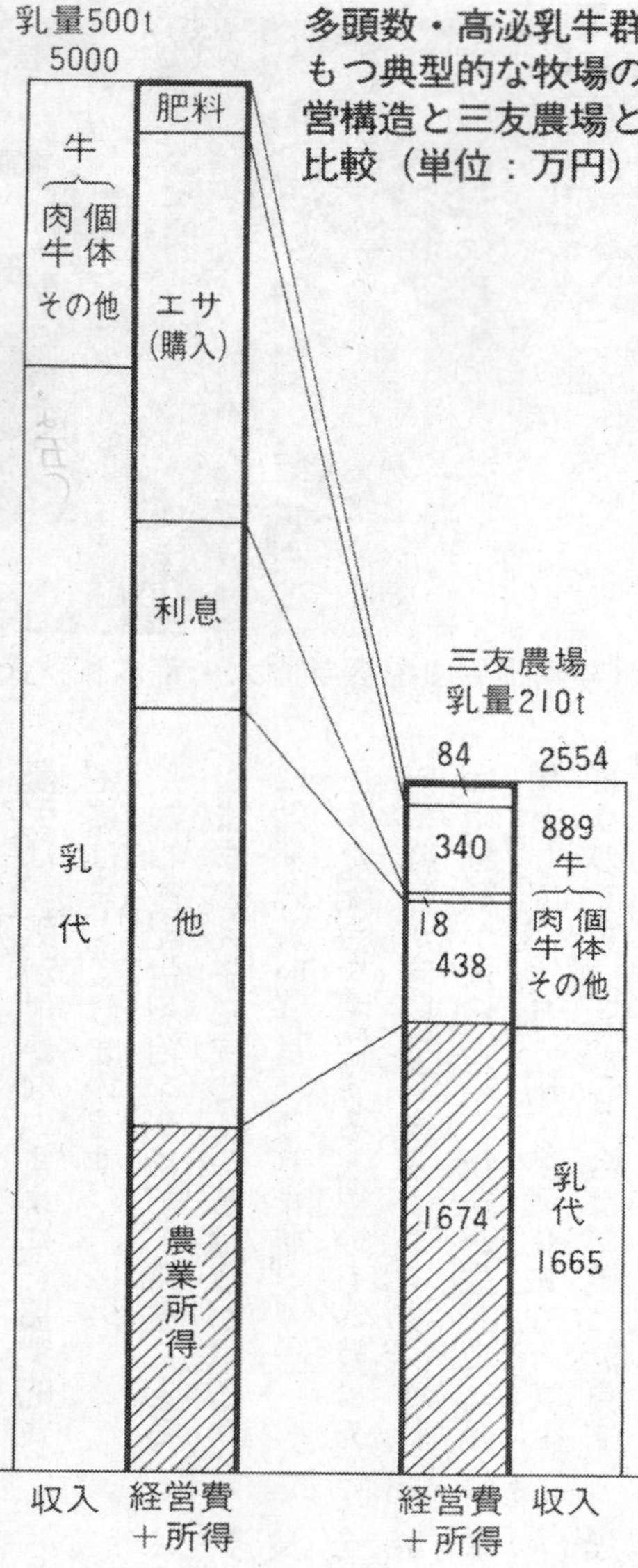

ふん尿が酪農にとって何よりも大切な生産物だという自覚が、いつの間にか農民からなくなり、産業廃棄物化してしまいました。その廃棄物の処理のための費用は経営を大きく圧迫しています。農家にとって大切な生産物が、経営を悪化させるという何とも不思議な現象が起こっています。また環境汚染の立場から見ても許されることではありません。農業における工業技術至上主義の行きつくところの悲しさをしみじみ感じます。

【「読者のへや」から・一九九二年六月号】

いつまでも威勢のいい農業雑誌であれ

新潟県　小島喜由

倅《せがれ》の講読している『現代農業』を熟読するのは私のほうである。

とかく暗い画ばかりがマスコミで喧伝され、生産意欲を萎えさせられた農民に活を入れてくれるのは、本誌がトップである。

誰が読んでも納得できる。登場する農家は、青年であれ老輩であれ、「これぞ農魂」と感服せざるをえないものを持つ方々ばかり。作物は違っても、規模の大小はあっても、信念と時世に対する策略には共通するものがあるはずだ。

暮らし・健康面での記事にもまた、農民に知恵を与え、挑戦を呼びかけてくれるすばらしさがある。生ある限り人には夢・ロマンなくては何ぞやと、肩を叩いてもくれる。

野望に燃える青年にはいっそうの発奮を促すに違いないと一読して感じる記事もある。

生涯現役で農耕に従事する身とは言っても、倅にすべて託した身にあっては、『現代農業』は大きな支えである。日本のどこかに同輩がいる心強さも、本誌が教えてくれるのである。

いつまでも威勢のよい農業雑誌であってもらいたい。

飼いやすく ゆとりを生む牛群とは

農業はあくまでも循環ですから、一方だけに生産が傾斜する技術は技術ではありません。循環をスムーズに回転させる作業体系が農業技術だといえます。一見ムダとか、低生産だとか思われるようなことも農場の循環の欠かせない重要な要素となっているのです。

私の牛群の平均乳量は五〇〇〇〜五五〇〇キロくらいです。高泌乳と比較すれば低泌乳というべきものです。配合は最高日量三キロ、ビートパルプ二キロです。夏は昼夜放牧、冬は刈り遅れの乾草のみです。平均と較べてもはるかに低い水準ですが、前搾りの必要もなく、一頭一布、殺菌剤の使用、デッピングズもミルカーの多少のかけすぎも心配することもありません。牛が健康なので事故も少なくとても飼いやすいのです。

私は五〇〇〇キロの牛群を最初からめざしたのではありません。根釧での長い牛飼いの日々を通して、風土にふさわしい牛の飼い方を心がけていたら、結果として、たまたま五〇〇〇キロだったということです。

牛乳を生産するまでには多くの過程を経ます。主なものでも、土、草、牛があり、それらは根釧の気候の支配の下にあります。

次に、気候に合わせたそれぞれにふさわしい管理作業があるはずです。土には完熟堆肥を入れ、草は放牧と採草とし、草の熟度と天候に合わせて乾草を収穫します。このように無理のない管理で育まれた、土、草を、十分に反芻動物として育成された乳牛を通して生産すると五〇〇〇キロ程度の水準になるということです。八〇〇〇キロに較べれば五〇〇〇キロは量としては間違いなく少ないのです。

しかし、別な角度から見るとどうでしょうか。草地更新をすることもなく、化成肥料を大量に施すこともなく、乳牛の疾病、事故もほとんどなく、搾乳の手間もかからず、最新鋭の大型機械・設備も必要としません。また、それに伴う労働もかかりません。

このような高泌乳を支える諸々の要素を含めて八〇〇〇キロと較べると、単純なシステムの五〇〇〇キロのほうが私の農場にとってははるかに経済効果がよく、収益も高いのです。

そして、経済ばかりか、農業に従事する人々に「ゆとり」という何物にも代えがたい大事な時間を生んでくれます。

ただ量的な生産性を上げることのみに根釧の酪農民は夢中になりすぎたようです。生産効率を求め、風土に対して負担をかけすぎたことが、逆に酪農民を苦しめているのです。

農業における生産性を考えるとき、みせかけではない、実質の生産物に改めて注目する必要がありそうです。

今回は高泌乳の話をしました。一見、牛の能力を十二分に引き出しているようで実は、牛を含めた農場全体の働きの効率を悪くしているのです。

次回は土と草の働きを生かす農作業について書きたいと思っています。

（北海道標津郡中標津町）

『マイペース酪農 風土に生かされた適正規模の実現』（三友盛行著 一、八〇〇円）

【あとがき】

このセレクト集に記事を再録させていただいた農家の方々から、近況などお便りをいただきました。そのなかからいくつかを紹介します。

＊

▼大変懐かしい文章を読ませていただき、当時を思いだし、感無量です。三七年前の仲間づくりは間違っておりませんでした。今は七二歳になりましたが、地域活動や老人クラブなど、頑張っております。（岩手県・立花利通さん　一六〇ページ）

▼母は昭和五十七年に亡くなりました。私も今年で七七歳になりましたが、まだ現役の百姓として頑張っています。一昨年まで野菜の産直を続けてきましたが、体力の関係もあってやめました。が、米は全量直販を続けています。東京文京区の方々とは平成四年からすでに一四年ほど続いていますが、もうすっかり親せきみたいな信頼が生まれ、とても楽しくやっています。（福島県・吉田恒雄さん　一七二ページ）

▼定年後、「なべちゃんの自給の家」、そして平成十七年四月、食育工房「農土香（のどか）」が誕生、地産地消で農の豊かさを発信し、次代を担う子どもたちに確かな農といのちを伝えることをめざし、農村レストランをやっています。（秋田県仁賀保（にかほ市）・渡辺広子さん　一九四ページ）

▼有機農業を始めて三三年が経過しました。昨年、その集大成といえる『いのちを耕す人々』（桜映画社制作）が完成し、全国的に上映会が拡がっています。ぜひ、ご覧下さい。（山形県高畠町・渡部務さん　二二四ページ）

▼野菜の輪作栽培に専念しておりますが、暖冬のため安価で困っています。夏作に望みをかけて頑張りたいと思っております。（奈良県・窪吉永さん　二九四ページ）

▼今、集落では一ha区画の水田がもう一年で完成です。自分の田んぼは土着菌ボカシ利用で地力アップできるのですが、担い手として集落全体のアップ、そして、この水田をどう利用していくかが頭の痛いところです。（福島県・藤田忠内さん　四七二ページ）

▼農業も経済成長に負けまいと拡大、工業化してきましたが、結局のところ、風土に根ざした基本に戻ることが生き残る方法だと、改めて思っております。牛には草を充分に与え、木を植え、堆肥で野菜をつくり、チーズ、肉を生産しています。21世紀の農業を求めて、同じことを繰り返し、日々を重ねております。（北海道・三友盛行さん　五四一ページ）

＊

「変わりつつ変わらないこと」を伝えていく。農家もむらも、積み重ねながらの息の長い営みなのだと、改めて強く感じた編集過程でした。

農文協編集部
二〇〇七年二月記

●本書は、「別冊現代農業」二〇〇七年四月号「復刊60周年記念号　現代農業ベストセレクト集」を書籍化したものです。

今、引き継ぐ
農家の技術・暮らしの知恵
「現代農業」ベストセレクト集

2010年3月10日　第1刷発行

農文協　編

発行所　社団法人　農山漁村文化協会
郵便番号 107-8668 東京都港区赤坂7丁目6-1
電 話 03(3585)1141(営業)　03(3585)1147(編集)
FAX 03(3585)3668　振替 00120-3-144478
URL http://www.ruralnet.or.jp/

ISBN978-4-540-09304-3　DTP製作／ニシ工芸㈱
〈検印廃止〉　印刷・製本／凸版印刷㈱